国家林业局普通高等教育“十三五”规划教材

机械制造技术

赵　萍　李旭英　主　编
郭文斌　白雪卫　副主编

中国林业出版社

内 容 简 介

本书综合了金属切削原理与刀具、金属切削机床、机械制造工艺学及机床夹具设计的基本内容，通过对机械制造技术的基础知识、基本理论、基本方法等进行有机整合后撰写而成。主要内容包括：金属切削原理、刀具、机床；机床夹具设计；机械工艺规程制定；机械加工精度；机械加工表面质量；机械装配工艺过程设计。全书结构严谨，体现了专业知识的传统型、系统性和实用性。

本书可以作为高等院校机械设计制造及其自动化等机械类和近机类专业的教材或参考书，也可作为高等职业学校、成人高校等机械类相关专业的教材或参考书，也可供从事机械制造的工程技术人员使用。

图书在版编目（CIP）数据

机械制造技术 / 赵萍，李旭英主编. —北京：中国林业出版社，2017.8（2023.12 重印）
国家林业局普通高等教育“十三五”规划教材
ISBN 978-7-5038-9060-4

Ⅰ. ①机… Ⅱ. ①赵… ②李… Ⅲ. ①机械制造工艺-高等学校-教材 Ⅳ. ①TH16

中国版本图书馆 CIP 数据核字（2017）第 136262 号

国家林业局生态文明教材及林业高校教材建设项目

中国林业出版社·教育出版分社

策划、责任编辑： 张东晓　杜　娟
电话： 83143553　　**传真：** 83143516

出版发行　中国林业出版社（100009　北京市西城区德内大街刘海胡同 7 号）
E-mail:jiaocaipublic@163.com　电话:(010)83143500
http://lycb.forestry.gov.cn
经　　销　新华书店
印　　刷　北京中科印刷有限公司
版　　次　2017 年 9 月第 1 版
印　　次　2023 年 12 月第 2 次印刷
开　　本　787mm×1092mm　1/16
印　　张　27
字　　数　624 千字
定　　价　59.00 元

前　　言

本书按照全国高校教育教学改革的要求，针对自身及各高校教学计划对机械制造系列课程的教学改革，考虑原机械制造类专业课程（“金属切削原理与刀具”“金属切削机床”“机床夹具”及“机械制造工艺学”）的基本内容及先进制造技术的发展，结合多年来的教学经验和国内外相关教改实践成果编写而成。

本书的编者都是长期讲授该课程的一线教师。编写时，针对授课过程中不易理解、抽象及实践性强的内容，采用了实例、三维图形或实物图片的形式表达，将内容形象化、具体化，例如第2章（金属切削刀具）针对刀具结构的复杂性，附有高清三维或实物图片；第5章（机床夹具设计）借助大量的图形和实例表达，弥补了学生因缺乏实践而不易理解的不足。全书立足基础、突出重点、难点形象化，易理解。本书按80学时编写，可作为高等院校机械设计制造及其自动化等机械类专业、近机类专业的教材或参考书，也可以作为高等职业学校、高等专科学校、成人高校等机械类相关专业的教材或参考书，并可供从事机械制造的工程技术人员查阅使用。

本书由赵萍、李旭英任主编，郭文斌、白雪卫任副主编。具体分工为：沈阳农业大学赵萍（绪论、第5章5.2~5.3，5.5.3~5.5.4）；内蒙古农业大学德雪红（第1章1.2~1.3、第3章3.4~3.8）；沈阳农业大学白雪卫（第2章）；内蒙古农业大学马彦华（第1章1.1、第3章3.1~3.3）；内蒙古农业大学李旭英（第4章4.1~4.6）；丁海泉（第1章1.4~1.7、第3章3.9、第4章4.7~4.11）；沈阳农业大学邢作常（第5章5.1，5.4，5.5.1~5.5.2，5.6）；山西农业大学张秀全（第6章）；沈阳农业大学侯俊铭（第7章）；内蒙古农业大学郭文斌（第8章）。初稿完成后，全体编写人员对书稿内容、体系进行了认真的研讨，对符号、文字、图形等进行了详细的校对，最终由赵萍、李旭英完成统稿。

由于编者水平有限，疏漏之处在所难免，恳请使用本书的广大师生、读者、同仁提出宝贵意见，以求不断完善！

编　者

2017年3月

目　录

0

绪　论

机械制造技术是一个永恒的主题，是设想、概念、科学技术物化的基础和手段，它有两方面的含义：一是指用机械加工零件(或工件)的技术，也就是指用切削加工的方法在机床(工具机或工作母机)上进行加工；二是指制造某种机械的技术，如汽车等。随着科技水平的发展，在制造方法上也有了很大的发展，除机械方法加工外，出现了电加工、光学加工、化学加工等非机械加工方法，因此，将机械制造技术扩大，称之为制造技术，虽然强调了各种各样的技术，但机械制造技术仍然是它的主题和基础部分。就机械制造业来说，为整个国民经济提供技术装备，其发展水平是国家工业化程度的主要标志之一，是国家重要的支柱产业。

0.1　制造技术的重要性

机械制造的重要性不言而喻，概括起来可以总结为以下几个方面。

0.1.1　人类社会的发展与制造技术相辅相成，相互促进

人类的发展过程就是一个不断制造的过程，从石器、陶器的制作，到蒸汽机、内燃机的发明，再到现在的集成电路、纳米技术的应用，都离不开制造。随着社会的发展，制造技术的范围、规模在不断扩大，技术水平也在不断提高，从最初为了生活必需和存亡征战而进行的制造，逐渐向文化、艺术、工业发展，出现了纸张、笔墨、活版、石雕、钱币等制造技术；随后出现了大工业生产，使得人类的物质生活和精神文明有了很大的提高，同时对精神和物质有了更高的要求，从而大大推动了制造技术的发展；蒸汽机制造技术的问世，内燃机制造技术的出现和发展，促进了现代汽车、火车和舰船的出现，喷气涡轮发动机制造技术促进了现代喷气客机和超音速飞机的发展，集成电路制造技术的进步提升了现代计算机水平，宇宙飞船、航天飞机、人造卫星以及空间工作站等

制造技术的出现，使人类走出了地球，走向了太空。所以说，制造技术的发展促进了人类社会的发展，反过来人类社会的更大需求推动了制造技术的发展，二者关系密切。

0.1.2 机械制造是国民经济的基础和支柱

在整个制造业中，机械制造业占有非常重要的地位，因为机械制造业是向国民经济其他各部门提供工具、仪器和各种机械设备的技术装备部，并使其不断发展；机械制造技术是与国民经济各部门联系最密切、最广泛的实用科学技术，如果没有机械制造业提供质量优良、技术先进的技术装备，那么信息技术、新材料技术、海洋工程技术、生物工程技术以及空间技术等新技术群的发展将会受到严重的制约。因此，国民经济各部门的生产水平和经济效益在很大程度上取决于机械制造业所提供装备的技术性能、质量和可靠性，国民经济的发展速度在很大程度上取决于机械制造技术水平的高低和发展速度。

0.1.3 制造技术是国力与国防的坚强后盾

一个国家的国力主要体现在政治实力、经济实力和军事实力上，而制造技术水平直接影响到经济实力和军事实力，只有制造强，军事才能强，一个国家如果靠进口军事装备来保卫自己不是长久之计，也没有保障，必须要有自己的军事工业。有了自己强大的国力和国防，在国际社会上才会有地位，才能立足于世界。

0.1.4 制造业是解决就业的重要途径

一个国家，尤其是工业国家，约有1/4的人口从事制造业方面的工作。在我国，制造业吸引了约一半的城市就业人口，农村劳动力的转移也有近一半流入了制造业。

0.2 机械制造技术的发展概况及趋势

0.2.1 机械制造技术的发展概况

制造技术的发展大体可以分为三个重要阶段。

(1)手工业生产阶段

人类的制造活动可以追溯到石器时代，人类为了生存，利用天然石料制作劳动工具用以猎取自然资源；随着青铜器以及铁器时代的到来，为了满足以农业为主的自然经济的需要，出现了如纺织、冶炼、锻造等较为原始的制造活动。这个阶段的制造水平比较低，多靠手工、畜力或极其简单的机械(如凿、劈、锯、碾等)来加工，多为个体和小作坊生产方式，技术水平取决于制造经验，基本上适应了当时人类的发展需要。

(2)大工业生产阶段

这一阶段从18世纪开始到20世纪中叶发展最快，奠定了现代制造技术的基础，对现代工业、农业、国防工业的发展影响深远。18 世纪蒸汽机的发明，出现了真正意义上的机械加工机床；19~20 世纪，内燃机的发明，出现了汽车制造技术以及汽车装配生产线；20 世纪 50 年代，以大规模生产方式为主要特征的制造技术出现。同时，出现了以零件为对象的加工流水线和自动生产线，以部件和产品为对象的装配流水线和自动装配线，适应了大批大量生产需求。

(3) 虚拟现实生产工业阶段

20 世纪 60 年代以来，随着计算机技术、信息技术、网络技术的发展，采用计算机仿真、虚拟制造、集成制造、并行工程等方法，将设计和工艺高度结合，进行计算机辅助设计、计算机辅助工艺设计和数控加工，使产品在设计阶段就能发现加工中的问题，进行协同解决；同时，可以集全世界的制造技术和资源进行全世界范围内的合作生产，大大缩短了产品的开发周期，提高了产品质量。

这个阶段，工业生产采用强有力的软件，在计算机上进行系统完整的仿真，可以避免在生产加工时才能发现的一些问题，缩短产品开发周期的同时，避免了多代样机试制造成的损失。可以说，它既是虚拟的，也是现实的。

0.2.2 机械制造技术的发展趋势

未来，机械制造技术与材料科学、电子科学、信息科学、生命科学、管理科学等交叉、融合，朝着精密化、自动化、敏捷化和可持续方向发展。发展的重点为创新设计、并行设计、现代成形与改性技术、材料成形过程仿真和优化、高速和超高速加工、精密工程和纳米技术、数控加工技术、集成制造技术、虚拟制造技术、协同制造技术等。

0.3 本课程研究内容、特点及学习方法

0.3.1 本课程研究内容和学习要求

本课程主要介绍了机械产品的生产过程、机械加工过程及其装备，包括了金属切削过程及其基本规律、刀具、机床、夹具的基本知识、机械加工工艺规程和装配工艺规程的设计。

通过本课程的学习，要求学生：①对制造活动有一个总体的了解；②掌握金属切削过程的实质以及诸多现象的变化规律，并能结合实际初步解决生产中的相关问题；③了解常用刀具的结构、工作原理和工艺特点，能够结合生产实际合理选择刀具；④熟悉金属切削机床的结构、工作原理和工艺范围，能够结合生产实际正确选用机床设备；⑤掌握机械加工精度和表面质量的基本理论和基本知识，具有分析生产过程中的质量、生产效率等问题的能力；⑥掌握机械加工的基本知识，初步具有设计和编制零件加工工艺规程和装配工艺规程的能力，初步掌握设计机床夹具的步骤和方法；⑦了解各种先进制造技术的特点、应用范围，了解先进制造模式的发展概况及趋势。

0.3.2　本课程特点及学习方法

本课程具有很强的实践性和综合性，学习本课程时，除了参考书籍之外，更要加强实践环节，即通过实习、课程设计及工厂调研更好地体会和加深理解。本课程的特点及学习方法阐述如下。

(1) 综合性

机械制造技术是一门综合性很强的课程，涉及多门先修课的知识，如金属工艺学、工程材料、互换性与测量技术、机械设计以及化学、物理、力学等基础知识。因此，学习本课程时，需要特别紧密联系和综合应用以往所学的知识。

(2) 实践性

机械制造技术本身就是机械制造生产实践的总结，具有极强的实践性。因此，在学习本课程时，要特别注意理论联系生产实际。在生产实践中，可以领悟到丰富的知识和经验，并进行总结和深化，从而又上升到理论知识；同时，在实践中，可以发现一些与技术发展不协调的情况需要改进和完善，这就要求我们运用理论知识，去分析和处理实践中的问题。

为了能更好地学好本课程，应在学习之前或中期安排一定时间的生产实习，并在课程结束之后，安排2~3周课程设计，这样可以加强工程训练，深化本课程的学习。

第 1 章

金属切削原理

[本章提要]

金属切削加工实质上是工件和刀具相互作用的过程，是目前应用最为广泛的机械加工方法。本章主要介绍金属切削过程中的基本概念以及发生的物理现象，揭示这些物理现象内在的机理和规律；通过学习能够用金属切削的科学理论去指导生产实践，能根据具体加工条件合理选择刀具材料、切削部分几何参数及切削用量，能计算切削力和功率，并能运用所学知识分析及解决生产中出现的相关问题。

金属切削过程是工件和刀具相互作用的过程，其目的是将工件上多余的金属切除，并在保证高生产率和低成本的前提下，使工件达到符合设计要求的加工精度和表面质量。在这一过程中，刀具和工件之间将产生变形、摩擦、磨损、切削力、切削热等诸多物理现象，通过对这些物理现象的研究，揭示其内在的机理和规律；用金属切削的科学理论去指导生产实践，运用所学知识分析及解决生产中出现的相关问题。

1.1 金属切削过程中的基本概念

1.1.1 切削运动和切削用量

1.1.1.1 切削运动

为了切除工件上多余的金属，以获得形状、尺寸精度和表面质量都符合要求的工件，除必须使用切削刀具外，还要求刀具与工件之间作相对运动——切削运动。根据切削运动对切削加工过程所起的作用不同，分为主运动和进给运动。

(1) 主运动

主运动是进行切削最主要的运动。通常它的速度最高，消耗机床动力最多。切削加工中只有一个主运动，它可由工件完成，也可以由刀具完成，车削时工件的旋转运动(图 1-1)、钻削和铣削时钻头和铣刀的回转运动，以及刨削时刨刀的往复直线运动等都是主运动。

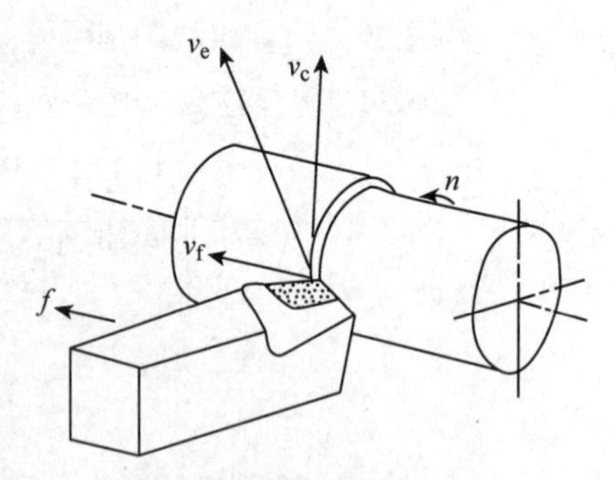

图 1-1 外圆车削的切削运动

由于切削刃上各点主运动的大小和方向都不一定相同，为了便于分析问题，通常选取合适的点来分析其运动，此点称为选定点。切削刃上选定点相对于工件主运动的瞬时速度称为切削速度，其大小和方向可用 v_c 表示。

(2) 进给运动

进给运动与主运动配合后，将能保持切削工作连续或反复地进行，从而切除切削层形成已加工表面。机床的进给运动可由一个、两个或多个组成，通常消耗动力较小。进给运动可以是连续运动，也可以是间歇运动，可以是旋转运动，也可以是直线运动。

切削刃上选定点相对于工件进给运动的瞬时速度，称为进给速度，其大小和方向用 v_f 表示。

1.1.1.2　合成切削运动

当主运动和进给运动同时进行时，刀具切削刃上选定点与工件间的相对切削运动，是主运动和进给运动的合成运动，称为合成切削运动。合成切削运动瞬时速度的大小和方向用 v_e 表示。

1.1.1.3　工件上的加工表面

在切削加工过程中，工件上的金属层不断地被刀具切除而变成切屑，同时在工件上形成新表面。在新表面的形成过程中，工件上有三个不断变化着的表面(图1-2)：

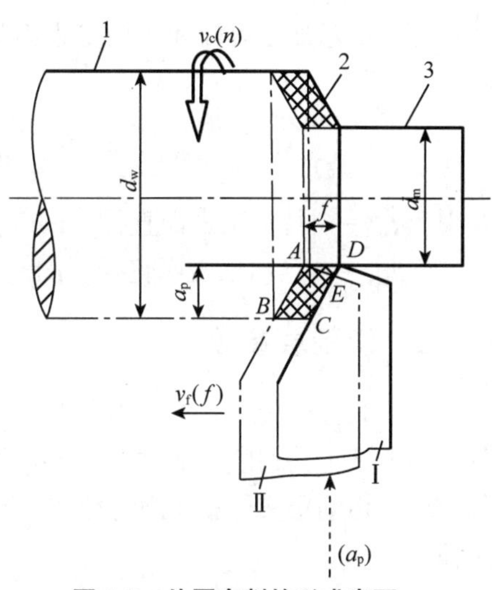

图1-2　外圆车削的形成表面

1. 待加工表面　2. 过渡表面　3. 已加工表面

(1)待加工表面

工件上即将被切除的表面，随着切削过程的进行，它将逐渐减小，直至全部切去。

(2)已加工表面

刀具切削后在工件上形成的新表面，并随着切削的继续进行而逐渐扩大。

(3)过渡表面

切削刃正切削着的表面，并且是切削过程中不断改变着的表面，它总是处在待加工表面与已加工表面之间。

1.1.1.4　切削用量

通常把切削速度 v_c、进给量 f、切削深度 a_p 称为切削用量三要素。

(1)切削速度 v_c

主运动的线速度，单位为m/min。车削时的切削速度为：

$$v_c = \frac{\pi d n}{1000} \quad \text{m/min} \tag{1-1}$$

式中　n——工件或刀具的转速，r/min；

d——工件或刀具选定点的旋转直径，mm。

(2)进给量 f

它是刀具在进给运动方向上相对于工件的位移量。可用刀具或工件每转或每行程的位移量来表示。当主运动是旋转运动时，进给量的单位为mm/r，当主运动是往复直线运动时，则进给量的单位为mm/行程。

对于多齿刀具，如钻头、铣刀等，还规定每齿进给量 f_z。它是相邻两刀齿在工件进给运动方向的位移量，单位为 mm/z(z 为刀具的齿数)。v_f、f、f_z 三者之间有如下关系：

$$v_f = n \cdot f = f_z \cdot z \cdot n \qquad \text{mm/min} \tag{1-2}$$

(3) 切削深度 a_p

工件上已加工表面和待加工表面间的垂直距离，单位为 mm，如图 1-2 所示，车外圆时：

$$a_p = \frac{d_w - d_m}{2} \tag{1-3}$$

式中　d_w ——待加工表面直径，mm；

　　　d_m ——已加工表面直径，mm。

1.1.2　切削层参数

切削时工件旋转一周，刀具从位置Ⅰ移到位置Ⅱ，在Ⅰ、Ⅱ之间的一层材料被切下，则刀具正在切削着的这层材料称切削层。图 1-2 中，四边形 *ABCD* 称切削层公称横截面积。切削层实际横截面积是四边形 *ABCE*，△*AED* 为残留在已加工表面上的横截面积。

切削层形状、尺寸直接影响着刀具承受的负荷。为简化计算，切削层形状、尺寸规定在刀具基面中度量，即过刀刃上选定点与主运动方向垂直的平面。如图 1-3 所示，切削层尺寸是指在刀具基面中度量的切削层长度与宽度，它与切削用量 a_p、f 大小有关。

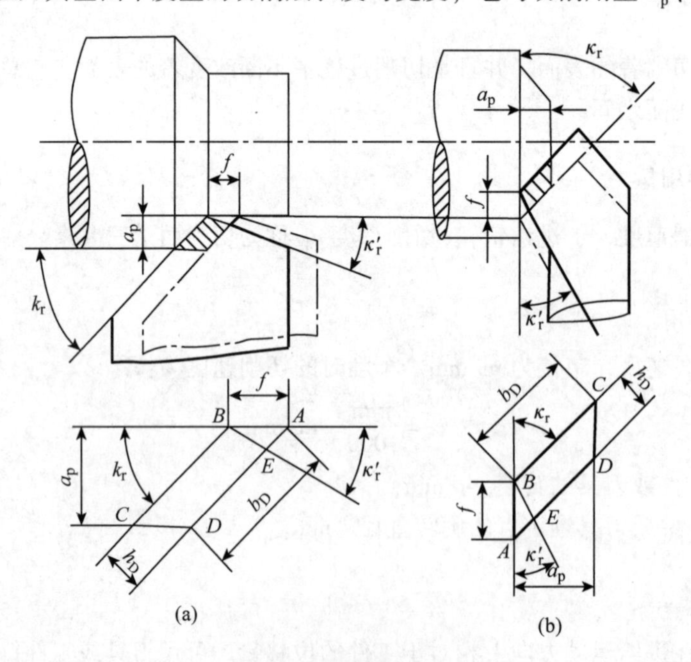

图 1-3　切削层参数

(a) 车外圆　(b) 车端面

1.1.2.1　切削层公称厚度 h_D

在主切削刃选定点的基面内，垂直于切削表面度量的切削层尺寸称为切削层公称厚度 h_D(切削厚度)。车外圆时，若车刀主切削刃为直线时，切削层截面的切削厚度为：

$$h_D = f\sin\kappa_r \tag{1-4}$$

由此可见，进给量 f 或主偏角 κ_r 增大，切削厚度 h_D 变厚。

1.1.2.2　切削层公称宽度 b_D

在主切削刃选定点的基面内，沿切削表面度量的切削层尺寸，称为切削层公称宽度 b_D (切削宽度)。当车刀主切削刃为直线时，切削层截面的切削宽度为：

$$b_D = \frac{a_p}{\sin\kappa_r} \tag{1-5}$$

由上式可知，当 a_p 减小或 κ_r 增大时，b_D 变短。

1.1.2.3　切削层公称横截面积 A_D

在主切削刃选定点的基面内度量的切削层横截面积，称为切削层公称横截面积 A_D 。车削时：

$$A_D = h_D \cdot b_D = f \cdot a_p \tag{1-6}$$

1.1.3　刀具切削部分结构及刀具角度

1.1.3.1　刀具的组成部分

如图 1-4 所示的车刀由刀头、刀柄(刀杆)两大部分组成。刀头用于切削，又称切削部分；刀柄用于装夹，又称刀体。

刀具切削部分由刀面、切削刃(也称刀刃)构成。不同的刀面用字母 A 和下角标组成复合符号标记；切削刃用字母 S 标记。副切削刃及其相关联的刀面，在标记符号右上角加一撇以示区别。

(1) *刀面*

①前刀面 A_γ：切屑流出时经过的刀面称为前刀面。

②主后刀面 A_α：与加工表面相对的刀面称为主后刀面。

③副后刀面 A'_α：与已加工表面相对的刀面称为副后刀面。

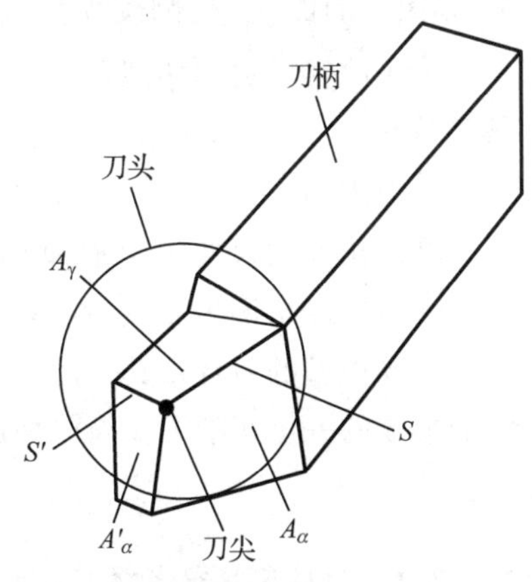

图 1-4　典型外圆车刀切削部分结构

前刀面与后刀面之间所包含的刀具实体部分称刀楔。

(2)切削刃

①主切削刃 S：担任主要切削工作的切削刃，它是前刀面与主后刀面汇交的边缘。

②副切削刃 S'：担任少量切削工作的切削刃，它是前刀面与副后刀面汇交的边缘。

(3)刀尖

主、副切削刃汇交的一小段切削刃称刀尖。

由于切削刃不可能刃磨得很锋利，总有一些刃口圆弧，如刀楔的放大部分图 1-5(a)所示。刃口的锋利程度用切削刃钝圆半径 r_n 表示，一般工具钢刀具 r_n 约为 0.01~0.02mm，硬质合金刀具 r_n 约为 0.02~0.04mm。

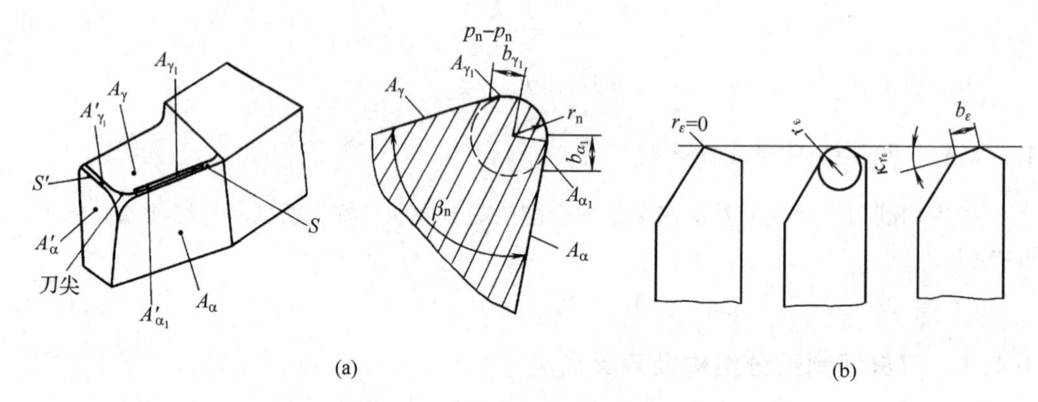

图 1-5 刀楔、刀尖形状参数

(a)刀楔及刀楔剖面形状 (b)刀尖形状

为了提高刃口强度以满足不同加工要求，在前、后面上均可磨出倒棱面 A_{γ_1}、A_{α_1}。b_{γ_1} 是第一前面 A_{γ_1} 的倒棱宽度；b_{α_1} 是第一后面 A_{α_1} 的倒棱宽度。

为了改善刀尖的切削性能，常将刀尖做成修圆刀尖或倒角刀尖，如图 1-5(b)所示。其参数有：

①刀尖圆弧半径 r_z：在基面上测量的刀尖倒圆的公称半径。

②倒角刀尖长度 b_ε：在基面上测量的倒角刀尖的长度。

③刀尖倒角偏角 κ_{r_ε}：在基面上测量的倒角刀尖与进给运动方向的夹角。

不同类型的刀具，其刀面、切削刃数量不同。但组成刀具的最基本单元是两个刀面汇交形成的一个切削刃，简称两面一刃。任何复杂刀具都可将其分为多个基本单元进行分析。

1.1.3.2 刀具角度参考系

刀具角度是确定刀具切削部分几何形状的重要参数。用来定义刀具角度的各基准坐标平面称为参考系。

参考系有两类：刀具静止参考系又称标注参考系，刀具设计图上所标注的刀具角度，就是以它为基准的，所以刀具在制造、测量和刃磨时，也均以它为基准。

刀具工作参考系又称动态参考系，它是确定刀具在切削运动中有效工作角度的基准，它同静止参考系的区别在于，在确定参考平面时考虑了进给运动以及刀具实际安装条件的影响。本书主要论述刀具静止参考系及其刀具标注角度。

刀具设计时标注、刃磨、测量角度最常用的是正交平面参考系。但在标注可转位刀具或大刃倾角刀具时，常用法平面参考系。在刀具制造过程中，如铣削刀槽、刃磨刀面时，需要用假定工作平面、背平面参考系中的角度。下面介绍三种标注角度参考系。

(1) 正交平面参考系

正交平面参考系由基面 p_r 、切削平面 p_s 和正交平面 p_o 组成。

①基面 p_r ：过切削刃某选定点，平行或垂直刀具上的安装面(轴线)的平面，车刀的基面可理解为平行刀具底面的平面。对于钻头、铣刀等旋转刀具则为通过切削刃某选定点，包括刀具轴线的平面。基面是刀具制造、刃磨、测量时的定位基准面。

②切削平面 p_s ：通过切削刃某选定点，与切削刃相切且垂直于基面的平面。

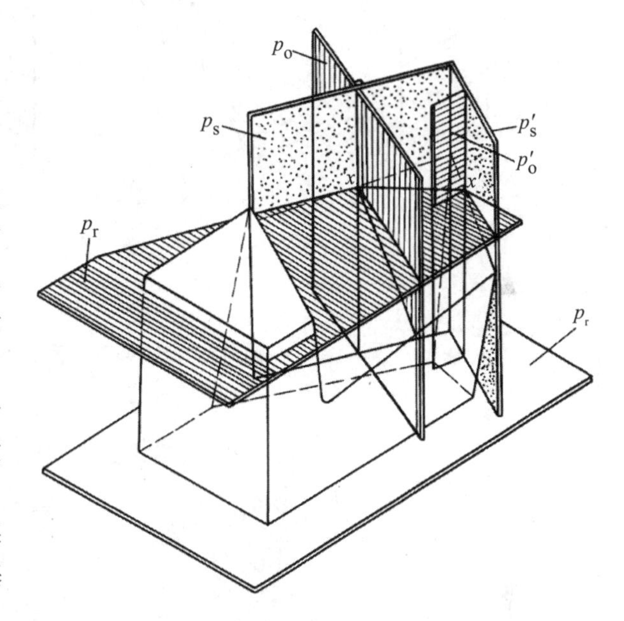

图 1-6　正交平面参考系

③正交平面 p_o ：通过切削刃某选定点，同时垂直于基面与切削平面的平面。

在图 1-6 中，过主切削刃某一点 x 或副切削刃某一点 x' 都可以建立正交参考系平面。副刃与主刃的基面是同一个面。

(2) 法平面参考系

法平面参考系由基面 p_r 、切削平面 p_s 和法平面 p_n 组成，如图 1-7 所示。其中，法平面 p_n 是过切削刃某选定点与切削刃垂直的平面。

(3) 假定工作平面参考系

假定工作平面参考系由基面、假定进给平面和假定切深平面组成，如图 1-8 所示。其中：

①假定进给平面 p_f ：通过切削刃选定点平行于假定进给运动方向并垂直于基面的平面。

②假定切深平面(背平面) p_p ：通过切削刃选定点既垂直于基面又垂直于假定工作平面的平面。

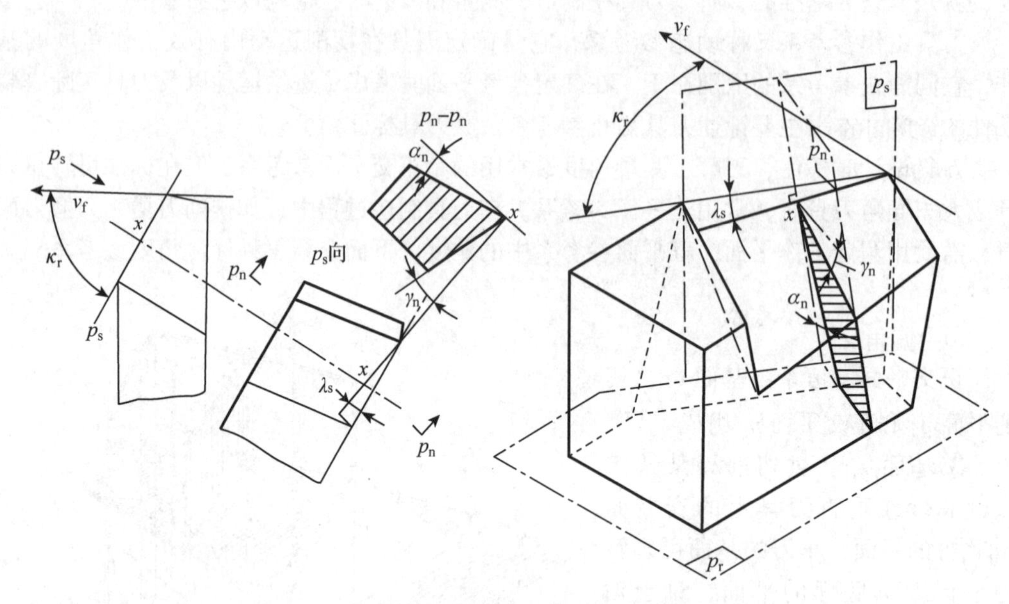

图 1-7 法平面参考系及刀具角度

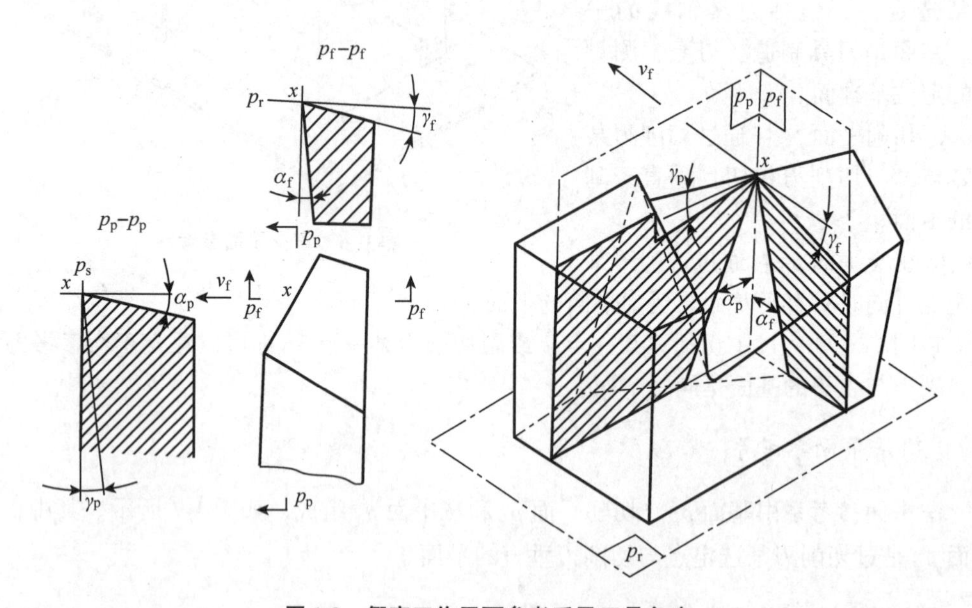

图 1-8 假定工作平面参考系及刀具角度

1.1.3.3 刀具角度

刀具在设计、制造、刃磨和测量时，用刀具静止参考系中的角度来表明切削刃和刀面在空间的位置，故这些角度为标注角度。在各类参考系中最基本的角度只有 4 个，即前角、后角、偏角和刃倾角。其定义如下。

(1) 正交平面参考系内的刀具角度

①前角 γ_o：正交平面中测量的前刀面与基面间的夹角，它有正负之分。当前面与切削平面之间的夹角小于90°时，前角为正，大于90°时，前角为负。前角是一个非常重要的角度，对刀具切削性能有很大的影响。

②后角 α_o：正交平面中测量的后刀面与切削平面间的夹角。它的主要作用是减小后面和过渡表面之间的摩擦。后角的正负规定是：后面与基面夹角小于90°时，后角为正，大于90°时，后角为负。

③主偏角 κ_r：基面中测量的主切削刃与进给运动方向的夹角，一般情况下它总是正值。

④刃倾角 λ_s：切削平面中测量的切削刃与基面间的夹角。当主切削刃与基面平行时，λ_s 为零，当刀尖是主切削刃的最高点时，λ_s 为正值；当刀尖是主切削刃的最低点时，λ_s 为负值。

以上4个角度是刀具最基本的角度，如图1-9所示，其正负如图1-10所示。

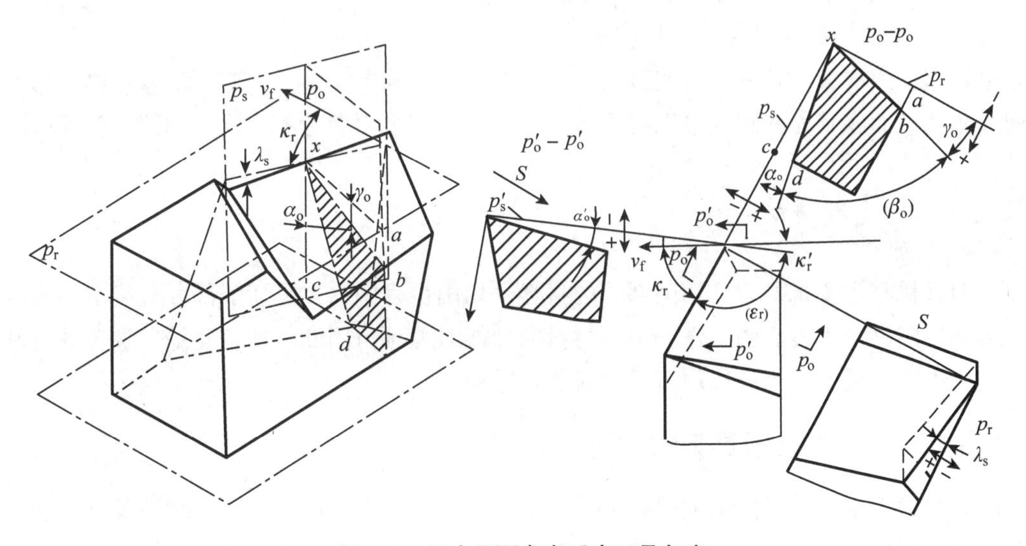

图1-9　正交平面参考系内刀具角度

像对主切削刃那样，采用类似的方法，对副切削刃也可以定义出副偏角 κ'_r、副刃倾角 λ'_s、副前角 γ'_o 和副后角 α'_o 4个角度。

此外，为了比较切削刃、刀尖强度，刀具上还定义了2个角度，其属于派生角度。

楔角 β_o：正交平面中测量的前、后刀面间夹角。

$$\beta_o = 90° - (\gamma_o + \alpha_o) \tag{1-7}$$

刀尖角 ε_r：基面中测量的刀具切削部分的主、副切削刃间夹角。

$$\varepsilon_r = 180° - (\kappa_r + \kappa'_r) \tag{1-8}$$

(2)法平面参考系内的刀具角度

法平面参考系与正交平面参考系的区别仅在于以法平面代替正交平面作为测量前角和后角的平面。在法平面 p_n 内测量的角度有法前角 γ_n、法后角 α_n、法楔角 β_n，其定义同正交平面内的前、后角等类似。其他如主偏角 κ_r、副偏角 κ'_r、刀尖角 ε_r 和刃倾角 λ_s 的定义，则与正交平面参考系完全相同，如图 1-7所示。

(3)假定工作平面参考系内的刀具角度

在假定工作平面参考系中，主切削刃的某一选定点上由于有 p_p 和 p_f 两个测量平面，故有背前角 γ_p、背后角 α_p、背楔角 β_p 及侧前角 γ_f、侧后角 α_f、侧楔角 β_f 两套角度。而在基面和切削平面内测量的角度与正交平面参考系相同，如图 1-8 所示。

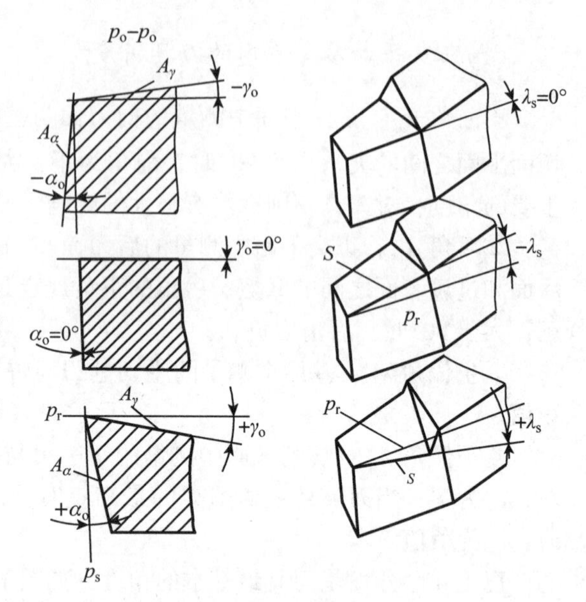

图 1-10 刀具角度正负的规定

1.2 刀具材料

刀具材料主要是指刀具切削部分的材料。切削过程中，刀具切削部分直接承担切除余量和形成已加工表面的工作。刀具材料的性能对刀具耐用度、加工质量、加工效率和加工成本影响很大，正确选用刀具材料非常重要。

1.2.1 刀具材料必须具备的性能

切削过程中，刀具的切削刃要承受很高的温度和很大的切削力，同时还要承受冲击与振动，要使刀具能在这样的条件下工作并保持良好的切削能力，刀具材料应满足以下基本要求。

(1)高硬度及高耐磨性

高硬度是刀具材料应具备的最基本性能，一般认为，刀具材料应比工件材料的硬度高 1.3~1.5 倍，常温硬度高于 HRC60。

耐磨性是材料抵抗磨损的能力，通常，刀具要经受剧烈磨擦，所以作为刀具材料必须具备高的耐磨性。耐磨性不仅与硬度有关，还与强度、韧度和金相组织结构等因素有关，因而耐磨性是个综合性的指标。一般认为，刀具材料的硬度越高、马氏体中合金元素越多、金属碳化物数量越多、颗粒越细、分布越均匀，耐磨性就越高。

(2)足够的强度和韧性

刀具材料必须具备足够的强度和韧性，以承受切削力、冲击和振动。一般指抗弯强度和冲击韧性。通常刀具材料的硬度越高，其抗弯强度和冲击韧性值越低。这是个矛盾的现象。在选用刀具材料时，必须注意，以便在刀具结构、几何参数选择时采取弥补措施。

(3)高耐热性

耐热性是衡量刀具材料切削性能优劣的主要指标，它是指刀具材料在切削过程中的高温下保持硬度、耐磨性、强度和韧性的能力，又称热硬性及红硬性。一般用保持其常温下切削性能的温度来表示耐热性。一般室温下，各种刀具材料的硬度相差不大，但由于耐热性不同，其切削性能会有很大差异。此外，刀具材料还应具有在高温下抗氧化、抗黏结和抗扩散能力。

(4)良好的工艺性

为便于刀具制造，要求刀具材料具有良好的工艺性，如良好的切削加工性、磨削性、焊接性能、热处理性能、高温塑性变形等。

(5)经济性

应为整体上的经济性，好的经济性是刀具材料价格及刀具制造成本不高，使得分摊到每个工件的成本不高。值得注意的是，有些刀具材料虽然单价很高，但因其使用寿命长，分摊到每个零件的成本不一定很高，仍有好的经济性。

刀具材料种类很多，但目前还没找到一种能同时满足以上性能要求的刀具材料。如耐磨性好的刀具材料往往刃磨性能较差，所以应根据不同的切削条件对刀具材料进行合理选择，充分发挥各种刀具材料的优势。

1.2.2 常用刀具材料种类与特点

目前，生产中常用的刀具材料有碳素工具钢、合金工具钢、高速钢、硬质合金、陶瓷、立方氮化硼、金刚石等。碳素工具钢及合金工具钢因耐热性较差，仅用于一些手工刀具及切削速度较低的刀具的制造，如手用丝锥、铰刀等。陶瓷、立方氮比硼、金刚石虽有很高的显微硬度及优良的抗磨损性能，刀具耐用度高，加工精度好，但仅应用于有限的场合。生产中用得最多的刀具材料还是高速钢及硬质合金，这里着重介绍。

(1)高速钢

高速钢全称高速合金工具钢，也称白钢、锋钢，是19世纪末研制成功的，是含有较多W、Mo、Cr、V的高合金工具钢，与碳素工具钢和合金工具钢相比，高速钢具有较高的耐热性，约在500~650℃，故高速钢刀具允许使用的切削速度较高。

高速钢具有良好的综合性能。其强度和韧性是现有刀具材料中最高的(其抗弯强度是硬质合金的2~3倍，韧性是硬质合金的9~10倍），具有一定的硬度和耐磨性，切削性能能满足一般加工要求，高速钢刀具制造工艺简单，刃磨易获得锋利切削刃，能锻造，热处理变形小，特别适合制造复杂及大型成形刀具(钻头、丝锥、成形刀具、拉刀、齿轮刀具等)。高速钢刀具可以加工从有色金属到高温合金的范围广泛的工件材料。

按用途，高速钢可分为普通高速钢和高性能高速钢。按化学成分，可分为钨系、钨钼系、钼系高速钢。按制造工艺，可分为熔炼高速钢和粉末冶金高速钢。

常用高速钢的性能及用途见表1-1。

表1-1 常用高速钢的种类、牌号、主要性能和用途

种类		牌号	常温硬度 HRC	高温硬度 HRC (600℃)	抗弯强度 (GPa)	冲击韧度 (MJ/m^2)	其他特性	主要用途
通用型高速钢	钨系高速钢	W18Cr4V	63~66	48.5	2.94~3.33 (300~340)	0.170~0.310 (1.8~3.2)	刃磨性好	复杂刀具，精加工刀具
	钨钼系高速钢	W6Mo5CrV2	63~66	47~48	3.43~3.92 (350~400)	0.398~0.446 (4.1~4.6)	高温塑性特好，热处理较难，刃磨性稍差	代替钨系用，热轧刀具
高性能高速钢	钴高速钢	W2Mo9Cr4VCo8 (M42)	67~70	55	2.64~3.72 (270~380)	0.223~0.291 (2.3~3.0)	综合性能好，可磨性好，价格较高	切削难加工材料的刀具
	铝高速钢	W6Mo5Cr4V2Al (501)	67~69	54~55	2.84~3.82 (290~390)	0.223~0.291 (2.3~3.0)	性能与M42相当，价格低得多，刃磨性略差	切削难加工材料的刀具

①普通高速钢：普通高速钢具有较好综合性能，广泛用于制造各种复杂刀具，切削硬度在HB250~280以下结构钢和铸铁材料，常用牌号有W18Cr4V，W6Mo5CrV2和W9Mo3Cr4V。

按其化学成分，普通高速钢可分为钨系高速钢和钨钼系(或称钼系)高速钢。

钨系高速钢 钨系高速钢的典型牌号是：W18Cr4V(含C 0.7%~0.8%、W 17.5%~19%、Cr 3.8%~4.4%、V 1.0%~1.4%)。钨系高速钢是我国应用最多的高速钢，它具有较好综合性能，即有较高硬度(HRC62~66)、强度、韧度和耐热性，红硬性可达620℃。切削刃可刃磨得比较锋利，通用性较强，常用于钻头、铣刀、拉刀、齿轮刀具、丝锥等复杂刀具制造。但其强度随横截面尺寸变大而下降较多。由于钨价格高，使用量正逐渐减少。

钨钼系(或称钼系)高速钢 钨钼系高速钢的典型牌号是W6Mo5Cr4V2，在这种牌号中是用Mo代替了一部分W(Mo∶W＝1∶1.45)。Mo在合金中的作用与W相似，但其原子量比 W 小 50%，故钼系高速钢的密度小于钨系高速钢。具体含量：C(0.8%~0.9%)、W(5.6%~6.95%)、Mo(1.5%~5.5%)、Cr(3.8%~4.1%)、V(1.75%~2.21%)。

钨钼系高速钢的综合性能与钨系相近，但碳化物晶粒更小、分布更均匀，故强度和韧度好于钨系高速钢，可用于制造大截面尺寸的刀具，特别是热状态下塑性好，适于制造热轧刀具(如热轧钻头)。主要缺点是热处理时脱碳倾向大，易氧化，淬火温度范围较窄。

②高性能高速钢：包括高碳高速钢(含 C＞0.9%)、高钒高速钢(含 V＞3%)、钴高速钢(含 Co5%~10%，典型牌号是：W2Mo9Cr4VCo8)、铝高速钢(典型牌号是：W6Mo5Cr4V2Al)及粉末冶金高速钢。

这些特殊性能高速钢必须在适用的特殊切削条件下，才能发挥其优异的切削性能，选用时不要超出使用范围。上述各种高速钢牌号、性能与用途见表 1-2。

表 1-2　高速钢的牌号、性能与用途

钢　号	常温硬度 HRC	抗弯强度 σ_{bb}(GPa)	冲击韧度 a_k(MJ/m^2)	高温硬度 HRC	
				500℃	600℃
W18Cr4V	63~66	3~3.4	0.18~0.32	56	48.5
W6Mo5Cr4V2	63~66	3.5~4	0.3~0.4	55~56	47~48
9W18Cr4V	66~68	3~3.4	0.17~0.22	57	51
W6Mo5Cr4V3	65~67	3.2	0.25	—	51.7
W6Mo5Cr4V2Co8	66~68	3.0	0.3	—	54
W2Mo9Cr4VCo8	67~69	2.7~3.8	0.23~0.3	~60	~55
W6Mo5Cr4V2Al	67~69	2.9~3.9	0.23~0.3	60	55
W10Mo4Cr4V3Al	67~69	3.1~3.5	0.2~0.28	59.5	54

(2)硬质合金

硬质合金以高硬度难熔金属的碳化物(WC、TiC)粉末为主要成分，以钴(Co)或镍(Ni)、钼(Mo)为黏结剂，在真空炉或氢气还原炉中烧结而成的粉末冶金制品。它耐热性比高速钢高得多，约在 800~1000℃，允许的切削速度 v_c 约是高速钢的 4~10 倍。硬度很高，可达 HRA89~91，有的高达 HRA93；但它抗弯强度 σ_{bb} 为 1.1~1.5GPa，为高速钢一半；冲击韧度 a_k =0.04MJ/m^2 左右，不足高速钢的 1/25~1/10。由于它耐热性、耐磨性好，因而多用于刃形不复杂刀具上，如车刀、端铣刀、铰刀、镗刀，丝锥及中小模数齿轮滚刀等。

①影响硬质合金性能的因素分析：硬质合金的性能主要取决于金属碳化物的种类、性能、数量、粒度和黏结剂的数量。

碳化物的种类和性能的影响　金属碳化物种类不同，其物理性能不同(表 1-3)，所制成硬质合金性能也不同。可见含 TiC 硬质合金硬度高于 WC 硬质合金硬度，但其脆性更大、导热性能更差、密度更小。

表1-3 金属碳化物的某些物理化学性能

碳化物	熔 点 (℃)	硬 度 HV	弹性模量 E(GPa)	导热系数 k [W/(m·℃)]	密度 ρ (g/m^3)	对钢的黏结温度
WC	2900	1780	720	29.3	15.6	较低
TiC	3200~3250	3000~3200	321	24.3	4.93	较高
TaC	3730~4030	1599	291	22.2	14.3	—
TiN	2930~2950	1800~2100	616	16.8~29.3	5.44	—

碳化物的数量、粒度及黏结剂数量的影响　碳化物在硬质合金中所占比例越大，硬质合金硬度越高。反之硬度降低，抗弯强度提高。

当黏结剂数量一定时，碳化物粒度越细，硬质合金中碳化物所占总面积越大，黏结层厚度越小(即黏结剂相对减少)，使硬质合金硬度提高、σ_{bb}下降；反之，硬度降低、σ_{bb}提高。故细晶粒、超细晶粒硬质合金硬度高于粗晶粒硬质合金硬度，但σ_{bb}则低于粗晶粒硬质合金。

碳化物颗粒分布的影响　碳化物颗粒分布越均匀、黏结层越均匀，越可以防止由于热应力和机械冲击而产生的裂纹。硬质合金中加入 TaC 有利于颗粒细化和分布的均匀化。

②硬质合金的种类和牌号：实践证明，含 WC 用 Co 作黏结剂的硬质合金强度最高。故目前绝大多数含 WC 的硬质合金用 Co 作黏结剂，即 WC 为基体的硬质合金占主导地位。此类硬质合金可分为四类：

钨钴类(WC－Co)硬质合金　钨钴类硬质合金硬质相是 WC，黏结相是 Co、国标代号为 YG。主要牌号有 YG3、YG6、YG8，其中 Y 表示硬质合金、G 表示钴，其后数字表示钴质量百分含量，数字后还可能有“X”(细晶粒)、“C”(粗晶粒)、相当于 ISO 中“K”类。

钨钛钴类(WC－TiC Co)硬质合金　钨钛钴类中的硬质相为 WC、TiC，黏结相为 Co。国标代号 YT，常用牌号有 YT5、YT11、YT15、YT30，其中的 Y 表示硬质合金，T 表示碳化钛，其后数字为 TiC 的质量百分含量。相当于 ISO 中的“P”类。

钨钴钽(铌)类(WC TaC(NbC)Co)硬质合金　钨钴钽(铌)类硬质合金是往 WC－Co 类中加入 TaC(N_bC)制成的，加入 TaC(N_bC)的目的是提高硬度。国标代号为 YGA，常用牌号为 YG6A。

钨钛钴钽(铌)类(WC TiC－TaC(NbC)－Co)硬质合金　钨钛钴钽(铌)类硬质合金是往 WC－TiC－Co 类中加入 TaC(NbC)制成的。TaC(N_bC)可改善切削性能。国标代号 YW，常用牌号 YW1、YW2，W 是万能(通用)之意。相当于 ISO 中“M”类。

以上代号、牌号中的字母均按汉语拼音来读。以上硬质合金成分和性能见表1-4。

③硬质合金的性能特点：

硬度　硬质合金的硬度一般在 HRA89~93。前两类硬质合金中，Co 含量越多，硬度越低；当 Co 含量相同时，YT 类的硬度高于 YG 类，细晶粒的硬度比粗晶粒的硬度高，含 TaC(N_bC)者比不含者高(表1-4)。

强度与韧度　从表 1-4 可以看出，硬质合金的抗弯强度 σ_{bb} 和冲击韧度 a_k 均随 Co 含量的增加而提高；含 Co 量相同时，YG 类的 σ_{bb} 和 a_k 比 YT 类的 σ_{bb} 和 a_k 高，细晶粒的 σ_{bb} 比一般晶粒的 σ_{bb} 稍有下降。加 TaC(NbC)的 σ_{bb} 比不加者的 σ_{bb} 有所提高(YGA 类除外)。

导热系数　硬质合金的导热系数 k 因硬质合金种类的不同，约在 20～88W/(m・℃)间变化，其 k 随着含 Co 量增加或 TiC 量增加而减小(表 1-3)。

线膨胀系数　硬质合金的线膨胀系数 α 比高速钢的低。YT 类的 α 明显高于 YG 类的 α，且随 TiC 含量的增加而增大。可看出，YT 类硬质合金焊接时产生裂纹的倾向要比 YG 类大，原因在于 YT 类硬质合金的 α 大，k 和 σ_{bb} 小。

抗黏结性　抗黏结性就是抵抗与工件材料发生“冷焊”的性能。硬质合金与钢发生黏结的温度比高速钢高，且 YT 类硬质合金与钢发生黏结的温度要高于 YG 类，即 YT 类的抗黏结性能比 YG 类好。

④选用原则：不同种类的硬质合金性能差别很大，因此正确选用硬质合金牌号，对于充分发挥硬质合金的切削性能具有重要意义。选用硬质合金的原则是：

YG 类适于加工铸铁、有色金属及其合金、非金属等脆性材料。而 YT 类适于高速加工钢料。因切削脆性材料时，切屑呈崩碎状，切削力集中在切削刃口附近很小面积上，局部压力很大，且具一定冲击性，故要求刀具材料具备较高抗弯强度 σ_{bb} 和冲击韧度 a_k，而 YG 类硬质合金 σ_{bb} 和 a_k 都较好，导热系数 k 又比 YT 类 k 大，导热快，可降低刃口处温度。

含 Co 量少的硬质合金宜于精加工，含 Co 量多者宜于粗加工。YG 类硬质合金中的 YG3 用于精加工脆性材料，YG8 用于粗加工脆性材料。原因在于 Co 量少，硬度高，耐磨性好，反之 σ_{bb} 和 a_k 好。YT 类中 YT5 宜于粗加工钢料，YT30 宜于精加工钢料，因为此时 TiC 含量高，刀具耐磨性好。

含 Ti 的不锈钢和钛合金等难加工材料不宜采用 YT 类加工，而应采用 YG 类硬质合金加工。因为此时的工件材料导热系数小，仅为 45 号钢的 1/3～1/7，生成的切削热不易散出，故切削温度高。为降低切削温度，应选用导热性能好的 YG 类硬质合金作刀具。加之工件材料中含有较多的 Ti，从抗黏结亲和的角度看，也应选用不含 Ti 的 YG 类硬质合金。

YGA 类宜加工冷硬铸铁、高锰钢、淬硬钢以及含 Ti 不锈钢、钛合金、高温合金。因为 YGA 类的高温硬度、强度及耐磨性均比 YG 类高。

YW 类硬质合金可用于高温合金、高锰钢、不含 Ti 的不锈钢等难加工材料的半精加工和精加工。因为 YW 类的强度、韧度、抗热冲击性均比 YT 类高，通用性较好。

⑤其他硬质合金：

TiC 基硬质合金　它是以 TiC 为基体、用 Ni 和 Mo 作黏结剂的硬质合金。具有较好的耐磨性，但韧度较差，性能介于 WC 基硬质合金与陶瓷之间。国标代号为 YN，主要牌号有 YN05、YN10。主要用于钢件的精加工。

细晶粒超细晶粒硬质合金　细晶粒硬质合金性能见表 1-4。超细晶粒(YM 类)硬质合金主要用于冷硬铸铁钢、不锈钢及高温合金等的加工。

表 1-4　常用硬质合金成分和性能

YS/T 400—1994		物理力学性能				对应 GB/T 2075—1998		使用性能
类型	牌号	硬度 HRA	抗弯强度(GPa)	密度 (g/cm^3)	热导率 [W/(m·K)]	代号	牌号	加工材料类别
钨钴类	YG3	91	1.2	14.9~15.3	87	K 类	K01	短切屑的黑色金属；非铁金属；非金属材料
	YG6X	91	1.4	14.6~15	75.55		K10	
	YG6	89.5	1.42	14.6~15.0	75.55		K20	
	YG8	89	1.5	14.5~14.9	75.36		K30	
	YG8C	88	1.75	14.5~14.9	75.36			
钨钛钴类	YT30	92.5	0.9	9.3~9.7	20.93	P 类	P01	长切屑的黑色金属
	YT15	91	1.15	11~11.7	33.49		P10	
	YT14	90.5	1.2	11.2~12	33.49		P20	
	YT5	89	1.4	12.5~13.2	62.8		P30	
添加钽铌类	YG6A	91.5	1.4	14.6~15.0	—	K 类	K10	长、短切屑的黑色金属
	YG8N	89.5	1.5	14.5~14.9	—		K20	
	YW1	91.5	1.2	12.8~13.3	—	M 类	M10	
	YW2	90.5	1.35	12.6~13.0	—		M20	
碳化钛基类	YN05	93.3	0.9	5.56	—	P 类	P01	长切屑的黑色金属
	YN10	92	1.1	6.3	—		P01	

钢结硬质合金　它是以 TiC 或 WC 做硬质相(占 30%~40%)、高速钢做黏结相(70%~60%)，通过粉末冶金工艺制成，性能介于硬质合金与高速钢之间的高速钢基硬质合金，良好耐热性、耐磨性和一定韧度，可进行锻造、热处理和切削加工，可作结构复杂刀具。

涂层硬质合金　它是在硬质合金表面上用化学气相沉积法(CVD 法)涂复一层(5~12μm)硬度和耐磨性很高的物质(TiC、TiN、Al_2O_3等)，使得硬质合金既有强韧的基体，又有高硬度、高耐磨性的表面。此类合金可用较高切削速度，但不能焊接，不能重磨。

1.3　金属切削过程

金属在切削过程中由于受到刀具的推挤，通常会产生变形。这种变形直接影响切削力、切削热、刀具磨损、已加工表面质量和生产效率等，因此有必要对其变形过程加以研究，以找到基本规律，提高加工质量和生产效率。

1.3.1　金属切削过程的力学实质

切屑是被切金属层变形产生的废物。切屑是怎样形成的呢？过去曾错误地认为刀具是个“楔子”，像斧子劈材那样，金属是被劈开来的。19世纪末，根据实验结果发现，切屑是被切材料受到刀具前刀面的推挤，沿着某一斜面剪切滑移形成的，如图1-11所示。

图中未变形的切削层 *AGHD* 可看成是由许多个平行四边形组成的，如 *ABCD*、*BEFC*、*EGHF*……当这些平行四边形扁块受到前刀面推挤时，便沿着 *BC* 方向斜上方滑移，形成另一些扁块，即 *ABCD* – *AB′C′D*、*BEFC* – *B′E′F′C′*、*EGHF* – *E′G′H′F′*……由此看出，切削层实际是靠前刀面推挤、滑移而成。

可以认为，金属切削过程是切削层金属受到刀具前刀面推挤后而产生的以剪切滑移为主的塑性变形过程。即类似于材料力学实验中压缩破坏的情况。图1-12给出了压缩变形破坏与切削变形二者比较。

图1-12(a)给出了试件受压缩变形破坏情况，此时试件产生剪切变形，其方向约与作用力方向成45°。当作用力 *F* 增加时，在 *DA*、*CB* 线两侧会产生一系列滑移线，但都分别变于 *D*、*C* 处。

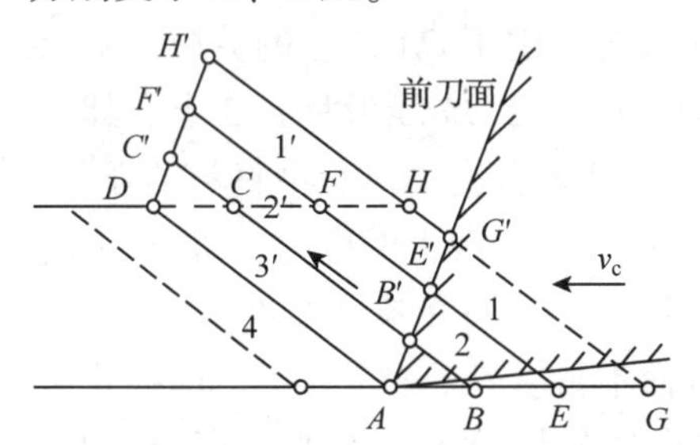

图1-11　切削过程示意图

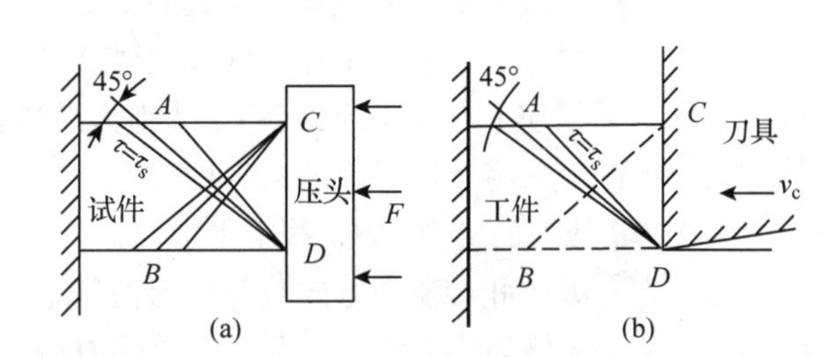

图1-12　挤压与切削的比较

(a)挤压试验　(b)切削示意

图1-12(b)所示情况与图1-12(a)的区别仅在于：切削时，试件 *DB* 线以下还有基体材料的阻碍，故 *DB* 线以下的材料将不发生剪切滑移变形。即剪切滑移变形只在 *DB* 线以上沿 *DA* 方向进行，*DA* 就是切削过程的剪切滑移线，当然刀具前角与试件间有摩擦作用，故剪切滑移变形更复杂些。

1.3.2　切削层的变形

切削过程的实际情况要比前述的情况复杂得多。这是因为切削层金属受到刀具前刀面的推挤产生剪切滑移变形后，还要继续沿着前刀面流出变成切屑。在这个过程中，切削层金属要产生一系列变形，通常将其划分成3个变形区(图1-13)。

图1-13中的Ⅰ(*AOM*)区为第一变形区。在 *AOM* 内将产生剪切滑移变形。

Ⅱ区内，在刀–屑接触位置，切屑沿前刀面流出时进一步受到前刀面的挤压和摩擦，靠近前刀面处的金属纤维化方向基本与前刀面平行，此区为第二变形区。

Ⅲ区是位于刀-工件接触位置，已加工表面受到切削刃钝圆部分和后刀面的挤压摩擦与回弹，造成纤维化与加工硬化区，此区称第三变形区。

1.3.2.1 剪切滑移区的变形

正如图 1-14 所示，图中 *OA*、*OB*、*OM* 均为剪切等应力线，*OA* 线上的应力 $\tau=\tau_s$，*OM* 线的应力达最大 τ_{max}。

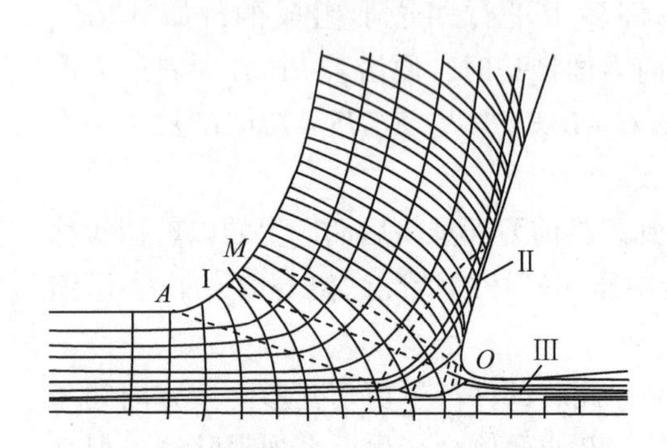

图 1-13 剪切滑移线与三个变形区示意图

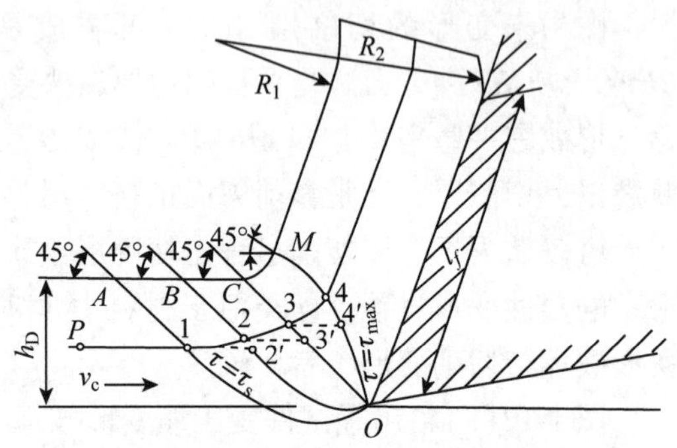

图 1-14 第一变形区金属的滑移

当切削层金属的某点 *P* 向切削刃逼近到达点 1 位置时，由于 *OA* 线上的剪应力 τ 已达到材料屈服强度 τ_s，故点 1 在向前移动到 2′点的同时还要沿 *OA* 线滑移到 2 点，即合成运动的结果将使 1 点流动到 2 点，2′2 则为滑移量。由于塑性变形过程中材料的强化，等应力线上的应力将依次逐渐增大，即 *OB* 线上的应力大于 *OA* 线上的应力，*OC* 线上的应力大于 *OB* 线上的应力，*OM* 线上的应力已达最大值 τ_{max}，故点 2 流动至点 3 处，点 3 再流动至点 4 处，此后流动方向就与前刀面基本平行而不再沿 *OM* 线滑移了。即终止了滑移，故称 *OM* 线为终滑移线。开始滑移的 *OA* 线称始滑移线，*OA* 与 *OM* 线所组成的区域即为第一变形区，该区产生的是沿滑移线(面)的剪切滑移变形。

在一般切削速度范围内，第一变形区的宽度仅为 0.02~0.2mm，切削速度越高其宽度越小，故可近似看成一个平面，称剪切面。这种单一的剪切面切削模型虽不能完全反映塑性变形的本质，但简单实用，因而在切削理论研究和实践中应用较广。

剪切面与切削速度间的夹角称剪切角，以 ϕ 表示。

当切削层金属沿剪切面滑移时，剪切滑移时间很短，滑移速度 v_s 很高，切削速度 v_c 与滑移速度 v 的合成速度即为切屑流动速度 v_{ch}。若观察切屑根部，可看到切屑明显呈纤维状，但切削层在进入始滑移线前，晶粒是无方向性的圆形，而纤维状是它在剪切滑移区受剪切应力作用变形的结果(图 1-15)。

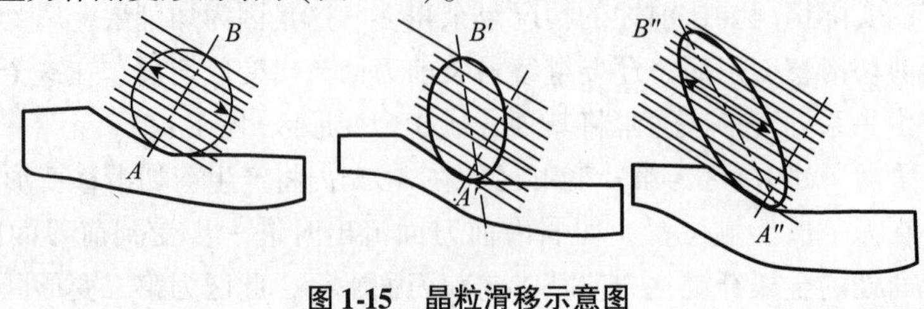

图 1-15 晶粒滑移示意图

图1-16给出了晶粒变形纤维化示意图，可以看出，晶粒一旦沿 OM 线开始滑移，圆形晶粒受到剪切应力作用变成了椭圆，其长轴与剪切面间呈 ϕ 角。剪切变形越大，晶粒椭圆长轴方向(纤维方向)与剪切面间的夹角 ϕ 就越小，即越接近于剪切面。

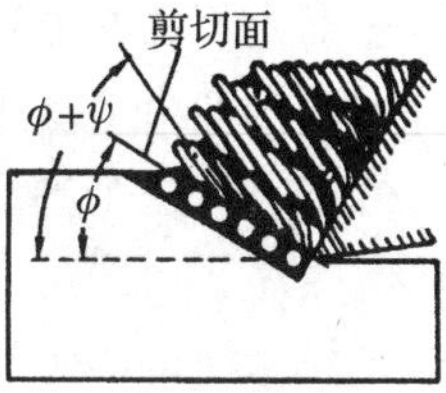

图1-16 晶粒变形纤维化示意图

1.3.2.2 刀—屑接触区的变形与积屑瘤现象

(1)刀—屑接触区的变形

切削层金属经过剪切滑移后，应该说变形基本结束了，但切屑底层(与前刀面接触层)在沿前刀面流动过程中却受到前刀面的进一步挤压与摩擦，即产生了第二次变形。第二次变形是集中在切屑底层极薄一层金属中，且该层金属的纤维化方向与前刀面是平行的，这是由于切屑底层金属一方面要沿前刀面流动；另一方面还要受到前刀面的挤压摩擦而膨胀，使底层比上层长造成的。图1-17给出了切屑的挤压与卷曲情况。

由图1-17可看出，原来的平行四边形扁块单元的底面就被前刀面的挤压给拉长了，使得平行四边形变成了梯形 $AB'CD$。许多这样的梯形叠加起来后，切屑就背向底层卷曲了，由于强烈地挤压摩擦，使得切屑底层非常光滑，上层呈锯齿状的毛茸。

据前述可知，第一变形区和第二变形区也是相互关联的，前刀面的挤压会使切削层金属产生剪切滑移变形，挤压越强烈，变形越大，在流经前刀面时挤压摩擦越大。

(2)积屑瘤现象

切削过程中，切屑底层是刚生成的新表面，前刀面在切屑的高温高压下也已是无保护膜的新表面，二者的接触区极有可能黏结在一起，以致接触面上切屑底层很簿的一层金属由于被黏结而流动缓慢，而上层金属仍在高速向前流动，这样就在切屑底层里的各层金属之间产生了剪切应力，层间剪切应力之和称内摩擦力，这种现象称为内摩擦(图1-18)。

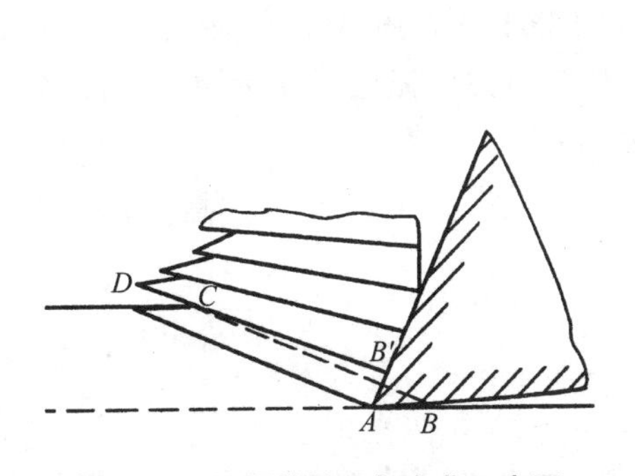

图1-17 切屑的挤压与卷曲示意图

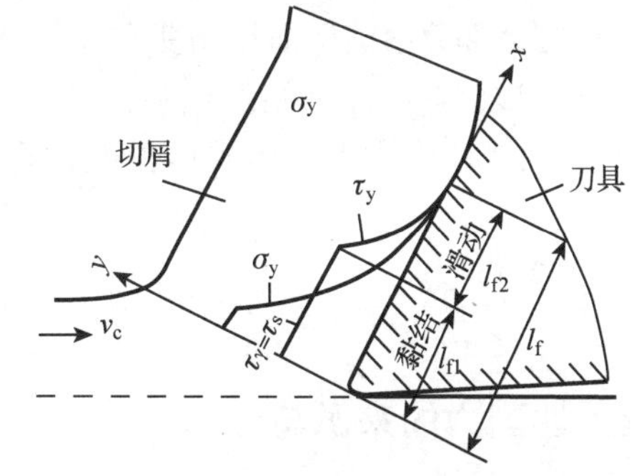

图1-18 刀—屑接触区摩擦情况示意图

在一般切削条件下，内摩擦力约占全部摩擦力的85%，即前刀面上的刀—屑接触区是以内摩擦为主，且 σ_y 是变化的，根本不遵循外摩擦的基本规律。

当前刀面上的摩擦系数较大时，即当切削钢、球墨铸铁、铝合金等塑性材料时，在

切削速度 v_c 不高又能形成带状屑的情况下，常常会有一些从切屑和工件上下来的金属黏结(冷焊)，聚积在刀具刃口及前刀面上，形成硬度很高的鼻形或楔形硬块，以代替刀具进行切削，这个硬块则称为积屑瘤。图 1-19 给出的是用快速落刀装置获得的切屑根部显微照片。由图可以看出：积屑瘤包围着刃口，并将前刀面与切屑隔开，由于它伸出刃口之外，使得实际切削深度增加；由于它代替刀具刃口切削，从而增加了实际工作前角，使变形减小。但积屑瘤是不稳定的。对已加工表面质量也有很大的直接影响。

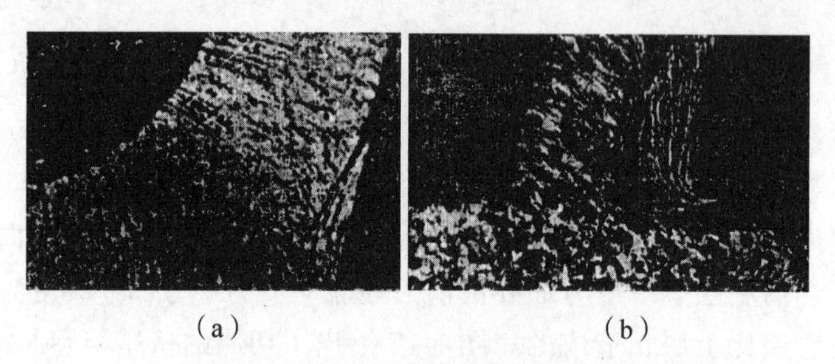

(a)　(b)

图 1-19　切屑根部显微照片

(a)带鼻形积屑瘤　(b)带楔形积屑瘤

1.3.2.3　刀—工件接触区的变形与加工表面质量

切削层金属经过第一、二变形区变形后流出变成了切屑，经过第三变形区则形成了已加工表面，此变形区位于后刀面与已加工表面之间，它直接影响着已加工表面的质量，但实际上，刀具再尖锐，刃口也会有钝圆半径 r_n 存在，如图 1-20 所示。其 r_n 值由刀具材料晶粒结构和刀具刃磨质量决定。高速钢 r_n 约为 10～18μm，最小可达 5μm；硬质合金 r_n 约为 18～32μm。由于有 r_n 的存在，刀具则不能把切削层厚度 h_D 全部切下来，而留下了一薄层 Δh_D，即当切削层 h_D 经 O 点时，O 点之上部分沿前刀面流动变成了切屑，之下部分则在刃口钝圆作用下被挤压摩擦产生塑性变形，基体深部则产生弹性变形，直到与后刀面完全脱离接触又弹性恢复成 Δh，留在已加工表面上，形成具有一定粗糙度的表面。

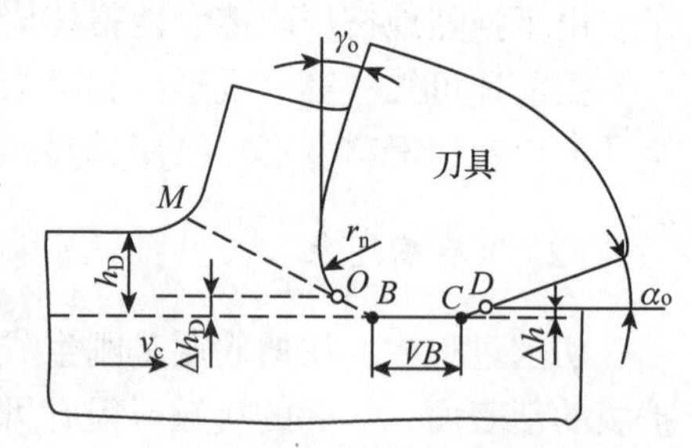

图 1-20　已加工表面的形成过程

1.4　切削力

1.4.1　切削力的来源与分解

金属切削时，刀具切入工件，使被加工材料产生变形成为切屑所需的力，称为切削力。切削力对切削机理的研究，功率计算，刀具、机床、夹具的设计，切削用量的选择以及刀具几何参数的优化，都具有非常重要的意义。

刀具在切削工件时，需要克服来自于工件的抗力和摩擦力。因此，切削力来源于 3 个方面(图 1-21)：

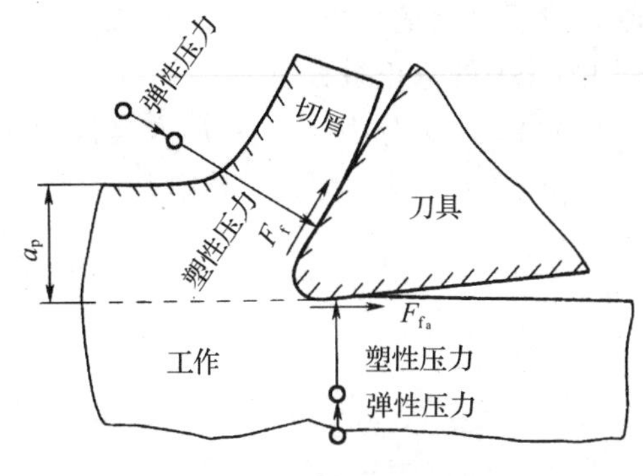

图 1-21　切削力的来源

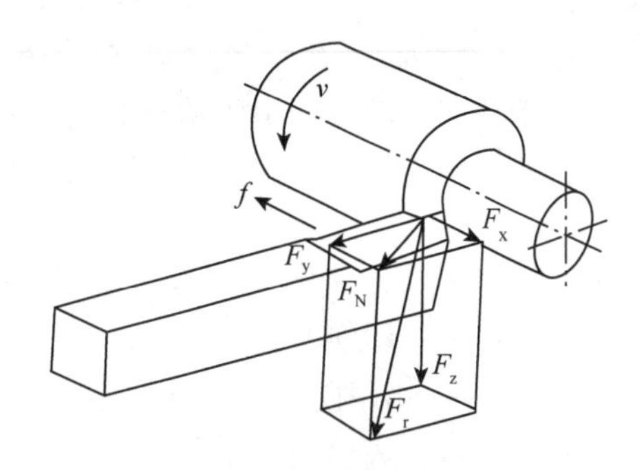

图 1-22　切削合力和分力

①克服被加工材料对弹性变形的抗力。

②克服被加工材料对塑性变形的抗力。

③克服刀具与切屑、工件之间的摩擦力。

以车削外圆为例。如图 1-22 所示，为了方便应用，切削力合力 F_r可分解为互相垂直的 3 个分力：F_x、F_y、F_z。

①F_z——主切削力(又称切向力)，国标为 F_c。F_z切于过渡表面且垂直于基面，与切削速度方向一致。该力是计算刀具强度、设计机床零件、选择切削用量的主要依据。

②F_x——进给力(又称轴向力)，国标为 F_f。F_x是处于基面并与工件轴线平行的力，是 F_r在进给方向上的分力。该力是设计走刀机构、计算刀具进给功率所必需的。

③F_y——背向力(又称径向力)，国标为 F_p。F_y是处于基面并与工件轴线垂直的力。该力用来确定工件变形、计算机床零件和刀具强度，它也是使工件在切削中产生振动的力。

合力与分力的关系为

$$F_r = \sqrt{F_z^2 + F_N^2} = \sqrt{F_z^2 + F_x^2 + F_y^2} \tag{1-9}$$

$$F_y = F_N \cos\kappa_r,\ F_x = F_N \sin\kappa_r \tag{1-10}$$

一般情况下，F_z最大，F_y次之，F_x最小。随着切削条件不同，F_z、F_y、F_x三者的比值在一定范围内变动，即

$$F_x = (0.1 \sim 0.6) F_z$$

$$F_y = (0.15 \sim 0.7) F_z$$

1.4.2　切削力的计算

当需要知道切削力的具体数值时，就需要有一种在各种切削条件下都能进行计算的通用公式。因此，在大量实验数据的基础上，得出了计算切削力的经验公式：

$$\begin{aligned} F_z &= C_{F_z} a_p^{X_{F_z}} f^{Y_{F_z}} v^{n_{F_z}} K_{F_z} \\ F_y &= C_{F_y} a_p^{X_{F_y}} f^{Y_{F_y}} v^{n_{F_y}} K_{F_y} \\ F_x &= C_{F_x} a_p^{X_{F_x}} f^{Y_{F_x}} v^{n_{F_x}} K_{F_x} \end{aligned} \tag{1-11}$$

式中　C_{F_z}、C_{F_y}、C_{F_x}——决定与被加工金属和切削条件的系数；

X_{F_z}、Y_{F_z}、n_{F_z}——3个分力公式中，背吃刀量、进给量、切削速度的指数；

K_{F_z}、K_{F_y}、K_{F_x}——不同切削条件下对各切削分力的修正系数值。

消耗在切削过程中的功率称为切削功率 P_m（kW）。3个分力中，因 F_y 方向没有位移，所以不消耗动力，不做功。另两个分力 F_z、F_x 所消耗的功率即为总功率 P_m。于是：

$$P_m = \left(F_z v + \frac{F_x n_w f}{1000}\right) \times 10^{-3} \tag{1-12}$$

式中　F_z——切削力，N；

v——切削速度，m/s；

F_x——进给力，N；

n_w——工件转速，r/s；

f——进给量，mm/r。

等号右侧的第二项是消耗在进给运动中的功率，其所占比例很小，约为总功率的1%~5%，可以略去不计。于是，有

$$P_m = F_z v \times 10^{-3} \tag{1-13}$$

机床电动机所需功率 P_E 应为

$$P_E \geqslant \frac{p_m}{\eta_m} \tag{1-14}$$

式中　η_m——机床的传动效率，一般取 $\eta_m = 0.75 \sim 0.85$。

切削力的大小可采用测力仪进行测量，也可通过经验公式或理论公式进行计算。

单位切削力是指单位面积上的主切削力，用 k_c（N/mm^2）表示：

$$k_c = F_c / A_D \tag{1-15}$$

式中　A_D——切削层公称横截面积，mm^2，$A_D = a_p f$；

F_c——主切削力，N。

如果已知单位切削力 k_c，可利用下式计算主切削力：

$$F_c = k_c A_D = k_c a_p f \tag{1-16}$$

1.4.3　影响切削力的因素

凡影响切削过程变形和摩擦的因素均影响切削力。这些因素主要有工件材料、切削用量、刀具几何参数、刀具材料、切削液和刀具磨损等。

1.4.3.1　工件材料的影响

材料的强度越高，硬度越大，切削力就越大。此外，它还受材料的加工硬化能力的影响。如奥氏体不锈钢的强度、硬度都很低，但强化系数大，较小的变形就会引起硬度极大的提高，使切削力增大。

同一材料的热处理状态不同，金相组织不同，也会影响切削力的大小。

加工铸铁等脆性材料时，切屑层的塑性变形很小，加工硬化小。此外，铸铁等脆性材料在加工时，形成崩碎切屑，且集中在刀尖，摩擦力也小。因此，加工铸铁时的切削力比钢小。

铜、铝等金属强度低，虽塑性较大，但变形时的加工硬化小，因而切削力也较低。

1.4.3.2　切削用量的影响

①背吃刀量和进给量：背吃刀量 a_p 或进给量 f 加大，均使切削力增大，但二者的影响程度不同。a_p 增大时，变形系数基本保持不变，切削力成正比增大。加大进给量 f 时，变形系数有所下降，所以切削力不成正比增大。当 a_p 增大 1 倍时，切削力 F_c 也相应增加 1 倍左右。但 f 增大 1 倍时，切削力 F_c 只增加 68%~86%。

由上述分析可知，从切削刀具的载荷和能量消耗的观点来看，用大的进给量 f 工作，比用大的背吃刀量 a_p 工作更为有利。

②切削速度：加工塑性材料时，在中速和高速下，切削力一般随着 v_c 的增大而减小。这主要是因为 v_c 增大，切削温度升高，μ 下降，从而使变形系数减小。如图 1-23 所示，在低速范围内，由于存在着积屑瘤，所以，切削速度对切削力的影响有着特殊的规律。

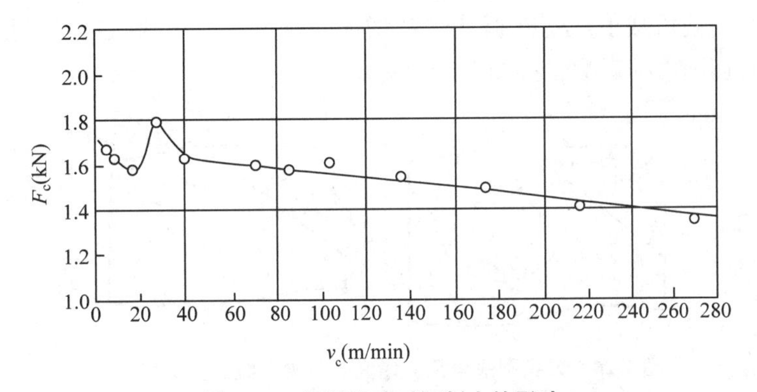

图 1-23　切削速度对切削力的影响

切削脆性材料时，因其塑性变形很小，切屑和前刀面的摩擦也很小，所以切削速度 v_c 对切削力没有显著影响。

1.4.3.3　刀具几何参数的影响

①前角：在刀具的几何角度中，前角的影响最大。前角 γ_0 加大，使切屑变形减小，因此切削力下降。一般加工塑性较大的材料时，影响更为显著。例如，车刀前角 γ_0 每加大 1°，加工 45 号钢的 F_c 降低约 1%，加工纯铜时 F_c 降低约 2%~3%。

②负倒棱：在锋利的切削刃上磨出负倒棱，可以提高刃区的强度，从而提高刀具的使用寿命。但使切削变形加大，切削力增加。

③主偏角：主偏角 κ_r 对主切削力的影响较小，主要影响切削力的作用方向，即影响 F_x 与 F_y 的比值。如图 1-24 所示，F_y 随主偏角 κ_r 的增大而减小，而 F_x 随主偏角 κ_r 的增大而增大。

④刃倾角：刃倾角 λ_s 对主切削力的影响甚微，对 F_y 的影响较大。因为 λ_s 改变时，将改变合力方向，λ_s 减小，F_y 增大。刃倾角 λ_s 在 10°~45° 的范围内变化时，F_c 基本不变，如图 1-25 所示。

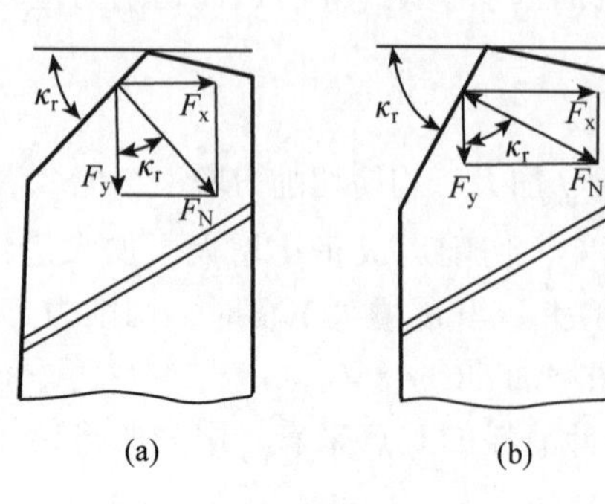

图 1-24 主偏角不同时 F_N 力的分解

(a) κ_r 小 (b) κ_r 大

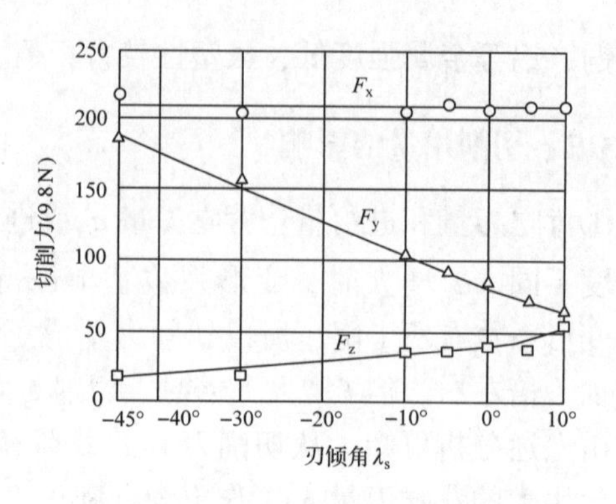

图 1-25 刃倾角 λ_s 对切削力的影响

⑤刀尖圆弧半径：刀尖圆弧半径 r_ε 对 F_x 与 F_y 的影响较大，对 F_c 的影响较小。当 r_ε 增大时，平均主偏角减小，故 F_y 减小，F_x 增大。所以，刀尖圆弧半径 r_ε 增大相当于主偏角减小时对切削力的影响，如图 1-26 所示。

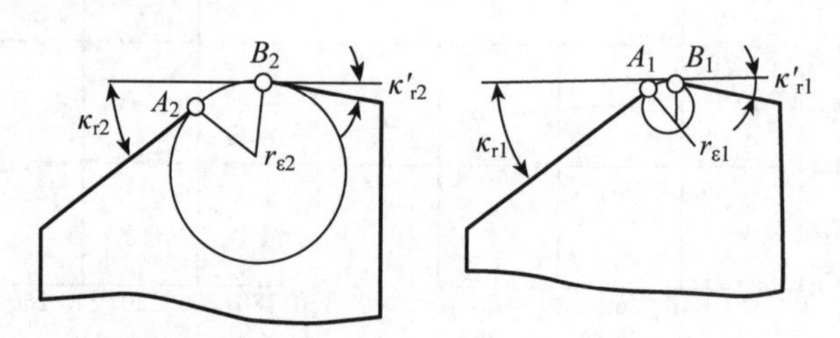

图 1-26 刀尖圆弧半径 r_ε 增大时刀尖曲线部分长度增大

刀具的其他几何参数，如后角、副后角、副偏角等，在外圆纵车时，在它们的常用值范围内，对切削力没有显著的影响。

1.4.3.4 刀具磨损的影响

车刀在前刀面上磨损而形成月牙洼时，由于增大了前角，因此减小了切削力。车刀在后刀面上磨损时，形成后角为零的小棱面。棱面越大，摩擦越大，从而使切削力增大。

1.4.3.5 切削液的影响

切削过程中采用切削液，可以降低切削力。切削过程中所消耗的功主要用在克服材料的变形和刀具、切屑、工件之间的摩擦力。切削液的正确使用，可以减小摩擦，使切削力降低。

实践证明，所用切削液的润滑性能越高，切削力的降低就越显著。

以冷却为主的水溶液对切削力的影响较小，而润滑作用强的切削油能够显著地降低切削力。这是因为它可以减小摩擦力，甚至还能减小材料的塑性变形。例如，使用极压乳化液比干切时的切削力降低 10%~20%。

1.4.3.6　刀具材料的影响

刀具材料不是影响切削力的主要因素，但由于不同的刀具材料之间的摩擦因数不同，因此对切削力也有一定的影响。在同样的切削条件下，陶瓷刀的切削力最小，硬质合金次之，高速钢刀具的切削力最大，如图 1-27 所示。

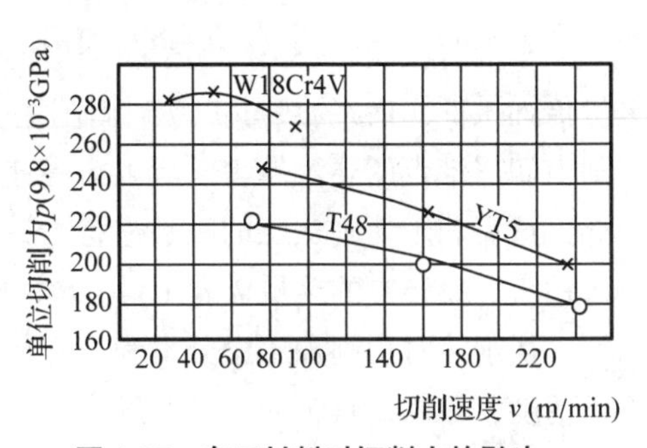

图 1-27　车刀材料对切削力的影响

（T48 为俄罗斯的一种陶瓷刀具材料的牌号）

1.5　切削热和切削温度

1.5.1　切削热的产生和传出

切削热是切削过程中的重要物理现象之一。在切削过程中，切削热和由它产生的切削温度，能改变摩擦系数，改变材料的性能，影响工件的加工精度和表面质量，并影响刀具的磨损和使用寿命以及影响生产率等。

切削热来源于切削层金属产生的弹性变形、塑性变形所做的功。同时，刀具、切屑、工件之间的强烈摩擦也会产生出大量的热量来。因此，3 个变形区也就是 3 个热源，其中，变形热主要来源于第Ⅰ变形区，摩擦热主要来源于第Ⅱ、Ⅲ变形区(图 1-28)。

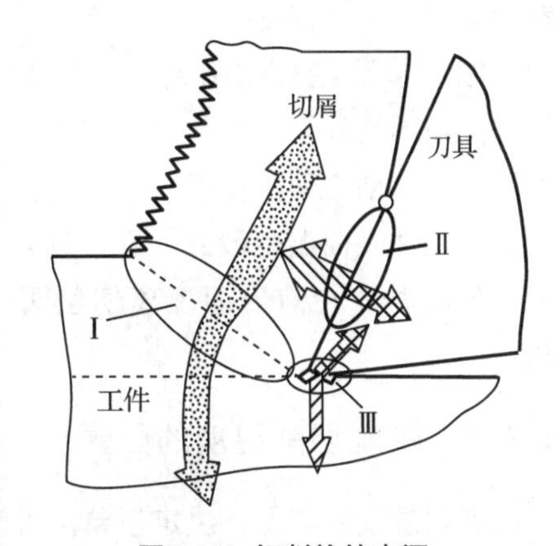

图 1-28　切削热的来源

略去进给运动所消耗的功，假定主运动所消耗的功全部转化为热能，则单位时间内产生的切削热为

$$Q = F_c v_c \tag{1-17}$$

式中　Q——每秒钟内产生的切削热，J/s；

F_c——主切削力，N；

v_c——切削速度，m/s。

切削热由刀具、切屑、工件及周围介质传导出去。其产生与传出的关系式为

$$Q = Q_e + Q_t + Q_w + Q_m \tag{1-18}$$

式中　Q_e——单位时间内传给切屑的热量，J/s；

Q_t——单位时间内传给刀具的热量，J/s；

Q_w——单位时间内传给工件的热量，J/s；

Q_m——单位时间内传给周围介质的热量，J/s。

车削时，50%~86%的热量由切屑带走，10%~40%的热量传入刀具，3%~9%的热量传入工件，1%的热量扩散到周围的介质中。切削速度越高，切削层公称厚度越大，则由切屑带走的热量越多。所以，高速切削时，切屑的温度很高，工件和刀具的温度较低，这有利于切削加工的顺利进行。钻削时，28%的热量由切屑带走，14.5%的热量传入钻头，52.5%的热量传入工件，5%的热量扩散到周围的介质中。

切削热对切削加工十分不利，它传入工件，使工件温度升高，产生热变形，影响加工精度；传入刀具，使刀具温度升高，加剧刀具磨损。

1.5.2 切削温度的分布

切削区温度对刀具的磨损、工件的加工精度以及表面质量等都有很大的影响。通常所指的切削区温度是指刀具与切屑、工件接触表面上的平均温度。

图1-29为某种切削条件下的温度分布情况。由图可知，刀具、切屑和工件的温度不同。刀具前刀面的温度较高，其次是切屑底层，工件表面温度最低，且各点处温度不等。最高温度在前刀面上离切削刃一定距离处。

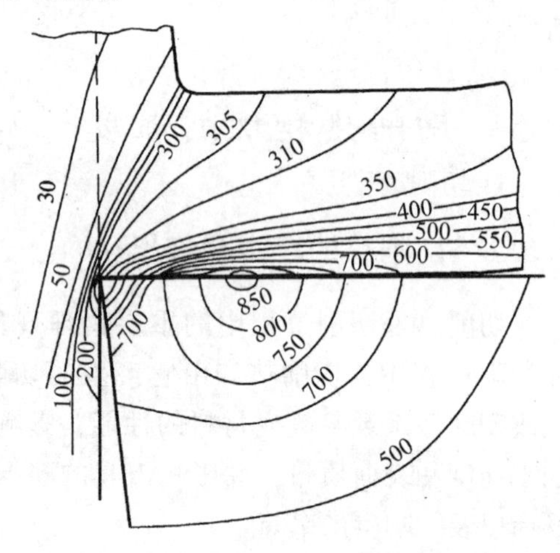

图1-29 刀具、切屑和工件的温度分布(℃)

1.5.3 影响切削温度的因素

切削温度的高低，决定于单位时间内产生的热量与传出散发的热量两方面综合影响的结果。

1.5.3.1 切削用量的影响

通过试验所建立的切削温度的经验公式为

$$\theta = C_\theta v_c^{z_\theta} f^{y_\theta} a_p^{x_\theta} \tag{1-19}$$

式中 θ——试验测出的前刀面接触区的平均温度，℃；

C_θ——切削温度系数；

v_c——切削速度，m/min；

f——进给量，mm/r；

a_p——切削深度，mm；

z_θ、y_θ、x_θ——相应的指数。

试验得出，用高速钢和硬质合金刀具切削碳钢时，切削温度系数 C_θ 及指数 z_θ、y_θ、x_θ 见表1-5。

表1-5　切削温度的系数及指数

刀具材料	加工方法	C_θ	z_θ		y_θ	x_θ
高速钢	车　削	140~170	0.35~0.45		0.2~0.3	0.08~0.1
	铣　削	80				
	钻　削	150				
硬质合金	车　削	320	f(mm/r)	z_θ	0.15	0.05
			0.1	0.41		
			0.2	0.31		
			0.3	0.26		

①切削速度 v_c：在切削用量中，切削速度 v 对切削温度的影响最大。这是因为：随 v 的增大，变形热与摩擦热增多。在短时间内热量来不及向切屑和刀具内部传导，而积聚在切屑底层，从而使切削温度显著升高。

②进给量 f：进给量 f 对切削温度的影响仅次于切削速度 v。随 f 的增加，一方面，金属切削量成比例增加，使得切削温度升高；另一方面，单位体积的切削力和切削功率减小，所以，切削产生的热量也减小。另外，当 f 增大后，切屑变厚，由切屑带走的热量增多，故切削温度上升不显著。

③背吃刀量 a_p：背吃刀量 a_p 对切削温度的影响很小。因为 a_p 增大后，产生的热量虽成比例增多，但因为切削刃参与切削的工作长度也成比例增加，改善了散热条件。所以切削温度升高得不明显。

1.5.3.2　工件材料的影响

工件材料的强度、硬度和导热系数对切削温度的影响是很大的。单位切削力是影响切削温度的主要因素，而工件材料的强度、硬度直接决定了单位切削力。所以工件材料的强度、硬度增大时，产生的切削热增多，切削温度升高。工件的导热系数则直接影响切削热的导出，如图1-30所示。

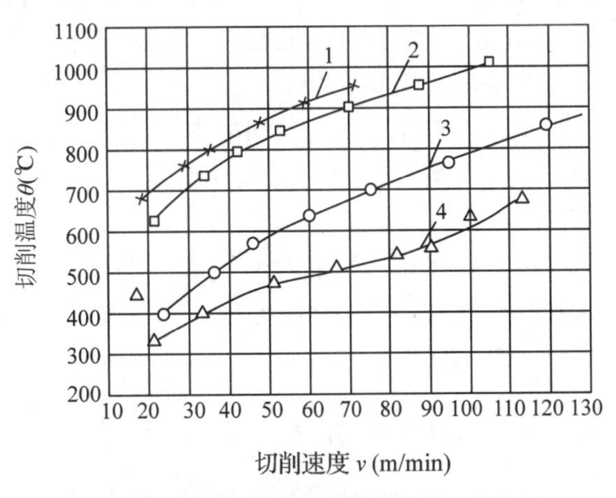

图1-30　不同切削速度下各种材料的切削温度

1. GH131　2. 1Cr18Ni9Ti　3. 45钢　4. HT20-40

工件材料的塑性越大，切削温度越高。脆性材料的抗拉强度和伸长率小，切削过程中变形小，切屑呈崩碎状，与前刀面的摩擦也小。故切削温度一般比加工钢时低。

1.5.3.3　刀具几何参数的影响

适当增大前角 γ_0 可减小变形和摩擦，从而使切削温度下降。减小主偏角 κ_r，可使主切削刃与工件的接触长度增加，刀头的散热条件得到改善，切削温度下降。刀具磨损后，切削刃变钝，金属的变形增加，摩擦增大，使得切削温度升高。

1.5.3.4 切削液的影响

切削液对降低切削温度、减小刀具磨损和提高已加工表面质量有明显的效果，在切削加工中应用很广。切削液对切削温度的影响，与切削液的导热性能、比热容、流量、浇注方式以及本身的温度有很大关系。从导热性能来看，油类切削液不如乳化液，乳化液不如水基切削液。

流量充沛与否对切削温度的影响很大。切削液本身的温度越低，降低切削温度的效果就越明显。如果将室温(20℃)的切削液降温至5℃，则刀具耐用度可提高50%。

1.5.4 切削液的作用、种类及使用方法

切削液对减少刀具磨损、改善加工表面质量、提高生产率都有非常重要的作用。

1.5.4.1 切削液的作用

①冷却作用：切削液能够降低切削温度，从而可以提高刀具耐用度和加工质量。在刀具材料的耐热性较差、工件材料的热膨胀系数较大以及两者的导热性较差的情况下，切削液的冷却作用显得更为重要。

切削液冷却性能的好坏，取决于它的导热系数、比热容、汽化热、汽化速度、流量、流速等。一般来说，水溶液的冷却性能最好，油类最差，乳化液介于两者之间。

②润滑作用：在切削过程中，刀具前刀面与切屑接触，发生强烈的摩擦，压力很高，温度也达500℃以上。在这种情况下，使用切削液也不能得到完全的流体力学润滑，并且由于部分润滑膜破裂，将造成部分金属与金属直接接触。因而，金属切削中的润滑大多属于边界润滑。

③清洗作用：当金属切削中产生碎屑(如切铸铁)或磨粉(如磨削)时，要求切削液具有良好的清洗作用。清洗性能的好坏，与切削液的渗透性、流动性和使用的压力有关。

④防锈作用：为了减小工件、机床、刀具受周围介质(空气、水分等)的腐蚀，要求切削液具有一定的防锈作用。防锈作用的好坏，取决于切削液本身的性能和加入的防锈添加剂的作用。在气候潮湿地区，对防锈作用的要求更为突出。

1.5.4.2 切削液的分类

切削加工中最常用的切削液，有非水溶性和水溶性两大类。

①非水溶性切削液：主要是切削油，其中有各种矿物油(如机械油、轻柴油、煤油等)、动植物油(如豆油、猪油等)和加入油性、极压添加剂配制的混合油。它主要起润滑作用。

②水溶性切削液：主要有水溶液和乳化液。前者的主要成分为水并加入防锈剂，也可以加入一定量的表面活性剂和油性添加剂，而使其有一定的润滑性能。后者是由矿物

油、乳化剂及其他添加剂配制的乳化油和 95%~98% 的水稀释而成的乳白色切削液。这一类切削液有良好的冷却性能，清洗作用也很好。

1.5.4.3 切削液的使用方法

普通的使用方法是浇注法，但流速慢、压力低，难以直接渗入最高温度区，影响切削液的效果。切削时，应尽量直接浇注到切削区，从后刀面喷射浇油比在前刀面上直接浇油刀具耐用度提高 1 倍以上。

深孔加工时，应采用高压冷却法，即把切削液直接喷射到切削区，并带出碎断的切屑。高速钢车刀切削难加工材料时，也可用高压冷却法，以改善渗透性，提高切削效果。

喷雾冷却法是一种较好的使用切削液的方法。高速气流带着雾化成微小液滴的切削液渗透到切削区，在高温下迅速汽化，吸收大量热量，达到较好的效果，能显著提高刀具耐用度。

1.6 刀具磨损与刀具耐用度

金属切削过程中，刀具在切除金属的同时，其本身也逐渐被磨损。当磨损到一定程度时，刀具就失去切削能力，此时就要换刀或重新刃磨，才能进行正常切削。

刀具磨损后，使工件加工精度降低，表面粗糙度增大，并导致切削力和切削温度增加，甚至产生振动，不能继续正常切削。因此，刀具磨损直接影响加工效率、质量和成本。

刀具磨损与一般机械零件的磨损不同，主要是磨损条件比较恶劣，如接触压力很大、无氧化膜的保护、高温等，并伴随着机械、热、化学以及摩擦、粘接、扩散等理化现象。

刀具磨损主要决定于刀具材料、工件材料的物理力学性能和切削条件。

1.6.1 刀具正常磨损的形式

刀具正常磨损的形式一般有以下几种：

①前刀面磨损：特点是前刀面被磨出月牙洼。在切削速度较高、切削公称厚度较大且加工塑性金属时容易出现。月牙洼处是切削温度最高的地方。月牙洼磨损值以其最大深度 KT 表示，如图 1-31(b)所示。

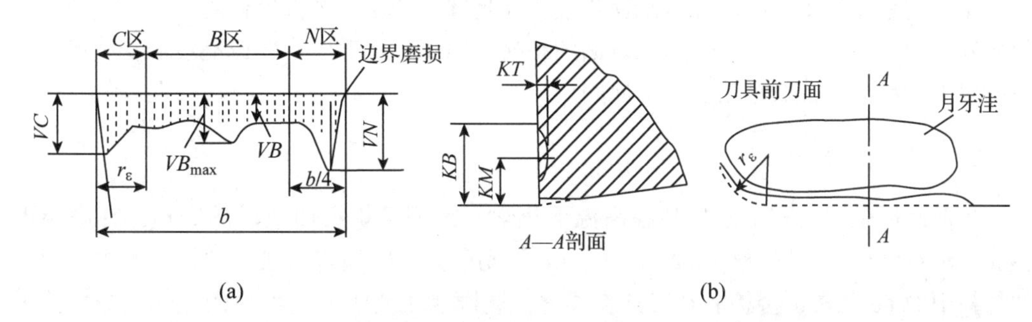

图 1-31 刀具磨损形式示意图

(a)后刀面磨损 (b)前刀面磨损

②后刀面磨损：特点是后刀面被磨出后角为零的小棱面。在加工脆性金属或在切削速度较低、切削公称厚度较小且加工塑性金属时容易出现。后刀面与工件实际上是小面积接触，磨损就发生在这个接触面上。后刀面磨损带往往是不均匀的。如图 1-31(a)所示，在刀尖部分(*C* 区)，由于强度和散热条件较差，磨损剧烈，其最大值用 *VC* 表示。在切削刃靠近工件表面处(*N* 区)，由于毛坯的硬皮或加工硬化等原因，磨损也较大，其最大值用 *VN* 表示。在切削刃的中部(*B* 区)，其磨损均匀，并以平均磨损值 *VB* 表示。

③边界磨损：如图 1-32 所示，切削钢件时，常在主切削刃靠近工件外皮处以及副切削刃靠近刀尖处的后刀面上，磨出较深的沟纹。原因主要是在切削刃附近的前、后刀面上，压应力、剪应力很大，但在工件外皮处应力突然下降，形成很高的应力梯度，引起很大的剪应力。同时，此处的温度梯度也很大，也引起了很大的剪应力。此外，在副切削刃处的切削厚度减薄到零，引起这部分刀刃打滑。

加工铸、锻件等外皮粗糙的工件，也容易发生边界磨损。

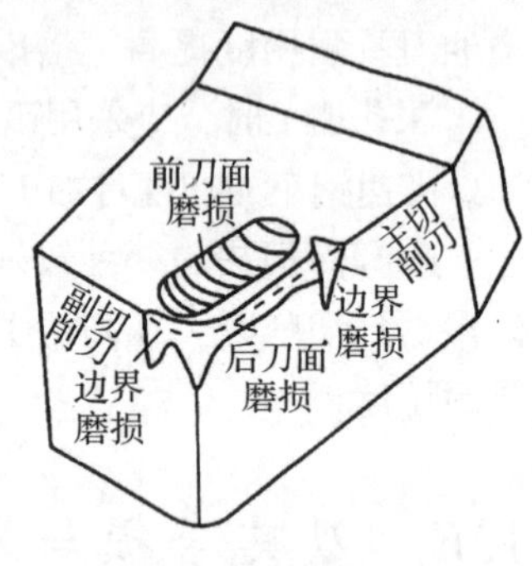

图 1-32 刀具的磨损形态

1.6.2 刀具磨损的原因

与一般机械零件的磨损不同，刀具的磨损是在高温、高压下机械、热和化学作用的综合结果。

1.6.2.1 磨料磨损

磨料磨损也称机械磨损或硬质点磨损。由于在切屑或工件的摩擦面上有一些微小的硬质点(如杂质、碳化物、氮化物等)，能在刀具表面上刻划出沟纹。磨料磨损在各种切削速度下都存在，但它是低速刀具(如拉刀、板牙等)磨损的主要原因。高速钢刀具的硬度和耐磨性低于硬质合金，故磨料磨损所占比重较大。

1.6.2.2 粘接磨损

粘接磨损也称冷焊磨损。粘接是指刀具与工件材料接触到原子间距离时所产生的结合现象。它是在摩擦面的实际接触面积上，在足够大的压力和温度作用下，产生塑性变形而发生的所谓冷焊现象。两摩擦表面的粘接点因相对运动，晶粒或晶粒群受剪或受拉而被对方带走，是造成粘接磨损的原因。

1.6.2.3 扩散磨损

扩散磨损是刀具和工件材料在高温下化学元素相互扩散而造成的磨损。在高温下(900~1000℃)，刀具材料中的 Ti、W、Co 等元素会扩散到切屑或工件材料中去，而工件材料中的 Fe 元素也会扩散到刀具表层里，这样就改变了刀具材料的化学成分，使表层硬度变脆弱，从而加剧刀具磨损。

扩散磨损主要取决于接触面之间的温度。扩散速度随切削温度的升高而增加。不同元素的扩散速度是不同的。

1.6.2.4　化学磨损

化学磨损是在一定温度下，刀具材料与某些周围介质起化学作用，在刀具表面形成一层较软的化合物，而被切屑带走加速刀具磨损；或因为刀具材料被某种介质腐蚀，造成刀具的磨损。

综上所述，在不同的工件材料和刀具材料以及切削条件下，磨损的原因和强度是不同的。

1.6.3　刀具磨损过程及磨钝标准

1.6.3.1　刀具磨损过程

随着切削时间的延长，刀具磨损增加。根据试验，可得如图 1-33 所示的刀具磨损过程的典型磨损曲线。

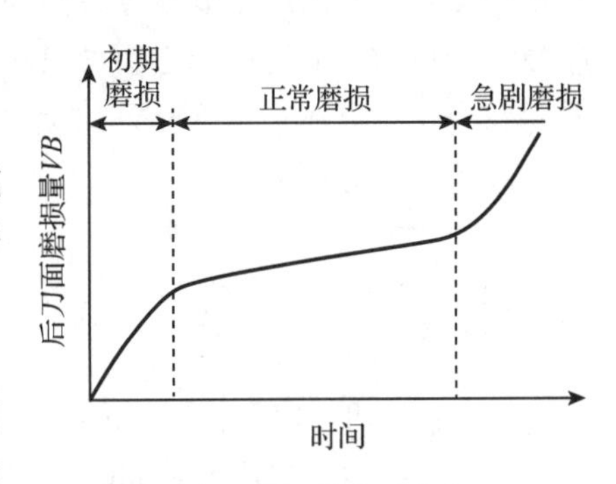

图 1-33　磨损的典型曲线

从图可知，刀具磨损过程可以分为 3 个阶段：

①初期磨损阶段：这一阶段磨损较快。这是因为刀具在刃磨后，刀具表面粗糙度较大，表层组织不耐磨所致。

②正常磨损阶段：经初期磨损后，刀具毛糙表面已经磨平，刀具进入正常磨损阶段。这一阶段的磨损比较均匀缓慢。后刀面磨损量随切削时间延长而近似地成比例增加。正常切削这一阶段时间较长。正常磨损阶段也是刀具的有效工作阶段。

③急剧磨损阶段：当磨损带宽度增加到一定限度后，加工表面粗糙度变粗，切削力和切削温度均迅速升高，磨损速度增加很快，以至刀具损坏而失去切削能力。生产中为合理使用刀具，保证加工质量，应当避免达到这个磨损阶段。应在这个阶段之前及时更换刀具或重新刃磨。

1.6.3.2　刀具的磨钝标准

刀具磨损到一定限度后，就不能继续使用，这个磨损限度称为磨钝标准。

在生产实际中，经常卸下刀具来测量磨损量会影响生产的正常进行。因此，在评定刀具材料的切削性能和研究试验时，都以刀具表面的磨损量作为衡量刀具的磨钝标准。因为一般刀具的后刀面都发生磨损，而且测量也比较方便。国际标准 ISO 统一规定，以 1/2 背吃刀量处后刀面上测定的磨损带宽度 VB 作为刀具磨钝标准。

由于加工条件不同，所定的磨钝标准也有变化。例如，精加工的磨钝标准较小，而粗加工的磨钝标准则取较大值；工艺系统刚度较低时，应规定较小的磨钝标准。此外，工件材料的可加工性、刀具制造刃磨难易程度等都是确定磨钝标准时应考虑的因素。

自动化生产中用的精加工刀具，常以沿工件径向的刀具磨损尺寸作为衡量刀具的磨钝标准，称为刀具径向磨损量 NB，如图 1-34 所示。

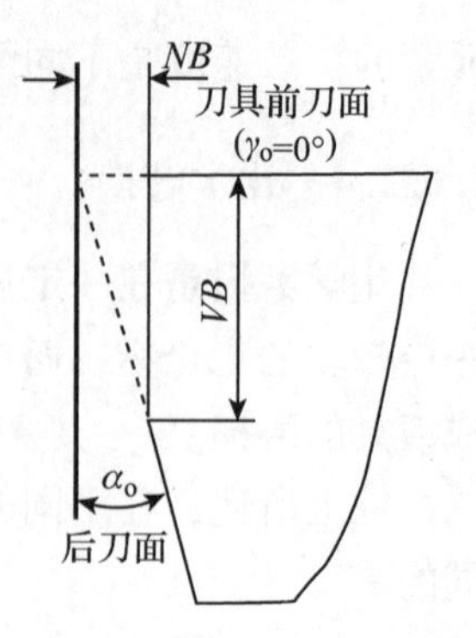

图 1-34　车刀的径向磨损量

1.6.4　切削用量对刀具耐用度的影响

1.6.4.1　切削速度与刀具耐用度的关系

刀具耐用度是指刀具由刃磨开始切削，一直到磨损量达到刀具磨钝标准所经过的总切削时间。对于某一切削加工，当工件、刀具材料和刀具几何形状选定之后，切削速度是影响刀具耐用度的主要因素。提高切削速度，耐用度就降低。这是由于切削速度对切削温度影响最大。因为切削温度对刀具磨损影响很复杂，目前，要用理论方法导出切削速度与刀具耐用度之间的数学关系，与实际情况不尽符合，所以还是用试验来建立它们之间的关系式。图 1-35 就是刀具磨损耐用度曲线。该直线的方程为

$$\ln v = -m\ln T + \ln C_o \tag{1-20}$$

即

$$v_c T^m = C_o \tag{1-21}$$

式中　v_c——切削速度，m/min；

T——刀具耐用度，min；

C_o——系数，与刀具、工件材料和切削条件有关。

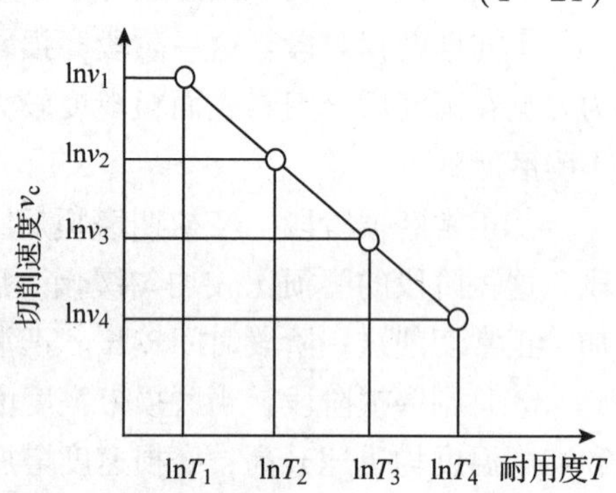

图 1-35　在双对数坐标上的 v_c—T 曲线

上式是 20 世纪初由美国工程师泰勒 (F. W. Taylor) 建立的，称之为泰勒公式。指数 m 表示切削速度对刀具耐用度的影响程度，m 值越大，表明切削速度对刀具耐用度的影响越小，即刀具的切削性能较好。对高速钢刀具，$m=0.1\sim0.125$；对硬质合金刀具，$m=0.1\sim0.4$；对陶瓷刀具，$m=0.2\sim0.4$。

1.6.4.2　进给量和背吃刀量与刀具耐用度的关系

切削时，增加进给量 f 和背吃刀量 a_p，刀具耐用度也要减小。用试验方法可求得 f—T 和 a_p—T 关系式为

$$f\,T^{m_1} = C_1 \tag{1-22}$$

$$a_p\,T^{m_2} = C_2 \tag{1-23}$$

综合后可以得到切削用量与耐用度的一般关系，即

$$T = \frac{C_r}{v_c^{\frac{1}{m}} f^{\frac{1}{m_1}} a_p^{\frac{1}{m_2}}} = \frac{C_r}{v_c^x f^y a_p^z} \tag{1-24}$$

式中　C_r——耐用度系数，与刀具、工件材料和切削条件有关；

x、y、z——指数，分别表示各切削用量对刀具耐用度的影响程度。

用 YT5 硬质合金车刀切削抗拉强度为 $\sigma_b = 0.637$GPa 的碳钢时($f > 0.70$mm/r)，切削用量与耐用度的关系为

$$T = \frac{C_r}{v_c^5 f^{2.25} a_p^{0.75}}$$

由上式可看出，切削速度对刀具耐用度的影响最大，进给量次之，背吃刀量最小。这与三者对切削温度的影响顺序完全一致。

1.7　切削条件的合理选择

在切削加工中，切削条件选择得是否合理，对提高生产率、改善加工质量、降低加工成本等都有着直接关系。切削条件涉及以下几个方面：刀具材料、刀具几何参数、切削用量及切削液等。而工件材料的切削加工性是合理选择切削条件的主要依据。

1.7.1　刀具材料的合理选择

在选择刀具材料时，一般遵循以下原则：

①普通材料工件加工时，一般选用普通高速钢和硬质合金；加工难加工材料时可选用高性能和新型刀具材料牌号。只有在加工高硬材料或精密加工中，才考虑用 CBN 或 PCD 刀片。

②任何刀具材料在强度、成分和硬度、耐磨性之间是难以完全兼顾的。在选择刀具材料牌号时，可根据工件材料的切削加工性和加工条件，通常先考虑耐磨性，崩刃问题尽可能用刀具合理几何参数解决。一般情况下，低速切削时，切削过程不平稳，容易产生崩刃现象，宜选用强度和韧性较好的牌号；高速切削时，切削温度对刀具材料的磨损影响最大，应选择耐磨性好的刀具材料牌号。

1.7.2　刀具几何参数的合理选择

刀具角度对切削过程有重要影响。合理选择刀具角度，可以有效地提高刀具的使用寿命，减小切削力和切削功率，改善已加工表面的表面质量，提高生产效率。在保证加工质量的前提下，能够满足生产效率高、加工成本低的刀具几何参数称为刀具的合理几何参数。

一般来说，确定刀具的合理几何参数值的问题，本质上是多变量函数针对某一目标计算求解最佳值的问题。但理论计算因影响因素很多而难度很大。因此，实用的优化工作多采用试验的办法，获取数据后利用数理统计的方法进行处理，从而确定合理几何参数值。

1.7.2.1 前角的功用及选择

前角是刀具的重要几何参数之一，它的大小决定着切削刃的锋利程度和强固程度，对切削过程有一系列的重要影响。增大前角能减小切屑变形和摩擦，降低切削力、切削功率、切削温度，减小刀具磨损。但前角太大会削弱切削刃强度和散热能力，反而使刀具磨损加剧，降低刀具耐用度。

实践证明，刀具的合理前角主要取决于刀具材料和工件材料的种类和性质。

①刀具材料的强度和韧性较高时可选择较大的前角。例如，高速钢的前角可比硬质合金刀具选得大一些。

②工件材料的强度、硬度低，塑性大，前角数值应取得大一些。加工脆性材料时，应选取较小的前角。

③用硬质合金刀具加工强度很大的硬钢，特别是断续切削时，为避免刀具破损，应采用负前角。

④粗加工时为增加切削刃强度，前角应取小值。工艺系统刚性差时，前角应取大值。在自动机床上加工时，为使刀具切削性能稳定，宜取小一些的前角。

1.7.2.2 后角的功用及选择

后角的主要功用是减小切削过程中刀具后刀面与加工表面之间的摩擦。后角的大小还影响作用在后刀面上的力及后刀面的磨损强度。

合理后角的大小主要取决于切削厚度或进给量的大小。当切削厚度很小时，宜取较大的后角；当切削厚度很大时，为增强切削刃强度及改善散热条件，宜取较小的后角。

刀具合理后角除决定于切削厚度外，还与一些切削条件有关。

①工件材料的强度、硬度较高时，为了加强切削刃，宜取较小的后角。

②当工艺系统刚性较差，容易出现振动时，应适当减小后角。

③对于尺寸精度要求较高的刀具，宜取较小的后角。

1.7.2.3 刃倾角的功用及选择

刃倾角的功用有：控制切屑流出方向、影响切削刃的锋利性、影响切削刃强度、影响切削分力的大小。

选择刃倾角时主要根据切削条件和系统刚度而定。加工一般钢件和铸铁时，无冲击的粗车，刃倾角取 $\lambda_s = 0° \sim -5°$，精车取 $\lambda_s = 0° \sim +5°$。工艺系统刚性差时，取正值刃倾角。

1.7.2.4 主偏角和副偏角的功用及选择

主偏角主要影响切削层截面的形状和几何参数、影响切削分力的大小和刀具使用寿命，并和副偏角一起影响已加工表面粗糙度，如图 1-36 所示。

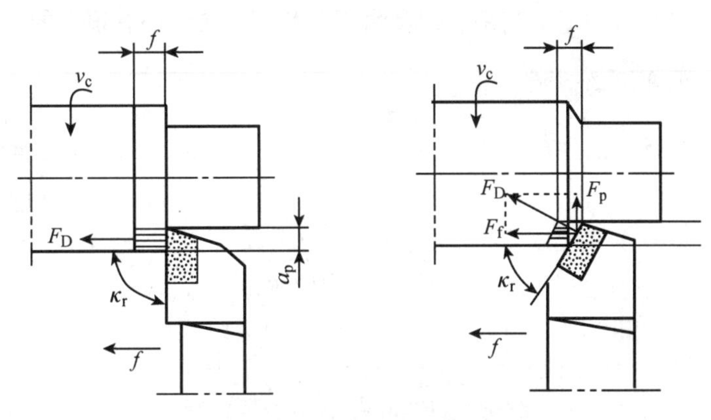

图 1-36　主偏角对背向力的影响

副偏角的作用主要是减少副切削刃与已加工表面的摩擦，减少切削振动。副偏角的大小影响工件表面残留面积的大小，进而影响已加工表面的表面粗糙度值，如图 1-37 所示。

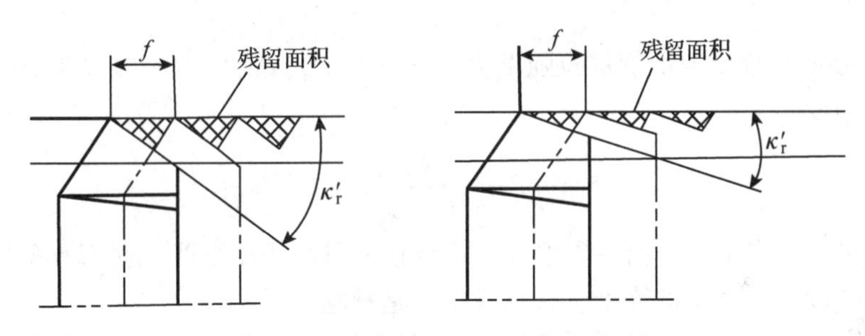

图 1-37　副偏角对表面粗糙度值的影响

①在工艺系统刚性差时，为了减小背向力 F_p，应选用较大的主偏角。如车削细长轴时，一般取 $\kappa_r = 90° \sim 93°$。

②粗加工时，一般选用较大的主偏角（$\kappa_r = 60° \sim 75°$），以利于减少振动。延长刀具的使用寿命。

③加工强度、硬度高的材料，如系统刚度好，则选用较小的主偏角，以增加切削刃的工作长度，减轻单位长度上切削刃的负荷，改善散热条件，延长刀具的使用寿命（$\kappa_r = 10° \sim 30°$）。

④在不影响摩擦和不产生振动的条件下，选取较小的副偏角。外圆车刀的副偏角一般为 $\kappa_r' = 5° \sim 15°$。

1. 7. 3　切削用量的合理选择

1. 7. 3. 1　选择切削用量的原则

选择切削用量就是要确定具体切削工序的背吃刀量、进给量、切削速度以及刀具耐用度。制定切削用量时，要综合考虑生产率、加工质量和加工成本。

切削用量三要素对加工生产率、刀具耐用度和加工质量都有很大的影响。

(1) 对加工生产率的影响

按加工工时 t_m 计算的生产率为

$$P = 1/t_m$$

$$t_m = \frac{l_\omega \Delta}{n_\omega a_p f} = \frac{\pi d_\omega l_\omega \Delta}{10^3 v_c a_p f} \tag{1-25}$$

于是，有

$$P = \frac{10^3 v_c a_p f}{\pi d_\omega l_\omega \Delta} = A_0 v_c a_p f \tag{1-26}$$

由上式可知，切削用量三要素中，任何一个参数增加 1 倍，生产率都增加 1 倍。

以上计算时没有考虑辅助工时。由于切削用量三要素对辅助工时的影响各不相同，故对考虑辅助工时在内的生产率的影响也各不相同。

(2) 对刀具耐用度的影响

用 YT5 硬质合金车刀切削抗拉强度为 $\sigma_b = 0.637$GPa 的碳钢时($f > 0.70$mm/r)，切削用量与耐用度的关系为

$$T = \frac{C_r}{v^5 f^{2.25} a_p^{0.75}}$$

切削用量三要素中，任何一项增大，都要使刀具耐用度下降。对刀具耐用度影响最大的是切削速度，其次是进给量，影响最小的是背吃刀量。

因此，从刀具耐用度出发，在选择切削用量时，应首先采用最大的切削深度，再选用大的进给量，然后，根据确定的刀具耐用度选择切削速度。

(3) 对加工质量的影响

在切削用量三要素中，a_p 增大，切削力 F_z 成比例增大，使工艺系统弹性变形增大，并可能引起振动，因而会降低加工精度和增大表面粗糙度。进给量 f 增大，切削力也将增大，而且表面粗糙度会显著增大。切削速度增大时，切屑变形和切削力有所减小，表面粗糙度也有所减小。因此，在精加工和半精加工时，常常采用较小的背吃刀量和进给量。为了避免或减小积屑瘤和鳞刺，提高表面质量，硬质合金车刀常采用较高的切削速度(一般为 80~100m/min 以上)，高速钢车刀则采用较低的切削速度(如宽刃精车刀为 3~8m/min)。

1.7.3.2 切削用量的选择方法

(1) 背吃刀量的选择

背吃刀量根据加工余量来确定。切削加工一般分为粗加工、半精加工和精加工。粗加工(Ra80 ~ 20μm)时，应尽量用一次进给切除全部余量，若机床功率为中等时，

a_p = 8～10mm。半精加工（Ra10～5μm）时，a_p = 0.5～2mm。精加工（Ra2.5～1.25μm）时，a_p = 0.1～0.4mm。当加工余量太大或工艺系统刚性不足，或断续切削时，粗加工也不能一次选用过大的背吃刀量，应分几次进给，不过第一次进给的背吃刀量应取大些。

(2) 进给量的选择

粗加工时，应在机床进给机构的强度、车刀刀杆强度和刚度、刀片强度以及装夹刚度等允许的条件下，尽可能选取大的进给量，因为这时对工件表面粗糙度要求不高。精加工时，最大进给量主要受表面粗糙度的限制，实际生产中，主要用查表法或根据经验确定。进给量的参考数值见表 1-6。

表 1-6　硬质合金车刀粗车外圆时进给量的参考数值

车刀刀杆尺寸 $B \times H$(mm)	工件直径 d_w(mm)	切削深度 a_p(mm)				
		≤3	>3～5	>5～8	>8～12	12 以上
		进给量 f(mm/r)				
16×25	20	0.3～0.4	—	—	—	—
	40	0.4～0.5	0.3～0.4	—	—	—
	60	0.5～0.7	0.4～0.6	0.3～0.5	—	—
	100	0.6～0.9	0.5～0.7	0.5～0.6	0.4～0.5	—
	400	0.8～1.2	0.7～1.0	0.6～0.8	0.5～0.6	—
20×30 25×25	20	0.3～0.4	—	—	—	—
	40	0.4～0.5	0.3～0.4	—	—	—
	60	0.6～0.7	0.5～0.7	0.4～0.6	—	—
	100	0.8～1.0	0.7～0.9	0.5～0.7	0.4～0.7	—
	600	1.2～1.4	1.0～1.2	0.8～1.0	0.6～0.9	0.4～0.6
25×40	60	0.6～0.9	0.5～0.8	0.4～0.7	—	—
	100	0.8～1.2	0.7～1.1	0.6～0.9	0.5～0.8	—
	1000	1.2～1.5	1.1～1.5	0.9～1.2	0.8～1.0	0.7～0.8
30×45	500	1.1～1.4	1.1～1.4	1.0～1.2	0.8～1.2	0.7～1.1
40×60	2500	1.3～2.0	1.3～1.8	1.2～1.6	1.1～1.5	1.0～1.5

(3) 切削速度的确定

根据已选定的背吃刀量 a_p、进给量 f 和刀具的使用寿命 T，可按式(1-24)计算切削速度 v_c。然后再计算出机床的主轴转速。实际生产中，同样采用查表法或根据经验确定。切削速度的参考数值见表 1-7。

表 1-7 硬质合金外圆车刀切削速度的参考数值

工件材料	热处理状态	$a_p=0.3\sim2$mm	$a_p=2\sim6$mm	$a_p=6\sim10$mm
		$f=0.08\sim0.3$mm/r	$f=0.3\sim0.6$mm/r	$f=0.6\sim1$mm/r
		v_c(m/s)(m/min)	v_c(m/s)(m/min)	v_c(m/s)(m/min)
低碳钢、易切钢	热 轧	2.33~3.0(140~180)	1.667~2.0(100~120)	1.167~1.5(70~90)
中碳钢	热 轧	2.17~2.667(130~160)	1.5~1.83(90~110)	1~1.33(60~80)
	调 质	1.667~2.17(100~130)	1.167~1.5(70~90)	0.833~1.167(50~70)
合金结构钢	热 轧	1.667~2.17(100~130)	1.167~1.5(70~90)	0.833~1.167(50~70)
	调 质	1.333~1.83(80~110)	0.833~1.167(50~70)	0.667~1(40~60)
工具钢	退 火	1.5~2.0(90~180)	1~1.333(60~80)	0.833~1.167(50~70)
不锈钢		1.167~1.333(70~80)	1~1.167(60~70)	0.833~1 (50~60)
灰铸铁	<190HBW	1.5~2.0(90~120)	1~1.333(60~80)	0.833~1.167(50~70)
	190~225 HBW	1.333~1.83(80~110)	0.833~1.167(50~70)	0.67~1(40~60)
高锰钢($\omega_{Mn}=13\%$)			0.167~0.333(10~20)	
铜及铜合金		3.33~4.167(200~250)	2.0~3.0(120~180)	1.5~2(90~120)
铝及铝合金		5.0~10.0(300~600)	3.33~6.67(200~4000)	2.5~5(150~300)
铸铝合金($\omega_{Si}=7\%\sim13\%$)		1.667~3.0(100~180)	1.333~2.5(80~150)	1~1.67(60~100)

注：切削钢及灰铸铁后时刀具使用寿命为3600~5400s。

本章小结

金属切削原理是研究、学习本课程后续相关知识的基础理论和知识，本章主要讲述了切削运动；刀具切削部分的组成：三面、两刃、一尖；刀具角度及用于定义其所涉及的参考系；刀具材料。介绍了切削过程中产生的一系列物理现象，如切削变形、切削力、切削温度和刀具磨损等，以及这些物理现象的变化规律、计算方法和影响因素；讲解了切削条件的合理选择，这些对于改善切削过程，提高生产率，改善加工质量和降低加工成本是至关重要的。

思考题

1-1 试画图说明切削过程的 3 个变形区及各产生何种变形？

1-2 刀具切削部分材料应具备哪些基本性能？

1-3 刀具材料有哪些种？常用牌号有哪些？性能如何？

1-4 简述金属切削过程的力学实质。

1-5 车削直径 100mm 棒料的外圆，若选用的 a_p 为 5mm，$f=0.4$mm/r，$n=240$ r/min，$\kappa_r=75°$，试求切削速度 v_c 及切削层参数 h_D、b_D 及 A_D。

1-6 在何种情况下，主切削刃上任一点的法平面与正交平面重合？

1-7 确定刀具前面空间位置的角度有哪些？

1-8 确定刀具主后面空间位置的角度有哪些？

1-9 一般把切削力分解为哪 3 个分力？其关系式是什么？

1-10　如何计算切削力？

1-11　切削热的产生来源有哪些？

1-12　刀具磨损过程有哪几个阶段？

1-13　切削液的作用有哪些？常用切削液分为哪几类？

1-14　简述切削用量的选择原则。

第 2 章

金属切削刀具

[本章提要]

在机械加工中，切削、磨削加工目前仍是零件最终形成的主要工艺手段。刀具的性能和品质，直接影响到生产效率和零件加工品质的好坏。刀具切削性能的好坏是由刀具材料、切削部分几何形状、刀具的结构决定的。加工刀具的选取要满足高速、高效、高寿命和绿色环保的要求，刀片及刀柄向着通用化、规格化、系列化方向发展。合理地选择和应用现代切削刀具，对于先进制造技术的发展具有重要的现实意义。

金属切削刀具是指在机械制造中用于切削加工的工具。通过使用切削刀具，将待加工零件上多余的材料切除，使之满足零件图纸的要求。

刀具的工作部分就是产生和处理切屑的部分，包括刀刃、使切屑断碎或卷曲的结构、排屑或容储切屑的空间、切削液的通道等结构要素。有的刀具的工作部分就是切削部分，如车刀、刨刀、镗刀和铣刀等；有的刀具的工作部分则包含切削部分和校准部分，如钻头、扩孔钻、铰刀、内表面拉刀和丝锥等。切削部分的作用是用刀刃切除切屑，校准部分的作用是修光已切削的加工表面和引导刀具。

刀具按工件加工表面的形式可分为五类。加工各种外表面的刀具，包括车刀、刨刀、铣刀、外表面拉刀和锉刀等；孔加工刀具，包括钻头、扩孔钻、镗刀、铰刀和内表面拉刀等；螺纹加工工具，包括丝锥、板牙、自动开合螺纹切头、螺纹车刀和螺纹铣刀等；齿轮加工刀具，包括滚刀、插齿刀、剃齿刀、锥齿轮加工刀具等；切断刀具，包括镶齿圆锯片、带锯、切断车刀和锯片铣刀等。此外，还有组合刀具。

2.1 车刀

2.1.1 车刀的种类、用途和结构

车刀是金属切削加工中应用最广泛的刀具之一。它可以安装在普通车床、转塔车床、立式车床等机床上，用于完成工件上外圆、内孔、端面、螺纹、切槽、切断以及部分内外成型面的加工，此外还有专供自动线和数字控制机床用的车刀。

外圆车刀又称尖刀，如图2-1所示，主要用于车削外圆、端面和倒角。按其刀头结构可分为直头与弯头两种。图2-1中所示外圆车刀的主偏角为90°，可用于车削阶梯轴、凸肩、端面及细长轴。为提高车刀的耐用度，也常采用主偏角为75°的外圆车刀来加工细长轴。

按照主切削刃与进给方向的相对位置，外圆车刀又可分为正手刀与反手刀。当车刀沿纵向进给方向正常进刀时，正手刀的主切削刃在刀杆的左侧。当车刀反方向纵向进给时，反手刀的主切削刃在刀杆的右侧。

内孔车刀用于车削工件上的内孔结构，内孔车刀可分为通孔车刀和盲孔车刀。通孔车刀刀头几何形状通常与外圆车刀相似，为减小车削时的径向抗力，避免引起过大振动，内孔车刀的主偏角一般设计为60°~75°，副偏角为15°~30°。

当车削垂直于回转零件轴线的端面时，选用横向进给的端面车刀进行加工，如图2-1中右侧车刀。若加工左侧端面，则称为左侧车刀。

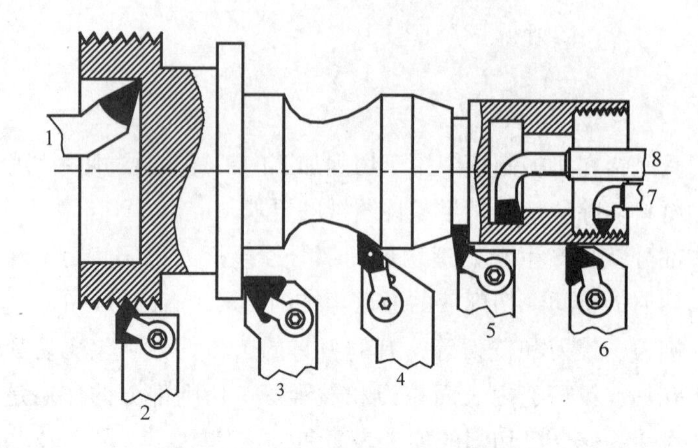

图 2-1　典型车削刀具

1. 内孔车刀　2. 外螺纹车刀　3. 右侧车刀　4. 外圆车刀　5. 切槽车刀　6. 外圆车刀　7. 内螺纹车刀　8. 内孔车刀

车刀在结构上可分为整体车刀、焊接车刀、机夹车刀和可转位车刀等，如图 2-2 所示。

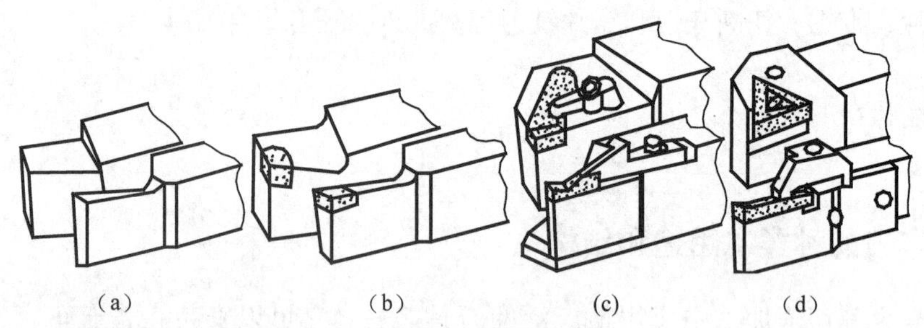

图 2-2　常见车刀结构

(a)整体式　(b)焊接式　(c)机夹式　(d)可转位式

整体车刀截面常为正方形或矩形，由一整块高速钢经淬火、磨制而成，根据不同的使用用途，其切削部分修磨成不同形状。图 2-3 为常见的整体式高速钢车刀。

图 2-3　整体式高速钢车刀

2.1.2　焊接车刀

如图 2-4 所示，焊接式车刀将刀片通过钎焊的方式固定在刀杆上，根据采用刀片的形状和尺寸，首先在刀杆上开出刀槽，刀片一般选用硬质合金，可以根据切削条件和加工要求刃磨出所需的形状和角度。其刚性较好、抗振性能强、结构紧凑，适合重型切削。但由于焊接及磨刀热应力等的影响，易引起刀片硬度下降，严重时甚至出现裂纹缺陷，影响刀具的使用性能。而且换刀及对刀时间较长，不

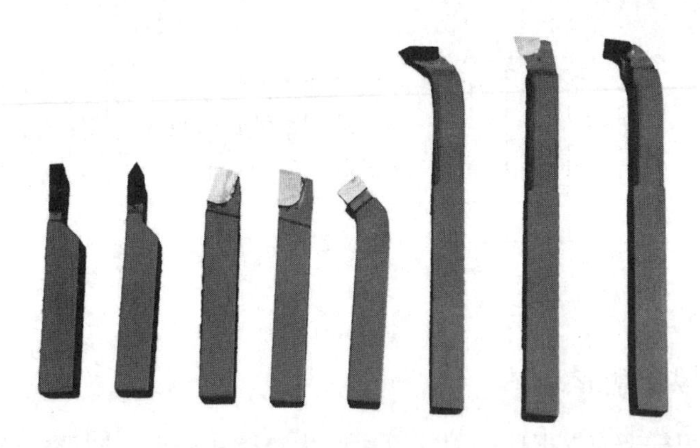

图 2-4　常用焊接车刀

适宜在自动车床和数控车床上使用。此外，刀片与刀杆也不能充分回收利用，造成刀具材料的浪费。

2.1.2.1　焊接车刀刀片

全国有色金属标准化技术委员会制定的标准 YS/T 79—2006《硬质合金焊接刀片》中，将硬质合金焊接刀片分为 A ~ E 五种型式，其中 A 型为车刀片、C 型为螺纹、切断、切槽刀片。

焊接刀片型号由表示焊接刀片型式的大写英文字母 A（或 B、C、D、E）和形状的数字代号 1(或 2 、3、4、5），加长度参数的两位整数(不足两位整数时前面加“0”填位)组成，车刀型号见表 2-1。

表 2-1　焊接车刀刀片型号

方　向	A1	A2	A3	A4	A5	A6
右						
左						

当焊接刀片长度参数相同，其他参数如宽度、厚度不同时，则在型号后面分别加 A、B 以示区别；当刀片分左 、右向切削时，在型号后面有 Z 则表示左向切削，没有 Z 则表示右向切削。如：

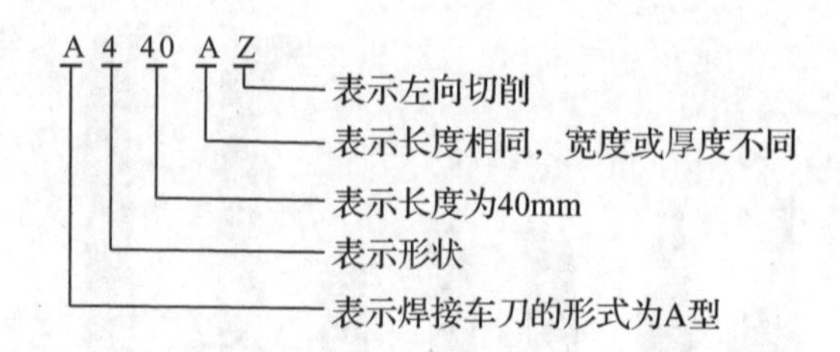

2.1.2.2 焊接车刀刀槽形式

焊接车刀的刀杆上应根据所采用的刀片形状和尺寸开出不同形式的刀槽，如图 2-5 所示。

开口刀槽形状简单，加工容易，但焊接面积小，适用于 A1 型矩形刀片。

半封闭刀槽的制造较困难，但焊接刀片牢固，适用于带圆弧的 A2、A3、A4 等型刀片。

封闭刀槽夹持刀片牢固，焊接可靠、强度高，但焊接应力较大，适用于焊接面积相对较小的 C1、C3 型刀片。

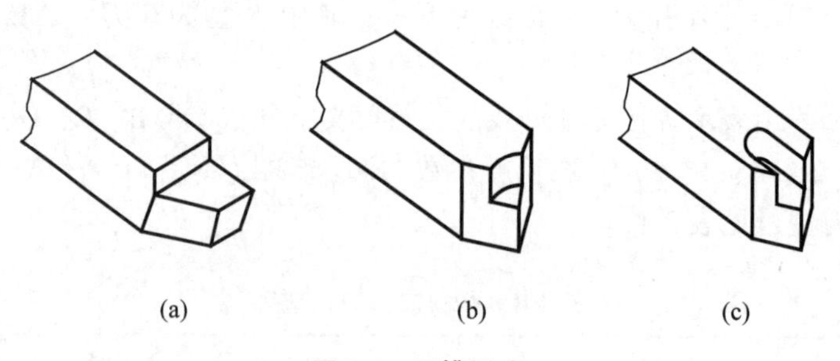

(a)　　(b)　　(c)

图 2-5　刀槽形式

(a)开口刀槽　(b)半封闭刀槽　(c)封闭刀槽

2.1.2.3 硬质合金车刀的代号及表示规则

GB/T 17985.1 规定了硬质合金车刀的代号及表示规则。硬质合金车刀代号由按规定顺序排列的一组字母和数字组成，共有 6 个符号，分别表示其各项特征。

第一个符号用两位数字表示车刀头部的形式，见表 2-2。

第二个符号用一字母表示车刀的切削方向。R 为右切削车刀，L 为左切削车刀。

第三和第四个符号分别用两位数字表示车刀的刀杆高度和宽度，尺寸以毫米计。如果尺寸不足两位数字时，则在该数前面加“0”。如 0808 为每边为 8mm 的正方形截面；2516 为 25mm 高、16mm 宽的矩形截面；若刀杆截面为圆形，则符号用此圆形的直径尺寸表示，如 25 表示直径为 25mm 的圆形截面。

第五个符号用“ - ”表示该车刀的长度符合 GB/T 17985.2 或 GB/T 17985.3 的规定。

第六个符号用一个字母和两位数字表示车刀所焊刀片按 GB/T 2075—2007 中规定的

表 2-2　车刀形式和符号

符　号	车刀形式	名　称	符　号	车刀形式	名　称
01	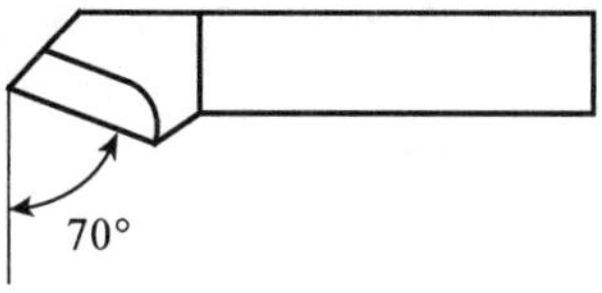	70°外圆车刀	10	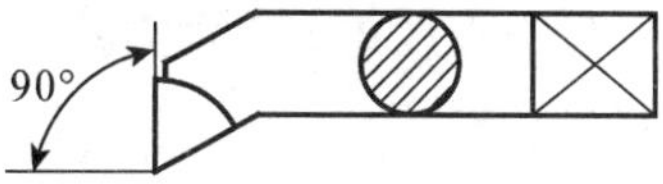	90°内孔车刀
02	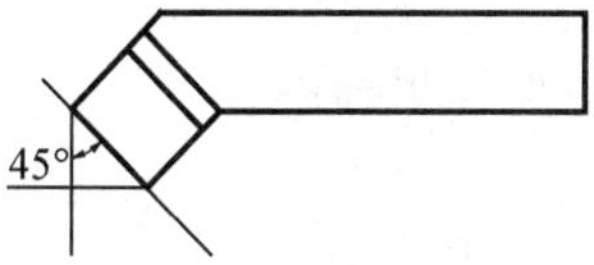	45°端面车刀	11	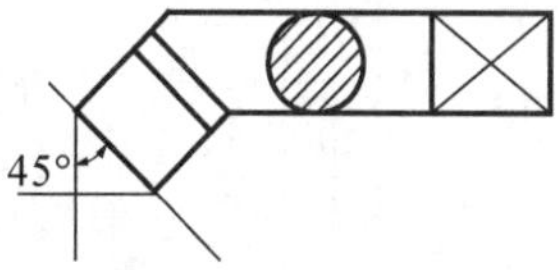	45°内孔车刀
03	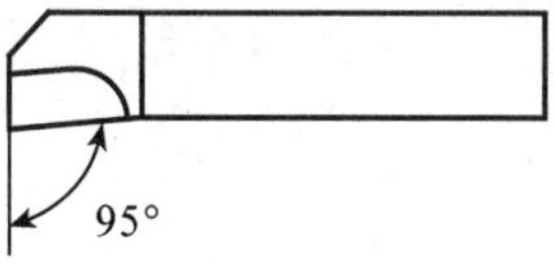	95°外圆车刀	12	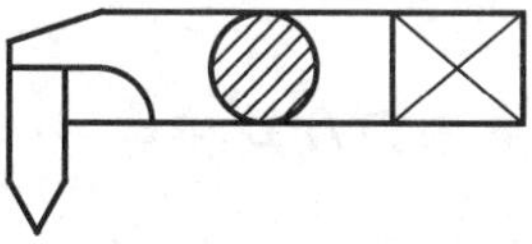	内螺纹车刀
04	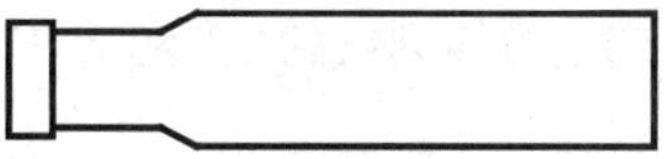	切槽车刀	13	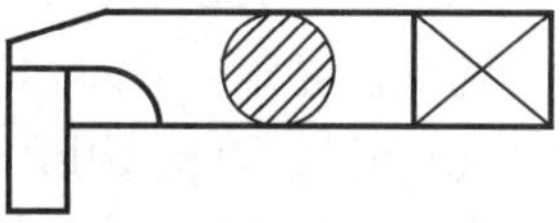	内切槽车刀
05	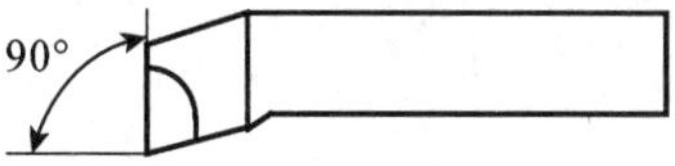	90°端面车刀	14	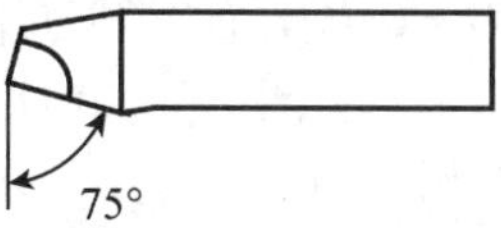	75°外圆车刀
06	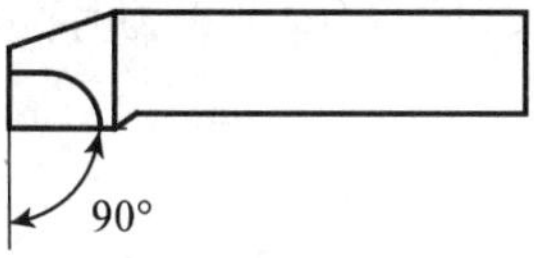	90°外圆车刀	15	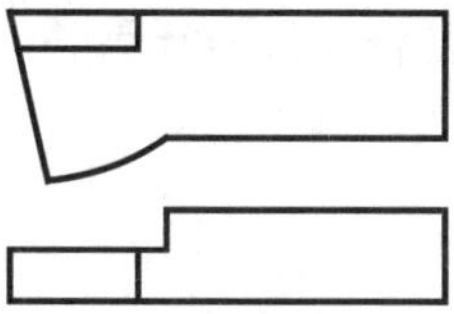	B 型切断车刀
07	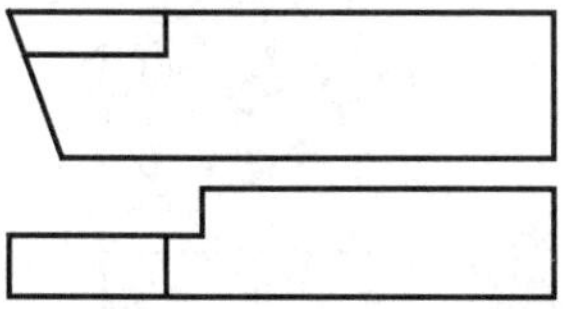	A 型切断车刀	16	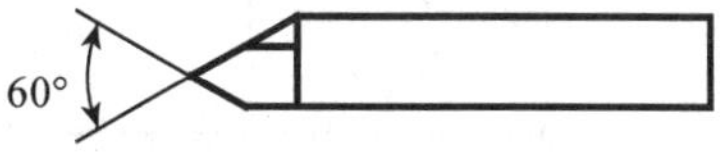	外螺纹车刀
08	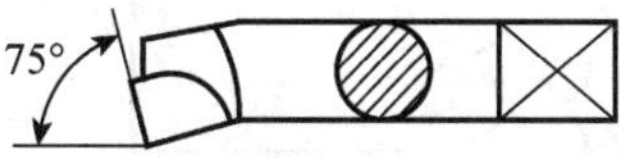	75°内孔车刀	17	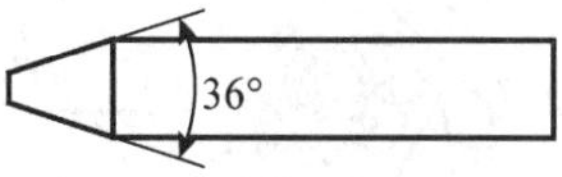	皮带轮车刀
09	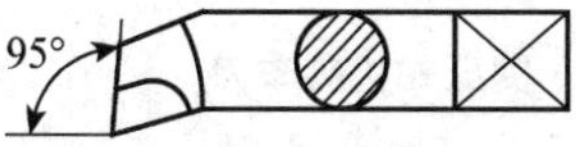	95°内孔车刀			

硬切削材料的用途小组代号。其中，字母代号表示硬切削材料的用途大组分类，如 P 表示被加工材料为除不锈钢外所有带奥氏体结构的钢和铸钢，对应的识别颜色为蓝色。其与两位数字组合起来表征所述用途小组，如 P10。

车刀代号应标志在车刀左侧面。

车刀代号示例：

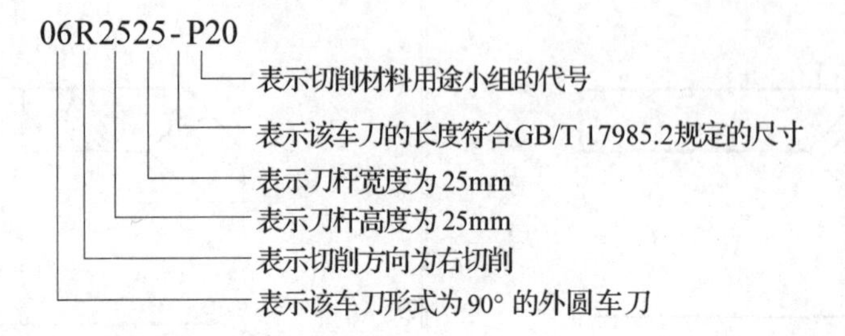

2.1.3　机夹车刀及其特点

机夹车刀指用机械方法定位、夹紧刀片，通过刀片刃磨与安装倾斜后，综合形成刀具切削角度的车刀，其刃口磨钝后可进行重磨。

机夹车刀的优点在于刀片不经高温焊接，排除了产生焊接裂纹的可能性。刀杆能多次使用，刀具几何参数设计选用灵活。

为对机夹车刀刀片实现可靠夹紧，常采用的夹固结构有上压式和侧压式两种。上压式采用螺钉和压板从上面压紧刀片，通过调整螺钉来调节刀片位置的一种机夹车刀。其特点是结构简单，夹固牢靠，使用方便，用钝后重磨后面。如图 2-6 所示，上压式是加工中应用最多的一种。

侧压式一般多利用刀片本身的斜面，由楔块和螺钉从刀片侧面来夹紧刀片。如图 2-7所示，其特点是刀片竖装，对刀槽制造精度的要求可适当降低，刀片用钝后重磨前面。

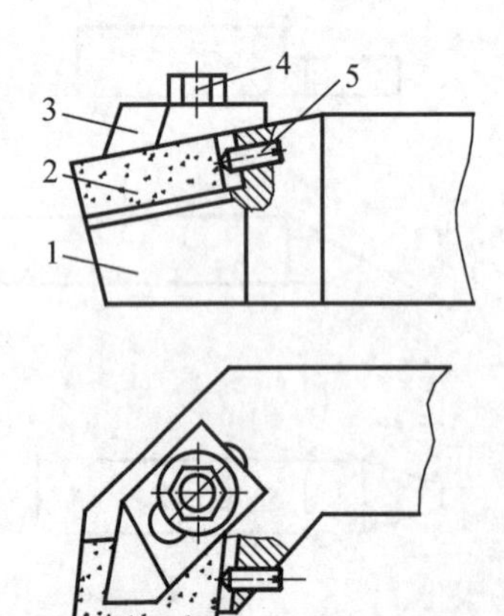

图 2-6　上压式机夹车刀

1. 刀杆　2. 刀片　3. 压板
4. 螺钉　5. 调整螺钉

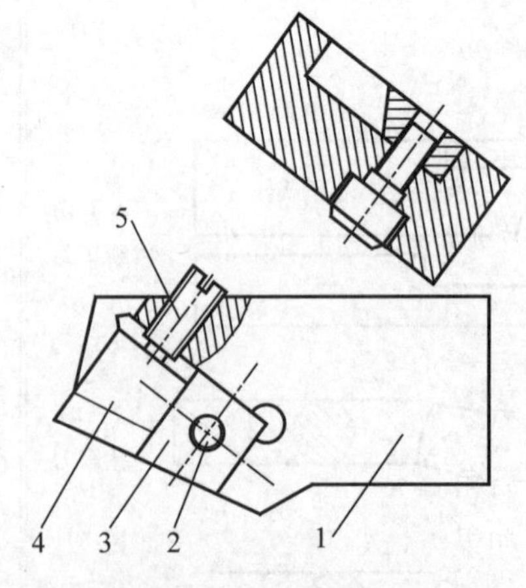

图 2-7　侧压式机夹车刀

1. 刀杆　2. 压紧螺钉　3. 楔块
4. 刀片　5. 调整螺钉

2. 1. 4　可转位车刀及其特点

图 2-8 所示可转位车刀的硬质合金刀片是标准化、系列化生产的，其几何形状均事先磨出。而车刀的前后角是靠刀片在刀杆槽中安装后得到的，刀片可以转动，当一条切削刃用钝后可以迅速转位，将相邻的新刀刃换成主切削刃继续工作，直到全部刀刃用钝后才取下刀片报废回收，再换上新的刀片继续工作。

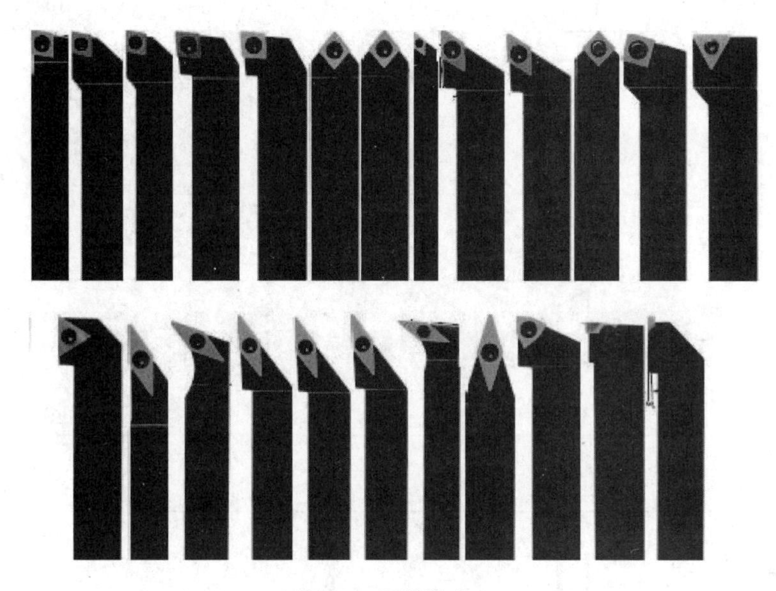

图 2-8　可转位车刀

2. 1. 4. 1　可转位刀片

GB/T 2076—2007《切削刀具用可转位刀片型号表示规则》中对于可转位刀片形状代号等进行了规定。可转位刀片的型号用 9 个代号表示刀片的尺寸及其他特征，代号(1)~ (7)是必须有的，代号(8)~ (9)在需要时添加。

型号表示规则中的各代号的含义：

(1)刀片形状代号

刀片形状用字母代号表达见表 2-3。其中刀尖角指示意图中较小的内角角度。

(2)刀片法后角

刀片法后角 α_n 用字母代号表达。常规刀片的法后角依据主切削刃从表 2- 4 中所列代号选取。如果刀片所有的切削刃都可用作切削，则不论各段切削刃所对应的法后角是否不同，以较长一段的切削刃(主切削刃)对应的法后角对应代号作为刀片的法后角代号。

表 2-3　刀片形状类别与代号

刀片形状类别	示意图	代　号	刀尖角
等边等角	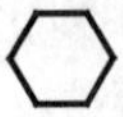	H	120°
		O	135°
		P	108°
		S	90°
		T	60°
等边不等角		C	80°
		D	55°
		E	75°
		M	86°
		V	85°
		W	80°
不等边不等角		A	85°
		B	82°
		K	55°
		F	82°
矩形	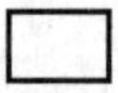	L	90°
圆形		R	—

表 2-4　刀片法后角代号

代　号	A	B	C	D	E	F	G	N	P	O
a_n	3°	5°	7°	15°	20°	25°	30°	0°	11°	其　他

(3) 刀片主要尺寸允许偏差

刀片的主要尺寸包括刀片内切圆直径 d、刀片厚度 s 和刀尖位置尺寸 m。不同刀片形状下的主要尺寸定义及取值范围见表 2-5。

表 2-5　刀片主要尺寸允许偏差　　mm

偏差代号	d	m	s
A	±0.025	±0.005	±0.025
F	±0.013	±0.005	±0.025
C	±0.025	±0.013	±0.025
H	±0.013	±0.013	±0.025
E	±0.025	±0.025	±0.025
G	±0.025	±0.025	±0.013
J	±0.05 ~ ±0.15	±0.005	±0.025
K	±0.05 ~ ±0.15	±0.013	±0.025
L	±0.05 ~ ±0.15	±0.025	±0.025
M	±0.05 ~ ±0.15	±0.08 ~ ±0.2	±0.013
N	±0.05 ~ ±0.15	±0.08 ~ ±0.2	±0.025
U	±0.08 ~ ±0.25	±0.13 ~ ±0.38	±0.013

刀片边为奇数，刀尖为圆角

刀片边为偶数，刀尖为圆角

刀片带修光刃

(4) 夹固形式及有无断屑槽

使用字母代号表示刀片的夹固形式及有无断屑槽，见表 2-6。

表 2-6　刀片加固形式

代号	固定方式	断屑槽	示意图
N	无固定孔	无	
R	无固定孔	双面有	
F	无固定孔	单面有	
A	圆形固定沉孔	无	
M	圆形固定沉孔	单面有	
G	圆形固定沉孔	双面有	

（续）

代号	固定方式	断屑槽	示意图
W	单面40°~60°沉孔	无	
T	单面40°~60°沉孔	单面有	
Q	单面40°~60°沉孔	无	
U	单面40°~60°沉孔	双面有	
B	单面70°~90°沉孔	无	
H	单面70°~90°沉孔	单面有	
C	双面70°~90°沉孔	无	
J	双面70°~90°沉孔	双面有	
X	其他固定方式和断屑槽方式，需附加图形或加以说明		

(5)刀片长度

刀片长度使用数字代号表示。对于等边形刀片，当采用公制单位时，用刀片长度值舍去小数部分的数字为代号。若舍去小数部分后只剩一位数字，则必须在该数字前加“0”表示刀片厚度。如切削刃长度值为15.5mm，其长度代号为15。而切削刃长度值为9.525mm，其长度代号为09。

(6)刀片厚度

使用数字代号表示刀片的厚度，刀片厚度s指刃尖切削面到对应刀片支撑面之间的距离，如图2-9所示，圆形或倾斜的切削刃视同尖的切削刃。

当采用公制单位时，用刀片厚度测量值舍去小数部分的数字为代号。若舍去小数部分后只剩一位数字，则必须在该数字前加“0”表示刀片厚度。如厚度为3.18mm的刀片表示为03。当刀片厚度的整数值相同，而小数值部分不同时，将小数部分大的代号用“T”代替0，以示区别。如刀片厚度为3.97mm，表示代号为“T3”。

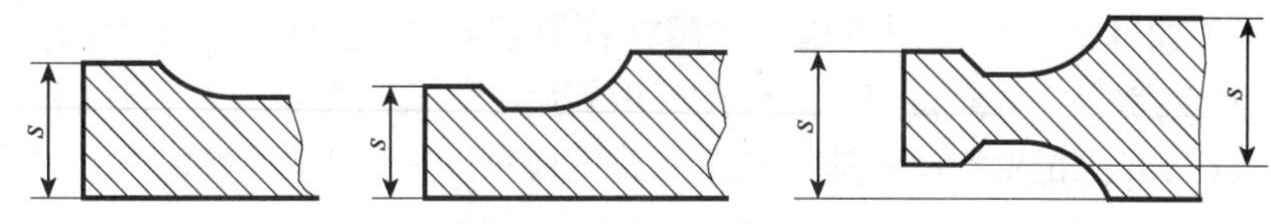

图 2-9　刀片厚度测量方法

(7)刀尖角形状

使用字母或数字代号表示刀尖角的形状。以 0.1mm 为单位测量得到的圆弧半径值表示，如果数值小于 10，则在数字前加“0”。如刀尖圆弧半径 0.8mm 表示为“08”。圆形刀片则表示为“M0”。

(8)切削刃截面形状

使用字母代号表示切削刃的截面形状，见表 2-7。

表 2-7　刀片截面形状代号

代　号	F	E	T	S	Q	P
切削刃截面形状	尖锐刀刃	倒圆刀刃	倒棱刀刃	既倒圆又倒棱刀刃	双倒棱刀刃	既双倒棱又倒圆刀刃
示意图						

(9)切削方向

用代号 R、L、N 分别表示右向、左向和双向切削。

2.1.4.2　可转位刀片的夹固方式

图 2-10 所示为楔销式夹固结构，刀片内孔定位在刀片槽的销轴上，带有斜面的楔块由压紧螺钉下压时，楔块一面靠紧刀杆上的凸台，另一面将刀片推往刀片中间孔的圆柱销上压紧刀片。该结构的特点是操作简单方便，但定位精度较低，且夹紧力与切削力相反。

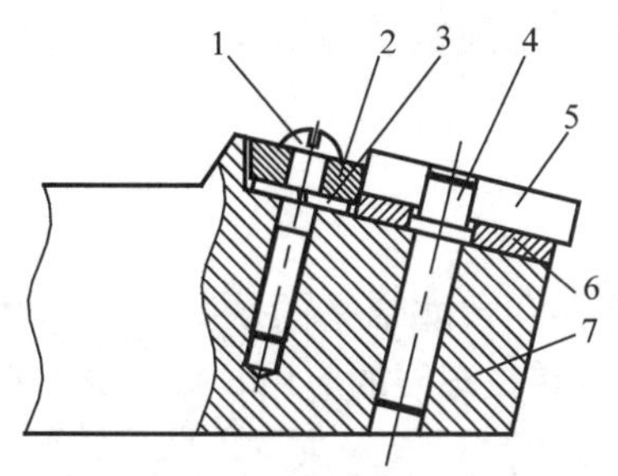

图 2-10　楔销式夹固结构

1. 压紧螺钉　2. 楔块　3. 弹簧垫圈　4. 柱销　5. 刀片　6. 刀垫　7. 刀杆

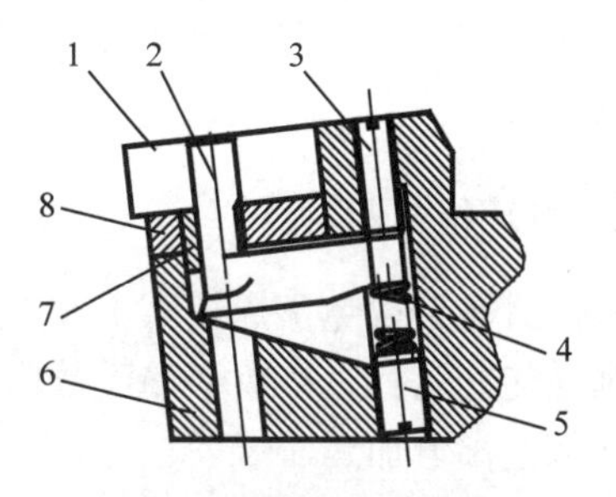

图 2-11　曲杆式杠杆夹固结构

1. 刀片　2. 杠杆　3. 螺钉　4. 弹簧　5. 调节螺钉　6. 刀杆　7. 半圆弹簧片　8. 刀垫

图 2-11 为曲杆式杠杆夹固机构，应用杠杆原理对刀片进行夹紧。当旋动螺钉时，通过杠杆产生夹紧力，从而将刀片定位在刀槽侧面上，旋出螺钉时，刀片松开，半圆筒形弹簧片可保持刀垫位置不动。该结构特点是定位精度高、夹固牢靠、受力合理、使用方便，但工艺性较差。

图 2-12 为直杆式杠杆夹固结构，相比于曲杆式，直杆式结构简单，制造容易，但其使用性能不如曲杆式。

图 2-13 为上压式夹固方式，此种方式属于螺钉压板式结构，容易避开切屑流，常用于无孔刀片的加紧，需要的夹紧力不大。

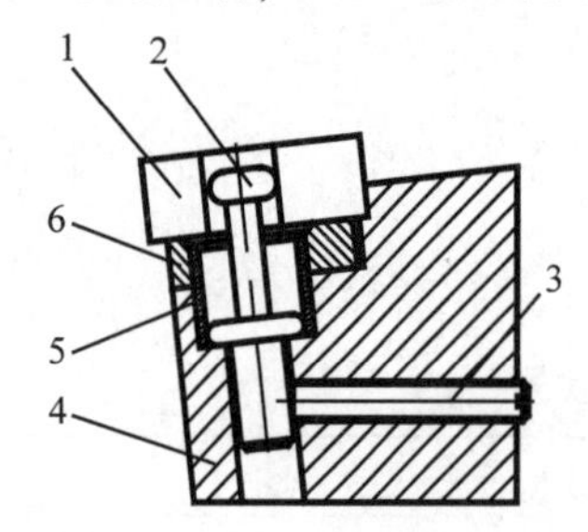

图 2-12　直杆杠杆式夹固结构

1. 刀片　2. 杠杆　3. 螺钉　4. 刀杆　5. 弹簧片　6. 刀垫

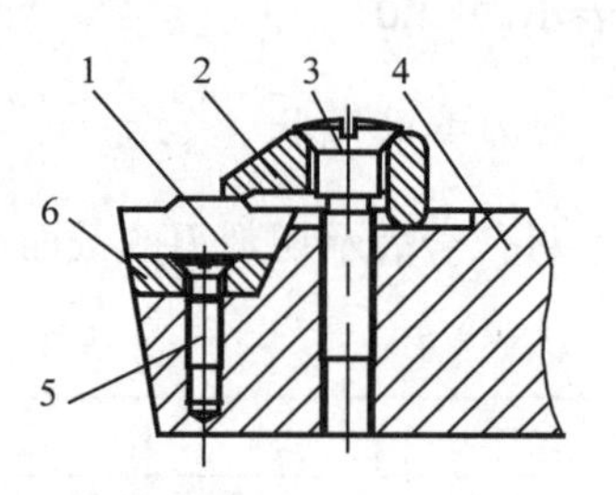

图 2-13　上压式夹固结构

1. 刀片　2. 压板　3. 螺钉　4. 刀杆　5. 刀垫紧固螺钉　6. 刀垫

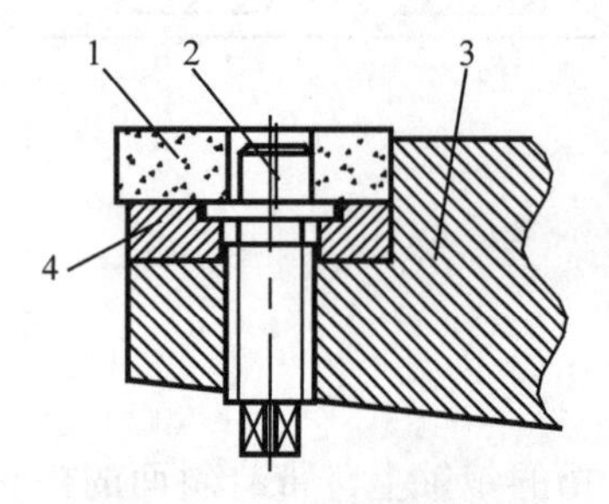

图 2-14　偏心上压式夹固结构

1. 刀片　2. 偏心销　3. 刀杆　4. 刀垫

偏心式夹紧结构利用螺钉上端的一个偏心心轴将刀片夹紧在刀杆上，如图 2-14 所示，该结构依靠偏心夹紧，螺钉自锁，结构简单，操作方便，但不能双边定位。当偏心量过小时，要求刀片制造的精度高，若偏心量过大时，在切削力冲击作用下刀片易松动，因此偏心式夹紧结构适于连续平稳切削的场合。

不论采用何种夹紧方式，刀片在夹紧时必须满足以下条件：①刀片装夹定位要符合切削力的定位夹紧原理，即切削力的合力必须作用在刀片支承面边界内；②刀片周边尺寸定位需满足三点定位原理；③切削力与装夹力的合力在定位基面(刀片与刀体)上所产生的摩擦力必须大于切削振动等引起的使刀片脱离定位基面的交变力。

2.1.4.3　可转位车刀特点

可转位式车刀避免了焊接式和机夹式车刀因焊接和重磨带来的缺陷，无须磨刀换刀，切削性能稳定，生产效率和质量均大大提高，可转位车刀的应用日益广泛，在车刀中所占比例逐渐增加。

与焊接车刀相比，可转位车刀避免由于焊接及刀片刃磨引起的热应力，有效提高刀具的耐磨及抗破损能力。

使用具有合理槽型及几何参数的涂层刀片，能够选用较高的切削用量，提高生产率。同时，利用刀片转位，更换更加方便，能够缩短辅助时间。

可转位刀具已标准化，能够实现一刀多用，减少储备量，简化刀具管理工作。

实际切削过程中，可转位刀具受刃形及几何参数等方面的限制，可能会出现不满足切削加工要求的情况，如尺寸较小的刀具更适宜于选用整体式或焊接式，可转位刀具尚不能完全取代焊接和机夹刀具。

2.2 孔加工刀具

孔加工是对零件上内孔表面进行加工，根据孔的结构和技术要求不同，可选用不同的加工方法和刀具以满足孔的设计要求。孔加工刀具的尺寸受被加工孔径的限制，刀具的横截面尺寸较小，致使孔加工刀具的刚度通常较差，切削时容易产生振动。且由于容屑空间有限，加工过程刀具多处于半封闭状态，排屑不畅，容易造成切屑的堵塞和缠绕，阻碍切削液的流动，从而影响切削液的冷却与润滑效果。切屑排出严重拥塞时，容易划伤已加工表面，还可能使刀具折断。

机械加工中孔的加工刀具分为两类：一类是在实体工件上加工出孔的刀具，如扁钻、麻花钻、中心钻及深孔钻等。另一类是对工件上已有孔进行再加工的刀具，如扩孔钻、锪钻、铰刀及镗刀等。如图 2-15 所示。

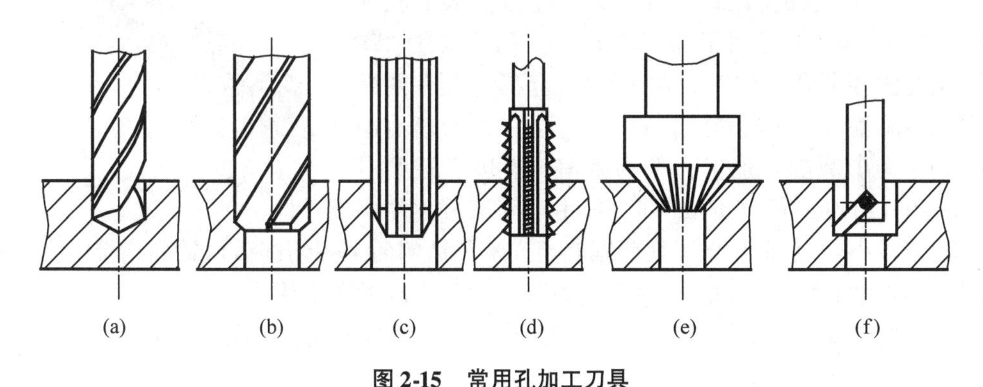

图 2-15　常用孔加工刀具

(a)钻头　(b)扩孔钻　(c)铰刀　(d)丝锥　(e)锪钻　(f)镗刀

2.2.1 在实体零件上加工孔的刀具

2.2.1.1 扁钻

扁钻结构简单、轴向尺寸小、刃磨方便。对于直径大于 38mm 的孔，采用扁钻比麻花钻加工更为经济。缺点是钻头在孔中的导向不好、切屑排出困难，钻头重磨次数少。一般适合对黄铜、铝等切削性能好的非铁金属材料的钻孔加工。直径在 12mm 以下的扁钻，一般采用图 2-16 所示的整体式结构。若待加工孔的直径较大，则可以采用图 2-17 所示装配式结构的扁钻。

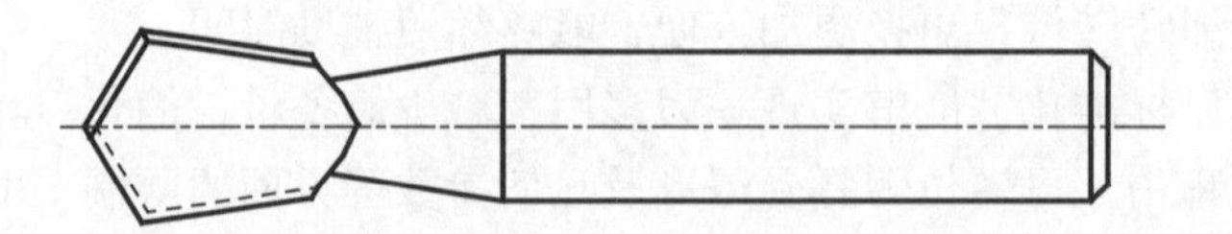

图 2-16 整体式扁钻

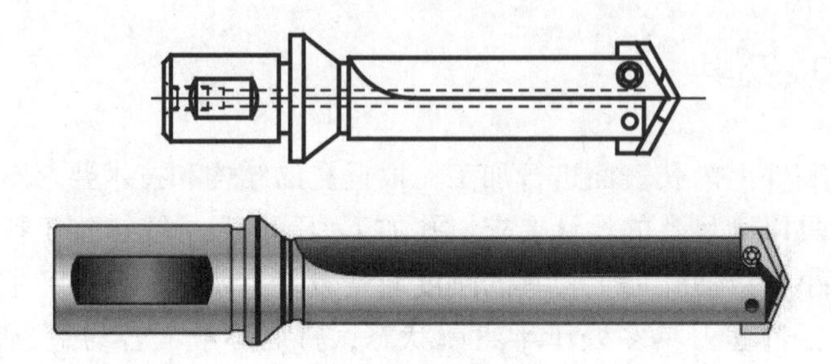

图 2-17 装配式扁钻

2.2.1.2 麻花钻

麻花钻是一种形状较复杂的双刃钻孔或扩孔的标准刀具。一般用于孔的粗加工(IT11 以下精度及表面粗糙度 *Ra*25~6.3)，也可用于加工攻丝、铰孔、拉孔、镗孔、磨孔的预制孔。如图 2-18 所示，麻花钻上有两条对称的螺旋槽，是容屑和排屑的通道，导向部分磨有两条棱边，为了减少与加工孔壁的摩擦，棱边直径磨有(0.03~0.12)/100 的倒锥量(即直径由切削部分顶端向尾部逐渐减小)，从而形成了切削副偏角。麻花钻的两个主切削刃由钻芯连接，为了增加钻头的强度和刚度，钻芯制成锥度为(1.4~2)/100 的正锥体。

图 2-18 麻花钻

标准的麻花钻由工作部分、颈部和柄部三部分结构组成，如图 2-19 所示。

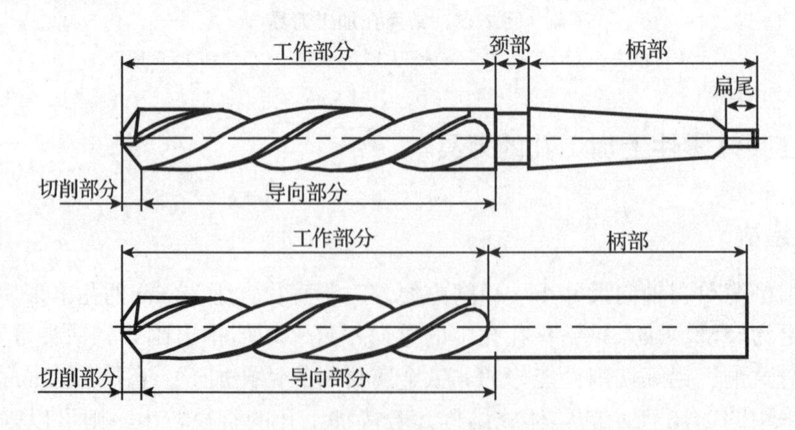

图 2-19 麻花钻的结构

①柄部：起定位作用，用作与机床或夹具的连接，并传递扭矩与轴向力。小直径钻头多做成圆柱柄，大钻头直径多做成莫氏锥柄。

②工作部分：由切削部分和导向部分组成。切削部分承担切削工作。导向部分待钻头切入工件后，与孔壁接触起导向作用，同时导向部分也是切削部分的后备部分。麻花钻的工作部分有两条螺旋槽，相当于反向安装的两把镗刀，因此麻花钻的切削部分有两个前面、后面、副后面、主切削刃、副切削刃以及一条横刃，通过钻心连成一体。

③颈部：位于工作部分和柄部之间，磨削柄部时，柄部起砂轮越程槽作用，钻头的标志也打在此处。直柄钻头多无颈部。

麻花钻钻削加工时在半密闭空间内进行，横刃的切削角度不理想，如图 2-20 所示，钻心处切削刃前角为负值，故切削时的轴向力较大，且主切削刃上各点前角和刃倾角不同，使得切屑的变形较为复杂，切屑的流向与卷曲程度差别很大，排屑困难。

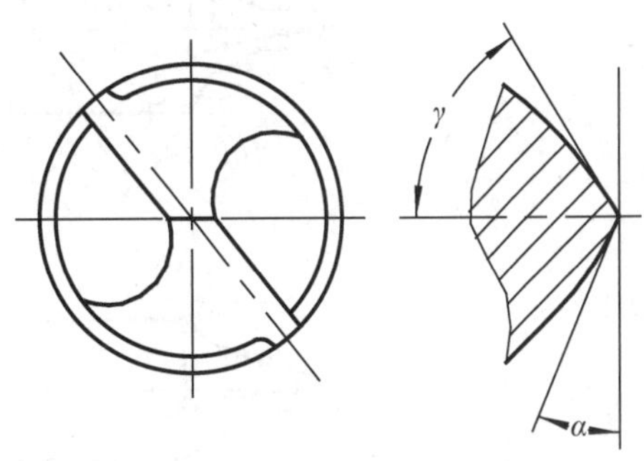

图 2-20　麻花钻横刃

GB/T 1438—2008 对锥柄麻花钻的形式、尺寸和规定标示进行了规定。

如钻头直径 $d=10$mm，标准柄的右旋莫氏锥柄麻花钻的标注为：

莫氏锥柄麻花钻 10 GB/T 1438. 1—2008

钻头直径 $d=10$mm，标准柄的左旋莫氏锥柄麻花钻标注为：

莫氏锥柄麻花钻 10 - L GB/T 1438. 1—2008

钻头直径 $d=20$mm，粗柄的右旋莫氏锥柄麻花钻标注为：

莫氏粗锥柄麻花钻 20 GB/T 1438. 1—2008

钻头直径 $d=20$mm，粗柄的左旋莫氏锥柄麻花钻标注为：

莫氏粗锥柄麻花钻 20 - L GB/T 1438. 1—2008

对于精密级莫氏锥柄麻花钻应在直径前加“H -”，如“H - 10”。

2. 2. 1. 3　中心钻

中心钻用于在轴类零件端面上加工中心孔，以及用于大孔加工前的预制定位，引导麻花钻进行孔加工，减少误差。加工中心孔之前应先将轴的端面车平，防止中心钻折断，标准中心钻的峰角一般为 118°。

中心钻用 W6Mo5Cr4V2 或其他同等性能的高速钢制造，其工作部分的硬度不低于 63HRC。按其结构形式分为如图 2-21 所示的三类，即不带护锥的中心钻 - A 型，带护锥的中心钻 - B 型及弧形中心钻 - R 型。国家标准 GB/T 6078. 1—1998、GB/T 6078. 2—1998、GB/T 6078. 3—1998、GB/T 6078. 4—1998 中对 A、B、R 型中心钻的形式、尺寸及技术条件进行了规定。

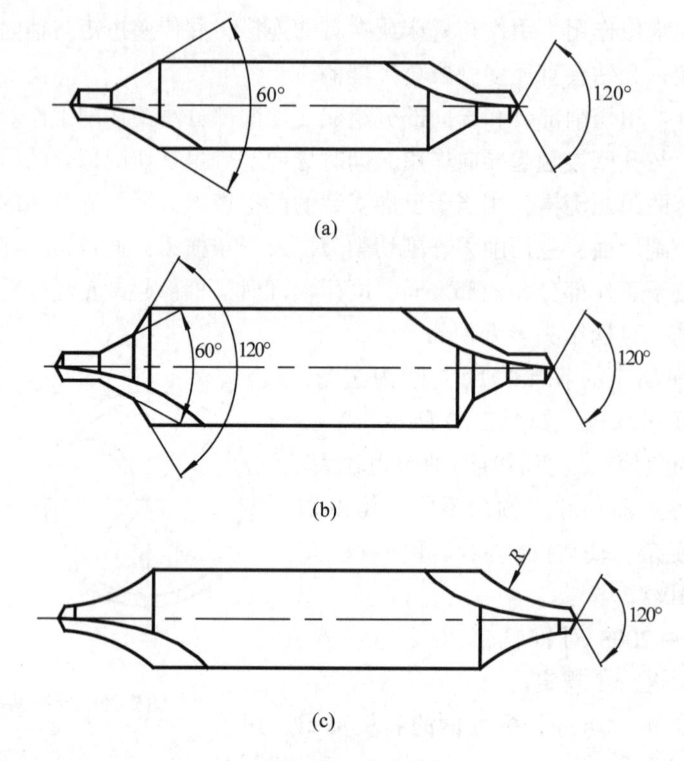

图 2-21 中心钻

(a)无护锥中型钻(A 型) (b)带护锥中心钻(B 型) (c)弧形中心钻(R 型)

2.2.1.4 深孔钻

在机械加工中通常把孔深与孔径之比大于 6 的孔称为深孔。深孔钻是专门用于加工深孔的钻头，可分为外排屑和内排屑两类。深孔钻削是在封闭的环境下进行的，加工时有着许多不利因素，如不易观测刀具切削情况，只能通过听声音、看切屑、测油压等手段来判断排屑与刀具磨损情况。深孔切削时切屑的排出也比较困难，当切削到一定深度时，特别是加工不易断屑的材料时，螺旋状切屑很难从孔中及时排出。阻塞的切屑使得冷却液很难进入到切削区域，切削热集中在切削区内不易传出，致使刀具钝化加剧，钻削扭矩增加，甚至钻头折断。

如何顺利地排出切屑并及时冷却钻头，是保证加工精度、提高刀具耐用度和生产率的关键。

(1)枪钻

枪钻只有一个切削部分，最早用于加工枪管，其结构如图 2-22 所示。其切削部分仅在钻头轴线的一侧制有切削刃，无横刃。钻尖相对于钻头轴线有一定的偏移量 e，切削时可起分屑作用，使切屑变窄，切削液便于将切屑冲出，排屑容易。枪钻的切削刃分成外刃和内刃。枪钻的外刃偏角略大于内刃偏角，外刃所受径向力略大于内刃的径向力，使钻头的支撑面始终紧贴孔壁，且钻头前面及切削刃不通过中心，避免了切削速度

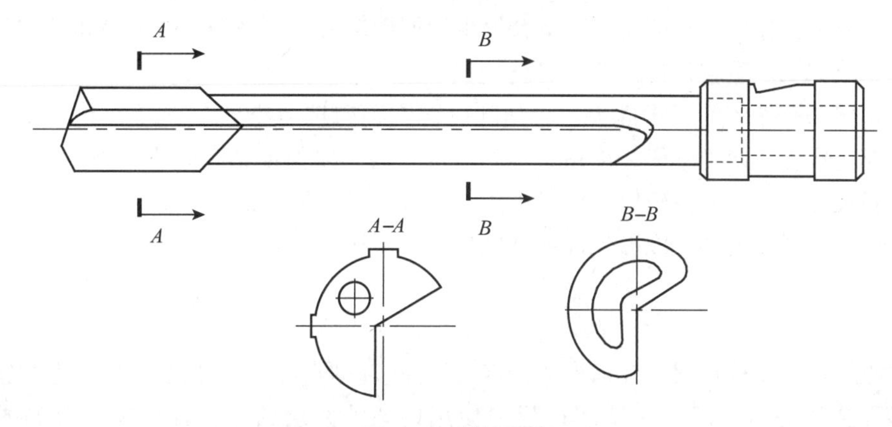

图 2-22　枪钻结构

为零的不利情况，并在孔底形成一芯柱，此芯柱在切削过程中具有阻抗径向振动的作用。同时，具有导向作用，并可防止孔径扩大。

图 2-23 为枪钻进行深孔钻削示意图，高压切削液由钻杆后端的中心孔注入，经月牙形孔和切削部分的进油小孔到达切削区，然后迫使切屑随同切削液由 120°的 V 形槽和工件孔壁间的空间排出，排出的切削液经过过滤、冷却后再流回液池，可循环使用。因切屑是在深孔钻的外部排出，故称外排屑。这种排屑方法无需专门辅助工具，排屑空间较大，但钻头刚性和加工质量会受到一定的影响，因此适合于加工孔径 2～20mm、表面粗糙度 *Ra*3. 2～0. 8、公差 IT8～IT10 级，孔深与孔径比大于 100 的深孔。

(2) 内排屑深孔钻

图 2-24 所示内排屑深孔钻的切屑从钻杆内部排出，不与工件上已加工表面接触，故可获得较好的已加工表面质量。内排屑深孔钻适合于加工直径在 20mm 以上，孔深与孔径比不超过 100 的深孔。钻孔精度可达 IT9～IT7，加工表面粗糙度不超过 *Ra*3. 2。

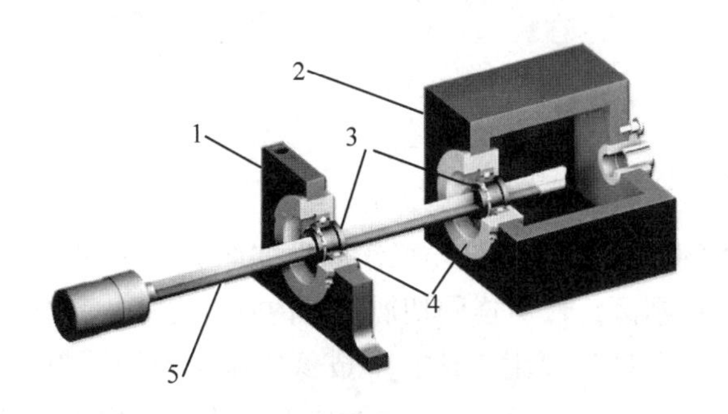

图 2-23　枪钻进行深孔加工

1. 中心架　2. 切屑箱　3. 钻套　4. 钻杆支撑　5. 枪钻

图 2-24　内排屑深孔钻

内排屑深孔钻的钻头和钻杆以浅牙多头矩形螺纹连接，钻杆一般用合金结构钢的无缝钢管经处理制成，外圆径精磨。工作时，高压切削液(约 2～6MPa)由钻杆外圆和工件孔壁间的空隙注入，实现对切削区域的冷却与润滑。切屑靠切削液的压力从钻杆的内孔中排出，故名内排屑。切削排出时不会发生切屑缠绕刀杆、挤伤刀杆表面和已加工表面等现象，故加工质量较外排屑有所提高。

内排屑深孔钻的钻头无横刃，故钻削过程中轴向抗力小。在其外径上安装有导向块，能够与切削径向力平衡，使钻头得到较好导向，以保证钻孔时不偏斜。除此之外，钻杆外径尺寸较大，刚性较好，可以采用较大进给量以提高钻削加工的效率。其切削刃多是分段、交错排列的，能够保证可靠地分屑与断屑。

(3)喷吸钻

喷吸钻头的结构形式、几何参数、定心导向、分屑、排屑等情况，基本上和错齿内排屑深孔钻相类似，但在其钻削过程中使用内、外两层钻管，其结构组成如图 2-25 所示。

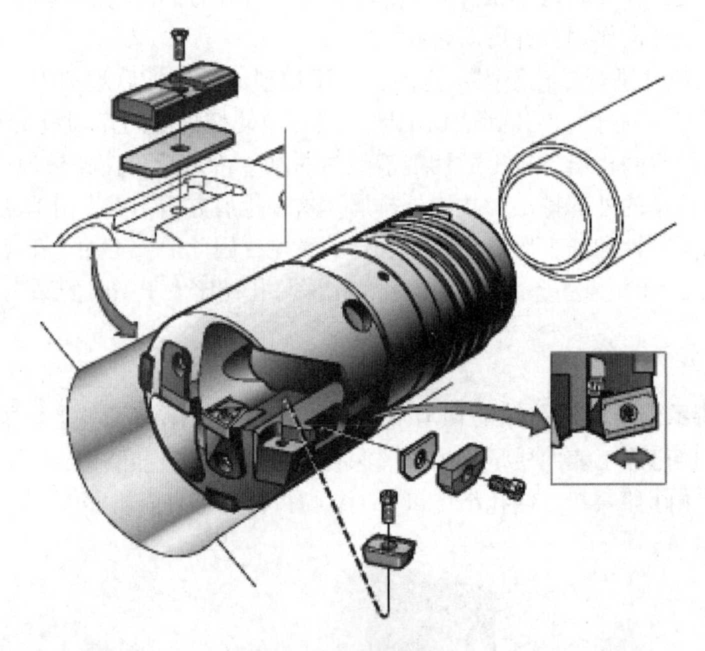

图 2-25 喷吸钻结构

喷吸钻工作时利用切削液体的喷射效应排出切屑，工作原理如图 2-26 所示，大部分切削液从内、外钻管的间隙中进入切削区，然后连同切屑进入内管。另一小部分切削液则经由内管尾端的月牙形孔进入内管，产生喷射效应，形成低压区，帮助抽吸切屑。切削液的压力可较低，一般为 1～2MPa。可在车床、钻床或镗床上应用，适用于钻削直径 18mm 以上、孔深和孔径比小于 100 的深孔加工，表面粗糙度可达 *Ra* 3.2～0.8、公差 IT7～IT10，效率较高。

由于喷吸钻的钻杆内有一层内管，使排屑空间受到限制，而且切削液从内、外钻杆之间流入，因此对断屑有较高的要求，为促使断屑，在刀片上必需磨有断屑台。

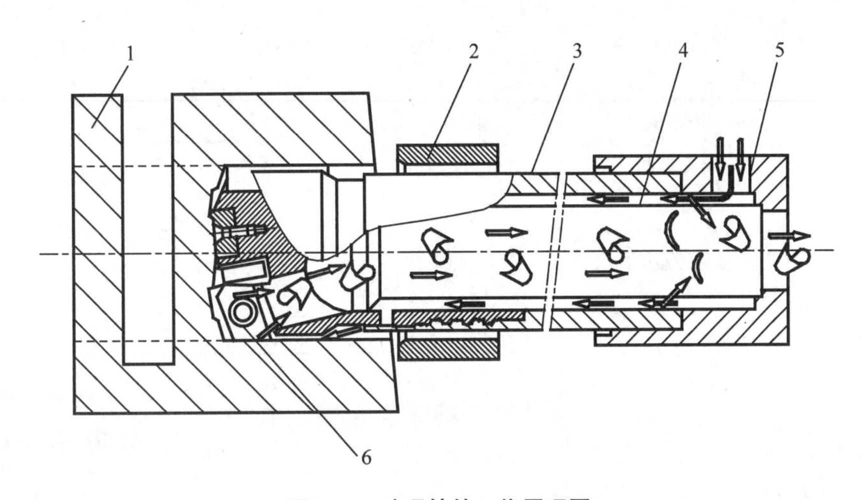

图 2-26 喷吸钻的工作原理图

1. 工件 2. 钻套 3. 外钻管 4. 内钻管 5. 喷嘴 6. 钻头

2.2.2 对已有孔进行再加工的刀具

2.2.2.1 扩孔钻

扩孔钻通常用于对铰或磨前预制孔或毛坯孔的扩大，以增大孔径、提高精度和降低内孔表面粗糙度。扩孔加工能够达到 IT11～IT9 的公差等级，表面粗糙度 *Ra* 可达12.5～3.2。

与麻花钻相比较，扩孔钻的齿数较多(3～4 齿)，刀具周边的棱数增多，增大了与孔壁的接触刚度。同时，扩孔钻的钻芯直径大，刀体刚性和强度高，没有横刃，工作时导向性好，因而对预制孔的形状误差有一定的修正能力。另外，扩孔钻主切削刃较短，故其背吃刀量较小，切削轻快，切屑窄，不存在分屑、排屑的困难。

扩孔钻的结构形式有高速钢整体式(图 2-27)、镶齿套式(图 2-28)以及硬质合金可转位式等。

图 2-27 高速钢整体式扩孔钻

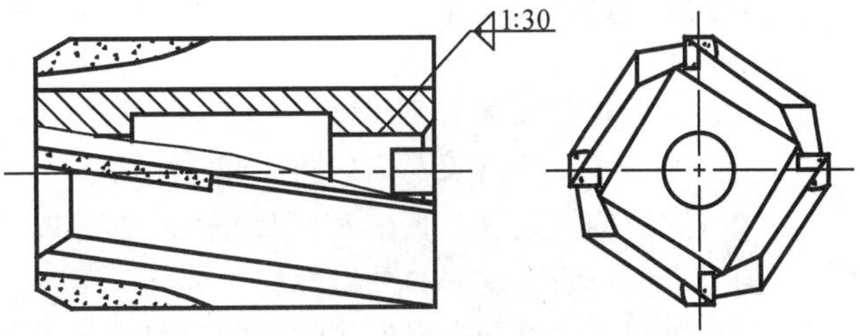

图 2-28 镶齿套式扩孔钻

2.2.2.2 锪钻

如图 2-29 所示的锪钻是对工件上已有孔进行加工的一种刀具，它可刮平端面或切出锥形、圆柱形凹坑。它常用于加工各种沉头孔、孔端锥面、凸凹面等。

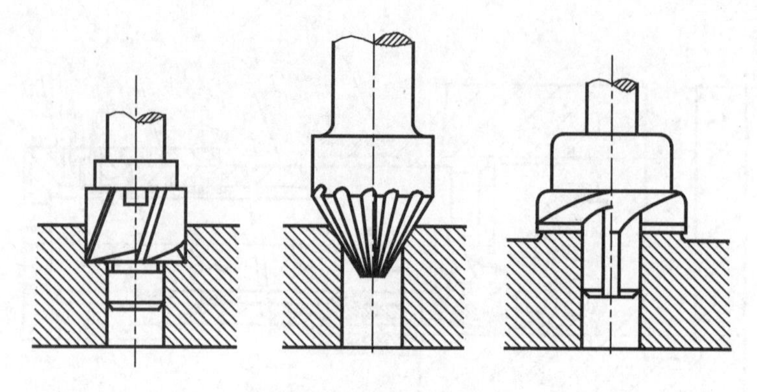

图 2-29 锪钻加工示意图

2.2.2.3 铰刀

铰刀是孔的精加工刀具，也可以用作高精度孔的半精加工。铰刀齿数多，槽底直径大，其导向性及刚性好，而且加工余量小，切削速度低，且具有修光的作用，铰刀的制造精度高，铰孔的公差等级可达到 IT8～IT6 级，表面粗糙度可达 *Ra*1.6～0.4。

根据使用方法的不同，铰刀可分为手用铰刀与机用铰刀。手用铰刀有整体式的(图 2-30)，也有可调式的(图 2-31)。单件小批量生产或修配工作时，常使用尺寸可调铰刀。

小直径的机用铰刀可做成直柄或锥柄的，大直径的机用铰刀常做成套式结构，如图 2-32所示。

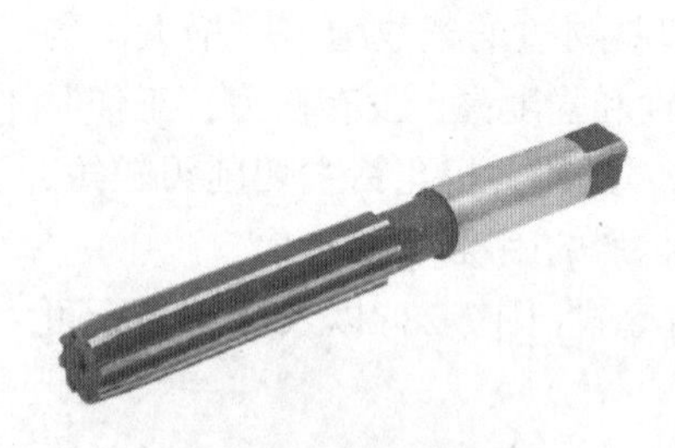

图 2-30 直柄手用铰刀

图 2-31 可调手用铰刀

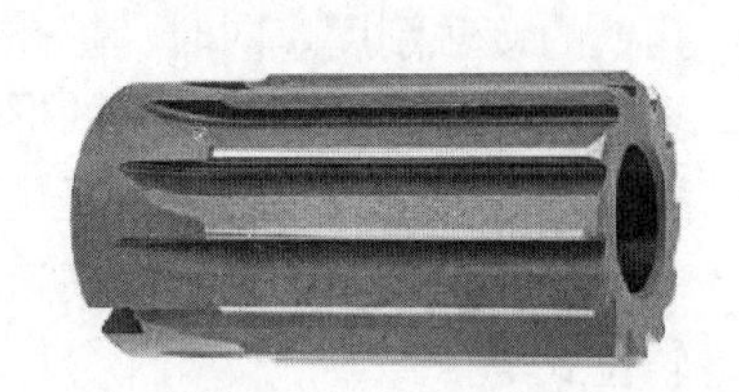

图 2-32 套式铰刀

根据加工孔的形状不同，铰刀可分为柱形铰刀和锥度铰刀。锥度铰刀一般 2～3 把一套，分为粗铰刀和精铰刀，如图 2-33 所示。

铰刀的齿槽形式分为直槽和螺旋槽两种结构。直槽铰刀制造、刃磨及检验都很方便，但为了保证切削过程的平稳性，尤其是对于带有键槽等断续表面的孔，为防止刀齿切入切出过程中发生冲击崩刃，常将铰刀刀槽制成螺旋槽。

2.2.2.4 镗刀

镗刀具有一个或两个切削部分，是专门用于对已有的孔进行粗加工、半精加工或精加工的刀具。镗刀可在镗床、车床或铣床上使用。因装夹方式的不同，镗刀柄部有方柄、莫氏锥柄和 7∶24 锥柄等多种形式，根据参与切削的刀刃多少，镗刀通常分为单刃

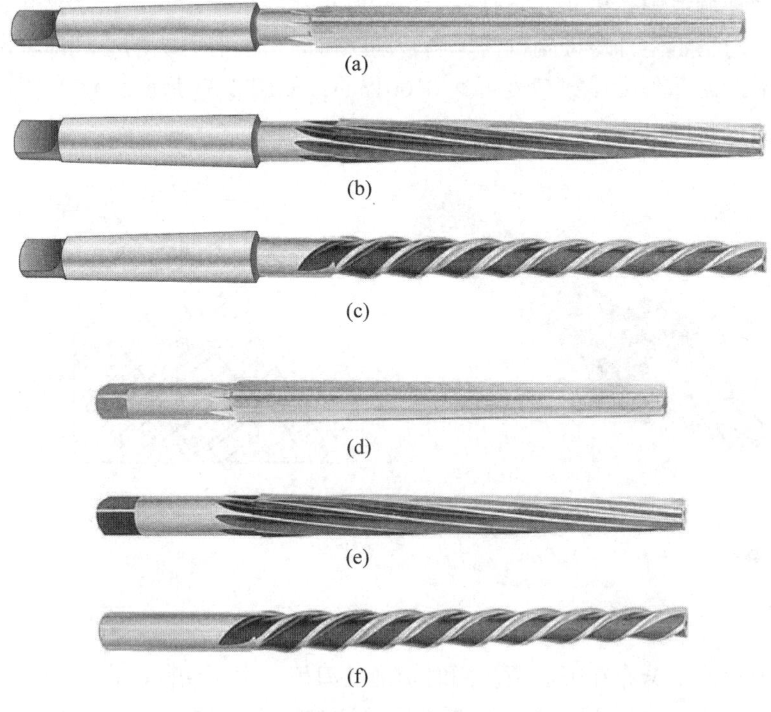

图 2-33　锥度铰刀

(a)机用锥孔粗铰刀　(b)机用螺旋刃锥孔铰刀　(c)机用锥孔精铰刀
(d)手用锥孔粗铰刀　(e)手用螺旋刃锥孔铰刀　(f)手用锥孔精铰刀

镗刀和双刃镗刀。

(1)单刃镗刀

如图 2-34 所示，单刃镗刀切削部分的形状与车刀相似。通过将刀头装夹在镗刀杆上组成镗杆镗刀，刀头的横截面有圆形和方形两种。圆形截面在刀杆上的孔槽比方形截面容易制造，但方形刀头与刀杆槽孔的接触面积大，刚度更好，所以方形截面刀头使用更为广泛。

为了使孔获得高的尺寸精度，精加工用镗刀的尺寸需要准确地调整。微调镗刀可以

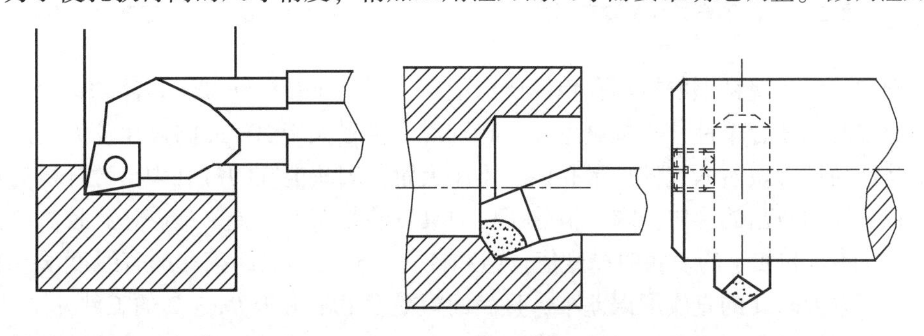

图 2-34　单刃镗刀

在机床上精确地调节镗孔尺寸，它有一个精密游标刻线的指示盘，指示盘同装有镗刀头的心杆组成一对精密丝杆螺母副机构。当转动螺母时，装有刀头的心杆即可沿定向键作直线移动，借助游标刻度读数精度可达 0.001mm，如图 2-35 所示。镗刀的尺寸也可在机床外用对刀仪预调。

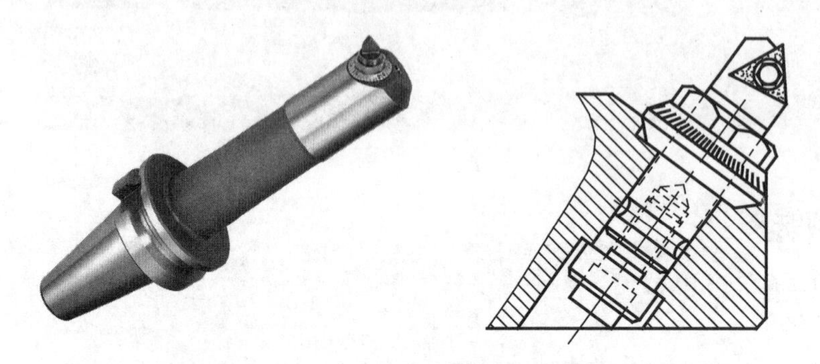

图 2-35　微调镗刀及调整机构

(2) *双刃镗刀*

双刃镗刀有两个分布在中心两侧同时切削的刀齿，由于切削时产生的径向力互相平衡，可加大切削用量，生产效率高。双刃镗刀按刀片在镗杆上浮动与否分为浮动镗刀(图 2-36)和定装镗刀(图 2-37)。

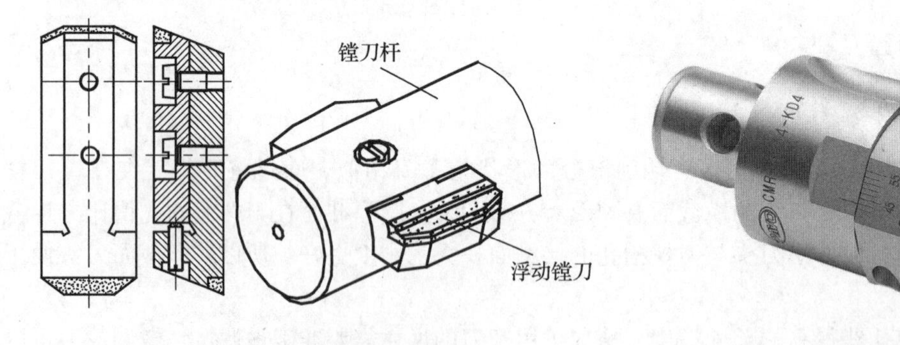

图 2-36　浮动镗刀及其安装形式　　**图 2-37　定装双刃镗刀**

浮动镗刀对于镗杆上的矩形孔精度要求很高，适用于孔的精加工。浮动镗刀制造简单、刃磨方便，适合单件、小批量生产，特别对于直径大于 20mm 的大孔较为实用。镗孔时，将浮动镗刀块装入镗杆矩形孔内，不用夹紧，刀块能在刀杆孔中沿镗杆径向自由移动，依靠镗刀自己的导向要求，消除了由刀具安装带来的误差。能够达到较高的公差等级(IT7 ~ IT6)和较小的表面粗糙度值。但和铰孔一样，不能纠正孔的直线度误差和位置偏差，所以要求孔的直线度误差小，且表面粗糙度值不大于 *Ra* 3.2 的工件。

定装镗刀块可通过斜楔、锥销或螺钉装夹在镗杆上，镗刀块相对于轴线的位置偏差会造成孔径误差。固定式双刃镗刀是定尺寸刀具，适用于粗镗或半精镗直径较大的孔。

2.3　铣刀

铣刀是一种多齿旋转刀具，铣刀的种类繁多，其每个刀齿可视为一把固定在回转刀体或刀柄上的车刀。可以完成平面、台阶面、沟槽、成形表面及切断等加工，通过与分度头配合，铣刀也能够完成齿轮、螺旋槽、花键等的加工。

铣刀的种类繁多，依据其用途、刀齿形状、构造、材质、刃磨方式等，有很多种分类方法，如按结构和安装方法可分为带柄铣刀和带孔铣刀。

2.3.1　带柄铣刀

带柄铣刀一般用于立式铣床上，此种铣刀本身有一直柄或锥柄，可用夹持具夹持，使用时直接装于铣床主轴上做铣削工作。带柄铣刀有直柄和锥柄之分，一般直径小于20mm 的较小铣刀做成直柄，直径较大的铣刀多做成锥柄。

2.3.1.1　端铣刀

端铣刀又称面铣刀，其主切削刃分布在圆柱或圆锥的表面上，副切削刃位于圆柱或圆锥的端面上。用端铣刀加工平面时，同时参与切削的齿数较多，并有副切削刃的修光作用，已加工表面能够达到较小的表面粗糙度。小直径的端铣刀一般用高速钢制成整体式，直径较大的端铣刀可将硬质合金刀片焊接在刀体上，也常采用如图 2-38 所示的机械夹固式，将可转位硬质合金刀片组合在刀体上。

图 2-38　机夹可转位式端铣刀

2.3.1.2　立铣刀

立铣刀的主切削刃在圆柱面上，端面上的切削刃是副刀刃。没有中心刃的立铣刀，工作时不能沿着铣刀的轴向作进给运动，适于铣削端面、斜面、沟槽和台阶面等。

按照国家标准 GB 6117—2010《立铣刀》规定，立铣刀刀柄分为直柄立铣刀、莫氏锥柄立铣刀和 7∶24 锥柄立铣刀 3 种形式(图 2-39)。

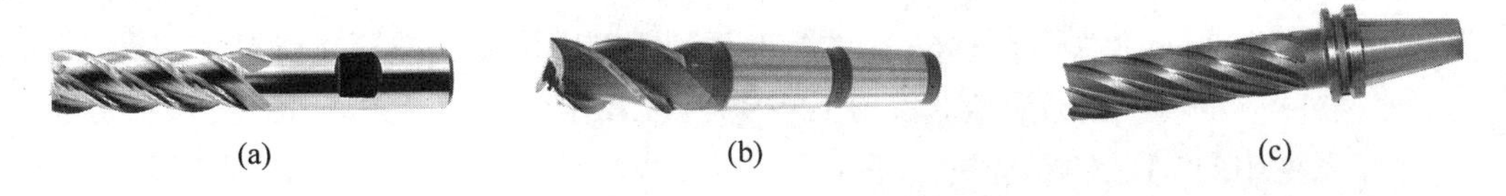

(a)　(b)　(c)

图 2-39　立铣刀刀柄形式

(a)直柄立铣刀　(b)莫氏锥柄立铣刀　(c)7∶24 锥柄立铣刀

直径 1.9～75mm 的直柄立铣刀按其柄部形式分为普通直柄立铣刀、削平直柄立铣刀、2°斜削平直柄立铣刀和螺纹柄立铣刀 4 种形式，如图 2-40 所示。

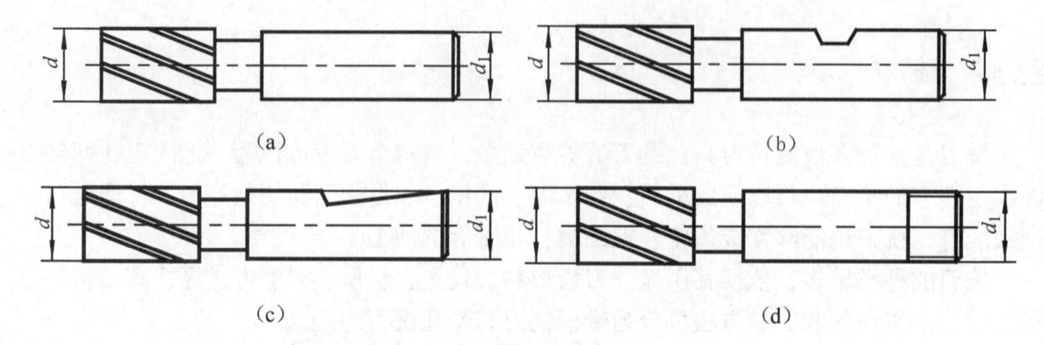

图 2-40 直柄立铣刀的形式

(a)普通直柄立铣刀 (b)削平直柄立铣刀 (c)2°斜削平直柄立铣刀 (d)螺纹柄立铣刀

直柄立铣刀按其刃长不同分为标准系列和长系列。

直柄立铣刀按齿数多少分为粗齿、中齿和细齿 3 个系列。

直柄立铣刀的标记示例如下：

①直径 $d=10$mm，中齿，柄径 $d_1=10$mm 的普通直柄标准系列立铣刀为：

中齿 直柄立铣刀 10 GB/T 6117.1—2010

②直径 $d=45$mm，粗齿，柄径 $d_1=40$mm 的螺纹柄标准系列立铣刀为：

粗齿 45 直柄立铣刀 40 螺纹柄 GB/T 6117.1—2010

③直径 $d=14$mm，细齿，柄径 $d_1=12$mm 的削平直柄长系列立铣刀为：

细齿 直柄立铣刀 14 削平柄 12 长 GB/T 6117.1—2010

莫氏锥柄立铣刀按其柄部形式不同分为Ⅰ型和Ⅱ型两种形式，如图 2-41 所示。按其刃长不同，分为标准系列和长系列。

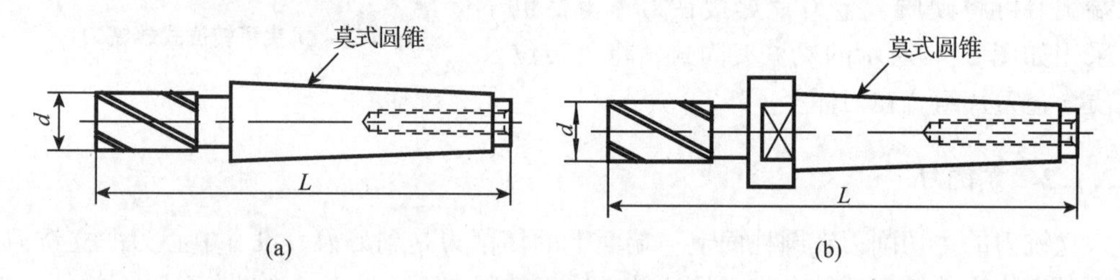

图 2-41 锥柄立铣刀的形式

(a)Ⅰ型 (b)Ⅱ型

标记示例如下：

①直径 $d=12$mm，总长 $L=96$mm 的标准系列Ⅰ型中齿莫氏锥柄立铣刀为：

中齿 莫氏锥柄立铣刀 12×96 Ⅰ GB/T 6117.2—2010

Ⅰ型系列中的"Ⅰ"在标记中可以不标。

②直径 $d=50$mm，总长 $L=298$mm 的长系列Ⅱ型粗齿莫氏锥柄立铣刀为：

粗齿 莫氏锥柄立铣刀 50×298 Ⅱ GB/T 6117.2—2010

图 2-42 所示为 7∶24 锥柄立铣刀结构形式。

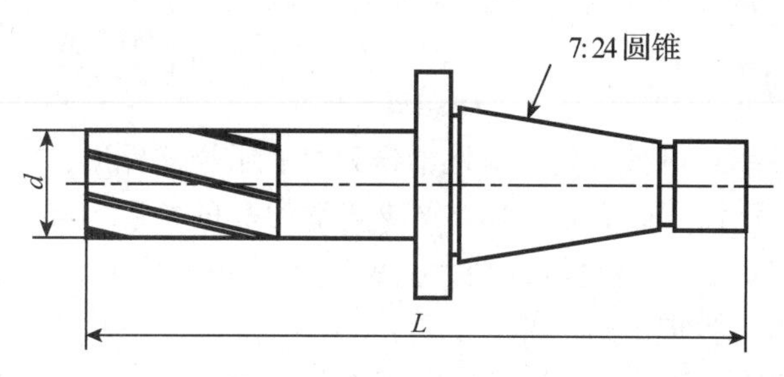

图 2-42　7∶24 锥柄立铣刀

标记示例如下：

直径 $d=32\text{mm}$，总长 $L=158\text{mm}$ 的标准系列中齿 7∶24 锥柄立铣刀为：

中齿 7∶24 锥柄立铣刀 32 × 158 GB/T 6117.3—2010

2.3.1.3　平键键槽铣刀

平键键槽铣刀一般有两个刃瓣，可以沿轴向进给，然后沿键槽方向铣出键槽全长，重磨时只磨端刃，如图 2-43、图 2-44 所示。国家标准 GB/T 1112—2012 对键槽铣刀形式和尺寸进行了规定。

2.3.1.4　T 形槽铣刀

如图 2-45 所示，T 形槽铣刀可用于加工圆头封闭键槽和 T 形槽。其圆柱面和端面上都有刀齿，端刃为完整刃口，齿数少，螺旋角小。工作时可以纵向进给，也可以轴向进给。

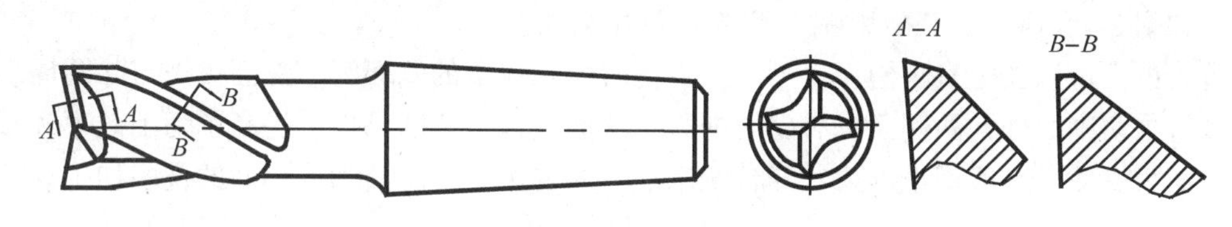

图 2-43　键槽铣刀形式

图 2-44　键槽铣刀

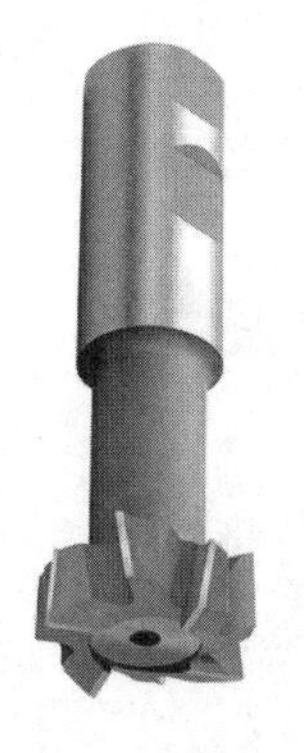

图 2-45　T 形槽铣刀

图 2-46　燕尾槽铣刀

2.3.1.5　燕尾槽铣刀

燕尾槽是常见的一种机械结构，燕尾槽铣刀具有圆锥体外形，并在圆周及底部带有切削刃，如图2-46所示。选择铣刀时，先要查清刀具的角度与燕尾槽角度是否相等。在满足加工条件的同时，应尽量用直径大些的燕尾刀。铣削时，采用逆铣，先铣出一侧，保证对称度要求，再加工另一侧。

GB/T 6338—2004、GB/T 6339—2004、GB/T 6340—2004中对直柄燕尾槽铣刀的形式和技术条件做出了规定。

2.3.2　带孔铣刀

带孔铣刀适用于卧式铣床加工，能加工各种表面，应用范围较广。

2.3.2.1　圆柱铣刀

圆柱铣刀仅在圆柱表面上有切削刃，如图2-47所示，多用于卧式升降台铣床上加工平面。可分为粗齿和细齿两种。粗齿圆柱形铣刀具有齿数少、刀齿强度高、容屑空间大、重磨次数多等特点，适合于粗加工。细齿圆柱形铣刀齿数较多、工作平稳，适用于精加工。

图2-47　圆柱铣刀

2.3.2.2　三面刃铣刀

如图2-48所示，三面刃铣刀其两侧面和圆周上均有刀齿，可以加工直角槽，也可以加工台阶面和较窄的侧面等。三面刃铣刀除圆周表面具有主切削刃外，两侧面也有副切削刃，从而改善了切削条件，提高了切削效率和减小表面粗糙度。一般用于卧式升降台铣床上，主要用于台阶面和槽形面的铣削加工。

2.3.2.3　锯片铣刀

锯片铣刀实际上是薄的槽铣刀，主要用于切断工件或铣削窄槽，其圆周上有较多的刀齿。为了减少铣切时的摩擦，刀齿两侧有0.25°~1°的副偏角，如图2-49所示。

图2-48　三面刃铣刀

图2-49　锯片铣刀

2.3.2.4　角度铣刀

角度铣刀一般分为两种：单角铣刀(图2-50)和双角铣刀(图2-51)，主要用于铣削沟槽和斜面。

GB/T 6128—2007中对于角度铣刀系列的形式和尺寸进行了规定。选用角度铣刀时，要标注出其最大外圆直径和角度，如：

图2-50　单角铣刀

图2-51　双角铣刀

①最大外圆直径为50mm，铣刀侧面与端面夹角为45°的单角铣刀标记为：

单角铣刀 50×45°　GB/T 6128.1—2007

②外圆直径为80mm，侧刃夹角为60°的对称双角铣刀标示为：

对称双角铣刀 80×60°　GB/T 6128.2—2007

2.3.3　铣刀的齿背形式

如图2-52所示，按齿背的加工方式，铣刀可分为两类，即尖齿铣刀和铲齿铣刀。

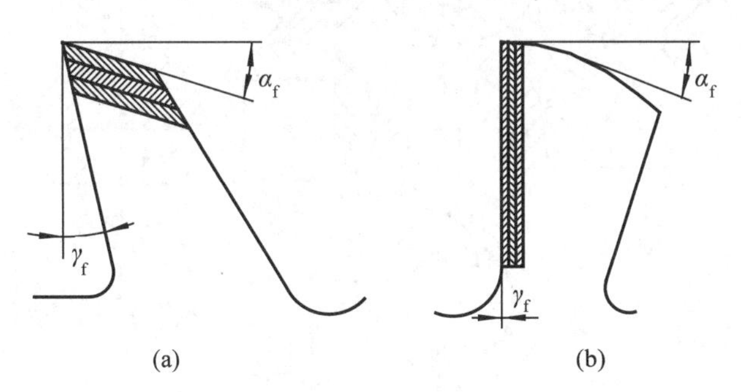

图2-52　刀齿齿背形式

(a)尖齿齿背　(b)铲齿齿背

①尖齿铣刀：在后面上磨出一条窄的刃带以形成后角，由于切削角度合理，其寿命较高。尖齿铣刀的齿背有直线、曲线和折线3种形式(图2-53)。直线齿背常用于细齿的精加工铣刀。曲线和折线齿背的刀齿强度较好，能承受较重的切削负荷，常用于粗齿铣刀。尖齿铣刀具有磨后刀面，简单方便、加工表面质量较好、耐用度高、切削效率较高等特点。主要用于加工平面和沟槽。

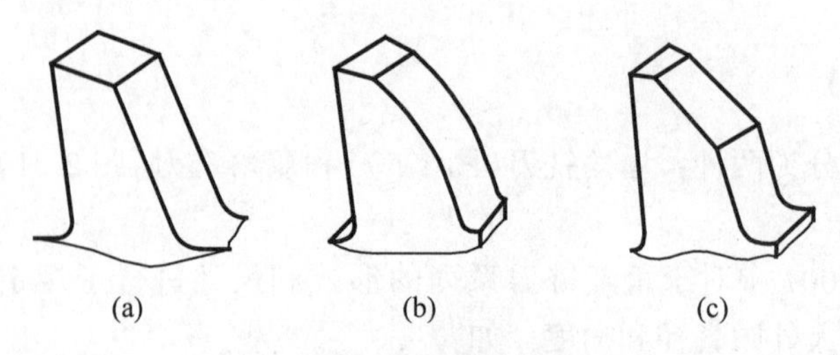

图 2-53 尖齿齿背形式

(a)直线齿背 (b)曲线齿背 (c)折线齿背

②铲齿铣刀：其后面用铲削(或铲磨)方法加工成阿基米德螺旋线的齿背，铣刀用钝后只须重磨前面，能保持原有齿形不变，用于制造齿轮铣刀等各种成形铣刀。一般用于加工成形表面。

2.4 拉刀

2.4.1 拉削的特点

拉削加工依靠拉刀的结构变化，可以加工各种形状的通孔、通槽和各种形状的内、外表面，如图 2-54 所示为适用拉削加工的典型工件截面形状。

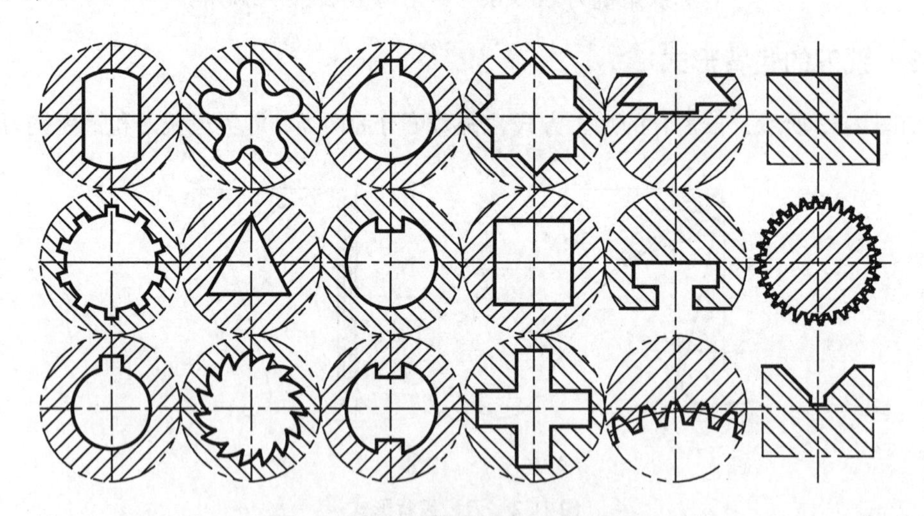

图 2-54 拉削加工典型工件截面形状

拉削通常只有一个液压系统驱动的主运动(拉刀直线运动)，传动平稳，拉削速度较低，不会产生积屑瘤。图 2-55 所示为拉削键槽的加工过程，键槽拉刀上有多个刀齿，同时参加工作的刀齿多，一个切削行程即可完成对被加工工件上键槽的粗、半精及精加工，加工精度和切削效率都比较高。

如图 2-56 所示，拉刀前、后刀齿在齿高或齿宽方向的尺寸逐渐递增，其递增量(齿升量)很小，拉削时依次从工件上切下薄层切屑。一般精切齿的切削厚度为0.005~

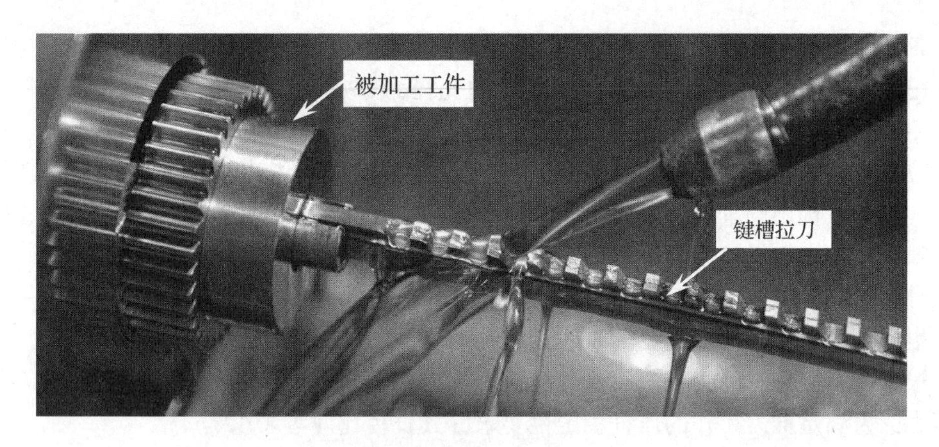

图 2-55　典型拉削加工

0.015mm，因此拉削精度可达 IT7、表面粗糙度值 Ra 2.5～0.88。

由于拉削速度较低，拉刀磨损慢，因此拉刀耐用度较高，同时，拉刀刀齿磨钝后，还可磨几次。因此，拉刀通常有较长的使用寿命。然而，拉刀的结构要比一般刀具复杂，制造成本高，因此一般多用于大量或成批生产。但对于一些精度要求较高且形状复杂的内外成形表面，使用其他加工方法比较困难时，也有采用拉刀进行小批量生产的。

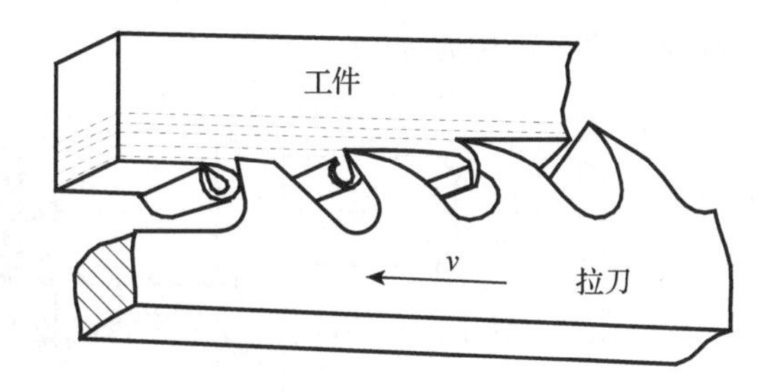

图 2-56　拉削示意图

2.4.2　拉刀的种类和用途

如图 2-57 所示，拉刀的种类很多，一般分为内拉刀和外拉刀两大类。内拉刀用于

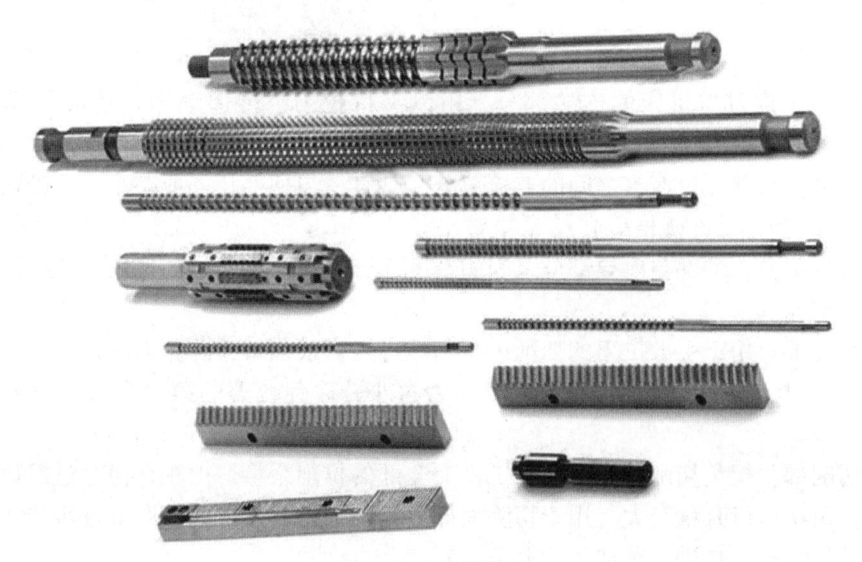

图 2-57　常见拉刀

加工各种廓形的贯通内孔表面，如圆孔、键槽、多边形孔。内拉刀也可用于加工螺旋齿内花键、齿轮及内螺纹等。内拉刀可加工的孔径为3～300mm，孔深可达2m以上。外拉刀用于加工各种形状的外表面。

拉刀按结构可分为整体式和组合式(装配式)两大类，中小规格的内拉刀大都做成整体式，一般选用高速钢，常用的牌号有W6Mo5Cr4V2、W18Cr4V等。大规格内拉刀和大部分外拉刀多做成组合式，即刀齿或刀块由高速钢或硬质合金制造，常用的硬质合金牌号有YG8、YG6、YG6X、YW1、YW2等，刀体则由结构钢制造。

根据拉削运动形式，又分为直线运动拉刀和回转拉刀。

根据拉刀工作时受力状态，可分为拉刀和推刀。拉刀工作时承受拉力，而推刀则承受压力，为满足推刀工作的压杆稳定性要求，其长径比应小于12。

2.4.3　拉刀的结构

各种拉刀的外形结构不完全相同，但其主要构成部分大体相同。图2-58为典型的圆拉刀的主要构成部分。

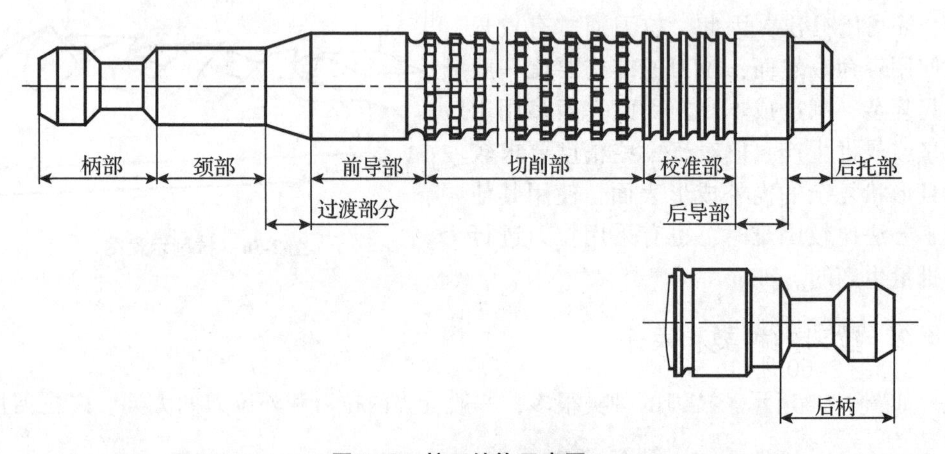

图2-58　拉刀结构示意图

①柄部：拉刀与机床的连接部分，用以夹持拉刀、传递动力。其形状和尺寸见GB/T 3832—2008《拉刀柄部》。

②颈部：头部与过渡锥之间的连接部分，其直径与柄部相同或略小，此处可以打标记(拉刀的材料、尺寸规格等)。

③过渡部分：颈部与前导部分之间的锥度部分，起对准中心的作用，使拉刀易于进入工件预制孔。

④前导部：用于引导拉刀的切削齿正确地进入切削加工，防止刀具进入工件孔后发生歪斜，同时还可以检查预加工孔尺寸是否过小，以免拉刀的第一个刀齿负荷过重而损坏。

⑤切削部：担负切削工作，切除工件上全部的拉削余量，由粗切齿、过渡齿和精切齿组成。粗切齿齿升量较大，用于切除大部分拉削余量；过渡齿齿升量逐步减小，精切齿的齿升量很小，是进行精加工的刀齿。

⑥校准部：此部分的刀齿尺寸完全相同，用以校正孔径、修光孔壁，以提高孔的加工精度和表面质量，也可以作精切齿的后备齿。

⑦后导部：用于保证拉刀最后的正确位置，防止拉刀在即将离开工件时，因工件下垂而损坏已加工表面和刀齿。

⑧后托部：用于支撑拉刀，防止其下垂而影响加工质量和损坏刀齿。只有拉刀既长又重才需要。

⑨后柄：在自动拉床上退回拉刀的夹持部分，其结构、尺寸与柄部相同或相似。

2.4.4　拉削图形

拉削图形又称拉削方式。在拉削过程中，拉削余量在各个刀齿上切下顺序和方式，称这种图形为拉削图形。它决定着拉削时每个刀齿切下的切削层的截面形状，表征了各刀齿的切削顺序和切削位置。拉削图形选择的合理与否，直接影响到刀齿负荷的分配、拉刀的长度、拉削力的大小、拉刀的磨损和耐用度、工件表面质量、生产率和制造成本等，是拉刀设计中首先确定的一个重要环节。

2.4.4.1　同廓式分层拉削图形

同廓式分层拉削的特点是拉刀刀齿的形状与工件的廓形相似，将加工余量一层一层地顺序切下，最后一个刀齿决定已加工表面的形状与尺寸。采用这种拉削方式能达到较小的表面粗糙度值，但单位切削力大，且需要较多的刀齿才能把余量全都切除，拉刀较长，刀具成本高，生产率低，并且不适于加工带硬皮的工件。

同廓拉削的拉刀加工平面、圆孔和形状简单的成形表面时，刀齿廓形简单，容易制造，并且能获得较好的加工表面。如图2-59所示为圆形和矩形截面内孔的同廓式拉削图形，但其他形状的廓形制造时比较困难。

如图2-60所示，采用同廓式拉削时，为了使切屑容易卷曲和降低切削力，在每个切削齿上都开出交错分布的分屑槽。

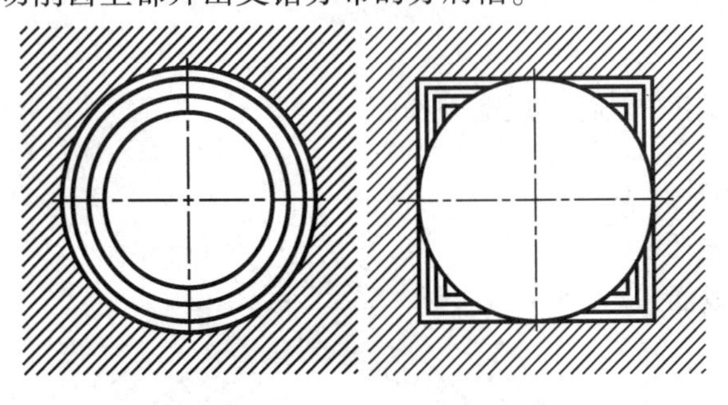

图2-59　同廓拉削图形

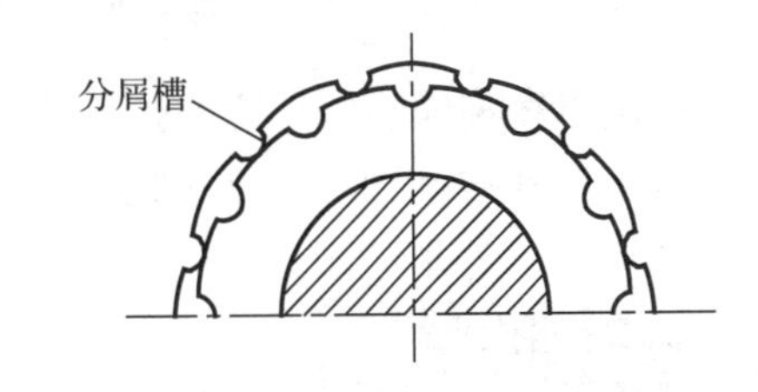

图2-60　同廓式拉刀的分屑槽

2.4.4.2　渐成式分层拉削图形

渐成式分层拉削适用于粗拉削复杂的加工表面，如方孔、多边形孔和花键孔等。其特点是拉刀刀齿的形状与工件的廓形不相似，每个刀齿可制成简单的直线或圆弧，拉刀制造起来比较方便，工件的表面不是由最后一个刀齿形成，而是由各切削刃包络而成。

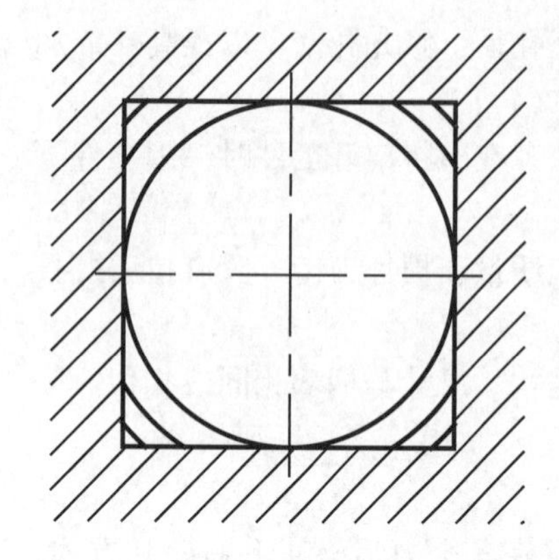

图 2-61　方孔的渐成式拉削图形

缺点是在工件已加工表面上可能出现副切削刃的交接痕迹，因此加工出的工件表面质量较差。键槽、花键槽及多边孔常采用这种拉削方式加工。图 2-61 所示为方孔采用渐成式拉削方式进行加工的切削图。

2.4.4.3　轮切式圆柱拉削图形

轮切式拉削的特点是加工表面的每一层金属是由一组尺寸相同或基本相同的刀齿切除的，通常每组由 2~3 个刀齿组成。每个刀齿仅切去一层金属的一部分，前后刀齿的切削位置相互错开，全部余量由几组刀齿顺序切完。轮切式拉削的切削刃长度较短，允许

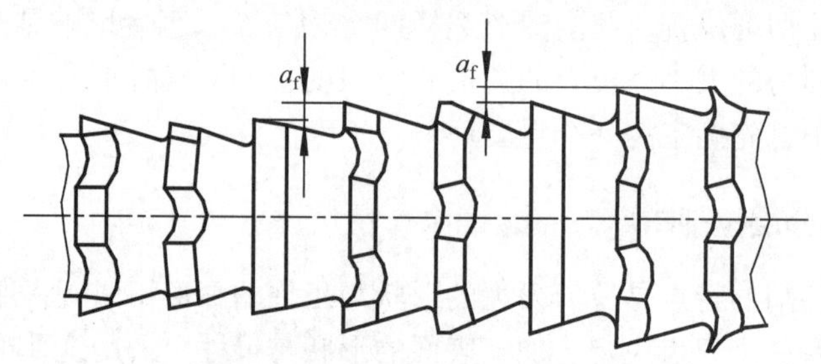

图 2-62　轮切式圆柱拉刀外形

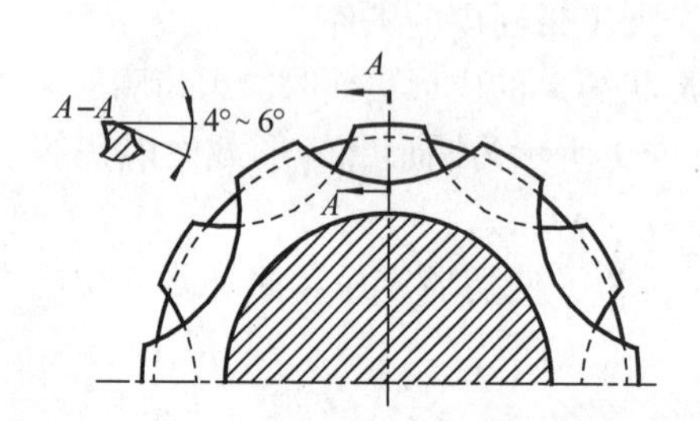

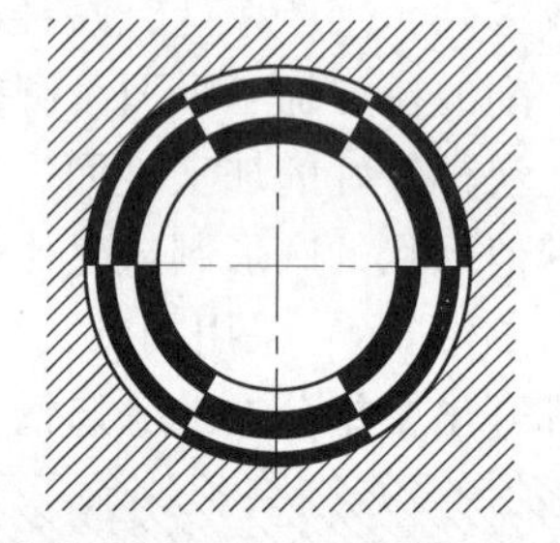

图 2-63　轮切式拉刀截面形状及拉削图形

的切削厚度较大。但是这种拉刀的结构比较复杂，制造麻烦。图 2-62 所示为轮切式圆柱拉刀外形，图 2-63 为拉刀的截面形状及拉削图形。

2.4.4.4　组合式拉削图形

组合式拉削综合了轮切式和同廓式的优点，粗切齿和过渡齿采用轮切式结构，精切齿采用同廓式结构，每个刀齿只切去很薄的切屑。如图 2-64 所示，第一个刀

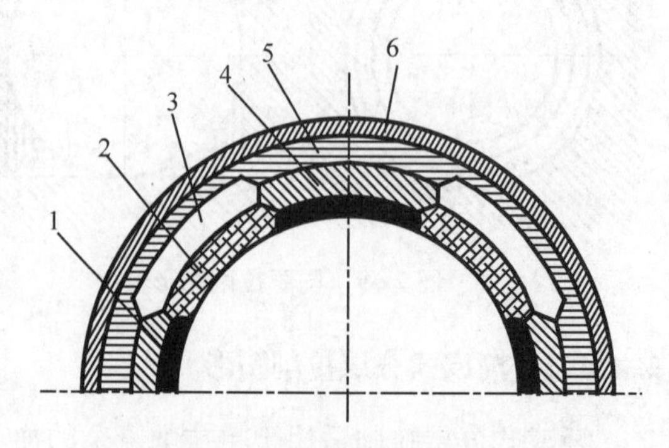

图 2-64　组合拉削图形

1. 第一刀齿　2. 第二刀齿　3. 第三刀齿
4. 第四刀齿　5. 第五刀齿　6. 第六刀齿

齿分段地切去第一层金属的一半左右，第二个刀齿比第一个刀齿高出一个齿升量，除了切去第二层金属的一半左右外，还切去第一个刀齿留下的第一层金属的一半左右，因此，其切削厚度比第一刀齿的切削厚度大一倍。后面的刀齿都以同样顺序交错切削，直到把粗切余量切完为止。第五齿和第六刀齿就按分层拉削工作，但第五刀齿不仅要切除本圈的金属层，还要切除第四圈中剩下的一半。精切刀齿齿升量较小，校正齿无升量。

组合式拉刀刀齿的齿升量分布较合理，拉削过程较平稳，加工表面质量高。它既缩短了拉刀长度，提高了生产率，又能获得较好的加工质量，但综合轮切式拉刀的制造较困难。

2.5　齿轮加工刀具

齿轮刀具用于加工齿轮的齿形，对应不同的齿轮种类及加工要求，齿轮刀具的品种极为繁多。

2.5.1　齿轮刀具的类型

2.5.1.1　成形齿轮刀具

(1)盘形齿轮铣刀

盘形齿轮铣刀是一种铲齿成形铣刀，其结构如图2-65所示，可安装在普通铣床上加工齿轮，加工精度和生产率较低，适用于单件、小批量的直齿圆柱齿轮、斜齿圆柱齿轮、齿条的生产或修配。

盘形铣刀的前角为0°时，其前刀面的形状即为被加工齿轮的渐开线齿形。生产上，可以用一把铣刀加工几个齿数相近、模数和压力角相同的齿轮。这样虽然会使被加工齿轮的齿形产生误差，但铣刀的数量却减少了很多。加工模数为0.3～16mm、压力角为20°的渐开线直齿圆柱齿轮用盘形齿轮铣刀已经标准化(GB/T 28247—2012)。

(2)指形齿轮铣刀

如图2-66所示，指形齿轮铣刀实质上是一种成形立铣刀，有铲齿和尖齿结构，主

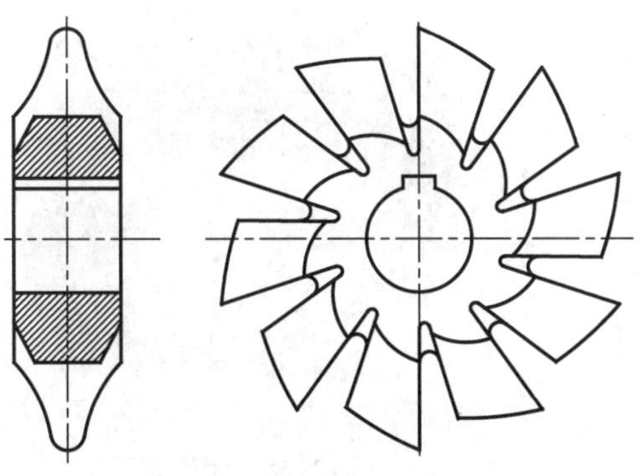

图2-65　盘形齿轮铣刀

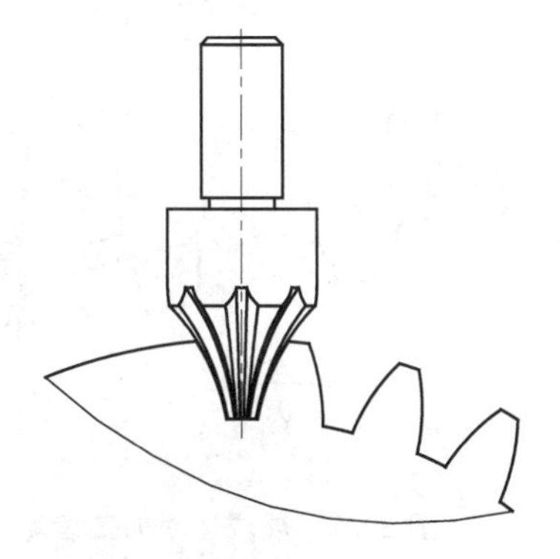

图2-66　指形齿轮铣刀加工示意图

要用于加工大模数齿轮。指形齿轮铣刀工作时相当于悬臂梁，加工时整个切削刃都参加切削，刀齿的负荷重。需采用小的进给量进行加工，故而加工效率较低。

2.5.1.2　展成齿轮刀具

在对工件进行切齿时，刀具与工件间有啮合运动，工件上所形成的齿形是刀具齿形运动轨迹包络而成的，如图2-67所示。

基于展成运动滚齿时，滚齿机必须有以下几个运动：

①切削运动(主运动)：滚刀的旋转运动，其切削速度由变速齿轮的传动比决定。

②分齿运动：工件的旋转运动，其运动的速度必须和滚刀的旋转速度保持齿轮与齿条的啮合关系。其运动关系由分齿挂轮的传动比来实现。对于单线滚刀，当滚刀每转一转时，齿坯需转过一个齿的分度角度，即 $1/z$ 转(z 为被加工齿轮的齿数)。

③垂直进给运动：滚刀沿工件轴线自上而下的垂直移动，这是保证切出整个齿宽所必须的运动，由进给挂轮的传动比再通过与滚刀架相连接的丝杠螺母来实现。

基于展成运动加工齿轮典型的刀具有齿轮滚刀、插齿刀、剃齿刀、花键滚刀、锥齿轮刨刀和曲线锥齿轮铣刀盘等。

(1)齿轮滚刀

如图2-68所示，齿轮滚刀一般是指加工渐开线齿轮用的滚刀。它是按螺旋齿轮啮合原理加工齿轮的，由于被它加工的齿轮是渐开线齿轮，所以它本身也应具有渐开线齿轮的几何特性。齿轮滚刀可用来加工外啮合的直齿轮、斜齿轮、标准齿轮和变位齿轮。加工齿轮的范围很大，从模数大于0.1mm到小于40mm的齿轮，均可用滚刀加工。

加工齿轮的精度一般达7~9级，在使用超高精度滚刀和严格的工艺条件下也可以加工5~6级精度的齿轮，用一把滚刀可以加工模数相同的任意齿数的齿轮。

在滚齿时，必须保持滚刀刀齿的运动方向与被切齿轮的齿向一致，然而由于滚刀刀齿排列在一条螺旋线上，刀齿的方向与滚刀轴线并不垂直。所以，必须把刀架扳转一个角度使之与齿轮的齿向协调。图2-69所示滚切直齿轮时，扳转的角度就是滚刀的螺旋升角。图2-70所示滚切斜齿轮时，还要根据斜齿轮的螺旋方向，以及螺旋角的大小来决定扳转角度的大小及扳转方向。

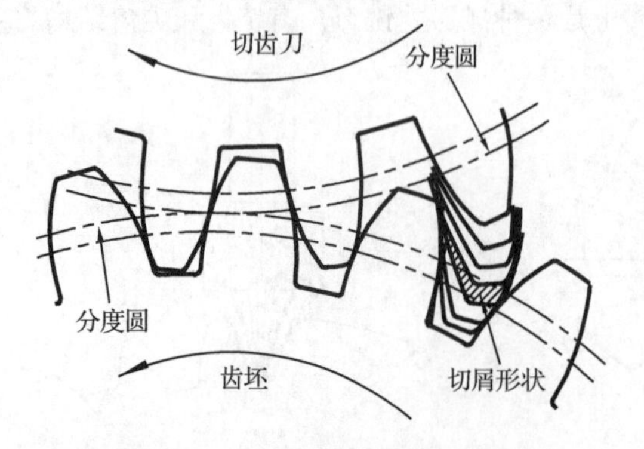

图2-67　展成运动加工齿轮示意图

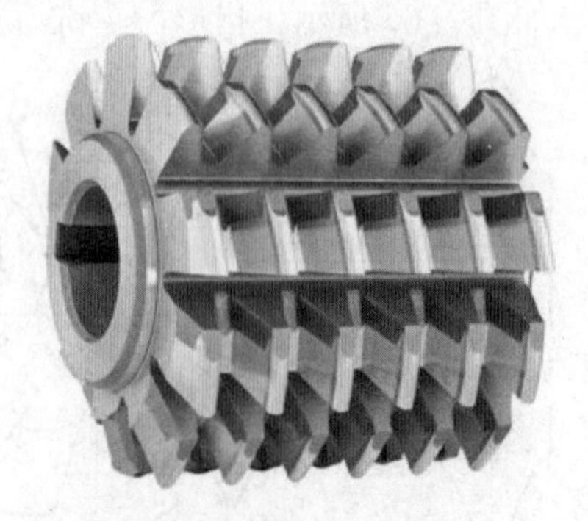

图2-68　齿轮滚刀

图2-69　齿轮滚刀加工直齿轮

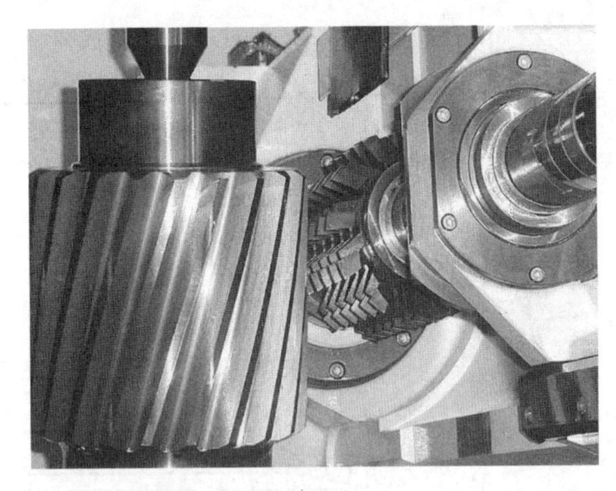

图2-70　齿轮滚刀加工斜齿轮

(2)插齿刀

插齿刀的优越性主要在于既可加工外啮合齿轮(图2-71)，也能加工内啮合齿轮(图2-72)，还能加工有台阶的齿轮，如双联齿轮、三联齿轮和人字齿轮等。经过滚齿和插齿的齿轮，如果需要进一步提高加工精度和降低表面粗糙度，可用剃齿刀来进行精加工。

图2-71　外圆柱齿轮插削

图2-72　内圆柱齿轮插削

插齿刀的外形与外圆柱齿轮类似，但其端面有切削前角，齿顶和齿侧有后角，形成切削刃。插齿加工时的主运动为插齿刀的上下往复运动，该运动轨迹形成的齿轮称为铲形齿轮。插齿刀与齿坯相对旋转形成圆周进给运动。插齿刀切出的齿轮模数、压力角与其产形齿轮的模数及压力角相同，齿数则由插齿刀与齿坯啮合运动的传动比决定。

在开始切齿时，插齿刀沿径向有进给运动，直至切到全齿深时为止。为减少插齿刀与齿面摩擦，插齿刀在返回行程时，齿坯还要有让刀运动。

使用插齿刀加工斜齿轮时，插齿刀的铲形齿轮要与被加工斜齿轮的螺旋角大小相等，旋向相反。

常用的直齿插齿刀已标准化，GB/T 6081—2001《直齿插齿刀 基本型式和尺寸》中规定规定了模数 m 为 1~12mm，按公称分度圆直径 d 为 25~200mm，分度圆压力角 α 为 20°，精度等级为 AA 级、A 级、B 级，直齿插齿刀的基本型式分为Ⅰ、Ⅱ、Ⅲ三种形式。

图 2-73 所示为Ⅰ型盘形直齿插齿刀。其公称分度圆直径分为 75mm、100mm、125mm、160mm、200mm 五种。

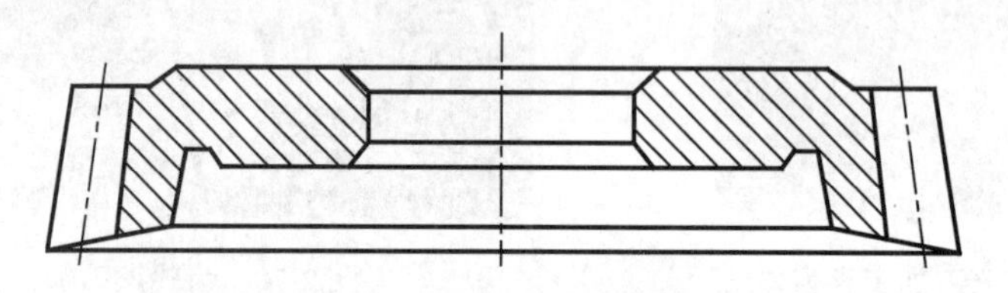

图 2-73　Ⅰ型盘形直齿插齿刀

Ⅱ型碗形直齿插齿刀有两种结构，如图 2-74 所示。其分度圆直径为 50mm 的精度等级分为 A、B 两种，公称分度圆直径为 75mm、100mm、125mm 的精度等级分 AA、A、B 三种。

图 2-75 所示为Ⅲ型锥柄直齿插齿刀，其公称分度圆直径分为 25mm、38mm 两种，精度等级分为 A、B 两种。

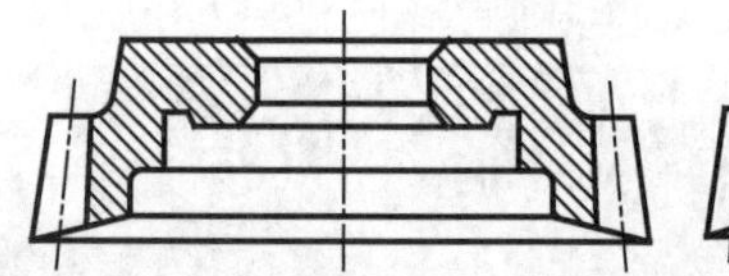

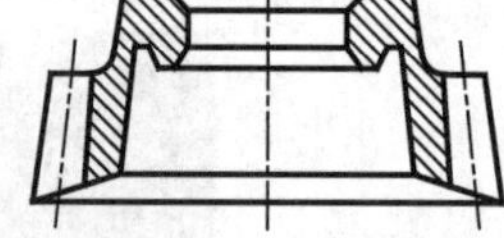

图 2-74　Ⅱ型碗形直齿插齿刀

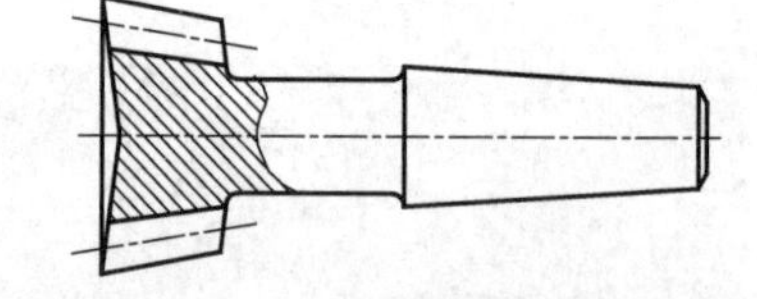

图 2-75　Ⅲ型锥柄直齿插齿刀

2.5.2　蜗轮加工刀具

蜗轮是一种与蜗杆相啮合、齿形特殊的齿轮。蜗轮齿部的切削加工一般用滚齿机完成，主要有滚齿和飞刀切齿两种方法。

2.5.2.1　蜗轮滚刀

蜗轮滚刀加工蜗轮的过程是模拟蜗杆与蜗轮的啮合过程，是最常用的加工蜗轮刀具，滚刀相当于周向带有切削刃的原蜗杆。与齿轮滚刀一样，蜗轮滚刀也应有基本蜗杆的概念。蜗轮滚刀的基本参数，如模数、齿形角、螺旋升角、螺旋方向、螺纹头数、齿距、分度圆直径等，应与原蜗杆相同。

如图 2-76 所示，蜗轮滚刀的外形很像齿轮滚刀，在螺旋升角小时，容屑槽可以做成直槽。但多数蜗轮滚刀的螺旋升角比较大，容屑槽做成螺旋槽，使刀齿的两侧切削刃能有较好的切削条件。

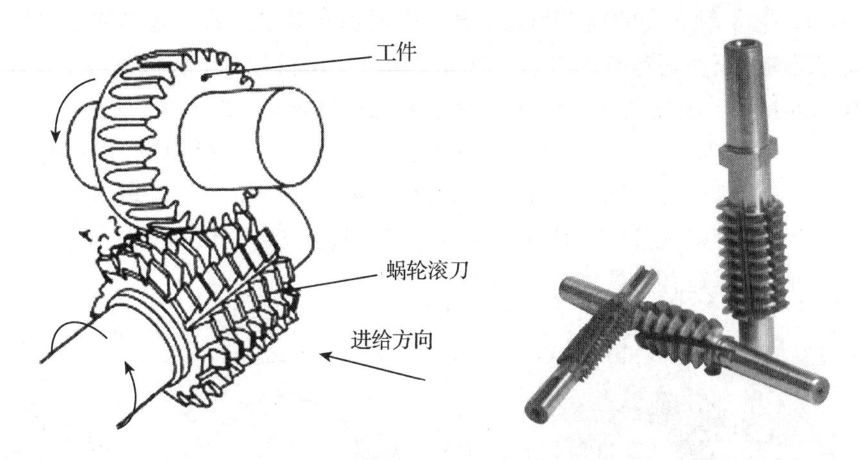

图 2-76　蜗轮滚刀加工原理及蜗轮滚刀

蜗轮滚刀可以采用径向进给或切向进给，如果采用径向进给法滚齿，则滚刀与工件按 Z_2/Z_1 的传动比(Z_1 为工作蜗杆螺纹头数，Z_2 为蜗轮齿数)对滚，两者逐渐靠近直到其中心距等于工作蜗杆与蜗轮啮合时的中心距为止。采用切向进给法滚齿时，机床除保证刀具旋转外，还要有轴向进给；同时机床的工作台也要增加相应的附加转动，才能实现展成运动，这就要使用差动链。因此，切向进给法的加工精度一般不如径向进给法，但齿面质量较好，且不会产生根切现象。

2.5.2.2　蜗轮飞刀

蜗轮飞刀结构简单，成本低，但切齿的生产率低，适于在单件生产和修配工作中采用。加工时要求滚齿机上有切向进给刀架。如图 2-77 所示，飞刀相当于蜗轮滚刀的一个刀齿，加工时采用切向进给法，刀齿相对于蜗轮位置不断改变，可以包络切出蜗轮的完整齿形。

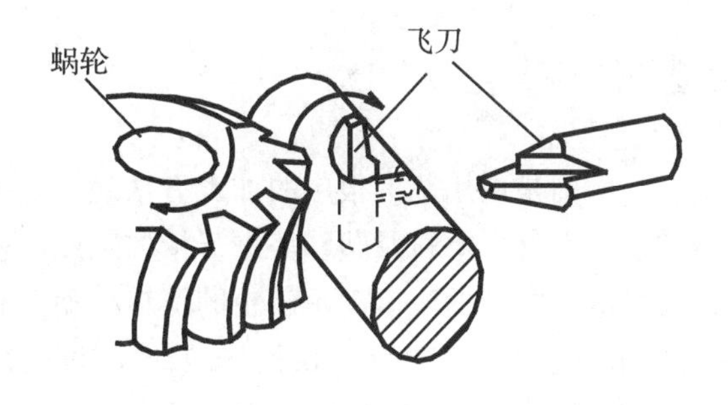

图 2-77　飞刀加工蜗轮示意图

采用飞刀加工蜗轮时，蜗轮的齿数如果和蜗杆的头数没有公因数，用一把切刀就可以在一次走刀内切出蜗轮上的所有齿。如果蜗轮齿数与蜗杆头数有公因数，则在进行飞刀加工时，单齿飞刀在连续分度运动中只能间隔地切出蜗轮的部分齿槽，需要在切完部分齿槽后，将飞刀沿刀杆轴线准确的窜动一个齿距，或用分度的办法使蜗轮转过一个齿，再重新切一次(完成第二个头的加工)。多次重复上述方法，可切出多头蜗轮的全部齿槽，但也由此会降低蜗轮的加工精度。也可以相应增加刀杆上装置的切刀数(等于蜗杆的头数)，在一次走刀中切出整个蜗轮。

2.5.3　弧齿锥齿轮加工刀具

弧齿锥齿轮便于控制和调整齿面接触区，且对误差和变形不太敏感，常用于圆周速度大于5m/s的相交轴之间的动力和运动传动。具有承载能力高、运转平稳、噪音低等特点，被广泛应用于交通运输、机床、直升飞机、矿山机械、工程机械等工业产品。

如图2-78所示，传统的曲线齿锥齿轮可采用Oerlikon制齿方法进行加工。Oerlikon加工机床是按所谓“假想平面齿轮”原理考虑的。就是在切齿过程中，以假想平面齿轮与被切齿轮做无隙啮合，如图2-79所示。这个假想平面齿轮的轮齿表面是由机床摇台上的铣刀切削刃的运动轨迹所代替的。当刀盘回转时，工件也做连续分齿回转，在沿齿长方向获得的曲线是延伸外摆线的一部分。

图2-78　Oerlikon法加工弧齿锥齿轮

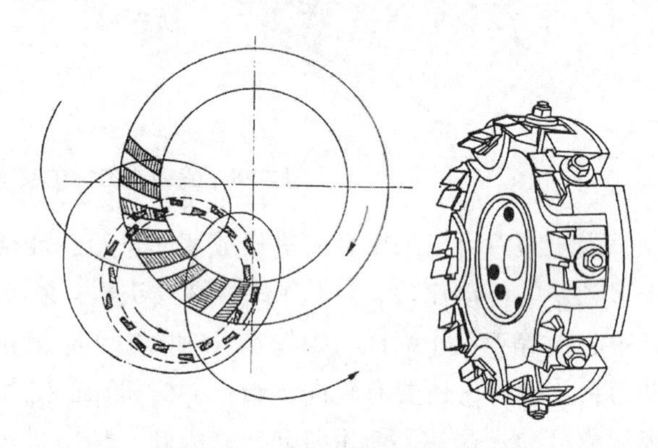

图2-79　Oerlikon制齿原理及刀具

2.6　砂轮

磨削是应用范围很广的加工方法之一，可对淬硬钢、钢、铸铁、硬质合金、陶瓷、玻璃、石材、木材及塑料等进行精加工或超精加工，也可用于荒加工，如磨削钢坯、浇冒口等。磨削的主运动是砂轮的旋转运动。砂轮的切线速度即为磨削速度。普通磨削能达到的表面粗糙度为*Ra*0.8～0.2，尺寸精度为IT6。精密磨削能达到的表面粗糙度为*Ra*0.2～0.05，尺寸精度为IT5。超精密磨削能达到的表面粗糙度为*Ra*0.05～0.01，尺寸精度为IT4～IT3。

2.6.1　砂轮组成及参数

砂轮是由磨料加结合剂用烧结的方法而制成的多孔体，其组成要素的比例及参数决定了砂轮的使用性能。

2.6.1.1　磨料

砂轮中磨粒的材料称为磨料，它是砂轮的主要组成部分，在加工过程中起切削作用，是决定砂轮磨削性能的主要因素。常用磨料见表2-8。

表2-8 砂轮磨料种类及适用范围

系 别	名 称	代 号	适用范围
氧化物	棕刚玉	A	磨削碳素钢、合金刚、可锻铸铁与青铜
	白刚玉	WA	磨削淬硬的高碳钢，合金钢，高速钢，磨削薄壁零件，成形零件
	微晶刚玉	MA	各种不锈钢、轴承钢、特种球墨铸铁
	单晶刚玉	SA	不锈钢、高钒高速钢、其他难加工材料
	铬刚玉	ZA	淬硬高速钢、高强度钢、成形磨削及刀具刃磨
碳化物	黑碳化硅	C	磨削铸铁、黄铜、耐火材料及其他非金属材料
	绿碳化硅	GC	磨削硬质合金、宝石、光学玻璃
	碳化硼	BC	研磨硬质合金
超硬磨料	人造金刚石	SD	研磨硬质合金、光学玻璃、宝石、陶瓷等高硬度材料
	立方氮化硅	DL	磨削高性能高速钢、不锈钢、耐热钢及其他难加工材料

2.6.1.2 粒度

粒度为磨料的粗细程度，代表着磨料颗粒的大小。粒度分为粗磨粒和微粒两类，粗磨粒用筛分法分级，微粒的中值粒径不大于60μm，用沉降法进行分级。

每种粒度号对应的不是单一一种粒径尺寸的磨粒，而是若干粒群的集合。GB/T 2481.1—1998中，粗粒度标示为F4至F220共26级；GB/T 2481.2—1998中规定，F系列微粉按光电沉降法测量分为13个粒度号，中值粒径从53μm至1.2μm；F系列微粒若按沉降管法测量分为11个粒度号，中值粒径从55.7μm至7.6μm，此系列与F系列粗磨粒的最细粒度号F220(63μm)相衔接。J系列微粉若按沉降管法测量分为15个粒度号，中值粒径从60μm至5.7μm，J系列微粉若按电阻法测量分为18个粒度号，中值粒径从57μm至1.2μm。

2.6.1.3 结合剂

结合剂的功能是把磨料结合起来，使之具有一定的形状。结合剂的性能和多少决定了砂轮的强度、硬度、耐腐蚀性和耐热性。结合剂的主要种类及其特性见表2-9。

表2-9 结合剂种类及特性

种 类	代 号	特性及适用范围
陶瓷型	A、V	耐热，耐油和耐酸碱的侵蚀，强度较高，较脆。除薄片砂轮外，能制成各种砂轮
树脂型	S、B	强度高，富有弹性，但其耐热性及耐蚀性差、气孔率小，易堵塞、磨损快、易失去廓形。适用于切断、开槽等高速磨削
橡胶型	X、R	比树脂有更好的弹性和硬度，抛光作用好，耐热性差，不耐油和酸，易堵塞，用于切断、开槽、无心磨的导轮
金属型	J、M	抗张力强度高，型面保持性好，有一定韧性，但自锐性差，主要用于制造金刚石砂轮，粗、精磨硬质合金，以及磨削与切断光学玻璃、宝石、陶瓷、半导体等材料

2.6.1.4 砂轮的硬度

砂轮的硬度指结合剂黏结磨料的牢固程度，反应磨粒在磨削力作用下从砂轮表面脱落下来的难易程度。砂轮越硬，则磨粒越难以脱落下来。选择磨具硬度时，既要保证磨具在磨削过程中有适当的自锐性，避免磨具过大的磨损，也保证磨削时不产生过高的磨削温度。要注意硬度适当，如果太硬，磨钝了的磨粒不及时脱落，会产生大量热量，烧伤工件；砂轮太软，则磨粒还在锋锐的时候就会脱落，从而造成不必要的磨损。若磨具磨损太快，其工作表面磨损极不均匀，还会影响工件的加工精度。砂轮的硬度等级分类见表 2-10。

表 2-10 砂轮的硬度等级

等 级	超 软	软	中 软	中	中 硬	硬	超 硬
代 号	A~F	G H J	K L	M N	P Q R	S T	Y
选 择	磨淬硬钢选用 L~N，磨淬火合金钢选用 H~K，高表面质量磨削时选用 K~L，刃磨硬质合金刀具选用 H~J						

2.6.1.5 砂轮的组织

砂轮组织的疏密程度称为砂轮的组织，用颗粒、结合剂和气孔三者体积的比例关系来表示。磨粒在砂轮体积中所占比例越大，砂轮的组织越紧密，气孔越小；反之，则砂轮组织越疏松。

根据磨粒在整个砂轮中所占的体积比例，将砂轮的组织分为紧密、中等、疏松三类，见表 2-11。紧密类砂轮容屑空间小，容易被磨屑堵塞，磨削效率较低。但可承受较大的磨削压力，砂轮廓形可保持较久；疏松类砂轮磨粒占的比例小，气孔大，砂轮不易被切屑堵塞，切削液和空气也易进入磨削区，使磨削区温度降低，工件因发热而引起的变形和烧伤减小，但疏松类砂轮易失去正确廓形，降低成型表面的磨削精度，增大表面粗糙度。

表 2-11 砂轮的组织及适用范围

组织号	0	1	2	3	4	5	6	7	8	9	10	11	12	13	14
磨粒率(%)	62	60	58	56	54	52	50	48	46	44	42	40	38	36	34
分 类	紧密类				中 等				疏松类						
用 途	成型磨削，精密磨削				磨削淬火钢，刀具刃磨				磨削韧性大而硬度不高材料						

2.6.2 砂轮的种类标志和用途

为便于对砂轮管理和选用，通常将砂轮的形状、尺寸和特性标注在砂轮端面上。不同种类的砂轮截面形状、代号及主要用途见表 2-12。

砂轮的标注顺序为：形状、尺寸、磨料、粒度号、硬度、组织号、结合剂、允许的最高工作圆周线速度，其中，尺寸的表示规则为：外径×厚度×内径。

如：砂轮P300×30×75WA60L6V35即代表砂轮是平形，外径为300mm，厚度30mm，内径75mm，白刚玉磨料，60号粒度，中软，6号组织，陶瓷结合剂，最高线速度为35m/s。

表2-12 砂轮的种类

砂轮种类	形状代号	断面形状	主要用途
平形砂轮	P	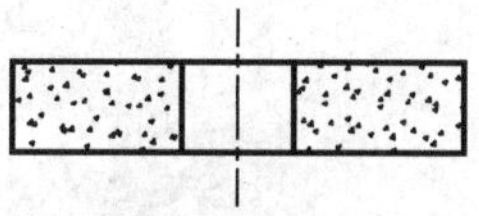	磨外圆、内圆，无心磨，刃磨刀具等
双斜边砂轮	OSX	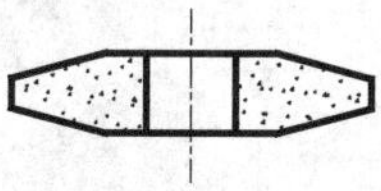	磨齿轮及螺纹
双面凹砂轮	PSA	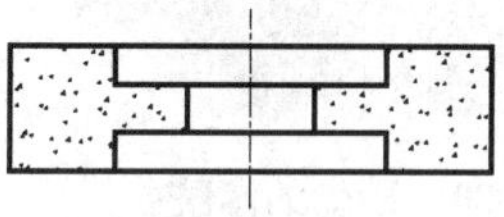	磨外圆，刃磨刀具，无心磨
薄片砂轮	PB	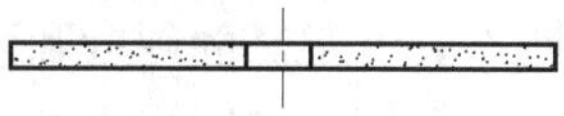	切断及切槽
筒形砂轮	N	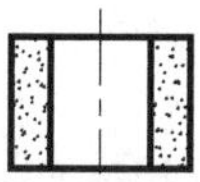	端磨平面
杯形砂轮	B	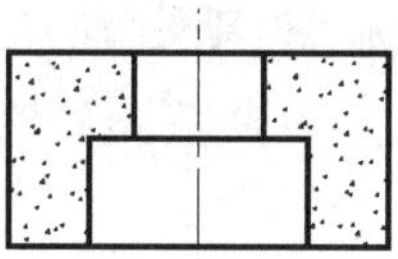	磨平面、内圆，刃磨刀具
碗形砂轮	BW	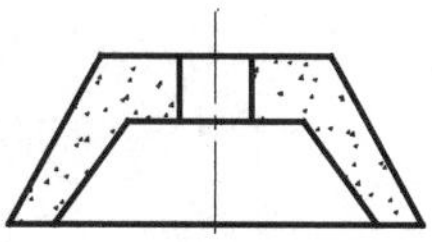	刃磨刀具，磨导轨
碟形砂轮	D	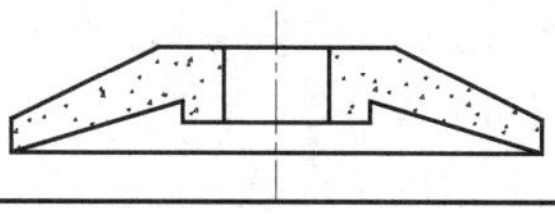	磨齿轮，刃磨铣刀、拉刀、铰刀

2.6.3 砂轮的修整

在磨削过程中，砂轮片的磨粒在摩擦、挤压作用下，它的棱角逐渐磨圆变钝，或者在磨韧性材料时，磨屑常常嵌塞在砂轮表面的孔隙中，使砂轮片表面堵塞，最后使砂轮片丧失切削能力。这时，砂轮片与工件之间会产生打滑现象，并可能引起振动和出现噪声，使磨削效率下降，表面粗糙度变差。同时由于磨削力及磨削热的增加，会引起工作变形和影响磨削精度，严重时还会使磨削表面出现烧伤和细小裂纹。

此外，由于砂轮片硬度的不均匀及磨粒工作条件的不同，使砂轮片工作表面磨损不均匀，各部位磨粒脱落多少不等，致使砂轮片外形不再规整，影响工件表面的形状精度及表面粗糙度。凡遇到上述情况，砂轮片就必须进行修整，如图2-80所示。切去表面层的磨料，使砂轮片表面重新露出光整锋利磨粒，以恢复砂轮片的切削能力与外形精度。

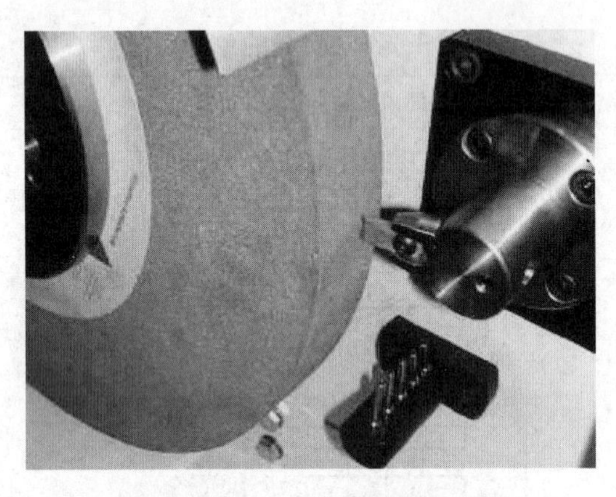

图2-80　砂轮的修整

砂轮片常用金刚石进行修整，金刚石具有很高的硬度和耐磨性，是修整砂轮片的主要工具，修整时要用切削液充分冷却，避免因温度剧烈升高造成金刚石破裂。

本章小结

金属切削刀具是切削加工的最终执行件，是直接接触工件，去除多余金属的工具。本章介绍了各类刀具(车刀、孔加工刀具、铣刀、拉刀、齿轮加工刀具及砂轮)的种类、结构、使用范围及可以加工的表面，为合理选择刀具奠定基础。

思考题

2-1　简述通用车刀的结构分类及各自特点。

2-2　简述麻花钻的结构特点及各部分作用。

2-3　简述喷吸钻的工作原理。

2-4　简述浮动镗刀与定装双刃镗刀结构与工作特点。

2-5　简述立铣刀与圆柱铣刀的结构区别与工作特点。

2-6　简述铣刀刀齿齿背形式，并指出各形式的结构特点。

2-7　简述拉削图形的分类及各自特点。

2-8　简述滚齿刀与插齿刀的结构及加工特点。

2-9　简述砂轮中磨料的作用。

第3章

金属切削机床

[本章提要]

在机械制造工业中，金属切削机床是加工机器零件的主要设备，在各类机器制造装备中所占的比重较大。为了便于区别、使用和管理金属切削机床，需要了解机床分类、编号、成形运动，并熟悉车床、铣床、磨床、齿轮加工机床等的构造、用途、传动原理及工艺范围，通过学习，能够根据所要加工零件的工艺要求，结合各类机床的特点，合理地选择机床。本章重点介绍金属切削机床的基础知识及各类机床的应用范围。

金属切削机床是用切削加工的方法将金属毛坯加工成机器零件的机器，它是制造机器的机器，所以又称为“工作母机”或“工具机”，习惯上简称为机床。

3.1　金属切削机床概述

3.1.1　金属切削机床用途及发展概况

3.1.1.1　金属切削机床用途

在现代机械制造工业中加工机器零件的方法有多种，如铸造、锻造、焊接、切削加工和各种特种加工等，但切削加工是将金属毛坯加工成具有一定形状、尺寸和表面质量零件的主要加工方法，尤其在加工精密零件时，主要依靠切削加工来达到所需的加工精度和表面质量。所以，金属切削机床是加工机器零件的主要设备，其技术水平直接影响机械制造工业的产品质量和劳动生产率。机械制造工业是国民经济各部门赖以发展的基础，肩负着为国民经济各部门提供现代化技术装备的任务，而机床工业则是机械制造工业的基础。一个国家机床工业的技术水平在很大程度上标志着这个国家的工业生产能力和科学技术水平。显然，金属切削机床在国民经济现代化建设中起着重大的作用。

3.1.1.2　机床的发展概况

金属切削机床是人类在改造自然的长期生产实践中，不断改进生产工具的基础上产生和发展起来的。最原始的机床是依靠双手的往复运动，在工件上钻孔。最初的加工对象是木料。为加工回转体，出现了依靠人力使工件往复回转的原始车床。在原始加工阶段，人既是机床的源动力，又是机床的操纵者。当加工对象由木材逐渐过渡到金属时，车圆、钻孔等都要求增大动力，于是就逐渐出现了水力、风力和畜力等驱动的机床。随着生产的发展和需要，15～16世纪出现了铣床、磨床。我国明代宋应星所著《天工开物》中就已有对天文仪器进行铣削和磨削加工的记载。

18世纪末，蒸汽机的出现，提供了新型巨大的能源，使生产技术发生了革命性的变化。由于在加工过程中逐渐产生了专业性分工，因而出现了各种类型的机床。19世纪末，车床、钻床、镗床、刨床、拉床、铣床、磨床和齿轮加工机床等基本类型的机床已先后形成。20世纪以来，齿轮变速箱的出现，使机床的结构和性能发生了根本性变化。随着电气、液压等科学技术的出现及其在机床上的普遍应用，使机床技术有了迅速的发展，除通用机床外又出现了各式各样的专用机床。在机床发展的这个阶段，机床的动力已由自然力代替了人力，人只须操纵机床，生产力已不受人的体力限制。

随着电子技术、计算机技术、信息技术、激光技术等的发展以及在机床领域的应用，机床的发展进入了一个新时代。多样化、精密化、高效化、自动化是这一时代机床发展的基本特征。技术的加速发展和产品更新换代的加快使机床主要面向多品种，中小批量生产。因此现代机床不仅要保证加工精度、效率和高度自动化，还必须有一定的柔性，使之适应加工对象的改变。

近些年来，数控机床以其加工精度高、生产率高、柔性高、适应中小批生产而日益受到重视。由于数控机床无需人工操作，而是靠数控程序完成加工循环，调整方便，适应灵活多变的产品，使得中、小批生产自动化成为可能。20 世纪 80 年代是数控机床、数控系统大发展的时代，数控机床和各种加工中心已成为当今机床发展的趋势。

数控技术使机床结构发生重大变革。主运动传动系统采用直流或交流调速电机，可实现主轴无级调速，简化了传动链。由于不需人工操作，可以充分发挥刀具的切削性能，主轴转速可达75000r/min。机床进给系统用直流或交流伺服电机带动滚珠丝杠实现进给驱动，简化了进给传动机构。为提高工效，快进速度目前可达 120m/min，切削进给速度可达到 60m/min。日本研制的超精数控车床，其分辨率达 0.01μm，圆度误差达 0.03μm。加工中心工作台定位精度可达 1.5μm/全行程，数控转台控制精度达万分之一度。数控机床达到了前所未有的加工精度。

目前，数控技术正迅速地向更高的水平发展，数控机床已经成为诸多机床品种中的佼佼者。数控机床的应用可全面提高机械工业的技术水平。

3.1.2　金属切削机床的分类及技术性能

金属切削机床的品种和规格繁多，为了便于区别、使用和管理，须对机床加以分类。

机床的传统分类方法，主要是按加工性质和所用刀具进行分类。根据我国制定的机床型号编制方法，目前将机床分为 11 大类：车床、钻床、镗床、磨床、齿轮加工机床、螺纹加工机床、铣床、刨插床、拉床、锯床及其他机床。在每一类机床中，又按工艺范围、布局型式和结构等，分为 10 个组，每一组又分为若干系。

在上述基本分类方法的基础上，还可根据机床的其他特征进一步加以区分。

(1)通用性程度

按通用性程度，同类型机床可分为以下 3 种：

①通用机床：它可用于加工多种零件的不同工序，加工范围较广，通用性较大，但结构比较复杂，主要适用于单件小批生产。例如卧式车床、万能升降台铣床等。

②专门化机床：它的工艺范围较窄，专门用于加工某一类或几类零件的某一道或几道特定工序。例如曲轴车床、凸轮轴车床等。

③专用机床：它的工艺范围最窄，只能用于加工某一种零件的某一道特定工序，适用于大批量生产。例如机床主轴箱的专用镗床，车床导轨的专用磨床等。汽车、拖拉机制造中使用的各种组合机床也属于专用机床。

(2)工作精度

按工作精度，同类型机床又可分为普通精度机床、精密机床和高精度机床。

(3)自动化程度

按自动化程度，机床可分为手动、机动、半自动和自动的机床。

(4)质量和尺寸

按质量和尺寸，同类型机床可分为仪表机床、中型机床(一般机床)、大型机床(质量大于10t)、重型机床(质量大于30t)和超重型机床(质量大于100t)。

(5)主要工作部件的数目

按主要工作部件的数目，机床可分为单轴的、多轴的或单刀的、多刀的机床等。

通常，机床根据加工性质进行分类，再根据其某些特点进一步描述，如多刀半自动车床、高精度外圆磨床等。

随着机床的发展，其分类方法也将不断发展。现代机床正向数控化方向发展，数控机床的功能日趋多样化，工序更加集中。例如，数控车床在卧式车床功能的基础上，集中了转塔车床、仿形车床、自动车床等多种车床的功能；车削中心在数控车床功能的基础上，又加入了钻、铣、镗等类机床的功能；具有自动换刀功能的镗铣加工中心集中了钻、镗、铣等多种类型机床的功能；某些加工中心的主轴既能立式又能卧式，即集中了立式加工中心和卧式加工中心的功能。

可见，机床数控化引起机床传统分类方法的变化，这种变化主要表现在机床品种不是越分越细，而应是趋向综合。

3.1.3　金属切削机床型号的编制方法

机床的型号是赋予每种机床的一个代号，简明地表示机床的类型、通用和结构特性、主要技术参数等。我国的机床型号是按GB/T 15375—2008《金属切削机床型号编制方法》编制的。机床型号由汉语拼音字母和阿拉伯数字按一定的规律组合而成，它适用于各类通用和专用金属切削机床、自动线，不包括组合机床、特种加工机床。型号由基本部分和辅助部分组成，中间用“/”隔开，读作“之”。基本部分需统一管理，辅助部分纳入型号与否由企业自定。

(1)通用机床型号

通用机床型号用下列方式表示：

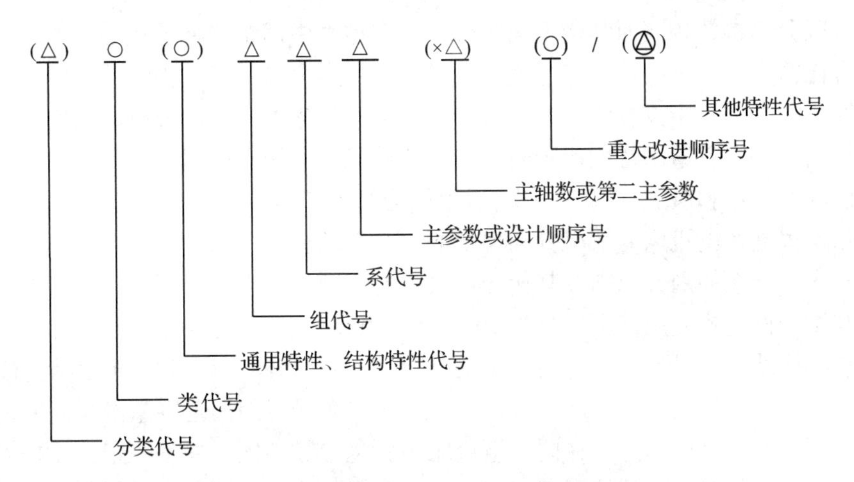

注：1. 有“( )”的代号或数字，当无内容时，则不表示；若有内容，则不带括号。
2. 有“○”符号的，为大写的汉语拼音字母。
3. 有“△”符号的，为阿拉伯数字。
4. 有“◬”符号的，为大写的汉语拼音字母或阿拉伯数字，或两者兼有之。

①机床的分类及类代号：机床的类别代号用大写的汉语拼音字母表示，按其相对应的汉字字义读音。当需要时，每类又可分为若干分类，分类代号用阿拉伯数字表示，在类代号之前，它居于型号的首位，但第一分类不予表示。例如，磨床类分为 M、2M、3M 三个分类。机床的类别代号及其读音见表 3-1。

表 3-1　机床的类别代号

类别	车床	钻床	镗床	磨床			齿轮加工机床	螺纹加工机床	铣床	刨插床	拉床	锯床	其他机床
代　号	C	Z	T	M	2M	3M	Y	S	X	B	L	G	Q
读　音	车	钻	镗	磨	二磨	三磨	牙	丝	铣	刨	拉	割	其

②机床的特性代号：它表示机床所具有的特殊性能，包括通用特性和结构特性，这两种特性代号用大写的汉语拼音字母表示，位于类别代号之后。通用特性代号有统一的固定含义，在各类机床型号中表示的意义相同。当某类型机床除有普通型外，还具有如表 3-2 所列的某种通用特性时，则在类别代号之后加上相应的特性代号。如某类型机床仅有某种通用特性，而无普通型的，则通用特性不必表示。

表 3-2　通用特性代号

通用特性	高精度	精密	自动	半自动	数控	加工中心	仿形	轻型	加重型	柔性加工单元	数显	高速
代　号	G	M	Z	B	K	H	F	Q	C	R	X	S
读　音	高	密	自	半	控	换	仿	轻	重	柔	显	速

为了区分主参数相同而结构不同的机床，在型号中用结构特性代号表示。根据各类机床的具体情况，对某些结构特性代号可以赋予一定含义。但结构特性代号与通用特性代号不同，它在型号中没有统一的含义，只在同类机床中具有区分机床结构、性能不同的作用。当型号中有通用特性代号时，结构特性代号应排在通用特性代号之后。通用特性代号已用的字母和“I”“O”两个字母不能作为结构代号使用，以免混淆。结构特性的代号字母是根据各类机床的情况分别规定的，在不同型号中的意义不一样。

③机床组、系的划分原则及其代号：机床的组别和系别代号用两位数字表示。每类机床按其结构性能或使用范围划分为10个组，用数字0~9表示，位于类代号或通用特性代号、结构特性代号之后。每组机床又分10个系，同样用数字0~9表示，位于组代号之后。组的划分原则是：在同一类机床中，主要布局或使用范围基本相同的机床，即为同一组。系的划分原则是：在同一组机床中，主参数相同，并按一定公比排列，工件和刀具本身的和相对的运动特点基本相同，且基本结构及布局形式相同的机床，即划为同一系。

④机床主参数、设计顺序号：机床主参数代表机床规格的大小，用折算值表示，位于系代号之后。某些通用机床，当无法用一个主参数表示时，则在型号中用设计顺序号表示。设计顺序号由1起始。当设计顺序号小于10时，则在设计顺序号之前加“0”。

⑤主轴数和第二主参数：对于多轴机床，如多轴车床、多轴钻床等，其主轴数应以实际数值列入型号，置于主参数之后，用“×”分开，读作“乘”。

第二主参数一般是指主轴数、最大跨距、最大工件长度、工作台工作面长度等。第二主参数也用折算值表示。

⑥机床的重大改进顺序号：当机床的性能及结构布局有重大改进，并按新产品重新设计、试制和鉴定时，在原机床型号的尾部，加重大改进顺序号，以区别于原机床型号。序号按A、B、C…等字母的顺序选用。

⑦其他特性代号：其他特性代号主要用以反映各类机床的特性。如：对于数控机床，可反映不同的控制系统、联动轴数、自动交换主轴头、自动交换工作台等；对于柔性加工单元，可用以反映自动交换主轴箱；对于一机多能机床，可用来补充表示某些功能；对于一般机床，可反映同一型号机床的变型等。同一机床型号的变型代号，一般应放在其他特性代号的前面。其他特性代号用汉语拼音字母（“I”“O”两个字母除外）表示，其中L表示联动轴数，F表示复合。

综合上述通用机床型号的编制方法，举例如下：

例　试写出CA6140型卧式车床型号的各部分含义。

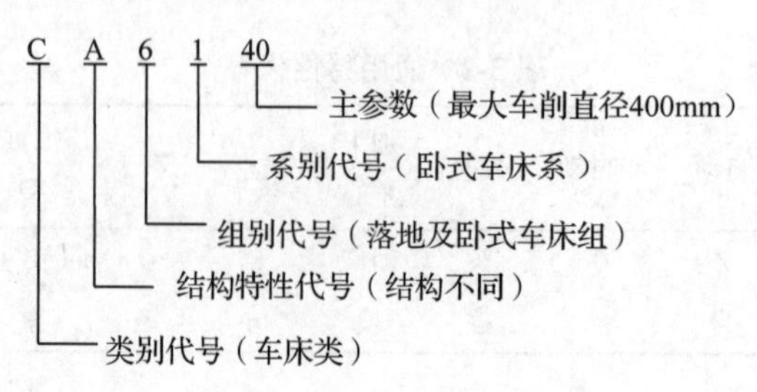

按照上述对机床型号编制方法的介绍，可以对下列通用机床型号解读：

机床型号 MKG1340 高精度数控外圆磨床，最大磨削直径 400mm。

机床型号 CKM1112 数控精密单周纵切自动车床，最大棒料直径为 12mm。

(2) 专用机床型号

专用机床的型号一般由设计单位代号和设计顺序号组成，其表示方法为：

设计单位代号包括机床生产厂代号和机床研究单位代号，位于型号之首。

专用机床的设计顺序号，按该单位的设计顺序号排列，从 001 起始位于设计单位代号之后，并用“—”隔开，读作“至”。

例如，某单位设计制造的第 100 种专用机床，其型号为：×××—100。

由前述可知，机床数控化以后，其功能日趋多样化，很难把它归于哪个组别、哪个系别的机床。现代机床的发展趋势是机床功能部件化，每个功能部件是独立存在的，机床生产厂根据市场需求设计与制造各种功能部件，根据用户需求组装不同功能的机床。因此，目前的机床型号编制方法已不适应机床市场发展的新形势，其型号的编制方法将继续修订和补充。

3.2 机床的运动及传动

3.2.1 机床的运动

在切削加工过程中，为了得到具有一定几何形状、一定精度和表面质量的工件，就要使刀具和工件按一定的规律作相对运动，这些运动按其功用可分为表面成形运动和辅助运动。

3.2.1.1 表面成形运动

(1) 工件表面的形成方法

零件的种类繁多、形状也各不相同，但它们都是由平面、圆柱面、圆锥面、球面及机械中常见的螺旋面和渐开线表面等各种成形表面组成。任何表面都可以看作是一条线(称为母线)沿着另一条线(称为导线)运动的轨迹。如平面是一条直线沿另一条直线运动得到的；圆柱面则是一条直线沿一个与之垂直的圆运动形成的，如图 3-1 所示。有些表面的两条发生线完全相同，只因母线的原始位置不同，也可形成不同的表面。图 3-1 中的(c)和(d)，母线皆为直线 1，导线皆为圆 2，由于母线相对于旋转轴线的原始位置不同，所产生的表面不同，分别为圆柱面和圆锥面。

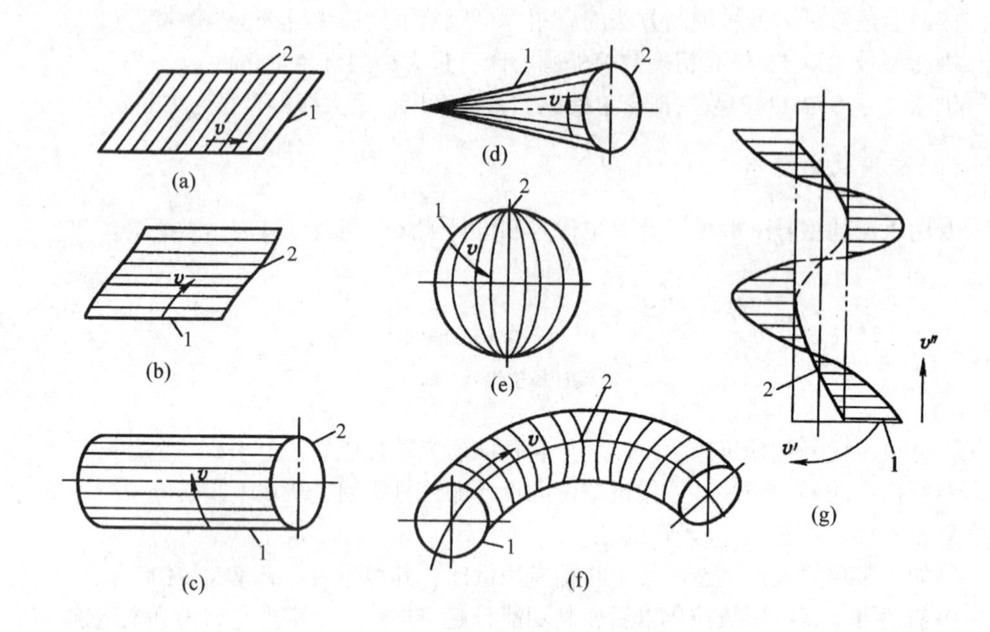

图 3-1　组成工件轮廓的几种几何表面

(a)平面　(b)直线成形面　(c)圆柱面　(d)圆锥面　(e)球面　(f)圆环面　(g)螺旋面

1. 母线　2. 导线

母线和导线统称为形成表面的发生线。发生线是由刀具的切削刃与工件间的相对运动得到的。有了两条发生线及所需的相对运动，就可以得到任意的零件表面。刀具和工件间的相对运动则是由机床提供的。

由于使用的刀具切削刃形状和采取的加工方法不同，发生线的形成方法有成形法、展成法、轨迹法和相切法 4 种。

①成形法：它是利用成形刀具对工件进行加工的方法。切削刃为切削线，它的形状和长短与需要形成的发生线完全重合(如成形车刀)，因此形成发生线不需要运动。

②展成法：它是利用工件和刀具作展成切削运动进行加工的方法。刀具的切削刃为切削线(如齿条刀或齿轮滚刀)，但是它与需要形成的发生线的形状不吻合。切削线与发生线彼此作无滑动的纯滚动，这种运动称为展成运动，因此用展成法形成发生线需要一个成形运动，即展成运动。

③轨迹法：它是利用刀具作一定规律的轨迹运动对工件进行加工的方法。切削刃为切削点(如外圆车刀)，它按照一定规律作直线或曲线运动，从而形成所需要的发生线，因此采用轨迹法形成发生线需要一个成形运动。

④相切法：它是利用刀具边旋转边作轨迹运动对工件进行加工的方法。切削刃为旋转刀具(如铣刀或砂轮)上的点，刀具作旋转运动，刀具中心按一定规律作直线或曲线运动，由于刀具上有多个切削点，发生线是刀具上所有切削点在切削过程中共同形成的。为了用相切法得到发生线，需要两个成形运动，即刀具的旋转运动和刀具中心有一定规律的运动。

(2)表面成形运动

机床在加工过程中，为了获得所需要的工件表面形状，必须使刀具和工件完成一定的运动，这种运动称为表面成形运动，简称成形运动。它是机床最基本的运动。对于不同类型的机床和不同的被加工表面，成形运动的形式和数目也不同。

图3-2是用车刀车削外圆柱面。工件的旋转运动B_1产生母线(圆)，刀具的纵向直线运动A_2产生导线(直线)。运动B_1和A_2就是两个表面成形运动，角标号表示成形运动次序。

旋转运动和直线运动是两种最简单的成形运动，也最容易得到，因而称简单成形运动。在机床上，以主轴的旋转，刀架或工作台的直线运动的形式出现。通常用符号A表示直线运动，用符号B表示旋转运动。

图3-3所示为用螺纹车刀切削螺纹，螺纹车刀是成形刀具，因此形成螺旋面只需一个运动，即车刀在不动的工件上作空间螺旋运动。在机床上，最容易得到并最容易保证精度的是旋转运动和直线运动，因此把这个螺旋运动分解成工件的旋转运动和刀具的直线运动。图中以B_{11}和A_{12}代表。角标号的第一位数表示第一个运动(也只有一个运动)，后一位数表示第一个运动中的第1、第2两部分。这样的运动称为复合表面成形运动或简称复合成形运动。为了得到一定导程的螺旋线，运动的两个部分B_{11}和A_{12}必须严格保持相对运动关系，即工件每转一周，刀具移动量为一个导程。

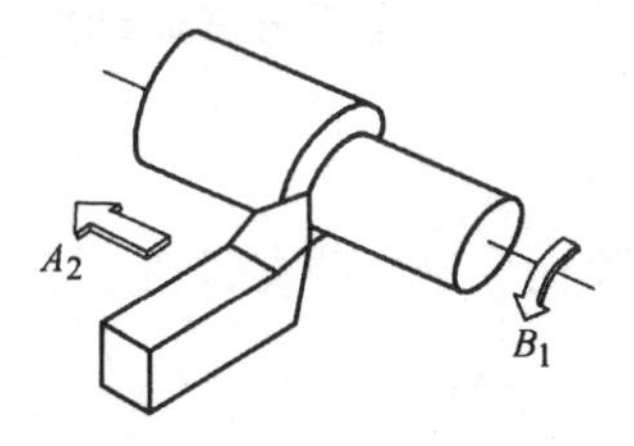

图3-2 车削外圆表面的成形运动

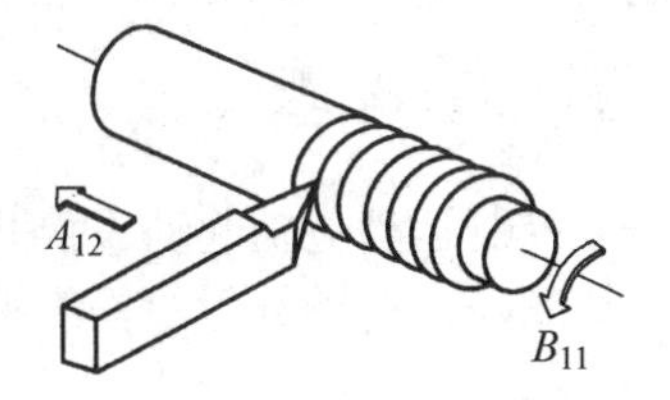

图3-3 加工螺纹的成形运动

图3-4为用齿轮滚刀加工直齿圆柱齿轮，渐开线母线是用展成法来形成的，需要一个复合的展成运动，这个复合运动可分解为刀具的旋转运动B_{11}和工件的旋转运动B_{12}。此外，还需要一个简单的直线运动A_2，以得到整个渐开线齿面。

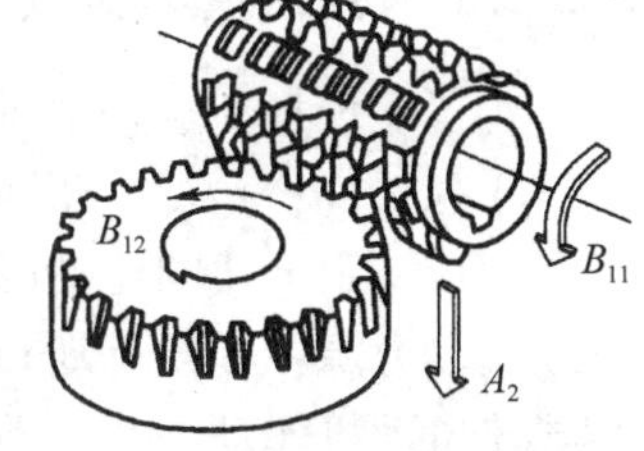

图3-4 齿轮滚刀加工齿轮的展成运动

随着现代数控技术的发展，多轴联动数控机床的出现，可分解为更多个部分的复合成形运动已在机床上实现。每个部分就是机床的一个坐标轴。

复合成形运动虽然可以分解成几个部分，每个部分是一个旋转或直线运动，与简单运动相像。但这些部分之间保持着严格的相对运动关系，是相互依存的。所以复合成形运动是一个运动，而不是两个或两个以上的简单运动。

3.2.1.2　辅助运动

机床上除表面成形运动外，还需要辅助运动，以实现机床的各种辅助动作。辅助运动的种类很多，主要包括以下几方面。

(1)各种空行程运动

空行程运动是指进给前后的快速运动和各种调位运动。例如，装卸工件时为避免碰伤操作者，刀具与工件应离得较远。在进给开始之前快速引近，使刀具与工件接近；进给结束后，应快退。调位运动是调整机床的过程中把机床有关部件移到要求的位置，例如，摇臂钻床上为使钻头对准被加工孔的中心，主轴箱与工作台间的相对调位运动；龙门刨床、龙门铣床的横梁，为适应工件不同厚度的升降运动等。

(2)切入运动

切入运动用于保证被加工表面获得所需要的尺寸。

(3)分度运动

当加工若干个完全相同的均匀分布的表面时，为使表面成形运动得以周期地连续进行的运动称为分度运动。如车削多头螺纹，在车完一条螺纹后，工件相对于刀具要回转1/K 转(K 是螺纹头数)才能车削另一条螺纹表面，这个工件相对于刀具的旋转运动就是分度运动。多工位机床的多工位工作台或多工位刀架也需分度运动。

(4)操纵及控制运动

操纵及控制运动包括起动、停止、变速、换向、工件的夹紧和松开、转位以及自动换刀、自动测量、自动补偿等操纵控制运动。

3.2.2　机床的传动

3.2.2.1　传动的基本组成部分

为了实现加工过程中所需的各种运动，机床必须具备以下 3 个基本部分：

①执行件：执行机床运动的部件，如主轴、刀架、工作台等，其任务是带动工件或刀具完成一定形式的运动(旋转或直线运动)和保持准确的运动轨迹。

②动力源：提供运动和动力的装置，是执行件的运动来源。普通机床通常都采用三相异步电动机作动力源，现代数控机床的动力源采用直流或交流调速电机和伺服电机。

③传动装置：传递运动和动力的装置，通过它把动力源的运动和动力传给执行件。通常，传动装置同时还需完成变速、变向、改变运动形式等任务，使执行件获得所需要的运动速度、运动方向和运动形式。

3.2.2.2　机床的传动联系和传动原理图

机床上为了得到所需要的运动，需要通过一系列的传动件把执行件和动力源(例如主轴和电动机)，或者把执行件和执行件(例如主轴和刀架)之间连接起来，构成传动联系。构成一个传动联系的一系列传动件，称为传动链。根据传动联系的性质，传动链可以分为两类：

(1)外联系传动链

它是联系动力源(如电动机)和机床执行件(如主轴、刀架、工作台等)之间的传动链，使执行件得到运动，而且能改变运动速度和方向，但不要求动力源和执行件之间有严格的传动比关系。例如，车削螺纹时，从电动机传到车床主轴的传动链就是外联系传动链，它只决定车螺纹的速度，而不影响螺纹表面的成形。再如，在卧式车床上车削外圆柱表面时，由于工件旋转与刀具移动之间不要求严格的传动比关系，两个执行件的运动可以互相独立调整，所以，传动工件和传动刀具的两条传动链都是外联系传动链。

(2)内联系传动链

内联系传动链联系复合运动之内的各个分解部分，因而传动链所联系的执行件之间的相对运动速度(及相对位移量)有严格的要求，用来保证运动的轨迹。例如，在卧式车床上用螺纹车刀车螺纹时，为了保证螺纹导程的大小，主轴带动工件转一周时，车刀必须移动一个导程。联系主轴-刀架之间的螺纹传动链，就是一条传动比有严格要求的内联系传动链。再如，用齿轮滚刀加工直齿圆柱齿轮，为了得到正确的渐开线齿形，滚刀转 $1/K$ 转(K 是滚刀头数)时，工件就必须转 $1/z$ 转(z 为齿轮齿数)。联系滚刀旋转和工件旋转的传动链，必须保证两者的严格运动关系，所以这条传动链也是用来保证运动轨迹的内联系传动链。由此可见，在内联系传动链中，各传动副的传动比必须准确不变，不应有摩擦传动或瞬时传动比变化的传动件(如链传动)。

(3)传动原理图

为了便于研究机床的传动联系，常用一些简单的符号来表示传动原理和传动路线，这就是传动原理图。通常传动链中包括各种传动机构，如带传动、定比齿轮副、齿轮齿条、丝杠螺母、蜗轮蜗杆、滑移齿轮变速机构、离合器变速机构、交换齿轮或挂轮架以及各种电的、液压的、机械的无级变速机构等。将上述各种机构分成两大类：固定传动比的传动机构，简称“定比机构”和变换传动比的传动机构，简称“换置器官”。定比传动机构有定比齿轮副、丝杠螺母副、蜗轮蜗杆副等，换置器官有变速箱、挂轮架等。图3-5为传动原理图常用的一些示意符号。

下面以卧式车床为例说明传动原理图的画法(图3-6)。

卧式车床在形成螺旋表面时需要一个运动—刀具与工件间相对的螺旋运动，这个运动是复合运动，可分解为两部分：主轴的旋转 B 和车刀的纵向移动 A。联系这两个运动的传动链 $4-5-u_f-6-7$ 是复合运动内部的传动链，所以是内联系传动链。这个传动链为了保证主轴旋转 B 与刀具纵向移动 A 之间严格的比例关系，要求主轴每转一转，刀具应移动一个导程。此外，这个复合运动还应有一个外联系传动链与动力源相联系，即传动链 $1-2-u_v-3-4$。

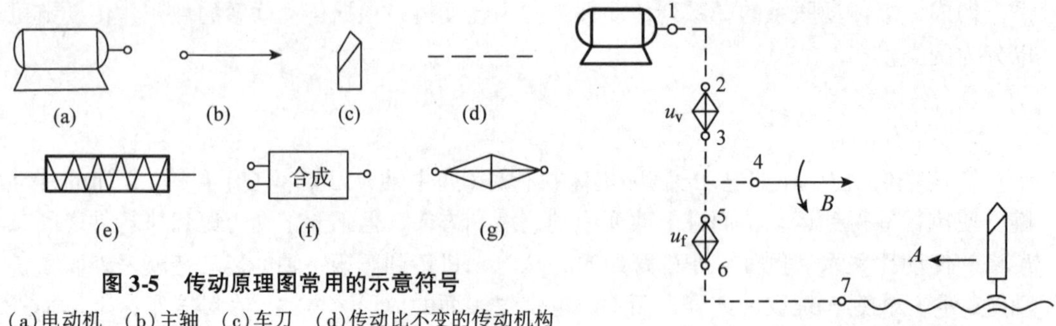

图 3-5 传动原理图常用的示意符号

(a)电动机 (b)主轴 (c)车刀 (d)传动比不变的传动机构
(e)滚刀 (f)合成机构 (g)传动比可变的换置机构

图 3-6 卧式车床的传动原理图

车床在车削圆柱面或端面时，主轴的旋转 B 和刀具的移动 A(车端面时为横向移动)是两个互相独立的简单运动。不需保持严格的比例关系，运动比例的变化不影响表面的性质，只是影响生产率或表面粗糙度。两个简单运动各有自己的外联传动链与动力源相联系。一条是电动机 - 1 - 2 - u_v - 3 - 4 - 主轴，另一条是电动机 - 1 - 2 - u_v - 3 - 5 - u_f - 6 - 7 - 丝杠。其中 1 - 2 - u_v - 3 是公共段。这样的传动原理图的优点是既可用于车螺纹，也可用于车削圆柱面等。

3.2.2.3 机床上机械传动的主要类型

机床主要依靠机械元件传递运动和动力，这种传动形式工作可靠、维修方便，目前机床上应用较广。其主要类型有：

(1)定比传动装置

①齿轮副机构：齿轮副机构应用在中心距较小，传动精度较高等各种不同传递动力范围的场合。

②螺旋机构：在许多机械设备中大量应用着螺旋机构(又称丝杠传动)，它主要用于将回转运动转变为直线运动。

③带传动与链传动：带传动及链传动多用于中心距较大的传动。

④连杆机构：连杆机构结构简单、易于制造，在机械设备及日常生活中有大量应用。

⑤凸轮机构：凸轮机构可以精确实现要求的运动规律，在自动机械中有广泛的应用，但它是高副接触，因而这种机构主要用于传递运动。

定比传动机构的共同性质是传动比为一个常数。

(2)变比传动装置

机床在对工件进行切削加工时，需要各种不同的切削速度，一般机床多通过变速机构来选取接近要求的转速。

换置机构是根据加工要求可以变换传动比和传动方向的传动机构，如滑移齿轮基本变速机构、离合器式齿轮变速机构、挂轮基本变速机构、基本换向机构等，统称为换置机构，它们的结构和原理如下。

①三联滑移齿轮变比传动装置结构和原理：如图3-7(a)所示，轴Ⅰ上装有3个固定齿轮z_1、z_2和z_3，从动轴Ⅱ上装有三联滑移齿轮z'_1、z'_2、z'_3，并以花键与轴Ⅱ连接，当它分别处于左、中、右3个不同的啮合位置时，使传动比不同的齿轮副$i_1=z_1/z'_1$；$i_2=z_2/z'_2$；$i_3=z_3/z'_3$，依次啮合工作。此时，如轴Ⅰ只有一种转速，则轴Ⅱ可得到3种不同的转速。除三联齿轮变速组外，机床上常用的还有双联滑移齿轮变速组。滑移齿轮变速组结构紧凑，传动效率高，变速方便，能传递很大的动力，但不能在运转过程中变速，多用于机床的主要运动中。

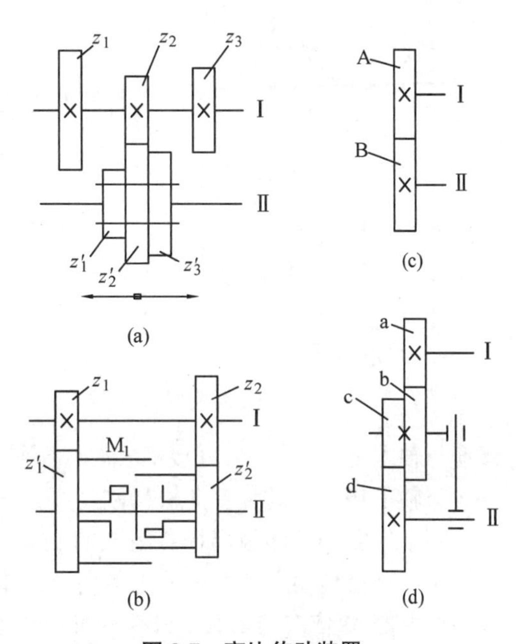

图3-7　变比传动装置

(a)滑移齿轮变比传动　(b)离合器式齿轮变速机构
(c)(d)挂轮变速机构

②离合器式齿轮变速机构结构和原理：如图3-7(b)所示，轴Ⅰ上装有两个固定齿轮z_1、z_2，它们分别与空套在轴Ⅱ上的齿轮z'_1、z'_2，互相啮合。端面齿离合器M_1用花键与轴Ⅱ相连，当离合器M_1向左或向右移动，依次地与z'_1、z'_2的端面齿相啮合时，轴Ⅰ的运动由不同的传动比$i_1=z_1/z'_1$；$i_2=z_2/z'_2$经M_1传给轴Ⅱ，如果轴Ⅰ只有一种转速，则轴Ⅱ可得到两种不同转速。离合器变速组变速方便，变速时齿轮不需移动，故常用于斜齿圆柱齿轮传动中，使传动平稳。另外，如将端面齿离合器换成摩擦片式离合器，则可使变速组在运转过程中变速。但这种变速的各对齿轮经常处于啮合状态，磨损较大，传动效率低。主要用于重型机床以及采用斜齿圆柱齿轮传动的变速组(端面齿离合器)以及自动和半自动机床(摩擦片式离合器)中。

③挂轮基本变速机构结构和原理：挂轮变速组常采用一对挂轮或两对挂轮两种形式。一对挂轮变速组的结构简单，如图3-7(c)所示，只要在固定中心距的轴Ⅰ和轴Ⅱ上装上传动比不同但“齿数和”相同的齿轮副A、B，则可由轴Ⅰ的一种转速，使轴Ⅱ得到不同的转速。两对挂轮的变速组需要有一个可以绕轴Ⅱ摆动的挂轮架，如图3-7(d)所示，中间轴在挂轮架上可作径向调整移动，并用螺栓紧固在任何径向位置上。挂轮a用键与主动轴Ⅰ相连，挂轮d用键与从动轴Ⅱ相连，而b、c挂轮通过一个套筒空套在中间轴上。当调整中间轴的径向位置使c、d挂轮正确啮合之后，则可摆动挂轮架使b轮与c轮也处于正确的啮合位置，因此，改变不同齿数的挂轮，则能起到变速的作用。挂轮变速组可使变速机构简单、紧凑，但变速调整费时，一对挂轮的变速组刚度好，多用于主运动；由于装在挂轮架上的中间轴刚度较差，两对挂轮的变速组一般只用于进给运动以及要求保持准确运动关系的齿轮加工机床、自动和半自动车床的传动。

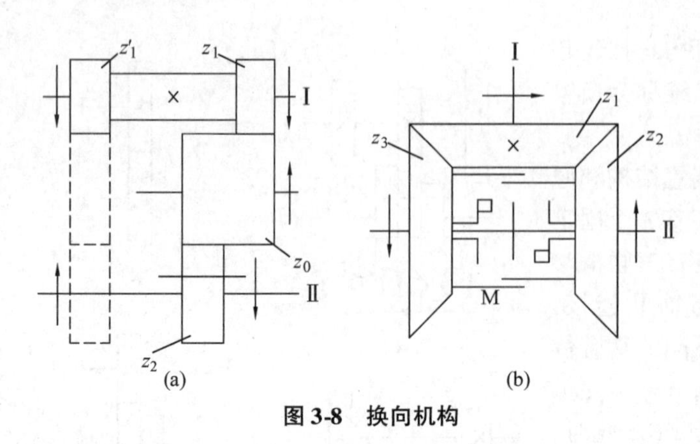

图 3-8 换向机构

④基本换向机构结构和原理：滑移齿轮换向机构如图 3-8(a)所示，轴Ⅰ上装有一齿数相同的($z_1 = z'_1$)双联齿轮，轴Ⅱ上装有一花键连接的滑移齿轮 z_2，中间轴上装有一空套齿轮 z_0，当滑移齿轮 z_2 处于图示位置时，轴Ⅰ的运动经 z_0 传给齿轮 z_2，使轴Ⅱ的转动方向与轴Ⅰ相同；当滑移齿轮 z_2 向左移动与轴Ⅰ上的齿轮 z'_1 直接啮合时，则轴Ⅰ的运动经 z_2 齿轮传给轴Ⅱ，使轴Ⅱ的转动方向与轴Ⅰ相反。这种变向机构刚度好，多用于主运动中。

圆锥齿轮和端面齿离合器组成的变向机构如图 3-8(b)所示，主动轴Ⅰ上的固定圆锥齿轮 z_1 直接传动空套在轴Ⅱ上的两个圆锥齿轮 z_2 和 z_3 朝相反的方向旋转，如将花键连接的离合器 M 依次与 z_2 及 z_3 圆锥齿轮的端面齿相啮合，则轴Ⅱ可得到两个不同方向的运动。这种变向机构刚度较差，但可以在机构运动中进行，灵活方便，多用于进给运动或者辅助运动。

3.3 车床

3.3.1 车床概述

3.3.1.1 车床的用途

车床主要用于加工各种回转表面，如内外圆柱表面、圆锥表面、成形回转表面和回转体的端面以及螺纹面等。由于大多数机器零件都具有回转表面，车床的通用性又较广，因此在一般机器制造厂中，车床的应用极为广泛，在金属切削机床中所占的比例较大，约占机床总台数的 20%~35%。

在车床上使用的刀具，主要是各种车刀，有些车床还可以采用各种孔加工刀具(如钻头、扩孔钻、铰刀等)和螺纹刀具(丝锥、板牙等)进行加工。为了加工出所要求的工件表面，必须使刀具和工件实现一系列的运动。

3.3.1.2 车床的运动

(1)表面成形运动

①工件的旋转运动：这是车床的主运动，其转速常以 n(r/min)表示。主运动是实现切削最基本的运动，它的运动速度较高，消耗的功率较大。

②刀具的移动：这是车床的进给运动，刀具作平行于工件旋转轴线的纵向进给运动

（车圆柱表面）或作垂直于工件旋转轴线的横向进给运动（车端面），刀具也可作与工件旋转轴线成一定角度方向的斜向运动（车圆锥表面）或作曲线运动（车成形回转表面）。进给量常以 f(mm/r) 表示。进给运动的速度较低，消耗的功率也较少。

在车削螺纹时只有一个复合的主运动，即螺旋运动，它可以分解为主轴的旋转和刀具的纵向移动两部分。

（2）辅助运动

为了将毛坯加工到所需要的尺寸，车床还应具有切入运动。切入运动通常与进给运动方向垂直，在卧式车床上由工人用手移动刀架来完成。

为了减轻工人的劳动强度和节省移动刀架所耗费的时间，有些车床还具有由单独电机驱动的刀架纵向及横向的快速移动。重型车床还有尾座的机动快移等。

3.3.1.3　车床的分类

车床的种类很多，按其结构和用途的不同，主要可分为以下几类：

①卧式车床及落地车床。

②立式车床。

③转塔车床。

④单轴自动车床。

⑤多轴自动和半自动车床。

⑥仿形车床及多刀车床。

⑦专门化车床。

此外，在大批大量生产的工厂中还有各种各样的专用车床。

3.3.2　CA6140 型卧式车床

CA6140 型车床是我国设计制造的典型卧式车床，在各类机床中使用最为广泛的一种通用机床。下面将以此型号机床为例，进行工艺范围、传动和结构等方面的分析。

3.3.2.1　CA6140 型卧式车床的组成及工艺范围

（1）机床的工艺范围

CA6140 型卧式车床的工艺范围很广，它能完成多种多样的加工工序：加工各种轴类、套筒类和盘类零件上的回转表面，如车削内外圆柱面、圆锥面、环槽及成型回转面；车削端面及各种常用螺纹；还可以进行钻孔、扩孔、铰孔和滚花等工作，如图 3-9 所示。

CA6140 型卧式车床的万能性较大，但结构较复杂而且自动化程度低，在加工形状比较复杂的工件时，换刀麻烦，加工过程中的辅助时间较多，所以适用于单件、小批量生产及修理车间等。

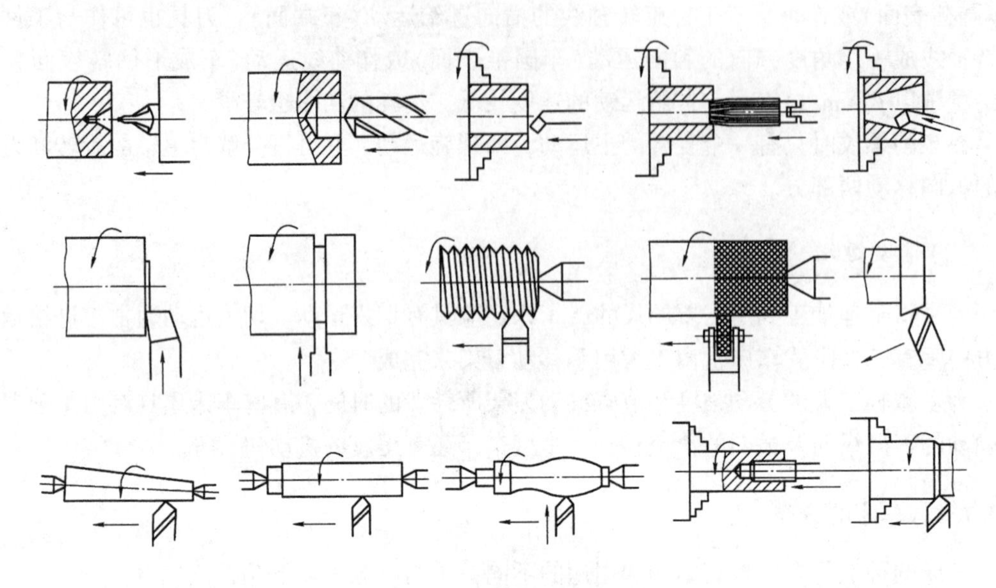

图 3-9 车床加工的典型零件

(2)机床的总布局

机床的总布局就是机床各主要部件之间的相互位置关系，以及它们之间的相对运动关系。CA6140 型卧式车床的加工对象主要是轴类零件和直径不太大的盘类零件，故采用卧式布局。为了适应工人用右手操纵的习惯和便于观察、测量，主轴箱布置在左端。图 3-10 是 CA6140 型卧式车床的外形图，其主要组成部件及其功用如下。

①主轴箱：主轴箱Ⅰ固定在床身 4 的左边(图 3-10)，内部装有主轴部件和变速传动机构。工件通过卡盘等夹具装夹在主轴前端。主轴箱的功用支承主轴并把动力经变速传动机构传给主轴，使主轴带动工件按规定的转速旋转，以实现主运动。

②刀架部件：刀架 2 安装在床身 4 的中部，并可沿床身 4 上的刀架导轨作纵向移动，刀架部件由几层刀架组成，它的功用是装夹车刀，实现纵向、横向或斜向进给运动。

③尾座：尾座 3 安装在床身 4 右边的尾座导轨上，可沿导轨纵向调整其位置。它的功用是用顶尖支承长工件，也可以安装钻头、铰刀等孔加工刀具进行孔加工。

④进给箱：进给箱 8 固定在床身 4 左边的前侧面。进给箱内装有进给运动的变速机构。进给运动由光杠或丝杠传出。进给箱的功用是改变机动进给的进给量或加工螺纹的导程。

⑤溜板箱：溜板箱 6 与刀架部件 2 的最下层纵向溜板相连，可与刀架一起作纵向运动。溜板箱的功用是把进给箱传来的运动传递给刀架，使刀架实现纵向进给、横向进给、快速移动或车螺纹。在溜板箱上装有各种操纵手柄及按钮，工作时工人可以方便地操作机床。

⑥床身：床身 4 固定在左床腿 7 和右床腿 5 上。在床身上安装着车床的各个主要部

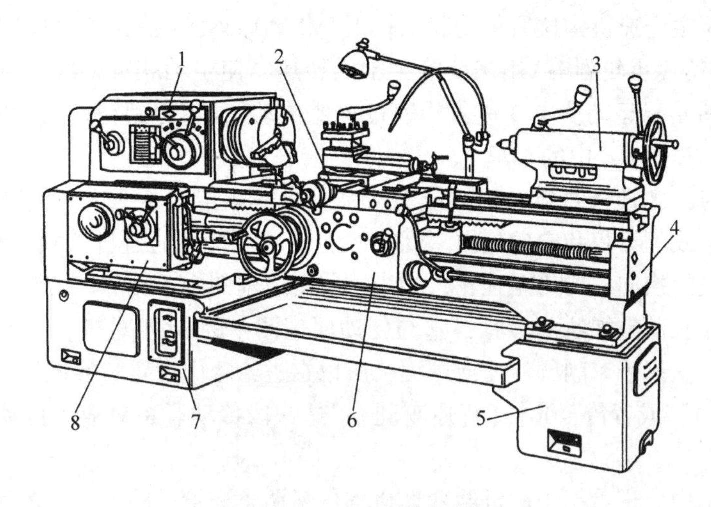

图 3-10 CA6140 型卧式车床

1. 主轴箱 2. 刀架 3. 尾座 4. 床身 5. 右床腿 6. 溜板箱
7. 左床腿 8. 进给箱

件。床身的功用是支承各主要部件，使它们在工作时保持准确的相对位置。

3.3.2.2 CA6140 型卧式车床传动系统

机床的运动是通过传动系统实现的，为了认识和使用机床，必须对机床传动系统进行分析。卧式车床的传动原理图(图 3-6)是进行运动分析的基础，图中所表示的各种传动联系和运动可通过卧式车床的传动框图进一步体现出来，如图 3-11 所示。

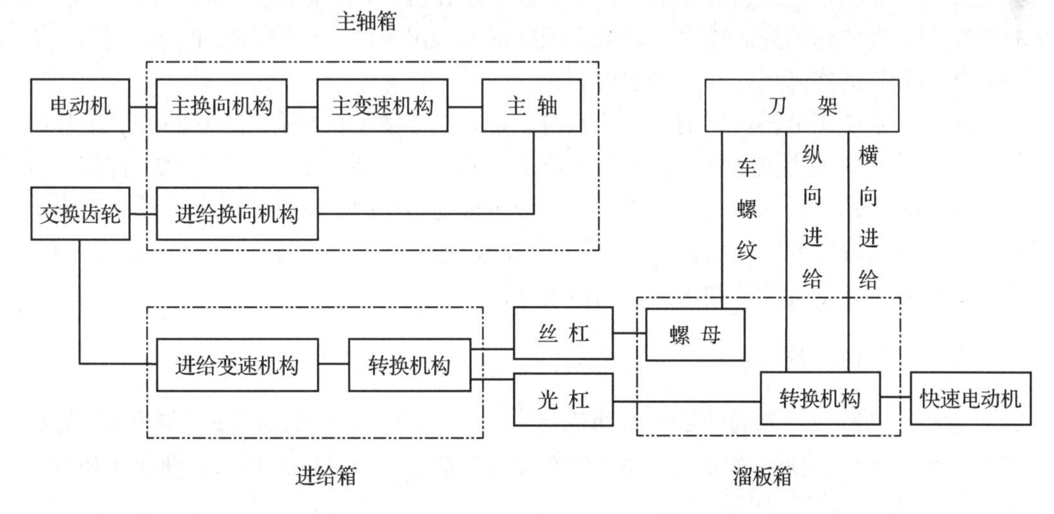

图 3-11 卧式车床传动框图

在传动框图中，电动机的转动通过定比机构(如带传动等)传至主轴箱中的主换向机构。主换向机构可以使主轴得到正、反两种转向，它是用来确定运动方向的参数。例如，在车削同一条螺旋线时，此机构确定螺旋线是“由右到左”，还是“由左到右”。框图中由电动机至主变速机构这段传动联系相当于传动原理图(图3-6)中点1至2。主变速机构(如滑移变速齿轮副等)用来变换主轴的转速，使主轴获得多级速度，它相当于传动原理图中的u_v，运动从主变速机构通过定比传动(如齿轮副)或直接传至主轴，这段传动联系相当于图3-6中的3至4。

车削螺纹时，主轴至刀架之间的传动联系是内联系传动链，用来调整螺旋线的轨迹，即确定螺旋线的导程和它的旋向。螺旋线右旋或左旋是通过进给换向机构实现的。运动从主轴经进给换向机构传至挂轮，相当于传动原理图中4至5。挂轮和进给箱中的进给变速机构用来调整螺纹的导程，它与传动原理图中的u_f相对应。由于卧式车床既用于车削螺纹，又用于车削圆柱面或端面，所以在进给箱中设置转换机构，运动或者传至丝杠(车螺纹)，或者传至光杠(普通车削)，这一段传动联系对应于传动原理图中的6至7。

在普通车削中，进给箱中的进给变速机构用来调整进给量的大小，运动通过转换机构传给光杠，传入溜板箱，再通过溜板箱中的转换机构，或者使刀架纵向进给，车削外圆；或者使刀架横向进给，车削端面。如果运动从快速电动机传入溜板箱中的转换机构，则可使刀架实现纵向或横向的快进和快退。

当运动从进给箱传给丝杠的时候，主轴至刀架之间的传动链是内联系传动链；当运动传给光杠的时候，它是外联系传动链。

传动原理图和传动框图所表示的传动关系最后通过传动系统图体现出来。CA6140型卧式车床的传动系统图如图3-12所示，它是表示机床全部运动传动关系的示意图。图中各种传动元件用简单的规定符号代表。机床的传动系统图画在一个能反映机床外形和各主要部件相互位置的投影面上，并尽可能绘制在机床外形的轮廓线内。图中各传动元件是按照运动传递的先后顺序，以展开图的形式画出来的。该图只表示传动关系，不代表各传动元件的实际尺寸和空间位置。

根据传动系统图分析机床的传动关系时，首先应弄清楚机床有几个执行件，工作时有哪些运动，它的动力源是什么；然后按照运动的传递顺序，从动力源至执行件依次分析各传动轴之间的传动结构和传动关系。在分析传动结构时，应特别注意齿轮、离合器等传动件与传动轴之间的连接关系(如固定、空套或滑移)，从而找出运动的传递关系。传动系统包括主运动传动链和进给运动传动链。

(1)主运动传动链

主运动传动链的两末端件是主电动机与主轴，它的功用是把动力源(电动机)的运动及动力传给主轴，使主轴带动工件旋转实现主运动，并满足卧式车床主轴变速和换向的要求。

①传动路线：运动由电动机(7.5kW，1450r/min)经V带轮传动副$\frac{\phi130}{\phi230}$传至主轴箱中的轴Ⅰ。运动从电动机传至轴Ⅰ相当于传动原理图(图3-6)中的1－2。在轴Ⅰ上装有双向多片摩擦离合器M_1。M_1的作用是使主轴正转、反转或停止。当压紧离合器M_1左

部的摩擦片时，轴Ⅰ的运动经齿轮副$\frac{56}{38}$或$\frac{51}{43}$传给轴Ⅱ。从而使轴Ⅱ获得两种转速。当压紧离合器M_1的右部摩擦片时，轴Ⅰ的运动经右部摩擦片及齿轮50传至轴Ⅶ上的空套齿轮34，然后再传给轴Ⅱ上的固定齿轮30，使轴Ⅱ转动。这时由于轴Ⅰ至轴Ⅱ的传动中经过一个中间齿轮34，因此，轴Ⅱ的转动方向与经M_1左部传动时相反，反转转速只有一种。当离合器M_1处于中间位置时，其左部和右部的摩擦片都没有被压紧，空套在轴Ⅰ上的齿轮56、51和齿轮50都不转动，轴Ⅰ的运动不能传至轴Ⅱ，因此主轴也就停止转动。

轴Ⅱ的运动可分别通过三对齿轮副$\frac{22}{58}$、$\frac{30}{50}$或$\frac{39}{41}$传至轴Ⅲ，因而正转共有$2\times3=6$种转速。运动由轴Ⅱ传到主轴有两条传动路线：

高速传动路线　主轴上的滑移齿轮50移至左端，使之与轴Ⅲ上右端的齿轮63啮合，于是运动就由轴Ⅲ经齿轮副$\frac{63}{50}$直接传给主轴，使主轴得到450～1400r/min的6种高转速。

低速传动路线　主轴上的滑移齿轮50移至右端，使主轴上的齿式离合器M_2啮合，于是轴Ⅲ的运动就经齿轮副$\frac{20}{80}$或$\frac{50}{50}$传给轴Ⅳ，然后再由轴Ⅳ经齿轮副$\frac{20}{80}$或$\frac{51}{50}$传给轴Ⅴ，再经齿轮副$\frac{26}{58}$和齿式离合器M_2传给主轴，使主轴获得10～500r/min的低转速。

上述传动路线用传动路线表达式来表示，CA6140型卧式车床主运动传动链的传动路线表达式为：

$$\text{主电动机}-\frac{\phi130}{230}-\text{I}-\left\{\begin{array}{l}M_1(\text{左})-\left\{\begin{array}{c}\frac{56}{38}\\ \frac{51}{43}\end{array}\right\}- \\ M_1(\text{右})-\frac{50}{34}-\text{VII}-\frac{34}{30}\end{array}\right\}-\text{II}-\left\{\begin{array}{c}\frac{39}{41}\\ \frac{30}{50}\\ \frac{22}{58}\end{array}\right\}-$$

$$-\text{III}-\left\{\begin{array}{l}-\frac{63}{50}(M_2\ \text{左移})\\ \left\{\begin{array}{c}\frac{20}{80}\\ \frac{50}{50}\end{array}\right\}-\text{IV}-\left\{\begin{array}{c}\frac{20}{80}\\ \frac{51}{50}\end{array}\right\}-\text{V}-\frac{26}{58}-M_2(\text{右移})\end{array}\right\}-\text{VI}(\text{主轴})$$

②主轴转速级数和转速值：由传动系统图和传动路线表达式可以看出，主轴正转时，利用各滑动齿轮轴向位置的各种不同组合，共可得$2\times3\times(1+2\times2)=30$种传动主轴的路线。经过计算可知，从轴Ⅲ到轴Ⅴ的4条传动路线的传动比为：

$$u_1=\frac{20}{80}\times\frac{20}{80}=\frac{1}{16},\qquad u_2=\frac{20}{80}\times\frac{51}{50}\approx\frac{1}{4}$$

$$u_3=\frac{50}{50}\times\frac{20}{80}=\frac{1}{4},\qquad u_4=\frac{50}{50}\times\frac{51}{50}\approx1$$

其中 u_2 和 u_3 基本相同，所以实际上只有三种不同的传动比。因此，运动经由低速这条传动路线时，主轴实际上只能得到 $2\times3\times(2\times2-1)=18$ 级转速。加上由高速路线传动获得的6级转速，主轴总共可获得 $2\times3\times(1+3)=6+18=24$ 级转速。

同理，主轴反转时有 $3\times[1+(2\times2-1)]=12$ 级转速。

主轴各级转速的数值，可根据主运动传动时历经的传动件的运动参数，列出运动平衡式进行计算。

对于图3-12中所示的齿轮啮合位置，主轴的转速为：

$$n_{主}=1450\times\frac{130}{230}\times\frac{51}{43}\times\frac{22}{58}\times\frac{20}{80}\times\frac{20}{80}\times\frac{26}{58}\text{r/min}=10\text{r/min}$$

应用上述运动平衡式，可以计算出主轴正转时的24级转速为10~1400r/min。同理，也可计算出主轴反转时的12级转速为14~1580r/min。主轴反转通常不用于切削，而是用于车削螺纹时，在完成一次切削后使车刀沿螺旋线退回，而不断开主轴和刀架间的传动链，以免在下一次切削时发生“乱扣”现象。为了节省退回时间，主轴反转的转速比正转转速高。

(2)进给运动传动链

进给传动链是实现刀具纵向或横向移动的传动链。卧式车床在切削螺纹时，进给传动链是内联系传动链，主轴转一周刀架的移动量应等于螺纹导程。在切削圆柱面和端面时，进给传动链是外联系传动链，进给量也是以工件每转刀架的移动量来计算的。所以在分析进给运动传动链时都是把主轴和刀架作为传动链的首末端件。

进给传动链的传动路线(图3-12)为：运动从主轴Ⅵ经轴Ⅸ(或再经轴Ⅺ上的中间齿轮25使运动反向)传至轴Ⅹ。运动再经过挂轮传至轴ⅩⅢ，然后传入进给箱。从进给箱传出的运动，一条路线是经丝杠ⅩⅨ带动溜板箱，使刀架纵向运动，这是车削螺纹的传动链，另一条路线是经光杠ⅩⅩ和溜板箱带动刀架实现纵向或横向的机动进给，这是一般机动进给的传动链。

①车削螺纹：CA6140型车床可车削米制、英制、模数制和径节制4种标准的常用螺纹；此外，还可以车削大导程、非标准和较精密的螺纹。既可以车削右螺纹，也可以车削左螺纹。

无论车削哪种螺纹，都必须在加工中形成母线(螺纹面型)和导线(螺旋线)。用螺纹车刀形成母线(成形法)不需成形运动，形成螺旋线采用轨迹法，因此螺纹的形成需要一个复合的成形运动。为了形成一定导程的螺旋线，必须保证主轴转一周，刀具准确地移动一个导程。根据这个相对运动关系，可列出车螺纹时的运动平衡式：

$$1_{(主轴)}uP_{h1}=P_h$$

式中　u——从主轴到丝杠之间的总传动比；

P_{h1}——机床丝杠的导程，CA6140型车床的 $P_{h1}=12$mm；

P_h——被加工螺纹的导程，mm。

由此看出，为了车削上述不同类型、不同导程的螺纹，必须对车削螺纹的传动链进行适当调整，使 u 作相应的改变。

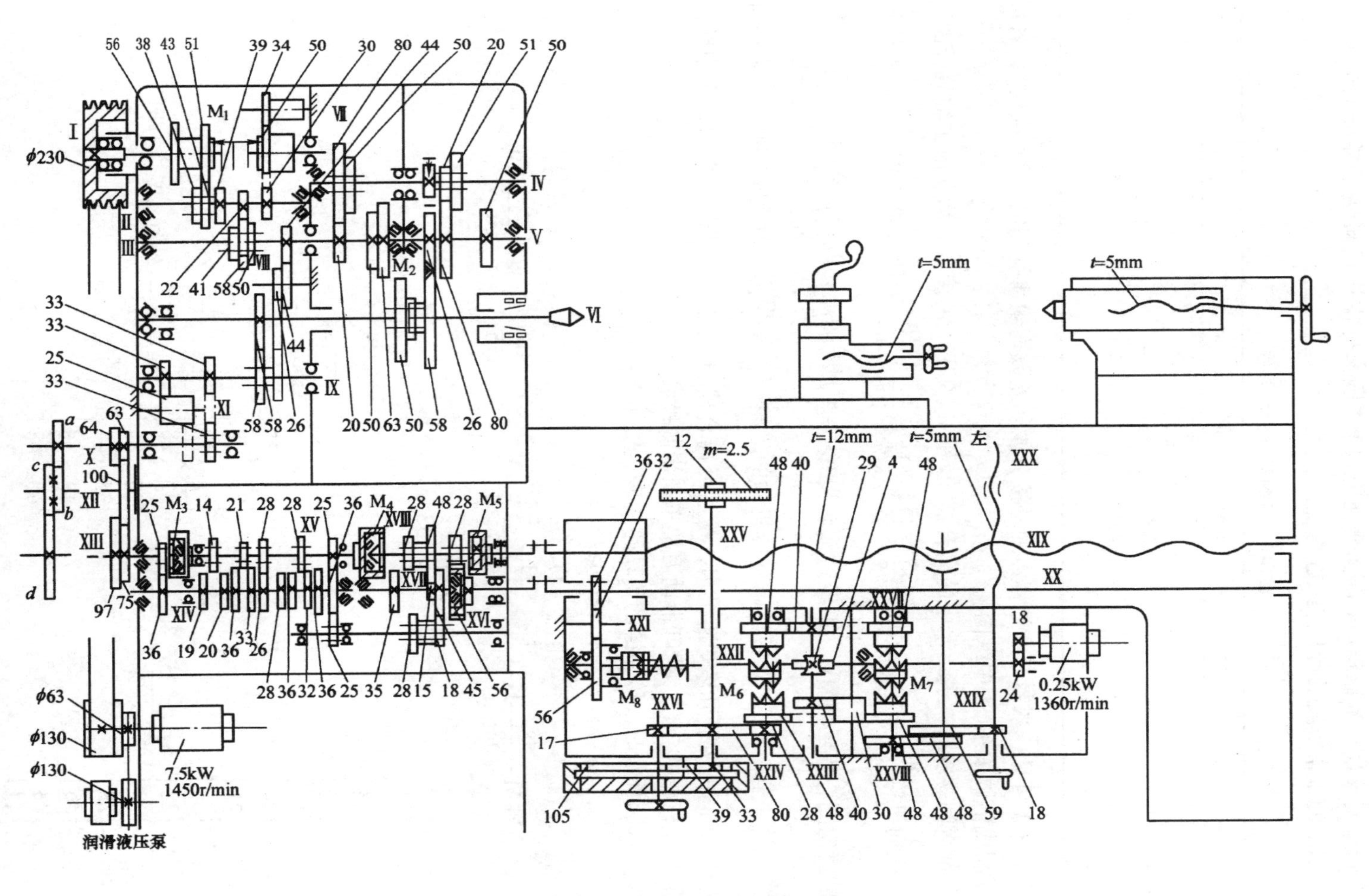

图 3-12　CA6140 型卧式车床传动系统图

车削米制螺纹　米制螺纹(也称普通螺纹)在国家标准中已规定了导程的标准值。本机床加工的正常螺纹导程见表3-3。

表3-3　米制螺纹标准导程

米制螺纹导程标准值					
	1		1.25		1.5
1.75	2	2.25	2.5		3
3.5	4	4.5	5	5.5	6
7	8	9	10	11	12

由表3-3可见，米制标准导程数列是按分段等差数列规律排列的(表中横向)，各段之间互相成倍数关系(表中纵向)。

车削米制螺纹时，进给箱中的离合器 M_3 和 M_4 脱开，M_5 接合。运动由主轴Ⅵ经齿轮副$\frac{58}{58}$，换向机构$\frac{33}{33}$(车左螺纹时径$\frac{33}{25}\times\frac{25}{33}$)、挂轮$\frac{63}{100}\times\frac{100}{75}$传到进给箱中，然后由移换机构的齿轮副$\frac{25}{36}$传至轴XIV，再经过双轴滑移变速机构的齿轮副$\frac{19}{14}$或$\frac{20}{14}$、$\frac{36}{21}$、$\frac{33}{21}$、$\frac{26}{28}$、$\frac{28}{28}$、$\frac{36}{28}$、$\frac{32}{28}$传至轴XV，然后再由移换机构的齿轮副$\frac{25}{36}\times\frac{36}{25}$传至轴XVI，接下去再经轴XVI至轴XVIII间的两组滑移变速机构，最后经离合器 M_5 传至丝杠XIX。当溜板箱中的开合螺母与丝杠相啮合时，就可带动刀架车削米制螺纹。

车削米制螺纹时，传动链的传动路线表达式如下：

$$\text{主轴 VI}-\frac{58}{58}-\text{IX}-\left\{\begin{array}{c}\text{右螺纹}\\ \frac{33}{33}\\ \text{左螺纹}\\ \frac{33}{25}-\text{XI}-\frac{25}{33}\end{array}\right\}-\text{X}-\frac{63}{100}\times\frac{100}{75}-\text{XIII}-\frac{25}{36}-\text{XIV}-$$

$$-\left\{\begin{array}{c}\frac{19}{14}\\ \frac{20}{14}\\ \frac{36}{21}\\ \frac{26}{28}\\ \frac{28}{28}\\ \frac{36}{28}\\ \frac{32}{28}\\ \frac{33}{21}\end{array}\right\}-\text{XV}-\frac{25}{36}\times\frac{36}{25}-\text{XVI}-\left\{\begin{array}{c}\frac{28}{35}\times\frac{35}{28}\\ \frac{18}{45}\times\frac{35}{28}\\ \frac{28}{35}\times\frac{15}{48}\\ \frac{18}{45}\times\frac{15}{48}\end{array}\right\}-\text{XVIII}-M_5-\text{丝杠 XIX}-\text{刀架}$$

其中轴ⅩⅣ—ⅩⅤ之间的变速机构可变换8种不同的传动比：

$$u_{基1}=\frac{26}{28}=\frac{6.5}{7},\quad u_{基5}=\frac{19}{14}=\frac{9.5}{7}$$

$$u_{基2}=\frac{28}{28}=\frac{7}{7},\quad u_{基6}=\frac{20}{14}=\frac{10}{7}$$

$$u_{基3}=\frac{32}{28}=\frac{8}{7},\quad u_{基7}=\frac{33}{21}=\frac{11}{7}$$

$$u_{基4}=\frac{36}{28}=\frac{9}{7},\quad u_{基8}=\frac{36}{21}=\frac{12}{7}$$

上述可简写为 $u_{基}=P_{hj}/7$，$P_{hj}=6.5$、7、8、9、9.5、10、11、12。这些传动比分母都是7，分子则除6.5和9.5用于其他种类的螺纹外，其余按等差数列排列。相当于米制螺纹导程标准的最后一行。这套变速机构称为基本组。轴ⅩⅥ—ⅩⅧ间变速机构可变化4种传动比：

$$u_{倍1}=\frac{18}{45}\times\frac{15}{48}=\frac{1}{8},\quad u_{倍3}=\frac{18}{45}\times\frac{35}{28}=\frac{1}{2}$$

$$u_{倍2}=\frac{28}{35}\times\frac{15}{48}=\frac{1}{4},\quad u_{倍4}=\frac{28}{35}\times\frac{35}{28}=1$$

它们可实现螺纹导程标准中的倍数关系，称为增倍机构或增倍组。

根据传动系统图或传动路线表达式，可以列出车削米制(右旋)螺纹的运动平衡式：

$$P_h=1_{(主轴)}\times\frac{58}{58}\times\frac{33}{33}\times\frac{63}{100}\times\frac{100}{75}\times\frac{25}{36}\times u_{基}\times\frac{25}{36}\times\frac{36}{25}\times u_{倍}\times 12\text{mm}$$

式中 $u_{基}$——基本组的传动比；

$u_{倍}$——增倍组的传动比。

将上式简化后可得：

$$P_h=7u_{基}\,u_{倍}$$

选择 $u_{基}$ 和 $u_{倍}$ 的值，就可以得到各种 P_h 值。利用基本组可以得到按等差数列排列的基本导程，利用增倍组可把由基本组得到的8种基本导程值按1/1、1/2、1/4、1/8缩小。两者串联使用就可以车削出米制标准导程。

经这条传动路线能车削米制螺纹的最大导程是12mm，当需要导程大于12mm的螺纹时(例如大导程多头螺纹和油槽)，可将轴Ⅸ上的滑移齿轮58向右移动，使之与轴Ⅷ上的齿轮26啮合。于是，主轴Ⅵ与轴Ⅸ之间的传动路线表达式可以写为：

$$\text{主轴Ⅵ}-\left\{\begin{array}{c}\dfrac{58\ (\text{正常螺纹导程 }1:1)}{58\ (\text{扩大螺纹导程 }16:1)}\\[2ex] \dfrac{58}{26}-\text{Ⅴ}-\dfrac{80}{20}-\text{Ⅳ}-\left\{\begin{array}{c}\dfrac{50}{50}\\[1ex]\dfrac{80}{20}\end{array}\right\}-\text{Ⅲ}-\dfrac{44}{44}-\text{Ⅷ}-\dfrac{26}{58}\\[2ex] (\text{扩大螺纹导程 }16:1)\end{array}\right\}-\text{Ⅸ}-\cdots$$

加工扩大螺纹导程时，自轴Ⅸ以后的传动路线仍与正常螺纹导程时相同。由此可算出从轴Ⅵ到Ⅸ间的传动比：

$$u_{扩1}=\frac{58}{26}\times\frac{50}{50}\times\frac{50}{50}\times\frac{44}{44}\times\frac{26}{58}=1$$

$$u_{扩2}=\frac{58}{26}\times\frac{80}{20}\times\frac{50}{50}\times\frac{44}{44}\times\frac{26}{58}=4$$

$$u_{扩3}=\frac{58}{26}\times\frac{80}{20}\times\frac{80}{20}\times\frac{44}{44}\times\frac{26}{58}=16$$

加工正常螺纹导程时，主轴Ⅵ与轴Ⅸ间的传动比 $u_{正}=\frac{58}{58}=1$。

这表明，当车削螺纹传动链其他部分不变时，只做上述调整，便可使螺纹导程比正常导程相应地扩大4倍或16倍。因此，通常把上述传动机构称之为扩大螺纹导程机构，它实质上也是一个增倍组。但必须注意到，由于扩大螺纹导程机构的传动齿轮就是主运动的传动齿轮，所以只有主轴上的 M_2 合上，即主轴处于低速状态时才能用扩大螺纹导程。当轴Ⅲ—Ⅳ—Ⅴ之间的传动比为$\frac{50}{50}\times\frac{50}{50}=1$，$u_{扩1}=1$，即扩大导程等于正常导程，扩大螺纹导程机构不起作用；当传动比为$\frac{20}{80}\times\frac{50}{50}=\frac{1}{4}$，$u_{扩2}=4$，导程扩大至4倍；当传动比为$\frac{20}{80}\times\frac{20}{80}=\frac{1}{16}$，$u_{扩3}=16$，导程扩大至16倍，即当主轴转速确定后，螺纹导程能扩大的倍数也就确定了。

车削模数螺纹　车削模数螺纹主要用于车削米制蜗杆，有时某些特殊丝杠的导程也是模数制的。模数螺纹用模数 m 表示导程的大小。米制蜗杆的齿距为 πm，所以模数螺纹的导程为 $P_{hm}=K\pi m$，这里 K 为螺纹的头数。

模数 m 的标准值也是按分段等差数列(段与段之间等比)的规律排列。与米制螺纹不同的是，在模数螺纹导程 $P_{hm}=K\pi m$ 中含有特殊因子 π。为此，车削模数螺纹时，挂轮需换为$\frac{64}{100}\times\frac{100}{97}$。其余部分的传动路线与车削米制螺纹时完全相同。运动平衡式为：

$$P_{hm}=1_{(主轴)}\times\frac{58}{58}\times\frac{33}{33}\times\frac{64}{100}\times\frac{100}{97}\times\frac{25}{36}\times u_{基}\times\frac{25}{36}\times\frac{36}{25}\times u_{倍}\times 12$$

式中，$\frac{64}{100}\times\frac{100}{97}\times\frac{25}{36}\approx\frac{7\pi}{48}$，代入化简后得：

$$P_{hm}=\frac{7\pi}{4}u_{基}\,u_{倍}$$

因为 $P_{hm}=K\pi m$，从而得：

$$m=\frac{7}{4K}u_{基}\,u_{倍}$$

改变 $u_{基}$ 和 $u_{倍}$，就可以车削出按分段等差数列排列的各种模数的螺纹。如应用扩大螺纹导程机构，也可以车削出大导程的模数螺纹。

车削英制螺纹　英制螺纹在采用英制的国家(如英国、美国、加拿大等)中应用较广泛，我国的部分管螺纹目前也采用英制螺纹。

英制螺纹以每英寸长度上的螺纹扣数 a(扣/英寸)表示，因此英制螺纹的导程

$P_{ha}=\frac{1}{a}$英寸。由于CA6140车床的丝杠是米制螺纹，被加工的英制螺纹也应换算成以毫米为单位的相应导程值。

$$P_{ha}=\frac{1}{a}\text{in}=\frac{25.4}{a}\text{mm}$$

a的标准值也是按分段等差数列的规律排列的，所以英制螺纹的导程是分段的调和数列，分母为等差级数。此外，还有特殊因子25.4。由此可知，如要车削出各种英制螺纹，只须对米制螺纹的传动路线作如下两点变动：①将基本组的主动轴与被动轴对调，即轴XV变成主动轴，轴XIV变成被动轴，这样可得8个按调和数列(分子相同，分母为等差级数)排列的传动比值；②在传动链中实现特殊因子25.4。

为此，进给箱中的离合器M_3和M_5接合，M_4脱开，同时轴XVI左端的滑移齿轮25移至左面位置，与固定在轴XIV上的齿轮36相啮合。则运动由轴XIII经M_3先传到轴XV，然后传至轴XIV，再经齿轮副$\frac{36}{25}$传至轴XVI。其余部分的传动路线与车削米制螺纹时相同。其运动平衡式为：

$$P_{ma}=1_{(\text{主轴})}\times\frac{58}{58}\times\frac{33}{33}\times\frac{63}{100}\times\frac{100}{75}\times\frac{1}{u_{\text{基}}}\times\frac{36}{25}\times u_{\text{倍}}\times12$$

其中

$$\frac{63}{100}\times\frac{100}{75}\times\frac{36}{25}\approx\frac{25.4}{21}$$

$$P_{ha}\approx\frac{25.4}{21}\times\frac{1}{u_{\text{基}}}\times u_{\text{倍}}\times12=\frac{4}{7}\times25.4\frac{u_{\text{倍}}}{u_{\text{基}}}$$

因为：$P_{ha}=KP_{hTa}=\frac{25.4K}{a}=\frac{4}{7}\times25.4\frac{u_{\text{倍}}}{u_{\text{基}}}$，从而得：

$$a=\frac{7u_{\text{基}}}{4u_{\text{倍}}}K$$

改变$u_{\text{基}}$和$u_{\text{倍}}$，就可以车削出按分段等差数列排列的各种a值的英制螺纹。

车削径节螺纹　车削径节螺纹主要用于车削英制蜗杆，它是用径节DP来表示的。径节$DP=z/D$(z为齿数，D为分度圆直径，英寸)，即蜗轮或齿轮折算到每一英寸分度圆直径上的齿数。所以英制蜗杆的轴向齿距即为径节螺纹的导程：

$$P_{hDP}=\frac{\pi}{DP}\text{in}=\frac{25.4\pi}{DP}\text{mm}$$

径节DP也是按分段等差数列的规律排列的，所以径节螺纹导程系列排列的规律与英制螺纹一样，只是含有特殊因子25.4π。车削径节螺纹时，传动路线与车削英制螺纹时完全相同，但挂轮需换为$\frac{64}{100}\times\frac{100}{97}$，它和移换机构轴XIV—XVI间的齿轮副$\frac{36}{25}$组合，得到传动比值：

$$\frac{64}{100}\times\frac{100}{97}\times\frac{36}{25}=\frac{25.4\pi}{84}$$

由上述可知，加工米制螺纹和米制蜗杆时，轴XIV是主动轴，加工英制螺纹和英制蜗杆时，轴XV是主动轴。主动轴与被动轴的对调是通过轴XIII左端齿轮25(向左与轴

XIV上的齿轮36啮合，向右则与XV轴左端的M_3形成内、外齿轮离合器）和轴XVI左端齿轮25的移动（分别与轴XIV右端的两个齿轮36啮合）来实现的，这两个齿轮由操纵机构控制它们在相反的方向上联动，即其中一个在左面位置时，另一个必在右面位置；而其中一个在右面位置时，另一个必在左面位置。轴XIII—XIV间的齿轮副$\frac{25}{36}$、离合器M_3及轴XV、XIV、XVI上的齿轮副$\frac{25}{36}\times\frac{36}{25}$和$\frac{36}{25}$，称为移换机构。

加工一般螺纹时应用挂轮$\frac{63}{100}\times\frac{100}{75}$，加工蜗杆时应用挂轮$\frac{64}{100}\times\frac{100}{97}$，以解决特殊因子π。

车削非标准螺纹　当需要车削非标准螺纹时，用进给变速机构无法得到所要求的导程。这时须将离合器M_3、M_4和M_5全部啮合，把轴XIII、XV、XVIII和丝杠联成一体，使运动由挂轮直接传到丝杠。被加工螺纹的导程P_h依靠调整挂轮架的传动比（$u_{挂}$）来实现。此时运动平衡式为：

$$P_h = 1_{(主轴)} \times \frac{58}{58} \times \frac{33}{33} \times u_{挂} \times 12$$

为了综合分析和比较车削上述各种螺纹时的传动路线，把CA6140型车床进给运动链中加工螺纹时的传动路线表达式归纳总结如下

$$\text{主轴 VI}-\left\{\begin{array}{c} -\frac{58}{58}- \\ \text{(正常螺纹导程)} \\ \frac{58}{26}-\text{V}-\frac{80}{20}-\text{IV}-\left\{\begin{array}{c}\frac{50}{50}\\ \frac{80}{20}\end{array}\right\}-\text{III}-\frac{44}{44}-\text{VII}-\frac{26}{58} \\ \text{(扩大螺纹导程)} \end{array}\right\}-\text{IX}-\left\{\begin{array}{c} -\frac{33}{33}- \\ \text{(右螺纹)} \\ -\frac{33}{25}-\text{XI}-\frac{25}{33}- \\ \text{(左螺纹)} \end{array}\right\}-$$

$$-\text{X}-\left\{\begin{array}{c} \left\{\begin{array}{c} \frac{63}{100}-\text{XII}-\frac{100}{75} \\ \text{(米、英制螺纹)} \\ \frac{64}{100}-\text{XII}-\frac{100}{97} \\ \text{(模数、径节螺纹)} \end{array}\right\}-\text{XIII}-\left\{\begin{array}{c} \frac{36}{25}-\text{XIV}-u_{基}\,\text{XV}-\frac{25}{36}-\frac{36}{25} \\ \text{(米制及模数螺纹)} \\ M_{3合}-\text{XV}-\frac{1}{u_{基}}-\text{XIV}-\frac{36}{25} \\ \text{(英制及径节螺纹)} \end{array}\right\}-\text{XVI}-u_{倍} \\ -\frac{a}{b}\cdot\frac{c}{d}-\text{XIII}-M_{3合}-\text{XV}-M_{4合} \\ \text{(非标准螺纹)} \end{array}\right\}-$$

$$-\text{XVIII}-M_{5合}-\text{XIX}$$

②车削圆柱面和端面：车削圆柱面和端面时，形成母线的成形运动是相同的（主轴旋转），但形成导线时成形运动（刀架移动）的方向不同。运动从进给箱经光杠输入溜板

箱，经转换机构实现纵向进给(车削圆柱面)或横向进给(车削端面)。

传动路线 为了避免丝杠磨损过快及便于人工操纵(将刀架运动的操纵机构放在溜板箱上)，机动进给运动是由光杠经溜板箱传动的。这时，将进给箱中的离合器 M_5 脱开，使轴XVIII的齿轮28与轴XX左端的齿轮56相啮合。运动由进给箱传至光杠XX，再经溜板箱中的齿轮副 $\frac{36}{32}\times\frac{32}{56}$、超越离合器及安全离合器 M_8、轴XXII、蜗轮蜗杆副 $\frac{4}{29}$ 传至轴XXIII。当运动由轴XVIII经齿轮副 $\frac{40}{48}$ 或 $\frac{40}{30}\times\frac{30}{48}$、双向离合器 M_6、轴XXIV、齿轮副 $\frac{28}{80}$、轴XXV传至小齿轮12时，由于小齿轮12与固定在床身上的齿条相啮合，小齿轮转动时就使刀架作纵向机动进给。当运动由轴XXIII经齿轮副 $\frac{40}{48}$ 或 $\frac{40}{30}\times\frac{30}{48}$、双向离合器 M_7、轴XXVIII及齿轮副 $\frac{48}{48}\times\frac{59}{18}$ 传至横进给丝杠XXX后，就使横刀架作横向机动进给。其传动路线表达式如下：

$$\left.\begin{array}{l}\cdots \text{XVIII}-\frac{28}{56}-\text{XX}-\frac{36}{32}-\text{XXI}-\frac{32}{56} \\ \text{快移电动机(250W, 1360r/min)}-\frac{18}{24}\end{array}\right\}-\text{XXII}-\frac{4}{29}-\text{XXIII}-$$

$$-\left\{\begin{array}{l}\begin{bmatrix} M_6\uparrow\frac{40}{48} \\ M_6\downarrow\frac{40}{30}\times\frac{30}{48}\end{bmatrix}-\text{XXIV}-\frac{28}{80}-\text{XXV}-\text{齿条齿轮 12} \\ \begin{bmatrix} M_7\uparrow\frac{40}{48} \\ M_7\downarrow\frac{40}{30}\times\frac{30}{48}\end{bmatrix}-\text{XXVIII}-\frac{48}{48}-\text{XXIX}-\frac{59}{18}-\text{丝杠}\end{array}\right.$$

纵向机动进给量 CA6140型车床纵向机动进给量有64种，并由四种类型的传动路线来获得。

当运动由主轴经正常导程的米制螺纹传动路线时，可获得正常进给量。这时的运动平衡式为：

$$f_{纵}=1_{(主轴)}\times\frac{58}{58}\times\frac{33}{33}\times\frac{63}{100}\times\frac{100}{75}\times\frac{25}{36}\times u_{基}\times\frac{25}{36}\times\frac{36}{25}\times u_{倍}\times\frac{28}{56}\times\frac{36}{32}\times\frac{32}{56}\times\frac{4}{29}\times \frac{40}{30}\times\frac{30}{48}\times\frac{28}{80}\times\pi\times2.5\times12\ \text{mm/r}$$

化简后可得

$$f_{纵}=0.7u_{基}\,u_{倍}\ \text{mm/r}$$

改变 $u_{基}$ 和 $u_{倍}$ 可得到从0.08~1.22mm/r的32种正常进给量。

运动由主轴经正常导程的英制螺纹传动路线时，可得到从0.86~1.59mm/r的8种较大的纵向进给量。运动经由扩大螺纹导程机构及英制螺纹传动路线，且主轴处于

10~125r/min的12级低转速时，可获得从1.71~6.33mm/r的16种加大进给量。运动经由扩大螺纹导程机构及米制螺纹传动路线，主轴处于450~1400r/min(其中500r/min除外)的6级高转速，且当$u_{倍}$调整为1/8时，可得从0.028~0.054mm/r的8种细进给量。

横向机动进给量　机动进给时横向进给量的计算，除在溜板箱中由于使用离合器M_7，因而从轴XXIII以后传动路线有所不同外，其余则与纵向进给量计算方法相同。由传动分析可知，在对应的传动路线下，所得到的横向机动进给量是纵向机动进给量的一半。

③刀架的快速移动：为了减轻工人劳动强度及缩短辅助时间，刀架可以实现纵向和横向机动快速移动。当需要刀架快速接近或退离工件的加工部位时，可按下快速移动按钮，使快速电动机(250W，1360r/min)启动。这时运动经齿轮副$\frac{18}{24}$使轴XXII高速转动(图3-12)，再经蜗杆副$\frac{4}{29}$传到溜板箱内的转换机构，使刀架实现纵向或横向的快速移动，快移方向仍由溜板箱中双向离合器M_6称M_7控制。

为了缩短辅助时间和简化操作，在刀架快速移动时不必脱开进给运动传动链。这时，为了避免仍在转动的光杠和快速电动机同时传动轴XXII而造成破坏，在齿轮56与轴XXII之间装有超越离合器(图3-12)。

3.3.2.3 CA6140型卧式车床主要部件结构

(1)主轴箱

主轴箱的功用是支承并传动主轴，使其实现起动、停止、变速和换向。因此，主轴箱中通常包含有主轴及其轴承，传动机构，起动、停止以及换向装置，制动装置，操纵机构和润滑装置等。

①双向多片式摩擦离合器、制动器及其操纵机构：双向摩擦离合器装在轴Ⅰ上，如图3-13所示。摩擦离合器由内摩擦片3、外摩擦片2、止推片10及11、压块8及空套齿轮1等组成。离合器左、右两部分结构相同。左离合器用来传动主轴正转，用于切削加工，需传递的转矩较大，所以片数较多。右离合器传动主轴反转，主要用于退刀，片数较少。

图3-13(a)中表示的是左离合器。图中内摩擦片3，其内孔为花键孔，装在轴Ⅰ的花键部位上，与轴Ⅰ一起旋转。外摩擦片2外圆上有四个凸起，卡在空套齿轮1的缺口槽中；外摩擦片内孔是光滑圆孔，空套在轴Ⅰ的花键外圆上。内、外摩擦片相间安装，在未被压紧时，内、外摩擦片互不联系。当杆7通过销5向左推动压块8时，使内片3与外片2相互压紧，于是轴Ⅰ的运动便通过内、外摩擦片之间的摩擦力传给齿轮1，使主轴正向转动。同理，当压块8向右压时，运动传给轴Ⅰ右端的齿轮，使主轴反转。当压块8处于中间位置时，左、右离合器都处于脱开状态，这时轴Ⅰ虽然转动，但离合器不传递运动，主轴处于停止状态。

离合器的左、右接合或脱开(即压块8处于左端、右端或中间位置)由手柄18来操纵如图3-13(b)所示。当向上扳动手柄18时，杆20向外移动，使曲柄21及齿扇17做顺时针转动，齿条22向右移动。齿条左端有拨叉23，它卡在空心轴Ⅰ右端的滑套12的环槽内，从而使滑套12也向右移动。滑套12内孔的两端为锥孔，中间为圆柱孔。当滑套12向右移动时，就将元宝销6的右端向下压，由于元宝销6的回转中心轴装在轴Ⅰ上，因而元宝销6作顺时针转动，于是元宝销下端的凸缘便推动装在轴Ⅰ内孔中的拉杆7向左移动，并通过销5带动压块8向左压紧，主轴正转。同理，将手柄18扳至下端位置时，右离合器压紧，主轴反转。当手柄18处于中间位置时，离合器脱开，主轴停止转动。为了操纵方便，在操纵杆19上装有两个操纵手柄18，分别位于进给箱右侧及溜板箱右侧。

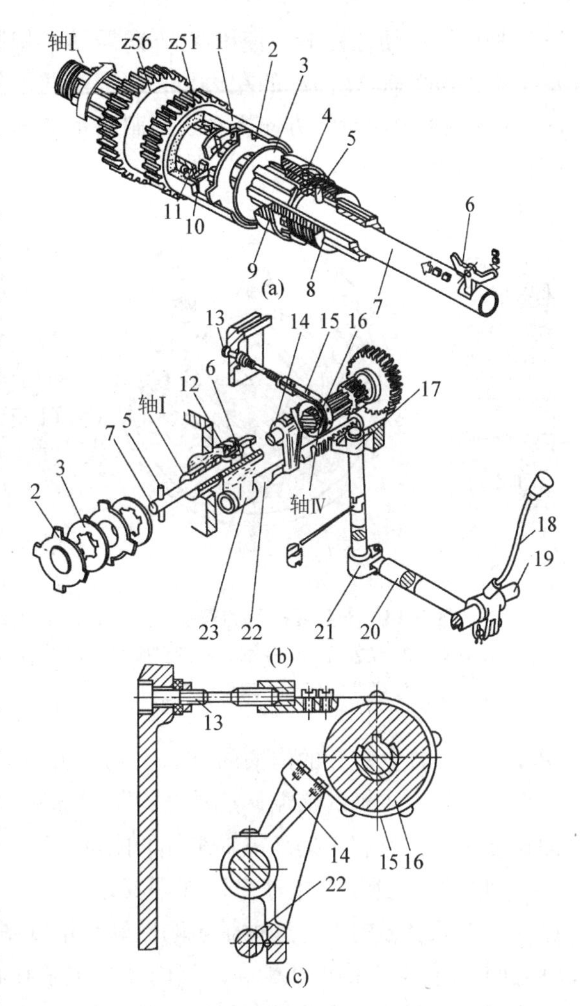

图3-13 双向多片离合器、制动器及其操纵机构

(a)左离合器 (b)离合器操纵机构 (c)制动器

1. 空套齿轮 2. 外摩擦片 3. 内摩擦片 4. 弹簧销 5. 销子 6. 元宝销 7. 拉杆 8. 压块 9. 螺母 10、11. 止推片 12. 滑套 13. 调节螺钉 14. 杠杆 15. 制动带 16. 制动盘 17. 齿扇 18. 操纵机构 19. 操纵杆 20. 杆 21. 曲柄 22. 齿条 23. 拨叉

双向多片式摩擦离合器除了靠摩擦力传递运动和转矩外，还能起过载保护作用。当机床过载时，摩擦片打滑，就可避免损坏机床。摩擦片间的压紧力是根据离合器应传递的额定扭矩来确定的。当摩擦片磨损后，压紧力减小，这时可用螺钉旋具将弹簧销4按下，同时拧动压块8上的螺母9，直到螺母压紧离合器的摩擦片，调整好位置后，使弹簧销4重新卡入螺母9的缺口中，防止螺母在旋转时松动。

制动器安装在轴Ⅳ上。它的功用是在摩擦离合器脱开时立刻制动主轴，以缩短辅助时间。制动器的结构如图3-13(b)和(c)所示。它由装在轴Ⅳ上的制动盘16、制动带15、调节螺钉13和杠杆14等件组成。制动盘16是一钢制圆盘，与轴Ⅳ用花键连接。制动盘的周边围着制动带，制动带为一钢带，为了增加摩擦面的摩擦系数，在它的内侧固定一层酚醛石棉。制动带的一端与杠杆14连接，另一端通过调节螺钉13等与箱体相连。为了操纵方便同时不会出错，制动器和摩擦离合器共用一套操纵机构，也由手柄18操纵。当离合器脱开时，齿条22处于中间位置，这时齿条轴22上的凸起与杠杆14

下端相接触，使杠杆 14 向逆时针方向摆动，将制动带拉紧，使轴Ⅳ和主轴迅速停止转动。由于齿条轴 22 凸起的左边和右边都是凹下的槽，所以在左离合器和右离合器接合时，杠杆 14 向顺时针方向摆动，使制动带放松，主轴旋转。制动带的拉紧程度由调节螺钉 13 调整。

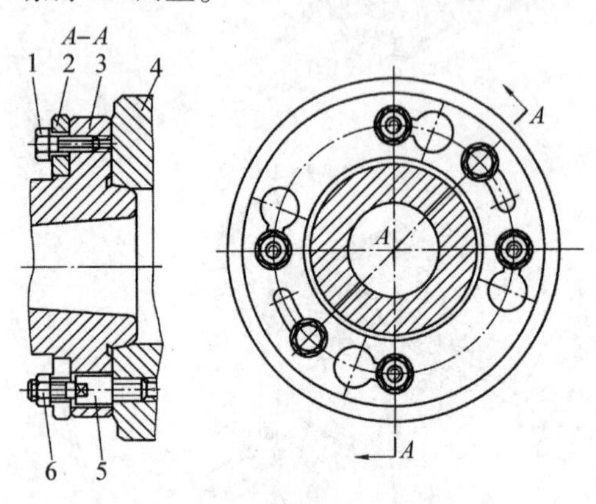

图 3-14　卡盘或拨盘的安装

1. 螺钉　2. 锁紧盘　3. 主轴　4. 卡盘座　5. 双头螺柱　6. 螺母

②主轴组件：CA6140 型卧式车床的主轴是一个空心的阶梯轴。主轴内孔是用于通过长的棒料或穿入钢棒打出顶尖，或通过气动、液压或电气夹紧装置的管道、导线。主轴前端的莫氏 6 号锥孔用于安装前顶尖，也可安装心轴，利用锥面配合的摩擦力直接带动顶尖或心轴转动。

主轴前端采用短锥法兰式结构，用于安装卡盘或拨盘，如图 3-14 所示。拨盘或卡盘座 4 由主轴 3 的短圆锥面定位。安装时，使事先装在拨盘或卡盘座 4 上的 4 个双头螺柱 5 及其螺母 6 通过主轴轴肩及锁紧盘 2 的圆柱孔，然后将锁紧盘 2 转过一个角度，双头螺柱 5 处于锁紧盘 2 的沟槽内(图 3-14)，并拧紧螺钉 1 和螺母 6，就可以使卡盘或拨盘可靠地安装在主轴的前端。这种结构装卸方便，工作可靠，定心精度高，主轴前端的悬伸长度较短，有利于提高主轴组件的刚度，所以得到广泛的应用。

如图 3-15 所示，主轴安装在两支承上，前支承是 P5 级精度的双列圆柱滚子轴承 13，用于承受径向力。这种轴承刚性好、精度高、尺寸小且承载能力大。轴承内环和主轴之间通过 7∶12 锥度相配合。当内环与主轴在轴向相对移动时，内环可产生弹性膨胀或收缩，以调整轴承的径向间隙。调整时，松开螺母 14，拧动螺母 11，推动轴套 12、轴承 13 内圈向右移动。调整后，用锁紧螺钉 10 锁紧螺母 11。

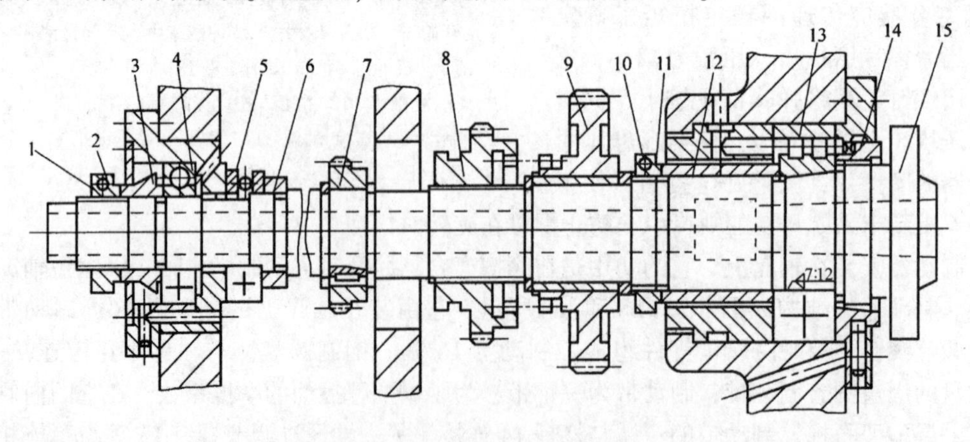

图 3-15　CA6140 型卧式车床的主轴组件

1、11、14. 螺母　2、10. 锁紧螺钉　3、6、12. 轴套　4、5、13. 轴承　7~9. 齿轮　15. 主轴

后支承有两个滚动轴承，一个是P5级精度的角接触球轴承4，大口向外安装，用于承受径向力和由后向前的轴向力。另一个是P5级精度的推力球轴承5，用于承受由前向后的轴向力。与前支承轴承调整方向相同，后支承轴承的间隙调整和预紧可以用主轴尾端的螺母1、轴套3和6调整，用锁紧螺钉2锁紧。

主轴前后支承的润滑，都是由润滑油泵供油。润滑油通过进油孔对轴承进行充分的润滑，并带走轴承运转所产生的热量。为避免漏油，前后支承采用油沟式密封。主轴旋转时，由于离心力的作用，油液就沿着朝箱内方向的斜面，被甩到轴承端盖的接油槽内，经回油孔流向主轴箱。

主轴的径向圆跳动及轴向窜动允差都是0.01mm。主轴的径向圆跳动影响加工表面的圆度和同轴度；轴向窜动影响加工端面的平面度或螺纹的螺距精度。当主轴的跳动量(或窜动量)超过允许值时，一般情况下，只需适当地调整前支承的间隙，就可使主轴跳动量调整到允许值以内。如径向跳动仍达不到要求，再调整后轴承。

主轴上装有3个齿轮。右端的斜齿圆柱齿轮9空套在主轴上。采用斜齿齿轮可以使主轴运转比较平稳；由于它是左旋齿轮，在传动时作用于主轴上的轴向分力与纵向切削力方向相反，因此，还可以减少主轴后支承所承受的轴向力。中间的齿轮8可以在主轴的花键上滑移，它是内齿离合器。当离合器处在中间位置时，主轴空档，此时可较轻快地扳动主轴转动以便找正工件或测量主轴旋转精度。当离合器在左面位置时，主轴高速运转；移到右面位置时，主轴在中、低速段运转。左端的齿轮7固定在主轴上，用于传动进给链。

③变速操纵机构：主轴箱中共有7个滑动齿轮块，其中5个用于改变主轴转速，1个用于车削左、右螺纹的变换，1个用于正常导程与扩大导程的变换。主轴箱中共有三套操纵机构分别操纵这些滑动齿轮块。图3-16是轴Ⅱ和轴Ⅲ上滑动齿轮的操纵机构。

轴Ⅱ上的双联齿轮和轴Ⅲ上的三联齿轮是用一个手柄同时操纵的，图3-16是操纵机构的立体图。变速手柄装在主轴箱的前壁面，手柄通过链传动使轴4转动，在轴4上

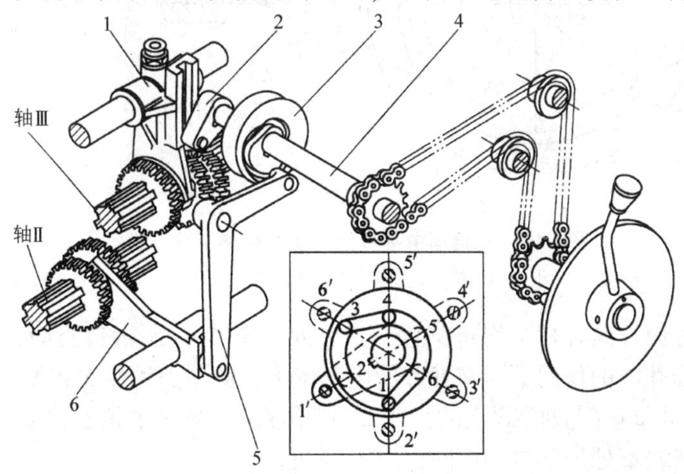

图3-16　变速操纵机构

1、6. 拨叉　2. 曲柄　3. 凸轮　4. 轴　5. 杠杆

固定有盘形凸轮3和曲柄2。凸轮3上有一条封闭的曲线槽，它由两段不同半径的圆弧和直线所组成。凸轮上有6个不同的变速位置(如图中以1~6标出的位置)。凸轮曲线槽通过杠杆5操纵轴Ⅱ上的双联滑动齿轮。当杠杆的滚子中心处于凸轮曲线槽的大半径处时，此齿轮在左端位置；若处于小半径处时，则移到右端位置。曲柄2上的圆销伸出端套有滚子，嵌在拨叉1的长槽中。当曲柄2随着轴4转动时，可带动拨叉1拨动轴Ⅲ上的三联滑动齿轮，使它处于左、中、右三种不同的位置。顺次地转动手柄至各个变速位置，就可使两个滑动齿轮块的轴向位置实现6种不同的组合，从而使轴Ⅲ得到6种不同的转速。

(2)进给箱

进给箱由变换螺纹导程和进给量的变速机构、变换螺纹种类的移换机构、丝杠和光杠的转换机构以及操纵机构等部分组成。

图3-17是进给箱中基本组的操纵机构工作原理图。基本组的4个滑动齿轮是由一个手轮集中操纵的。手轮6的端面上开有一环形槽E，在槽E中有两个间隔45°直径比槽的宽度大的孔a和b，孔中分别安装带斜面的压块1和2，其中压块1的斜面向外斜(图中*A—A*剖面)，压块2的斜面向里斜(图中*B—B*剖面)。在环形槽E中还有4个均匀分布的销子5，每个销子通过杠杆4来控制拨块3，4个拨块3分别拨动基本组的4个滑动齿轮。

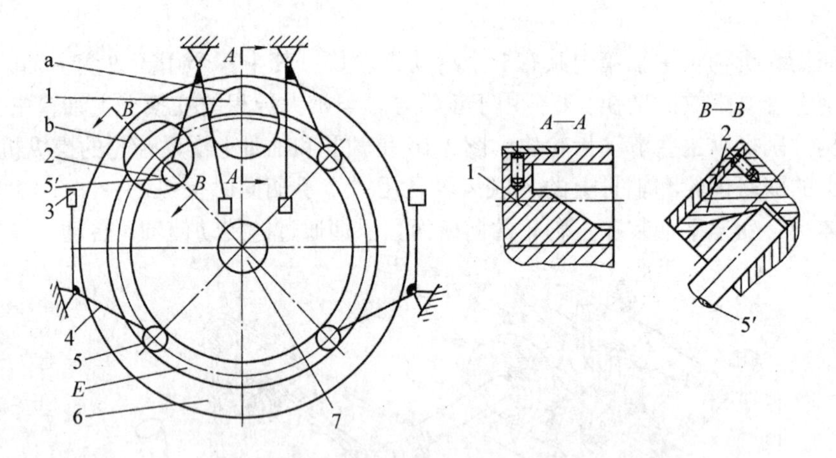

图3-17 进给箱中基本组的操纵机构工作原理图

1.(外斜)压块 2.(里斜)压块 3.拨块 4.杠杆 5、5′.销子 6.手轮 7.固定轴

手轮6在圆周方向有8个均布位置，当它处于图3-17所示位置时，只有左上角杠杆的销子5′在压块2的作用下靠在孔b的内侧壁上，此时由销子5′控制的拨块3将滑动齿轮28拨至左端位置(与轴XIV上的齿轮26啮合)，其余3个销子都处于环形槽*E*中，其相应的滑动齿轮都处于各自的中间(空挡)位置。

当需要改变基本组的传动比时，先将手轮6沿固定轴向外拉，拉出后就可以自由转动进行变速。由于手轮6向外拉后，销子5(图中5′)在长度方向上还有一小段仍保留在槽*E*及孔b中，则手轮6转动时，销子5′就可沿着孔b的内壁滑到槽*E*中。当手轮转到所需位置后，例如从图3-17所示位置逆时针转过45°(这时孔a正对准左上角杠杆的销子5′)，将手轮重新推入，这时孔a中的压块1的斜面推动销5′向外，使左上角杠杆向顺时针方向摆动，于是便将相应的滑动齿轮28推向右端啮合位置，与轴XIV上的齿轮28相啮合。而其余3个销子5仍都在环形槽E中，其相应的滑动齿轮也都处于中间空档位置。

(3)溜板箱

溜板箱的功用是将丝杠或光杠传来的旋转运动转变为直线运动以带动刀架进给，同时控制刀架运动的接通、断开和换向，机床过载时能控制刀架自动停止进给以及手动操纵刀架移动或实现刀架的快速移动等。溜板箱主要由以下几部分组成：双向牙嵌式离合器M_6和M_7以及纵向、横向机动进给和快速移动的操纵机构、开合螺母及其操纵机构、互锁机构、超越离合器和安全离合器等。

①开合螺母机构：开合螺母的功用是接通或断开从丝杠传来的运动。车螺纹时，将开合螺母扣合于丝杠上，丝杠通过开合螺母带动溜板箱及刀架。

开合螺母结构如图3-18(a)，它由下半螺母2和上半螺母3组成。上下半螺母2和3可沿溜板箱中竖直的燕尾形导轨上下移动。每个半螺母上装有一个圆柱销4，它们分别插入固定在手柄轴上的槽盘5的两条曲线槽d中，如图3-18(b)所示。车削螺纹时，顺时针方向扳动手柄6，使盘5转动，两个圆柱销带动上下半螺母互相靠拢，于是开合螺母就与丝杠啮合。逆时针方向扳动手柄，则螺母与丝杠脱开。盘5上的偏心圆弧槽d接近盘中心部分的倾斜角比较小，使开合螺母闭合后能自锁，不会因为螺母上的径向力而自动脱开。螺钉1的作用是限定开合螺母的啮合位置。拧动螺钉1，可以调整丝杠与螺母间隙。

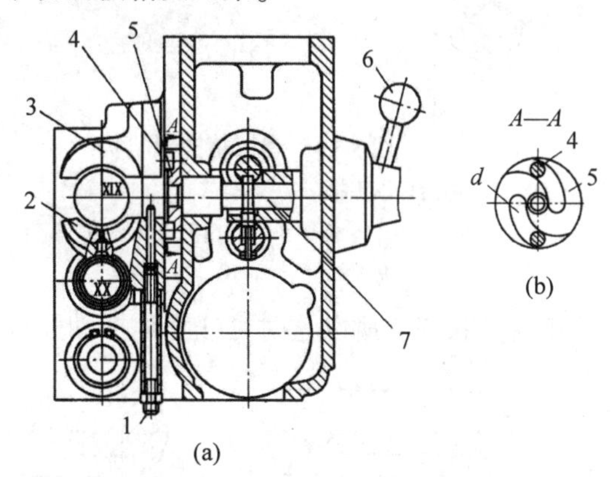

图3-18 开合螺母操纵机构

1. 螺钉 2. 下半螺母 3. 上半螺母 4. 圆柱销 5. 槽盘 6. 开合螺母操纵手柄 7. 手柄轴

②纵向、横向机动进给及快速移动的操纵机构：纵向、横向机动进给及快速移动是由一个手柄集中操纵的(图3-19)。当需要纵向移动刀架时，向相应方向(向左或向右)扳动操纵手柄1。由于轴14用台阶及卡环轴向固定在箱体上，因而操纵手柄1只能绕销a摆动，于是于柄1下部的开门槽就拨动轴3轴向移动。轴3通过杠杆7及推杆8使鼓形凸轮9转动，凸轮9的曲线槽迫使拨叉10移动，从而操纵轴XXIV上的双向牙嵌离合器M_6向相应方向啮合。这时，如光杠(轴号XX)转动，运动传给轴XXII，从而使刀架作纵向机动进给；如按下手柄1上端的快速移动按钮，快速电动机启动，刀架就可向相应方向快速移动，直到松开快速移动按钮时为止。如向前或向后扳动操纵手柄1，可通过轴14使鼓形凸轮13转动，凸轮13上的曲线槽迫使杠杆12摆动，杠杆12又通过拨

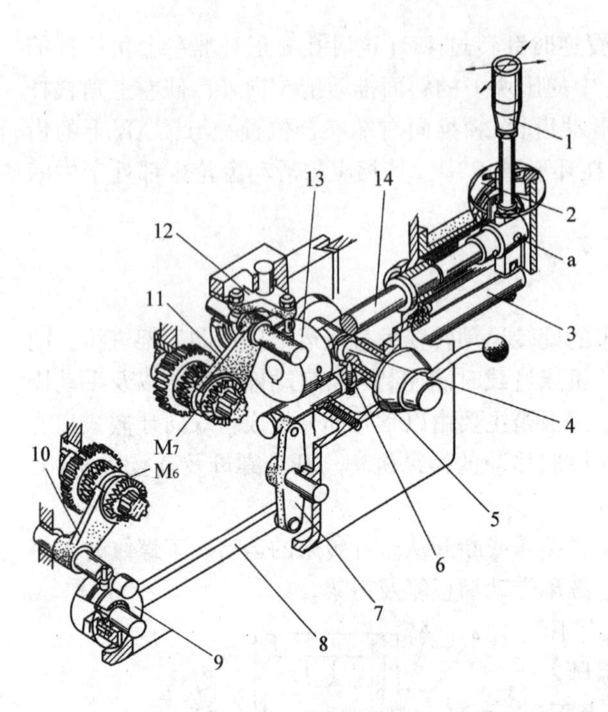

图 3-19 溜板箱操纵机构

1. 机动进给操纵手柄 2. 手柄盖 3、14. 轴 4. 手柄轴 5. 销子 6. 弹簧销 7、12. 杠杆 8. 推杆 9、13. 凸轮 10、11. 拨叉

叉 11 拨动轴 XXⅧ上的牙嵌式双向离合器 M_7 向相应方向啮合。这时，如接通光杠或快速电动机，就可使横刀架实现向前或向后的横向机动进给或快速移动。操纵手柄 1 处于中间位置时，离合器 M_6 和 M_7 脱开，这时机动进给及快速移动均被断开。

为了避免同时接通纵向和横向的运动，在盖 2 上开有十字形槽以限制操纵手柄 1 的位置，使它不能同时接通纵向和横向运动。

③互锁机构：为了避免损坏机床，在接通机动进给或快速移动时，开合螺母不应闭合。反之，合上开合螺母时，就不允许接通机动进给或快速移动。图 3-20 是互锁机构的工作原理图。图 3-20(a)是中间位置时的情况，这时机动进给(或快速移动)未接通，开合螺母也处于脱开状态，所以这时可任意地扳动开合螺母操纵手柄或机动进给操纵手柄。图 3-20

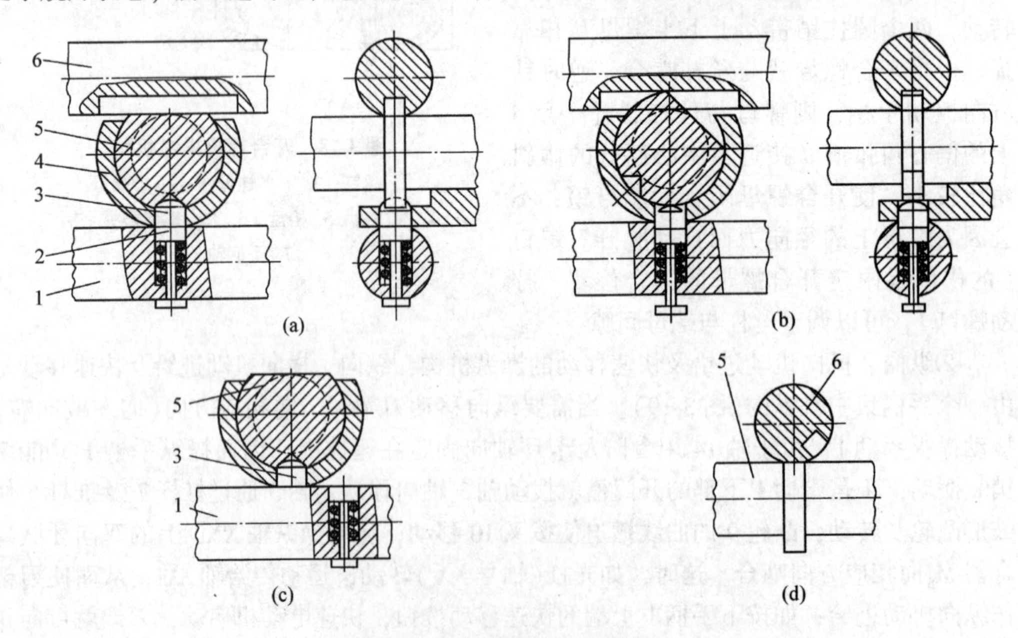

图 3-20 互锁机构的工作原理

1、6. 轴 2. 弹簧销 3. 销子 4. 固定套 5. 手柄轴

(b)是合上开合螺母时的情况，这时由于开合螺母操纵手柄所操纵的轴 5 转过了一个角度，它的凸肩转入到轴 6 的槽中，将轴 6 卡住，使它不能转动，同时凸肩又将销子 3 压入到轴 1 的孔中，由于销子 3 的另一半尚留在固定套 4 中，使轴 1 不能轴向移动。因此，合上开合螺母，机动进给操纵手柄就被锁住，不能扳动，从而避免同时再接通机动进给或快速移动。

图 3-20(c)是向左扳动机动进给及快移机动进给操纵手柄时的情况，这时轴 1 向右移动，轴 1 上圆孔及安装在圆孔内的弹簧销 2 也随之移开，销子 3 被轴 1 的表面顶住不能往下移动，销子 3 的圆柱段均处于固定套 4 的圆孔中，而它的上端则卡在轴 5 的 V 形槽中，将手柄轴 5 锁住，使开合螺母操纵手柄不能转动，也就是使开合螺母不能再闭合。

图 3-20(d)是向前扳动操纵手柄(即接通向前的横向进给或快速移动)时的情况，这时，由于轴 6 转动，其上长槽也随之转开而不对准轴 5，于是手柄轴 5 上凸肩被轴 6 顶住，使轴 5 不能转动，这时开合螺母不能再闭合。

④超越离合器：为了避免光杠和快速电动机同时传动轴 XXII 而造成损坏，在溜板箱左端的齿轮 56 与轴 XXII 之间装有超越离合器(图 3-21)。

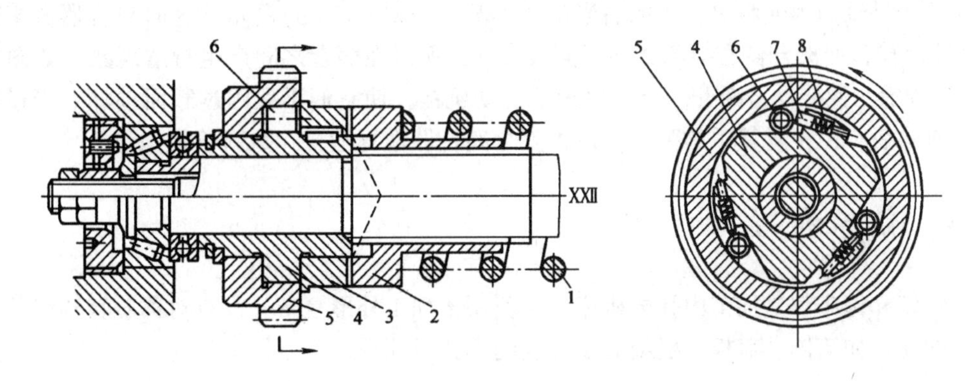

图 3-21　超越离合器

1、8. 弹簧　2. 离合器右半部　3. 离合器左半部　4. 星形体　5. 外环　6. 圆柱滚子　7. 柱销

由光杠传来的进给运动(低速)，使齿轮 56 按图示逆时针方向转动。3 个短圆柱滚子 6 分别在弹簧 8 的弹力及滚子 6 与外环 5 间摩擦力作用下，楔紧在外环 5 和星形体 4 之间，外环 5 通过滚子 6 带动星形体 4 一起转动，于是运动便经过安全离合器传至轴 XXII，实现正常的机动进给。当按下快移按钮时，快速电动机的运动由齿轮副$\frac{14}{28}$传至轴 XXII，使星形体 4 得到一个与外环 5 转向相同而转速却快得多的旋转运动(高速)。由于圆柱滚子 6 与外环 5 及星形体 4 之间的摩擦力，使圆柱滚子 6 通过柱销 7 压缩弹簧 8 而向楔形槽的宽端滚动，从而脱开外环 5 与星形体 4(及轴 XXII)间的传动联系，这时光杠不再驱动轴 XXII。因此，刀架可实现快速移动。

⑤安全离合器：进给过程中，当进给力过大或刀架移动受到阻碍时，为了避免损坏传动机构，在溜板箱中设置有安全离合器，使刀架在过载时能自动停止进给，所以亦称

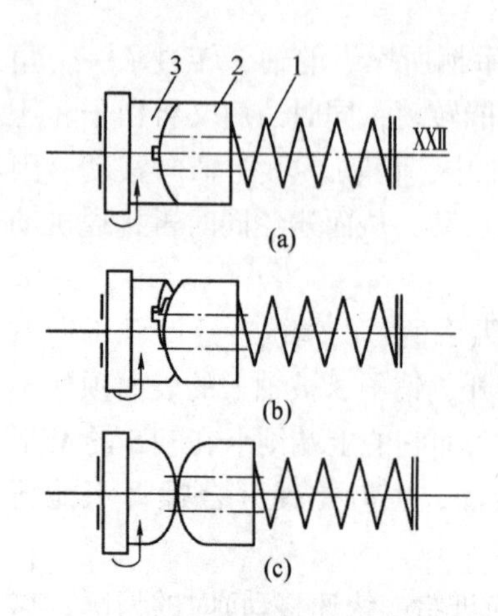

图 3-22 安全离合器的工作原理图
1. 弹簧 2. 离合器右半部
3. 离合器左半部

之为进给的过载保险装置。CA6140 型卧式车床溜板箱中安全离合器的结构如图 3-22 所示。图 3-21 中，由光杠传来的运动经单向超越离合器的外环 5，并通过圆柱滚子 6 传给星形体 4，再经过平键传至图 3-22 中的安全离合器的左半部 3，然后由其螺旋形端面齿传至离合器的右半部 2，再经过花键传至轴 XXII。离合器右半部 2 后端的弹簧 1 的弹力，克服离合器在传递扭矩时所产生的轴向分力，使离合器左、右部分保持啮合。

图 3-22 是安全离合器的工作原理图。在正常机动进给情况下，运动由外环、超越离合器经安全离合器传至轴 XXII，如图 3-22(a)所示。机床过载时，蜗杆上的阻力矩加大，安全离合器传递的转矩也加大，因而作用在螺旋形端面齿上的轴向力也将加大。当轴向力超过规定值时，轴向力将越过弹簧 1 的弹性力，弹簧不再能保持离合器的左、右两半相啮合，于是轴向力便将离合器的右半部 2 推开，如图 3-22(b)所示，这时离合器左半部 3 继续旋转，而离合器右半部 2 却不能被带动，所以在两者之间产生打滑现象，如图 3-22(c)所示，使传动链断开。于是保护了传动机构，使它们不致因过载而损坏。当过载现象排除后，由于弹簧 1 的弹力作用，安全离合器恢复啮合，重新正常工作。

3.4 钻床和镗床

钻床和镗床都是加工内孔的机床，主要用于加工外形复杂、没有对称旋转轴线的工件上的孔，如箱体、盖板、机架等零件上的单孔或孔系。

3.4.1 钻床的应用范围及类型

3.4.1.1 钻床应用范围

钻床是用于孔加工的机床，主参数为最大钻孔直径，其特点是加工孔的直径不大、精度要求不高。加工方法主要是用钻头在实心材料上钻孔，还可进行扩孔、铰孔、攻螺纹等加工。加工时，工件固定不动，刀具旋转作主运动，同时沿轴向移动作进给运动(图 3-23)。

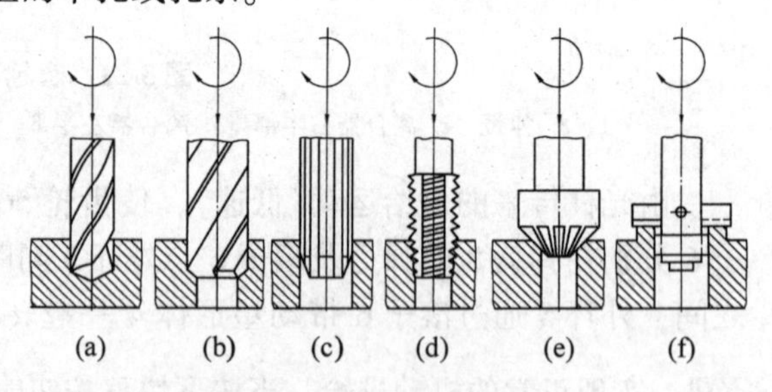

图 3-23 钻床的加工方法
(a)钻孔 (b)扩孔 (c)铰孔 (d)攻螺纹
(e)锪埋头孔 (f)刮平面

3.4.1.2 钻床类型

钻床的主要类型有立式钻床、台式钻床、摇臂钻床以及各种专门化钻床等。

(1)立式钻床

立式钻床是钻床中应用较广的一种，其特点为主轴轴线垂直布置，且其位置是固定不动。加工时，必须移动工件来调整坐标位置，以实现刀具旋转中心线与被加工孔中心线重合。立式钻床适合在单件、小批生产中加工中小型工件上的孔。

图3-24为方柱立式钻床的外形。主轴箱2中装有主运动和进给运动变速传动机构、主轴部件以及操纵机构等。加工时，主轴箱固定不动，而由主轴随同主轴套筒在主轴箱中作直线移动来实现进给运动。利用装在主轴箱上的进给操纵机构，可以使主轴实现手动快速升降、手动进给和接通、断开机动进给。被加工工件直接或通过夹具安装在工作台4上。工作台和主轴箱都装在方形立柱6的垂直导轨上，并可上下调整位置，以适应加工不同高度尺寸工件。

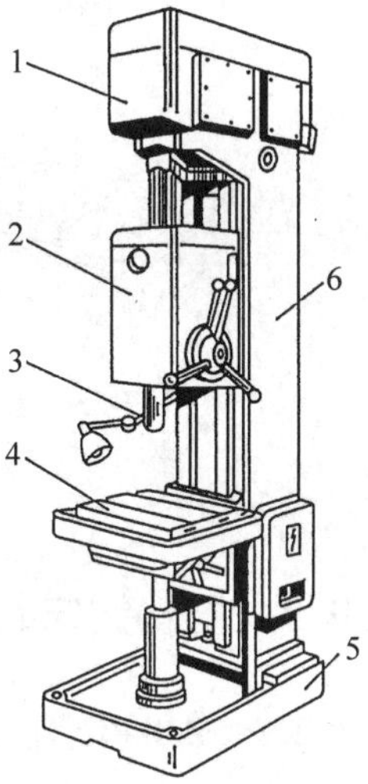

立式钻床除上述的基本品种外，还有一些变型品种，如较常用的有排式和可调式。

1
2
3
4
5
6

图3-24　立式钻床

1. 主轴箱　2. 进给箱　3. 主轴　4. 工作台　5. 底座　6. 立柱

(2)台式钻床

台式钻床，简称“台钻”，特点是结构简单，自动化程度较低，通常为手动进给，使用灵活方便，如图3-25所示。台钻钻孔直径一般小于15mm，最小加工孔径可达十分之几毫米。因加工孔径很小，故可实现台钻主轴高转速，有的竟达120 000r/min。

(3)深孔钻床

深孔钻床是一种专门化机床，专门用于加工深孔，例如加工枪管、炮筒和机床主轴等零件的深孔。这种机床加工孔较深，为了减少孔中心线的偏斜，加工时通常是由工件转动来实现主运动，深孔钻头并不转动，只作直线进给运动。因为被加工孔较深且工件又往往较长，深孔钻床通常是卧式布局，这样便于排除切屑及避免机床过于高大。

(4)摇臂钻床

摇臂钻床(图3-26)主要是针对那些大而重且移动费力、找正困难的工件设计的，其特点是主轴可调整坐标位置，加工时工件可固定。

摇臂钻床主轴箱4可沿摇臂3导轨横向调整位置，摇臂3可沿外立柱2的圆柱面上下调整位置，摇臂3及外立柱2又可绕内立柱转动至不同的位置。由于摇臂结构上这些特点，工作时，可以很方便地调整主轴5位置(这时工件不动)。图中1为摇臂钻床的底座，6为工作台。摇臂钻床广泛地应用于单件和中、小批生产中加工大、中型零件。

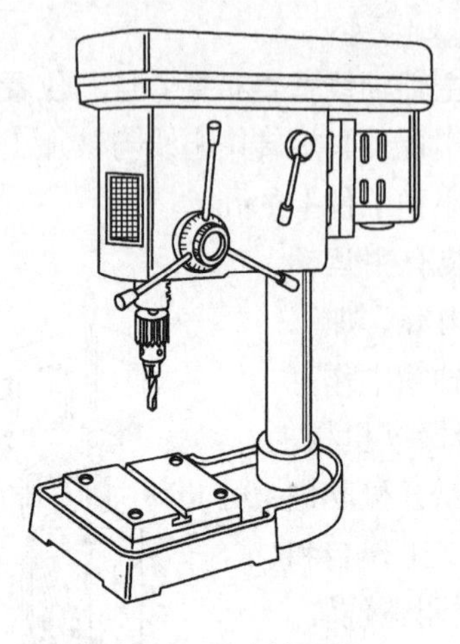

图3-25 台式钻床外形

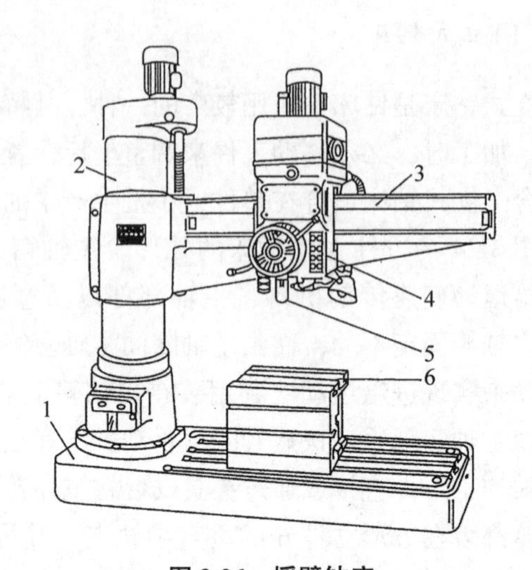

图3-26 摇臂钻床

1. 底座 2. 外立柱 3. 摇臂 4. 主轴箱 5. 主轴 6. 工作台

3.4.2 摇臂钻床的主要部件及传动系统

3.4.2.1 Z3040型摇臂钻床主要部件

(1)主轴组件

摇臂钻床的主轴在加工时既作旋转主运动，又作轴向进给运动，所以主轴需用轴承支承在主轴套筒内，主轴套筒又装在主轴箱体的镶套中，由齿轮齿条机构传动，带动主轴作轴向进给运动。主轴的旋转主运动由主轴尾部花键经齿轮传入。

钻床加工时主轴受到较大轴向力，所以轴向支承采用两个推力球轴承，用螺母调整间隙。由于所受径向力不大，对旋转精度要求也不高，因此，径向支承采用深沟球轴承，且不设间隙调整装置。

(2)夹紧机构

为了使主轴在加工时保持准确的位置，在摇臂钻床上设有主轴箱与摇臂、外立柱与内立柱、摇臂与外立柱的夹紧机构。当内外立柱未夹紧时，外立柱通过上部深沟球轴承和推力球轴承及下部的滚柱支承在内立柱上，并在平板弹簧作用下，向上抬起0.2~0.3mm距离，使内外立柱间圆锥面脱离接触，因此摇臂可以轻便地转动。

当摇臂转到需要位置以后，内外立柱间采用液压菱形块夹紧机构夹紧。其原理为：液压缸右腔通高压油，推动活塞左移，使上下菱形块和径向移动。上菱形块通过垫板、支架、球面垫圈及螺母作用在内立柱上，下菱形块通过垫板作用在外立柱上。内立柱固定不动，只有外立柱依靠平板弹簧的变形下移，并压紧在圆锥面上，依靠摩擦力将外立柱紧固在内立柱上。

3.4.2.2 Z3040型摇臂钻床的传动系统

钻削加工需要2个成形运动：刀具旋转运动B_1(主运动)和刀具沿其轴线移动A_2(进给运动)。图3-27是钻床的传动原理图。

主运动链为：电动机－1－2－u_v－3－4－主轴(B_1)。主轴转速通过调整换置器官的传动比u_v来实现。进给传动链为：主轴(B_1)－4－5－u_f－6－7－齿条(A_2)。

钻孔时，进给链是外联系传动链，进给量以主轴在其每一转时的轴向移动员来计算，通过调整换置器官的传动比u_f实现所要求的进给量。攻螺纹时，主轴的转动B_1和轴向移动A_2之间需保持严格关系，此时，进给链是内联系传动链。

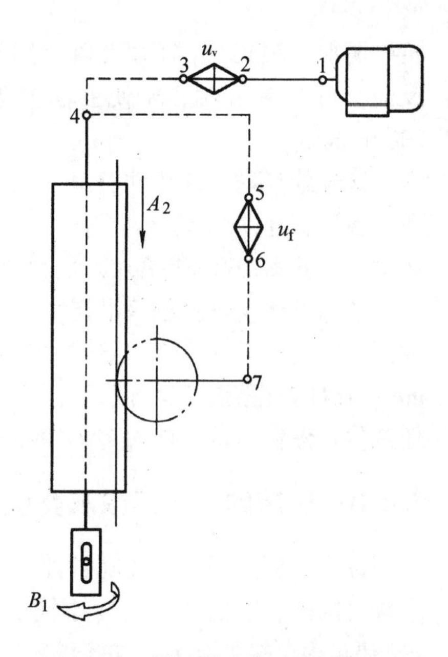

图3-27 摇臂钻床传动原理图

Z3040型摇臂钻床传动运动如下(图3-28)：

①主运动：此传动链从电动机(1440r/min，3kW)开始，到主轴Ⅶ为止。经过四对双联滑移齿轮变速和齿轮式离合器(20/61)变速

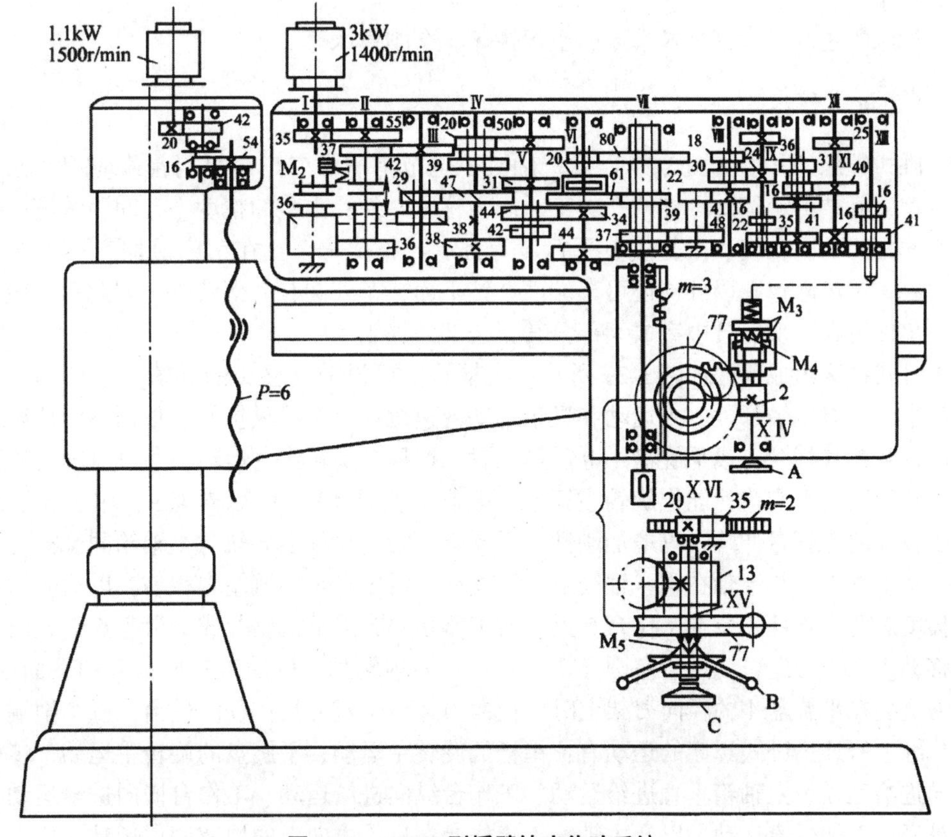

图3-28 Z3040型摇臂钻床传动系统

机构驱动主轴旋转。利用Ⅱ轴上的液压双向片式摩擦离合器 M_1 来控制主轴的开停和正反向，当 M_1 断开时，M_2 使主轴实现制动。主轴可获制 16 级转速，其变速范围为 25～2000r/min。

②进给运动：此传动链由主轴Ⅶ上的齿轮 37 开始至套筒齿条为止。经过四对双联滑移齿轮变速及5t 离合器38，蜗轮副2/77、齿轮13 到齿条套筒，带动主轴作轴向进给运动，可获得 16 级进给量，变速范围为0.04～3.2mm/r。

③辅助运动：主轴箱沿摇臂上的导轨作径向移动，外立柱绕内立柱在 ±180°范围内的回转运动，都是手动实现的；摇臂沿外立柱的上下移动，是用辅助电动机(1410r/min，1.1kW)经齿轮副传动丝杠($T=6$)旋转而得到的。可见，摇臂钻床主轴可在空间任意位置停留，以适应大型零件多孔位加工需要。

3.4.3 镗床的应用范围及类型

镗床主要是用镗刀镗削工件上铸出或已粗钻出的孔，通常用于加工尺寸较大精度要求较高的孔，特别是分布在不同表面上，孔距和位置精度(平行度、垂直度和同轴度等)要求很严格的孔系，如各种箱体、汽车发动机缸体等零件上的孔系加工。

镗床加工时运动与钻床类似，但进给运动则根据机床类型和加工条件不同，或者由刀具完成，或者由工件完成。除镗孔外，大部分镗床还可以进行铣削、钻孔、扩孔、铰孔等工作。

镗床的主要类型有卧式镗床、坐标镗床、金刚镗床等。

(1)卧式镗床

卧式镗床的外形如图3-29 所示，因其工艺范围非常广泛而得到普遍应用。尤其适合大型、复杂的箱体类零件的孔加工。因为这些零件孔本身的精度、孔间距精度、孔的轴心线之间的同轴度、垂直度、平行度等都有严格要求，且在钻床上加工难以保证精度。卧式镗床除镗孔以外，还可车端面、铣平面、车外圆、车螺纹等，因此，一般情况下，零件可在一次安装中完成大部分甚至全部的加工工序。

卧式镗床组成部件如图3-29 所示，主轴箱 1 可沿前立柱 2 的导轨上下移动。在主轴箱中，装有主轴部件、主运动和进给运动变速机构以及操纵机构。根据不同情况，刀具可以装在镗杆 3 上或平旋盘 4 上。加工时，镗杆 3 旋转作主运动，并可沿轴向移动实现进给运动；平旋盘只能作旋转主运动。装在后立柱 10 上的后支架 9，用于支承悬伸长度较大的镗杆悬伸端，以增加刚性。后支架可沿后立柱上导轨与主轴箱同步升降，以保持其上支承孔与镗轴在同一轴线上。后立柱可沿床身 8 导轨左右移动，以适应镗杆不同长度需要。工件安装在工作台 5 上，与工作台一起随下滑座 7 或上滑座 6 作纵向或横向移动。工作台还可绕上滑座圆导轨在水平平面内转位，以加工互成角度的平面或孔。当刀具装在平旋盘 4 的径向刀架上时，径向刀架可带着刀具作径向进给，以车削端面。

综上所述，卧式镗床的运动有：镗杆的旋转主运动、平旋盘的旋转主运动、镗杆的轴向进给运动、主轴箱垂直进给运动、工作台纵向进给运动、工作台横向进给运动、平旋盘径向刀架进给运动，以及主轴箱、工作台在进给方向上的快速调位运动、后立柱纵

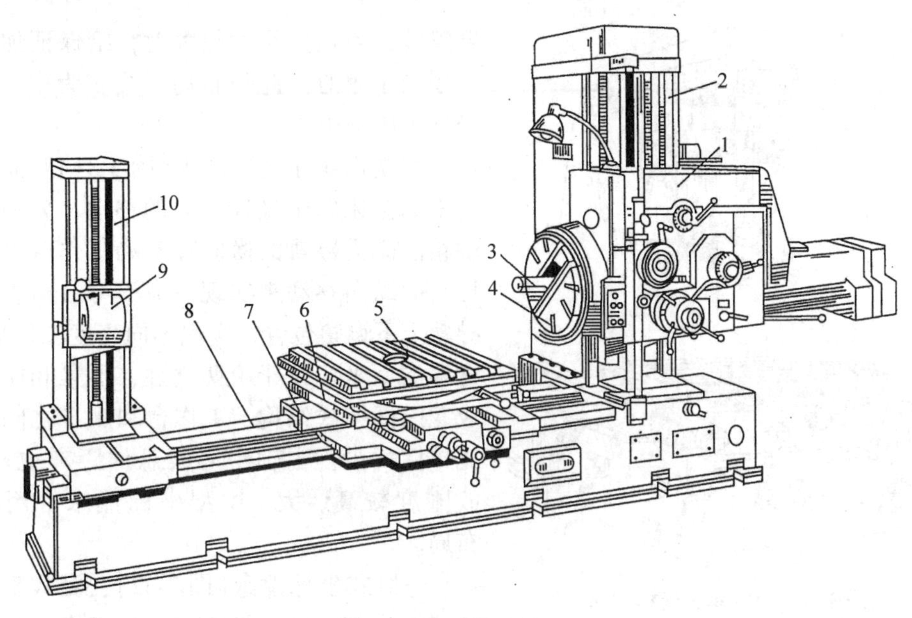

图 3-29 卧式镗床外形图

1. 主轴箱 2. 前立柱 3. 镗杆 4. 平旋盘 5. 工作台 6. 上滑座 7. 下滑座 8. 床身 9. 后支架 10. 后立柱

向调位运动、后支架垂直调位运动、后工作台的转位运动辅助运动。这些辅助运动由快速电机传动。

(2)坐标镗床

坐标镗床是一种高精度级机床，具有测量坐标位置精密测量装置，此种机床主要零部件制造和装配精度很高，并有良好刚性和抗振性，主要用来镗削精密孔(IT5 级或更高)和位置精度很高的孔系(定位精度达 0.002～ 0.01mm)，如钻模、镗模等精密孔。

坐标镗床的工艺范围很广，除镗孔、钻孔、扩孔、铰孔、精铣平面和沟槽外，还可进行精密刻线和划线，以及孔距和直线尺寸的精密测量等工作。坐标镗床的主要参数是工作台的宽度。按其布局和形式可分为立式单柱、立式双柱和卧式等主要类型。

坐标镗床近年来应用在生产车间，成批地加工要求精密孔距的零件，例如，在飞机、汽车、内燃机和机床等行业中加工某些箱体零件的轴承孔。

①立式单柱坐标镗床(图 3-30)：立式单柱坐标镗床的主轴在水平面上的位置是固定的。镗孔坐标位置由工作台 3 沿床鞍 2 导轨的纵向移动和床鞍 2 沿床身 1 导轨的横向移动来确定。装有主轴组件的主轴箱 5 装在立柱 4 的垂直导轨上，可上下调整位置以适应加工不同高度的工件。主轴由精密轴承支承在主轴套筒中(旋转精度和刚度都有很高要求)，主轴的旋转运动是由立柱 4 内的电动机经 V 带和变速箱传动以完成主运动。当进行镗孔、钻孔、扩孔、铰孔等工序时，主轴由主轴套筒带动，在垂直方向作机动或手动进给运动。当进行铣削时，则由工作台在纵、横方向移动完成进给运动。

这种类型机床工作台三侧都敞开，操作方便。但由于这种坐标镗床的工作台须实现两个坐标方向移动，使工作台和床身之间层次增多，削弱了刚度。此外，由于主轴箱悬

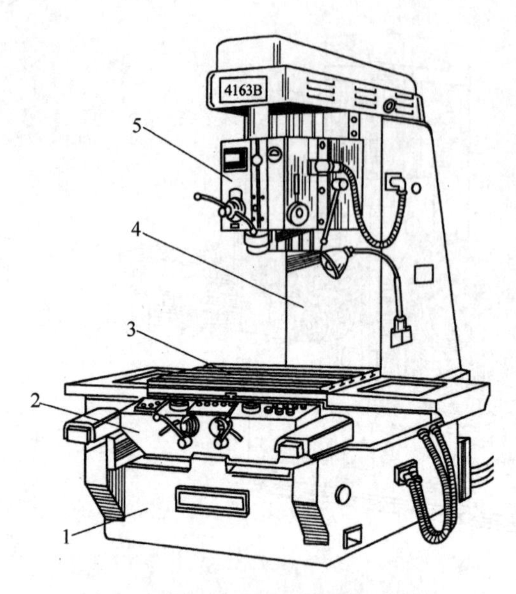

图 3-30 立式单柱坐标镗床

1. 床身 2. 床鞍 3. 工作台 4. 立柱 5. 主轴箱

臂安装，当机床尺寸较大时，给保证加工精度增加了困难。此种布局形式多为中、小型坐标镗床采用。

②立式双柱坐标镗床(图 3-31)：立式双柱坐标镗床两个坐标方向的移动，分别由主轴箱沿横梁导轨的横向移动和工作台沿床身导轨的纵向移动来实现。横梁可沿两立柱的导轨上下调整位置，实现不同高度工件加工。这种类型坐标镗床由两立柱、顶梁和床身构成龙门框架式结构，工作台和床身之间层次比单柱式少；主轴中心线悬伸距离也较小，故刚度较高。大、中型坐标镗床常用此种布局。

③卧式坐标镗床(图 3-32)：卧式坐标镗床特点是其主轴水平安装，与工作台台面平行，机床在两个坐标方向的移动，分别由横向滑座沿床身的导轨横向移动和主轴箱沿立柱的导轨上下移动来实现。回转工作台可以在水平面内回转至一定角度位置，以进行精密分度。进给运动由纵向滑座的纵向移动或主轴轴向移动来实现。

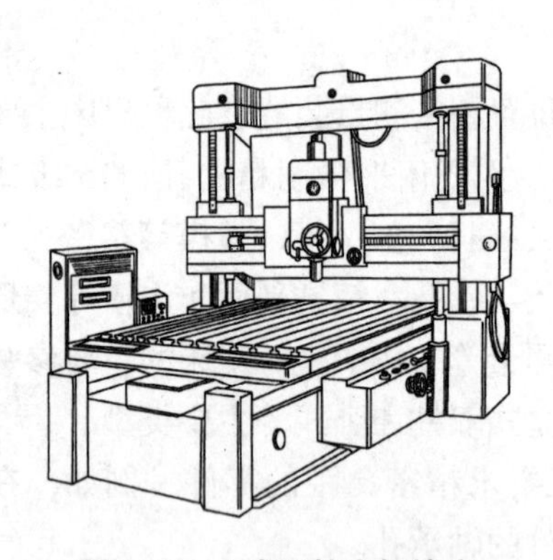

图 3-31 立式双柱坐标镗床

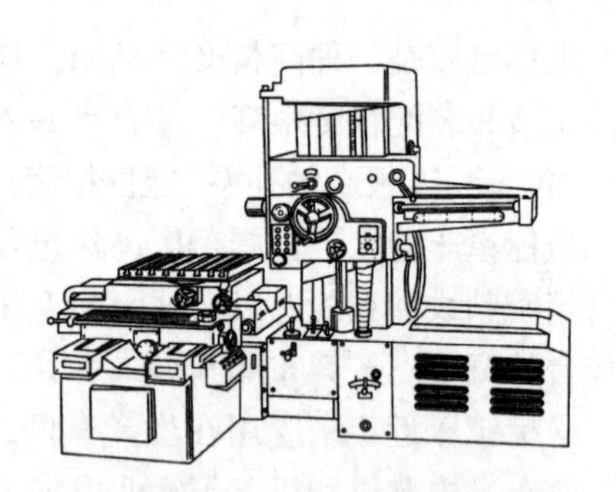

图 3-32 卧式坐标镗床

(3)金刚镗床

金刚镗床是一种高速精密镗床，因以前采用金刚石镗刀而得名。现已大量采用硬质合金刀具。这种机床的特点是切削速度很高(加工钢件 $v=1.7\sim3.3$m/s，加工有色合金件 $v=5\sim25$m/s)，而切削深度(背吃刀量)和进给量极小(切削深度一般不超过 0.1mm，进给量一般为 0.01～0.14mm/r)，因此可以获得很高的加工精度(孔径精度一般为 IT6～IT7 级，圆度不大于 3～5μm)和表面质量(表面粗糙度一般为 $0.08\mu m < Ra < 1.25\mu m$)。金刚镗床在成批、大量生产中应用广泛，常用于加工发动机气缸、连杆、活塞等零件上

精密孔。

图3-33为单面卧式金刚镗床外形图。机床的主轴箱固定在床身上，主轴高速旋转带动镗刀作主运动。工件通过夹具安装在工作台上，工作台沿床身导轨作平稳的低速纵向移动以实现进给运动。工作台一般为液压驱动，可实现半自动循环。

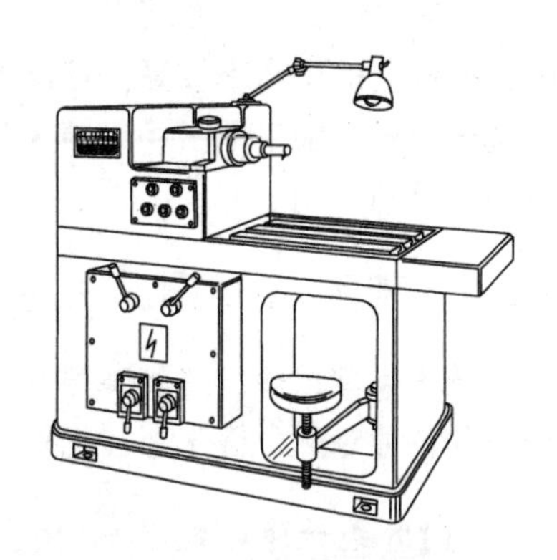

图3-33 单面卧式金刚镗床外形图

金刚镗床种类很多，按其布局可分为单面、双面和多面的；按其主轴位置可分为立式、卧式和倾斜式；按其主轴数量分为单轴、双轴及多轴的。

主轴组件是金刚镗床的关键部件，它的性能好坏，在很大程度上决定着机床的加工质量。这类机床的主轴短而粗，在镗杆的端部没有消振器，主轴采用精密的角接触球轴承或静压轴承支承，并由电动机经皮带直接传动主轴旋转，可保证主轴组件准确平稳地运转。

3.4.4 镗削加工形式

图3-34为卧式镗床的几种主要加工形式，通常，零件可在一次安装中完成大部分甚至全部的加工工序。镗削适合大型、复杂的箱体类零件的孔加工，并能保证孔本身的精度、孔间距精度、孔的轴心线之间的同轴度、垂直度、平行度等的要求。镗削还可以车端面、铣平面、车外圆、车螺纹等。

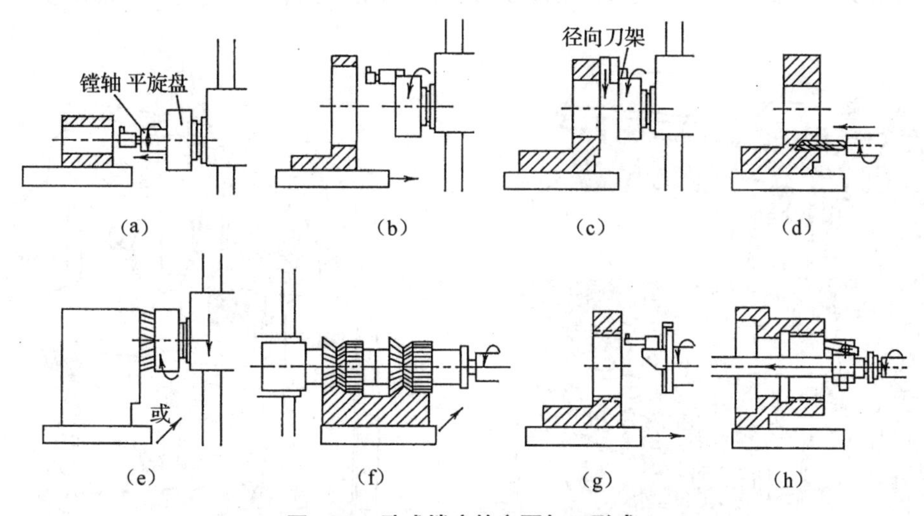

图3-34 卧式镗床的主要加工形式

(a)用镗轴镗孔 (b)用平旋盘镗孔 (c)用平旋盘车削端面 (d)用镗轴钻端面孔 (e)用平旋盘加工平面 (f)用镗轴镗平面 (g)用平旋盘加工螺纹 (h)用镗轴加工螺纹

3.5 铣床

铣床是用铣刀进行加工的一种广泛用途的机床。由于铣床应用了多刃刀具连续切削，所以它的生产率较高，且还可以获得较好的加工表面质量。铣床的工艺范围很广，在铣床上可以加工平面、沟槽、分齿零件、螺旋形表面。因此，在机器制造业中，铣床得到广泛的应用。

3.5.1 铣床的类型及应用范围

铣床类型很多，主要类型有：卧式升降台铣床、立式升降台铣床、龙门铣床、工具铣床和各种专门化铣床等，此外，还有仿形铣床、仪表铣床和各种专门化铣床。

(1)卧式升降台铣床

卧式升降台铣床的主轴是水平布置的，所以习惯上称为“卧铣”。卧式升降台铣床主要用于铣削平面、沟槽和多齿零件等。

图3-35为卧式升降台铣床外形图。它由底座8、床身1、铣刀轴(刀杆)3、悬梁2及悬梁支架6、升降工作台7、滑座5及工作台4等主要部件组成。床身1固定在底座8上，用于安装和支承机床各个部件。床身1内装有主轴部件、主传动装置和变速操纵机构等。

床身项部的燕尾形导轨上装有悬梁2，可以沿水平方向调整其位置。在悬梁下面装有支架6，用以支承刀杆3的悬伸端，以提高刀杆的刚度。升降工作台7安装在床身导轨上，可作竖直方向运动。升降台内装有进给运动和快速移动装置及操纵机构等。升降台上面的水平导轨上装有滑座5，滑座5带着其上的工作台和工件可作横向移动，工作

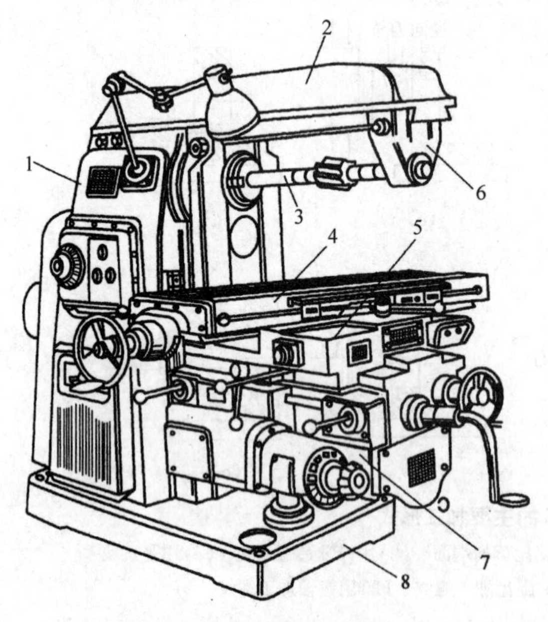

图3-35 卧式升降台铣床
1. 床身 2. 悬梁 3. 铣刀杆 4. 工作台 5. 滑座 6. 悬梁支架 7. 升降工作台 8. 底座

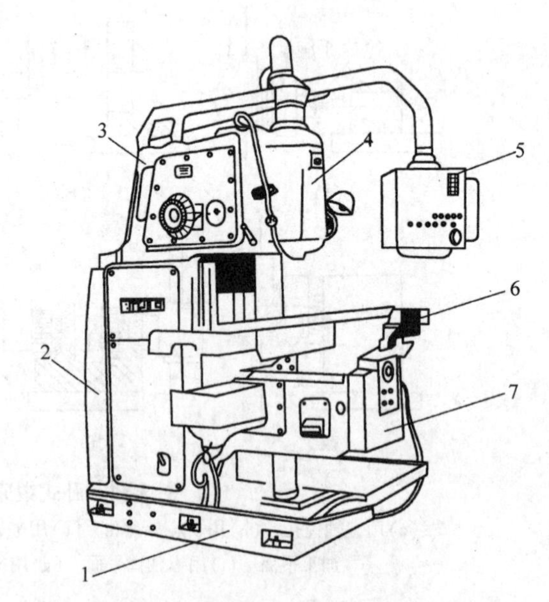

图3-36 XK5040－1型数控立式升降台铣床外形图
1. 底座 2. 床身 3. 变速箱 4. 立铣头 5. 吊挂控制箱 6. 工作台 7. 升降台

台4装在滑座5的导轨上，可作纵向移动。固定在工作台上的工件，通过工作台、滑座、升降台，可以在互相垂直的3个方向实现任一方向调整或进给。铣刀装在铣刀轴3上，铣刀旋转作主运动。

(2)立式升降台铣床

图3-36为数控立式升降台铣床的外形图。这类铣床与卧式升降台铣床的主要区别在于它的主轴是竖直安装的。立式床身2装在底座1上，床身上装有变速箱3，滑动立铣头4可升降，它的工作台6安装在升降台7上，可作X方向的纵向运动和Y方向的横向运动，升降台还可作Z方向的垂直运动。5是数控机床的吊挂控制箱，装有常用的操作按钮和开关。立铣床上可加工平面、斜面、沟槽、台阶、齿轮、凸轮以及封闭轮廓表面等。卧式和立式铣床适用于单件及成批生产中。这种铣床可用端铣刀或立铣刀加工平面、斜面、沟槽、台阶、齿轮、凸轮等表面。

(3)工作台不升降铣床

这类铣床工作台不作升降运动，机床垂直进给运动由安装在立柱上主轴箱作升降运动完成。这样可以增加机床刚度，可以用较大的切削用量加工中等尺寸的零件。

工作台不升降铣床根据机床工作台面的形状，可分为圆形工作台式和矩形工作台式两类。图3-37所示为双轴圆形工作台铣床，主要用于粗铣、半精铣平面。主轴箱1的两个主轴上分别安装粗铣和半精铣的端铣刀。加工时，工件安装在圆工作台3的夹具上(工作台上可同时安装几套夹具，图中未示)，圆工作台缓慢连续转动，以实现进给运动，工件从铣刀床身5导轨横向移动，以调整工作台3与主轴间的横向位置。主轴箱可沿立柱2的导轨升降。主轴可以在主轴箱1中调整轴向位置，以保证刀具与工件间的相对位置。工作台3每转一周加工一个零件，装卸工件的辅助时间与切削时间重合，生产率较高，但需用专用夹具装夹工件。它适用于成批大量生产中铣削中、小型工件的平面。

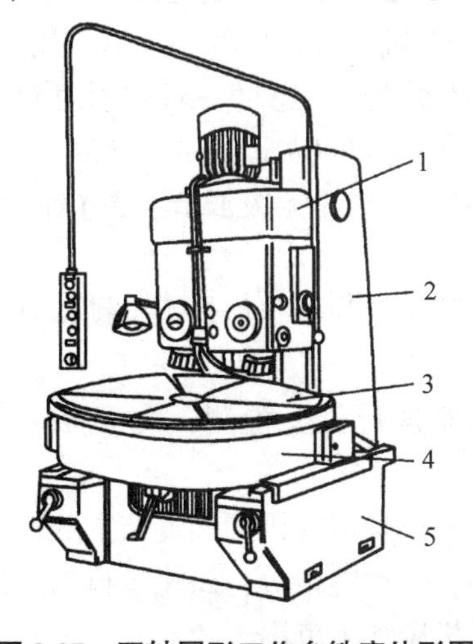

图3-37　双轴圆形工作台铣床外形图

1. 主轴箱　2. 立柱　3. 圆工作台　4. 滑座　5. 床身

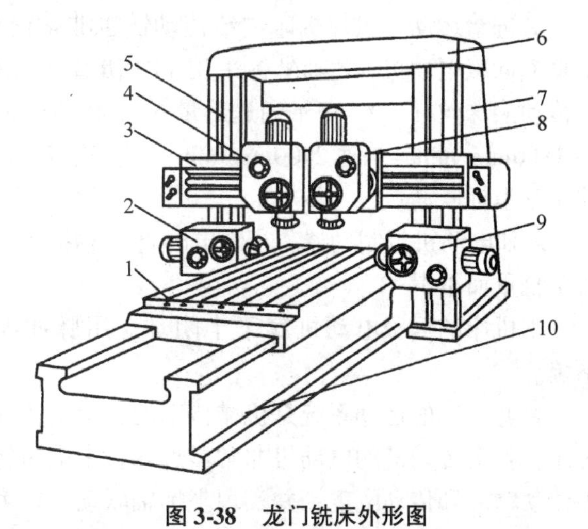

图3-38　龙门铣床外形图

1. 工作台　2、9. 垂直移动铣头　3. 横梁　4、8. 水平移动铣头　5、7. 立柱　6. 龙门架　10. 床身

(4)龙门铣床

龙门铣床是一种大型高效通用铣床，主要用于加工各类大型工件上平面和沟槽等，借助于附件还可完成斜面、内孔等加工，可以对工件粗铣、半精铣，也可进行精铣加工。

图3-38为龙门铣床的外形图。它的布局呈框架式，3为横梁，7为立柱，在它们上面各安装两个铣削主轴箱(铣削头)8和4、2和9。每个铣头都是一个独立的主运动部件。铣刀旋转为主运动。1为工作台，其上安装被加工的工件。加工时，工作台1沿床身10上导轨作直线进给运动，4个铣头部可沿各自的轴线作轴向移动，实现铣刀的切深运动。为了调整工件与铣头间的相对位置，则铣头8和4可沿横梁3水平方向移位，铣头2和9，可沿立柱在垂直方向移位。由于在龙门铣床上可以用多把铣刀同时加工工件的几个平面，所以，龙门铣床生产率很高，广泛应用于成批和大量生产中。

3.5.2 XK5040/1型数控立式升降台铣床的传动系统

XK5040/1型数控立式升降台铣床是根据数控铣床的特殊要求开发设计的新产品。机床外形如图3-36所示。机床在CNC系统下，控制着*X*、*Y*、*Z* 3个坐标轴，并可实现三坐标联动，还可控制主轴进行无级变速。

本机床可以按数控程序实现平面铣削或按坐标位置加工孔，同时主要用于加工各种复杂形状的凸轮、样板、靠模、模具以及弧形槽等平面曲线和空间曲面。它最适用于加工表面形状复杂而又经常变换工件的生产部门。图3-39为XK5040/1型铣床的传动系统图。

①主运动传动：主运动链的两个末端件是主电机和立式主轴。主传动使用的电动机是交流无级变速电动机，主电动机功率为15kW。其主传动链非常简单，其运动和动力通过一对齿形带轮直接传至主轴，主轴可在48~2400r/min范围内无级变速。

②进给运动：数控机床进给传动链也非常简单。本机床*X*、*Y*两个坐标采用FB15型直流伺服电动机，*Z*轴坐标采用FB15B型直流伺服电动机，通过一对或两对减速齿轮传动滚珠丝杠。*X*、*Y*轴向进给量6~3000mm/min，快速4000mm/min。*Z*轴向进给量4~1800mm/min，快速2400mm/min。*X*、*Y*、*Z*三向进给量均为无级调节。由CNC装置控制三坐标联动。

*Z*轴电动机带制动器，当断电时将*Z*轴抱紧，以防止因为滚珠丝杠不自锁，升降台由于自重而下滑。

本机床的伺服电动机属于半闭环，用脉冲编码器进行位置检测，均受控于数控系统。

普通铣床的运动系统是机械传动的，运动传动链很长且传动机构很复杂。数控后的铣床，各个传动链的电动机非常靠近各自末端执行件，传动链很短，简化了机构，提高了传动精度和传动刚度；并实现坐标轴联动，扩大了机床加工范围。

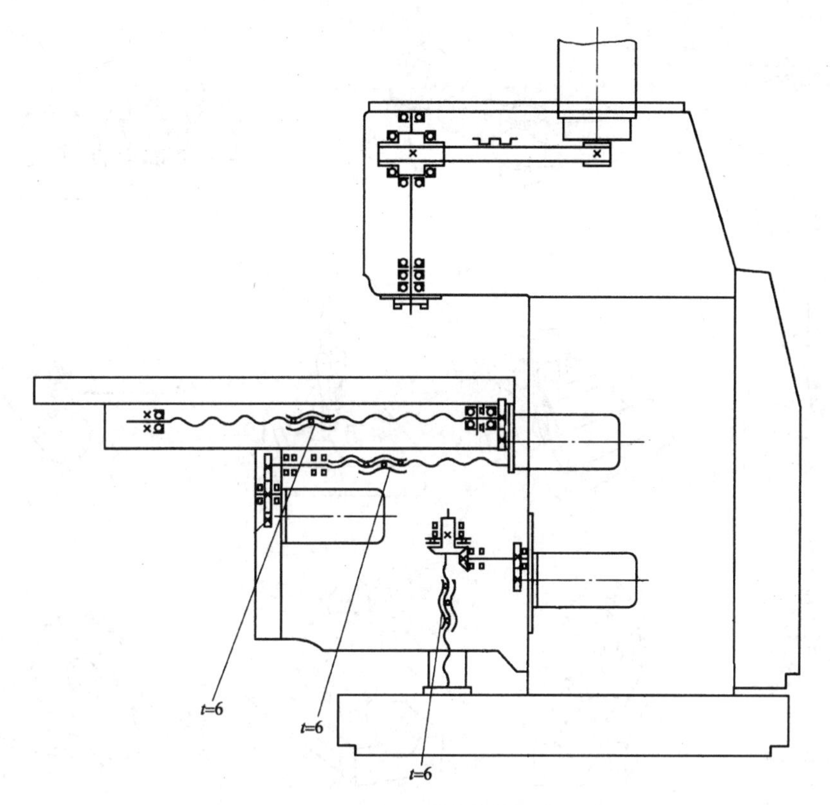

图 3-39　XK5040/1 型铣床的传动系统图

3.5.3　铣削方式及铣削用量

铣床可以加工各种平面、各种沟槽(如键槽等)、齿槽(齿轮、花键轴等)、螺旋形表面(螺纹和螺旋槽)及各种曲面(图 3-40)。此外，它还可用于加工回转体表面及内孔，以及切断等。

铣床使用旋转的多齿刀具加工工件，有数个刀齿同时参加切削，生产率较高。但铣刀每个刀齿切削过程是断续的，且每个刀齿切削厚度是变化的，这使切削力相应地发生变化，易引起机床振动，因此，铣床在结构上要求有较高的刚度和抗振性。

(1)铣削方式

①周铣法：用铣刀圆周切削刃铣削平面的方法，称周铣法。周铣法有两种铣削方式：

逆铣与顺铣　图 3-41(a)所示的铣削方式为逆铣，图 3-41(b)所示的铣削方式为顺铣。

逆铣与顺铣的特点　逆铣时，每个刀齿的切削厚度 h_D 由零增至最大。但切削刃并非绝对锋利，均有切削刃钝圆半径 r_n 存在，所以刀齿刚接触工件的一段距离，并不能切入工件，而是在工件表面上挤压滑行，因而造成冷硬变质层；下一个刀齿在前一刀齿留下的挤压冷硬层上滑过，又使铣刀磨损加剧，故刀具耐用度低，加工表面质量差。

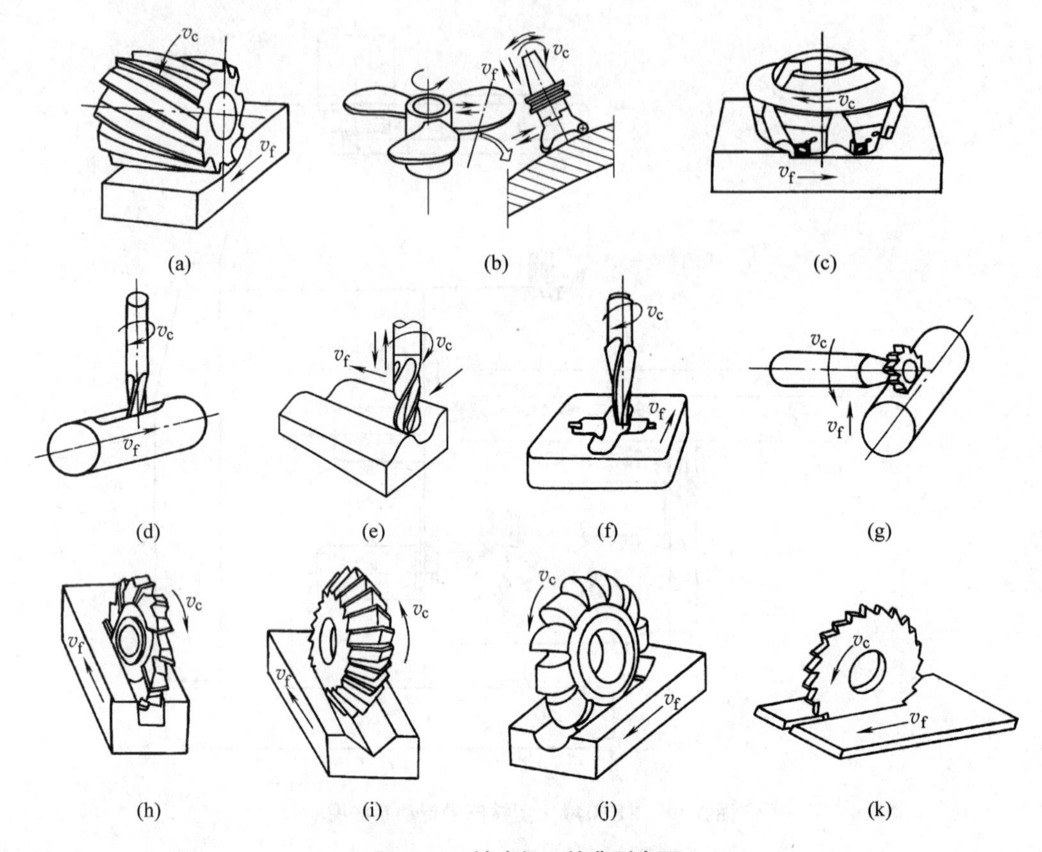

图 3-40 铣床加工的典型表面

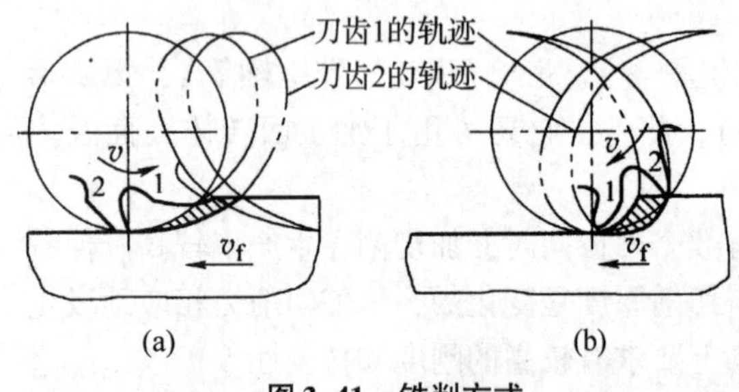

图 3-41 铣削方式

顺铣时则相反，切入时的切削厚度 h_D 最大，然后逐渐减小至零，从而避免了刀齿在已加工表面冷硬层上滑行的过程，故刀具耐用度高，已加工表面质量较好。

逆铣时，刀齿与工件的接触长度大于顺铣(图 3-41)，也使刀具磨损加大，且垂直进给力 F_{fN} 指向上方，有将工件向上抬起趋势，易引起振动，否则则需加大夹紧力，不利于薄壁或刚度差工件加工；而顺铣时，F_{fN} 始终压向工件，宜于薄壁或刚度差工件加工(图 3-42)。

实践表明：顺铣时，铣刀耐用度可比逆铣提高 2~3 倍，但不宜用顺铣方式加工带硬皮工件，否则会降低刀具耐用度，甚至打坏刀齿。

在不能消除丝杠螺母间隙的铣床上，只宜用逆铣，不宜用顺铣。因为在图 3-42 所示情况，铣床工作台的螺母是固定不动的，工作台进给是由转动的丝杠带动的。当丝杠按箭头方向回转，丝杠螺牙左侧始终紧靠在螺母螺牙右侧，依靠螺母丝杠间摩擦力带动工作台向右作进给运动 v_f。此时丝杠与螺母间的配合间隙 Δ 在丝杠螺牙的右侧。逆铣时，工作台(即丝杠)受到的进给力 F_f 与进给运动 v_f 的方向始终相反，如图 3-42(b)所

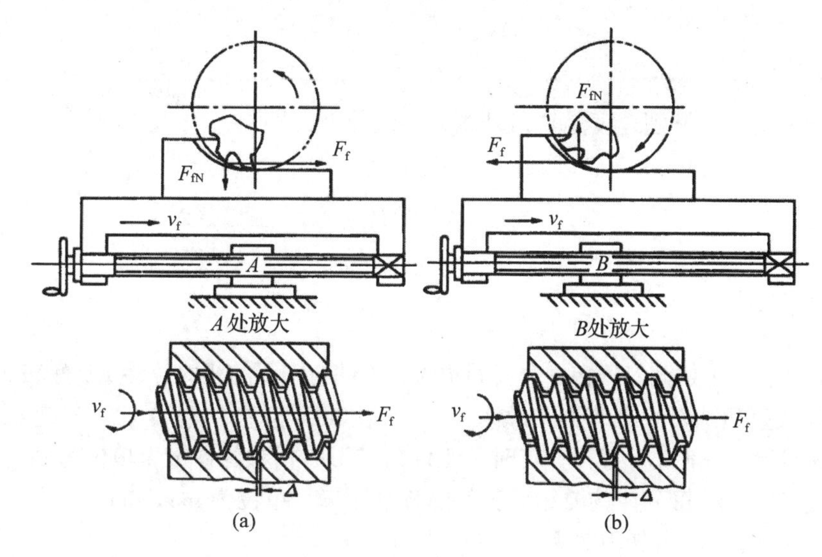

图 3-42 铣削特点

示，使丝杠螺牙与螺母螺牙一侧始终保持接触，故进给运动较平稳。而顺铣时，进给力 F_f 与工作台进给同向。当 F_f 较小时，工作台进给运动是由丝杠驱动的；当 F_f 足够大时，工作台运动便由 F_r 驱动了，可使工作台突然推向前，直到丝杠与螺母螺牙另一侧面压紧为止。这使进给量 f 突然变为 $(f+\Delta)$，这可能引起“扎刀”。

②端铣法：端铣法是利用铣刀的端面齿来加工平面的(图 3-43)，它有三种铣削方式：

对称铣削　对称铣削切入、切出时的切削厚度相同，平均切削厚度较大。当采用较小每齿进给量铣削淬硬钢，为使刀齿超过冷硬层切入工件，宜采用对称铣削，如图 3-43(a)所示。

不对称逆铣　不对称逆铣切入时切削厚度较小，切出时切削厚度较大。铣削碳钢和合金结构钢时，采用这种方式可减小切入冲击，使硬质合金端铣刀耐用度提高 1 倍以上，如图 3-43(b)所示。

不对称顺铣　不对称顺铣切入时的切削厚度较大，切出时的切削厚度较小。实践证明，不对称顺铣用于加工不锈钢和高温合金时，可减小硬质合金的剥落破损，切削速度可提高 40%~60%，如图 3-43(c)所示。

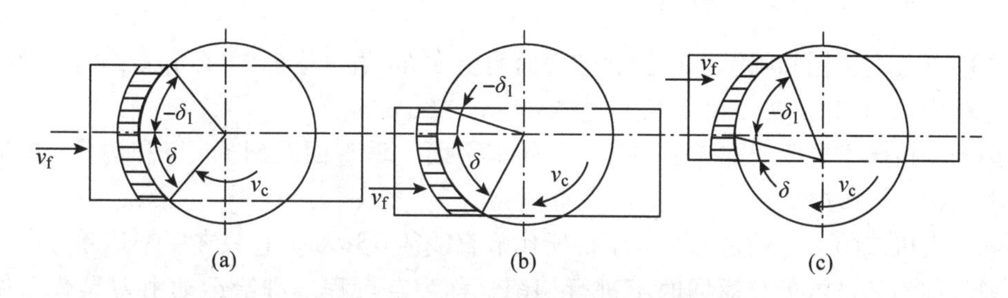

图 3-43 端铣的三种铣削方式

(a)对称铣削 (b)不对称逆铣 (c)不对称顺铣

(2)铣削用量

①铣削速度 v_c：铣削速度是铣刀外缘处的线速度，即

$$v_c = \frac{\pi d_0 n}{60 \times 1000} \text{m/s}$$

式中　d_0——铣刀直径，mm；

n——铣刀转速，r/min。

②进给量 f_z、f、v_f：

每齿进给量 f_z　是铣刀每转一个齿间角时，工件与铣刀的相对位移量，单位为 mm/z，是衡量铣削效率和铣刀性能的重要指标。

每转进给量 f　是铣刀每转一转时，工件与铣刀的相对位移量，单位为 mm/r。

进给速度 v_f　是每分钟铣刀相对工件的移动距离，单位为 mm/min。

f_z、f、v_f三者之间有如下关系：

$$v_f = fn = f_z zn$$

③背吃刀量 a_p：背吃刀量 a_p是平行于铣刀轴线测量的被切削层尺寸，如图 3-44(a)(b)所示。对于圆柱铣刀，背吃刀量即为被加工表面的宽度。

④铣削宽度 a_c：铣削宽度 a_c是垂直于铣刀轴线并垂直于进给方向测量的被切削层尺寸。对于圆柱铣刀，铣削宽度是被切削层的深度，如图 3-44(a)所示。

铣削速度、进给量、背吃刀量、铣削宽度合称为铣削用量四要素。

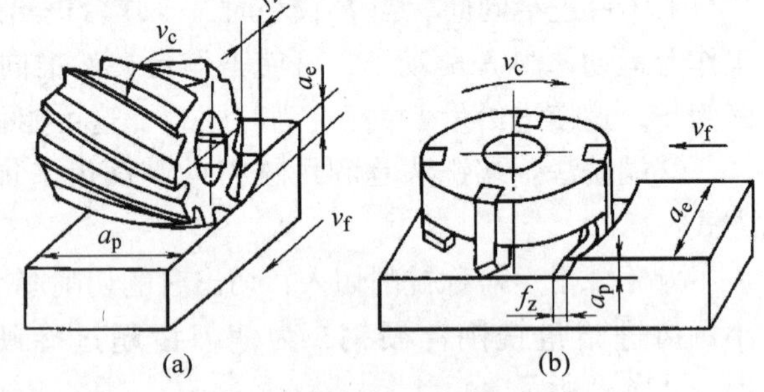

图 3-44　铣削用量示意图

(a)圆周铣削　(b)端面铣削

3.6　刨、拉床

刨床和拉床的主运动都是直线运动，所以常称它们为直线运动机床。

3.6.1　刨床的类型及应用范围

刨削可分为粗刨和精刨，精刨后的表面粗糙度 Ra 值可达 3.2～1.6μm，两平面之间的尺寸精度可达 IT7～IT9，直线度可达 0.04～0.12mm/m。

刨床类机床主要用于加工各种平面(如水平面、垂直面及斜面等)和沟槽(如 T 形槽、燕尾槽、V 形槽等)。

刨床类机床的主运动是刀具或工件所作的直线往复运动。它只在一个运动方向上进行切削，称为工作行程，返回时不进行切削，称为空行程。进给运动由刀具或工件完成，其方向与主运动方向相垂直，它是在空行程结束后的短时间内进行的，因而是一种间歇运动。

刨床类机床由于所用刀具结构简单，在单件小批量生产条件下，加工形状复杂的表面比较经济，且生产准备工作省时。此外，用宽刃刨刀以大进给量加上狭长平面时的生产率较高，因而在单件小批量生产中，特别在机修和工具车间，是常用的设备。但这类机床由于其主运动反向时需克服较大的惯性力，限制了切削速度和空行程速度的提高，同时还存在空行程所造成的时间损失，因此在多数情况下生产率较低，在大批大量生产中常被铣床和拉床所代替。

刨床类机床主要有牛头刨床、龙门刨床和插床3种类型，现分别介绍如下：

(1)牛头刨床

牛头刨床(图3-45)因其滑枕刀架形似“牛头”而得名，它主要用于加工小型零件。机床主运动机构装在床身4内，传动装有刀架1滑枕3沿床身顶部的水平导轨作往复直线运动。刀架可以沿刀架座上的导轨移动(一般为手动)，以调整刨削深度，以及在加工垂直平面和斜面时作进给运功。调整转盘2，可使刀架左右回转60°，以便加工斜面或料槽。加工时，工作台6带动工件沿横梁5做间歇横向进给运动。横梁可沿床身垂直导轨上下移动，以调整工件与刨刀相对位置。

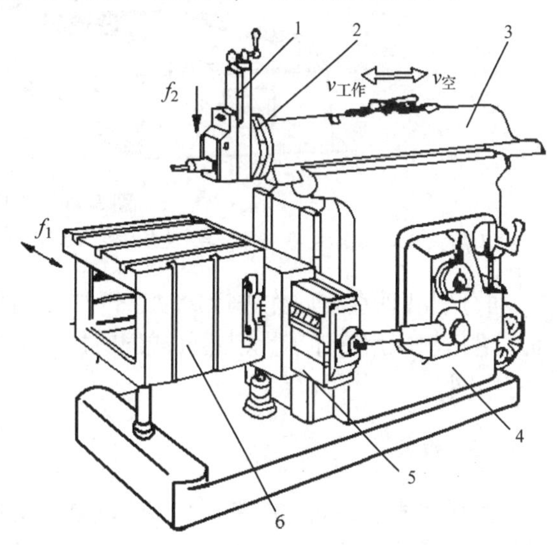

图3-45　牛头刨床

1. 刀架　2. 转盘　3. 滑枕　4. 床身　5. 横梁　6. 工作台

牛头刨床主运动的传动方式有机械和液压两种。机械传动常用曲柄摇杆机构，因其结构简单，工作可靠，维修方便，液压传动能传递较大的力，可实现无级调速，运动平稳，但结构复杂，成本高，一般用于规格较大的牛头刨床。牛头刨床工作台的横向进给运动是间歇进行的。它可由机械或液压传动实现。

刨削与铣削的加工精度与表面粗糙度大致相当。刨削只能采用中低速切削。当用中等切削速度刨削钢件时，易出现积屑瘤，影响表面粗糙度。加工大平面时，刨削进给运动可不停地进行，刀痕均匀。

(2)龙门刨床

龙门刨床主要用于加工大型或重型零件上各种平面、沟槽和各种导轨面，也可在工作台上一次装夹数个小型零件进行多件加工。

图3-46为龙门刨床外形。龙门刨床主运动是工作台2沿床身1水平导轨所作的直线运动。床身1的两侧固定有左右立柱6，两立柱顶部用顶梁5连接，形成结构刚性较好的龙门框架。横梁3上装有两个垂直刀架4，可在横梁导轨上作水平方向(横向)进给运动。横梁3可沿左右立柱的导轨作垂直升降，以调整垂直刀架位置，适应不同高度工件的加工需要，加工时由夹紧机构夹紧在两个立柱上。左右立柱上分别装有左右侧刀架

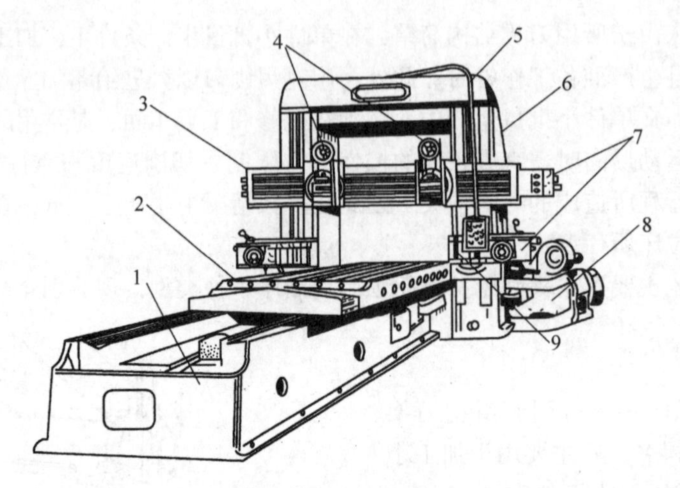

图 3-46　龙门刨床

1. 床身　2. 工作台　3. 横梁　4. 垂直刀架　5. 顶梁　6. 立柱　7. 进给箱　8. 驱动机构　9. 侧刀架

7，可分别沿垂直方向作进运给动，以加工侧平面。龙门刨床用于加工大型零件或同时加工多个中型零件。

(3) 插床

插床实质上是立式刨床。其主运动是滑枕带动插刀沿垂直方向所作的直线往复运动。图 3-47 为插床外形。滑枕 2 向下移动为工作行程，向上为空行程。滑枕导轨座 3 可以绕着轴 1 在小范围内调整角度，以便加工倾斜内外表面。上下滑座 6、5 可分别作横向及纵向进给，圆工作台 1 可绕垂直轴线旋转，完成圆周进给或进行分度。圆工作台用分度装置 4 实现分度。

插床主要用于加工工件内表面，如内孔中键槽及多边形孔等，也用于加工成形内外表面。

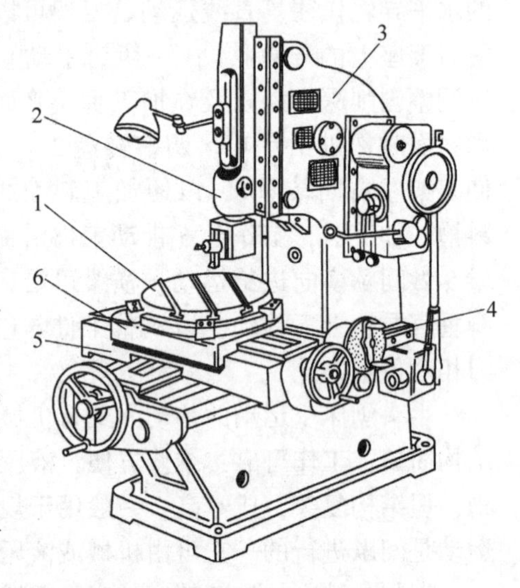

图 3-47　插床

1. 圆工作台　2. 滑枕　3. 立柱　4. 分度装置　5. 下滑座　6. 上滑座

3.6.2　拉床的类型及应用范围

拉床是用拉刀进行加工机床，可加工各种形状的通孔、平面及成形表面等。图 3-48 是适用于拉削的一些典型表面形状。

拉削时拉刀使被加工表面在一次走刀中成形，拉床运动比较简单，它只有主运动，没有进给运动。切削时，拉刀应作平稳的低速直线运动。拉刀承受的切削力很大，拉床主运动通常液压驱动。拉刀或固定拉刀的滑座通常由液压缸的活塞杆带动。

拉削加工切屑薄，切削运动平稳，有较高加工精度(IT6 级或更高)和较细表面粗糙度($Ra<0.62\mu m$)。拉床工作时，粗精加工可在拉刀通过工件加工表面一次行程中完

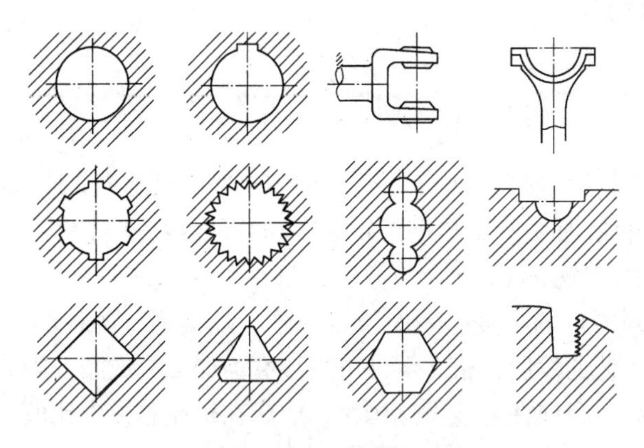

图3-48　拉削的典型表面形状

成，生产率较高，是铣削3~8倍。拉刀结构复杂，拉削需要用专门拉刀，故仅适用于大批大量生产。

拉床按用途可分为内表面拉床相外表面拉床两类；按机床布局可分为卧式和立式两类。如图3-49所示是常用拉床外形图，图3-49(a)为卧式内拉床，图3-49(b)为立式内拉床，图3-49(c)为立式外拉床，图3-49(d)为连续式拉床工作原理。毛坯从拉床左端装到夹具中，然后就由机床带动夹具等速地向右运动，当工件经过拉刀下方时，进行拉削，随后工件移动到拉床的右端。加工完毕，工件自动从机床上卸下。拉床主参数为额定拉力。

拉削加工生产率高，并可获得较高加工精度和较小表面粗糙度。但刀具结构复杂，制造与刃磨费用较高，仅适用于大批大量生产中。

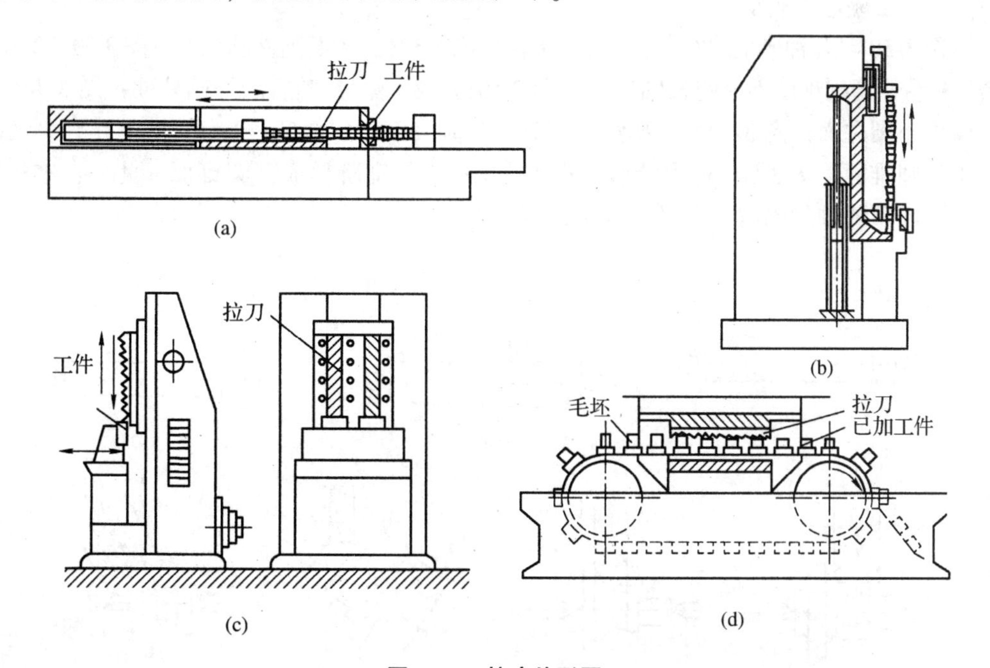

图3-49　拉床外形图

3.7 磨床

用磨料磨具(砂轮、砂带、油石和研磨料等)为工具进行切削加工机床称为磨床。磨床主要用于零件的精加工，尤其是淬硬钢件和高硬度特殊材料零件的精加工。目前也有少数用于粗加工的高效磨床。

由于现代机械对零件的精度、表面质量要求不断提高，各种高硬度材料应用日益增多，精密毛坯制造工艺的发展，很多零件可直接磨削加工成成品，因此，磨床在金属切削机床中比重不断提高。目前在工业发达国家，磨床在机床总数中比例已达30%~40%。

3.7.1 磨削与磨床种类

磨床可以加工各种表面，如内外圆柱面和圆锥面、平面、渐开线齿廓面、螺旋面以及各种成形面等，还可以刃磨刀具和进行切断等，工艺范围十分广泛。

为了适应磨削各种表面、工件形状和生产批量的要求，基本的磨削方法有两种(图3-50)：纵磨法和切入磨法。纵磨时，砂轮旋转作主运动(n_0)，进给运动有：工件旋转作圆周进给运动(n_w)，工件沿其轴线往复移动作纵向进给运动(f_a)，在工件每一纵向行程或往复行程终了时，砂轮周期地作一次横向进给运动(f_r)，全部余量在多次往复行程中逐步磨去。切入磨时，工件只作圆周进给(n_w)，而无纵向进给运动，砂轮则连续地作横向进给运动(f_r)，直到磨去全部余量达到所要求的尺寸为止。在某些外圆磨床上，还可用砂轮端面磨削工件的台阶面。磨削时工件转动(n_w)，并沿其轴线缓慢移动(f_a)，以完成进给运动。

图3-50是几种典型的外圆磨削加工方法。图3-50(a)为磨削外圆柱面；图3-50(b)为偏转工件台，磨削锥度不大的长圆锥面；图3-50(c)为磨削带轴肩的外圆柱面；图3-50(d)为磨削小圆柱面；图3-50(e)为磨削成型回转体表面；图3-50(f)为转动工作台，磨削大锥度圆锥面；图3-50(g)为转动砂轮架，磨削大锥度阶梯成型圆锥面。此外，本机床还能磨削阶梯轴的轴肩、端平面、圆角等。

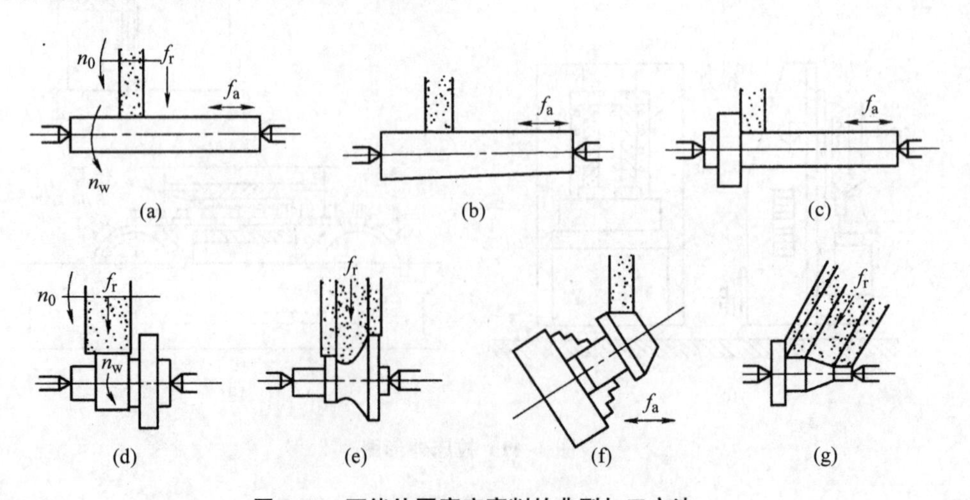

图3-50 万能外圆磨床磨削的典型加工方法

磨床的种类很多，其主要类型有：

①内、外圆磨床：包括万能外圆磨床、普通内圆磨床、无心内圆磨床、行星式内圆磨床、普通外圆磨床、无心外圆磨床等；

②平面磨床：包括卧轴矩台、卧轴圆台、立轴矩台、立轴圆台平面磨床等；

③刀具刃具磨床：包括万能工具磨床、拉刀刃磨床、滚刀刃磨床等；

④工具磨床：包括工具曲线磨床、钻头构槽磨床、丝锥沟槽磨床等；

⑤各种专门化磨床：它是专门用于磨削某一类零件的磨床，如曲轴磨床、凸轮轴磨床、花键轴磨床、齿轮磨床等；

⑥其他磨床：如珩磨机、研磨机、抛光机、超精加工机床、砂轮机等。

3.7.2　M1432A 型万能外圆磨床

万能外圆磨床是应用最普遍的一种外圆磨床，其工艺范围较宽，除了能磨削外圆柱面和圆锥面外，还可磨削内孔和台阶面等。

3.7.2.1　M1432A 型万能外圆磨床的结构及应用范围

M1432A 型机床是普通精度级万能外圆磨床。它主要用于磨削 IT6～IT7 级精度的圆柱形或圆锥形的外圆和内孔，表面粗糙度在 *Ra*1.25～0.08μm 之间。图 3-50 是机床的几种典型加工方法，机床通用性较好，但生产率较低，适用于单件小批生产车间、工具车间和机修车间。

M1432A 型万能外圆磨床主要部件的结构如图 3-51 所示。

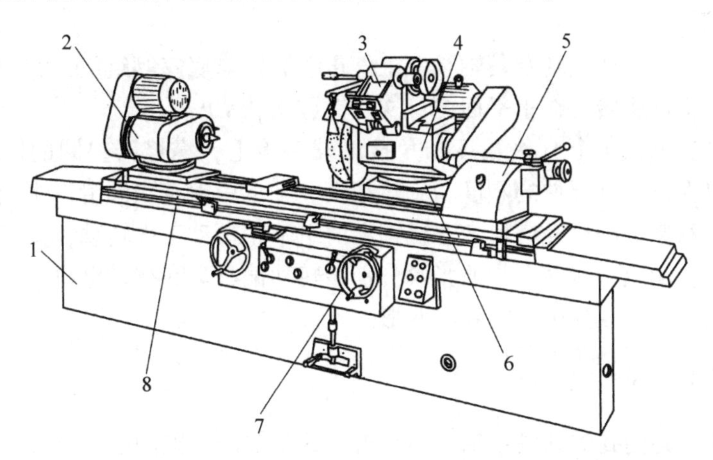

图 3-51　M1432A 型万能外圆磨床外形示意图

1. 床身　2. 头架　3. 内圆磨具　4. 砂轮架　5. 尾座　6. 滑鞍　7. 横向进给手轮　8. 工作台

(1)床身 1

它是磨床的基础支承件，在它的上面装有砂轮架、工作台、头架、尾座及横向滑鞍等部件，使它们在工作时保持准确的相对位置。床身内部用作液压油的油池。

(2)工作台8

工作台由上工作台与下工作台两个部分组成。上工作台安装在下工作台之上，可相对下工作台进行回转±10°，用以磨削锥度不大的长圆锥面。上工作台的上面装有头架和尾座，它们随着工作台一起，沿床身导轨作纵向往复运动。

(3)砂轮架4

它用于支承并传动高速旋转的砂轮主轴。砂轮架由壳体、主轴、内圆磨具及滑鞍等组成，装在滑鞍6上，当需磨短圆锥面时，砂轮架可绕沿鞍上转动，其范围为±30°。磨削时，滑鞍带着砂轮架沿垫板上的滚动导轨做横向进给运动(由横向进给机构实现，如图3-52所示)。

每个轴承由均布在圆周上的三块扇形轴瓦组成，每块轴瓦都支承在球头支承螺钉的球形端头上，由于球头中心在周向偏离轴瓦对称中心，当主轴高速旋转时，在轴瓦与主轴颈之间形成3个楔形压力油膜，将主轴悬浮在轴承中心而呈纯液体摩擦状态。调整球头螺钉的位置，即可调整主轴轴颈与轴瓦之间的间隙。

砂轮的圆周速度很高(一般为35m/s左右)，为了保证砂轮运转平稳，装在主轴上的零件都经仔细校静平衡，整个主轴部件还要校动平衡。此外，砂轮周围必须安装防护罩，以防止意外碎裂时损伤工人及设备。砂轮架壳体内装润滑油以润滑主轴的轴承，油面高度可通过油标1观察。主轴两端用橡胶油封实现密封。

(4)头架2

头架由壳体、头架主轴及其轴承、工件传动装置与底座等组成，它用于安装及夹持工件，并带动工件旋转。在水平面内可逆时针方向转90°。

头架主轴支承在4个D级精度的角接触球轴承上，靠修磨垫圈的厚度，可对轴承进行预紧，以保证主轴部件的刚度和旋转精度。轴承用锂基脂润滑，主轴的前后端用橡胶油封密封。双速电动机经塔轮变速机构和两组带轮带动工件转动，使传动平稳，而主轴按需要可以转动或不转动。带的张紧分别靠转动偏心套和移动电机座实现。主轴上带轮采用卸荷结构，以减少主轴的弯曲变形。

(5)内圆磨具3

它用于支承磨内孔的砂轮主轴。内圆磨具的主轴由单独的电动机驱动。

(6)尾座5

尾座由壳体、套筒和套筒往复机构等组成，它和头架的前顶尖一起支承工件。尾座的功用是利用安装在尾座套筒上的顶尖(后顶尖)，与头架主轴上的前顶尖一起支承工件，使工件实现准确定位。

(7)滑鞍 6 及横向进给机构

转动横向进给手轮 7，可以使横向进给机构带动滑鞍 6 及其上的砂轮架作横向进给运动。横向进给机构能实现横向快速进退及工作进给。在微量工作送给时，必须保证进给精度，避免产生“爬行”现象。

为了提高横向进给的精度，横进给导轨是 V 形和平面形组合的滚动导轨，如图 3-52所示。图 3-52(a)为滚动导轨示意图，1 为安装砂轮架的滑鞍，图 3-52(b)为滚柱和隔离架的结构。滚动导轨的特点是摩擦系数小，可以减少爬行，与普通滑动导轨相比能提高微量进给的精度。但是由于滚柱和导轨之间的接触为线接接触，抗振性较差，对进一步提高磨削表面质量(如细化粗糙度、减小振纹等)带来不良的影响。

导轨应具有较高的几何精度，来保证工作台运动较高的直线性，且用专门的低压油润滑，以减少磨损和爬行。

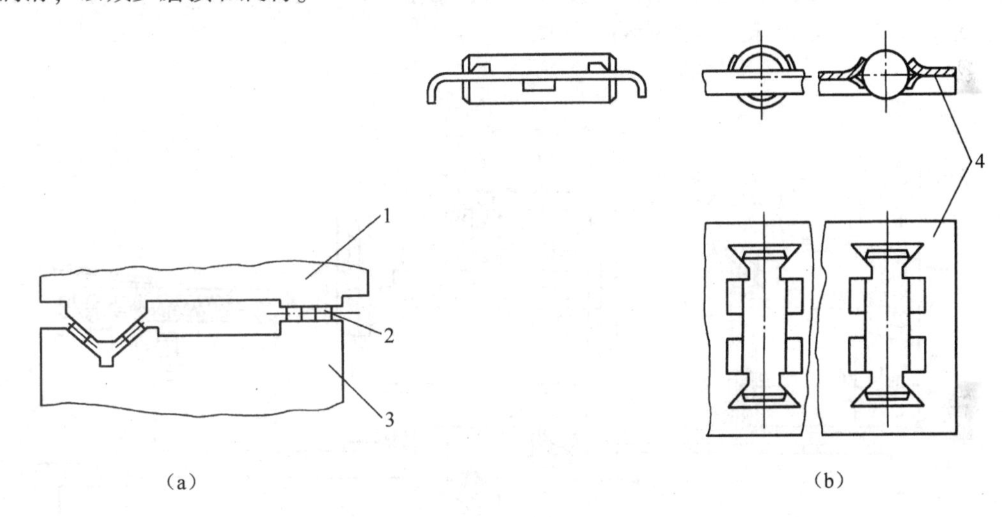

图 3-52　横进给滚动导轨

(a)滚动导轨示意图　(b)滚柱和隔离架的结构

1. 滑鞍　2. 滚柱　3. 垫板　4. 隔离架

3.7.2.2　M1432A 型万能外圆磨床的运动及传动

(1)机床的运动

机床须具备如下运动：外磨和内磨砂轮旋转主运动，工件圆周进给运动，工件(工作台)往复纵向进给运动，砂轮横向进给运动。

①砂轮旋转主运动 n_0(单位为 r/min)：转速较高，通常由电动机通过三角带直接带动砂轮主轴旋转。由于采用不同的砂轮磨削不同材料的工件时，磨削速度的变化范围不大，故主运动一般不变速。但砂轮直径因修整面减小较多时，为获得所需的磨削速度，可采用更换带轮变速。近来有些外圆磨床的砂轮主轴采用直流电动机驱动，可以无级调速，以保证砂轮直径变小时始终保持合理的磨削速度，实现所谓的恒速磨削。

②工件圆周进给运动 n_w（单位为 r/min）：转速较低，通常由单速或多速异步电动机经塔轮变速机构传动，也有采用电气或机械无级变速装置传动的。

③工件纵向进给运动 f_a（单位为 mm/min）：通常采用液压传动，以保证运动的平稳性，并便于实现无级调速和往复运动循环的自动化。

④砂轮周期或连续横向进给运动 f_r（单位为 mm/工作行程、mm/往复行程或 mm/min）：由横向进给机构用手动或液动实现。

此外，机床还有两个辅助运动：砂轮架横向快速进退和尾座套筒缩回，以利装卸工件。这两个运动通常都用液压传动。

(2)机床的机械传动系统

M1432A 型磨床运动，是由机械和液压联合传动的。液压传动的有：工作台纵向往复移动、砂轮架快速进退和周期径向自动切入、尾座顶尖套筒缩回等，其余运动都由机械传动。图 3-53 是机床的机械传动系统图。

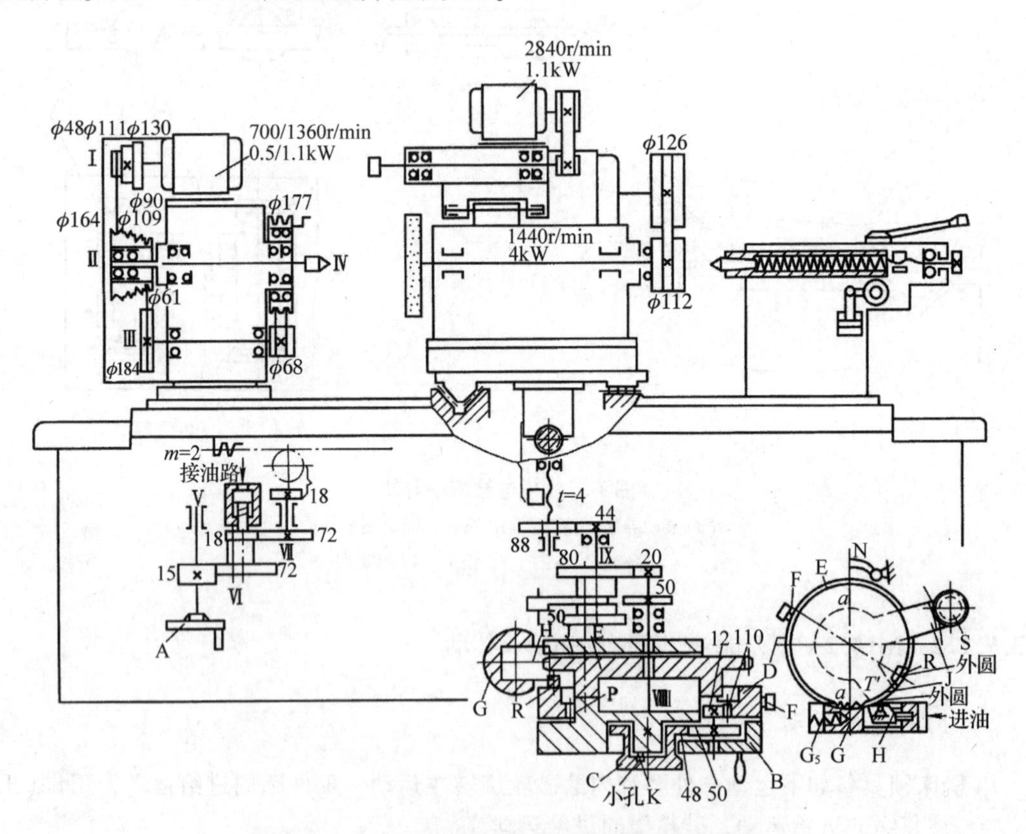

图 3-53 M1432A 型万能外圆磨床机械传动系统图

①外圆磨削时砂轮主轴传动链：外圆磨削时砂轮旋转的主运动（n_0）是由电动机（1440 r/min，4kW）经 V 带直接传动的，传动链较短，其传动路线为：

$$\text{电动机}—\frac{\phi 126}{\phi 112}—\text{砂轮}(n_0)$$

②内圆磨具传动链：内圆磨削时，砂轮旋转的主运动(n_w)由单独的电动机(2840r/min，1.1kW)经平带直接传动。更换平带轮，使内圆砂轮获得两种高转速：10000r/min和15000r/min。

内圆磨具装在支架上，为了保证工作安全，内圆砂轮电动机的启动与内圆磨具支架的位置有联锁作用，只有当支架翻到工作位置时，电动机才能启动。这时(外圆)砂轮架快速进退手柄在原位上自动锁住，不能快速移动。

③头架拨盘的传动链：工件旋转运动由双速电机驱动，经V带塔轮及两级V带传动，使头架的拨盘或卡盘带动工件，实现圆周进给n_w，其传动路线表达式为

$$\text{头架电动机(双速)}-\mathrm{I}-\left[\begin{array}{c}\frac{\phi130}{\phi90}\\ \frac{\phi111}{\phi109}\\ \frac{\phi48}{\phi164}\end{array}\right]-\mathrm{II}-\frac{\phi61}{\phi184}-\mathrm{III}-\frac{\phi68}{\phi177}-\text{拨盘或卡盘}(n_w)$$

由于电机为双速电机，因而可使工件获得6种转速。

3.8　齿轮加工机床

齿轮是最常用的传动件，在各种机械及仪表中有广泛应用。常用的有：直齿、斜齿和人字齿的圆柱齿轮，直齿和弧齿圆锥齿轮，蜗轮以及应用很少的非圆形齿轮等。加工这些齿轮轮齿表面的机床称为齿轮加工机床。随着现代工业的发展，对齿轮传动在圆周速度和传动精度等方面的要求越来越高，大大促进了齿轮加工机床的发展。

3.8.1　齿面形成方法

制造齿轮方法很多，可以铸造、热轧或冲压，但目前这些方法加工精度不够高。精密齿轮仍主要靠切削法。按形成齿形原理分类，切削齿轮方法可分为两大类，成形法和展成法。

(1)成形法

这是用与被切齿轮齿槽形状完全相符的成形铣刀切出齿轮的方法。

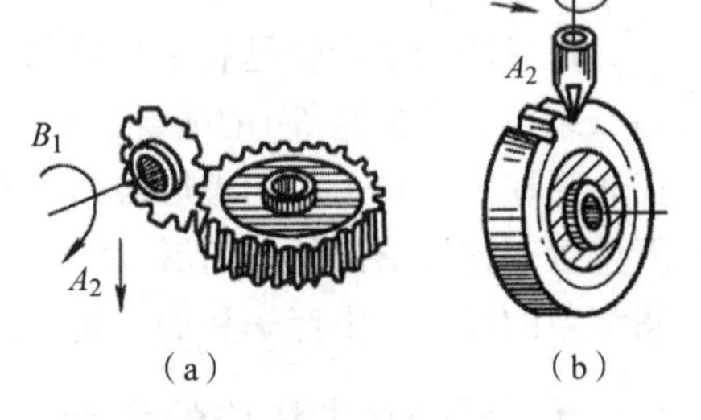

图3-54　成形法加工齿轮

成形法加工齿轮时一般在普通铣床上进行加工，图3-54(a)是用标准盘形齿轮铣刀加工直齿齿轮的情况。轮齿的表面是渐开面，形成母线(渐开线)的方法是成形法，不需要表面成形运动，形成导线(直线)的方法是相切法，需要两个成形运动，一个是盘形齿轮铣刀绕自己的轴线旋转B_1，一个是铣刀旋转中心沿齿坯轴向移动A_2。当铣完一个齿槽后，齿坯退回原处，用分度头使齿坯转过360°/z的角度(z是被加工齿轮的齿数)，这个过程称为分度。然

后，再铣第二个齿槽，这样一齿槽一齿槽地铣削，直到铣完所有齿槽为止。分度运动是辅助运动，不参与渐开线表面的成形。

在加工模数较大的齿轮时，为了节省刀具材料，常用指状齿轮铣刀(模数立铣刀)，如图3-54(b)所示。用指状铣刀加工直齿齿轮所需的运动与用盘形铣刀时相同。

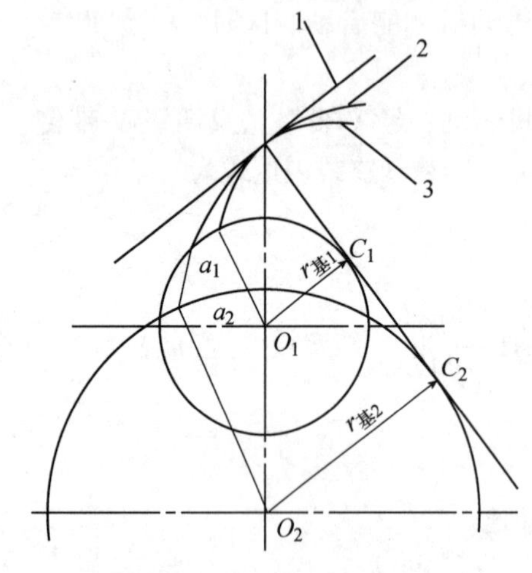

图3-55 渐开线形状与基圆关系

用成形法加工齿轮也可以用成形刀具在刨床上刨齿，或在插床上插齿。

由于齿轮的齿廓形状决定于基圆的大小，如图3-55中的线1、2和3。基圆越小，渐开线弯曲越厉害；基圆越大，渐开线越伸直，基圆半径为无穷大时，渐开线就成了直线1。而基圆直径 $d_{基}=mz\cos a$(m 为齿轮的模数，z 是齿轮齿数，a 是压力角)，所以对于一定模数和压力角的一套齿轮，如欲制造精确，则必须每一种齿数就有一把铣刀，这是很不经济的。因此为了减少刀具数量，实际上采用八把一套或十五把一套的齿轮铣刀，其每一把铣刀可切削几个齿数的齿轮，例如，八把一套的齿轮铣刀见表3-4。

表3-4 齿轮铣刀分号

铣刀号数	1	2	3	4	5	6	7	8
能铣削的齿数范围	12~13	14~16	17~20	21~25	26~34	35~54	55~134	135~

为了保证加工出来的齿轮在啮合时不会卡住，每一号铣刀的齿形都是按所加工的一组齿轮中齿数最少的齿轮的齿形制成的，因此，用这把铣刀切削同组其他齿数的齿轮时其齿形有误差，加工精度低。这种方法采用单分齿法，即加工完一个齿退回，工件分度，再加工下一齿。生产率低，但方法简单，不专用机床，适用于单件小批生产和要求加工精度低的修配业。

(2)展成法

展成法加工齿轮是利用齿轮啮合原理，其切齿过程模拟某种齿轮副(齿条、圆柱齿轮、蜗轮、锥齿轮等)的啮合过程。这时，把啮合中的一个齿轮做成刀具来加工另一个齿轮毛坯。被加工齿的齿形表面是在刀具和工件包络(展成)过程中由刀具切削刃的位置连续变化而形成的。用展成法加工齿轮的优点是，用同一把刀具可以加工相同模数任意齿数的齿轮。生产率和加工精度都比较高。在齿轮加工中，展成法应用最为广泛。

3.8.2 齿轮加工机床的类型

齿轮加工机床的种类繁多，一般可分为圆柱齿轮加工机床和锥齿轮加工机床两大类。

圆柱齿轮加上机床主要有滚齿机、插齿机等；锥齿轮加工机床又分为直齿锥齿轮加工机床和曲线齿锥齿轮加工机床两类。直齿锥齿轮加工机床有刨齿机、铣齿机、拉齿机等；曲线齿锥齿轮加工机床有加工各种不同曲线齿锥齿轮的铣齿机和拉齿机等。

用来精加工齿轮齿面的机床有研齿机、剃齿机、磨齿机等。

3.8.3　滚齿机

滚齿机是齿轮加工机床中应用最广泛的一种，它多数是立式的，也有卧式的，主要用于滚切直齿和斜齿圆柱齿轮和蜗轮，还可以加工花键轴的键。

3.8.3.1　滚齿机的结构及加工原理

YC3180型淬硬滚齿机是重庆机床厂在吸收国内外先进技术的基础上研制出的新产品，机床结构优良，动静刚性好，工作精度高，特别适合于滚切淬硬(50~60HRC)的直齿和斜齿圆柱齿轮。亦可用来滚切蜗轮，同时也能进行小锥度、鼓形齿等齿轮的仿形加工。该机床也同样适合于非淬硬齿轮的滚切。工件最大直径800mm，最大模数10mm，最小工件齿数为8。由于这种滚齿机除具备普通滚齿机的全部功能外，还能采用硬质合金滚刀对高硬度齿面齿轮用滚切工艺进行半精加工或精加工。以滚代磨，所以它是提高齿轮加工精度、降低齿轮成本的理想制齿轮设备。

(1)YC3180型淬硬滚齿机结构

图3-56是机床的外形图。图中立柱2固定在床身1上。刀架3可沿立柱上的导轨上下移动，还可以绕自己的水平轴线转位，以调整滚刀和工件间的相对位置(安装角)，使它们相当于一对轴线交叉的交错轴斜齿轮副啮合。滚刀安装在主轴4上，作旋转运动。工件安装在工件心轴6上，随同工作台7一起旋转。后立柱5和工作台7装在同一溜板上，可沿床身1的导轨作水平方向移动，用于调整工件的径向位置或作径向进给运动。

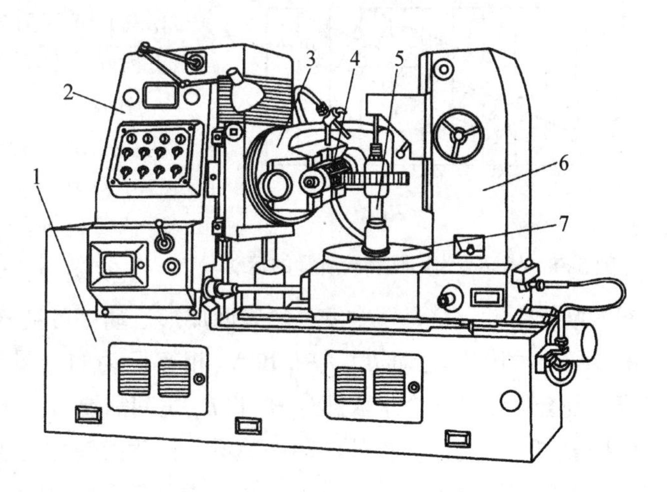

图3-56　YC3180型淬硬滚齿机

1. 床身　2. 立柱　3. 刀架　4. 主轴　5. 工件心轴　6. 后立柱　7. 工作台

(2)滚齿加工原理

滚齿加工是根据展成法原理来加工齿轮轮齿的。用齿轮滚刀加工齿轮的过程，相当于一对交错轴斜齿轮副啮合滚动的过程，如图3-57(a)所示。将其中一个齿数减少到一个或几个，轮齿的螺旋倾角很大，就成了蜗杆，如图3-57(b)所示。再将蜗杆开槽并铲背，就成了齿轮滚刀，如图3-57(c)所示。

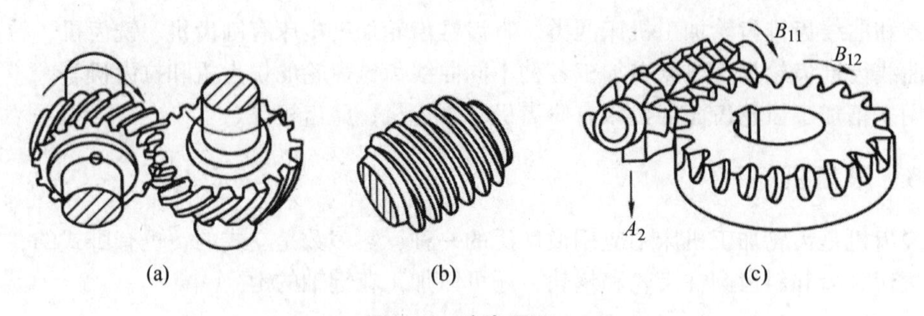

图 3-57　滚齿原理

(a)斜齿轮副啮合　(b)蜗杆　(c)齿轮滚刀加工齿轮

因此，滚刀实质就是一个斜齿圆柱齿轮，当机床使滚刀和工件严格地按一对斜齿圆柱齿轮的速比关系作旋转运动时，滚刀就可在工件上连续不断地切出齿来。

3.8.3.2　滚齿机的运动及传动原理

(1)滚切直齿圆柱齿轮

机床的运动和传动原理：用滚刀加工齿轮是根据交错轴斜齿轮副啮合原理进行的，因此滚齿时滚刀与齿坯两轴线间的相对位置应相当于两个交错轴斜齿轮副相啮合时轴线的相对位置。在滚切直齿圆柱齿轮时，可以把被加工齿轮看作是螺旋角为零的特殊情况。

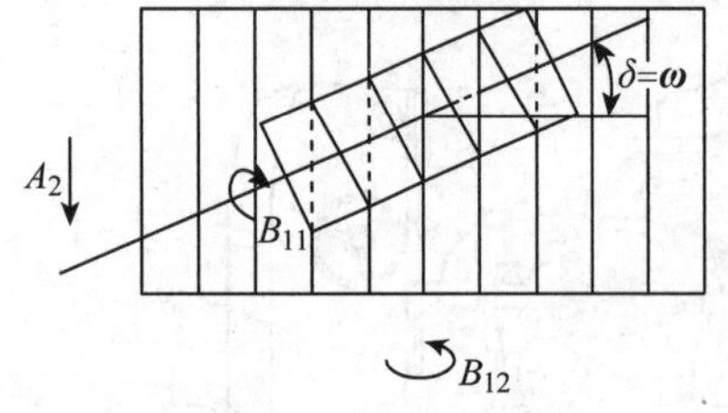

图 3-58　滚切直齿圆柱齿轮所需的运动

用滚刀加工直齿圆柱齿轮必须具有以下两个运动：一个是为形成渐开线(母线)所需的展成运动(B_{11}和B_{12})；一个是为形成导线所需的滚刀沿工件轴线移动(A_2)，如图 3-58所示。

展成运动传动链　展成运动是滚刀与工件之间的啮合运动，这是一个复合的表面成形运动，可被分解为两个部分：滚刀的旋转运动B_{11}和工件的旋转运动 B_{12}。B_{11} 和 B_{12} 相互运动的结果形成了轮齿表面的母线——渐开线。复合运动的两个组成部分 B_{11} 和 B_{12}之间需要有一个内联系传动链。这个传动链应能保持 B_{11}和 B_{12}之间严格的传动比关系。设滚刀头数为 K，工件齿数为 z，则滚刀每转一转，工件应转过 K/z 工转。在图 3-59 中，联系 B_{11} 和 B_{12}之间的传动链是：滚刀 $-4-5-u_x-6-7-$工件。这条内联系传动链称为展成运动传动链。

主运动传动链　每一个表面成形运动，不论是简单运动，还是复合运动，都有一个外联系传动链与动力源相联系。在图 3-59 中，展成运动的外联系传动链为：电动机 $-1-2-u_v-3-4-$滚刀。这条传动链产生切削运动是主运动。滚刀的转速 $n_{刀}$(r/min)可根据切削速度 v(m/min)及滚刀外径(D)来选择，$n_{刀}=1000v/\pi D$。

竖直进给传动链　为了切出整个齿宽，即形成轮齿表面的导线，滚刀在自身旋转同时，必需沿齿坯轴线方向作连续的进给运动 A_2。这种形成导线的方法是相切法。对于常用的立式滚齿机，工件轴线是竖直方向的，滚刀需作竖直进给运动。竖直进给量 f 以

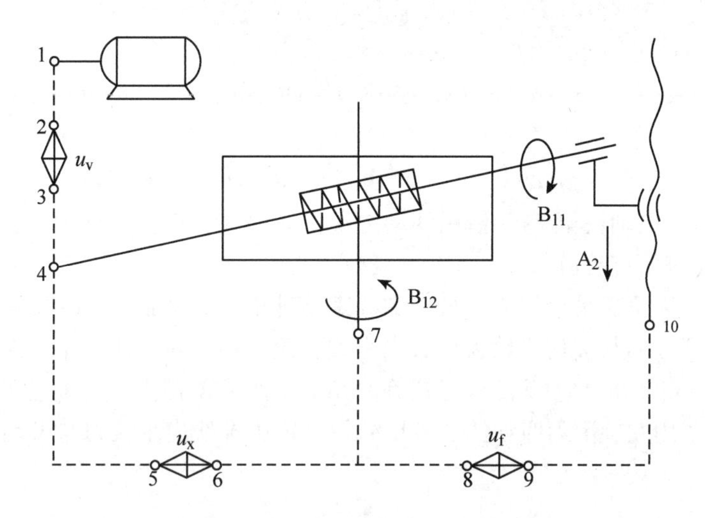

图 3-59　滚切直齿圆柱齿轮的传动原理图

工件每转滚刀竖直移动的毫米数来表示(mm/r)。这个运动是维持切削得以连续运动，这是进给运动。

刀架沿工件轴线平行移动 A_2 是一个简单的成形运动，因此，它可以使用独立的动力源来驱动。但是，工件转速和刀架移动快慢之间的相对关系，会影响到齿面加工的粗糙度，因此，可以把加工工件(也就是装工件的工作台)作为间接动力源，传动刀架使它作轴向运动。在图 3-60中，这条传动链为，工件 $-7-8-u_f-9-10-$ 丝杠。简单运动没有内联系传动链，只有外联系传动链。这个外联系传动链是进给传动链。刀架移动的速度只影响加工表面的粗糙度，不影响导线的直线形状。

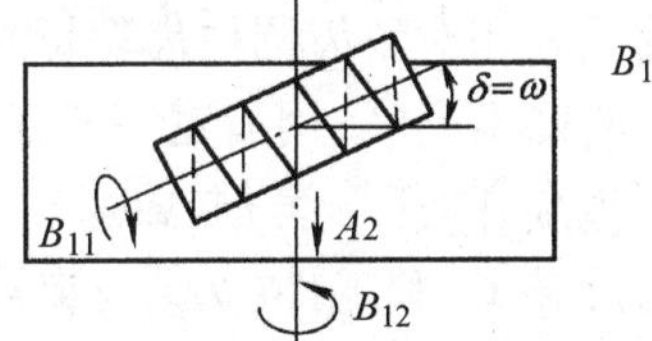

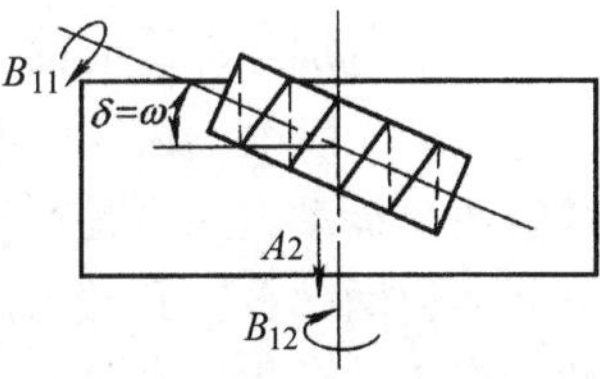

图 3-60　滚切直齿圆柱齿轮时滚刀安装角

综上所述，滚切直齿齿轮时，用展成法和相切法加工轮齿的齿面。

以上各种运动及其各传动链之间的联系在传动原理图如图 3-59 所示，共有三条传动链。主运动链(点 1 至点 4)把运动和动力从电动机传至滚刀，实现主运动。其中点 2 至点 3 为主运动的换置器官 u_v，传动比值 u_v用来调渐开线成形运动速度的快慢。显然，这个调整换置属于渐开线成形运动速度参数的调整。它取决于滚刀材料及其直径、工件材料、硬度、模数、精度和表面粗糙度。

传动原理图中的各条传动链可以用结构式表示：

a. 产生渐开线的展成运动

电动机→1→2→u_v→3→4→滚刀(B_{11})

↓

5→u_x→6→7→工件(B_{12})

电动机经 4 至滚刀旋转 B_{11} 为外联系传动链(主运动链)，滚刀旋转 B_{11} 至工件转动 B_{12}是内联系传动链(展成传动链)。

b. 产生直线的竖直进给运动

(电动机→1→2→u_v→3→4→5→u_x→6)7→工件(B_{12})

↓

8→u_f→9→10→刀架(A_2)

括号内的部分(电动机至7)为借用的动力源传入路线，工件转动 B_{12} 至刀架移动 A_2 是外联系传动链(进给传动链)。

滚刀安装　滚刀刀齿是沿螺旋线分布的，螺旋升角为 ω。加工直齿圆柱齿轮时，为了使滚刀刀齿排列方向与被切齿轮齿槽方向一致，滚刀轴线与被切齿轮端面间被安装成一角度 δ，称滚刀安装角，它等于滚刀螺旋升角 ω。用右旋滚刀加工直齿齿轮安装角，如图 3-60(a)示，用左旋滚刀时如图 3-60(b)示。图中虚线表示滚刀与齿坯接触一侧滚刀螺旋线方向。

(2)滚切斜齿圆柱齿轮

①机床运动和传动原理：斜齿圆柱齿轮和直齿准确齿轮一样，端面上齿廓都是渐开线。但斜齿圆柱齿轮齿长方向不是直线，而是一条螺旋线。它类似于圆柱螺纹的螺旋线，只不过加工螺纹时的导程相对斜齿圆柱齿轮螺旋线导程小。而斜齿轮螺纹导程通常都超过 1 m 以上，齿宽一般都不大(常用齿宽一般在 50mm 以内)。加工斜齿圆柱齿轮仍需要两个运动，一个是产生渐开线(母线)展成运动。这个运动与加工直齿齿轮时相同，也分解为两部分，即滚刀旋转 B_{11} 和工件(齿坯)旋转 B_{12}；另一个是产生螺旋线(导线)的成形运动，但这是复合运动。它也分解为两部分，即刀架(滚刀)直线移动 A_{21} 和工件附加转动 B_{22}。

这个运动与车削螺纹时产生螺旋线运动有相同之处，即为了形成螺旋线都需要刀具沿工件轴向移动一个导程时，工件必须转一转。但这两种加工形成母线方法完全不同。车削螺纹时用成形法，不需要成形运动，而滚齿时用展成法，滚刀与工件作连续的展成运动，即滚刀转一周时，工件必须转过一个齿(使用单头滚刀时)，这就是说，形成渐开线时工件必须进行旋转运动 B_{12}。为了形成螺旋线，工件还必须在 B_{12} 的基础上再补充一个转动 B_{22}，它是附加在 B_{12} 上的，称为工件附加转动。滚切斜齿圆柱齿轮所需的运动如图 3-61 所示。

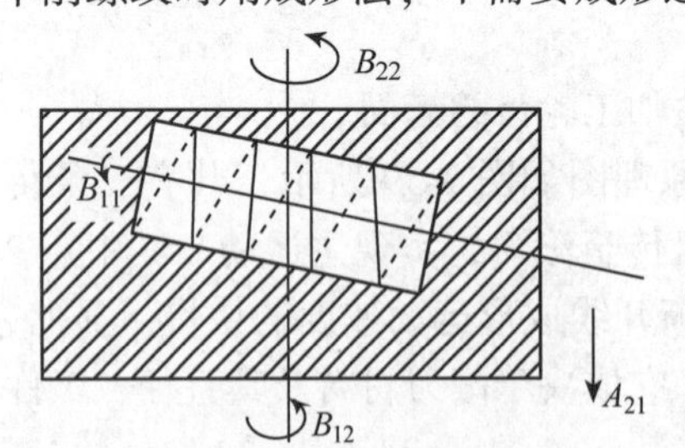

图 3-61　滚切斜齿圆柱齿轮所需的运动

滚切斜齿圆柱齿轮时形成渐开线和螺旋线时的运动部是复合运动，都分解为两部分，故每个运动都需一条内联系传动链和一条外联系传动链，如图 3-62 所示。展成运动内联系传动链为：滚刀 - 4 - 5 - u_x - 6 - 7 - 工件，这条传动链称为展成链。展成运动外联系传动链为：电动机 - 1 - 2 - u_v - 3 - 4 - 滚刀。这条传动链称为主运动链。滚切斜齿圆柱齿轮时的展成链和主运动链与滚切直齿圆柱齿轮时相同。

产生螺旋线运动的外联系传动链为：工件 - 7 - 8 - u_f - 9 - 10 - 丝杠，这条传动链称为进给链，它也与加工直齿圆柱齿轮时相同。产生螺旋线需要一条内联系传动链，联

接刀架移动 A_{21} 和工件附加转动 B_{22}，以保证当刀架直线移动距离为螺旋线的一个导程时，工件的附加转动正好转过一转，这条内联系传动链称差动传动链。图3-62中，差动传动链是：丝杠－10－11－u_y－12－7－工件。传动链中换置器官（点11～点12）的传动比 u_y 应根据被加工齿轮的螺旋线导程调整，这是用于螺旋线成形运动的轨迹参数调整。

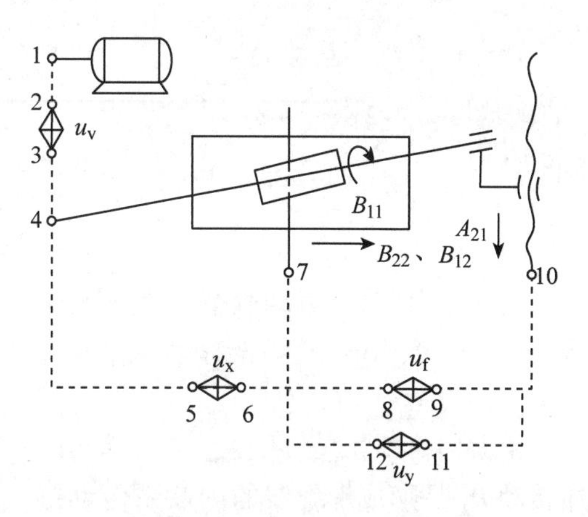

图3-62　滚切斜齿圆柱齿轮的传动链

由图3-62看出，展成运动传动链要求工件转动 B_{12}，差动传动链又要求工件附加转动 B_{22}，这两个运动同时传给工件，在图3-62的点7必然发生干涉，因比在传动链中须用合成机构。图3-63为滚切斜齿圆柱齿轮的传动原理图。图中Σ合成机构，它把来自滚刀运动（点5）和来自刀架运动（点15）通过合成机构同时传给工件。传动原理图（图3-63）中所示运动及其传动链也可用结构式表示出来。

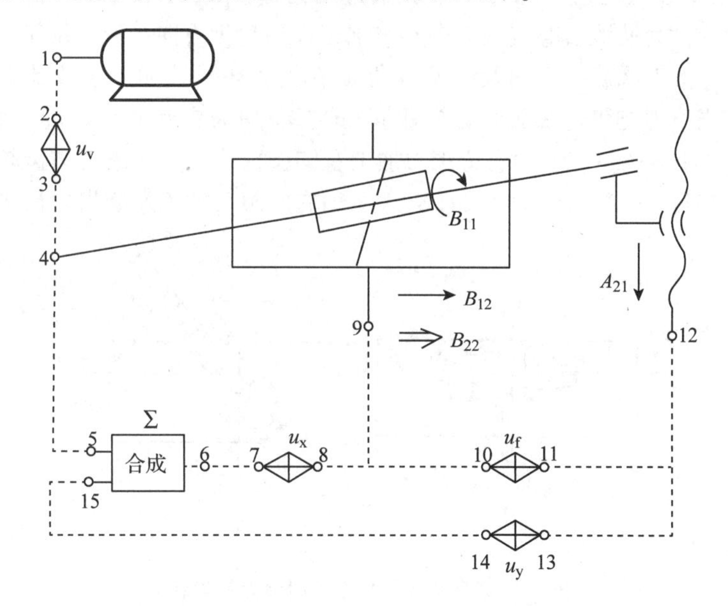

图3-63　滚切斜齿圆柱齿轮传动原理图

产生渐开线的展成运动

电动机→1→2→u_v→3→4→滚刀（B_{11}）

↓

5→Σ→6→7→u_x→8→9→工件（B_{12}）

电动机经4至滚刀旋转 B_{11} 为展成运动的外联系传动链，用于连接动力源，使滚刀产生主运动，称为主运动传动链，滚刀旋转 B_{11} 经4、5…至工件转动 B_{12} 是展成运动的内联系传动链，由它产生轮齿的渐开钱，称为展成运动传动链。

产生螺旋线的差动运动

$$\left(\begin{array}{l}\text{电动机}\rightarrow 1\rightarrow 2\rightarrow u_v\rightarrow 3\rightarrow 4\\ \qquad\qquad\qquad\qquad\quad\ \downarrow\\ \qquad\qquad\qquad\qquad\quad 5\rightarrow\end{array}\right)\quad \begin{array}{l} B_{22}\leftarrow 9\rightarrow 10\rightarrow u_f\rightarrow u_f\rightarrow 11\rightarrow 12\rightarrow A_{21}\\ (\text{工件})\uparrow \qquad\qquad\qquad\qquad\qquad\quad \vdots\ (\text{刀架})\\ \Sigma\rightarrow 6\rightarrow 7\rightarrow u_x\rightarrow 8 \qquad\qquad\qquad\quad \downarrow\\ \uparrow\\ 15\leftarrow - - - - 14\leftarrow - - - - - - u_y\leftarrow - - - - - - 13\end{array}$$

大括号内部分(电动机至5)为借用动力源传入路线。当借用动力源使工件(工作)转动后，经9、10…至刀架移动 A_{21} 是产生螺旋运动外联系传动链，也称为轴向进给传动链。

由刀架移动 A_{21} 经过12、13、14、15，通过合成机构Σ及点6、7、8、9至工件附加转动 B_{22} 是形成螺旋线的内联系传动链。这个传动联系是通过合成机构的差动作用，使工件得到附加的转动，所以此传动联系一般称为差动传动链。可见，滚切斜齿圆柱齿轮的传动联系，除差动传动链外，与滚切直齿齿轮时相同。

滚齿机既可用来加工直齿圆柱齿轮，又可用来加工斜齿圆柱齿轮，因此，滚齿机是根据滚切斜齿圆柱齿轮的传动原理图设计的。当滚切直齿圆柱齿轮时，就将差动传动链断开(换置器官不挂挂轮)，并把合成机构通过结构调整成为一个如同"联轴器"的整体。

②滚刀安装：为使滚刀螺旋线方向和被加工齿轮轮齿方向一致，加工前，要调整滚刀安装角。它与滚刀螺旋线方向及螺旋升角 ω 有关，还与被加工齿轮螺旋线方向及螺旋角 β 有关。当滚刀与齿轮螺旋线方向相同(即二者均为右旋或者左旋)时，滚刀安装角 $\delta=\beta-\omega$，图3-64(a)表示用右旋滚刀加工右旋齿轮情况。当滚刀与齿轮螺旋线方向相反时，其安装角 $\delta=\beta+\omega$，图3-64(b)表示用右旋滚刀加工左旋齿轮情况。

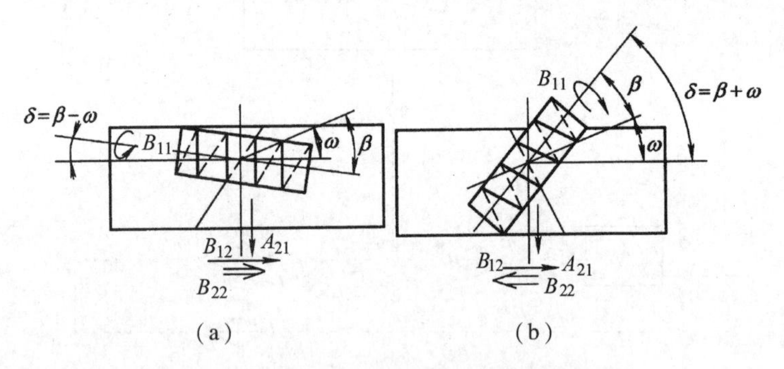

图3-64　滚切斜齿圆柱齿轮时滚刀的安装角

③工件附加转动方向：滚切斜齿圆柱齿轮时，为了形成螺旋线，工件附加转动 B_{22} 方向也同时与滚刀的螺旋线方向和被加工齿轮螺旋线方向有关。例如，当用右旋滚刀加工右旋齿轮时，如图3-64(a)所示，形成齿轮螺旋线过程如图3-65(a)所示。图中 ac' 是斜齿圆柱齿轮轮齿齿线，滚刀在位置Ⅰ时，切削点正好是 a 点。

当滚刀下降 Δf 距离到达位置Ⅱ时，要切削的直齿圆柱齿轮轮齿 b 点正对着滚刀切削点。但对滚切右旋斜齿齿轮来说，需要切削的是 b' 点，而不是 b 点。因此在滚刀直线下降 Δf 过程中，工件转速应比滚切直齿齿轮时要快一些，即把要切削的 b' 点转到现在图3-65中滚刀对着的 b 点位置上。当滚刀移动一个螺旋线导程时，工件应在展成运动

B_{12}基础上多转一周，即附加+1周(B_{22})。同理，用于旋向相反，滚刀竖直移动一个螺旋线导程时，工件应少转一周，即附加-1周。

类似分析知，滚刀竖直移动工件螺旋线导程的过程中，当滚刀与齿轮螺旋线方向相同时，工件应多转一周；当滚刀与齿轮螺旋线方向相反时，工件应少转一周。工件作展成运动B_{12}和附加转动B_{22}的方向如图3-65中箭头所示。

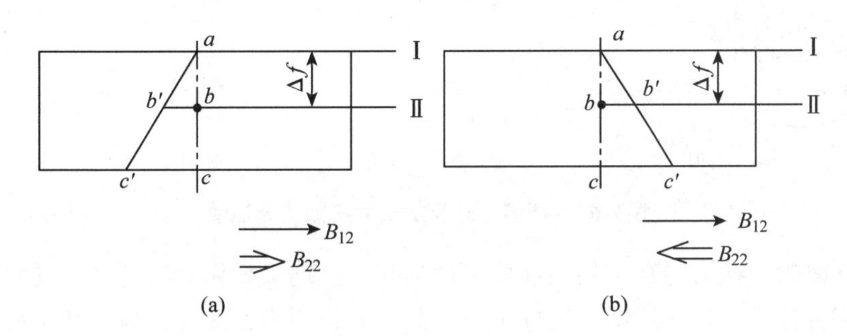

图3-65　滚切斜齿时工件附加转动的方向

3.8.4　其他齿轮加工机床

3.8.4.1　插齿机

插齿机用来加工内、外啮合的圆柱齿轮的轮齿齿面，尤其适合于加工内齿轮和多联齿轮中的小齿轮，这是滚齿机无法加工的(图3-66)。但插齿机不能加工蜗轮。

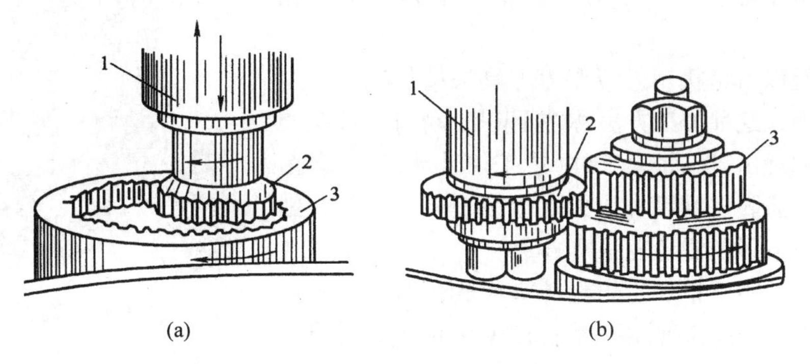

图3-66　内外齿轮的插齿

(a)内齿轮插齿　(b)外齿轮插齿

1. 主轴　2. 插齿刀　3. 工件

插齿机加工原理类似一对圆柱齿轮相啮合，其中一个是工件，另一个是齿轮形刀具(插齿刀)，其模数和压力角与被加工齿轮相同，插齿机是按展成法来加工圆柱齿轮的。

图3-67表示插齿原理及加工时所需的成形运动。其中插齿刀旋转B_{11}和工件旋转B_{12}组成复合的成形运动——展成运动。这个运动用以形成渐开线齿廓。插齿刀上下往复运动A_2是一个简单成形运动，用以形成轮齿齿面导线——直线(加工直齿圆柱齿轮时)。当需要插削斜齿齿轮时，插齿刀主轴是在一个专用螺旋导轮上移动，这样，在上下往复移动时，由于导轮的导向作用，插齿刀还有一个附加转动。

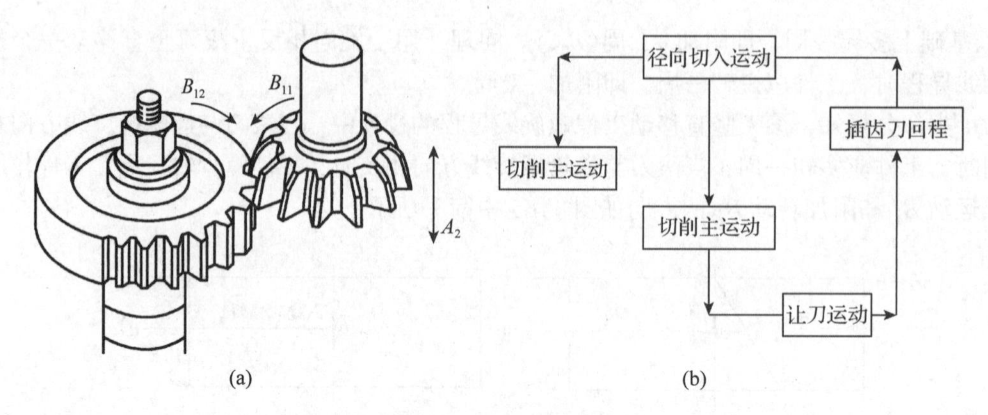

图 3-67 插齿原理及加工时所需成形运动

插齿开始时，插齿刀和工件以展成运动的相对运动关系作对滚运动，同时，插齿刀又相对于工件作径向切入运动，直到全齿深时，停止切入，这时插齿刀和工件继续对滚（即插齿刀以 B_{11}，工件以 B_{12} 相对运动关系转动），当工件再转过一圈后，全部轮齿就切削出来。然后插齿刀与工件分开，机床停机。因此，插齿机除了两个成形运动外，还需要一个径向切入运动。此外，插齿刀在往复运动的回程时不切削，为了减少刀刃的磨损，机床上还需要有让刀运动，使刀具在回程时径向退离工件，切削时再复原。

3.8.4.2 剃齿机

剃齿机，是一种齿轮精加工用的金属切削机床（图 3-68）。

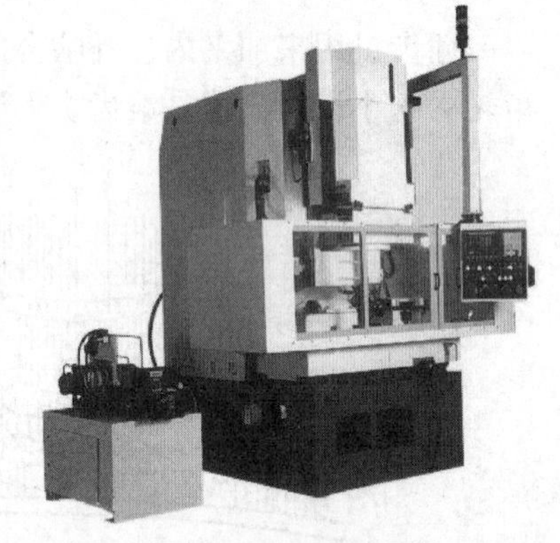

图 3-68 剃齿机

剃齿机以齿轮状剃齿刀作为刀具来精加工已加工出齿轮齿面，这种加工方法称“剃齿”。剃齿机按螺旋齿轮啮合原理由刀具带动工件（或工件带动刀具）自由旋转对圆柱齿轮进行精加工，在齿面上剃下发丝状细屑，以修正齿形和提高表面光洁度。

剃齿机适用于精加工未经淬火齿轮，通常用于对预先经过滚齿或插齿硬度不大于 HRC48 的直齿或斜齿轮进行剃齿，加附件后还可加工内齿轮。被加工齿轮最大直径可达 5m，但以 500mm 以下中等规格剃齿机使用最广。剃齿精度为 7 ~ 6 级（JB 179—1983），表面粗糙度 0.63 ~ 0.32μm。

剃齿机有卧式和立式两种。卧式剃齿机有两种结构：一种刀具位于工件上面，机床结构紧凑，占地面积小，广泛应用于成批大量生产中小型齿轮的汽车、拖拉机和机床等行业；另一种刀具位于工件后面，工件装卸方便，主要用于加工大中型齿轮和轴齿轮。大型剃齿机多为立式，主要用于机车、矿山机械和船舶制造部门。

3.8.4.3 珩齿机

利用齿轮式或蜗杆式珩轮对淬火圆柱齿轮进行精加工的齿轮加工机床（图 3-69）。

珩齿机是按螺旋齿轮啮合原理工作的，由珩轮带动工件自由旋转。珩轮一般由塑料和磨料制成。珩齿作用是降低齿面粗糙度，在一定程度上也能纠正齿向和齿形的局部误差。珩齿生产效率较高。珩齿机广泛应用于汽车、拖拉机和机床等制造业。

图3-69 珩齿机

珩齿机按所用珩轮的形式分为齿轮珩轮珩齿机和蜗杆珩轮珩齿机两种。

珩齿原理与剃齿相似，珩轮与工件类似于一对螺旋齿轮呈无侧隙啮合，利用啮合处的相对滑动，并在齿面间施加一定的压力来进行珩齿。珩齿机适用于各种直齿、斜齿及台肩齿轮淬硬后的精整加工，也可作为齿轮磨削后的精整加工。

3.9 数控机床

3.9.1 数控机床的产生和发展

数控技术即数字控制(Numerical Control)技术，是近代发展起来的用数字化信息进行控制的自动控制技术。它是综合了计算机、自动控制、电力拖动、测量、机械制造等多学科技术而形成的一门高新技术。由于数控技术较早地应用于机床装备中，所以，狭义地数控技术是指机床数控技术。

数控机床是采用了数控技术的机床。或言之，数控机床是一个装有数控系统的机床，该系统能逻辑地处理使用代码或其他符号编写的程序。在被加工零件或工序变换时，它只需改变加工程序就可实现新的加工。所以，数控机床是一种灵活性很强、技术密集度很高的机电一体化加工设备。

数控机床最早产生于美国。1948 年，美国帕森斯公司在研制加工直升机叶片轮廓检查用样板的机床时，提出了数控机床的设想。后受美国空军委托，该公司与麻省理工学院合作，于1952 年研制了世界上第一台三坐标数控立式铣床。1960 年开始，德国、日本、中国等国家陆续地开发、生产及使用数控机床。中国于1968 年由北京第一机床厂研制出我国第一台数控机床。

由于微电子、计算机技术的不断发展，数控机床的数控系统一直在不断更新，到目前为止，已经历了以下变化。

第一代数控：1952—1959 年，采用电子管构成的硬件数控系统；

第二代数控：1960—1965 年，采用晶体管电路构成的硬件数控系统；

第三代数控：1966—1970 年，采用中、小规模集成电路的硬件数控系统；

第四代数控：1971—1974 年，采用大规模集成电路的小型通用计算机数控系统；

第五代数控：1975—1990 年，采用微型计算机控制的数控系统；

第六代数控：1991—现在，采用通用个人计算机——PC 机的 CNC 数控系统。

前三代为第一阶段，数控系统主要由硬件联结构成，称为硬件数控阶段；后三代为第二阶段，数控系统的功能主要由软件来完成，称为软件数控阶段。软件数控也称为计算机数控，即CNC(Cumputer Numerical Control)数控。

数控机床的品种规格繁多，分类方法不一。根据数控机床的功能、结构、组成不同，可以从控制方式、伺服系统类型、功能水平、工艺方法几个方面进行分类，见表3-5。

表3-5 数控机床的分类

分类方法	数控机床类型		
按运动控制方式分	点位控制数控机床	直线控制数控机床	轮廓控制数控机床
按伺服系统类型分	开环数控机床	半闭环数控机床	闭环数控机床
按功能水平分	经济型数控机床	中档数控机床	高档数控机床
按工艺方法分	金属切削数控机床	金属成形数控机床	特种加工数控机床

(1)按运动控制方式分类

根据数控机床的运动控制方式不同，可将数控机床分成点位控制、直线控制、轮廓控制三种类型，如图3-70所示。

①点位控制数控机床：点位控制数控机床的特点是机床的运动部件只能从一个位置到另一个位置的精确定位，而对运动轨迹则无严格要求。在机床运动部件的移动中，不进行切削加工。典型的点位控制数控机床有数控钻床、数控冲床、数控点焊机等。

②直线控制数控机床：直线控制数控机床的特点是机床的运动部件不仅要实现从一个位置到另一个位置的精确定位，而且要求机床的运动部件(如工作台或刀具)以给定的进给速度，沿平行于坐标轴的方向或与坐标轴成45°的方向进行直线移动或切削加工。目前，具有这种运动控制方式的数控机床很少。

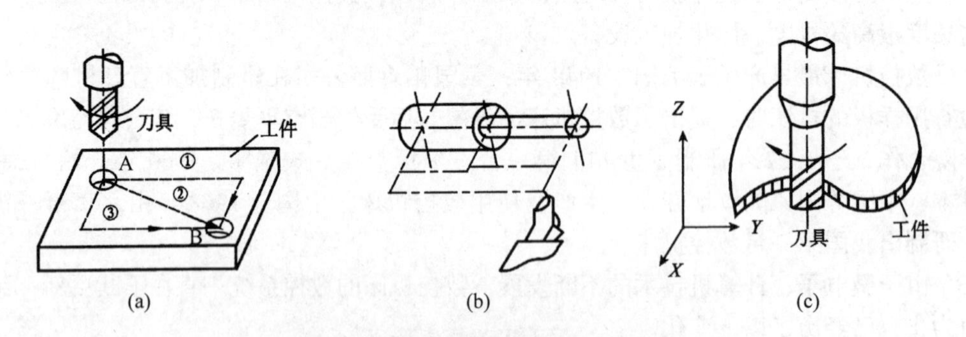

图3-70 数控系统的运动控制方式
(a)点位控制方式 (b)直线控制方式 (c)轮廓控制方式

③轮廓控制数控机床：轮廓控制数控机床的特点是机床的运动部件能实现两个或两个以上坐标轴的联动控制，使刀具与工件之间的相对运动符合工件轮廓要求。该类机床不仅要求控制机床运动部件的起点与终点坐标位置，而且要求对整个加工过程中每一点的位移和速度进行严格的连续控制。

典型的轮廓控制数控机床有数控车床、数控铣床等。

对于轮廓控制数控机床根据同时控制坐标轴的数目，可分为 2 轴、$2\frac{1}{2}$轴、3 轴、4 轴、5 轴联动，如图 3-71 所示。

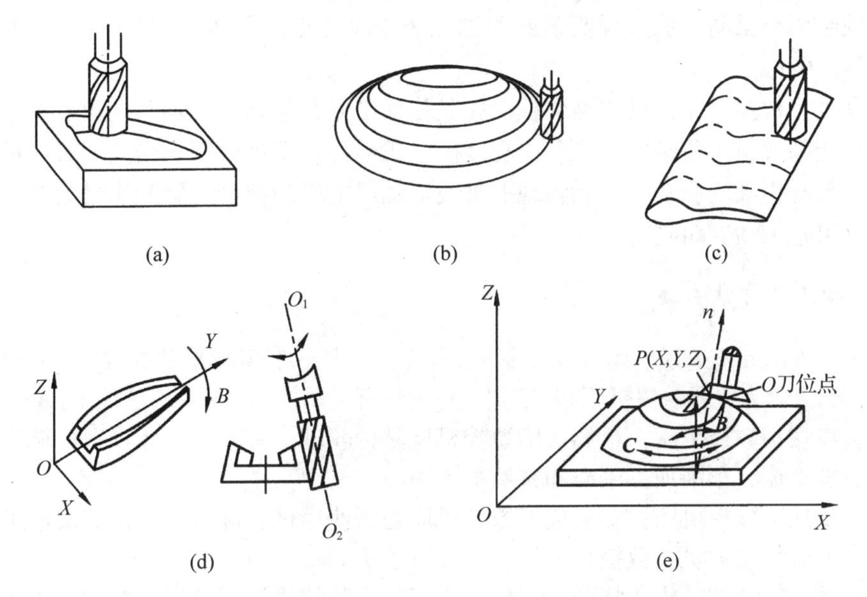

图 3-71　二至五轴联动加工示意图

(a) 两轴联动加工　(b) 两轴半联动加工　(c) 三轴联动加工　(d) 四轴联动加工　(e) 五轴联动加工

(2) 按伺服系统类型分类

根据数控机床伺服驱动方式的不同，可将数控机床分成开环控制、闭环控制、半闭环控制 3 种类型。

①开环控制数控机床：没有位置检测装置的数控机床称为开环控制数控机床。数控装置发出的控制指令直接通过驱动装置控制电机的运转，然后通过机械传动转化成刀具或工作台的位移。但是，由于这种控制系统没有检测装置，无法通过反馈自动进行误差检测和校正，因此位置精度一般不高。

②闭环控制数控机床：闭环控制数控机床带有位置检测装置，而且位置检测装置安装在刀架或工作台等执行部件上，用以随时检测这些执行部件的实际位置。这种闭环控制方式可以消除传动误差，因此可以得到很高的加工精度。但结构较复杂，价格较贵。

③半闭环控制数控机床：半闭环控制数控机床也带有位置检测装置，它的检测装置安装在伺服电机上或丝杠的端部。通过检测伺服电机或丝杠的的角位移间接地计算出工作台等执行部件的实际位置，然后与指令位置进行比较，进行差值控制。这种控制方式的精度介于上述二者之间。

(3) 按功能水平分类

按数控系统的功能水平，数控机床可以分为经济型、中档型和高档型 3 种类型。

①经济型数控机床：经济型数控机床的进给驱动一般是由步进电机实现的开环驱动，功能简单、价格低廉、精度中等。一般控制轴数在三轴以下，脉冲当量多为10μm，进给速度在10m/min以下。

②中档型数控机床：中档型数控机床也称标准型数控机床。多采用交流或直流伺服电机实现半闭环驱动，能实现四轴或四轴以下联动控制。脉冲当量为1μm，进给速度为15~24m/min。

③高档型数控机床：高档型数控机床是指加工复杂形状的多轴联动数控机床或加工中心。功能强大、工序集中、自动化程度高、柔性高。采用数字化交流伺服电机实现闭环驱动，具有主轴伺服功能，能实现五轴或五轴以上联动控制。脉冲当量为0.1~1μm，进给速度可达100m/min以上。

(4)按工艺方法分类

按工艺方法分，数控机床可分为金属切削数控机床、金属成形数控机床和特种加工数控机床，也可分为普通数控机床和加工中心(指带有自动换刀装置——ATC的数控机床)。

①金属切削数控机床：金属切削数控机床品种较多，有数控车床、数控铣床、数控钻床、数控磨床、车削加工中心和铣镗加工中心。

②金属成形数控机床：金属成形数控机床是指使用挤、冲、压、拉等成形工艺的数控机床，如数控压力机、数控折弯机、数控弯管机等。

③特种加工数控机床：特种加工数控机床是指数控线切割机床、数控电火花成形机床、数控激光加工机床等。

3.9.2 数控机床的组成和原理

数控机床一般由数控装置(CNC装置)、可编程逻辑控制器(PLC)、伺服系统、检测装置和机械部分组成，如图3-72所示。

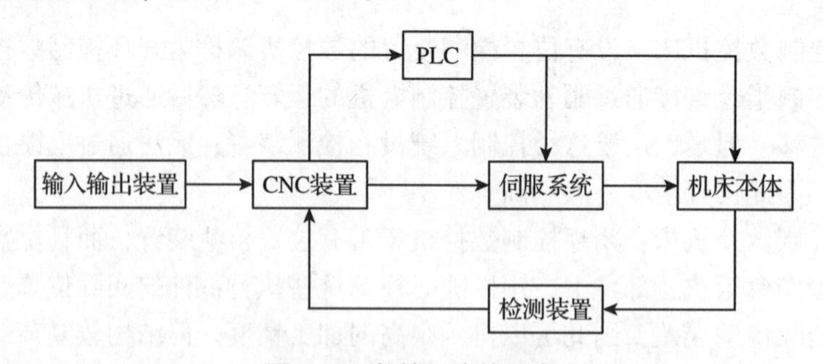

图3-72 数控机床的组成

(1)数控装置(CNC装置)

CNC装置是数控系统的核心。CNC装置实际上就是一台专用的计算机系统。它除具有普通PC机的全部组成外，还配有专用的接口电路，如位置控制器、手轮接口等。CNC装置通过数据输入/输出、数据存储、译码处理、插补运算、位置控制，控制数控机床的执行部件运动，从而实现零件的加工。

CNC装置是通过编译和执行内存中的数控加工程序来实现多种数控功能的。CNC装置一般具有以下基本功能：坐标控制(XYZAB代码)功能、主轴转速(S代码)功能、准备功能(G代码)、辅助功能(M代码)、刀具功能(T代码)、进给功能(F代码)、插补功能、自诊断功能等。有些功能可以根据实际情况进行选择，如固定循环功能、刀具补偿功能、通信功能、特殊的准备功能(G代码)、人机对话编程功能、图形显示功能等。不同类型、不同档次的数控机床，其CNC装置的功能有很大的不同。CNC系统制造厂商或供应商会向用户提供详细的CNC功能的具体说明书。

(2)PLC

在数控系统中，除了进行运动控制——轮廓轨迹控制和点位控制外，还应控制一些开关量，如主轴的启动与停止、冷却液的开与关、换刀、工作台的夹紧与松开等。这在数控系统中主要由PLC来完成。

对于专门用于数控机床的PLC又称为PMC。现代数控机床通常采用PLC完成以下几个功能：①M、S、T功能；②机床外部开关量信号控制功能；③伺服控制功能；④报警处理功能；⑤其他装置互联控制功能。

在数控机床上，PLC通常有两种类型：内装型PLC和外装型PLC。这两种PLC的工作原理基本相同，但在性能、价格及信号传输上有较大的不同。

(3)伺服系统

伺服系统即伺服驱动装置，它是CNC装置与机床本体的联系环节，它把来自CNC装置的微弱信号调解、转换、放大后输出给伺服驱动电机，通过执行部件驱动机床运动。伺服系统包括主轴伺服单元、进给伺服单元、刀库伺服单元及相应的伺服电机等。

伺服系统分为步进电机伺服系统、直流伺服系统、交流伺服系统、直线伺服系统。伺服系统早期为步进电机伺服系统、直流伺服系统。20世纪80年代以后，交流伺服系统逐渐取代了原来的伺服系统，上升为主导地位。而且，最新的交流伺服系统其电流环、速度环、位置环均已采用数字化控制。直线伺服系统是一种新型高速、高精度的伺服机构，已开始在数控机床中使用。

(4)检测装置

检测装置主要用于闭环、半闭环系统。它是用来检测机床运动部件的位移、速度的大小的传感器。常用的检测装置有旋转变压器、感应同步器、光电编码器、光栅、磁栅等。

机床依靠各个部件的相对运动实现零件的加工。在普通机床上，加工过程主要是由人来控制。而在数控机床上，机床各个部件的相对运动和动作则是由数控装置——即计算机系统以数字指令方式自动控制。所以，数控机床上零件的加工是自动完成的。

数控机床是以存储并执行程序的方式进行工作的。具体而言，数控机床的工作原理就是：数控系统按照程序的要求，经过信息处理、分配，使坐标移动若干个最小位移量，从而实现刀具与工件的相对运动，完成零件的加工。

数控加工过程如下：首先，依据零件图编写数控程序，然后将程序输入到数控装置——计算机系统中。数控系统自动运行数控程序，就可以按程序的内容控制数控机床各个部件的相对运动和动作，实现零件的自动加工。

3.9.3 数控机床的机械结构

在数控机床发展的初期，人们通常认为，只要在传统机床上装上数控装置就能成为一台完善的数控机床。但随着数控技术的发展，对数控机床的生产率、加工精度、寿命提出了更高的要求。这样就逐步改变了原来的认识。传统机床存在结构刚性不足、抗振性差、滑动摩擦阻力较大、传动间隙引起的误差等缺点。因此，数控机床必须在机械结构上加以改进，才能与高性能数控系统配合，大幅度提高数控机床的性能。

数控机床的加工特点决定了其机械结构的特点。数控机床的加工特点是：工序集中、强力切削、高精度、自动化。所以，其机械结构的特点相应就是：高强度、高刚度、高抗振性、高热稳定性和高可靠性。

数控机床的机械结构与普通机床的机械结构相比，具有如下特点：①支承件的高刚度化；②传动机构简约化；③传动元件精密化；④辅助操作自动化。

数控机床的机械结构和普通机床相似，同样具有床身、立柱、导轨、工作台、刀架等主要部件。数控机床在机械结构上包括主运动系统、进给运动系统、导轨、自动换刀装置等。为了使数控机床具有高精度、高切削速度，上述部件必须具有高精度、高刚度、高抗振性、低惯量、低摩擦、适当的阻尼比等特性。

3.9.4 数控技术的发展

近年来，随着科学技术的发展，特别是先进制造技术的兴起和不断成熟，对数控技术提出了更高的要求。目前，数控技术主要朝以下方向发展：

(1)高精度、高速度

在加工精度方面，现在的数控机床加工精度已普遍达到1~5μm，精密数控机床可达0.1μm，超精密数控机床更是进入了纳米级——0.001μm。

在加工速度方面，数控机床的主轴转速基本达到10000r/min以上，进给速度达到60m/min以上，进给加速度、减速度达到1g以上。例如，美国的CINCINNATI公司生产的HyperMach数控机床，其进给速度最大达到60m/min，快速为100 m/min，加速度达2g，主轴转速已达60000r/min。

(2)柔性化、功能集成化

数控机床在提高单机柔性化的同时，朝单元柔性化、系统化方向发展，如出现了数控多轴加工中心，换刀换箱式加工中心等高柔性设备。并且向柔性制造单元FMC(Flexible Manufacturing Cell)、柔性制造系统FMS(Flexible Manufacturing System)、柔性加工线FML (Flexible Manufacturing Line)方向发展。

在现代数控机床上，自动换刀装置、自动工作台交换装置等已成为基本装置。随着数控机床向柔性化方向发展，功能集成化更多地体现在：工件自动装卸、工件自动定位、自动对刀、自动测量与补偿、集钻、车、镗、铣、磨为一体的“万能加工”和集装卸、加工、测量为一体的“完整加工”等。

(3)智能化

随着人工智能在计算机领域的不断渗透和发展，数控系统正在向智能化方向发展。在新一代数控系统中，由于采用“进化计算(Evolutionary Computation)”“模糊系统(Fuzzy System)”“神经网络(Neural Network)”等控制机理，性能大大提高，具有加工过程的自适应控制、负载自动识别、工艺参数自生成、运动参数动态补偿、智能诊断、智能监控等功能。

(4)高可靠性

为提高数控机床的可靠性，目前主要采取了以下措施：

①采用集成度更高的电路芯片，采用大规模或超大规模的专用及混合式集成电路，以减少元器件的数量，提高可靠性。

②通过硬件功能软件化，硬件结构的模块化、标准化、通用化及系列化，提高硬件的生产批量和质量。

③增强故障自诊断、自恢复和保护功能，对系统内硬件、软件和各种外设进行故障诊断、报警。当发生加工超程、刀损、干扰、断电等各种意外时，自动进行相应地保护。

(5)网络化

数控机床的网络化将极大地满足柔性制造系统FMS、柔性加工线FML、制造企业对信息集成的需求，也是实现新的制造模式，如敏捷制造(Agile Manufacturing，AM)、虚拟企业(Virtual Enterprise，VE)、全球制造(Global Manufacturing，GM)的基础单元。目前，先进的数控系统为用户提供了强大的联网能力，除了RS232C接口外，还带有远程缓冲功能的DNC接口，可以实现多台数控机床间的数据通信和直接控制。

(6)标准化

数控标准是制造业信息化发展的一种趋势。数控技术诞生后的60多年里，信息交换都是基于ISO 6983标准，即采用G、M代码对加工过程进行描述。显然，这种面向过程的描述方法已越来越不能满足现代数控技术高速发展的需要。为此，国际上正在研究和制定一种新的CNC系统标准ISO 14649(STEP—NC)，其目的是提供一种不依赖于具体系统的中性机制，能够描述产品整个生命周期内的统一数据模型，从而实现整个制造过程，乃至各个工业领域产品信息的标准化。

(7)驱动并联化

并联机床(又称虚拟轴机床)是20世纪最具革命性的机床运动结构的突破，引起了

图3-73 并联机床

普遍关注。并联机床(图3-73)由基座、平台、多根可伸缩杆件组成。每根杆件的两端通过球面支承分别将运动平台与基座相连，并由伺服电机和滚珠丝杠按数控指令实现伸缩运动，使运动平台带动主轴部件或工作台部件做任意轨迹的运动。

由并联、串联同时组成的混联式数控机床不但有并联机床的优点，而且在使用上更具有实用价值，是一类很有前途的数控机床。

本章小结

金属切削机床是切削加工机器零件的主要设备，不同的机床的组成、功用、运动和加工特点及工艺范围各有不同。本章主要研究普通机床如车床、钻床、镗床、铣床、刨床、磨床、镗床、齿轮加工机床等机床的分类、结构、运动、传动系统、工艺范围等，重点分析CA6140型普通车床的运动分析、典型结构、传动原理及传动系统等，以能够根据所要加工零件的工艺要求，结合机床的特点，合理地选择机床。本章还简介了数控机床的传动、数控机床的特点及应用范围、数控机床编程的内容和步骤等。

思考题

3-1 在CA6140型车床上车削$P=10$mm的公制螺纹，试指出能够加工这一螺纹的传动路线有哪几条？

3-2 为什么卧式车床主轴箱的运动输入轴常采用卸荷式带轮结构？

3-3 CA6140型车床主传动链中，能否用双向牙嵌式离合器或双向齿轮式离合器代替双向多片式摩擦离合器，实现主轴的开停及换向？在进给传动链中，能否用单向摩擦离合器或电磁离合器代替齿轮式离合器M3、M4、M5？

3-4 CA6140型车床的进给传动系统中，主轴箱和溜板箱中各有一套换向机构，它们作用有何不同？能否用主轴箱中的换向机构来变换纵、横向机动进给的方向？为什么？

3-5 卧式车床进给传动系统中，为何既有光杠又有丝杠来实现刀架的直线运动？可否单独设置丝杠或光杠？为什么？

3-6 为什么卧式车床溜板箱中要设置互锁机构？

3-7 举例说明何谓简单运动？何谓复合运动？其本质区别是什么？

3-8 举例说明何谓外联系传动链？何谓内联系传动链？其本质区别是什么？

3-9 机床按加工性质和所使用的刀具可分为几类？其类代号用什么表示？

3-10 画简图表示用下列方法加工所需表面时需要哪些成形运动，其中哪些是简单运动？哪些是复合运动？

①用成形车刀车削外圆锥面。

②用钻头钻孔。

③用成形铣刀铣削直线成形面。

④用插齿刀插削直齿圆柱齿轮。

3-11　铣削加工的特点是什么？对机床有何要求？

3-12　顺铣和逆铣各有何特点？X6232 型铣床采用什么方法解决顺铣时工作台的窜动？说明其工作原理。

3-13　万能外圆磨床上磨削圆锥面有哪几种方法？各适用于什么场合？

3-14　钻床的结构特点是什么？

3-15　镗床主要加工表面特征有哪些？

3-16　简述滚齿机滚切斜齿圆柱齿轮传动原理。

3-17　数控机床由哪几部分组成？各部分的作用是什么？

3-18　简述数控机床的工作原理。

3-19　数控机床的机械结构的特点是什么？

第4章

机械加工工艺规程的制定

[本章提要]

机械加工工艺过程是生产过程的重要组成部分，它是采用机械加工、电加工、超声波加工、电子束加工，离子束加工、激光束加工及化学加工等方法来加工工件，使之达到所要求的形状、位置、尺寸、表面粗糙度和力学物理性能，成为合格零件的过程。制定加工工艺规程是根据技术要求、生产纲领和零件的结构及综合考虑产品制作成本和市场需求情况下，规定工艺过程和操作方法等，并写成工艺文件，是进行生产准备，安排生产计划、调度、工人操作、质量检查等的依据；也是新建或扩建车间的原始依据。本文重点介绍机械加工工艺制定的基础知识。

任何一种机械产品都是由许多零件装配而成的。一般零件可选择不同的材料、加工方法制成毛坯，再经机械加工达到零件图规定的加工精度、表面质量和技术要求，最后通过装配保证产品的性能要求。虽然各种机械产品的性能和结构差别很大，其零件的加工工艺过程复杂程度不同，但在许多方面存在共性规律，如生产规模的大小、工艺水平的高低以及解决各种工艺问题的方法和手段都要通过机械加工工艺规程来体现。因此，机械加工工艺规程的制订是一项重要而又严肃的工作，它要求工艺人员必须具备广博的机械制造工艺基础理论知识和丰富的生产实践经验。

4.1　机械加工工艺过程概述

4.1.1　生产过程与工艺过程

4.1.1.1　生产过程

生产过程是指从原材料开始到成品出厂的劳动过程的总和，它包括直接生产过程和辅助生产过程。其中毛坯制造，零件机械加工、热处理及特种加工，产品的装配、检验、测试、油漆和涂装等主要劳动过程为直接生产过程，而原材料的采购与管理、生产的准备工作，专用工具、夹具、量具和辅具的制造，机器的包装，工件和成品的储存、运输，加工设备的维修，以及动力供应等属于辅助劳动过程。

由于产品的主要劳动过程都使被加工对象的尺寸、形状、位置表面粗糙度和力学物理性能产生了一定的变化，即与生产过程有直接的关系，故称为直接生产过程，亦称为工艺过程。而辅助生产过程虽然未使加工对象产生直接变化，但也是必不可少的。

根据机械产品的复杂程度不同，生产过程可以由一个车间或一个工厂完成，也可以由多个车间或多个工厂联合完成。不同产品的生产过程不同，即使同一产品在不同厂家生产其生产过程也各有特点，不完全相同。尽管各个厂家的生产过程各不一样，但有共同性的规律，即以最少的经济投入、最短的生产周期，生产出优质的零件和产品，以满足市场需求，服务于市场的发展。

需要注意的是，原材料和成品是一个相对概念。一个工厂(或车间)的成品可以是另一个工厂(或车间)的原材料或半成品。例如，铸造、锻造车间的成品——铸件、锻件，是机加工车间的“毛坯”，而机加工车间的成品，又是装配车间的“原材料或毛坯”。

4.1.1.2　工艺过程

(1)工艺过程的概念

产品生产过程中凡是直接改变加工对象的尺寸、形状、表面粗糙度、力学物理性能和相互位置关系的过程，称为工艺过程。传统上是指采用金属切削刀具或磨具来加工工件，使之达到所要求的尺寸、形状、位置、表面粗糙度和力学物理性能，成为合格零件的生产过程。由于制造技术的不断发展，现在所说的各种加工方法除切削和磨削外，还包括电加工、超声加工、电子束加工、离子束加工、激光束加工以及化学加工等加工方法。

当然，将工艺过程从生产过程中划分出来，只能有条件地划分到一定程度，如在机床上加工一个工件后进行尺寸测量的工作，虽然不直接改变零件的尺寸、形状、表面粗糙度、力学物理性能和相互位置关系，但与加工过程密切相关，因此也将其列在工艺过程的范围之内。

工艺过程又可具体分为铸造、锻造、冲压、焊接、机械加工、热处理、特种加工、表面处理等和装配工艺过程。

(2)机械加工工艺过程的组成

机械加工工艺过程由一个或若干个依次排列的工序组成。工序是组成机械加工工艺过程的基本单元，又可细分为安装、工位、工步和走刀。

①工序：工序是指由一个(或一组)工人在同一台机床(或同一个工作地)上，对一个(或同时对几个)工件所连续完成的那一部分工艺过程。工序是工艺过程的基本单元，是制定和计算设备负荷、工具消耗、劳动定额、生产计划和经济核算等工作的依据。

根据这一定义，工序包括四要素：一个(或一组)工人、一个工作地(指机床)、一个(或同时几个)工件、连续地加工，四要素中任何一个发生变化都将视为不同工序。现以图 4-1 所示阶梯轴的加工为例来说明。根据阶梯轴的技术要求，加工这根轴的工艺过程包含以下内容：加工两端面、钻两中心孔、粗车各外圆、精车各外圆、切退刀槽、倒角、划键槽线、铣键槽、磨外圆、检验。

随着车间加工条件和生产规模的不同，同一个零件可以有不同的工序安排，构成不同的加工方案来完成这个零件的加工。表 4-1 和表 4-2 分别表示在单件小批生产和大批大量生产中工序的划分和所用的机床、设备。

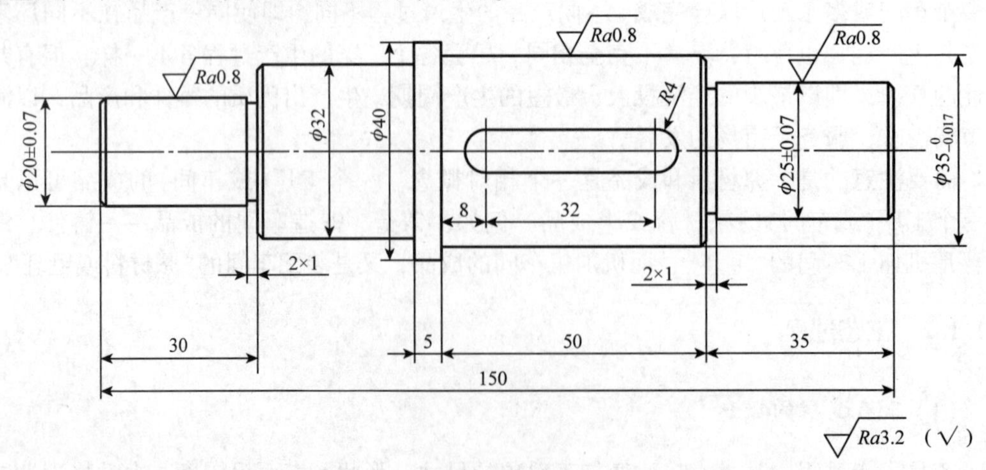

图 4-1　阶梯轴

表 4-1　阶梯轴单件小批生产的工艺过程

工序号	工 序 内 容	设 备
5	车端面、钻中心孔、粗车各外圆、精车各外圆、切退刀槽、倒角	车床
10	钳工划键槽线	钳工台
15	铣键槽	铣床
20	磨外圆	磨床
25	检验	检验台

表 4-2　阶梯轴大批大量生产的工艺过程

工序号	工 序 内 容	设 备
5	铣端面、钻两中心孔	铣钻联合机床
10	粗车各外圆	车床
15	精车各外圆、切退刀槽、倒角	车床
20	铣键槽	铣床
25	磨外圆	磨床
30	检验	检验台

从表中可以看到，随生产类型的不同，工序的划分及每一工序所包含的加工内容是不同的。

②安装：如果在一个工序中需要对工件进行多次装夹，则每次装夹后所完成的那部分工序内容称为一个安装。例如，在单件小批生产中(表 4-1)工序 5，工件需要装夹 4 次才能完成全部工序内容，因此该工序有 4 个安装，而在工序 20 有 2 个安装，详见表 4-3，其他各工序只有 1 个安装。在大批大量生产中(表 4-1)工序 5 由于采用了两端面同时加工的方法仅有 1 个安装，在工序 10、15 中有 2 个安装，其余各工序仅有 1 个安装。

表 4-3　工序、安装和工步

工序号	安装号	工步	工 序 内 容	设 备
5	1	5	车一端面、钻中心孔、粗车一端各外圆	车床
	2	5	车另一端面、钻中心孔、粗车另一端各外圆	车床
	3	5	精车一端外圆、切退刀槽、倒角	车床
	4	5	精车另一端外圆、切退刀槽、倒角	车床
20	1	2	精磨一端外圆	磨床
	2	1	精磨另一端外圆	磨床

注：表 4-1 阶梯轴单件小批生产的工艺过程中部分工序。

③工位：在工件的一次装夹后，工件在机床上相对刀具所占据的每个加工位置上所完成的那部分安装内容成为一个工位。在一个安装中，可能只有一个工位，也可能有多个工位。如采用转位或移位夹具、回转工作台及在多轴机床上加工时，工件在机床上装

夹一次就有若干个工位。

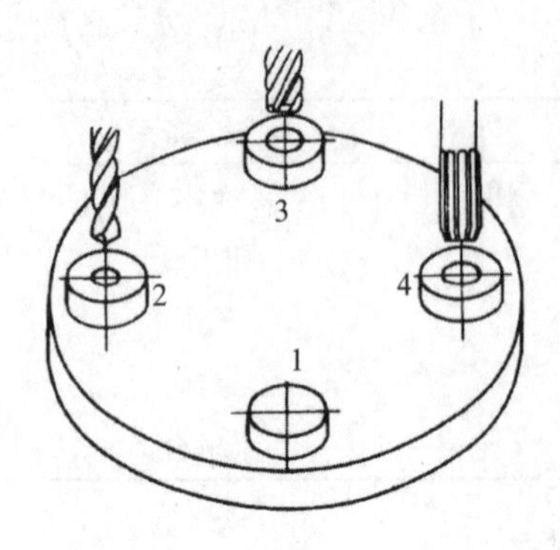

图 4-2 立轴式多工位回转工作台

1. 装卸工件 2. 钻孔工位
3. 扩孔工位 4. 铰孔工位

图 4-2 为立轴式回转工作台，工件装夹一次有 4 个工位，实现装夹一次，可同时进行钻孔、扩孔和铰孔加工。

工件在加工中应尽量减少装夹次数，因为多一次装夹，就会增加装夹时间，还会增加装夹误差。采用多工位夹具是减少装夹次数的有效办法。

④工步：指在加工表面、切削刀具、切削速度和进给量不变的情况下所完成的那部分工序内容。

划分工步的标志是：加工表面、切削刀具、切削速度和进给量这四个因素均不变时，所完成的那部分工序内容为一个工步。

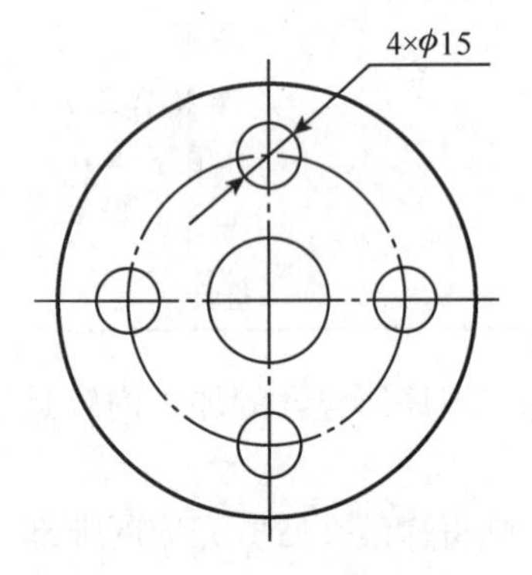

图 4-3 相同加工表面的工步

如上述阶梯轴的加工，表 4-1 中工序 5 中，包括 4 个安装，20 个工步。

为简化工艺文件，对于那些连续进行的若干个相同的工步，通常都看作一个工步。如图 4-3 加工的零件中，在同一工序中，连续钻 4 个 ϕ15mm 的孔可看作一个工步。

为了提高生产率，用几把刀具同时参与切削一个表面，可看作一个工步，称为复合工步。在转塔车床、加工中心上用多把刀具或用复合刀具加工多个表面时也为一个复合工步。例如表 4-2 中工序 5：铣端面、钻中心孔。每个工位都是用两把刀具同时铣两端面或钻两端中心孔，它们都是复合工步。应用复合工步主要是为了提高工作效率。

⑤走刀：切削刀具在加工表面上切削一次所完成的工步内容，称为一次走刀。一个工步可以包括一次或数次走刀。当需切除的金属层较厚而不能一次切完，需分几次走刀。走刀次数又称为行程次数。

4.1.2 生产类型及其工艺特点

4.1.2.1 生产纲领

生产纲领是指企业在计划期内应当生产的产品产量和进度计划。企业应根据市场需要和自身的生产能力决定生产计划，零件的生产纲领还包括一定的备品率和废品率。计划期为一年的生产纲领称为年生产纲领，可按下式计算：

$$N = Q \cdot n(1 + \alpha\% + \beta\%) \tag{4-1}$$

式中 N——零件的年生产纲领，件/年；

Q——产品的年产量，台/年；

n——每台产品中，所需该零件的数量，件/台；

$\alpha\%$——备品率；

$\beta\%$——废品率。

年生产纲是设计或修改工艺规程的重要依据，是车间(或工段)设计的基本文件。

年生产纲领确定后之后，还应该根据车间(或工段)的具体情况确定生产批量。

生产批量为一次投入或产出的同一产品或零件的数量。零件生产批量计算公式为

$$n' = \frac{NA}{F} \tag{4-2}$$

式中 n'——每批中零件的数量；

N——零件的年生产纲领规定的零件数量；

A——零件应该储备的天数；

F——一年中工作日天数。

4.1.2.2 生产类型及工艺特点

(1)生产类型

产品有大有小，小到螺钉，大至船舶。其特征有的复杂，有的简单，批量和生产纲领也各不相同。根据企业(或车间、工段、班组、工作地点)生产专业化程度的不同，一般将其分为单件生产、成批生产、大量生产三种类型。

①单件生产：产品的品种多，同一种产品的数量很少，工作地点经常变换或一个工作地进行多工序和多品种的作业，且加工对象很少重复。例如，重型机械、大型船舶，专用设备制造及新产品试制均属此类型。

②成批生产：各工作地点分批制造相同的产品，数量较多，生产过程有一定的稳定性和重复性。例如，机床、机电及汽轮机的生产就是比较典型的成批生产。根据批量的大小，批量生产又可分为大批生产、中批生产和小批生产。小批生产的工艺特点与单件生产相似，一般常称为单件小批生产；大批生产的工艺特点与大量生产相似，称为大批大量生产；中批生产的工艺特点介于单件小批生产和大批大量生产之间，习惯上成批生产就是指中批生产。

③大量生产：产品数量很大，大多数工作地点经常重复进行某一零件的某一道工序的加工，设备专业化程度很高。例如，轴承、汽车、拖拉机、洗衣机等的生产通常是以大量生产的方式进行。

生产纲领和生产类型的关系随产品的大小和复杂程度而不同。表4-4给出了一个大致的范围，表中所列的重型零件、中型零件、轻型零件，可参考表4-5中零件质量类别确定，也可参照现有相类似的零件确定。

表4-4 各种生产类型划分依据

生产类型	零件的年生产纲领(件/年)		
	重型零件	中型零件	轻型零件
单件生产	≤5	≤20	≤100
小批生产	>5~100	>20~200	>100~500
中批生产	>100~300	>200~500	>500~5000
大批生产	>300~1000	>500~5000	>5000~50000
大量生产	>1000	>5000	>50000

表 4-5 不同机械产品的零件质量类别表

机械产品类别	加工零件的质量(kg)		
	重型零件	中型零件	轻型零件
电子工业机械	>30	4~30	<4
中、小型机械	>50	15~50	<15
重型机械	>2000	100~2000	>100

(2)工艺特点

生产类型对工厂的生产过程和生产组织起决定的作用。生产类型不同，各工作地点的专业化程度、所采用的工艺方法、工艺设备和工艺装备也不同。各种类型的工艺特点见表 4-6。因此，只有深入了解各种生产类型的工艺特点，才能制定出合理的工艺规程，取得最大的经济效益。

表 4-6 各种生产类型的工艺特点

项　目	生产类型		
	单件小批生产	中批生产	大批大量生产
加工对象	经常变换	周期性变换	相对固定不变
毛坯制造方法及加工余量	木模手工造型，自由锻，毛坯精度低，加工余量大	部分用金属型铸造和模锻，毛坯精度中等，加工余量中等	金属型铸造、模锻，毛坯精度高，加工余量小
机床及布置形式	通用机床，按机群式排列布置	部分通用、部分专用机床机群式或生产线排列布置	专用高效机床，流水线或自动线排列布置
夹　具	通用夹具，组合夹具	专用夹具，可调整夹具	专用、高效夹具
刀具和量具	通用刀具和量具	刀具和量具部分通用、部分专用	专用、高效刀具和量具
工件装夹方法	划线找正装夹，通用夹具	部分划线找正，通用或专用夹具	专用、高效夹具
装配方法	广泛采用修配法	少量采用修配，多数互换装配等	采用互换装配法、分组装配法、调整法等
工人技术水平	需要技术熟练的工人	需要一定熟练程度的工人	对操作工人的技术要求较低，对调整工人的技术要求较高
生产率	低	中	高
成　本	高	中	低
工艺文件	简单工艺过程卡	详细工艺过程卡，关键工序工序卡	详细工艺过程卡和工序卡、调整卡、检验卡等

需要说明的是，随着科学技术的进步和市场需求的变化，生产类型的划分正在发生深刻的变化，传统的大批大量生产往往不能适应产品及时更新换代的需要，而单件小批量生产的生产能力又跟不上市场的急需。因此，各种生产类型都朝着生产过程柔性化、智能化的方向发展，多品种变批量的生产方式已成为当今社会的主流。

4.2　工艺规程制定的作用及设计步骤

规定产品或零件制造工艺过程和操作方法的工艺文件，称为工艺规程，其中规定零件机械加工工艺过程和操作方法的工艺文件称为机械加工工艺规程。是一切有关生产人员都应严格执行、认真贯彻的纪律性文件，是工艺装备、材料定额、工时定额设计、计算的主要依据，它对产品成本、劳动生产率、原材料消耗有直接关系。因此机械加工工艺规程设计是一项重要而又严肃的工作，要求设计者必须具备丰富的生产实践经验和坚实的机械制造工艺基础理论知识。

经审批确定下来的机械加工工艺规程，不得随意变更。但随科学技术的发展，新技术、新工艺、新材料的不断出现，就必须对现行工艺规程及时进行修正和定期整顿，如要修改与补充，必须经过认真的讨论和重新审批。

4.2.1　机械加工工艺规程的作用

(1) 工艺规程是生产准备工作的主要依据

车间生产新零件，需要根据工艺规程进行生产准备。如关键工序的分析研究；准备所需刀、夹、量具；原材料及毛坯采购或制造；新设备购置或旧设备改装；机床负荷的调整；作业计划的编排；劳动力的组织；工时定额的制订及成本核算等，均需根据工艺规程来进行。

(2) 工艺规程是指导生产的主要技术文件

机械加工车间生产的计划、调度，工人的操作，零件的加工质量检验，都是以工艺规程为依据的。处理生产中的问题，也常以工艺规程作为共同依据。

(3) 工艺规程是新建机械制造厂(车间)的基本技术文件

新建(扩建)批量或大批量机械加工车间(工段)时，应根据工艺规程确定所需机床的种类和数量以及在车间的布置，再由此确定车间的面积大小、动力和吊装设备配置以及所需工人的工种、技术等级、数量等。

此外，先进的工艺规程还起着交流和推广先进制造技术的作用。典型工艺规程可以缩短工厂摸索和试制的过程。因此，工艺规程的制订对于工厂的生产和发展起到非常重要的作用，是工厂的基本技术文件。

4.2.2　常用的工艺文件

机械加工工艺规程一般被填写成表格(卡片)的形式。企业所用工艺规程的具体格式虽不统一，但内容大同小异。一般来说，工艺规程的形式按其内容详细程度，可分为以下几种：

(1) 工艺过程卡

这是一种最简单和最基本的工艺规程形式，它对零件制造全过程作出粗略的描述。该卡按零件编写，标明零件加工路线、各工序采用的设备和主要工装及工时定额。一般采用普通加工方法的单件小批生产填写该卡，个别关键零件可编制工艺卡。其格式如表4-7 所列。

表 4-7 机械加工工艺过程卡

<table>
<tr><td rowspan="2">(厂名)</td><td rowspan="2" colspan="3">机械加工工艺过程卡片</td><td colspan="2">产品型号</td><td colspan="2"></td><td colspan="2">零(部)件图号</td><td colspan="4"></td></tr>
<tr><td colspan="2">产品名称</td><td colspan="2"></td><td colspan="2">零(部)件名称</td><td colspan="2"></td><td>共 页</td><td>第 页</td></tr>
<tr><td>材料牌号</td><td></td><td>毛坯种类</td><td></td><td>毛坯外形尺寸</td><td></td><td>每种毛坯可制件数</td><td></td><td>每台件数</td><td></td><td>备注</td><td colspan="3"></td></tr>
<tr><td rowspan="2">工序号</td><td rowspan="2" colspan="3">工 序 内 容</td><td rowspan="2">车 间</td><td rowspan="2">工 段</td><td rowspan="2">设 备</td><td rowspan="2" colspan="4">工艺装备</td><td colspan="3">工 时</td></tr>
<tr><td colspan="2">准 终</td><td>单 件</td></tr>
<tr><td></td><td colspan="3"></td><td></td><td></td><td></td><td colspan="4"></td><td colspan="2"></td><td></td></tr>
<tr><td></td><td colspan="3"></td><td></td><td></td><td></td><td colspan="4"></td><td colspan="2"></td><td></td></tr>
<tr><td rowspan="3">更改内容</td><td colspan="13"></td></tr>
<tr><td colspan="13"></td></tr>
<tr><td colspan="13"></td></tr>
<tr><td>编 制</td><td></td><td>抄 写</td><td></td><td>校 对</td><td></td><td>审 核</td><td></td><td>批 准</td><td colspan="5"></td></tr>
</table>

(2) 工艺卡

一般是按零件的加工阶段分车间、分零件编写，包括工艺过程卡的全部内容，只是更详细地说明了零件的加工步骤。该卡上对毛坯性质、加工顺序、各工序所需设备、工艺装备的要求、切削用量、检验工具及方法、工时定额都作出具体规定，有时还需附有零件草图。成批生产的一般零件多采用工艺卡，对关键零件则需编制工序卡，其格式见表4-8。

(3) 工序卡

这是一种最详细的工艺规程形式，它是以指导工人操作为目的进行编制的，一般按零件的工序编号。该卡包括本工序的工序图、定位、夹紧方式、切削用量、检验工具、工艺装备以及工时定额的详细说明。在大批大量生产中的绝大多数零件，则要求有完整详细的工艺规程文件，往往需要为每一道工序编制工序卡片，其格式见表4-9。

表 4-8　机械加工工艺卡片

<table>
<tr><td colspan="3" rowspan="2">(厂名)</td><td colspan="2" rowspan="2">机械加工工艺卡片</td><td colspan="2">产品型号</td><td colspan="2"></td><td colspan="3">零(部)件图号</td><td colspan="4"></td></tr>
<tr><td colspan="2">产品名称</td><td colspan="2"></td><td colspan="3">零(部)件名称</td><td colspan="2">共　页</td><td colspan="2">第　页</td></tr>
<tr><td colspan="3">材料牌号</td><td></td><td>毛坯种类</td><td></td><td>毛坯外形尺寸</td><td></td><td>每种毛坯可制件数</td><td></td><td>每台件数</td><td colspan="2"></td><td colspan="2">备　注</td><td></td></tr>
<tr><td rowspan="2">工序</td><td rowspan="2">安装</td><td rowspan="2">工步</td><td rowspan="2">工序内容</td><td rowspan="2">同时加工零件数</td><td colspan="4">切削用量</td><td rowspan="2">设备名称及编号</td><td colspan="3">工艺装备</td><td rowspan="2">技术等级</td><td colspan="2">工　时</td></tr>
<tr><td>切削深度(mm)</td><td>切削速度(m/min)</td><td>每分钟转数或往复次数</td><td>进给量(mm/r)或(mm/str)</td><td>夹具</td><td>刀具</td><td>量具</td><td>准终</td><td>单件</td></tr>
<tr><td></td><td></td><td></td><td></td><td></td><td></td><td></td><td></td><td></td><td></td><td></td><td></td><td></td><td></td><td></td><td></td></tr>
<tr><td></td><td></td><td></td><td></td><td></td><td></td><td></td><td></td><td></td><td></td><td></td><td></td><td></td><td></td><td></td><td></td></tr>
<tr><td></td><td></td><td></td><td></td><td></td><td></td><td></td><td></td><td></td><td></td><td></td><td></td><td></td><td></td><td></td><td></td></tr>
<tr><td></td><td></td><td></td><td></td><td></td><td></td><td></td><td></td><td></td><td></td><td></td><td></td><td></td><td></td><td></td><td></td></tr>
<tr><td></td><td></td><td></td><td></td><td></td><td></td><td></td><td></td><td></td><td></td><td></td><td></td><td></td><td></td><td></td><td></td></tr>
<tr><td></td><td></td><td></td><td></td><td></td><td></td><td></td><td></td><td></td><td></td><td></td><td></td><td></td><td></td><td></td><td></td></tr>
<tr><td colspan="3" rowspan="3">更改内容</td><td colspan="13"></td></tr>
<tr><td colspan="13"></td></tr>
<tr><td colspan="13"></td></tr>
<tr><td colspan="3">编　制</td><td></td><td>抄　写</td><td colspan="2"></td><td>校　对</td><td></td><td colspan="2">审　核</td><td colspan="2"></td><td>批　准</td><td colspan="2"></td></tr>
</table>

表 4-9　机械加工工序卡片

<table>
<tr><td rowspan="2">(厂名)</td><td rowspan="2">机械加工工序卡片</td><td>产品型号</td><td></td><td>零件图号</td><td></td><td colspan="2">第( )页</td></tr>
<tr><td>产品名称</td><td></td><td>零件名称</td><td></td><td colspan="2">共( )页</td></tr>
<tr><td colspan="3" rowspan="12"></td><td>车　间</td><td>工序号</td><td>工序名称</td><td colspan="2">材料牌号</td></tr>
<tr><td></td><td></td><td></td><td colspan="2"></td></tr>
<tr><td>毛坯种类</td><td>毛坯外型尺寸</td><td>每坯件数</td><td colspan="2">每台件数</td></tr>
<tr><td></td><td></td><td></td><td colspan="2"></td></tr>
<tr><td>设备名称</td><td>设备型号</td><td>设备编号</td><td colspan="2">同时加工件数</td></tr>
<tr><td></td><td></td><td></td><td colspan="2"></td></tr>
<tr><td colspan="2">夹具编号</td><td>夹具名称</td><td colspan="2">切削液</td></tr>
<tr><td colspan="2"></td><td></td><td colspan="2"></td></tr>
<tr><td colspan="2" rowspan="2">工位器具编号</td><td rowspan="2">工位器具名称</td><td colspan="2">工序工时</td></tr>
<tr><td>准　终</td><td>单　件</td></tr>
<tr><td colspan="2"></td><td></td><td></td><td></td></tr>
</table>

（续）

工步号	工步内容	工艺装备	主轴转速（r/min）	切削速度（m/min）	进给量（mm/r）	切削深度（mm）	进给次数	工步工时	
								机动	辅助
编　制	抄写		校　对		审　核		批　准		

实际生产中应用什么样的工艺规程要视产品的生产类型和所加工的零部件具体情况而定。若机械加工工艺过程中有数控加工工序或全部由数控工序组成，则不论生产类型如何，都必须对数控工序做出详细规定，填写数控加工工序卡、调整卡、检验卡等必要的与编程有关的工艺文件，以利于编程。

4.2.3　制订机械加工工艺规程的原始资料

①产品的全套装配图及零件图。

②产品的验收质量标准。

③产品的生产纲领及生产类型。

④零件毛坯图及毛坯生产情况。

⑤本厂(车间)的生产条件。

⑥各种有关手册、标准等技术资料。

⑦国内外先进工艺及生产技术的发展与应用情况。

4.2.4　制订机械加工工艺规程的原则及步骤

4.2.4.1　制订机械加工工艺规程的原则

①确保零件加工质量，可靠地达到产品设计图纸所规定的各项技术要求。

在设计机械加工工艺规程时，如果发现图样上某一技术要求规定的不恰当，只能向有关部门提出建议，不得擅自修改图样，或不按图样上的要求去做。

②必须能满足生产纲领要求。

③在满足技术要求和生产纲领要求的前提下，一般要求有较高的生产效率和较低的成本。

④尽量减轻工人劳动强度，保证安全生产，创造良好、文明劳动条件。

⑤积极采用先进技术和工艺，减少材料和能源消耗，并应符合环保要求。

4.2.4.2　制订机械加工工艺规程的步骤和内容

(1)分析研究产品的装配图和零件图

了解产品的用途、性能和工作条件，熟悉零件在产品中的地位和作用，明确零件的各项技术要求，找出其主要技术要求和关键技术问题等。

(2)对装配图和零件图进行工艺审查

审查图纸上的尺寸、视图和技术要求是否完整、正确、统一，分析主要技术要求、表面粗糙度是否合理、恰当，审查零件结构工艺性。

所谓零件结构工艺性是指在满足使用要求的条件下，制造该零件的可行性和经济性。功能相同的零件，其结构工艺性可以有很大的差别。所谓结构工艺性好，是指在一定的工艺条件下，既能方便制造，又有较低的工艺成本。见表4-10所列，在常规工艺条件下零件结构工艺性分析。

表4-10　零件结构工艺性分析举例

序号	图例		说明
	改进前	改进后	
1	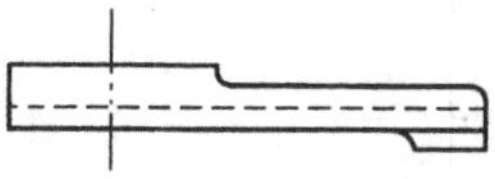	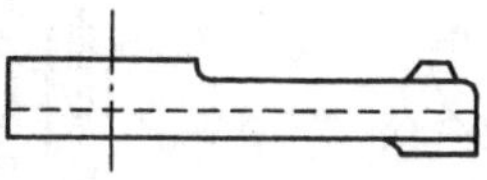	车床小刀架上增加工艺凸台，以便加工下部燕尾导轨面时定位稳定，便于装夹
2	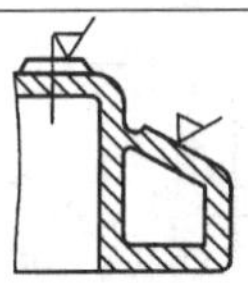		避免设置倾斜的加工面，以便减少装夹次数
3	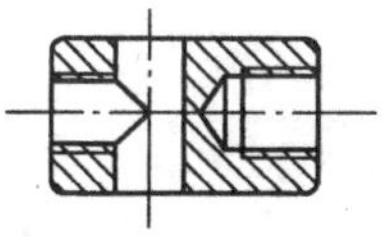 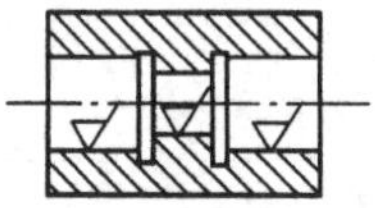	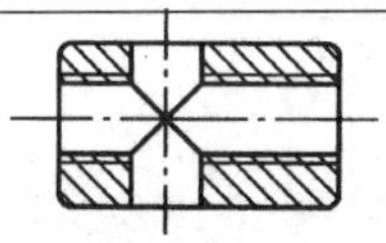 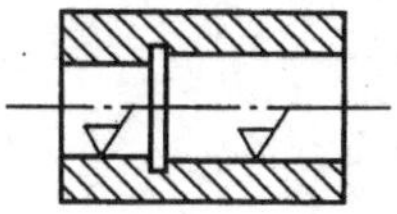 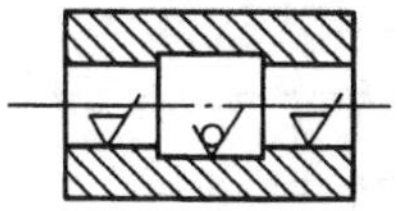	改为通孔或扩大中间孔可减少装夹次数，保证孔的同轴度
4	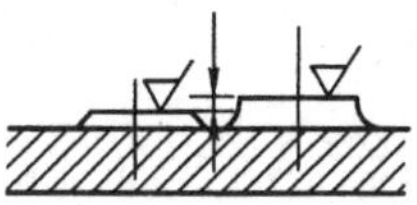	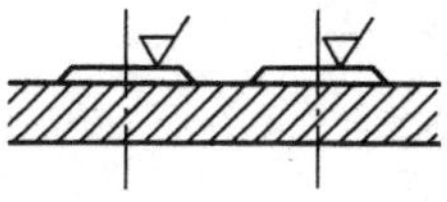	被加工表面尽量位于同一平面上，可在一次走刀中完成加工，减少调整时间
5	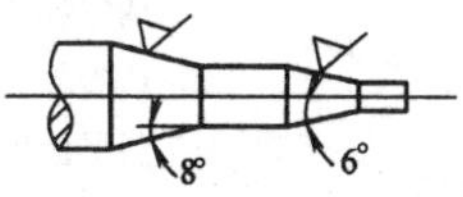 8°　6°	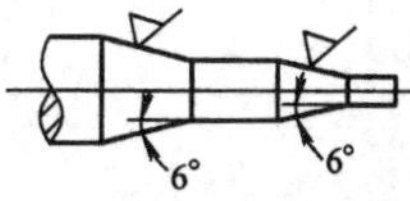 6°　6°	锥度相同只需要作一次调整

（续）

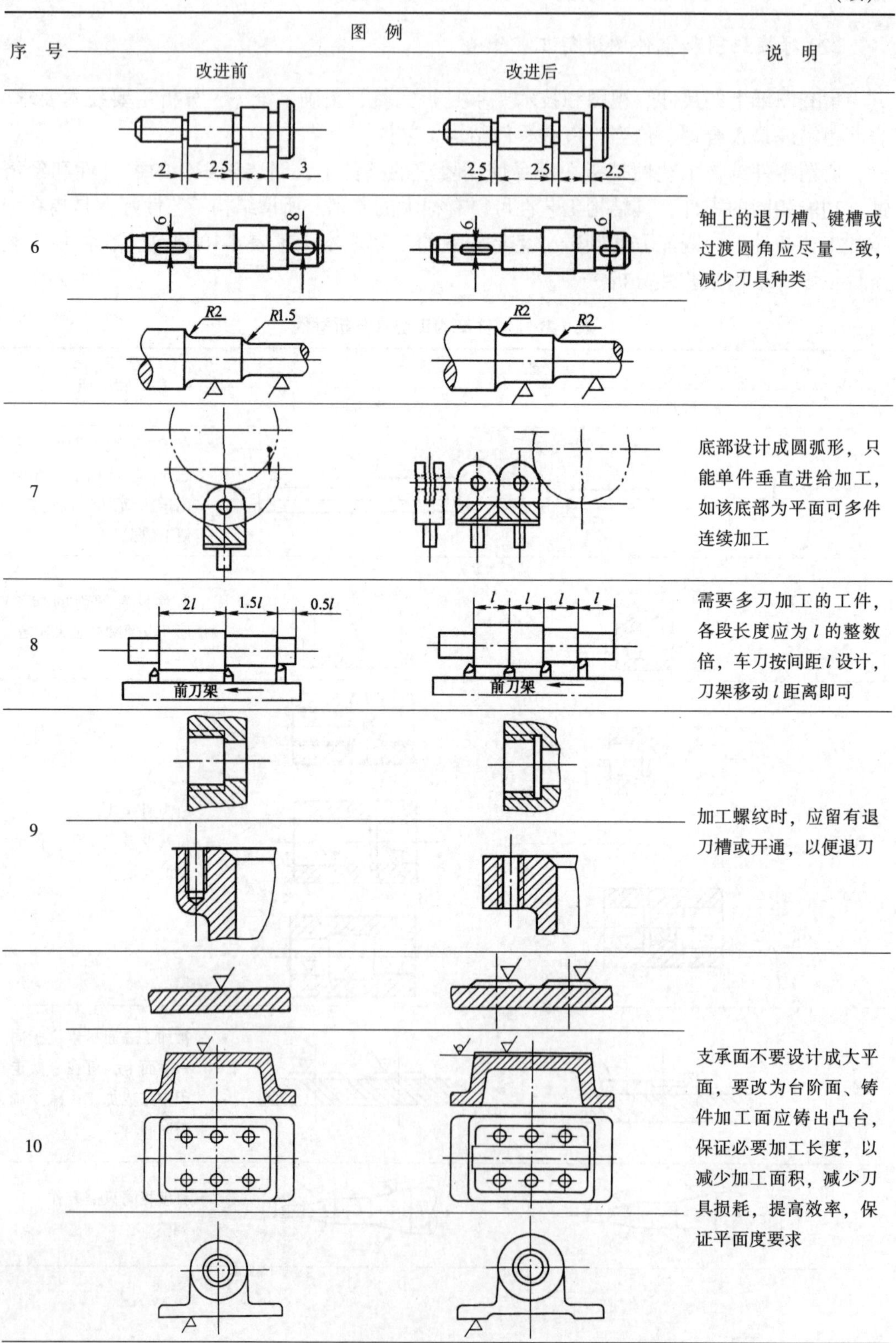

序号	说明
6	轴上的退刀槽、键槽或过渡圆角应尽量一致，减少刀具种类
7	底部设计成圆弧形，只能单件垂直进给加工，如该底部为平面可多件连续加工
8	需要多刀加工的工件，各段长度应为 l 的整数倍，车刀按间距 l 设计，刀架移动 l 距离即可
9	加工螺纹时，应留有退刀槽或开通，以便退刀
10	支承面不要设计成大平面，要改为台阶面、铸件加工面应铸出凸台，保证必要加工长度，以减少加工面积，减少刀具损耗，提高效率，保证平面度要求

（续）

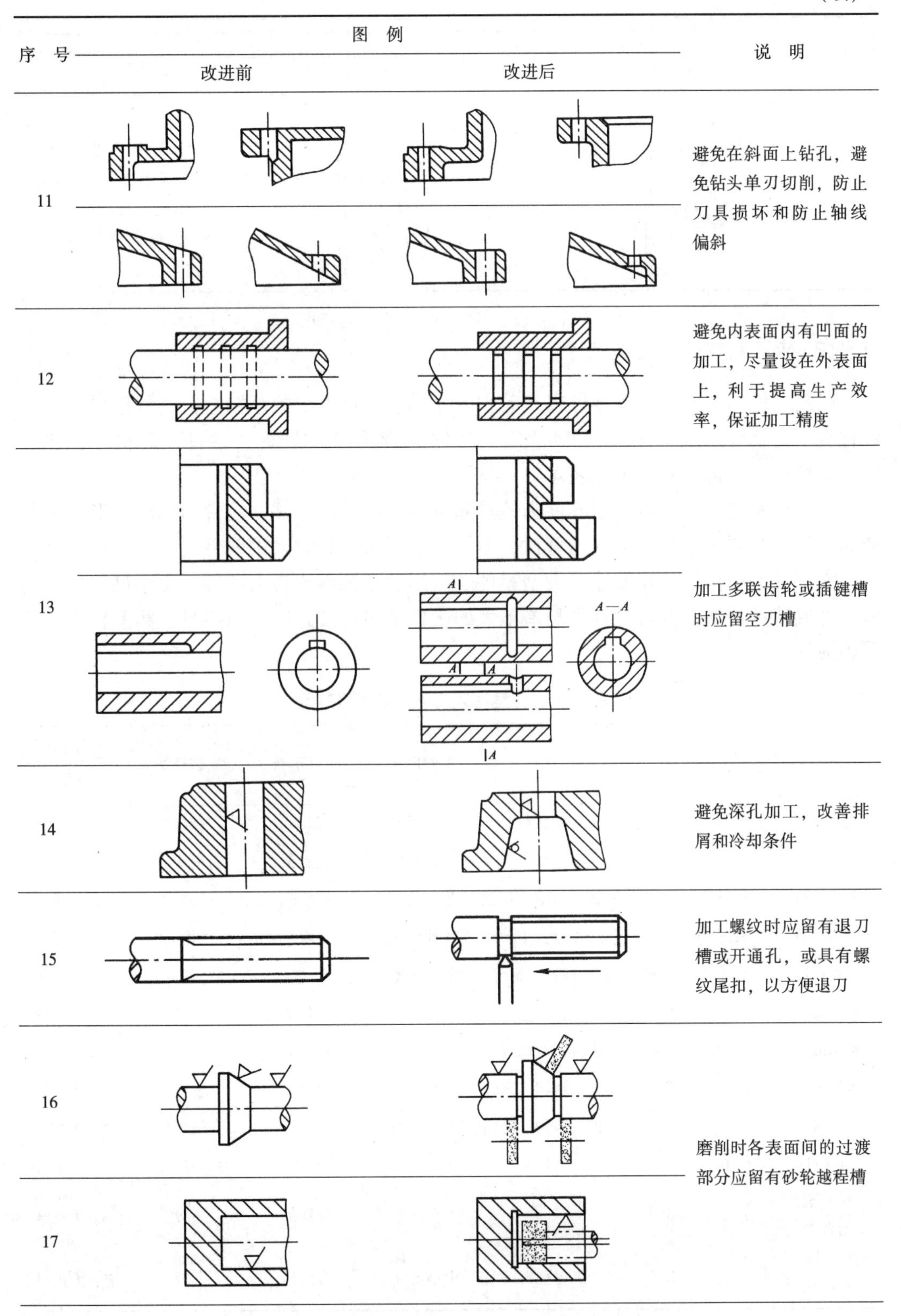

序号	图例		说明
	改进前	改进后	
11			避免在斜面上钻孔，避免钻头单刃切削，防止刀具损坏和防止轴线偏斜
12			避免内表面内有凹面的加工，尽量设在外表面上，利于提高生产效率，保证加工精度
13			加工多联齿轮或插键槽时应留空刀槽
14			避免深孔加工，改善排屑和冷却条件
15			加工螺纹时应留有退刀槽或开通孔，或具有螺纹尾扣，以方便退刀
16			磨削时各表面间的过渡部分应留有砂轮越程槽
17			

（续）

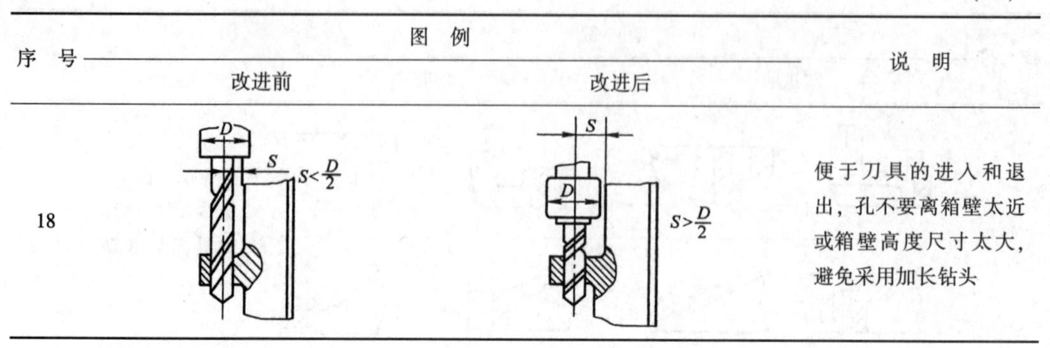

序　号	图　例 改进前	图　例 改进后	说　明
18			便于刀具的进入和退出，孔不要离箱壁太近或箱壁高度尺寸太大，避免采用加长钻头

(3) 确定毛坯的种类和尺寸

确定毛坯的主要依据是零件在产品中的作用、零件本身的结构特征与外形尺寸、零件材料工艺特性以及零件生产批量等。常用的毛坯种类有铸件、锻件、焊接件、冲压件、型材等，其特点及应用见表4-11。选用时应考虑以下因素：

①材料及其力学性能：当零件为铸铁和青铜时应采用铸件；零件为钢材、形状不复杂而力学性能要求不高时，选用型材，力学性能要求较高时采用锻件。

②零件的结构形状和尺寸：大型零件一般用砂型铸件或自由锻件；中小型零件可用模锻件或特种铸件；各台阶直径相差不大的阶梯轴零件及光轴可用棒料，相差较大的可采用锻件。

表4-11　各类毛坯的特点及适用范围

毛坯种类	制造精度（CT）	加工余量	原材料	工件尺寸	工件形状	机械性能	适用生产类型
型　材		大	各种材料	小型	简单	较好	各种类型
型材焊件		一般	钢材	大中型	较复杂	有内应力	单件
砂型铸造	≤13	大	铸铁、铸钢、青铜	各种尺寸	复杂	差	单件小批量
自由锻造	≤13	大	钢材为主	各种尺寸	较简单	好	单件小批量
普通模锻	11~15	一般	钢、锻铝、铜等	中、小型	一般	好	中、大批量
钢模铸造	10~12	较小	铸铝为主	中、小型	较复杂	较好	中、大批量
精密锻造	8~11	较小	钢材、锻铝等	小型	较复杂	较好	大批量
熔模铸造	8~11	很小	铸铁、铸钢、青铜	小型为主	复杂	较好	中、大批量
压力铸造	7~10	小	铸铁、铸钢、青铜	中、小型	复杂	较好	中、大批量
冲压件	8~10	小	钢	各种尺寸	复杂	好	大批量
粉　末冶金件	7~9	很小	铁、铜、铝基材料	中小尺寸	较复杂	一般	中、大批量
工　程塑料件	9~11	很小	工程塑料	中小尺寸	复杂	一般	中、大批量

③生产类型：在大批大量生产时，应采用较多专用设备和工具制造的毛坯。如金属模、机器造型、压力铸造，模锻或精密锻造等毛坯；在单件小批生产时，一般采用通用设备和工具制造的毛坯，如木模砂型铸件、自由锻件、焊接件等毛坯。

④车间的生产能力：应结合车间的生产能力合理选择毛坯。

⑤充分注意应用新工艺、新材料、新技术。

目前，少、无切屑加工如精密铸造、精密锻造、冲压、冷轧、冷挤压、粉末冶金、异型钢材、工程塑料的压铸和注塑等都在迅速推广，采用这些方法制造的毛坯，只要经过少量的机械加工，甚至不需要加工，即可使用。

4.3　工件加工时的定位与基准

4.3.1　工件的定位

随着产品生产批量的不同、加工精度要求的不同、工件结构特点不同，工件在装夹中的定位方法也不同。

4.3.1.1　工件的装夹

为了保证零件加工表面的尺寸、形状和相互位置精度的要求，在零件进行加工时，首先应考虑的重要问题之一就是如何将工件正确地装夹在机床上或夹具中。工件的装夹包括定位和夹紧两个过程，其目的是通过定位和夹紧使工件在加工过程中始终保持正确的加工位置，以保证达到该工序所规定的技术要求。

定位是指确定工件在机床或夹具上占有正确位置的过程。通常可以理解为工件相对于刀具占有一定的位置，能保证加工尺寸、形状和位置的要求；夹紧是指将工件定好的位置固定下来，对工件施加一定的外力，使其在加工过程中保持已确定的位置不变的过程。

定位是使工件占有一个正确的位置，夹紧使它不能移动和转动，把工件保持在一个正确的位置上，所以定位与夹紧是两个概念，决不能混淆。

工件在装夹时一般先定位，后夹紧，但也有定位、夹紧同时完成的，如自动定心夹紧机构——三爪卡盘、弹性夹头等。

工件在机床或夹具中的装夹主要有三种方法。

①直接找正装夹：对于形状简单的工件，操作工人利用百分表、划针等直接在机床上进行工件的定位，俗称找正，然后夹紧工件。如图4-4所示，在四爪卡盘上加工一个轴套，要加工的内、外表面有同轴度的要求，若同轴度要求不高时，可用划针找正，定位精度可达到0.5mm左右；若同轴度要求较高时，则可用百分表找正，定位精度可达0.02mm左右。

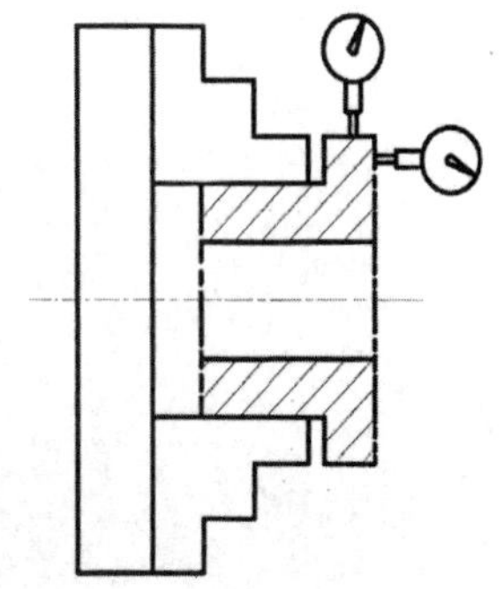

图4-4　直接找正装夹

直接找正装夹费时费事，效率低，一般只适合于单件小批生产中。当加工精度要求特别高时，采用夹具也很难保证

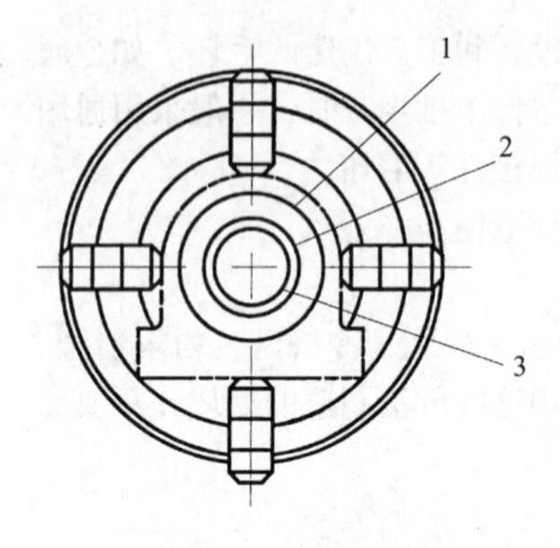

图 4-5 线找正装夹

1. 毛坯孔 2. 加工线 3. 找正线

定位精度时，只能用精密量具直接找正定位。

②划线找正装夹：对于形状复杂的工件，按照图样要求在工件上划出中心线，对称线及各待加工表面的加工线和找正线，并检查它们与各不加工表面的尺寸和位置，然后按照划好的线找正工件在机床上的位置，并压紧夹牢。图 4-5 为一轴承座在四爪卡盘上，用划线找正与加工轴承孔的装夹情况。

划线找正需要技术高的划线工，且非常费时，故效率和精度均较低，划线找正的定位精度一般只能达到 0.2~0.5mm。通常用于单件小批生产中加工表面复杂、精度要求不高的铸件粗加工工序或尺寸和重量都很大的铸件及锻件。

③使用夹具装夹：是根据被加工工件的某一道工序的具体加工要求设计一套专用夹具，由夹具上的定位元件来确定工件的位置，通过夹紧元件夹紧工件，可使工件迅速准确的装夹。夹具则通过对定元件安装在机床上。

图 4-6 所示是在插齿机上加工双联齿轮的情形。工件以一面一孔在定位心轴 3 和基座 4 上定位，用夹紧螺母 1 和螺杆 5 夹紧。这种装夹方法由夹具来完成工件的定位和夹紧，易于保证加工精度，操作简单方便，效率高，应用广泛。适用于成批和大量生产。

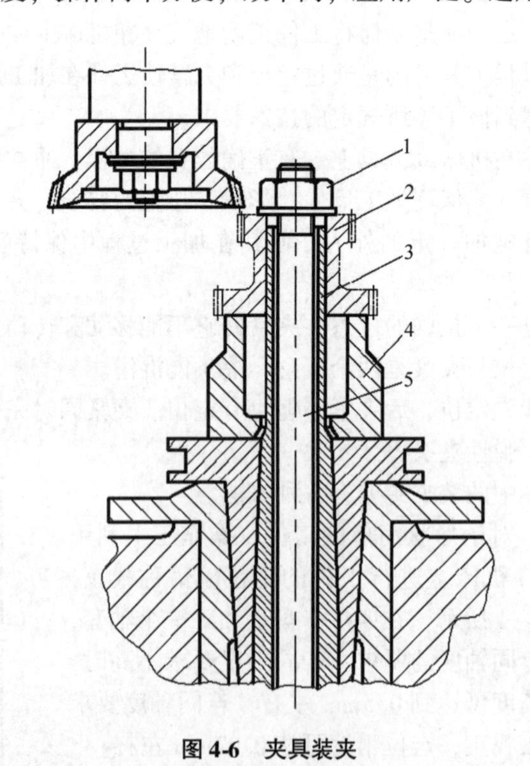

图 4-6 夹具装夹

1. 夹紧螺母 2. 双联齿轮(工件) 3. 定位心轴 4. 基座 5. 螺杆

4.3.1.2　定位原理

(1) 六点定位原理

如图4-7所示，任何一个刚体在空间都有六个独立的运动，即沿空间直角坐标系 x、y、z 3个方向的直线移动和绕3个方向的转动。分别用 $\vec{x}$、$\vec{y}$、$\vec{z}$ 表示沿3个方向的平动，用 $\overset{\frown}{x}$、$\overset{\frown}{y}$、$\overset{\frown}{z}$ 表示沿3个方向的转动。通常把上述6个独立运动称为6个自由度。

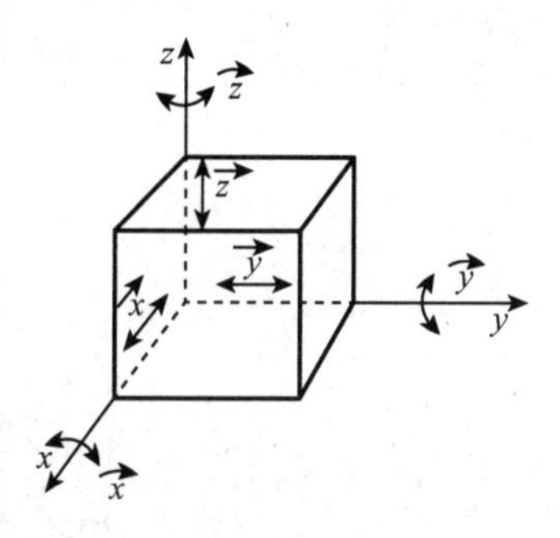

图4-7　刚体在空间的自由度

要确定其空间位置，就需要限制其6个自由度。图4-8所示为一个长方体工件在空间坐标系中的定位情况。在 xOy 平面上布置3个不共线的支承点，工件放置在这3个点(1、2、3)上，就能限制工件的 $\vec{z}$、$\overset{\frown}{x}$、$\overset{\frown}{y}$ 3个自由度；在 xOz 平面上设置两个支承点4、5且两点连线平行于 x 轴，把工件靠在这两个支承点上，可限制 $\vec{y}$、$\overset{\frown}{z}$ 两个自由度；在 yOz 平面上设置一个支承点6，使工件与这个支承点接触，则限制 $\vec{x}$ 这个自由度，从而完全限制了工件的6个自由度，工件在空间就有了完全确定的唯一位置，这时工件被完全定位了。

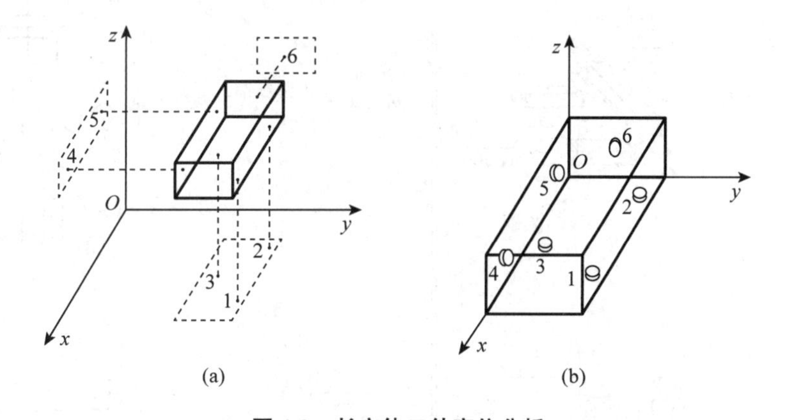

图4-8　长方体工件定位分析

(a) 长方体工件的六点定位　(b) 长方体工件的实际定位

采用6个按一定规则布置的支承点来约束限制工件的6个自由度，使其在空间得到唯一确定的位置，称之为六点定位原理。

工件定位的实质是限制工件的自由度，使工件在夹具中占有某个确定的正确加工位置。

在空间坐标系中，设置的6个支承点称为定位支承点，实际上就是起定位作用的定位元件。由于工件的形状是多种多样的，都用定位支承点定位显然是不合适的，常用的定位元件有定位支承钉、支承板、圆柱销、圆锥销、心轴、V形块等，将这些具体的定位元件抽象化，转化为相应的定位支承点，用这些定位支承点来限制工件的自由度。表4-12总结了典型定位元件的定位分析。

表 4-12 典型元件的定位分析

工件定位基准面	定位元件	定位及限制自由度方法	工件定位基准面	定位元件	定位及限制自由度方法
平面	支承钉	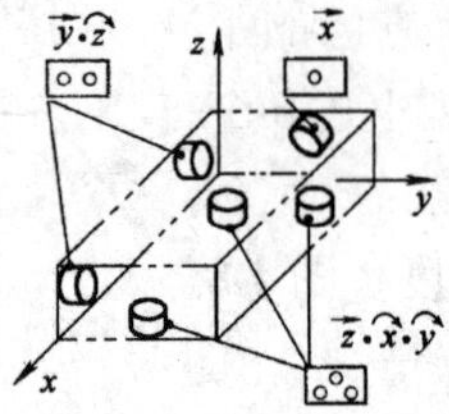 $\vec{y}\cdot\vec{z}$；$\vec{x}$；$\vec{z}\cdot\overset{\frown}{x}\cdot\overset{\frown}{y}$	内表面（圆柱孔）	定位销（短销与长销）	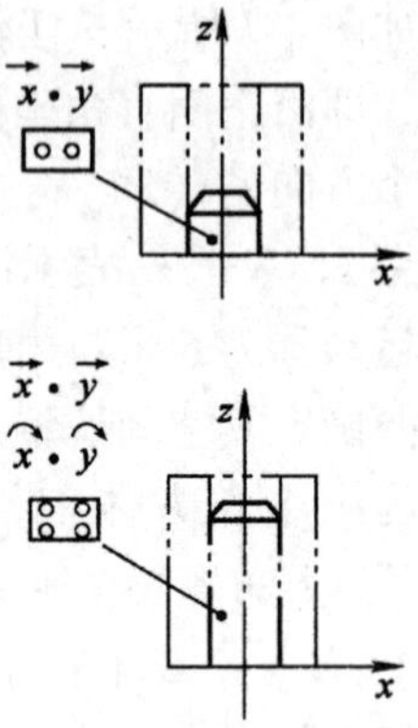 $\vec{x}\cdot\vec{y}$；$\vec{x}\cdot\vec{y}$，$\overset{\frown}{x}\cdot\overset{\frown}{y}$
平面	支承板	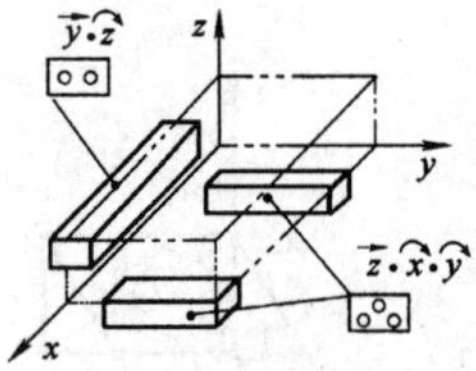 $\vec{y}\cdot\vec{z}$；$\vec{z}\cdot\overset{\frown}{x}\cdot\overset{\frown}{y}$	内表面（圆柱孔）	圆锥销	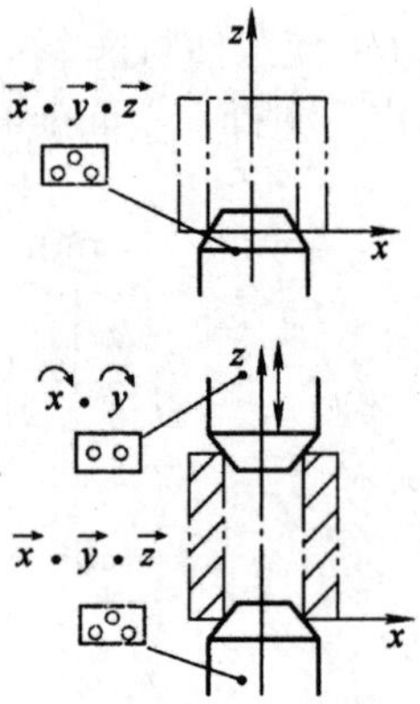 $\vec{x}\cdot\vec{y}\cdot\vec{z}$；$\overset{\frown}{x}\cdot\overset{\frown}{y}$，$\vec{x}\cdot\vec{y}\cdot\vec{z}$
平面	固定支承与辅助支撑	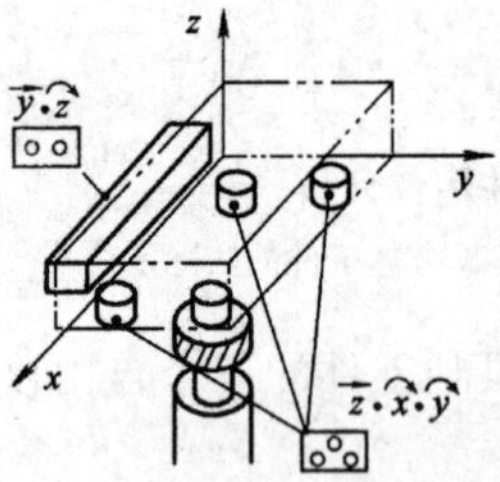 $\vec{y}\cdot\vec{z}$；$\vec{z}\cdot\overset{\frown}{x}\cdot\overset{\frown}{y}$	内表面（圆柱孔）	锥度心轴	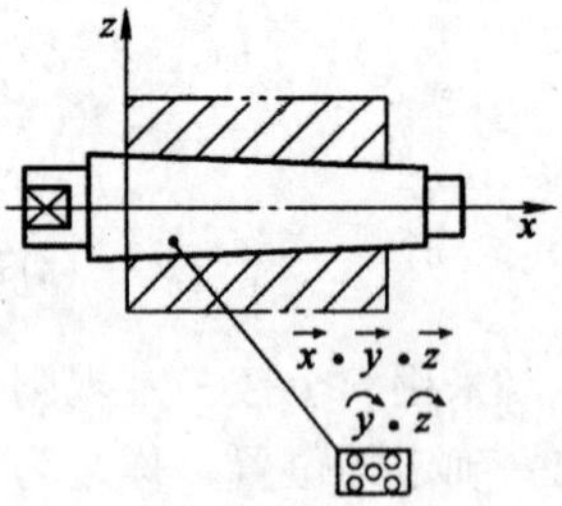 $\vec{x}\cdot\vec{y}\cdot\vec{z}$，$\overset{\frown}{y}\cdot\overset{\frown}{z}$
平面	固定支承与自位支承	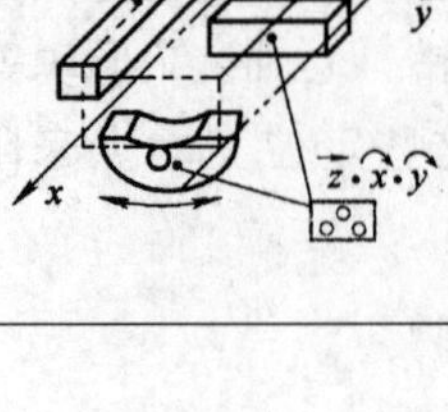 $\vec{y}\cdot\vec{z}$；$\vec{z}\cdot\overset{\frown}{x}\cdot\overset{\frown}{y}$	内表面（圆锥孔）	顶尖	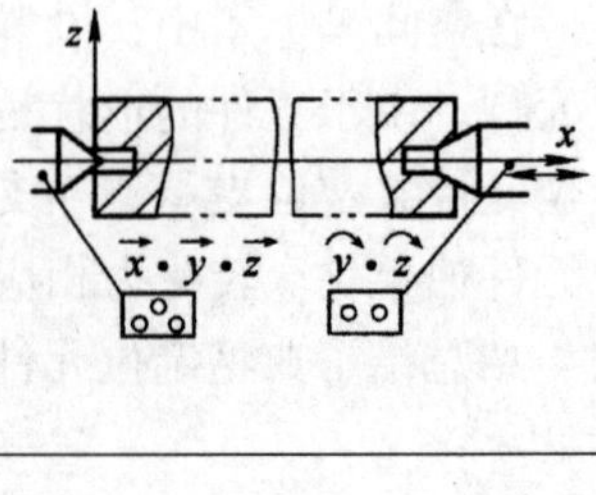 $\vec{x}\cdot\vec{y}\cdot\vec{z}$；$\overset{\frown}{y}\cdot\overset{\frown}{z}$

（续）

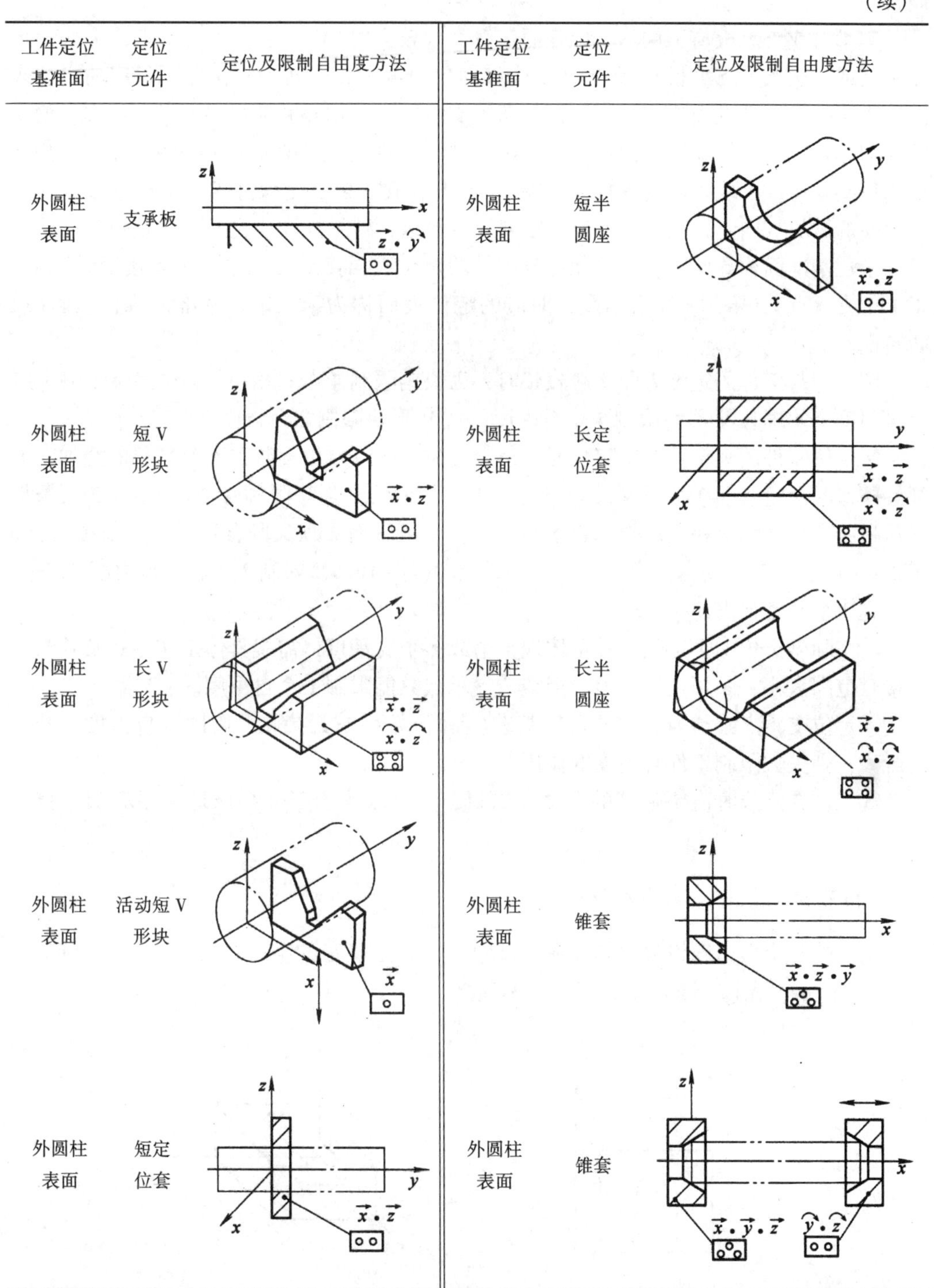

工件定位基准面	定位元件	定位及限制自由度方法	工件定位基准面	定位元件	定位及限制自由度方法
外圆柱表面	支承板	$\vec{z}\cdot\overset{\frown}{y}$	外圆柱表面	短半圆座	$\vec{x}\cdot\vec{z}$
外圆柱表面	短 V 形块	$\vec{x}\cdot\vec{z}$	外圆柱表面	长定位套	$\vec{x}\cdot\vec{z}$ $\overset{\frown}{x}\cdot\overset{\frown}{z}$
外圆柱表面	长 V 形块	$\vec{x}\cdot\vec{z}$ $\overset{\frown}{x}\cdot\overset{\frown}{z}$	外圆柱表面	长半圆座	$\vec{x}\cdot\vec{z}$ $\overset{\frown}{x}\cdot\overset{\frown}{z}$
外圆柱表面	活动短 V 形块	$\vec{x}$	外圆柱表面	锥套	$\vec{x}\cdot\vec{z}\cdot\vec{y}$
外圆柱表面	短定位套	$\vec{x}\cdot\vec{z}$	外圆柱表面	锥套	$\vec{x}\cdot\vec{y}\cdot\vec{z}$　$\overset{\frown}{y}\cdot\overset{\frown}{z}$

应用六点定位原理实现工件在夹具中的正确定位时，应注意以下几点：

①定位元件大小、长短关系：定位元件大小、长短是相对于定位表面的接触情况

而言。

支承钉或支承板与工件的定位表面接触面积较大时(相当于3个支承点或1块矩形支承板或2块条形支承板)，限制了1个移动自由度和2个转动自由度，对应的定位表面称为第一定位基准面或主要定位面。布置支承钉、支承板时应尽量分散、远离，使支承面积尽可能大，提高定位稳定性；定位元件与工件的定位表面接触面积窄长时(相当于2个支承点或1块条形支承板)，限制2个自由度。2个支承钉或支承板应布置在定位表面的纵长方向上，且2支承钉间距离要尽量远，使导向作用更好。该定位表面称为第二定位基准面或导向面；定位元件与工件的定位表面接触面积很小为点接触时(相当于1个支承点)，限制1个自由度，对应的定位表面称为第三定位基准面或止推面(或防转面)。

圆柱销与工件的定位表面接触较长时，为长销限制4个自由度，反之为短销限制2个自由度。同理长V形块限制4个自由度，短V形块限制2个自由度。

②定位元件的组合关系：定位元件组合定位所限制自由度数目不是简单的叠加，要视具体情况而定。如2个短V形块组合相当于1个长V形块限制4个自由度；2块条形支承板组合相当于1块矩形支承板限制3个自由度；而2顶尖联合定位时，前顶尖(固定顶尖)限制3个平动自由度$\vec{x}$、$\vec{y}$、$\vec{z}$，后顶尖(活动顶尖)限制2个转动自由度$\overset{\frown}{y}$、$\overset{\frown}{z}$，而不是2个平动自由度$\vec{y}$、$\vec{z}$。

③实际生产中1个定位元件可体现1个或多个支承点，需视具体工作方式及其与工件接触范围大小、长短而定，但1个定位支承点只能限制1个自由度。

④定位支承点必须与工件的定位基准(表面)始终贴紧接触，则限制自由度。若一旦脱离，则失去限制工件自由度的作用。

⑤工件在定位时需要限制的自由度数目，完全取决于工件在该道工序的加工技术要求。

(2)完全定位和不完全定位

工件的6个自由度均被限制，在夹具中占有完全确定的唯一位置，称为完全定位。如图4-9所示，在该长方体上加工一个不通槽。

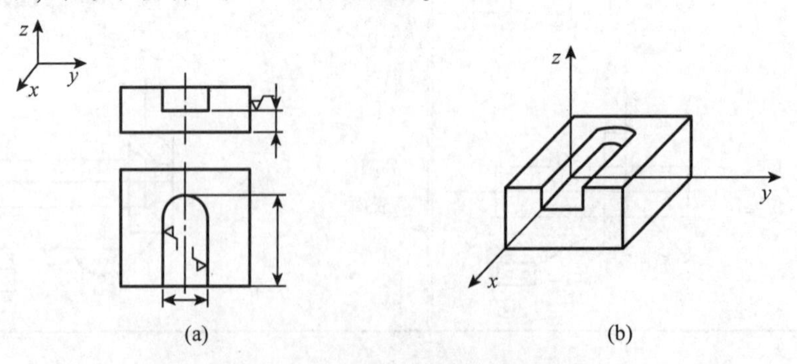

图4-9　长方体工件铣不通槽工序的定位分析

(a) 工序图　(b) 完全定位

根据该道工序的技术要求，分析如下：槽有深度的要求，需要限制 $\vec{z}$ 自由度；槽底与长方体底面有平行度的要求，需要限制 $\overset{\frown}{x}$ 、$\overset{\frown}{y}$ 自由度；槽的中心平面对长方体中心平面有对称度的要求，需要限制 $\vec{y}$ 及 $\overset{\frown}{z}$ ；不通槽有一定长度的要求，故需限制 $\vec{x}$。共限制了 6 个自由度，属于完全定位。

工件的 6 个自由度中有 1 个或几个自由度未被限制，但满足该道工序的技术要求，在夹具中占有正确的位置，称为不完全定位。如图 4-10 所示，在该长方体上加工一个通槽。在图 4-9 分析的基础上，通槽不需限制 $\vec{x}$ 自由度，其他相同，仅需限制 $\vec{z}$、$\overset{\frown}{x}$ 、$\overset{\frown}{y}$ 、$\vec{y}$、$\overset{\frown}{z}$ 5 个自由度。图 4-11 铣该长方体上表面，要求该面与底面平行，且有一定高度的要求，故需限制 $\vec{z}$、$\overset{\frown}{x}$ 、$\overset{\frown}{y}$ 3 个自由度。

图 4-12 是在球体上铣一个平面，仅有高度尺寸的要求，故只需限制 $\vec{z}$ 1 个自由度。图 4-13 是在球体上钻一个通过球心的通孔，由于需要通过球心，故需限制 $\vec{x}$、$\vec{y}$ 2 个自由度。图 4-14(a)是在一个圆柱体上铣一个通键槽，键槽有深度要求，且键槽与圆柱体中心面有对称度的要求，故需要限制 $\vec{y}$、$\vec{z}$、$\overset{\frown}{y}$ 、$\overset{\frown}{z}$ 4 个自由度。如果在图 4-14(a)基础上，再铣一通槽，如图 4-14(b)所示，则需限制 $\vec{y}$、$\vec{z}$、$\overset{\frown}{x}$ 、$\overset{\frown}{y}$ 、$\overset{\frown}{z}$ 5 个自由度。上述 6 个例子中所限制的自由度都小于 6 个，但都是正确的定位，均属不完全定位。

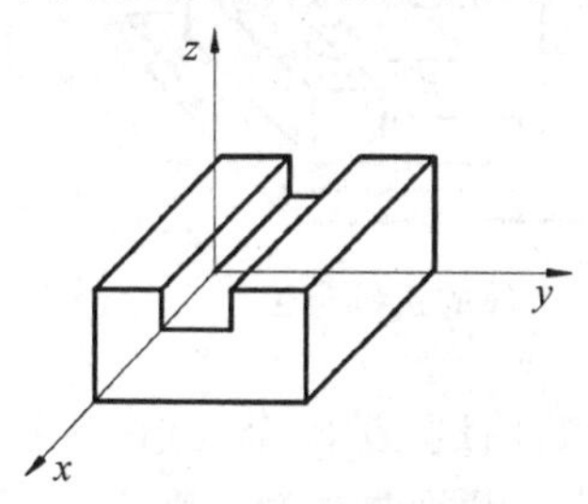

图 4-10　长方体工件铣通槽工序的定位分析

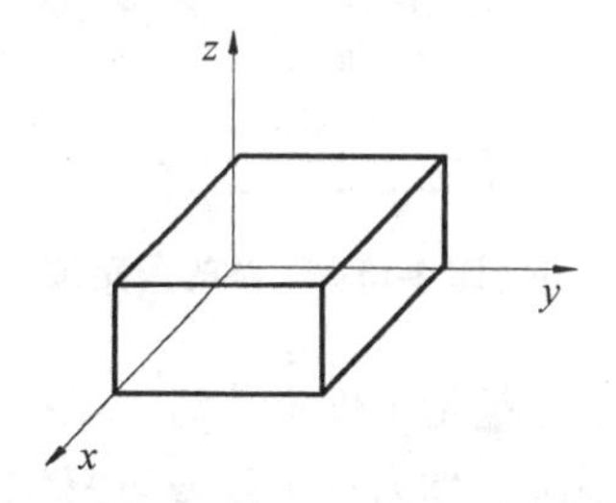

图 4-11　长方体工件铣平面工序的定位分析

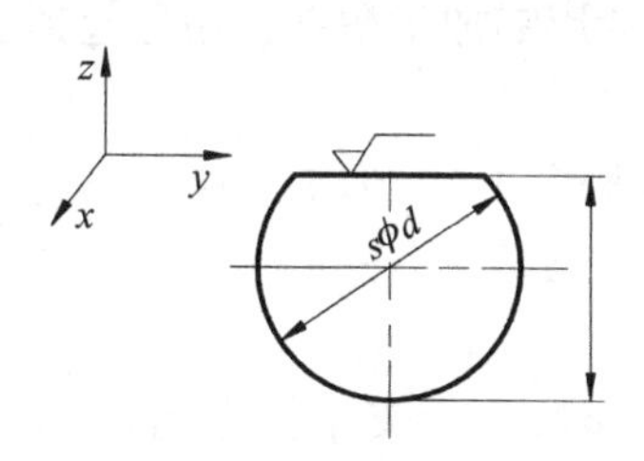

图 4-12　球体上铣平面工序的定位分析

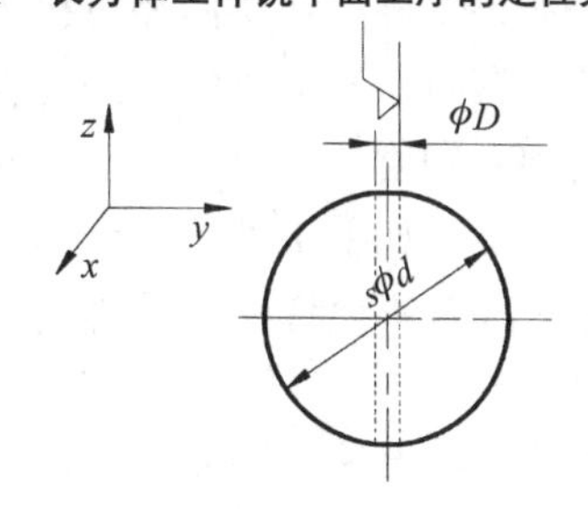

图 4-13　球体上钻通孔工序的定位分析

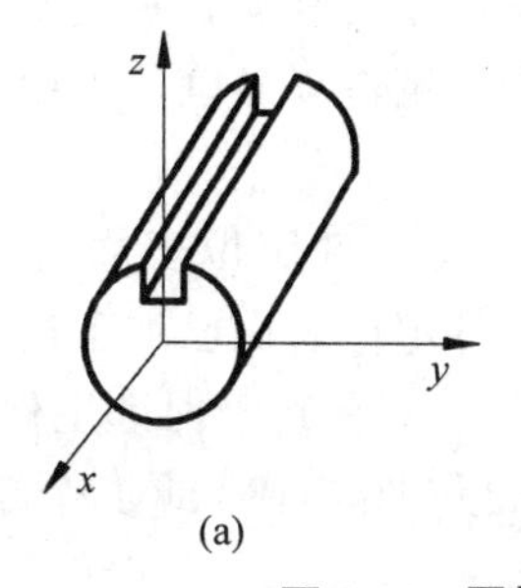

(a)

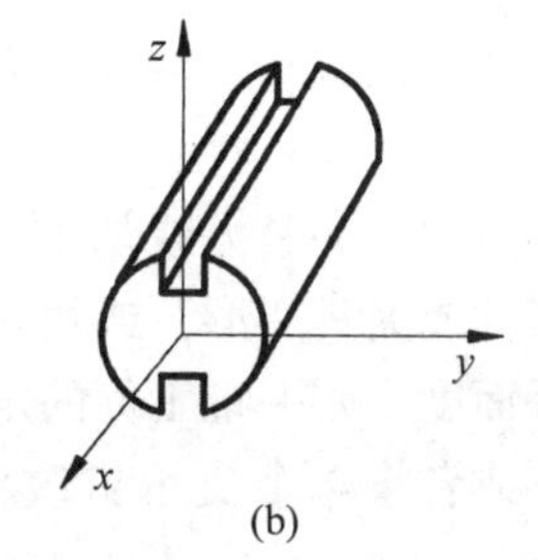

(b)

图 4-14　圆柱体上铣通键槽工序的定位分析

应当指出，有些加工虽然按工序的加工技术要求不需要限制某些自由度，但为了承受切削力、夹紧力，或为了保证一批工件的进给长度一致、调整方便，有时将无加工要求的自由度也加以限制，也是合理的、必要的。如图 4-14 所示工件，为了承受铣削力、控制加工行程，把工件 $\vec{x}$ 自由度也可以限制。

(3) 欠定位和过定位

根据被加工面的尺寸、形状和位置要求，工件加工时必须限制的自由度没有被限制，称为欠定位。欠定位不能保证工序所规定的加工要求，因而是绝对不允许的。如长方体工件上需要一铣缺口，该缺口宽度为 B，距底面为 A，且与底面有平行度要求，故应限制 5 个自由度。如图 4-15 所示只限制 $\vec{z}$、$\widehat{x}$ 、$\widehat{y}$ 3 个自由度，则不能保证加工尺寸 B 及其侧面与工件侧面的平行度，故为欠定位。为了保证该道工序的加工要求，必须增加一个条形支承板，限制 $\vec{y}$、$\widehat{z}$ 2 个自由度，才能保证工件在加工时有个正确的位置，如图 4-16 所示。

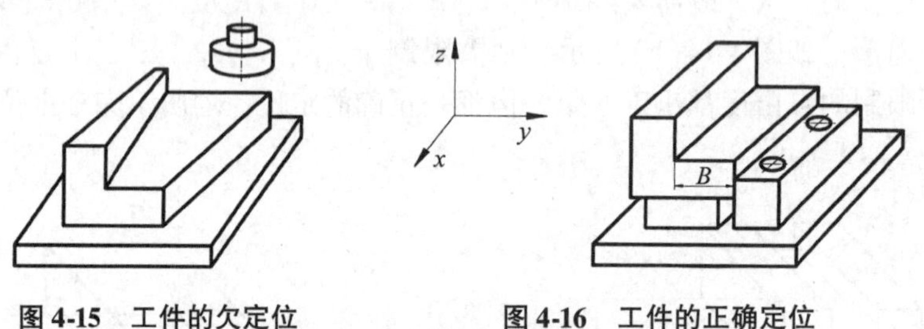

图 4-15 工件的欠定位　　　　图 4-16 工件的正确定位

过定位是指工件定位时，某一个自由度(或某几个自由度)被两个(或两个以上支承点重复限制，称为过定位或重复定位。过定位是否允许，须视具体情况而定：

①如果工件的定位面经过机械加工，且尺寸、形状、位置精度均较高，则过定位是允许的，有时还是必要的。因为合理的过定位不仅不会影响加工精度，还会起到加强工艺系统刚度和增加定位稳定性的作用。

②反之，如果工件的定位面是毛坯面，或虽经过机械加工，但加工精度不高，这时过定位一般是不允许的，因为它可能造成定位不准确，或定位不稳定，或发生定位干涉等情况。

在长方体上铣一平面，以底平面作为定位基准，布置 3 个支承钉限制 $\vec{z}$、$\widehat{x}$ 、$\widehat{y}$ 3 个自由度，这是不完全定位，是一合理方案。但当布置 4 个支承钉时，属于过定位。如图 4-17所示，若工件定位平面粗糙或 4 个支承钉的制造精度和安装精度不高时，实际上只有其中的 3 个支承钉与工件定位表面相接触，将产生定位不准确、不稳定的现象，是不合理的方案。

若在工件重力、夹紧力或切削力的作用下，强行将工件定位表面与 4 个支承钉接触，则会使工件或夹具变形，或两者均变形；如果工件定位表面已加工过，且 4 个支承钉有较高的平面度，则一批工件的定位位置基本一致，更有利于保证工件的加工精度，是合理方案。或者将 4 个支承钉改为 2 个条形支承板(图 4-18) 或 1 个矩形支承板也可以。

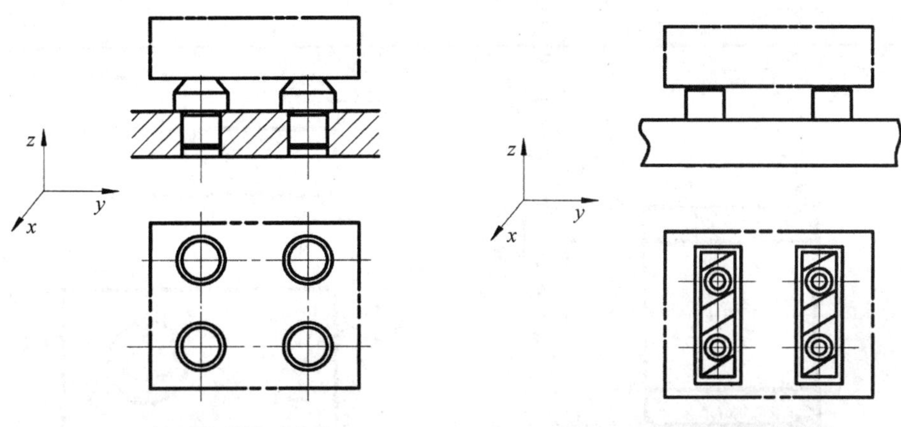

图 4-17　铣平面时的过定位　　图 4-18　精铣平面时的定位

4.3.2　基准

零件是由若干表面组成的，它们之间有一定的相互位置和尺寸的要求。在加工过程中也必须相应地以某个或某几个表面为依据来加工其他表面，以保证零件图上所规定的技术要求。零件表面间的各种相互依赖关系，就引出了基准的概念。

所谓基准就是零件上用来确定其他点、线、面的位置所依据的那些点、线、面。

根据功能和应用场合的不同，基准可分为设计基准和工艺基准两大类。

4.3.2.1　设计基准

设计基准是指零件图上用以确定其他点、线、面位置的基准。设计基准是设计图样上所用的基准，是尺寸标注的起始点。在图 4-19 中对于尺寸 t 来说，A 面与 B 面是它的设计基准，即可以 A 面为基准确定 t 尺寸，也可以 B 面为基准确定 t 尺寸；对尺寸 L 来说，A 面与 C 面是它的设计基准；尺寸 ϕD、$\phi 40$ 的设计基准是孔 ϕD 的中心线；径向圆跳动与端面圆跳动的设计基准也是孔 ϕD 的中心线。

4.3.2.2　工艺基准

在零件加工和装配中所使用的基准称为工艺基准。工艺基准又可进一步分为工序基准、定位基准、测量基准、装配基准。

(1) 工序基准

在工序图上，用来确定本工序所加工表面加工后的尺寸、位置所采用的基准，称为工序基准。

如图 4-20 所示，该道工序在长方体工件上钻直径为 ϕD 的孔，要求加工表面的中心线与 A 面垂直，并与 C 面保持距离为 L_1，与 B 面保持距离为 L_2，则 A 面、B 面、C 面为本道工序的工序基准。

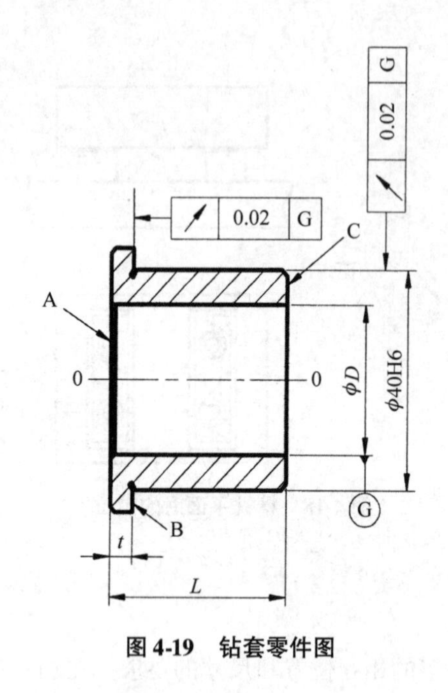

图 4-19　钻套零件图

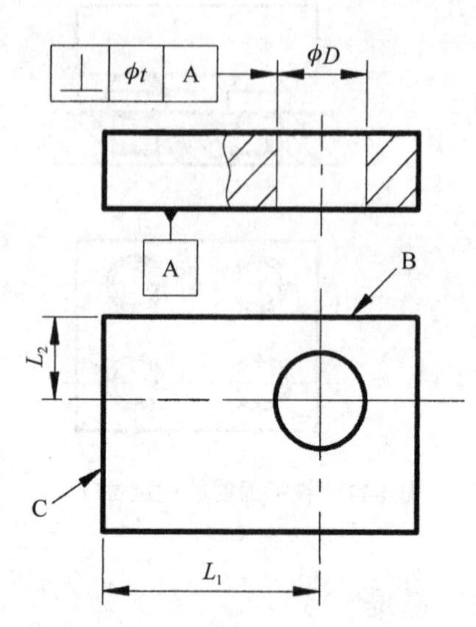

图 4-20　长方体上钻孔工序简图

(2)定位基准

在加工时，使工件在机床或夹具上占有正确位置所采用的基准，称为定位基准。在长方体上钻孔如图 4-20 所示，若以底面 A、导向面 B 和止推面 C 定位，则底面 A、导向面 B 和止推面 C 就是加工时的定位基准。这时工序基准与定位基准重合。

定位基准可分为：粗、精、辅助基准。

(3)测量基准

在加工中或加工后，用以测量工件尺寸、位置所采用的基准，即检验时所用的基准，称为测量基准，也称为度量基准。例如，在检验车床主轴时，用支承轴颈表面作测量基准。

(4)装配基准

装配时用来确定零件或部件在产品中的位置所采用的基准，称为装配基准。例如，齿轮内孔、活塞的活塞销孔、车床的主轴颈都是相应的装配基准，机床床身是机床的装配基准。

一般情况下，设计基准是零件图样上给定的，由该零件在产品结构中的功用决定的；工艺基准是工艺人员根据具体的工艺过程选择确定的。

在分析基准时，必须注意以下几点：

①作为基准的点、线、面在工件上不一定具体存在(如孔的中心线、轴心线、中心平面等)，而常由某些具体的表面来体现，这些表面可称为基面。如图 4-19 所示钻套的加工，首先在三爪卡盘上夹持大端外圆，车小端外圆，车小端面，车台阶面，镗孔，这

里实际定位表面是大端外圆柱表面，而它所体现的定位基准是大端外圆的轴线。因此，选择基准的问题就是选择合适的定位基面的问题。

②作为基准，可以是没有面积的点、线及很小的面，但代表这种基准的基面总是有一定面积的。例如，在外圆磨床上加工阶梯轴时，采用两顶尖定位，基准是轴线，没有面积，而基面是中心孔，虽然很小但总有一定的面积。

③对于表面位置精度的关系也是一样。例如，图 4-20 中孔 ϕD 的中心线对 A 面有垂直度的要求，也同样具有基准的关系。

4.4　工艺路线的拟订

工艺路线的拟订是制订工艺规程中关键性的一步。其实质就是选择合适的定位基准、加工方法和加工方案等。

4.4.1　定位基准的选择

合理选择定位基准对保证加工精度和确定加工顺序都有决定的影响。因此，它是制订工艺路线时要解决的主要问题。在第一道工序中，工件在加工前为毛坯，即所有的面均为毛面，开始加工时只能选用毛面为基准，称为粗基准；在以后的各工序中，可以选已加工的面作为定位基准，称为精基准。由于粗基准、精基准用途不同，在选择时所考虑的侧重点也不同。

此外，有时会遇到工件上没有能作为定位基准用的恰当表面，就有必要在工件上专门设置或加工出定位表面，这种表面称为辅助基准。如轴加工用的中心孔、活塞加工用的止口和下端面等。辅助基准在零件上不起作用，仅是为了工艺上的需要，加工完毕后，若不需要可以去除。

在选择基准时，需要同时考虑以下 3 个问题：

①用哪个表面作为加工时的精基准，使整个机械加工过程能顺利地进行？

②为加工精基准，应采用哪一个(组)表面做作为粗基准？

③是否有个别工序为了特殊的加工要求，需要采用第二个(组)精基准？

由于粗基准和精基准的情况和用途都不同，所以在选择粗基准和精基准时所考虑问题的侧重点也不同。

4.4.1.1　粗基准的选择

粗基准的选择对零件的加工会产生较大的影响，在选择粗基准时，考虑的重点是如何保证各加工表面有足够余量，使不加工表面的尺寸和位置符合图纸要求。因此选择粗基准的原则有如下几方面。

(1)重要表面余量均匀的原则

若工件必须首先保证某重要表面余量均匀，则应选该表面为粗基准。如车床导轨面的加工，由于导轨面是车床床身的主要表面，精度要求高，要求表面硬度高、耐磨性好，且均匀一致。在铸造床身毛坯时，导轨面需要向下放置，使其表层的金属组织细致均匀，没有气孔和夹砂等缺陷。因此在机加工时要求加工余量均匀，以便达到高的加工精度，同时切去的金属层应尽可能的薄些，保证留下一层组织紧密、耐磨的金属层。同时，导轨面又很长，容易发生余量不均匀或不够的危险。当导轨表面上的加工余量不够时，切去的余量又太多，不但影响加工精度，而且可能将比较耐磨的金属层切去，露出较疏松的、不耐磨的金属组织。

如图4-21(a)所示，机床床身应先以导轨面作为粗基准加工床腿平面，再以床腿平面作为精基准加工导轨面，可以保证导轨面的加工余量比较均匀，而床腿上的加工余量不均匀则不影响机床的加工质量。反之，如图4-21(b)所示，若以床腿平面作为粗基准加工导轨面，则导轨面切去加工余量不均匀，不能满足导轨的加工精度要求。

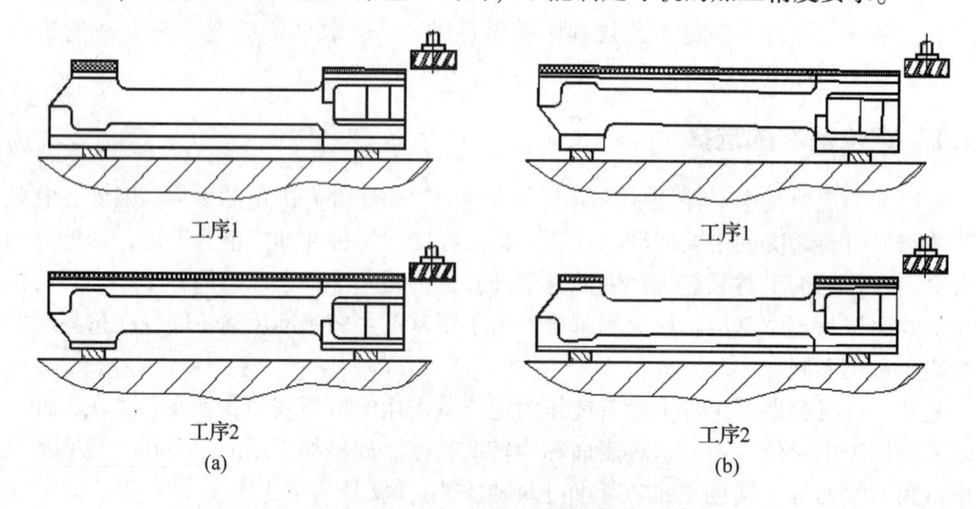

图4-21 机床床身导轨面加工时粗基准的选择

(2)表面间相互位置要求的原则

若工件必须首先保证加工表面与不加工表面之间的位置要求，则应选不加工表面为粗基准，以达到壁厚均匀，外形对称等要求。如果工件上有好几个不需要加工的表面，则应以其中与加工表面有位置精度要求较高的表面为粗基准。

如图4-22(a)所示，该工件外圆表面1是不加工表面，内孔2为加工表面，若选用需要加工的内孔2作为粗基准，用直接找正法在四爪卡盘装夹工件，可保证所切去的余量均匀3，但零件壁厚不均匀，不能保证内孔与外圆的位置精度，如图4-22(c)所示。因此选不加工外圆表面1做粗基准，用三爪卡盘夹紧工件的外圆来加工内孔2，切去的余量不均匀3，但保证内外圆的同轴度要求，如图4-22(b)所示。

(3)加工表面余量最小的原则

若工件上每个表面都要加工，则应以余量最小的表面作为粗基准，使这个表面在以后的加工中不会留下毛坯表面而成废品，即保证各表面都有足够余量。

如图4-23所示阶梯轴，$\phi100$外圆的加工余量(单边余量为7mm)比$\phi50$外圆的加工

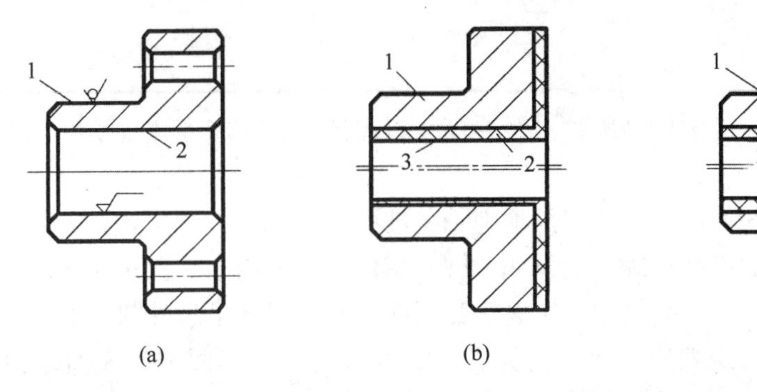

图 4-22　选择不加工表面作粗基准

余量(单边余量为 4mm)大，如以 $\phi100$ 外圆为粗基准，由于大、小端外圆轴线存在偏心为 5mm，则 $\phi50$ 外圆上侧单边为 34mm，下侧单边为 24mm，导致加工余量不足使工件报废。所以应选 $\phi50$mm 外圆为粗基准面，加工 $\phi100$mm 外圆，然后再以已加工的 $\phi100$mm 外圆为精基准面加工 $\phi50$mm 外圆，这样可保证在加工 $\phi50$mm 外圆时有足够的余量。

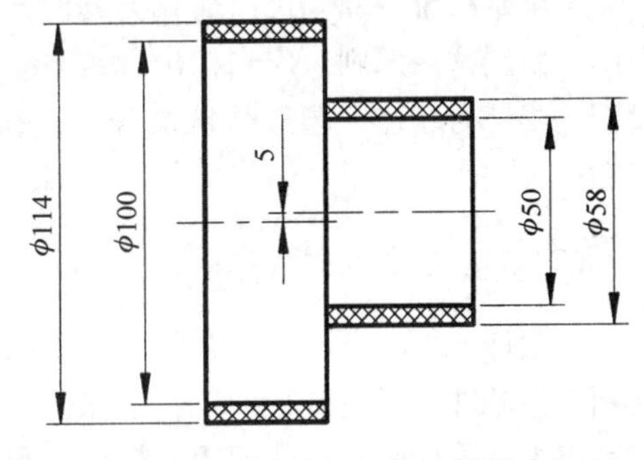

图 4-23　各加工表面均需加工时粗基准的选择

(4)定位准确夹紧可靠原则

粗基准表面应尽可能平整光洁，不能有飞边、浇口、冒口或其他缺陷，以便使定位准确、夹紧可靠。在铸件上不应选择有浇口、冒口的表面、分型面或夹砂等缺陷的表面做粗基准；在锻件上不应选择有飞边的表面作粗基准。

(5)粗基准不重复使用的原则

粗基准的定位精度很低，所以粗基准在同一尺寸方向上通常只允许使用一次，否则定位误差太大。因此在后续的工序中，都应以加工过的表面作为精基准。

4.4.1.2　精基准的选择

选择精基准时要考虑的重点是如何减少误差，提高定位精度，保证加工精度和安装方便。因此选择精基准的原则有如下几方面。

(1)基准重合原则

应尽可能选择零件设计基准作为定位基准，称为基准重合原则。可以避免产生基准不重合误差。

在对加工面位置尺寸有决定作用的工序中，特别是当位置公差要求很小时，一般应遵守这一原则，否则会产生基准不重合误差，增大加工难度。

(2) 基准统一原则

应尽可能选择统一的定位基准加工各表面，以保证各表面间的位置精度，称为基准统一原则。

当采用基准统一的原则时，应尽早地把精基准面加工出来，并达到一定精度，后续工序均以它为精基准加工其他表面。例如，轴类零件一般采用中心孔作为统一基准加工各外圆表面，不但能在一次装夹中加工大多数表面，而且保证了各外圆表面的同轴度要求及端面与轴线的垂直度要求；盘、套类零件一般采用一个端面和内表面作为统一基准；箱体类零件常用一面两孔作为统一基准。

采用基准统一原则可以简化夹具设计，减少工件搬动和翻转次数。如在自动化生产中广泛使用这一原则。应当指出，基准统一原则常会带来基准不重合的问题，在这种情况下，要针对具体问题进行认真分析，在满足设计要求的前提下，决定最终选择的精基准。

(3) 互为基准原则

当工件上有两个相互位置精度要求比较高的表面进行加工时，可以利用这两个表面互相作为基准，反复进行加工，以保证位置精度。即加工表面和定位基准面互相转化，称为互为基准原则。一般适用于精加工和光整加工中。

例如，车床主轴前后支承轴颈与主轴锥孔间有严格的同轴度要求，常先以主轴锥孔为基准磨主轴前、后支承轴颈表面，然后再以前、后支承轴颈表面为基准磨主轴锥孔，最后达到图样上规定的同轴度要求。又如加工精密齿轮，当齿面经过高频淬火后进行磨削时，因其淬硬层较薄，要求磨削余量小而均匀，所以要先以齿面为基准磨内孔，再以内孔为基准磨齿面，以保证齿面余量均匀。

(4) 自为基准原则

有些精加工工序要求加工余量小而均匀，为保证加工质量和提高生产率，可以加工面自身作为定位基准，称为自为基准原则。自为基准目的在于减小表面粗糙度、减小加工余量和保证加工余量均匀，只能提高加工表面的尺寸精度，不能提高表面间的位置精度。例如，浮动镗刀块镗孔、拉孔、推孔、珩磨孔、铰孔等都是自为基准加工的典型例子。还有一些表面的精加工工序，要求加工余量小而均匀，常以加工表面自身为基准。如在导轨磨床上磨床身导轨面时，就用百分表找正床身的导轨面。

(5) 便于装夹原则

选择精基准时，应能保证定位准确、可靠，夹紧机构简单，操作方便。

在上述五条原则中，前四条都有它们各自的应用条件，唯有最后一条，即便于装夹原则是始终不能违反的。在考虑工件如何定位的同时必须认真分析如何夹紧工件，遵守夹紧机构的设计原则。以上原则是从生产实践中总结出来的，必须结合具体的生产条件、生产类型、加工要求等来分析和应用这些原则，甚至有时为了保证加工精度，在满足某些定位原则的同时可能放弃另外一些原则。

4.4.2　典型表面的加工方法及设备的选择

4.4.2.1　加工方法选择应考虑的问题

①零件表面的加工方法主要取决于加工表面的技术要求。这些技术要求还包括由于基准不重合而提高了对作为精基准表面的技术要求。

②选择加工方法应考虑每种加工方法的加工经济精度、材料的性质及可加工性、工件的结构形状和尺寸大小、生产纲领及批量、工厂现有设备条件等。

4.4.2.2　加工经济精度与加工方法的选择

(1)加工经济精度

加工经济精度是指在正常加工条件下(采用符合质量标准的设备、工艺装备和标准技术等级的工人，不延长加工时间)所能保证的加工精度和表面粗糙度。

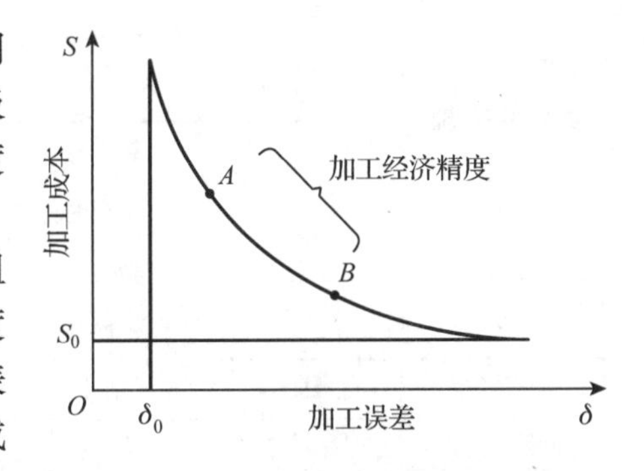

图4-24　加工误差与加工成本的关系

各种加工方法所能达到的加工精度和表面粗糙度都有一定的范围。加工误差小，则加工精度高；加工误差大，则加工精度低。统计资料表明，各种加工方法的加工误差和加工成本之间成呈负指数函数曲线形状，如图4-24所示，图中，δ表示加工误差，S表示加工成本。可以看到，对一种加工方法来说，加工误差小到一定程度时(如曲线中A点的左侧)，加工成本提高了很多，加工误差却降低很少；反之，当加工误差达到一定程度(如曲线中B点的右侧)，即使加工误差增大了很多，加工成本却降低很少。说明一种加工方法在A点左侧或B点右侧都是不经济的，只有在A、B区间才是最经济的。每一种加工方法都有一个经济精度的范围，且随着时代的发展，所达到的加工精度和表面粗糙度也在不断进步。例如，材料为45钢，尺寸精度为IT6、表面粗糙度≤0.8μm的外圆表面加工中，精加工通常多用磨削加工的方法而不用车削加工的方法，因为车削加工方法不经济；对表面粗糙度1.6~25μm的外圆表面加工中，精加工应选择车削加工的方法，这时磨削加工方法不经济了。

(2)加工方法的选择

机械零件一般是由一些典型的表面(如外圆、内孔、平面及成型表面等)组合而成，同一种表面可以选用各种不同的加工方法，但每种加工方法所能获得的加工质量、所用时间定额和费用却是各不相同的。因此在选择各表面的加工方法时，要综合考虑各方面工艺因素的影响。

①各加工表面所要达到的加工技术要求：根据每个加工表面的技术要求和各种加工方法及其组合后所能达到的加工经济精度和表面粗糙度，确定加工方法和加工方案。即在选择加工方法时，一般根据零件主要表面的技术要求和工厂具体条件，先选定它的最终工序加工方法，使其经济精度和表面粗糙度与该表面加工技术要求相当，然后再逐一选定该表面各有关前道工序的加工方法。因为零件的加工表面都有一定的加工要求，一般不可能通过一次加工就能达到要求，而是通过多次加工才能逐步达到要求。

各种加工方法所能达到的加工经济精度和表面粗糙度，见表4-13所列或见有关的工艺设计手册。

表4-13 常用加工方法所能达到的加工经济精度和表面粗糙度

加工表面	加工方法		加工经济精度(IT)	表面粗糙度 Ra(μm)
外圆表面(轴)	车	粗车	11~13	10~80
		半精车	9~11	2.5~10
		精车	7~8	1.25~5
		金刚石车	5~6	0.02~1.25
	磨	粗磨	8~9	1.25~10
		半精磨	7~8	0.63~2.5
		精磨	6~7	0.16~1.25
		镜面磨	5	0.008~0.08
内圆表面(孔)	钻	钻孔	11~13	5~80
	扩	粗扩	12~13	5~20
		精扩	9~11	1.25~10
	铰	半精铰	8~9	1.25~10
		精铰	6~7	0.32~5
		手铰	5	0.08~1.25
	镗	粗镗	12~13	5~20
		半精镗	10~11	2.5~10
		精镗(浮动镗)	7~9	0.63~5
		金刚镗	5~7	0.16~1.25
	拉	粗拉	9~10	1.25~5
		精拉	7~9	0.16~0.63
	磨	粗磨	9~11	1.25~10
		半精磨	9~10	0.32~1.25
		精磨	7~8	0.08~0.63
		精密磨	6~7	0.04~0.16

（续）

加工表面	加工方法		加工经济精度(IT)	表面粗糙度 Ra(μm)
平面	铣	粗 铣	11~13	5~20
		半精铣	8~11	2.5~10
		精 铣	6~8	0.63~5
	刨	粗 刨	11~13	5~20
		半精刨	8~11	2.5~10
		精 刨	6~8	0.63~5
	磨	粗 磨	8~10	1.25~10
		半精磨	8~9	0.62~2.5
		精 磨	6~8	0.16~1.25
		精密磨	6	0.04~0.32
	车	粗 车	11~13	10~80
		半精车	8~11	2.5~10
		精 车	6~8	1.25~5
		金刚石车	6	0.02~1.25
	插		8~13	2.5~20
	拉	粗 拉	5~11	5~20
		精 拉	6~9	0.32~2.5

②工件所用材料的性质及可加工性：被加工材料的性能不同，加工方法也不同。如淬火钢应采用磨削加工，而有色金属磨削困难，一般应采用金刚镗或高速车削进行精加工。

③应考虑工件的结构类型及尺寸大小：回转体零件轴线部位的孔可选择车削或磨削，支架箱体零件上的支承孔应选择镗削。

④生产类型：反映的是生产率与经济性关系。在大批大量生产中，可采用高效专用机床和工艺装备，平面和内孔可采用拉削取代铣、刨、镗孔，以获得高效率；轴类零件可以采用半自动液压仿形车床加工等。甚至从根本上改变毛坯的制造方法，如用粉末冶金制造油泵齿轮，或用熔模铸造制造柴油机上的小尺寸零件等，可大大减少切削加工的工作量。在单件小批生产中可采用通用设备、通用工艺装备及一般的加工方法。

⑤考虑本厂现有设备情况及技术条件：要充分利用现有设备，挖掘企业潜力，发挥职工的积极性和创造性。同时也应考虑不断改进现有加工方法和设备，推广新技术，提高工艺水平，以及设备负荷的平衡。

(3)机床的选择

根据产品变换周期和生产批量的大小以及零件表面的复杂程度等因素，决定选择数控机床或普通机床。一般来说，产品变换周期短生产批量小、零件上有的复杂曲线、曲面，应选数控机床；产品基本不变的大批大量生产，宜选用专用组合机床。无论是普通机床还是数控机床的精度都有高低之分，高精度机床与普通精度机床的价格相差很大，因此，应根据零件的精度要求，选择精度适中的机床。选择时，可查阅产品目录或有关手册来了解各种机床的精度。

对有特殊要求的加工面，例如，相对于工厂工艺条件来说，尺寸特别大或特别小，技术要求高，加工有困难，就需要考虑是否需要外协加工，或者增加投资，增添设备，开展必要的工艺研究，以扩大工艺能力，满足加工要求。

4.4.2.3 典型表面的加工路线

根据典型表面(外圆表面、内表面和平面)的精度要求选择一个最终的加工方法，然后选定该表面各有关前道工序的加工方法，就组成一条加工路线。长期的生产实践总结出了一些比较成熟的加工路线，熟悉这些加工路线对编制工艺规程有指导作用。

(1)外圆表面的加工路线

零件的外圆表面主要采用下列 4 条基本加工路线进行加工。

①粗车—半精车—精车：这是外圆表面中应用最广泛的一条加工路线。只要工件材料可以切削加工，公差等级小于 IT7，表面粗糙度值 *Ra* 大于 0.8μm 的外圆表面都可以在这条加工路线中加工。如果加工精度要求较低，可以只取粗车，或取粗车—半精车，达到需要的精度和表面粗糙度即可。

②粗车—半精车—粗磨—精磨：对于黑色金属材料，特别是对半精车后有淬火要求的零件，加工精度等于或低于 IT6，表面粗糙度等于或大于 0.16μm 的外圆表面，一般可安排在这条加工路线中。

③粗车—半精车—精车—金刚石车：这条加工路线主要适用于工件材料为有色金属(如铜、铝)的零件，不宜采用磨削加工方法加工的外圆表面。

金刚石车是在精密车床上用金刚石车刀进行车削。目前，这种加工方法已用于尺寸精度为 0.01μm 数量级和表面粗糙度 *Ra* 为 0.01μm 的超精密加工中。

④粗车—半精车—粗磨—精磨—研磨、砂带磨、抛光以及其他超精加工方法：适用于加工精度 IT6 以上，表面粗糙度值 *Ra* 小于 0.2μm 的表面加工。这是在加工路线②的基础上增加了光整加工工序。这些加工方法多以减小表面粗糙度值、提高尺寸精度、形状精度为主要目的。如抛光、研磨、超精加工、砂带磨等是以减小表面粗糙度为主；镜面磨削不仅可以降低表面粗糙度值，还可以得到很高的形状和位置精度。

(2)内圆表面(孔)的加工路线

①钻—扩—铰(手铰)：这是一条应用最为广泛的孔的加工路线，在各种生产类型中都有应用，常用于中、小孔加工。其中扩孔可以提高位置精度；铰孔只能保证尺寸、形状精度和减少孔的表面粗糙度值，不能提高位置精度。当对孔的尺寸精度、形状精度要求比较高时，表面粗糙度值要求又比较小时，往往安排一次手铰加工。麻花钻、扩孔

刀、铰刀均为定尺寸刀具，所以经过铰孔加工的孔一般加工精度可达 IT7 级。

②钻(或粗镗)—半精镗—精镗—浮动镗或金刚镗：下列情况下的孔，多在这条加工路线中加工：

a. 单件小批生产中的箱体孔系加工；

b. 位置精度要求很高的孔系加工；

c. 在各种生产类型中，直径比较大的孔，如直径为 80mm 以上，毛坯上已有位置精度比较低的铸孔或锻孔；

d. 材料为有色金属，需要由金刚镗来保证其尺寸、形状和位置精度以及表面粗糙度的要求。

在这条加工路线中，当毛坯上无毛坯孔时则第一道工序安排钻孔，已有毛坯孔时，第一道工序安排粗镗。后面的工序视零件的精度要求，可安排半精镗，亦可安排半精镗—精镗或安排半精镗—精镗—浮动镗，半精镗—精镗—金刚镗。

③钻(或粗镗)—半精镗—粗磨—精磨—研磨或珩磨：这条加工路线主要用于淬硬零件加工或精度要求高的孔加工。其中，研磨或珩磨是光整加工方法。

④钻—粗拉—精拉：这条加工路线多用于大批大量生产盘套类零件的圆孔、单键孔和花键孔加工。其加工质量稳定、生产效率高。当工件上没有铸出或锻出毛坯孔时，第一道工序需要安排钻孔；当工件上已有毛坯孔时，则第一道工序需安排粗镗孔，以保证孔的位置精度。如模锻孔的精度较好，也可以直接安排拉削加工。拉刀也是定尺寸刀具，经拉削加工的孔一般加工精度可达 IT7 级。

(3) 平面的加工路线

①粗铣—半精铣—精铣—高速铣：在平面加工中，铣削加工用得最多，主要是因为铣削生产率高。近代发展起来的高速铣，其公差等级较高(IT6 ~ IT7)，表面粗糙度值也较小($Ra = 0.16 \sim 1.25\mu m$)。在这条加工路线中，视被加工面的精度和表面粗糙度的技术要求，可以只安排粗铣，或安排粗、半精铣；粗、半精、精铣以及粗、半精、精、高速铣等作为加工路线。

②粗铣(刨)—半精铣(刨)—粗磨—精磨—研磨、导轨磨、砂带磨或抛光：当被加工面有淬火要求，则可在半精铣(刨)后安排淬火。淬火后则需要安排磨削工序。研磨、导轨磨、砂带磨或抛光均属于光整加工方法。加工路线视加工精度和表面粗糙度的要求，可只安排粗磨，亦可安排粗磨—精磨，还可在精磨后安排研磨或精密磨等。

③粗刨—半精刨—精刨—宽刃精刨、刮研或研磨：刨削适合于单件小批生产，特别适合于窄长平面的加工。宽刃精刨、刮研或研磨也属于光整加工方法，同样根据加工精度和表面粗糙度的要求，选定加工路线。

④粗拉—精拉：这条加工路线，生产率高，适用于有沟槽或有台阶面的零件。由于拉刀和拉削设备昂贵，因此这条加工路线只适合在大批大量生产中采用。

⑤粗车—半精车—精车—金刚石车：这条加工路线主要用于有色金属零件的平面加工，这些平面多是外圆或孔的端面。如果被加工零件是黑色金属，则精车后可安排精密磨、砂带磨或研磨、抛光等。

4.4.3 加工阶段的划分

当加工的零件精度要求比较高，生产批量大时，不可能在一个工序内完成全部加工工作，因此按加工性质和目的的不同可划分为下列几个阶段。

(1)粗加工阶段

在这一阶段中主要任务是切除加工面上大部分的加工余量，以提高生产率。主要问题是如何获得高的生产率，其特点为加工精度低，表面粗糙度值大。

(2)半精加工阶段

在这一阶段中主要表面需消除粗加工留下的误差，达到一定的精度，保证精加工余量，为主要表面的精加工作好准备，并完成一些次要表面如钻孔、铣键槽等的加工。

(3)精加工阶段

在这一阶段，应确保尺寸、形状和位置精度以及表面粗糙度达到或基本达到图样规定的要求。可以是加工表面的终加工阶段，也可以作为光整加工前的预备加工。

(4)光整加工阶段

在这一阶段主要任务是对精度要求很高的零件，加工精度 IT6 以上，表面粗糙度值 Ra 小于 0.2μm 的表面进行加工。如孔表面的珩磨，外圆面的抛光、珩磨或研磨、精密磨、超精加工等。值得注意的是光整加工以提高尺寸精度和表面粗糙度为主，大部分不能纠正几何形状和相互位置误差。

有时，由于毛坯余量特别大，表面极其粗糙。在粗加工前还要有去皮加工，称为荒加工。为了及时发现毛坯废品及减少运输工作量，常把荒加工放在毛坯准备车间进行。

划分加工阶段的原因是：

①利于保证加工质量：粗加工阶段切除金属较大，切削深度大，产生的切削力和切削热都较大，因而工艺系统受力变形、受热变形及工件产生内应力和由此引起的变形也较大，不可能达到高的精度和表面粗糙度，因此需要先完成各表面的粗加工，再通过后续加工逐步减小切削用量，逐步来修正工件的变形提高加工精度，降低表面粗糙度值，最后达到规定的技术要求。另外各阶段之间的时间间隔，相当于进行了自然时效处理，有利于消除工件的内应力，并有变形的时间，以便在后道工序中加以修正。

②便于合理使用机床设备：粗加工时可采用功率大，切削效率高、精度不高的高效设备；精加工时可采用相应的高精度机床，加工中受力小，有利于延长高精度机床的寿命。如把精密机床用于粗加工，使精密机床会过早地丧失精度。

③便于安排热处理工序：工艺过程以热处理工序为界自然地划分为各阶段，并且每个阶段各有其特点及应该达到的目的。例如，粗加工之后进行去应力时效处理；半精加工后进行淬火；精加工后进行冰冷处理及低温回火等。

④利于及早发现毛坯缺陷，及时报废或修补，避免造成更大浪费。

⑤便于保护精加工表面少受损伤或不受损伤。把表面精加工安排在最后，防止后续加工把已加工好的表面划伤。

⑥利于合理地使用技术工人。

不划分加工阶段的情况：

①加工要求不高、工件刚性足够、毛坯质量高、切削余量小时，可不划分加工阶段。加工时为减小夹紧力的影响，粗加工后应松开夹紧机构，以较小力重新夹紧，再进行精加工。

②有些重型零件，为便于安装，减少运输费用，也可不划分加工阶段。

4.4.4　工序的集中与分散

工序集中与分散是拟订工艺路线的两个不同原则，工序的集中与分散程度必须根据生产类型、零件的结构特点和技术要求、机床设备等具体生产条件进行综合分析确定。工序集中与分散各有所长，工序集中优点较多，现代生产的发展趋于工序集中。

所谓工序集中，是使每个工序中包括尽可能多的工步内容，因而使总的工序数目减少，夹具的数目和工件的安装次数也相应地减少。所谓工序分散，是将工艺路线中的工步内容分散在更多的工序中去完成，因而每一工序中的工步少，工艺路线长。

(1)工序集中的特点

工序集中减少工件的安装次数，节省装夹工件的时间，易于保证各加工面间的相互位置精度要求；有利于采用高效专用机床和工艺装备，从而大大提高了生产率；减少了设备数量和工序数目及运输工作量，相应地减少了操作工人和生产面积，缩短了工艺路线和生产周期，简化了生产计划工作；因为采用的专用设备和专用工艺装备数量多而复杂，所以机床和工艺装备的调整、维修较困难，生产准备工作量大。

(2)工序分散的特点

工序分散可使每个工序使用的机床和工艺装备比较简单，调整对刀也比较容易，对操作工人的技术水平要求较低，生产准备工作量小，但设备数量多，操作工人多，生产面积大。

由于工序集中和工序分散各有特点，所以生产上都有应用。例如，传统的流水线、自动线生产多采用工序分散的组织形式(个别工序亦有采用相对集中的形式)，这种形式可以实现高生产率生产，但是适应性较差，特别是那些工序相对集中、专用组合机床较多的生产线，转产比较困难。

采用数控机床(包括加工中心、柔性制造系统)以工序集中的形式组织生产，除了具有上述优点以外，生产适应性强，转产容易，特别适合于多品种、变批量生产的加工。

在一般情况下，单件小批生产采用工序集中的原则，而大批大量生产可以采用工序集中的原则，也可采用工序分散的原则。

4.4.5 工艺顺序的安排

合理地安排零件加工顺序，对保证零件质量、提高生产率、降低加工成本都至关重要。对于一个复杂零件的加工过程主要包括机械加工工序、热处理工序、辅助工序等。

4.4.5.1 机械加工工序的安排

机械加工工艺顺序的安排原则：

①先粗后精：先安排粗加工工序，中间安排半精加工工序，最后安排精加工工序和光整加工工序。

②先基面后其他表面：先加工基准面，再加工其他表面。开始加工时，总是先把精基准加工出来，然后再以精基准定位，加工其他表面。如果精基准不止一个，则应按基面转换的顺序，逐步提高加工精度来安排基准面和主要表面的加工。例如，精度要求较高的轴类零件(机床主轴、丝杠，汽车发动机曲轴等)，其第一道机械加工工序就是平端面，打中心孔，然后以中心孔定位加工其他表面。箱体类零件(主轴箱、气缸体、气缸盖、变速器壳体等)也都是先安排定位基准面的加工(多为一个大平面，两个销孔)，再加工其他平面和孔系。

③先主后次：先加工主要表面，后加工次要表面。这里所说的主要表面是指设计基准面、装配基准和主要工作面，而次要表面是指键槽、紧固用的光孔和螺孔等。由于次要表面的加工工作量比较小，又与主要表面之间有相互位置的要求。因此，一般都安排在主要表面的主要加工结束之后，在最后精加工或光整加工之前。值得注意的是“后加工”并不一定是整个工艺过程的最后。

④先面后孔：先加工平面，后加工孔。在一般机器零件上，例如箱体、支架类零件上平面所占的轮廓尺寸比较大，用平面定位比较稳定可靠，故一般先加工平面作为精基准，便于加工孔和其他表面时保证定位稳定，准确，装夹方便。

⑤配套加工：为了保证加工质量的要求，有些零件的最后精加工需放在部件装配之后或在总装过程中进行。例如发动机连杆的大头孔，需要在连杆盖和连杆体装配好后再进行精镗和珩磨。

4.4.5.2 热处理及表面处理工序的安排

热处理工序在工艺路线中的位置，主要取决于零件的材料和热处理的目的和种类，一般可分为如下几种。

(1)预备热处理

预备热处理包括退火、正火、调质等。一般应安排在粗加工的前后，目的是为了改善切削加工性。例如，对含碳量大于0.5%的碳钢，一般采用退火，以降低硬度，可安排粗加工之前或后；对含碳量小于或等于0.5%的碳钢，一般采用正火，以提高硬度，使切削时切屑不粘刀，表面粗糙度值减小，可安排粗加工之前或后。而调质处理能得到组织细致均匀的回火索氏体，为后续表面淬火或渗氮时减小变形做好准备，可做预备热处理工序，安排粗加工后半精加工前；如果是以取得较好的综合力学性能为目的，则可为最终热处理工序，安排在半精和精加工之间。

(2)最终热处理

常用的有淬火—回火，此外还有各种热化学处理，如渗碳淬火、渗氮、液体碳氮共渗等。一般安排在半精加工之后和磨削加工之前，而氮化处理应安排在精磨之后，主要目的是提高材料的强度和硬度。对于那些变形小的热处理工序(如高频感应加热淬火、渗氮)，有时允许安排在精加工之后进行；对于高精度精密零件(如量块、量规、铰刀、精密丝杠、精密齿轮等)为了消除残余奥氏体，稳定零件的尺寸，在淬火后安排冷处理(使零件在低温介质中继续冷却到 -80℃)，一般安排在回火之后；为了提高零件表面耐磨性或耐腐蚀性而安排的热处理工序，及以装饰为目的而安排的热处理工序和表面处理工序(如镀铬、阳极氧化、镀锌、发蓝处理等)一般都放在工艺过程的最后。

(3)去除应力处理

常用的有人工时效处理、自然时效处理、退火等。人工时效、退火为了消除内应力，一般安排在粗加工之后、精加工之前，有时为了减少运输工作量，对精度要求不太高的零件，把去除内应力的人工时效处理或退火安排在切削加工之前(即在毛坯车间)进行。但是对于精度要求特别高的零件，在粗加工和半精加工过程中要经过多次去内应力退火，在粗、精磨过程中还要经过多次人工时效处理。另外，对于机床的床身、立柱等铸件，常在粗加工前及粗加工后进行自然时效处理，以消除内应力，使组织稳定。

4.4.5.3　辅助工序的安排

辅助工序主要包括检验工序，清洗工序、去毛刺、去磁、倒棱边、平衡、涂防锈油等，也是工艺规程的重要组成部分。其中检验工序是主要的辅助工序，是保证产品质量的主要措施。每个操作工人在操作过程结束后都必须自检，还必须在下列情况下安排单独的检验工序。

①零件加工完毕后，从该车间转到另一个车间的前后。

②工时较长或重要的关键工序的前后。

③粗加工全部结束以后，精加工开始以前。

④特种性能，如 X 射线检查、超声波探伤检查等多用于工件(毛坯)内部的质量检查，一般安排在工艺过程的开始。磁力探伤、萤光检验主要用于工件表面质量的检验，通常安排在精加工的前后进行。密封性检验、零件的平衡、零件的重量检验一般安排在工艺过程的最后阶段进行。

⑤零件全部加工结束之后。除检验工序外，在切削加工之后，应安排去飞边处理。零件表层或内部的飞边，影响装配操作、装配质量以至会影响整机性能，因此应给以充分重视。

工件在进入装配之前，一般都应安排清洗。工件的内孔、箱体内腔易存留切屑，清洗时应给以特别注意。研磨、珩磨等光整加工工序之后，砂粒易附着在工件表面上，要认真清洗，否则会加剧零件在使用中的磨损。采用磁力夹紧工件的工序，应安排去磁处理，并在去磁后进行清洗。

4.5 加工余量、工序尺寸及公差的确定

4.5.1 加工余量的概念

在切削加工时，使加工表面达到所需的精度和表面质量而应切除的金属层厚度，称为加工余量。加工余量分为总余量和工序余量两种。

毛坯尺寸与零件设计尺寸之差称为加工总余量，即某加工表面上切除的金属层总厚度，加工总余量的大小取决于加工过程中各个工序切除金属层厚度的大小。

每一工序所切除的金属层厚度称为工序余量，即为相邻两工序基本尺寸之差。对于回转体表面(外、内圆柱面)等对称表面而言，其加工余量是从直径上的考虑的，故称为双边余量或对称余量用 $2Z_b$ 表示，即表面实际切除的金属层厚度为 Z_b，是双边加工余量的一半。加工平面时，加工余量是非对称的单边余量，它等于实际所切除金属的厚度，如图 4-25 所示。

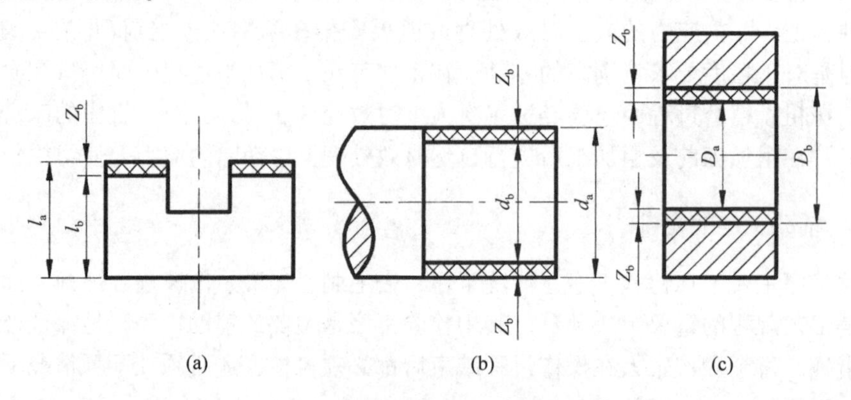

图 4-25 双边余量与单边余量

加工总余量和工序余量的关系如下：

$$Z_{总} = Z_1 + Z_2 + \cdots + Z_n = \sum_{i=1}^{n} Z_i \tag{4-3}$$

式中 $Z_{总}$——加工总余量；

Z_i——工序余量；

n——机械加工工序数目。

任何加工方法不可避免地要产生尺寸变化，因此各工序加工后的尺寸也有一定的误差，故毛坯和各工序尺寸都有公差，即实际切除的余量是一个变值，使加工余量又分为公称余量(也称基本余量、名义余量)、最大余量、最小余量。

工序尺寸的公差按各种加工方法的经济精度选定，在一般情况下，工序尺寸的公差按“入体原则”标注，即公差带在工件材料体内的方向。对于被包容面(轴尺寸，如轴径、键宽等)工序尺寸公差带的上偏差为零，其最大极限尺寸就是基本尺寸；对于包容

面(孔尺寸，如孔径、槽宽等)工序尺寸公差带的下偏差为零，其最小极限尺寸为基本尺寸；长度尺寸公差、毛坯尺寸公差一般按对称偏差标注。

根据此规定，可以作出加工余量及其工序尺寸公差的关系图，如图 4-26、图 4-27 所示。从图中可以看到下列关系：

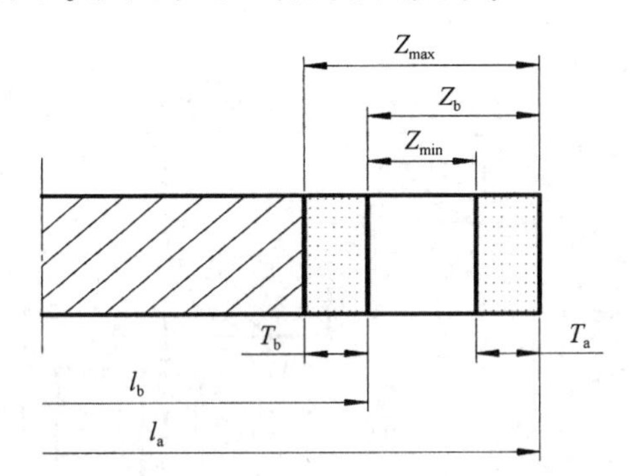

图 4-26　被包容尺寸(轴径)的加工余量及公差

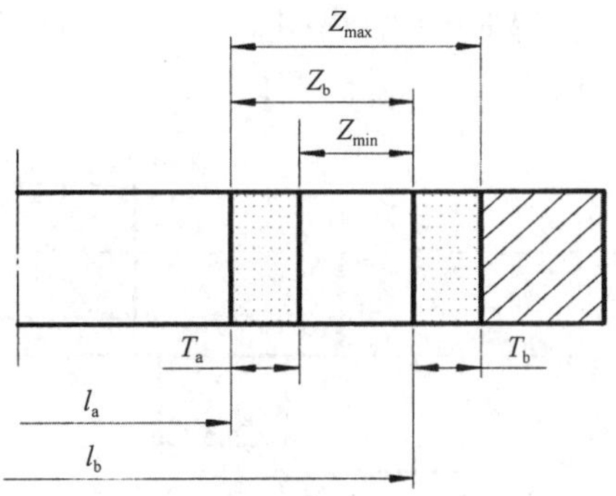

图 4-27　包容尺寸(孔径)的加工余量及公差

对于被包容尺寸(轴径，键宽)有：

工序余量　$Z_b = l_a - l_b$

最大余量　$Z_{max} = l_a - (l_b - T_b) = Z_b + T_b$

最小余量　$Z_{min} = (l_a - T_a) - l_b = Z_b - T_a$

工序余量变动范围　$T_z = Z_{max} - Z_{min} = T_b + T_a$

对于包容尺寸(孔径、槽宽)有：

工序的公称余量　$Z_b = l_b - l_a$

最大余量　$Z_{max} = (l_b + T_b) - l_a = Z_b + T_b$

最小余量　$Z_{min} = l_b - (l_a + T_a) = Z_b - T_a$

工序余量变动范围　$T_z = Z_{max} - Z_{min} = T_b + T_a$

式中　l_a——上工序的基本尺寸；

l_b——本工序的基本尺寸；

T_a——上工序的公差；

T_b——本工序的公差；

Z_b——本工序的公称余量；

Z_{max}——本工序的最大余量；

Z_{min}——本工序的最小余量。

例如，有一表面需要进行粗加工、半精加工、精加工，如图 4-28、图 4-29 所示，分别表示了被包容件(轴)和包容件(孔)的工序尺寸、工序尺寸公差、工序余量和毛坯余量之间的关系。有：

加工总余量为　$Z_{总} = Z_1 + Z_2 + Z_3$

对被包容(轴径)尺寸，以第二工序为例，如图 4-28 所示。

最大工序余量：

$$Z_{2max} = d_{1max} - d_{2min} = Z_2 + T_2$$

最小工序余量：

$$Z_{2\min}=d_{1\min}-d_{2\max}=Z_2-T_1$$

工序余量公差：

$$T_{Z2}=Z_{2\max}-Z_{2\min}=T_1+T_2$$

对包容(孔径)尺寸，以第二工序为例，如图 4-29 所示。

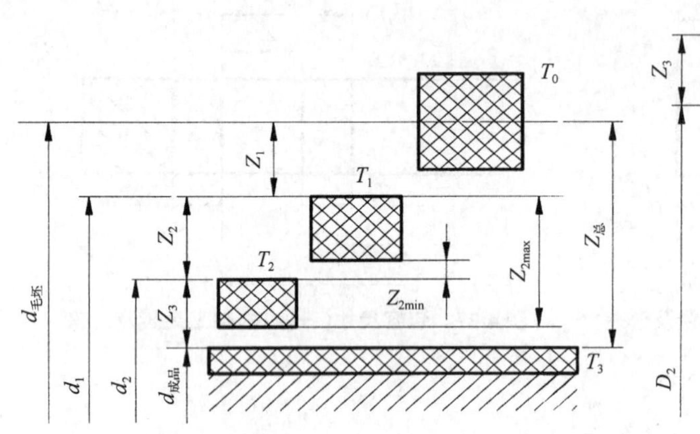

图 4-28　被包容尺寸(轴径)的加工余量示意图

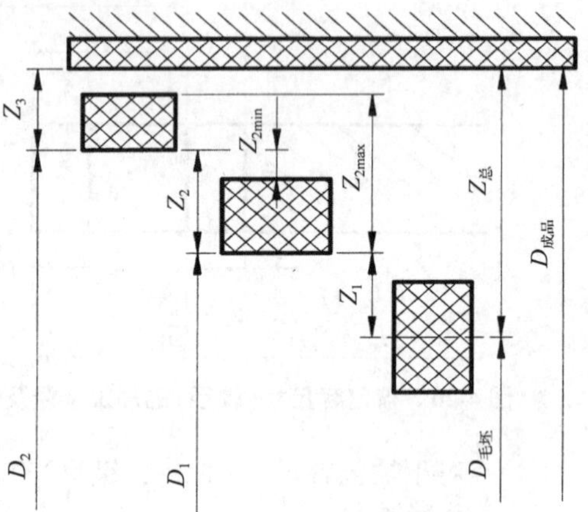

图 4-29　包容尺寸(孔径)的加工余量示意图

最大工序余量：

$$Z_{2\max}=D_{2\max}-D_{1\min}=Z_2+T_2$$

最小工序余量：

$$Z_{2\min}=D_{2\min}-D_{1\max}=Z_2-T_1$$

工序余量公差：

$$T_{Z2}=Z_{2\max}-Z_{2\min}=T_1+T_2$$

式中　$d_{毛坯}(D_{毛坯})$、$d_1(D_1)$、$d_2(D_2)$、$d_{成品}(D_{成品})$——毛坯、粗加工、半精加工、精加工的工序尺寸；

$T_{毛坯}$、T_1、T_2、T_3——毛坯、粗加工、半精加工、精加工的工序尺寸公差；

$Z_总$、Z_1、Z_2、Z_3——毛坯余量及粗加工、半精加工、精加工的工序公称余量；

$D_{2\max}$、$D_{1\min}$——半精加工的最大工序尺寸和粗加工最小工序尺寸；

$Z_{2\max}$、$Z_{1\min}$——半精加工的最大工序余量和粗加工最小工序余量。

4.5.2　影响加工余量的因素

加工总余量的大小对制订工艺过程有一定影响。总余量不够，导致不足以去除零件上有误差和缺陷部分，达不到加工要求，不能保证加工质量；总余量过大，导致加工劳动量增大，也增加了材料、工具、电力消耗，使成本增高。

加工总余量的数值与毛坯制造精度和生产类型有关。若毛坯精度差，余量分布不均匀，应规定较大的余量；大批大量生产时选择模锻毛坯，其毛坯制造精度高，则粗加工工序的加工余量小，而单件小批生产选择自由锻毛坯，毛坯制造精度低，则粗加工工序的加工余量就大(具体数值可参阅有关的毛坯余量手册)。机械加工工序余量的大小与各种加工方法和所处加工阶段等因素有关，粗加工时的工序余量变化范围很大，半精加工、精加工、光整加工的加工余量依次减少且很小。在一般情况下，加工总余量总是足够分配的，先满足光整加工、精加工、半精加工的余量，剩余为粗加工余量。但是在个别余量分布极不均匀的情况下，可能会出现毛坯上有缺陷的表面层切削不掉的现象，甚至造成废品。影响加工余量的因素较多较复杂，下面从相邻两工序分析工序余量的影响因素。

(1) 上工序的尺寸公差 T_a

上工序加工表面存在尺寸公差和形状误差，从图 4-28、图 4-29 可以看出，在工序余量内包括上工序的尺寸公差，即本工序应切除上工序可能产生的尺寸误差。

(2) 上工序留下的表面粗糙度值 R_y 和表面缺陷层深度 H_a

本工序必须把上工序留下的表面粗糙度和表面缺陷层全部切去，因此本工序余量必须包括这两项因素，如图 4-30 所示。

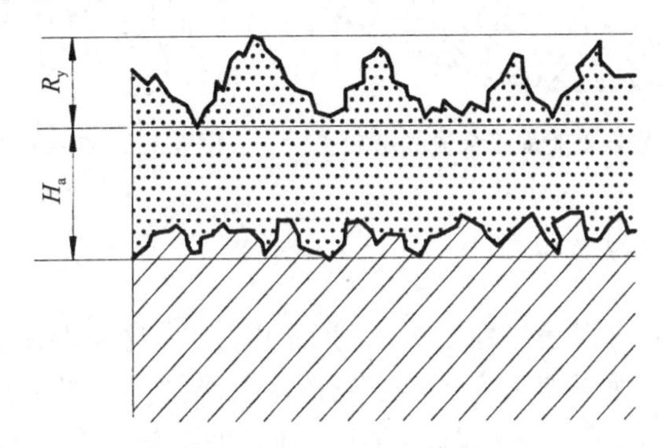

图 4-30　工件上工序的表面质量

表面粗糙度值 R_y 和表面缺陷层深度 H_a 的数值与加工方法与关，其数值可参考表 4-14。

表 4-14　各种加工方法的表面粗糙度值 R_y 和表面缺陷层深度 H_a　μm

加工方法	表面粗糙度值 R_y	表面缺陷层深度 H_a	加工方法	表面粗糙度值 R_y	表面缺陷层深度 H_a
粗车内外圆	15~100	40~60	粗　铣	15~225	40~60
精车内外圆	5~40	30~40	精　铣	5~45	25~40
粗车端面	15~225	40~60	粗　插	25~100	50~60
精车端面	5~54	30~40	精　插	5~45	35~50
钻　孔	45~225	40~60	磨外圆	1.7~15	15~25
粗扩孔	25~225	40~60	磨内圆	1.7~15	20~30
精扩孔	25~100	30~40	磨端面	1.7~15	15~35
粗　铰	25~100	25~30	磨平面	1.5~15	20~30
精　铰	8.5~25	10~20	拉	1.7~35	10~20
粗　镗	25~225	30~50	切　断	45~225	60
精　镗	5~25	25~40	研　磨	0~1.6	3~5
粗　刨	15~100	40~50	超精加工	0~ -0.8	0.2~0.3
精　刨	5~45	25~40	抛　光	0.06~1.6	2~5

(3)上工序留下的空间位置误差 e_a

工件上有些形位误差未包括在加工表面工序尺寸公差范围之内，如直线度、同轴度、平行度、轴线与端面的垂直度误差等。在上工序形成的这些误差，在本工序应予以修正。因此，在确定加工余量时，须考虑它们的影响，否则将无法去除上工序留下的表面缺陷层。如图 4-31 所示，由于上工序存在直线度误差 e_a，本工序的加工余量需相应增加 $2e_a$。

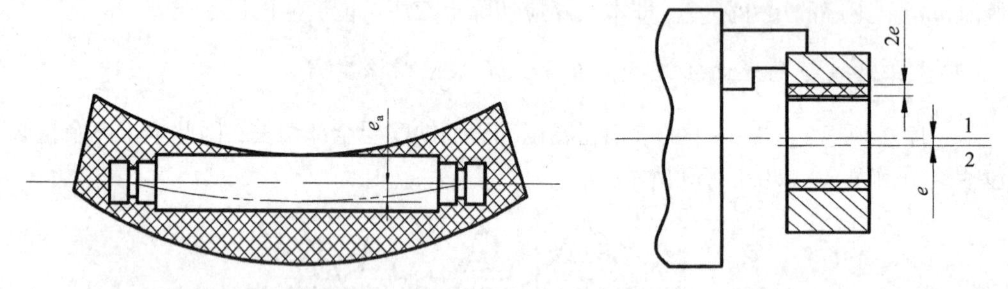

图 4-31　轴的直线度误差对加工余量的影响

图 4-32　装夹误差对加工余量的影响

1. 旋转轴线　2. 工件轴线

(4)本工序的装夹误差 ε_b

如果本工序存在装夹误差(定位误差、夹紧误差)，这项误差会直接影响加工面与切削刀具的相对位置，所以加工余量中应包括这项误差。如图 4-32 所示，工件用三爪卡盘装夹，在内圆磨床上磨内表面时，由于存在装夹误差，使工件轴线与机床主轴回转轴线产生偏移，其值为 e，导致磨内孔时加工余量不均匀，严重时可能出现局部位置无加工余量的情况。为了保证孔的加工精度，必须使磨削余量增大 $2e$ 值。

由于空间误差和装夹误差都是有方向的，所以要采用矢量相加的方法取矢量和的模进行余量计算。

综合上述各影响因素，工序余量的最小值可用以下公式计算：

对于单边余量：

$$Z_{\min} = T_a + R_a + H_a + 2\left|e_a + \varepsilon_b\right| \qquad (4-4)$$

对于双边余量：

$$2Z_{\min} = T_a + 2(R_a + H_a) + 2\left|e_a + \varepsilon_b\right| \qquad (4-5)$$

用浮动镗刀、拉刀及铰刀加工孔时，由于采用自为基准，即不受空间误差的影响，且无安装误差，故有：

$$2Z_{\min} = T_a + 2(R_a + H_a) \qquad (4-6)$$

在无心磨床上加工外圆时，安装误差可以忽略不计，故有：

$$2Z_{\min} = T_a + 2(R_a + H_a) + 2e_a \qquad (4-7)$$

研磨、珩磨、超精加工、抛光等光整加工工序，主要任务是降低表面粗糙度值，故有：

$$Z_{\min} = R_a \qquad (4-8)$$

4.5.3 确定加工余量的方法

确定加工余量的方法有三种：

(1)计算法

掌握影响加工余量的各种因素具体数据的条件下，按照上述公式计算所得到的加工余量是经济合理的，但目前难以获得齐全可靠的数据资料，故一般用的较少。

(2)经验法

凭经验确定加工余量。为避免因余量不足产生废品，所估计的余量一般偏大，多用于单件小批生产。

(3)查表法

以生产实践和实验研究积累的经验制成数据表格，应用时可直接查表，同时还可结合实际加工情况加以修正。查表法确定加工余量，方法简便，较接近实际，是实际生产中常用的方法。

4.5.4 工序尺寸与公差的确定

工序尺寸是工件在加工过程中各工序应保证的加工尺寸，即各工序所加工表面加工后所得到的尺寸为工序尺寸，工序尺寸公差应按各种加工方法的经济精度选定。工序尺寸与公差的确定是制订工艺规程的重要内容之一，在确定工序余量和工序所能达到的经济精度后，就可计算出工序尺寸与公差。计算分两种情况：

(1)工艺基准与设计基准重合时，工序尺寸与公差的确定

同一表面经多次加工达到图纸尺寸要求，其中间工序尺寸根据零件图尺寸加上或减去工序余量即可得到，即从最后一道工序(设计尺寸)开始向前推算，逐次加上每道工序的余量，可得出相应的工序尺寸，一直推算到毛坯尺寸。

(2)工艺基准与设计基准不重合时，工序尺寸与公差的确定

必须通过工艺尺寸的计算才能得到，在工艺尺寸链中介绍。

[**例4-1**] 某轴直径为ϕ50mm，如图4-33所示。其公差等级为IT5，表面粗糙度要求为Ra = 0.04 μm，并要求高频淬火，毛坯为锻件。其工艺路线为：

粗车—半精车—高频淬火—粗磨—精磨—研磨。计算各工序的工序尺寸及公差。

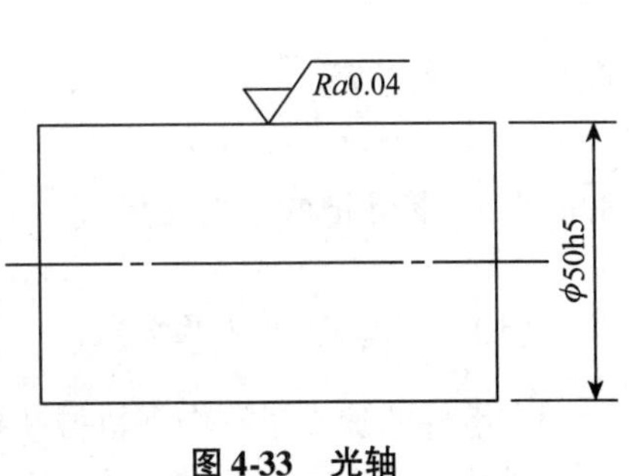

图4-33 光轴

先用查表法确定加工余量。由工艺手册查得：研磨余量为0.01mm，精磨余量为0.1mm，粗

磨余量为0.3mm，半精车余量为1.1mm，粗车余量为4.5mm。

由式(4-3)可得加工总余量为6.01mm，圆整后取加工总余量为6mm，则粗车余量修正为4.49mm。

计算各加工工序基本尺寸。研磨后工序基本尺寸为50mm(设计尺寸)；其他各工序基本尺寸依次为：

精磨　50mm +0.01mm =50.01mm

粗磨　50.01mm +0.1mm =50.11mm

半精车　50.11mm +0.3mm =50.41mm

粗车　50.41mm +1.1mm =51.51mm

毛坯　51.51mm +4.49mm =56mm

确定各工序的加工经济精度和表面粗糙度。由表4-8查得：研磨后为IT5，$Ra=0.04\mu m$(零件的设计要求)；精磨后选定为IT6，$Ra=0.16\mu m$；粗磨后选定为IT8，$Ra=1.25\mu m$；半精车后选定为IT11，$Ra=5\mu m$；粗车后选定为IT13，$Ra=16\mu m$。

根据上述经济加工精度查公差表，将查得的公差数值按"入体原则"标注在工序公称尺寸上。查工艺手册可得锻造毛坯公差为±2μm。

则工序间尺寸、公差分别为：

研磨：$\phi 50^{0}_{-0.011}$ μm

精磨：$\phi 50.01^{0}_{-0.016}$ μm

粗磨：$\phi 50.11^{0}_{-0.039}$ μm

半精车：$\phi 50.41^{0}_{-0.16}$ μm

粗车：$\phi 50.51^{0}_{-0.39}$ μm

锻造毛坯：$\phi 56^{+2}_{-2}$ μm

4.6 工艺尺寸链

在零件的加工过程和装配中所涉及的尺寸，一般来说都不是孤立的，相互之间有着一定的内在联系，往往一个尺寸的变化会引起其他尺寸的变化，或者一个尺寸的获得要靠其他一些尺寸来保证。因此在制订机械加工工艺过程和保证装配中经常遇到有关尺寸精度的分析计算问题，需要运用尺寸链的基本知识和计算方法，有效地分析和计算工艺尺寸。

4.6.1 尺寸链

4.6.1.1 尺寸链的定义及组成

(1)尺寸链的定义及分类

在零件的加工过程中和机械装配过程中，常常遇到彼此互相连接并构成封闭图形的一组尺寸，其中有一个尺寸的精度决定于其他所有尺寸的精度。这样的一组尺寸构成所谓的尺寸链。

按照功能的不同，尺寸链可分为工艺尺寸链和装配尺寸链两大类。由单个零件在工艺过程中有关尺寸形成的尺寸链为工艺尺寸链，如图4-34所示；机器在装配过程中由相关零件的尺寸或相互位置关系所组成的尺寸链为装配尺寸链，如图4-35所示。

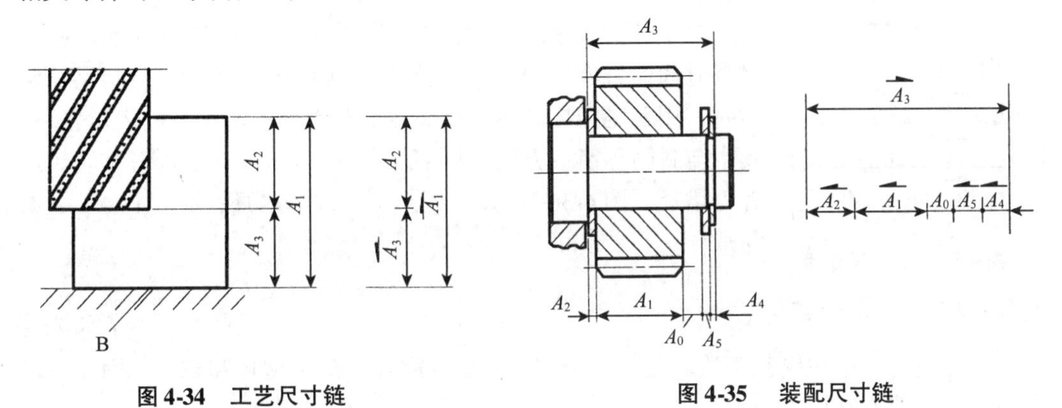

图4-34　工艺尺寸链　　图4-35　装配尺寸链

这一节主要介绍工艺尺寸链。按照各尺寸相互位置不同，尺寸链可分为直线尺寸链、平面尺寸链和空间尺寸链。按照各尺寸所代表的几何量的不同，可分为长度尺寸链和角度尺寸链。本节以应用最多的直线尺寸链为例介绍有关工艺尺寸链的问题。

(2)尺寸链的组成

如图4-34所示的零件，在加工过程中，B面为定位基准，尺寸A_1与A_3是加工过程中直接保证的尺寸，A_2是加工后最后得到的尺寸，是A_1、A_3确定后，间接确定的尺寸。这样，由A_1、A_2和A_3三个尺寸构成一个封闭的尺寸链，由于A_2是最后或间接得到的，其精度将取决于A_1、A_3的加工精度。

工艺尺寸链由一个封闭环和若干个组成环组成。

①环：列入尺寸链中的每一个尺寸称为尺寸链的环。如图4-34中A_1、A_2和A_3，构成一个三环工艺尺寸链。

②封闭环：在加工过程中最后形成(或间接获得)的尺寸。记为：A_0。如图4-34中A_2在本工序加工中最后得到的，为封闭环。

注意：

- 一个尺寸链中只能有一个封闭环；
- 封闭环的精度决定于其他环的精度；
- 判断封闭环的条件是在本道工序中最后得到的尺寸，或间接获得尺寸。而要求保证的尺寸(设计尺寸)不一定是封闭环，需要根据工件的加工工艺判定。

③组成环：在加工过程中直接获得的尺寸。记为：A_i。按其对封闭环影响的性质，组成环分为两类：

增环　在组成环中，当其余各组成环不变时，某组成环的尺寸增加(或减小)，使得封闭环的尺寸增加(或减小)，则该环为增环。记为：$\vec{A}_i$。如图4-34中A_1是增环，为明确起见，加标一个正向箭头，表示为$\vec{A}_1$。

减环　在组成环中，当其余各组成环不变时，某组成环的尺寸增加(或减小)，使得封闭环的尺寸减少(或增大)，则该环为减环。记为：$\overleftarrow{A}_i$。如图4-34中A_3是减环，加标一个反向箭头，为$\overleftarrow{A}_3$。

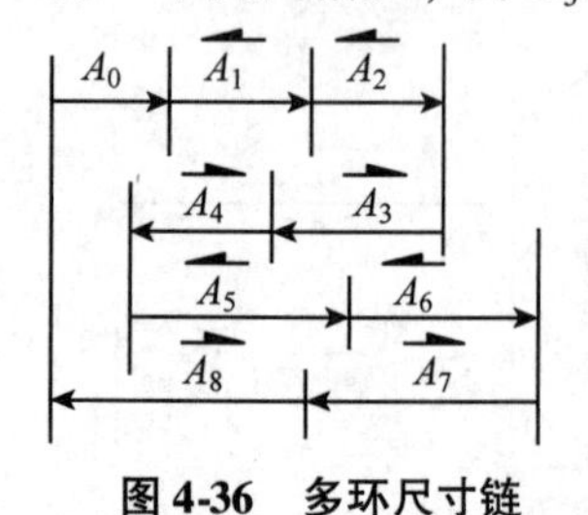

图4-36　多环尺寸链

对于环数较多的尺寸链，如用定义逐个判别各环的增减性很费时间，且容易出错。为能迅速判别增减环，在绘制尺寸链图时，用首尾相接的单向箭头按顺时针或逆时针方向表示各环，其中与封闭环箭头方向相同者为减环，与封闭环箭头方向相反者为增环。图4-36中$\vec{A}_3$、$\vec{A}_4$、$\vec{A}_7$、$\vec{A}_8$为增环；$\overleftarrow{A}_1$、$\overleftarrow{A}_2$、$\overleftarrow{A}_5$、$\overleftarrow{A}_6$为减环。

4.6.1.2　尺寸链的建立

尺寸链计算的关键是正确画出尺寸链图，找出封闭环，确定增环和减环。因此，尺寸链的作法可归结以下几点：

(1)作尺寸链图

按照加工顺序依次画出各工序尺寸及零件图中要求的尺寸，形成一个封闭的图形。必须注意，要使组成环数达到最少。

(2)找封闭环、组成环

根据零件的加工工艺工程，找出最后(或间接)保证的尺寸A_0为封闭环；直接获得(或已知)的尺寸为组成环。

(3)确定增环和减环

可用定义或利用以上简便的方法，从封闭环开始，给每一个环画出单向箭头，最后再回到封闭环，如电流一样形成回路。凡箭头方向与封闭环方向相反者为增环，箭头方向与封闭环方向相同者为减环。

还应注意：

①工艺尺寸链的构成，取决于工艺方案和具体的加工方法；

②确定哪一个尺寸是封闭环,是解尺寸链的关键性的一步。如封闭环选错,整题全错；

③一个尺寸链只能解一个封闭环。

4.6.1.3　尺寸链的计算基本方法

尺寸链的计算方法有极值法和概率法。目前生产中一般采用极值法，概率法主要用于生产批量大的自动化及半自动生产中。本章主要介绍极值法。

(1)极值法计算公式

从尺寸链中各环的极限尺寸出发，进行尺寸链计算的一种方法，称为极值法。

①封闭环的基本尺寸：根据尺寸链的封闭性，封闭环的基本尺寸等于各组成环基本尺寸的代数和，即

$$A_0 = \sum_{i=1}^{m} \overrightarrow{A}_i - \sum_{i=m+1}^{n-1} \overleftarrow{A}_i \tag{4-9}$$

式中　A_0——封闭环的基本尺寸；

$\overrightarrow{A}_i$——增环的基本尺寸；

$\overleftarrow{A}_i$——减环的基本尺寸；

m——增环的环数；

n——包括封闭环在内的总环数。

②封闭环的极限尺寸：封闭环的最大上极限尺寸等于所有增环的最大极限尺寸之和减去所有减环的最小极限尺寸之和，即

$$A_{0\max} = \sum_{i=1}^{m} \overrightarrow{A}_{i\max} - \sum_{i=m+1}^{n-1} \overleftarrow{A}_{i\min} \tag{4-10}$$

式中　$A_{0\max}$——封闭环的最大极限尺寸；

$\overrightarrow{A}_{i\max}$——增环的最大极限尺寸；

$\overleftarrow{A}_{i\min}$——减环的最小极限尺寸。

封闭环的最小极限尺寸等于所有增环的最小极限尺寸之和减去所有减环的最大极限尺寸之和，即

$$A_{0\max} = \sum_{i=1}^{m} \overrightarrow{A}_{i\min} - \sum_{i=m+1}^{n-1} \overleftarrow{A}_{i\max} \tag{4-11}$$

式中　$A_{0\min}$——封闭环的最小极限尺寸；

$\overrightarrow{A}_{i\min}$——增环的最小极限尺寸；

$\overleftarrow{A}_{i\max}$——减环的最大极限尺寸。

③封闭环的极限偏差：封闭环的上偏差等于所有增环的上偏差之和减去所有减环的下偏差之和，即

$$ESA_0 = \sum_{i=1}^{m} ES\overrightarrow{A}_i - \sum_{i=m+1}^{n-1} EI\overleftarrow{A}_i \tag{4-12}$$

式中　ESA_0——封闭环的上偏差；

$ES\overrightarrow{A}_i$——增环的上偏差；

$EI\overleftarrow{A}_i$——减环的下偏差。

封闭环的下偏差等于所有增环的下偏差之和减去所有减环的上偏差之和，即

$$EIA_0 = \sum_{i=1}^{m} EI\overrightarrow{A}_i - \sum_{i=m+1}^{n-1} ES\overleftarrow{A}_i \tag{4-13}$$

式中　EIA_0——封闭环的下偏差；

$EI\overrightarrow{A}_i$——增环的下偏差；

$ES\overleftarrow{A}_i$——减环的上偏差。

④封闭环的公差：封闭环的公差等于各组成环的公差之和，即

$$TA_0 = \sum_{i=1}^{n-1} TA_i \tag{4-14}$$

式中 TA_0——封闭环的公差；

TA_i——组成环的公差。

由上式可知，封闭环的公差比任何一个组成环的公差都大。若要减小封闭环的公差，提高封闭环的加工精度有两个途径，一是减少组成环的公差，即提高组成环的精度，则增加了加工难度，增大了生产成本。二是维持组成环的公差不变，减少组成环的环数，相应放大各组成环的公差，减少了加工精度，使结构简单，降低了生产成本。

将式(4－9)、式(4－12)~式(4－14)改成表4-15所列的竖式，从各列来看与相应公式对应。即从行来看，在"增环"这一行中，依次为基本尺寸、上偏差、下偏差、公差；在"减环"这一行中为负基本尺寸、负下偏差、负上偏差、公差，然后这两行每列的数值作代数和，即得到封闭环的基本尺寸、上偏差、下偏差、公差。这种竖式运算方法可归纳成一句口诀："增环、上、下偏差不变；减环上、下偏差对调，变号。"这样使尺寸链的计算更为简洁清晰，这种方法主要用于验算封闭环。

表4-15 尺寸链计算竖式表

名称	基本尺寸［式(4－9)］	偏差［式(4－12)］	偏差［式(4－13)］	公差［式(4－14)］
增环	$\sum_{i=1}^{m} \overrightarrow{A}_i$	$\sum_{i=1}^{m} ES\overrightarrow{A}_i$	$\sum_{i=1}^{m} EI\overrightarrow{A}_i$	$\sum_{i=1}^{m} T\overrightarrow{A}_i$
减环	$-\sum_{i=1}^{m} \overleftarrow{A}_i$	$-\sum_{i=1}^{m} EI\overleftarrow{A}_i$	$-\sum_{i=1}^{m} ES\overleftarrow{A}_i$	$\sum_{i=m+1}^{m} T\overleftarrow{A}_i$
封闭环	A_0	ESA_0	EIA_0	TA_0

在生产实际中，可以用尺寸链计算的基本公式，可以进行正计算、反计算、中间计算。正计算是指已知各组成环的基本尺寸、极限偏差求出封闭环的对应要素，一般用于验算所设计的产品技术性能是否满足预期的要求，以及零件加工后满足图样要求；反计算是已知封闭环的基本尺寸及公差，求各组成环尺寸的基本尺寸及公差。一般用于产品的设计工作中，需要按等公差原则、等精度原则及经验法合理分配封闭环的公差；而已知封闭环部分组成环的基本尺寸及公差，求某一组成环的基本尺寸及偏差称为中间计算，主要用于确定工艺尺寸。

极值法解尺寸链的特点是简便、可靠，但在封闭环公差较小、组成环数目较多时，由式(4－14)可知，分摊到各组成环的公差将过小，导致加工困难，制造成本增加。以及实际加工中各组成环都处于极限尺寸的概率较小，故极值法主要用于组成环的数目较少且封闭环公差较小，或组成环数较多，但封闭环公差较大的场合。

(2)概率法计算公式

①将极限尺寸换算成平均尺寸：

$$A_\Delta = \frac{A_{max} + A_{min}}{2} \tag{4-15}$$

式中 A_Δ——平均尺寸；

A_{max}——最大极限尺寸；

A_{min}——最小限尺寸。

②将极限偏差换算成中间偏差：

$$\Delta = \frac{ES + EI}{2} \tag{4-16}$$

式中 Δ——中间偏差；

ES——上偏差；

EI——下偏差。

③封闭环中间偏差的平方等于各组成环中间偏差平方之和：

$$T_{oq} = \sqrt{\sum_{i=1}^{n-1} TA_i^2} \tag{4-17}$$

式中 T_{oq}——封闭环的平均公差。

4.6.2 直线尺寸链在工艺过程中的应用

4.6.2.1 基准不重合时工艺尺寸的计算

(1)定位基准(工序基准)与设计基准不重合的工序尺寸计算

[**例4-2**] 某零件设计尺寸如图4-37(a)所示，本道工序需要铣缺口D，工序图如图4-37(b)所示，部分加工工艺过程为：车端面A、B，轴向长度为60±0.05mm；钻孔；镗孔，保证孔深$30_0^{+0.04}$mm；铣缺口，保证工序尺寸L_1，求工序尺寸L_1及偏差？

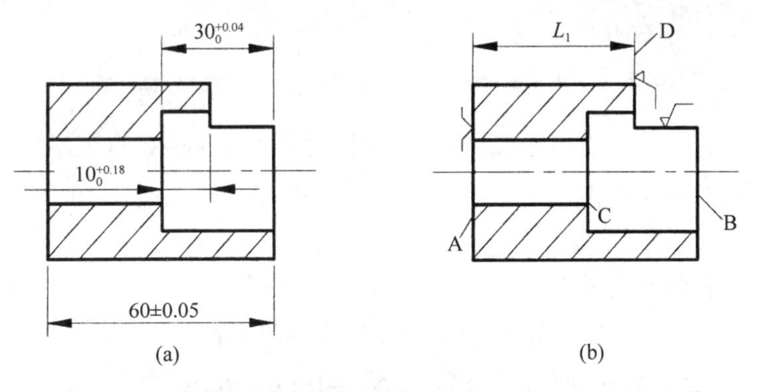

图4-37 定位基准(工序基准)与设计基准不重合的尺寸链计算

(a)零件图 (b)工序图

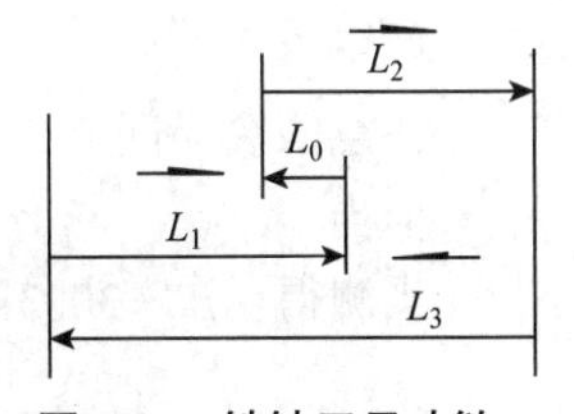

图4-38 铣缺口尺寸链

①建立尺寸链，如图4-38所示，确定封闭环。设计尺寸$10_0^{+0.18}$mm是本工序加工后最后(或间接)保证的尺寸，故为封闭环L_0。尺寸$\vec{L}_1$、$\vec{L}_2$、$\overleftarrow{L}_3$为组成环，其中$\vec{L}_1$、$\vec{L}_2$为增环，$\overleftarrow{L}_3$为减环。有：$L_0 = 10_0^{+0.18}$mm；$L_2 = 30_0^{+0.04}$mm；$L_3 = 60 \pm 0.05$mm。

②计算工序尺寸及偏差

由 $L_0=\vec{L}_1+\vec{L}_2-\overleftarrow{L}_3$，得

$$\vec{L}_1=L_0-\vec{L}_2+\overleftarrow{L}_3=10-30+60=40\text{mm}$$

由 $ESL_0=ES\vec{L}_1+ES\vec{L}_2-EI\overleftarrow{L}_3$，得

$$ES\vec{L}_1=ESL_0-ES\vec{L}_2+EI\overleftarrow{L}_3=+0.18-0.04-0.05=+0.09\text{mm}$$

有 $EIL_0=EI\vec{L}_1+EI\vec{L}_2-ES\overleftarrow{L}_3$

$$EI\vec{L}_1=EIL_0-EI\vec{L}_2+ES\overleftarrow{L}_3=0-0+0.05=+0.05\text{mm}$$

故所求的工序尺寸为 $L_1=40^{+0.09}_{+0.05}\text{mm}$

(2)测量基准与设计基准不重合的工序尺寸计算

[**例 4-3**] 如图 4-39(b)所示，加工时通过测量 L_1 尺寸控制台肩位置。求该测量尺寸及偏差?

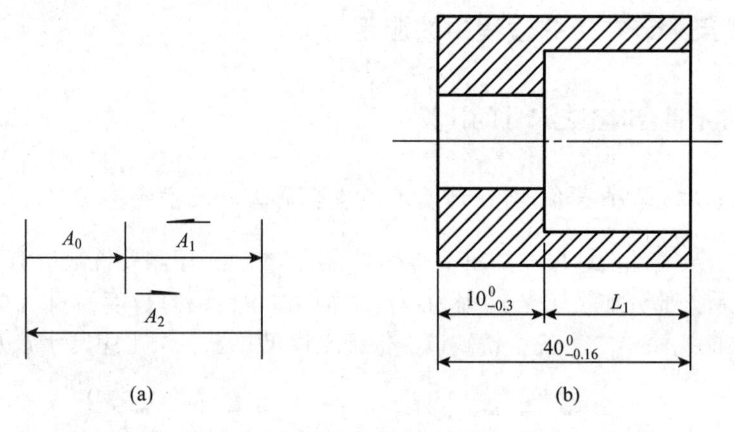

图 4-39 测量基准与设计基准不重合的工艺尺寸链计算

解：①建立尺寸链如图 4-39(a)所示，设计尺寸 $10^{0}_{-0.3}$mm 是本工序加工完后最后获得的尺寸，故为封闭环 A_0。$\overleftarrow{A}_1$ 为减环，$\vec{A}_2$ 为增环。有：$A_0=10^{0}_{-0.3}$ mm，$\overleftarrow{A}_1=L_1$，$\vec{A}_2=40^{0}_{-0.16}$mm。

②根据极值法计算公式有：

$$\overleftarrow{A}_1=\vec{A}_2-A_0=40-10=30\text{mm}$$

$$EI\overleftarrow{A}_1=ES\vec{A}_2-ESA_0=0-0=0\text{mm}$$

$$ES\overleftarrow{A}_1=EI\vec{A}_2-EIA_0=-0.16+0.3=+0.14\text{mm}$$

所以： $L_1=30^{+0.14}_{0}\text{mm}$

注意假废品问题，已获得： $L_1=30^{+0.14}_{0}\text{mm}$

但当 $L_{max}=30.14\text{mm}$，$L_{min}=30\text{mm}$

当测得：$L_1=30.3$mm 时，如果：$L_2=40$mm，则：$L_0=9.7$mm，仍然是合格品。

4.6.2.2　工序间尺寸和公差的计算

(1)一次加工满足多个设计尺寸要求的工艺尺寸计算

[**例4-4**]　如图4-40(a)所示，加工过程如下：①镗孔至$\phi 39.6_0^{+0.10}$mm；②插键槽，工序尺寸A_2；③热处理；④磨内孔至$\phi 40_0^{+0.05}$mm，同时保证设计尺寸$43.6_0^{+0.34}$mm；磨孔与镗孔的同轴度误差为0.05mm。计算工尺寸A_2及偏差。

解：①按照工艺顺序建立尺寸链，如图4-40(b)所示。

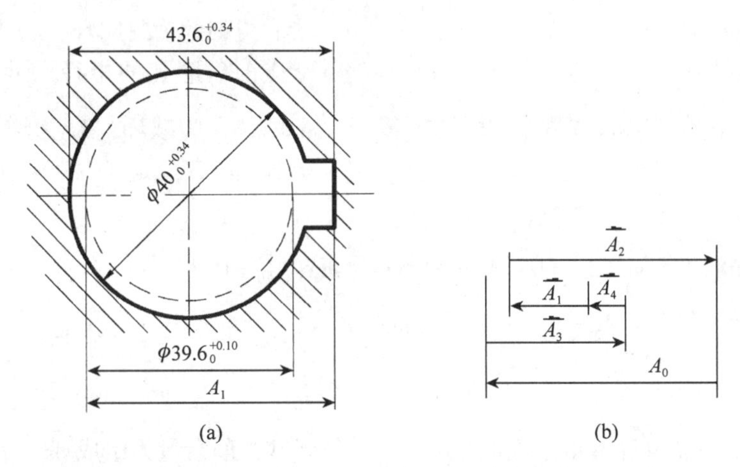

图4-40　一次加工满足多个设计尺寸要求的工艺尺寸计算

在尺寸链中，键槽深度的设计尺寸A_0是最后得到的为封闭环，$\overleftarrow{A}_1$与$\vec{A}_3$分别为镗孔和磨孔的半径尺寸，是直接保证的，$\overleftarrow{A}_1$为减环，$\vec{A}_3$为增环；$\overleftarrow{A}_4$为磨孔与镗孔的同轴度误差是加工前存在的、已知的，为减环；插键槽，工序尺寸$\vec{A}_2$是直接保证的，为增环。

$\vec{A}_3=20_0^{+0.025}$mm；$\overleftarrow{A}_1=19.8_0^{+0.05}$mm；$\overleftarrow{A}_4=0\pm0.025$mm；$A_0=43.6_0^{+0.34}$mm

利用竖式进行计算：

增环	$\vec{A}_3$	20	+0.025	0	0.025
	$\vec{A}_2$(43.4)		(+0.29)	(+0.075)	(0.215)
减环	$\overleftarrow{A}_1$	−19.8	0	−0.05	0.05
	$\overleftarrow{A}_4$	0	+0.025	−0.025	0.05
封闭环	A_0	43.6	+0.34	0	0.34

所以：

$$A_2=43.4_{+0.075}^{+0.29}\text{mm}$$

(2)为了保证应有的渗碳或渗氮层深度的工序尺寸计算

[**例4-5**]　图4-41(a)所示零件：内孔表面F要求渗碳，渗碳层厚度为0.3~0.5mm。

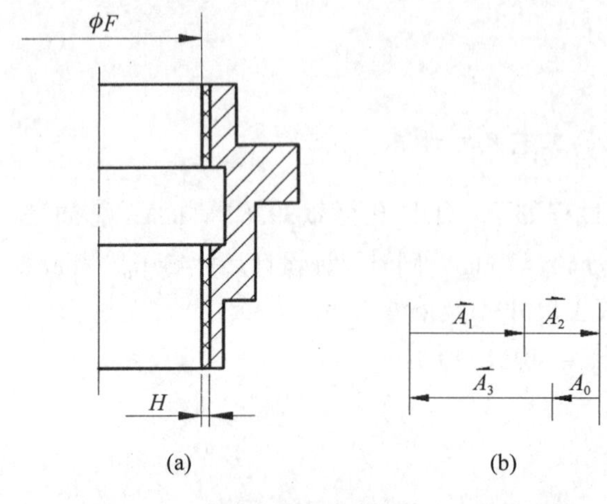

图 4-41 渗碳或渗氮层深度的工序尺寸计算

加工过程如下：①磨内孔至 $\phi 144.76_{0}^{+0.04}$mm；②渗碳，厚度为 H。③磨内孔至尺寸 $\phi 145_{0}^{+0.04}$mm，并保证渗碳层厚度 0.3~0.5mm。求：渗碳层厚度为 H。

解：按照工艺顺序建立尺寸链，如图 4-41(b)所示。

保证渗碳层厚度的设计尺寸 A_0 是最后得到的为封闭环，$\vec{A_1}$ 与 $\overleftarrow{A_3}$ 分别为渗碳前后磨孔的半径尺寸，是直接保证的，$\overleftarrow{A_3}$ 为减环，$\vec{A_1}$ 为增环；$\vec{A_2}$ 为渗碳厚度 H，是直接保证的，为增环，有：

$\vec{A_1}=72.38_{0}^{+0.02}$mm；$\vec{A_2}=H$；$\overleftarrow{A_3}=72.5_{0}^{+0.02}$mm；$A_0=0.3_{0}^{+0.2}$mm

求解该尺寸链得：$\vec{A_2}=H=0.42_{+0.02}^{+0.18}$mm

(3)余量校核

加工余量一般为封闭环，但靠火花磨削除外，其磨削余量为组成环。

[例 4-6] 如图 4-42(a)所示，小轴的轴向加工过程为：平端面 A，打中心孔；车台阶面 B，保证尺寸$49.5_{0}^{+0.30}$mm；平端面 C，打中心孔，保证总长$80_{-0.20}^{0}$mm；磨台阶面 B 保证尺寸$30_{-0.14}^{0}$mm，试校核台阶面 B 的加工余量。

解：按照工艺顺序建立尺寸链，如图 4-42(b)所示。由于该余量是间接得到的，故为封闭环。

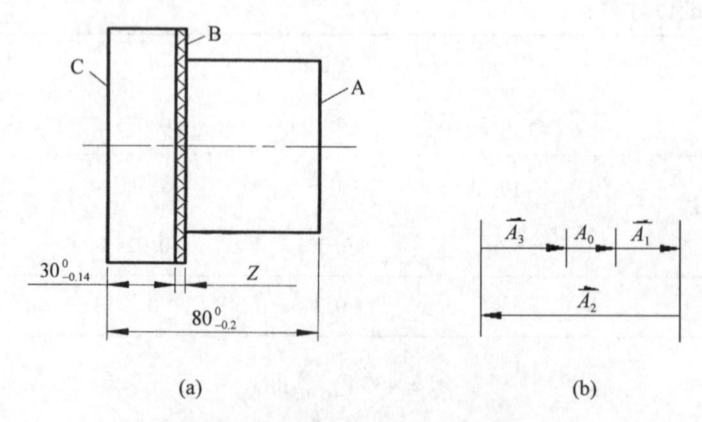

图 4-42 余量校核的尺寸链计算

增环	A_2	80	0	−0.2	0.20
减环	A_3	−30	+0.14	0	0.14
	A_1	−49.5	0	−0.30	0.30
封闭环	A_0	(0.5)	(+0.14)	(−0.5)	(0.64)

$A_0 = Z$。采用竖式计算余量及偏差；$\overleftarrow{A}_1 = 49.5_0^{+0.30}$mm 与 $\overleftarrow{A}_3 = 30^0_{-0.14}$mm 为减环；$\overrightarrow{A}_2 = 80^0_{-0.20}$mm 为增环。

有 $A_0 = 0.5^{+0.14}_{-0.50}$mm 而 $A_{0\max} = 0.64$mm；$A_{0\min} = 0$mm，因此在磨削台阶面B时，有些零件可能会因余量不够而不能保证精度，故需要加大最小余量，可取 $A_{0\min} = 0.1$mm；因 $\overrightarrow{A}_2$ 与 $\overleftarrow{A}_3$ 是设计尺寸，需要保证，仅可调整中间工序尺寸 $\overleftarrow{A}_1$，满足调整后封闭环要求，有：

$$EI\overleftarrow{A}_1 = ES\overrightarrow{A}_2 - EI\overleftarrow{A}_3 - ESA_0 = 0 + 0.14 - 0.14 = 0\text{mm}$$

$$ES\overleftarrow{A}_1 = EI\overrightarrow{A}_2 - ES\overleftarrow{A}_3 - EIA_0 = 0.20 - 0 - 0.40 = -0.20\text{mm}$$

所以：调整后中间尺寸 $\overleftarrow{A}_1 = 49.5_0^{-0.20}$mm，满足磨削余量为 $A_0 = 0.5^{+0.14}_{-0.40}$mm。

(4)靠火花磨削时的尺寸计算

靠火花磨削是一种定量磨削，是指在磨削端面时，由工人根据砂轮靠磨工件时所产生的火花的多少来判断磨去多少余量，无需停车测量。在尺寸链中，磨削余量是直接控制的，为组成环，它间接保证了设计尺寸，因此，设计尺寸是封闭环。

[例4-7]　如图4-43(a)所示为靠火花磨削汽车变速箱第一轴端面的有关工序如下，①以端面A定位，精车B面需要保证的工序尺寸 L_1，精车C面需要保证的工序尺寸为 L_2；②靠磨B面，最后保证的设计尺寸是 44.915 ± 0.085mm 及设计尺寸 232.75 ± 0.25mm。靠火花磨削余量为 $Z = 0.1 \pm 0.02$mm，求工序尺寸 L_1 和 L_2 及偏差。

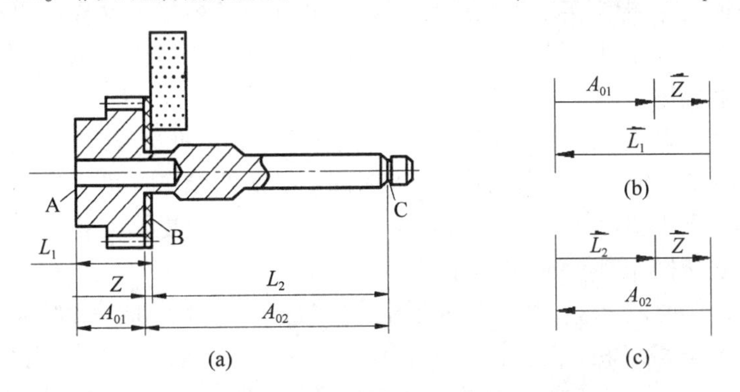

图4-43　靠火花磨削时的尺寸链计算

解：按照工艺顺序建立尺寸链，如图4-43(b)所示尺寸链中靠火花磨削余量减环；在图4-43(c)所示尺寸链中为增环。因 $Z = 0.1 \pm 0.02$mm；$A_{01} = 44.915 \pm 0.085$mm；$A_{02} = 232.75 \pm 0.25$mm，解这两个尺寸链有：

$$L_1 = 45.015 \pm 0.065\text{mm}$$

$$L_2 = 232.65 \pm 0.23\text{mm}$$

按入体原则标注有：

$$L_1 = 45.08^{0}_{-0.13}\text{mm}$$

$$L_2 = 232.65 \pm 0.23\text{mm}$$

4.7 时间定额和提高劳动生产率的工艺措施

4.7.1 时间定额

4.7.1.1 时间定额的概念

在一定生产条件下，规定生产一件产品或完成一道工序所需消耗的时间称为时间定额。它是安排作业计划、进行成本核算、确定设备数量、人员编制以及规划生产面积的重要依据，是衡量劳动生产率的重要指标。因此，时间定额是工艺规程的重要组成部分。对时间定额必须予以充分地重视。

时间定额的大小应合适。若定得过小，容易有忽视产品质量的倾向，或者会影响工人的积极性和创造性。若定得过大，就起不到指导生产的积极作用。因此，合理地制订时间定额对保证产品质量、提高劳动生产率、降低生产成本都是十分重要的。

4.7.1.2 时间定额的组成

①基本时间 $t_{基}$：指直接改变生产对象的尺寸、形状、相对位置以及表面状态或材料性质的工艺过程所消耗的时间。

对于切削加工来说，基本时间是切去金属所消耗的机动时间，包括刀具的切入、切出时间，机动时间可通过计算来确定。

②辅助时间 $t_{辅}$：指为实现工艺过程而必须进行的各种辅助动作所消耗的时间。辅助动作包括：装、卸工件，开、停机床，改变切削用量，测量以及进、退刀具等。

基本时间和辅助时间之和，称为操作时间。

③布置工作地时间 $t_{布置}$：指为使加工正常进行，工人照管工作地（如更换刀具、润滑机床、清理切屑、收拾工具等）所消耗的时间。一般按操作时间的2%～7%来计算。

④休息和生理需要时间 $t_{休}$：指工人在工作班内，为恢复体力和满足生理需要所消耗的时间。一般按操作时间的2%来计算。

⑤准备与终结时间 $t_{准终}$：指工人为了生产一批产品，进行准备和结束工作所消耗的时间。这里，准备和结束工作包括：熟悉工艺文件、领取毛坯、安装刀具和夹具、调整机床和刀具等必须准备的工作。如果一批工件的数量为 n，则每个零件所分摊的准备与终结时间为 $t_{准终}/n$ 。

4.7.1.3 单件时间和单件工时定额的计算公式

①单件时间的计算公式：

$$T_{单件} = t_{基} + t_{辅} + t_{布置} + t_{休} \tag{4-18}$$

②单件工时定额的计算公式：

$$T_{定额} = T_{单件} + t_{准终}/n \tag{4-19}$$

在大量生产中，$t_{准终}/n$ 可以忽略，即：

$$T_{定额} = T_{单件}$$

4.7.2　提高劳动生产率的工艺措施

采取一定的工艺措施来减少工时定额，实质上就会提高劳动生产率。因此，可以从时间定额的组成中寻求提高生产率的工艺途径。

4.7.2.1　缩短基本时间

(1)提高切削用量

提高切削用量的主要途径是进行新型刀具材料的研究与开发。

刀具材料经历了碳素工具钢—高速钢—硬质合金等几个发展阶段。随着发展阶段的推移，都会伴随着生产率的大幅度提高。就切削速度而言，在 18 世纪末到 19 世纪初的碳素工具钢时代，切削速度仅为 6~12m/min 左右。在 20 世纪初的高速钢刀具时代，切削速度提高了 2~4 倍。在二次世界大战以后，硬质合金刀具时代的切削速度又在高速钢刀具的基础上提高了 2~5 倍。可以看出，新型刀具材料的出现，使得机械制造业发生了阶段性的变化。一方面，生产率越过一个新的高度，另一方面，原以为不能加工或不可加工的材料，可以加工了。

在磨削加工方面，高速磨削、强力磨削、砂带磨削的研究成果，使得生产率有了大幅度提高。高速磨削的砂轮速度已高达 80~125m/s（普通磨削的砂轮速度仅为 30~35 m/s）；缓进给强力磨削的磨削深度达 6~12mm；砂带磨削同铣削加工相比，切除同样金属余量的加工时间仅为铣削加工的 1/10 。

缩短基本时间还可在刀具结构和刀具的几何参数方面进行深入研究。例如，群钻在提高生产率方面的作用就是典型的例子。

(2)采用复合工步

复合工步就是同时对几个加工表面进行切削，所以可以节省基本时间。

①多刀单件加工：在各类机床上采用多刀加工的例子很多。图 4-44 为在卧式车床上使用多刀刀架进行多刀加工的例子。图 4-45 是在铣床上应用多把铣刀同时加工零件上的不同表面。图 4-46 为在磨床上采用多个砂轮同时对零件上的几个表面进行磨削加工。

②单刀多件或多刀多件加工：一次装夹多个工件进行多件加工，可大大缩短基本时间。

例如，将工件串联安装加工可节省切入和切出时间。而并联加工则是将几个相同的零件平行排列装夹，一次进给同时对一个表面或几个表面进行加工。图 4-47 是在铣床上采用并联加工方法同时对 3 个零件加工的例子。

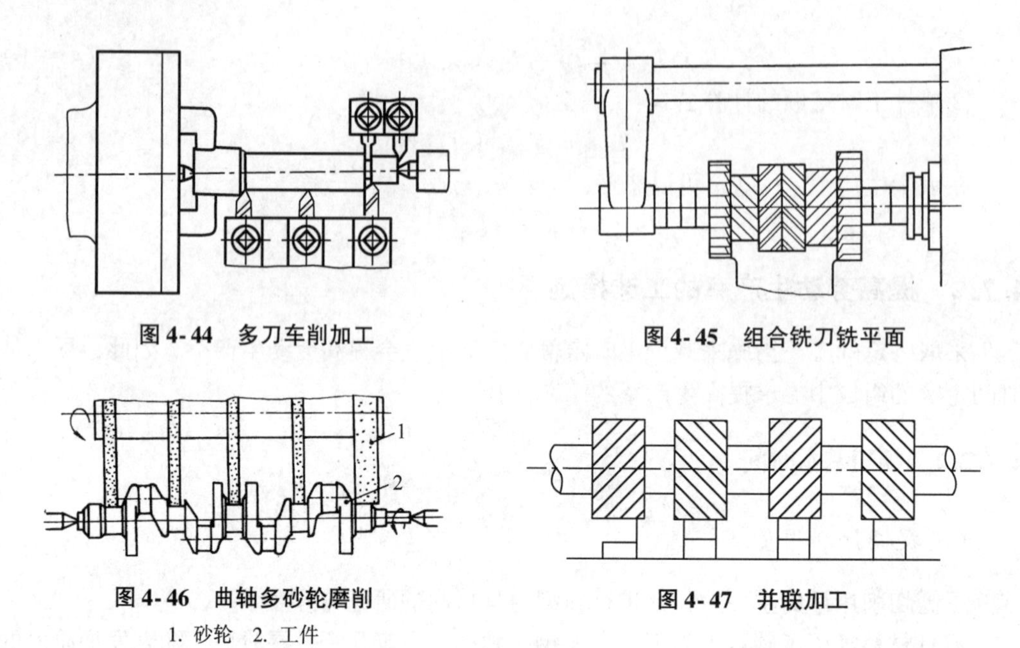

图 4-44 多刀车削加工

图 4-45 组合铣刀铣平面

图 4-46 曲轴多砂轮磨削

1. 砂轮 2. 工件

图 4-47 并联加工

4.7.2.2 减少辅助时间和辅助时间与基本时间重叠

在单件时间中，辅助时间所占比例一般都比较大。可以采取措施直接减少辅助时间，或使辅助时间与基本时间重叠来提高生产率。

(1)减少辅助时间

①采用先进夹具和自动上、下料装置减少装、卸工件的时间。

②提高机床自动化水平，缩短辅助时间。例如，在数控机床(特别是加工中心)上，前述各种辅助动作都由程序控制自动完成，有效减少了辅助时间。

(2)使辅助时间与基本时间重叠

①采用可换夹具或可换工作台。使装夹工件的时间与基本时间重叠。

②用回转夹具或回转工作台进行连续加工。在各种连续加工方式中都有加工区和装卸工件区，装卸工件的工作全部在连续加工过程中进行。例如，图 4-48 是在双轴立式铣床上采用连续加工方式进行粗铣和精铣，装卸工件和加工工件可以连续同时进行。

③采用闭环系统来控制加工尺寸，使测量与调整都在加工时便能自动完成。

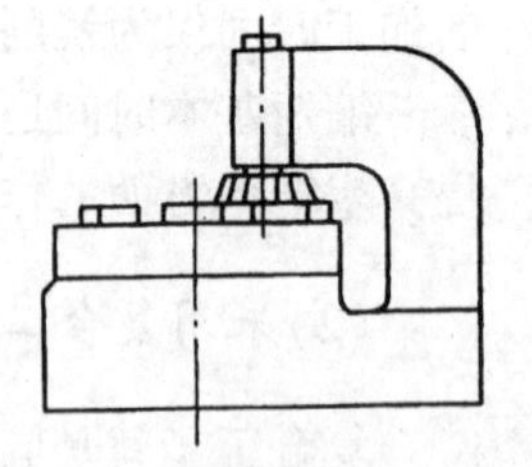

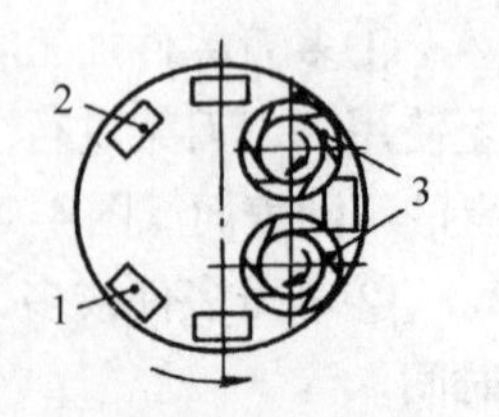

图 4-48 立铣连续加工

1. 装工件 2. 卸工件 3. 铣刀

4.7.2.3 减少布置工作地时间

在减少对刀和换刀时间方面采取措施，以减少布置工作地时间。例如，采用高度对刀块、对刀样板或对刀样件对刀，使用微调机构调整刀具的进刀位置以及使用对刀仪对刀等。

减少换刀时间的另一重要途径是研制新型刀具，提高刀具的使用寿命。

4.7.2.4　减少准备与终结时间

在中小批生产的工时定额中，准备与终结时间占有较大比例，应给以充分注意。实际上，准备与终结时间与工艺文件是否详尽清楚、工艺装备是否齐全、安装与调整是否方便等有关。采用成组工艺和成组夹具可明显缩短准备与终结时间，提高生产率。

随着科技的发展，数控加工在机械加工中的比例也在不断加大。而在数控工序中，可尽量使工序内容详尽、准确、清楚，从而缩短编程时间。这样也能缩短准备时间。

4.8　工艺方案的技术经济分析

一个零件的机械加工工艺过程，往往可以拟定出几个不同的方案。这些方案都能满足技术要求，但它们的经济性是不同的。因此，要进行技术经济分析，以确定一个经济性好的方案。

经济分析就是比较不同方案的生产成本的多少。生产成本最少的方案就是最经济的方案。通常有两种方法来分析工艺方案的技术经济问题：一是对同一加工对象的几种工艺方案进行比较；二是计算一些技术经济指标，再加以分析。

4.8.1　工艺方案的比较

零件的生产成本是制造一个零件或一个产品所必需的一切费用的总和。其组成见表4-16所示。其中，与工艺过程有关的那一部分称为工艺成本，而与工艺过程无关的那一部分，如行政人员的工资等，在经济比较中则可不予考虑。

在全年工艺成本中包含两部分费用：一是与年产量 N 同步增长的费用称为全年可变费用 VN，如材料费，通用机床折旧费等；二是不随年产量变化的全年不变费用 C_n，如专用机床折旧费等。因为设备的折旧年限是确定的。因此，专用机床的全年费用不随年产量变化。

零件(或工序)的全年工艺成本 S_n 为：

$$S_n = VN + C_n \tag{4-20}$$

式中　V——每件零件的可变费用，元/件；

N——零件的年生产纲领，件；

C_n——全年的不变费用，元。

上式为一直线。如图4-49(a)，直线Ⅰ、Ⅱ、Ⅲ分别表示3种加工方案。方案Ⅰ采用通用机床加工，方案Ⅱ采用数控机床加工，方案Ⅲ采用专用机床加工。3种方案的全年不变费用 C_n 依次递增，而每件零件的可变费用 V 则依次递减。

表 4-16 零件生产成本的组成

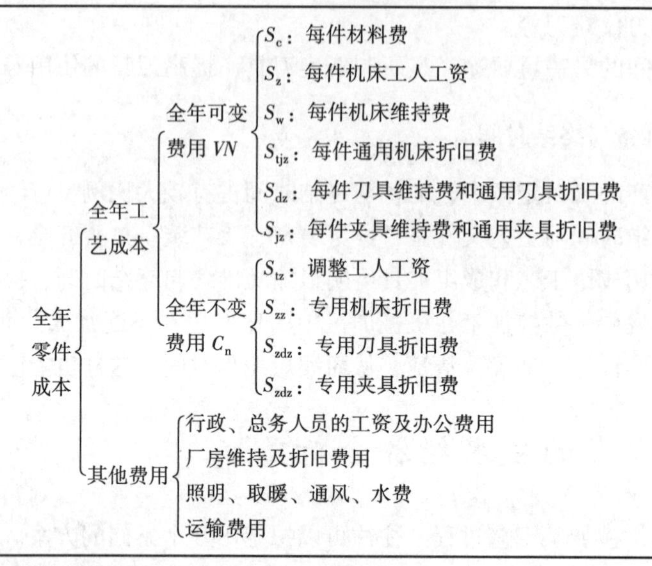

单个零件(或单个工序)的工艺成本 S_d 应为：

$$S_d = V + \frac{C_n}{N} \tag{4-21}$$

其图形为一双曲线，如图 4-49(b)所示。

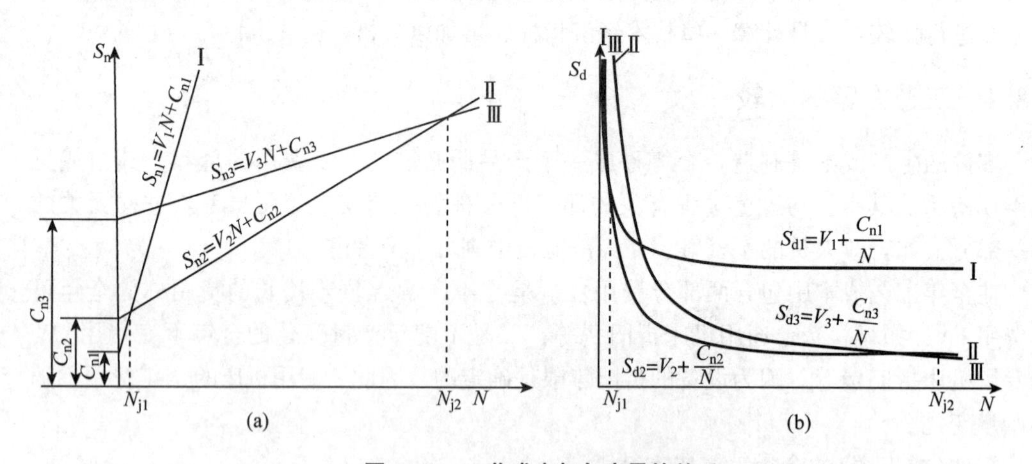

图 4-49 工艺成本与年产量的关系

(a)全年工艺成本 (b)单件工艺成本

Ⅰ. 通用机床 Ⅱ. 数控机床 Ⅲ. 专用机床

对加工内容相同的几种工艺方案进行经济比较时，一般可分为下列两种情况：

当需比较的工艺方案均采用现有设备，或其投资相近时，工艺成本即可作为衡量各种工艺方案经济性的依据。各方案的比较与零件的年生产纲领有密切关系。

临界年产量 N_j 由下式确定：

$$S_n = V_1N_j + C_{n1} = V_2N_j + C_{n2}$$

$$N_j = \frac{C_{n2} - C_{n1}}{v_1 - v_2} \tag{4-22}$$

可以看出，当 $N < N_{j1}$ 时，宜采用通用机床；$N > N_{j2}$ 时，宜采用专用机床；而数控机床介于两者之间。

在应用上述公式时，应具体情况具体分析。当工件的复杂程度增加时，则不论年产量多少，采用数控机床加工都是合理的，如图 4-50 所示。当然，在同一用途的各种数控机床之间，仍然需要进行经济上的比较与分析。

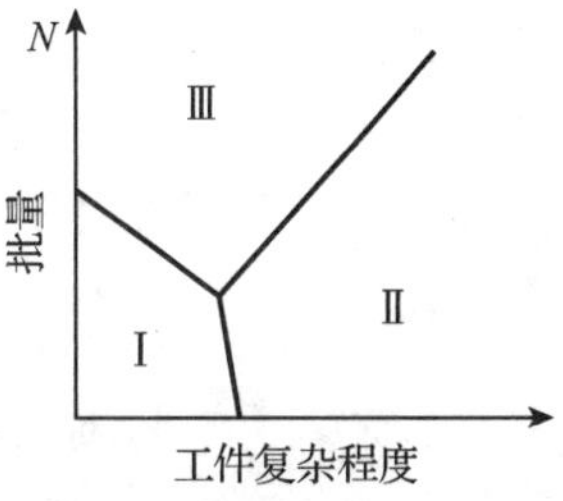

图 4-50　工件复杂程度与机床选择

Ⅰ. 通用机床　Ⅱ. 数控机床　Ⅲ. 专用机床

当需比较的工艺方案基本投资差额较大时，仅比较其工艺成本是难以全面评定其经济性的，此时，必须同时考虑不同方案基本投资差额的回收期。回收期是指第二方案多花费的投资，需多长时间才能由于工艺成本的降低而收回来。回收期可由下式确定：

$$\tau = \frac{K_2 - K_1}{S_{n1} - S_{n2}} = \frac{\Delta K}{\Delta S_n} \tag{4-23}$$

式中　τ ——投资回收期，年；

ΔK ——基本投资差额，元；

ΔS_n——全年生产费用节约额，元/年。

4.8.2　技术经济分析

技术经济分析就是用技术经济指标去具体分析工艺方案的经济性。

当新建或扩建车间时，在确定了主要零件的工艺规程、工时定额、设备需要量和厂房面积等以后，通常要计算车间的技术经济指标。例如：单位产品所需劳动量(工时及台时)、单位工人年产量(台数、重量、产值或利润)、单位设备的年产量等。在车间设计方案完成后，可将上述指标与国内外同类产品的同类指标进行比较，以衡量其设计水平。

有时，在现有车间制定工艺规程也计算一些技术经济指标。例如：劳动量(工时及台时)、工艺装备系数(专用工、夹、量具与机床数量之比)、设备构成比(专用机床、通用机床、数控机床之比)、工艺过程的分散与集中程度(用一个零件的平均工序数目来表示)等。

4.9　数控加工工艺设计

4.9.1　数控加工的特点

数控加工技术是 20 世纪 50 年代开始发展起来的一种自动加工技术。一般是指数控金属切削机床加工技术。随着科学技术的不断发展，数控加工技术的应用领域日益扩大，其应用技术水平也不断提高。数控加工技术在发达国家已很成熟，在我国也开始逐步普及。数控加工的特点如下：

(1)加工精度高

目前，数控机床的刀具或工作台的最小移动量普遍达到了0.001mm，而且可以对传动误差自动进行补偿，因此，数控机床能达到很高的加工精度。一般数控机床的定位精度为±0.01mm，重复定位精度为±0.005mm。除了机床精度高以外，数控机床是自动加工，避免了人为的干扰因素，一批工件的尺寸一致性好，产品合格率高，加工质量十分稳定。

(2)生产效率高

工件加工所需的时间主要包括切削时间和辅助时间。由于数控机床结构刚性好，允许强力切削，其主轴转速、进给速度均较普通机床大，因此，切削速度快，效率高。此外，数控加工时，工件装夹时间短，对刀、换刀快，更换工件不需调整机床，节省了工件安装调整时间。数控加工质量稳定，一般只抽样检验，节省了停机检验时间。数控加工基本采用通用夹具，节省了工装准备时间。因此，数控加工的辅助时间比普通机床少。

在数控加工中心上加工时，可采用工序集中原则，一台机床可实现多道工序的连续加工，生产效率的提高更为明显。与普通机床相比，数控机床的生产率可提高几倍、几十倍或更高。

(3)对加工对象的适应性强

在一台数控机床上可加工不同品种、不同规格的工件，改变工件时，只需调用不同程序即可，这给生产带来极大便利。特别是，对普通机床难加工或无法加工的精密复杂表面(例如螺旋表面)，数控机床也能实现自动加工。

(4)经济效益好

数控机床虽然价格较贵，但因其生产效率高，可大量节省辅助时间，从而节省了直接生产费用。同时，也节省了工装费用。数控机床加工稳定，减少了废品率，使生产成本进一步下降。此外，数控机床可实现一机多用，节省厂房面积，节省建厂投资。因此，使用数控机床仍可获得良好的经济效益。

(5)自动化程度高

数控加工是按输入程序自动完成的。一般情况下，操作者输入程序后，只需进行工件的装卸、刀具准备、加工状态的监测，劳动强度大为减轻，极大地改善了劳动条件。同时，有利于现代化管理，可向更高级的制造系统发展。

4.9.2 数控加工工艺的内容

数控加工工艺是指采用数控机床加工零件时所运用的各种方法和技术手段的总和。

数控加工工艺是数控编程的基础。实际上，数控编程就是数控加工工艺的程序化。数控程序包含了所有数控加工工艺的内容。实现数控加工，编程是关键。

数控加工工艺的内容主要有：

①选择并确定数控加工的内容。

②进行数控加工工艺分析，使加工内容及技术要求具体化。

③设计数控加工工序，选择刀具、夹具及切削用量。

④处理特殊的工艺问题，如对刀点、换刀点确定，加工路线确定，刀具补偿，加工误差分配等。

⑤针对具体的数控系统编制数控程序，并编制工艺文件。

4.9.3　数控加工工艺规程

数控加工工艺规程是规定零件的数控加工工艺过程和操作方法的工艺文件。生产规模的大小、工艺水平的高低、解决各种工艺问题的方法和手段都要通过数控加工工艺规程来体现。因此，数控加工工艺规程设计是一项重要而又严肃的工作。它要求设计者必须具备丰富的生产实践经验和广博的机械制造理论。

数控加工工艺设计的原则和内容与普通机床加工工艺设计相同或相似。但由于数控机床是自动化机床，数控加工的工艺设计要比普通机床加工工艺更具体、更严密。

数控加工工艺规程包括两部分：工艺设计与工序设计。

4.9.3.1　工艺设计

工艺设计就是把零件的整个加工过程划分为若干个工序，这些工序包括数控工序、普通加工工序、辅助工序、热处理工序等。将这些工序科学合理地排列，就可得到零件的工艺路线。在分析数控加工的工艺路线时，一定要通盘考虑，不但要考虑数控工序的正确划分、顺序安排和彼此间的协调，还要考虑数控工序与其他工序之间的配合协调。

数控工艺设计包含在总的工艺设计之中，在加工方法的选择、工序划分、加工余量的确定、加工顺序安排等方面均与普通机床加工工艺设计相同或相似，此处就不再赘述。

4.9.3.2　工序设计

如果在工艺过程中安排有数控工序，则不管生产类型如何，都需要对该数控工序的工艺过程做出详细规定，并形成工艺文件。从机械加工工艺的角度分析，数控工序设计符合机械加工工艺的一般规律，但又有一定的特殊性。比如，数控机床的高精度、参数特性，数控夹具的通用性，数控刀具一般应优先选用标准刀具、先进刀具，工步划分要优先保证精度，同时兼顾效率，并充分考虑到数控加工的特点等。

此外，还有数控加工所必需的一些特殊要求。这些特殊要求如下：

(1)建立工件坐标系

为简化、方便编程，编程人员在编程时通常要选择一个工件坐标系，同时也是加工

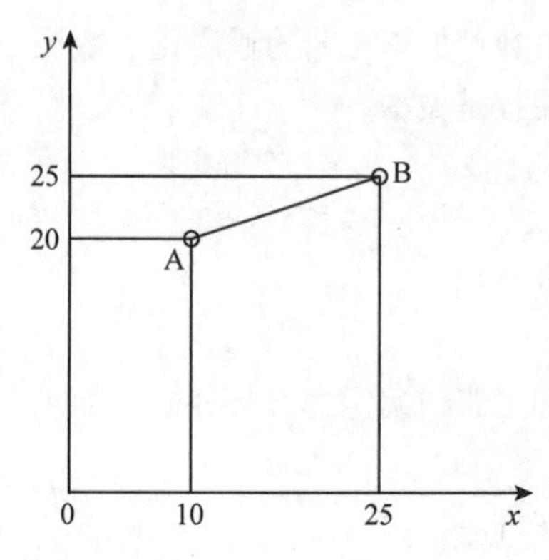

图 4-51　绝对坐标与相对坐标

使用的坐标系。根据需要，工件坐标系可设定 1~6 个。

在工件坐标系内可以使用绝对值编程，也可以使用相对值编程。在图 4-51 中，B 点的坐标尺寸可以表示为 B(25，25)，即以坐标原点为基准的绝对坐标尺寸；也可以表示为 B(15，5)，即以 A 点为基准的相对坐标尺寸。

(2)编程数值计算

数控机床具有直线、圆弧插补功能。当工件的轮廓是由直线、圆弧组成时，编程中只要给出直线、圆弧这些几何要素之间的交点(简称基点)的坐标值，就可以用直线插补、圆弧插补指令指挥刀具按直线或圆弧运动。当工件的轮廓是由非圆曲线(如抛物线、椭圆、阿基米德螺线及一般的二次曲线)组成时，由于数控系统一般不具有这类曲线插补功能，通常的处理方法是用直线或圆弧去逼近非圆曲线。逼近直线或圆弧与非圆曲线的交点称为节点。根据这些节点坐标，才能写出程序。

对于不能用数学方程式表达的列表曲线，则需用较为高深的数值计算方法，计算出节点坐标，然后再去写出程序。

因此，编程前根据零件尺寸计算出基点、节点的坐标值，是必不可少的工艺工作。

此外，还有工艺尺寸的计算。如，单向偏差标注的工艺尺寸应换算成对称偏差标注，当粗、精加工在同一工序中完成，还要计算各工步之间的加工余量、工步尺寸及公差等。

(3)确定对刀点、换刀点

对刀点是指数控加工时，刀具相对于工件运动的起点，这个起点也是编程时程序的起点，因此，对刀点也称起刀点或程序起点。对刀是工件加工前必须要做的一项工作，其目的是为了使工件坐标系与机床坐标系建立确定的尺寸联系。对刀点应直接与工序尺寸的尺寸基准相联系，以减少基准转换误差，保证加工精度。

换刀点是指数控加工时，中间需要换刀工作，换刀时刀具基准点的空间位置。为避免换刀时刀具与工件、夹具、机床之间发生碰撞或干涉，换刀点应设在工件外合适的位置。若用机械手换刀，则应有足够的换刀空间；若采用手工换刀，则应考虑换刀方便。

4.9.4　数控编程简介

数控编程是数控加工的基础性工作，没有数控编程，数控机床就无法工作。数控编程方法分为手工编程和自动编程。手工编程是指编程人员根据数控系统的指令直接写出数控程序。自动编程是指编程的大部分或全部工作都是由计算机自动完成的一种编程方法。手工编程适合于简单程序的编制，而自动编程既可以完成简单程序的编制，也可以完成复杂程序的编制。特别是对于一些形状复杂的工件，如非圆曲线、空间曲面、列表曲线等，编程时需经过非常复杂的计算，采用手工编程非常繁琐，有时甚至无法完成编程。即使能用手工编程完成，其花费的时间长、效率低，而且容易出错。在这种情况下，需采用自动编程来完成。

自动编程分为3种：

①利用自动编程语言进行编程，以美国APT自动编程语言为代表；

②利用计算机绘图软件进行编程，以CAD/CAM软件为代表；

③语音式自动编程系统。

手工编程是自动编程的基础。学习时应本着循序渐进的原则，先学习手工编程，再学习自动编程，而不是相反。

4.9.4.1 数控程序代码及有关规定

数控加工中的各种动作都是事先由编程人员在程序中用指令方式即各种代码予以规定的，包括G代码、M代码、F代码、S代码、T代码等。G代码、M代码统称为工艺指令，是程序段的主要组成部分。为了通用化，国际标准化组织(ISO)制定了G代码、M代码标准。我国也制定了与ISO标准等效的G代码、M代码标准JB/T 3208—1999。

应当指出，由于数控系统和数控机床功能的不断增强，有些高档数控系统的G代码、M代码已超出ISO标准的规定，G代码、M代码的功能含义与ISO标准不完全相同。

G代码是在数控系统插补运算之前需要预先规定，为插补运算做好准备的工艺指令。因此，G代码称为准备功能代码。在该标准中，G代码以地址G后跟两位数字组成，常用的有G00~G99。有些高档数控系统的G代码已扩展到三位数字，如G107，G112或G02.2、G02.3。

G代码按功能类别分为模态G代码和非模态G代码。模态G代码表示组内某G代码一旦被指定，将一直有效，直到出现同一组其他任一G代码才失效，否则继续保持有效。这样，编程时后面的程序段中该模态G代码可省略，从而简化编程。而非模态G代码只在本程序段中有效，下一程序段中需要时必须重写。

M代码用来指定机床或系统的某些操作或状态。M代码称为辅助功能代码。例如，机床主轴的起、停，切削液的开、关，工件的夹紧、松开等。

此外，ISO标准还规定了主轴转速功能S代码，刀具功能T代码，进给功能F代码，尺寸字地址码X、Y、Z、I、J、K、R、A、B、C等，供编程时选用。

标准中，指令代码功能分为指定、不指定、永不指定三种情况，所谓“不指定”是准备以后再指定，所谓“永不指定”是指生产厂可自行指定。

由于标准中的G代码、M代码有“不指定”和“永不指定”的情况存在，加上标准中标有“#”代码亦可选作其他用途，所以不同数控系统的数控指令含义就可能有差异。编程前必须仔细阅读所用数控机床说明书，熟悉该数控机床数控指令代码的定义和代码使用规定，以免出错。

4.9.4.2 程序结构与格式

一个完整的数控加工程序由若干程序段组成。程序开头是程序名，结束时写有程序结束指令。例如：

```
O0001;                              程序名
G92X0Y0Z200;
G90G00X50Y60S300M03;
G01X10Y50F120;
……
M30;                                程序结束指令
```

一行为一个程序段。每个程序段中有若干个指令字，每个指令字表示一种功能，所以也称功能字。功能字的开头是英文字母(也称地址)，其后是数字，如 G90、G01、X100.0 等。一个程序段表示一个完整的加工工步或加工动作。

程序段格式是指一个程序段中功能字的排列顺序和表达方式。目前，数控系统广泛采用的是可变程序段格式。可变程序段格式是指程序段的长短、指令字的数量都是可变的，指令字的顺序也是可变的。各指令字可根据需要选用，不需要的指令字以及与上一程序段相同的模态指令字可以不写。这种格式的优点是程序简短、直观、可读性强、易于检查和修改。

可变程序段格式的一般格式为：

N_G_X_Y_Z_ … F_S_T_M_

其中，N 为程序段号字；G 为准备功能字；X、Y、Z 为坐标功能字；F 为进给功能字；S 为主轴转速功能字；T 为刀具功能字；M 为辅助功能字。

例如：一个程序段

N05 G00X-10.0Y-10.0Z6.0S1000M03M07

其中，N05 为程序段号；G00 是使刀具快速定位到某一点；X-10.0Y-10.0Z6.0 为空间一点，数字为坐标数值，带 +、- 号；S1000 表示主轴转速为 1000r/min；M03 表示主轴正转。

常用地址码及其含义见表 4-17。

表 4-17 常用地址码及其含义

机 能	地址码	说 明
程序段号	N	程序段顺序编号地址
坐标字	X、Y、Z、U、V、W、P、Q、R	直线坐标轴
	A、B、C、D、E	旋转坐标轴
	R	圆弧半径
	I、J、K	圆弧圆心相对起点坐标
准备功能	G	准备功能
辅助功能	M	辅助功能
补偿值	H、D	补偿值地址
切削用量	S	主轴转速
	F	进给量或进给速度
刀具号	T	刀库中的刀具编号

4.9.5　数控加工工序综合举例

下面以立式铣床加工圆弧轮廓为例，来说明数控加工工序的一般过程的编程方法。

(1)设备

XK7132 立式铣床，华中系统 HNC—21/22M；刀具：ϕ12mm 立铣刀；量具：0～50mm游标卡尺；夹具：机用虎钳。

(2)加工工序

如图4-52所示零件轮廓，保证尺寸精度。零件加工部位由规则对称圆弧槽组成，其几何形状属于平面二维图形。毛坯尺寸：80mm×80mm×15mm。

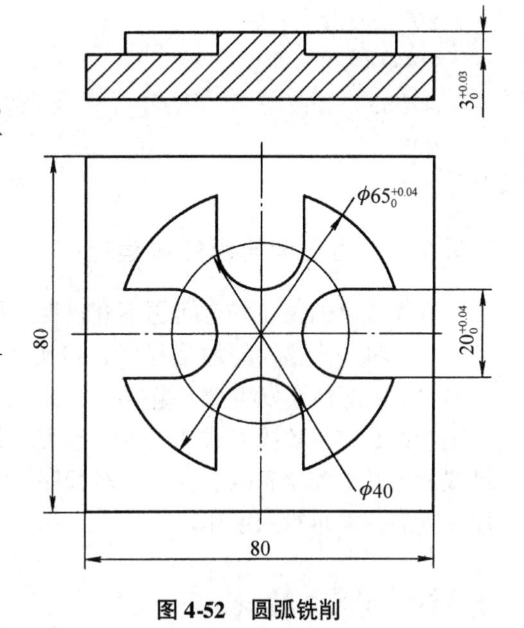

图4-52　圆弧铣削

(3)工艺准备

①工件零点设定在毛坯上表面的中心—G54；②以底面为基准，用机用虎钳装夹；③选择 ϕ12mm 立铣刀铣削 ϕ65mm 圆柱和四个宽度为20mm的圆弧槽。

(4)参考程序

```
% 0001
G54G90G17 G00 X0Y0
S600M03Z50
X-40Y0
Z5
G01Z-3F100
G42D1X-30.92Y0
Y-10
G03X-10Y-30.92R32.5
G01Y-20
G02X10Y-20R10
G01Y-30.92
G03X30.92Y-10 R32.5
G01X20Y-10
G02X20Y10R10
G01X30.92Y10
G03X10Y30.92R32.5
```

```
G01X10Y20
G02X-10Y20R10
G01X-10Y30.92
G03X-30.92Y10R32.5
G01X-20Y10
G02X-20Y-10R10
G01X-30.92Y-10
Y0
X-40G40
G00Z50
M05
M30
```

4.9.6 工序安全与程序试运行

数控工序的工序安全问题不容忽视。数控工序的不安全因素主要来源于加工程序中的错误。将一个错误的加工程序直接用于加工是很危险的。例如，若将 G01 错误地写成 G00，则必然会发生撞刀事故。再如，刀具补偿的数值、符号一定要准确无误，任意一项错误都将导致撞刀或加工零件报废。另外，程序中的任何坐标数据错误都会导致废品或发生其他安全事故。因此，对程序一定要认真检查和校验，并试加工。只有确认程序无误后，才可投入使用。

4.10 成组技术

4.10.1 成组技术的基本概念

随着科学技术的飞速发展，市场竞争日趋激烈，机械产品的更新速度越来越快，产品品种日益增多，同时批量却越来越少，从而出现了多品种小批量的生产形式。据统计，多品种中小批生产企业约占机械工业企业总数的75%~80%。此时，采用成组技术可以近似地扩大生产批量，成为提高生产率的有效方法。

大量的统计分析表明，任何一种机械产品中的零件都可分为 3 类：专用件、相似件、标准件。其比例分别为：5%~10%、65%~70%、20%~25%。可见，利用相似原理，完全可以将 70% 左右的相似件转化为近似大批量的生产。

成组技术的定义：由于许多问题是相似的，把相似的问题归并成组，便可找到一个单一的解决一组问题的方法，从而节省了时间和精力，这就是成组技术(Group Technology，GT)。在工程方面，这一定义可广泛地应用于设计、制图、制造等过程。

在机械制造领域，成组加工就是将零件按几何形状、结构、工艺相似性进行分组，并根据各组零件的工艺要求，将机床分为若干个机床组。按被加工零件组的工艺流程排列各机床组内的机床，即零件组与机床组一一对应。被纳入同一组的零件可按共同的工艺过程，在同一机床组中稍加调整后即可加工出来，以减少调整时间与加工时间，即可大大提高生产率。

4.10.2　零件的分类和编码

零件分类是成组技术的基础。现在流行的分类方法是多位数字编码分类法。这种分类法种类很多，比较著名的有德国的 Opitz、英国的 Brisch、日本的 KK、荷兰的 TNO - Miclass、前苏联的 BПТИ、我国的 JLBM - 1 等。这里仅介绍我国的 JLBM - 1 分类编码系统。

我国于 1984 年制定了“机械零件分类编码系统(JLBM - 1)”。该系统由名称类别矩阵、形状及加工码、辅助码三部分共 15 个码位组成，如图 4-53 所示。

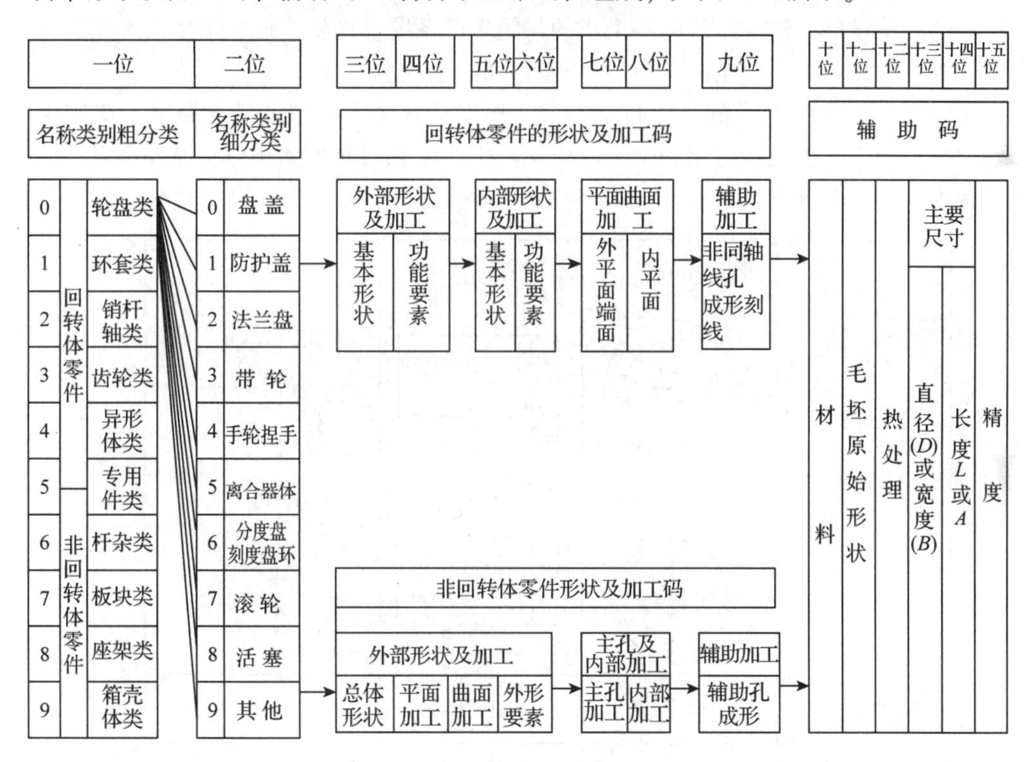

图 4-53　JLBM—1 分类编码系统

这一系统的优点是：码位多，增加了信息容量；零件类别按名称类别矩阵划分，便于设计检索；分类表更为简单，定义明确，容易掌握。

4.10.3　成组生产的组织形式

随着成组技术的深入应用和发展，它已由最初的成组加工单机逐步发展到成组生产单元、成组生产流水线，以至现代最先进的柔性制造系统(FMS)和计算机集成制造系统(CIMS)。

(1)成组加工单机

成组加工单机是从机群制的布置形式发展起来的。它由一个工作位置构成，即成组零件从始到终都在一台设备上完成加工，如在转塔车床或自动车床上加工回转零件等。也可用于一种设备上完成一个零件组的一个加工工序，其余工序划归另外的零件组或个别加工。在这种情况下，管理困难、效果较差，不能很好地发挥成组加工的突出功效，所以应用较少。

(2)成组生产单元

成组生产单元是指一组(或几组)工艺上相似的零件，按其工艺流程合理地排列出加工所需的一组设备，构成车间内一个小的封闭生产系统，这就形成一个生产单元。它也可概括为：与完成零件组全部工艺过程相对应的一组设备。

图4-54为一个生产单元的平面布置形式。根据这6个零件组的工艺路线，决定由车、铣、钻、磨等四台机床组成一个生产单元。生产单元与流水线相似，但并不等于流水线。因为它不要求节拍。

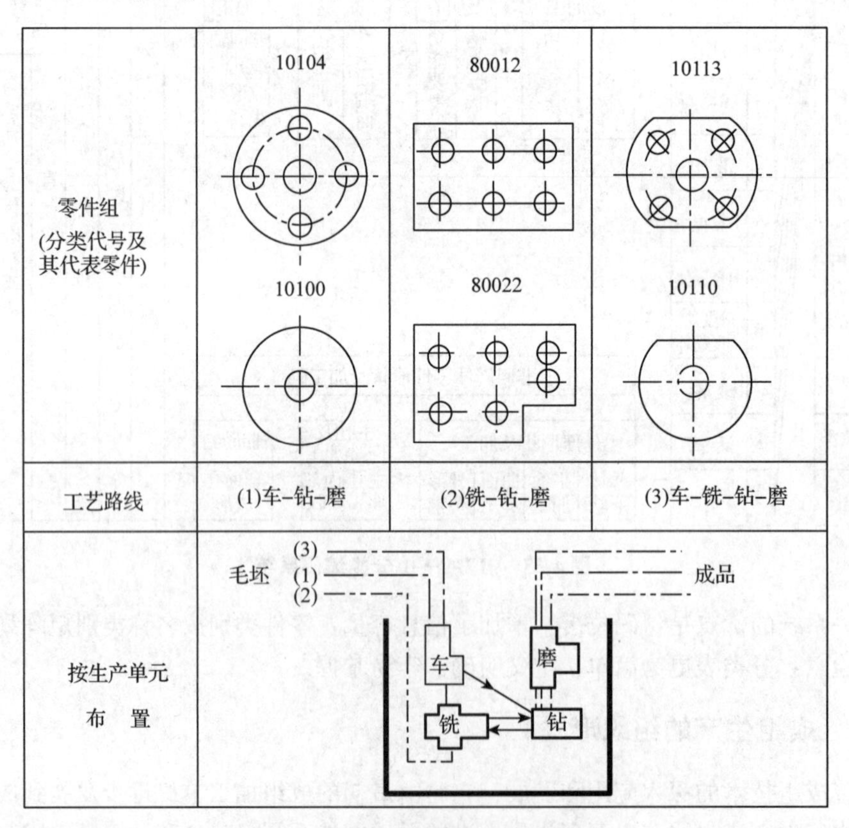

图4-54 按生产单元平面布置图

(3)成组生产流水线

成组生产流水线是严格按零件组的工艺过程组织起来的，其各工序的节拍是一致的。成组流水线与普通流水线的区别在于：生产线上流动的不是一种零件，而是一组相似零件。

成组流水线具有大批大量生产性质的合理性和优越性。它既可用于复杂零件组，如曲轴流水线，也可用于简单零件组，如法兰盘类等零件。

4.11 计算机辅助工艺过程设计

计算机辅助工艺过程设计(Computer Aided Process Planning，CAPP)是指用计算机编制零件的加工工艺规程。

长期以来，工艺规程编制是由工艺人员凭经验进行的。不同的工艺人员编制同一零件的工艺规程，其方案一般不相同，而且一般都不是最佳方案。这是因为工艺设计涉及的因素多，因果关系错综复杂。计算机辅助工艺过程设计改变了依赖个人经验的状况，它不仅提高了工艺规程的质量，而且使工艺人员从烦琐重复的工作中解放出来，集中精力去考虑其他问题。

应用CAPP会带来一系列的效益：①减少工艺设计费用，可降低50%左右的工艺设计费用；②社会效益，如设计周期缩短，产品质量提高等；③有利于推行标准化、最优化，提高工艺设计质量；④有利于计算机管理，提高管理水平。

计算机辅助工艺过程设计是联系计算机辅助设计(CAD)和计算机辅助制造(CAM)之间的桥梁。

4.11.1 计算机辅助工艺过程设计的基本方法

目前，国内外研制的许多CAPP系统，按工作原理大体可分为三种类型：样件法、创成法、综合法，其中，样件法又称变异法、派生法。

(1)样件法

在成组技术的基础上，将同一零件族中所有零件的主要形面特征合成主样件，再按主样件制定出适合的典型工艺规程，并以文件的形式存储在计算机中，如图4-55所示。当编制某零件的工艺规程时，只要将零件进行编码，并将它划分到一定的零件族中。输入该零件的成组编码，就可以调用相应零件族的典型工艺规程。然后，按一定的工艺决策模型，对零件的结构、形状、尺寸参数的特点进行分析、判断，筛选出典型工艺规程中的有关工序，并进行切削参数的计算，最后输出该零件的工艺规程。

图4-56所示为一轴类零件组的主样件，在该主样件上覆盖了该零件族中的特征，并用形面尺寸代号来表示，同时，各个形面又用编码来表示，这样比较清楚。

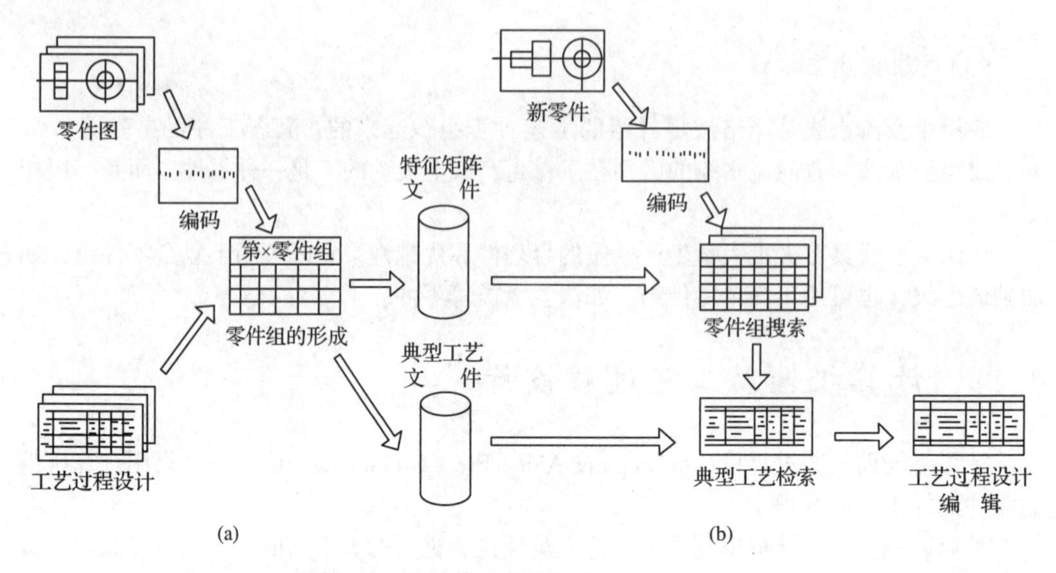

图 4-55 样件法 CAPP

(a)准备阶段 (b)编制阶段

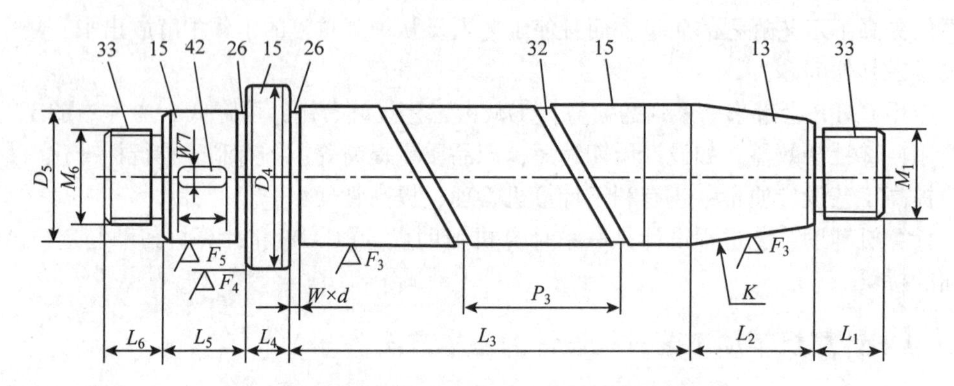

图 4-56 轴类零件组的主样件及其形面代号和编码

形面尺寸代号：D-直径 L-长度 K-锥度 W-槽宽或键宽 d-槽深 F-表面粗糙度等级

形面编号：13-外锥面 15-外圆面 26-退刀槽 32-油槽 33-外螺纹 42-键槽

目前，许多 CAPP 系统都是属于这一类的，如挪威的 AUTOPROS、美国的 CAPP(CAM-1)、荷兰的 MIPLAN、英国的 AUTOCAP 等。

(2)创成法

这种方式是由计算机系统“创造”一个新的工艺规程。它利用的是对各种工艺决策的逻辑算法。该方法只要求输入零件的图形、工艺信息，即可由计算机按照决策逻辑和优化公式，在不需要人工干预的条件下制定工艺规程。

但由于图纸信息准确的代码化还有相当大的技术难度，每一种几何要素可用不同的加工方法实现，它们之间的顺序又可以有多种组合方案。因此，工艺决策往往依赖于工艺人员多年积累的丰富经验和知识，而不仅仅依靠计算。这也是创成法难以达到理想效果的原因。为此，人们将人工智能引入到 CAPP 之中，产生了 CAPP 专家系统。

(3)综合法

该方法是以样件法为主，创成法为辅，以制定出合适的工艺规程。例如，工序设计用样件法，工步设计用创成法等。此法综合考虑了样件法和创成法的特点，兼取二者之长，因此很有发展前景。日本集成制造协会(IMSS)研制的CAPP系统就是该方法的实例。

4.11.2　样件法CAPP

4.11.2.1　工艺信息的数字化

(1)零件编码的矩阵化

先按照所选用的零件分类编码系统(如JLBM－1)，将本厂所生产的零件进行编码。为了使零件按其编码输入计算机后能够找到相应的零件组，必须先将零件的编码转换为矩阵。例如，某零件按JLBM－1系统编码为25270 03004 67679。为了形成该零件的矩阵，需先将该编码的一维数组转换为二维数组(表4-18)。在这个二维数组中，数组元素的第一个数表示编码的数位序号——码位，第二个数表示编码在该码位上的码值。把这个二维数组转换成矩阵，如图4-57(a)所示。矩阵中行和列的交点即矩阵元素为“1”或“0”“1”表示一个工艺特征，“0”表示不具有一个工艺特征。该矩阵称为零件的特征矩阵。

表4-18　零件编码转换

一维数组	2	5	2	7	0	0	3	0	0	4	6	7	6	7	9
二维数组	1,2	2,5	3,2	4,7	5,0	6,0	7,3	8,0	9,0	10,4	11,6	12,7	13,6	14,7	15,9

(2)零件组特征的矩阵化

将同一零件组所有零件的编码都转换成特征矩阵，就得到零件组的特征矩阵，如图4-57(b)所示。

(3)主样件的设计

为了使主样件能更好地反映整个零件组的结构——工艺特征，需要对零件组内的零件进行结构——工艺特征方面的频谱分析。频数大的特征必须反映到主样件上，频数小的特征可以舍去，使主样件既能反映绝大部分特征，又不至于过于复杂。

一般可从形面、尺寸及工艺特征等方面进行频谱分析。例如，图4-58是某一轴类零件组形面特征的频谱分析图。从图上可以看出，频数大的有外圆柱面、沉割槽、倒角、外螺纹等。频数小的是成形表面和滚花。

因此，在设计主样件时，可以不包括成形表面和滚花。在进行计算机辅助工艺设计时，可通过人机对话进行修改。

	1	2	3	4	5	6	7	8	9	10	11	12	13	14	15
0	0	0	0	0	1	1	0	1	1	0	0	0	0	0	0
1	0	0	0	0	0	0	0	0	0	0	0	0	0	0	0
2	1	0	1	0	0	0	0	0	0	0	0	0	0	0	0
3	0	0	0	0	0	0	1	0	0	0	0	0	0	0	0
4	0	0	0	0	0	0	0	0	0	1	0	0	0	0	0
5	0	1	0	0	0	0	0	0	0	0	0	0	0	0	0
6	0	0	0	0	0	0	0	0	0	0	1	0	1	0	0
7	0	0	0	1	0	0	0	0	0	0	0	1	0	1	0
8	0	0	0	0	0	0	0	0	0	0	0	0	0	0	0
9	0	0	0	0	0	0	0	0	0	0	0	0	0	0	1

(a)

	1	2	3	4	5	6	7	8	9	10	11	12	13	14	15
0	0	0	1	1	1	1	1	1	1	0	1	1	0	0	0
1	0	0	1	1	1	0	1	0	0	0	0	0	0	0	0
2	1	0	1	1	1	0	1	0	0	1	0	1	0	0	0
3	0	0	0	0	1	0	0	0	0	1	0	1	0	0	0
4	0	0	0	0	1	0	0	0	0	1	0	0	1	0	0
5	0	1	0	0	1	0	0	0	0	0	0	1	1	1	0
6	0	0	0	0	1	0	0	0	0	0	0	1	1	1	0
7	0	0	0	0	1	0	0	0	0	0	1	1	1	1	0
8	0	0	0	0	0	0	0	0	0	0	0	1	0	1	0
9	0	0	0	0	0	0	0	0	0	0	0	0	0	0	1

(b)

图 4-57 特征矩阵

(a)零件 (b)零件组

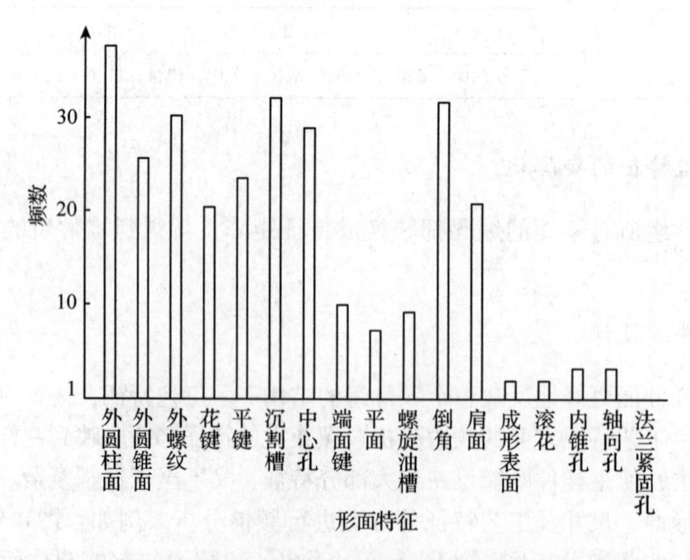

图 4-58 某一轴类零件组形面特征频谱分析图

采用同样的方法也可对尺寸及工艺特征进行频谱分析。

(4)零件形面的数字化

零件的编码虽然表示了零件的结构、工艺特征，但是它不能表示出零件的所有表面。而机械加工的工序、工步必须针对零件的每个具体表面。

因此，必须对零件的每个表面编码。

(5)工序工步名称数字化

为了使计算机能按统一的方法调出工序、工步的名称，必须对所有工序工步按其名称进行统一编码。假设某一 CAPP 系统有 99 个不同工步，就可用 1，2，3，…，99 来表示这些工步。除了加工工序外，像热处理、检验等非机械加工工序也当作一个工步编码。

有了零件各种形面、各种工步的编码之后，就可用一个 $N\times 4$ 的矩阵来表示零件的综合加工工艺路线，如图 4-59(a)所示。图 4-59(b)是一个简单零件综合工艺路线的示例。矩阵的行以工步为单位，每一个工步占一行。矩阵的列的含义如图 4-59(a)所示。由此可见，图 4-59(b)的矩阵描述了一个工艺路线：①装夹、钻中心孔、粗、精车外圆面；②调头装夹、钻中心孔、粗、精车外圆锥面；③磨外圆面；④检验。

实际零件的工艺路线虽然可以很复杂，但其原理是相同的。

(6)工序工步内容数字化

矩阵中的每一行表示一个工步，矩阵的列的含义如图 4-60 所示。

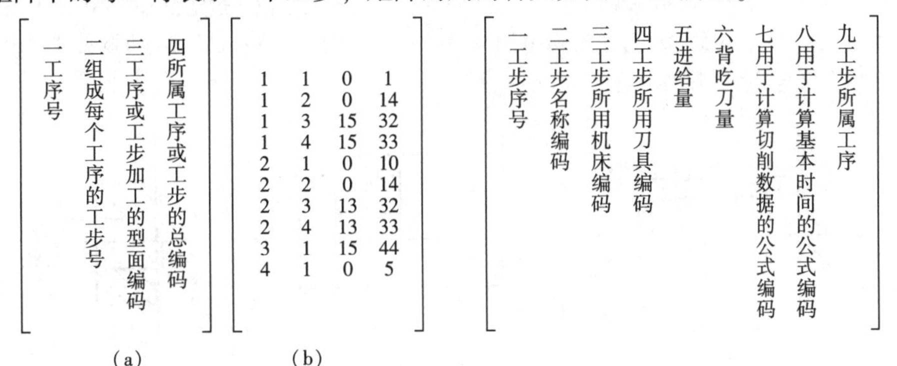

图 4-59　主样件综合加工工艺路线矩阵

(a)矩阵内容　(b)矩阵示例

图 4-60　工步内容矩阵

4.11.2.2　CAPP 的数据库

各种工艺信息经过数字化后，便形成了大量的数据。这些数据必须以文件的形式集合起来，存在计算机的存储器中，形成数据库文件，以备检索和调用。典型的文件有：成组编码特征矩阵文件、典型工艺(主样件工艺)文件、工艺数据文件等。

本章小结

不同零件的材料、结构和功用与技术要求不同，因此零件的加工工艺各不相同，但总存在其共性的规律。本章主要研究零件机械加工工艺规程的设计问题，讲述了机械制造工艺过程的基本问题和工艺规程的作用、制定原则、步骤、内容及零件的结构工艺性等，重点阐述了定位基准的选择、零件表面加工方法的选择、机床和工艺装备的选择、加工阶段的划分、加工顺序的安排、工序集中与分散原则、加工余量与工序尺寸及公差的确定、工艺尺寸链的分析与计算等。介绍了提高劳动生产率的工艺措施和工艺方案的技术经济分析的基本知识，及数控加工工艺规程设计、计算机辅助工艺规程设计与成组技术等，以理解和掌握制定机械加工工艺规程的基本原理和基本方法，能够灵活制订工艺规程，达到优质、高效率、低成本的目标。

思考题

4-1 何为生产过程、机械加工工艺过程、机械加工工艺规程、机械加工工艺系统？机械加工工艺规程在生产中起什么作用？

4-2 简要叙述机械加工工艺过程卡、工艺卡、工序卡的主要区别及应用场合。

4-3 划分工序的主要依据是什么？举例说明工序、安装、工位、工步及走刀的概念？

4-4 如何划分生产类型？生产类型有哪些各有何工艺特点？

4-5 某发动机厂年产480发动机3200台，每台发动机上有一根曲轴，曲轴的备品率为12%，机械加工废品率为3%，试计算发动机曲轴的年生产纲领。并分析属于何种生产类型？若一年的工作日为240个工作日、一月按20个工作日来计算，试计算曲轴月平均生产批量。

4-6 什么是零件的结构工艺性？

4-7 工件装夹的含义是什么？在机械加工中工件装夹有哪三种方法？简述各种装夹方法的特点及应用场合。

4-8 “工件夹紧后，位置不动了，所有的自由度都被限制了”，这种说法是否正确？为什么？

4-9 何谓六点原理？试举例说明完全定位与不完全定位、欠定位与过定位有何不同？

4-10 根据六点定位原理，分析题4-10图(a)在该道工序中加工各表面所需限制哪些自由度？并在图中标出定位基准与工序基准。

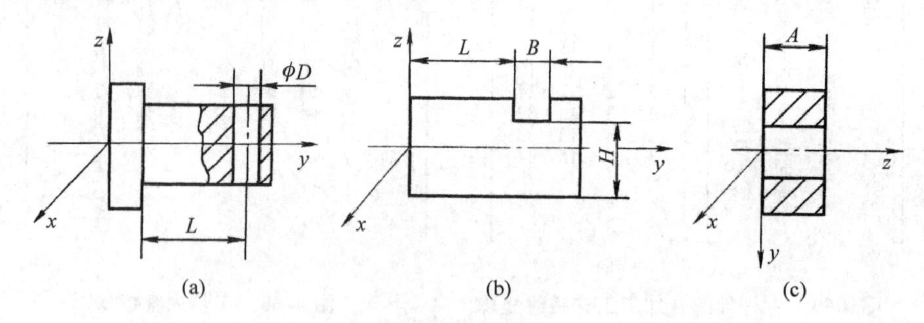

题4-10图

(a)钻孔 ϕD (b)四方体上铣通槽 B (c)车右端面

4-11 分析题4-11图所示的定位方案，指出各定位元件分别限制哪些自由度？判断有无欠定位和过定位，并对不合理的定位方案提出改进意见。

4-12 何谓设计基准、定位基准、工序基准、测量基准、装配基准？试举例说明。

4-13 粗、精基准选择的原则是什么？为什么粗基准一般只允许使用一次？

4-14 何谓经济加工精度？选择加工方法时应考虑的主要问题有哪些？

4-15 在批量生产的条件下，加工一批直径为ϕ20mm，长度为180mm的光轴，其表面粗糙度Ra为0.2μm，材料为45号钢，试选择加工方法、机床，并安排其加工工艺路线？

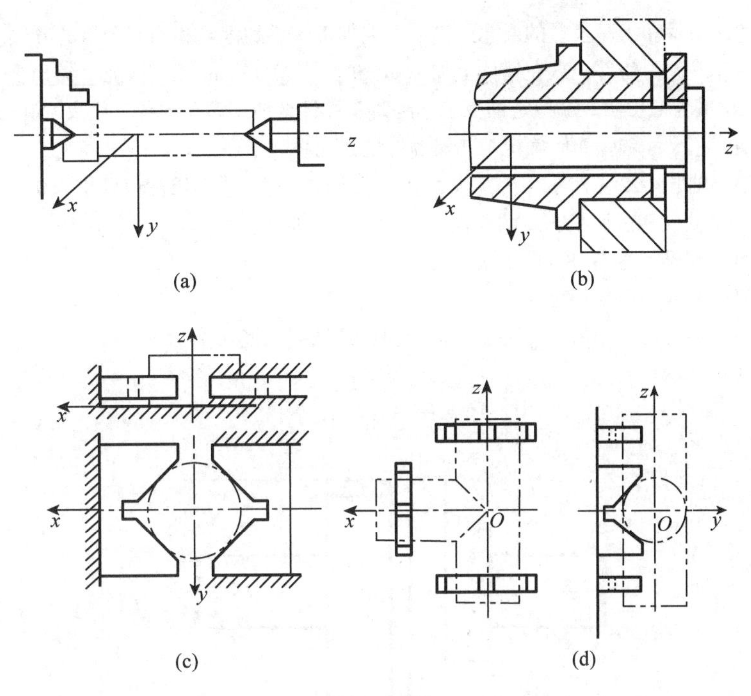

题 4-11 图

4-16　制定工艺规程时为什么要划分加工阶段？如何划分加工阶段？什么情况下可不划分或不严格划分加工阶段？

4-17　决定零件的加工顺序时应考虑哪些因素？

4-18　试拟订题 4-18 图所示零件的机械加工工艺路线（包括工序内容和包含安装、工步数量、设备、定位基准），已知该零件毛坯为铸件，成批生产。

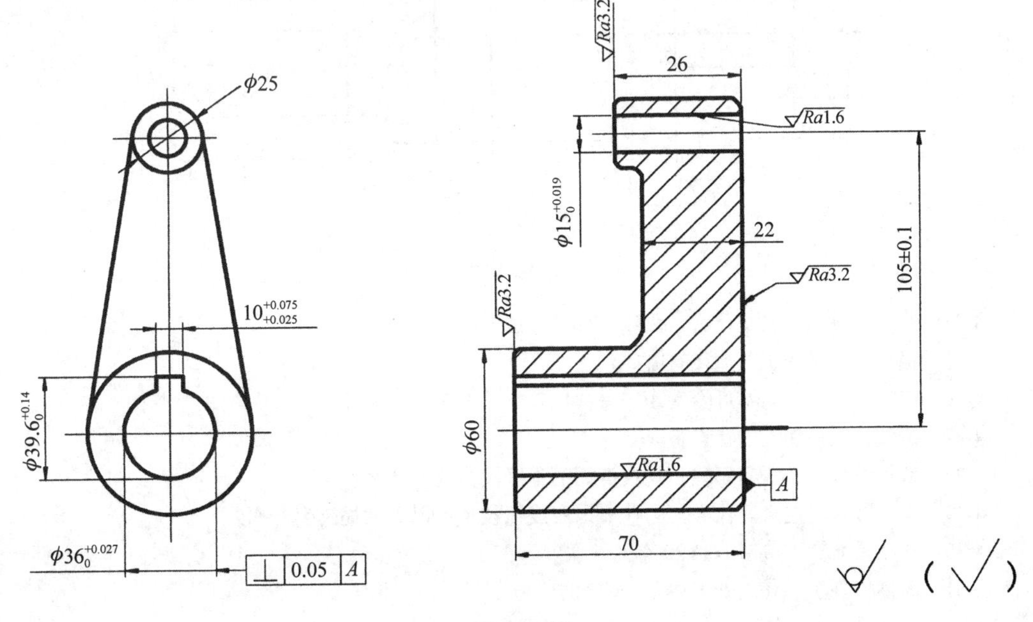

题 4-18 图

4-19 试述总余量和工序余量的概念，说明影响加工余量的因素和确定余量的方法？

4-20 某箱体零件为铸件，欲在箱体上加工 $\phi 150_{0}^{+0.040}$（H7）mm 孔，该孔已铸出要求表面粗糙度为 Ra 0.4μm，材料为 HT250。试拟定加工工艺路线，并计算加工该孔的各工序尺寸和公差。

4-21 何谓工艺尺寸链？如何确定工艺尺寸链的封闭环和增、减环？

4-22 有偏心轴题 4-22 图所示，外圆表面 P 要求渗碳处理，渗碳层深度要求为 0.5～0.8mm，为了保证该表面的加工精度和表面粗糙度的要求，其工艺安排如下：

①精车 P 面，保证尺寸 $\phi 38.4_{-0.1}^{0}$ mm；

②渗碳处理，控制渗碳层深度；

③精磨 P 面，保证尺寸 $\phi 38_{-0.016}^{0}$ mm，同时保证渗碳层深度 0.5～0.8mm。

求磨削前渗碳层深度？

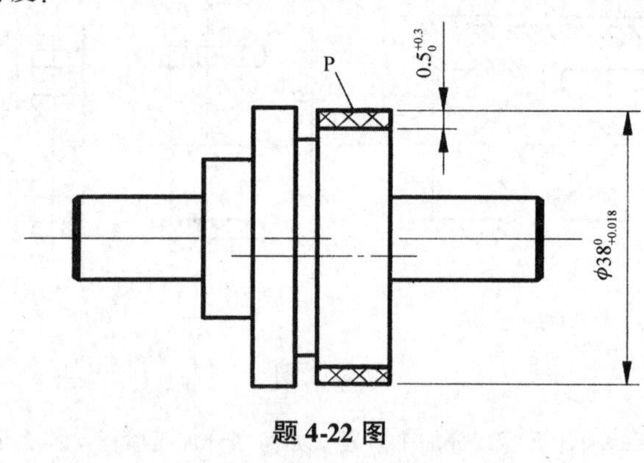

题 4-22 图

4-23 某阶梯轴加工工艺路线题 4-23 图所示，①粗车小端外圆、轴肩及小端面；②掉头车大端面及外圆；③精车小端外圆、轴肩及小端面。试校核精车小端面的余量是否合适，如不合适如何改进？

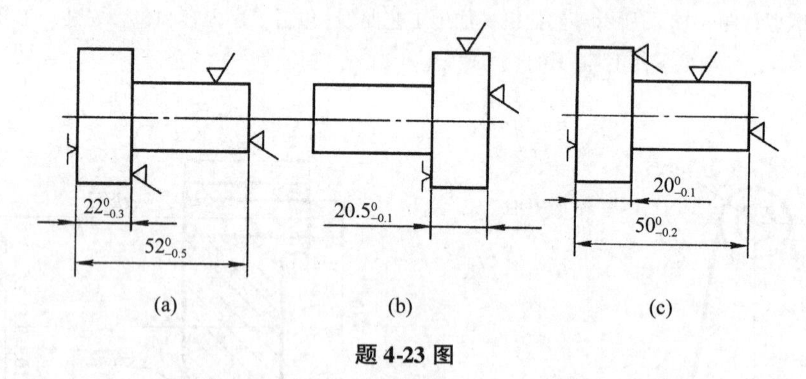

题 4-23 图

4-24 时间定额的定义是什么？由哪几部分组成？

4-25 提高生产率的工艺途径有哪些？

4-26 何谓可变费用与不可变费用，怎样比较工艺方案的经济性？

4-27 试叙述数控加工的特点？

4-28 数控编程的方法有哪些？现在常用的程序段格式是什么？

4-29 成组技术的定义是什么？为什么采用成组技术可以大大提高生产率？

4-30 什么是 CAPP？应用 CAPP 有何效益？

4-31 简述样件法 CAPP 和创成法 CAPP 的原理。

第 5 章

机床夹具设计原理

[本章提要]

机械加工工艺除了需要机床、刀具、量具之外，有时(特别是成批生产)还需要机床夹具(简称夹具)。夹具的作用是使工件相对于机床或刀具占有正确的位置，其好坏直接影响工件质量和生产效率。本章首先从夹具的组成出发，在介绍常用的定位元件和夹紧机构的基础上，详细阐述了车床夹具、钻床夹具、铣床夹具、镗床夹具等常见夹具的结构特点和设计要点。旨在使学生领会机床夹具设计的基本原理和方法。

机床夹具是机械加工工艺系统的重要组成部分，是机械制造中的一项重要工艺装备，在机械加工中起着重要的作用，直接影响机械加工的质量、效率以及成本等。因此，机床夹具设计是机械加工工艺准备中的一项重要工作。

5.1　机床夹具概述

机械加工前，工件必须在机床上定位并夹紧，这一过程称为装夹。定位是指确定工件在机床上或夹具上占有正确位置的过程。夹紧是指工件定位后将其固定，使其在加工过程中能够保持其位置不变的操作。用于装夹工件的工艺装备称为机床夹具，简称夹具。

5.1.1　夹具的组成

如图5-1(b)所示，本工序是钻—铰 ϕ6H7 的孔，其他所有表面均已加工。对应夹具如图5-1(a)所示，工件以一面一孔在定位心轴6及其台肩面上定位。用开口垫片4和螺母5夹紧。钻套1用于引导刀具，以保证孔的位置精度37.5 ±0.02mm。孔的尺寸精度 ϕ6H7 依靠刀具自身精度保证。由图5-1可以看出机床夹具的基本组成部分，主要有：

①定位元件或装置：用以确定工件在夹具中的准确位置(通过与工件的定位表面相接触或配合)，如图5-1中定位心轴6。

②刀具导向元件或装置：用以引导刀具或调整刀具，从而保证刀具相对于夹具或工件的准确位置，如图5-1中的钻套1。

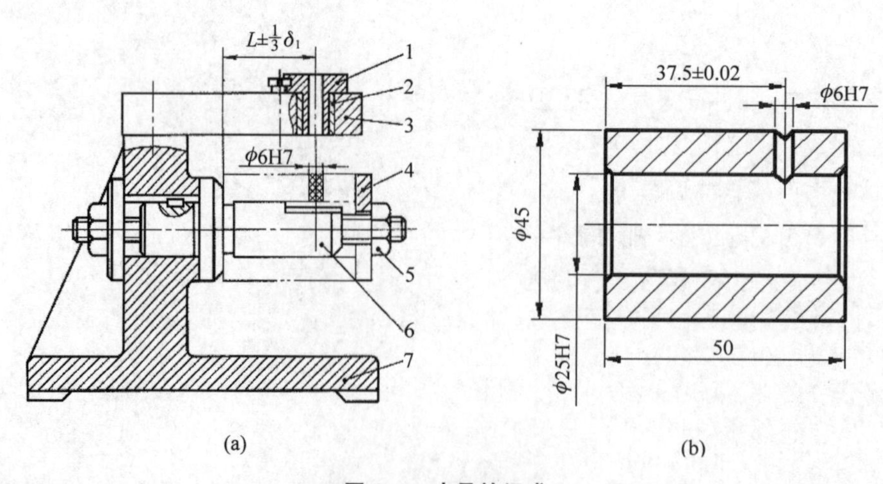

图5-1　夹具的组成

(a)钻床夹具　(b)轴套零件

1. 快换钻套　2. 衬套　3. 钻模板　4. 开口垫片　5. 螺母　6. 定位心轴　7. 夹具体

③夹紧元件或装置：用以夹紧工件，从而保证在切削力的作用下，工件位置仍能保持不变。如图5-1中的螺母5和开口垫片4。

④夹具体：用以连接夹具各元件或装置，使之成为一个整体，如图5-1中的夹具体7。

⑤连接元件：用以确定夹具在机床上的准确位置，并与机床相连接。

⑥其他元件或装置：用以满足工件装卸、分度等其他目的的元件或装置，如分度装置、锁紧装置、安全保护装置、辅助支承等。

此夹具的设计过程详见5.6.1.2专用夹具的设计步骤。

5.1.2　夹具的作用和分类

5.1.2.1　夹具的作用

机床夹具的主要功能如下：

①保证加工质量：采用夹具装夹工件，工件相对于刀具及机床的位置精度由夹具保证，不受工人技术水平影响，可以保证一批工件的精度稳定性。

②提高生产效率：使用夹具后，可以节省划线、找正等辅助时间，且易实现多件、多工位加工。如果使用气动、液压等机动夹紧装置，可使辅助时间进一步减少。

③扩大机床使用范围：例如，在车床床鞍上或摇臂钻床上使用镗模，可以代替镗床镗孔；又如，使用靠模夹具，可在车床或铣床上进行仿形加工。

④改善工人劳动条件，降低劳动强度。

5.1.2.2　夹具的分类

按其专门化程度来分，机床夹具可划分5种类型。

①通用夹具：这类夹具通用性较强，其结构尺寸已经系列化、标准化，并有专门的工厂生产，成本低，适应性强，常作为机床标准附件提供用户。如铣床上常用的平口虎钳、万能分度头、回转工作台，车床上常用的三爪卡盘、四爪卡盘、顶尖等。

②专用夹具：这类夹具是针对某一工件的某一工序而专门设计的。如图5-4所示的钻孔夹具就是一个专用夹具。这类夹具针对性强，效率高，结构紧凑，定位精度高，广泛用于批量生产或关键工序。

③可调整夹具：这类夹具的特点是夹具的部分元件可以更换，部分装置可以调整，以适应不同零件的加工。可调整夹具适用于多品种、小批量工件的生产，使之也具有大批大量生产的特色，降低了生产成本。

④组合夹具：这类夹具有一套标准化的夹具元件，根据零件的加工要求拼装而成。就像搭积木一样，不同元件的不同组合和连接可构成不同结构和用途的夹具。组成夹具的元件、合件可多次拆装、重复利用。夹具组装速度快、成本低，特别适合小批量生产和新产品试制。

⑤随行夹具：这类夹具使用在自动化生产线或柔性制造系统中。工件在随行夹具上定位夹紧，随行夹具载着工件随输送装置被送往各个机床，并在各机床上被定位和夹紧。随行夹具适用于被加工工件无可靠定位基准或无可靠输送基面的情况。

按照所使用的机床来分类，机床夹具又可分为车床夹具、铣床夹具、钻床夹具、镗床夹具、磨床夹具、数控机床夹具等。按照夹紧装置的动力源来分类，机床夹具又可分为手动夹具、电动夹具、气动夹具、液压夹具、电磁夹具、真空夹具等。

5.2 工件在夹具上的定位

5.2.1 常用的定位方法与定位元件

5.2.1.1 平面为定位表面的定位元件

(1) 固定支承

固定支承有支承钉和支承板两种形式，结构如图 5-2 所示。图 5-2(a) 为平头支承钉，用于精基准面的定位；图 5-2(b) 为球头支承钉，用于粗基准面的定位；图 5-2(c) 为网纹面支承钉，用于侧面定位；图 5-2(d)(e) 为 A、B 型支承板，多用于大的精基准面的定位，其中 B 型利于清屑，用的较多，A 型用于侧面。

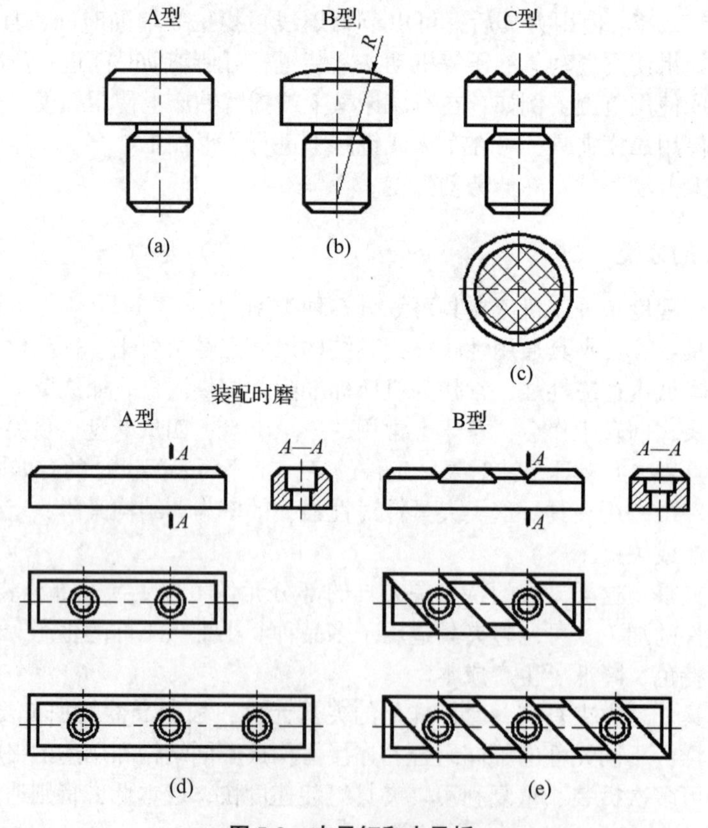

图 5-2 支承钉和支承板

(a) 平头支承钉 (b) 球头支承钉 (c) 网纹面支承钉
(d) A 型支承板 (e) B 型支承板

(2)可调支承

可调支承的支承点的位置可以调整，多用于工件表面不规整或毛坯尺寸不稳定的场合。常见的几种结构如图5-3所示。

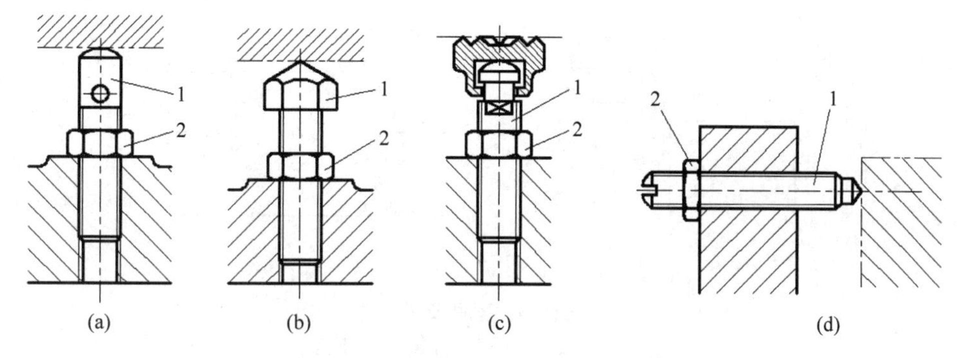

图5-3　可调支承

(a)直接用手转动螺钉可调支承　(b)用扳手转动螺钉可调支承　(c)带压脚可调支承

(d)侧面定位可调支承

1. 调节螺钉　2. 锁紧螺母

(3) 自位支承

自位支承的支承点的可以在定位过程中自动调整，以适应工件定位表面的变化。常见的几种结构形式如图5-4所示。自位支承只限制一个自由度，常用于毛坯表面、断续表面、阶梯表面以及有角度误差的平面定位。

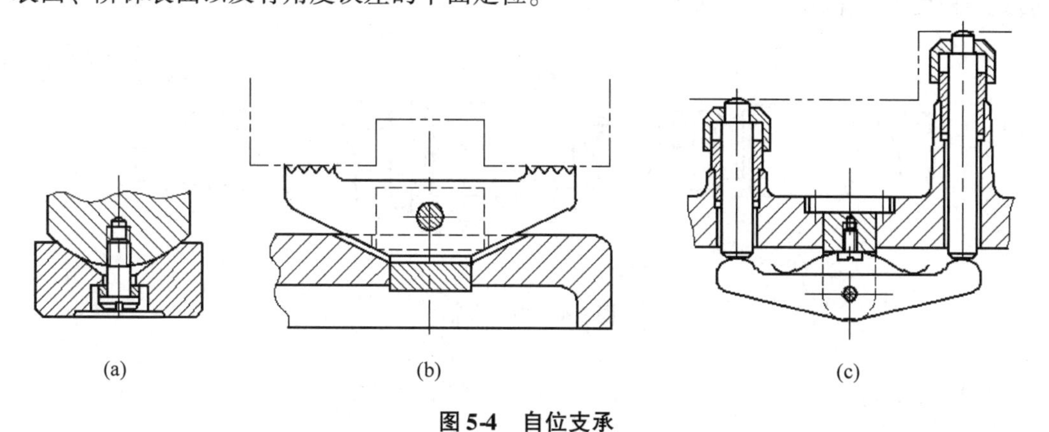

图5-4　自位支承

(a)球面多点式浮动支承　(b)(c)杠杆两点式浮动支承

(4)辅助支承

辅助支承不起定位作用，仅用于提高工件的支承刚度。常见的几种结构形式如图5-5所示，其中图5-5(c)为自动调节支承，在弹簧3的作用下支承1和工件自动接触，并可通过手柄4锁紧。辅助支承一般在工件定位后才参与支承。

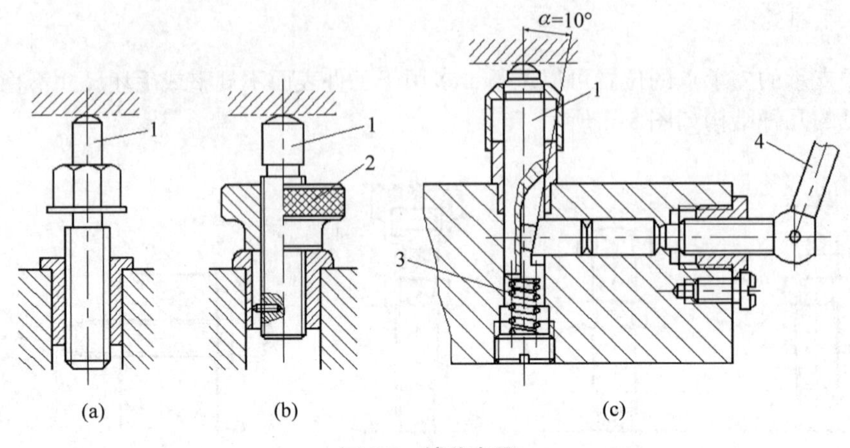

图 5-5 辅助支承

1. 支承 2. 螺母 3. 弹簧 4. 手柄

5.2.1.2 内孔为定位表面的定位元件

(1)刚性心轴

图 5-6 所示为常见的几种刚性心轴。其中图 5-6(a)为过盈配合心轴；图 5-6(b)为间隙配合心轴；图 5-6(c)为小锥度心轴，它通过接触表面的弹性变形来夹紧工件，锥度为 1:(5000~1000)。心轴限制工件的 4 个自由度，即除了沿心轴轴线方向的移动和转动自由度不被限制，其他的都被限制。

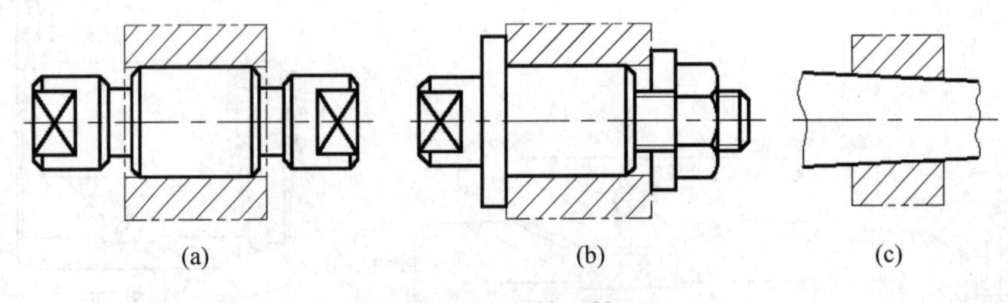

图 5-6 刚性心轴

(2)定位销

如图 5-7 所示为常见定位销结构。其工作部分直径 d 可按 g6、g7、f6 或 f7 制造；定位销与夹具体的连接可采用过盈配合或间隙配合。图 5-7(e)所示为菱形销，用于只限制工件 1 个自由度的场合。图 5-7(f)(g)为圆锥销，其中图 5-7(f)多用于毛坯定位，图 5-7(g)多用于光孔定位。图 5-7(h)所示为活动圆锥销，它在可活动方向上不限制自由度。即使工件孔径公差较大，也能准确定心定位。

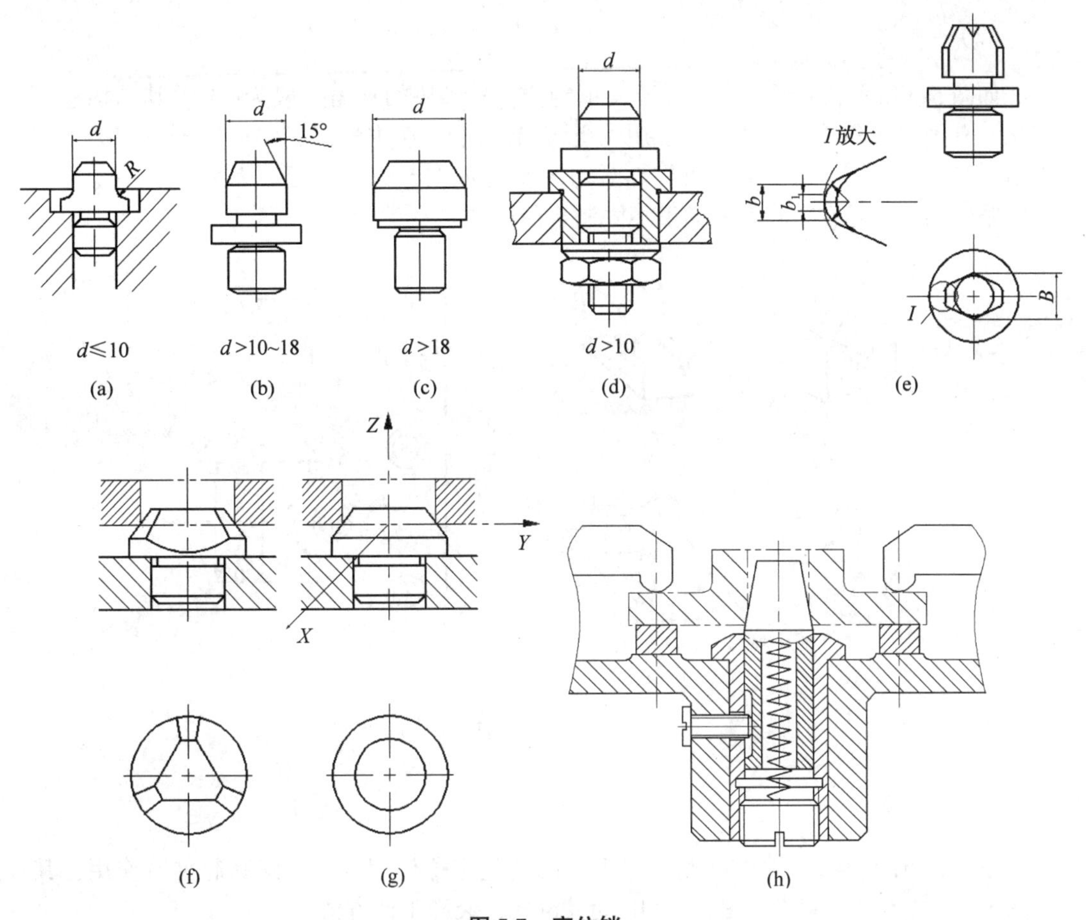

图 5-7　定位销

5.2.1.3　外圆为定位表面的定位元件

(1)套筒、卡盘和锥套

这种情况属于定心定位，与圆柱孔定位相似，只是用套筒或卡盘代替了心轴或圆柱销，如图 5-8(a)所示，用锥套代替了锥销，如图 5-8(b)所示。

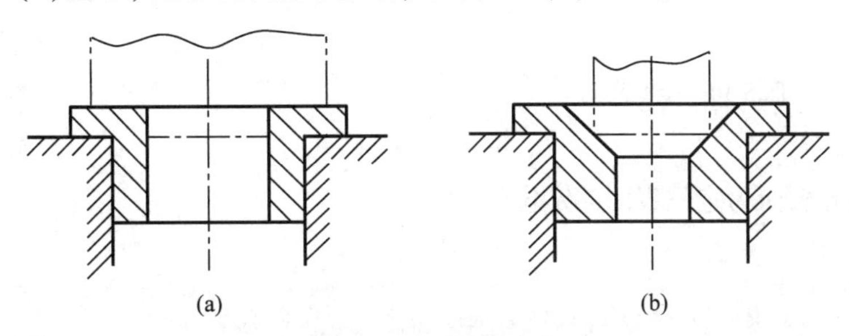

图 5-8　套筒和锥套

(2)V 形块

如图 5-9 所示，V 形块定位属于支承定位。V 形块的夹角一般为 90°，其结构已标准化，有固定式和活动式之分。使用 V 形块定位不仅对中性好，并可用于不完整外圆表面的定位，使用非常方便、可靠。活动 V 形块如图 5-9(e)所示。其特点：一是常兼有夹紧作用；二是在可移动方向上不限制自由度。

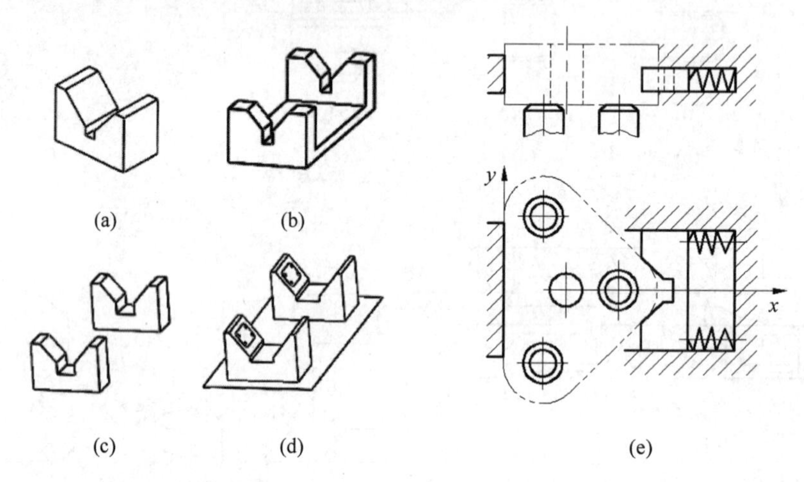

图 5-9　V 形块

(3)半圆套

图 5-10 所示为半圆套结构简图，下半圆套起定位作用，上半圆套起夹紧作用，其中图 5-10(a)为可拆卸式；图 5-10(b)为铰链式，装卸工件方便。

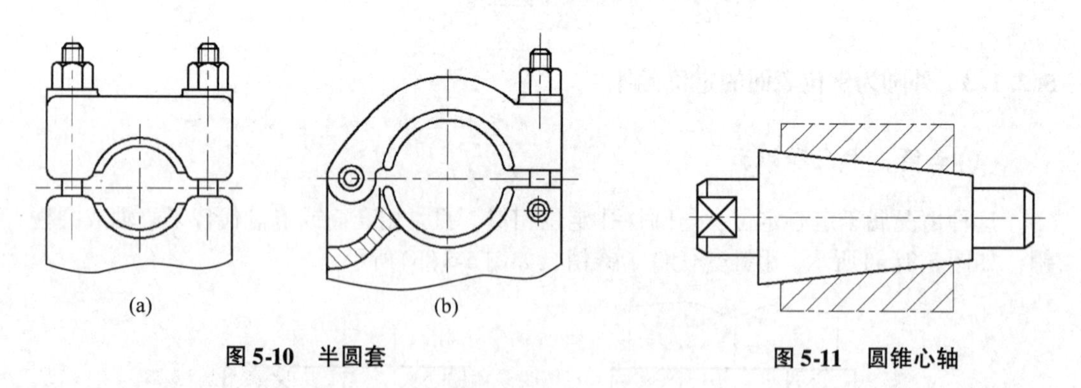

图 5-10　半圆套　　**图 5-11　圆锥心轴**

5.2.1.4　锥孔表面为定位表面的定位元件

(1)圆锥心轴

如图 5-11 所示，这种定位方式限制了工件 5 个自由度，定心精度比较高。

(2)顶尖

如图 5-12(a)所示，加工精度要求比较高的轴类零件时，常采用双顶尖支承定位。这种定位方式定心精度高，基准统一，缺点轴向定位精度不高。图 5-12(b)采用的轴向浮动的结构，弥补了这一缺点。定位时工件端面紧贴顶尖套端面，实现了轴向定位，使前顶尖只起定心作用。

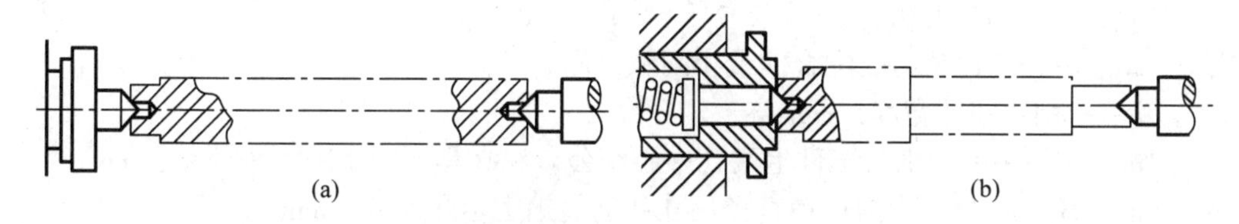

图 5-12　顶尖

5.2.1.5　工件以一面两孔组合定位所用的定位元件

加工箱体类、支架类工件时，常采用一面两孔定位，定位元件常采用一个平面和两个短圆柱销。这种定位方式基准统一，装夹方便，缺点是容易产生过定位，使工件两孔无法套在两个定位销上，如图 5-13(a)所示。解决过定位的方法是第二个销子采用菱形销或削边销，如图 5-13(c)(d)所示。

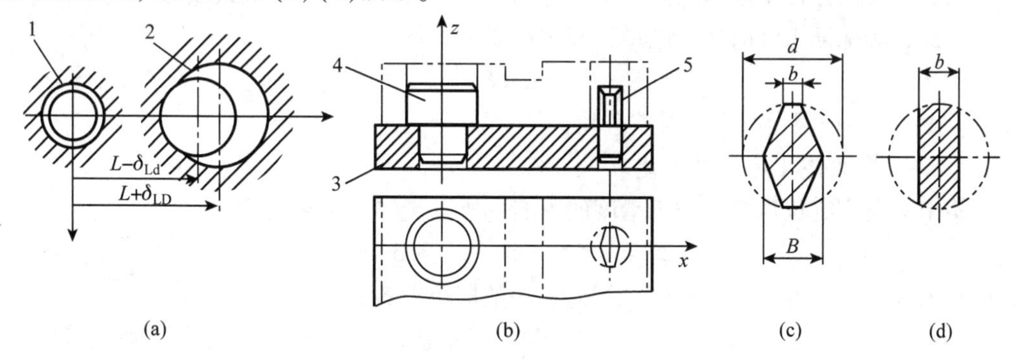

图 5-13　一面两孔定位

1、2. 孔　3. 平面　4. 短圆柱销　5. 短削边销

设两孔直径分别为 $D_1{}_{0}^{+\delta_{D1}}$、$D_2{}_{0}^{+\delta_{D2}}$，两孔中心距为 $L\pm\delta_{LD}$，两销直径分别为 $d_1{}_{-\delta_{d_1}}^{0}$、$d_2{}_{-\delta_{d_2}}^{0}$，两销中心距为 $L\pm\delta_{Ld}$。在实际设计中，销尺寸设计的方法步骤如下：

①确定两销中心距：两销中心距的公称尺寸等于两孔中心距的公称尺寸，两销中心距公差取两孔中心距的公差 1/5～1/3。

②确定圆柱销直径尺寸 d_1：取 $d_1=D_{1\max}$，定位销的直径公差一般按 g6、f7 配合选取。

表 5-1　削边销的结构尺寸

配合孔 D_2	>3～6	>6～8	>8～20	>20～24	>24～30	>30～40	>40～50
b	2	3	4	5	5	6	8
B	$D_2-0.5$	D_2-1	D_2-2	D_2-3	D_2-4	D_2-5	D_2-5

③确定削边销宽度 b 和 B 值：削边销的宽度 b 和 B 值可根据表 5-1 选取。

④计算出削边销与孔配合的最小间隙 $\Delta_{2\min}$：

$$\Delta_{2\min} \approx \frac{2b(\delta_{LD} + \delta_{Ld})}{D_2} \tag{5-1}$$

⑤计算削边销直径尺寸 d_2：

$$d_2 = D_2 - \Delta_{2\min} \tag{5-2}$$

公差按 g6 或 g7 选取。

式中 $\Delta_{2\min}$——削边销与孔配合的最小间隙，mm；

b——削边销的宽度，mm；

δ_{LD}、δ_{Ld}—— 分别为工件上两孔中心距公差和夹具上两销中心距公差，mm；

d_2、D_2——分别为削边销直径尺寸和削边销定位孔尺寸，mm。

5.2.2 定位误差的分析与计算

5.2.2.1 加工误差与定位误差

工序的加工精度取决于刀具相对于工件的正确位置。影响这个正确位置的因素很多，如夹具在机床上的装夹误差，工件在夹具上的定位误差和夹紧误差、机床的调整误差、工艺系统的弹性变形和热变形误差、机床和刀具的制造误差及磨损等。

因此，为保证工件的加工质量，应满足如下关系式

$$\Delta \leqslant \delta \tag{5-3}$$

式中 Δ——各种因素产生的误差总和；

δ——工件的工序尺寸公差。

本节只研究定位误差对加工精度的影响，所以式(5－3)可写为

$$\Delta_D + \omega \leqslant \delta \quad 或 \quad \Delta_D \leqslant \delta - \omega \tag{5-4}$$

式中 Δ_D——工件在夹具中的定位误差，一般应小于 $\delta/3$；

ω——除定位误差外，其他因素引起的误差总和，可按加工经济精度查表确定。

定位误差是由于工件在夹具上(或机床上)定位不准确而引起的加工误差。如图 5-14所示，用 V 形块定位，在一根轴上铣键槽，要求保证槽底至轴线(圆心)的距离 H。键槽铣刀按规定尺寸 H 调整好位置。实际加工时，由于工件直径尺寸有大有小，会使圆心位置(工序基准)发生变化。由于铣刀位置没变(即加工表面位置没变)，所以工序尺寸 H(即工序基准到加工表面的距离)必然发生变化。此变化量(即加工误差)是由于工件的定位引起的，故称为定位误差，常用 Δ_D 表示。引起定位误差的原因主要有两方面：

①由于定位基准与工序基准不一致引起的定位误差，称为基准不重合误差，即工序基准相对定位基准在加工尺寸方向上的最大变动量，以 Δ_B 表示。如图 5-15 所示，工件铣台阶面，要求保证尺寸 a，工序基准为顶面，定位基准为底面，若刀具位置已调整好(即加工表面位置不变)，则由于尺寸 b 的变化会使顶面位置发生变化，从而使工序尺寸 a 发生变化。此即产生定位误差。

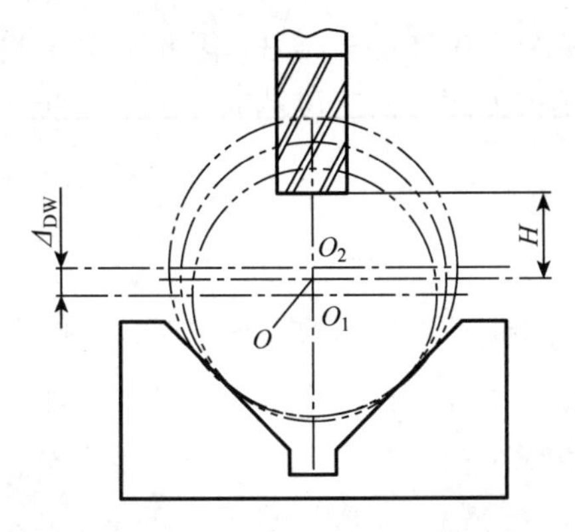

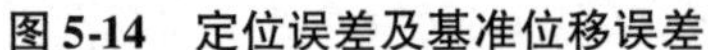
图 5-14　定位误差及基准位移误差

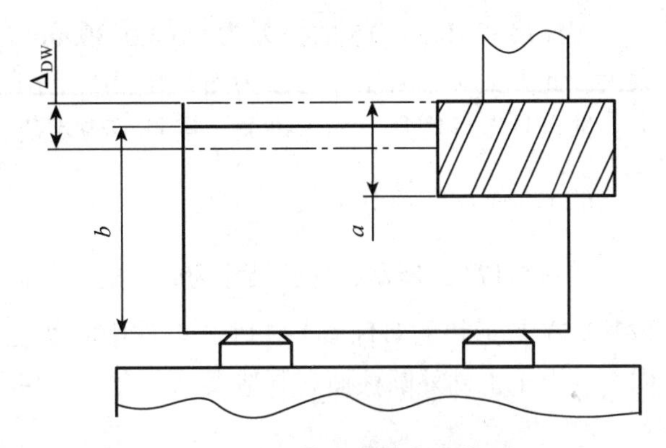

图 5-15　基准不重合误差

②由于定位副制造误差及其配合间隙所引起的定位误差，称为基准位移误差，即定位基准的相对位置在加工尺寸方向上的最大变动量，以 Δ_Y 表示。例如，图 5-14 所示定位误差就是由于工件定位面(外圆表面)尺寸不准确而引起的。

5.2.2.2　常见定位方式的定位误差的分析与计算

定位误差是由于基准不重合误差和基准位移误差共同作用的结果，故

$$\Delta_D = \Delta_Y + \Delta_B \tag{5-5}$$

在进行定位误差的分析与计算时，可以将两项误差分别计算，再按式(5－5)合成。当 Δ_B 和 Δ_Y 方向相同时，取“＋”号；反之，取“－”号。下面讨论常见定位方法的定位误差的分析与计算。

(1)工件以平面定位

图 5-16 所示为铣台阶面的两种定位方案。若按图 5-16(a)所示定位方案铣工件上的台阶面 C，由于工序尺寸 20 ± 0.15 的工序基准是 A 面，而定位基准是 B 面，定位基准与工序基准不重合，必然存在基准不重合误差。其大小即在该尺寸方向上定位基准到工序基准的公差。由于定位基准到工序基准的尺寸是 40 ± 0.14，且与工序尺寸方向一致，所以基准不重合误差 $\Delta_B = 0.28\text{mm}$。由于定位基准 B 面为已加工表面，制造得比较平整光滑，故同批工件的定位基准位置不会发生变化，即基准位移误差 $\Delta_Y = 0$，故有：

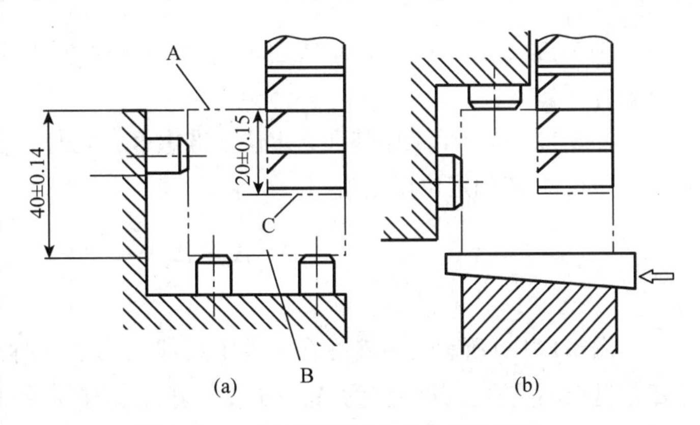

图 5-16　工件以平面定位时的定位误差

$$\Delta_D = \Delta_B + \Delta_Y = 0.28\text{mm}$$

工序尺寸 20 ±0.15 的公差为：$\delta=0.30\text{mm}$，故 $\Delta_D=0.28\text{mm}>\delta/3$。因此定位误差太大，此方案不宜采用。可改为图 5-16(b)所示的定位方案，使定位基准与工序基准重合，缺点是工件需从下向上夹紧，夹具结构复杂。

(2)工件以外圆柱面定位

如图 5-17(a)所示，直径尺寸为 $d^{0}_{-\delta_d}$ 的工件以外圆柱面在 V 形块上定位时，工件定位基准在 V 形块的对称面上，因此工件中心线在水平方向上的位移为零，但在垂直方向上，由于工件外圆柱面有制造误差，会产生基准位移：

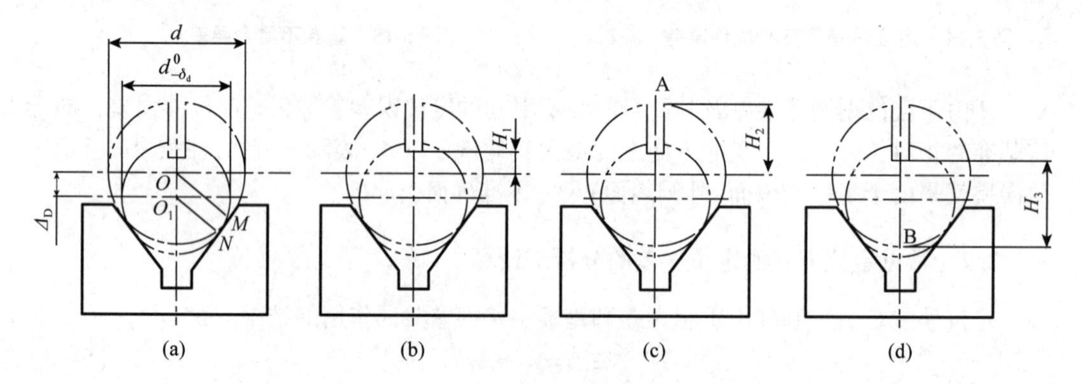

图 5-17　工件以外圆柱面定位时的定位误差

$$\Delta_Y=OO_1=\frac{OM}{\sin\frac{\alpha}{2}}-\frac{O_1N}{\sin\frac{\alpha}{2}}=\frac{\frac{1}{2}d}{\sin\frac{\alpha}{2}}-\frac{\frac{1}{2}(d-\delta_d)}{\sin\frac{\alpha}{2}}=\frac{\delta_d}{2\sin\frac{\alpha}{2}} \tag{5-6}$$

图 5-17(b) ~ (d)所示为加工同一槽的 3 种不同工序尺寸标注情况，其定位误差的分析计算如下。

图 5-17(b)所示工序基准与定位基准重合，此时 $\Delta_B=0$，只有基准位移误差，故影响工序尺寸 H_1 的定位误差为

$$\Delta_D=\Delta_Y=\frac{\delta_d}{2\sin\frac{\alpha}{2}} \tag{5-7}$$

图 5-17(c)所示工序基准在工件上母线 A 处，工序尺寸为 H_2。此时，工序基准与定位基准不重合，其误差为 $\Delta_B=\delta_d/2$，基准位移误差 Δ_Y 同上。当工件直径尺寸减少时，工件定位基准下移；当工件定位基准位置不变，若工件直径尺寸减小，则工序基准 A 下移，两者变化方向相同，故定位误差为：

$$\Delta_D=\Delta_Y+\Delta_B=\frac{\delta_d}{2\sin\frac{\alpha}{2}}+\frac{\delta_d}{2} \tag{5-8}$$

图 5-17(d)所示工序基准选在工件下母线 B，工序尺寸为 H_3。当工件直径尺寸变小

时，定位基准下移，但工件定位基准不变时，若工件尺寸减小，则工序基准将上移，两者变化方向相反，故定位误差为：

$$\Delta_D = \Delta_Y + \Delta_B = \frac{\delta_d}{2\sin\frac{\alpha}{2}} - \frac{\delta_\alpha}{2} \tag{5-9}$$

可以看出，当α角相同时，以工件下母线为工序基准时，定位误差最小，而以工件为上母线为工序基准时定位误差最大，所以图5-17(d)所示尺寸标注方法最好。另外，随V形块夹角α的增大，定位误差减小，但夹角过大时，将引起工件定位不稳定，故一般多采用90°的V形块。

(3)工件以圆柱孔定位

以单一圆柱内孔定位时，常用的定位元件是定位心轴或定位销，此时定位误差的计算有以下两种情形：

①工件孔与定位心轴(或定位销)过盈配合时：此时定位副间无间隙，定位基准误差的位移量为零，所以$\Delta_Y=0$。

若工序基准与定位基准重合，如图5-18(a)中的H_1尺寸，则定位误差为

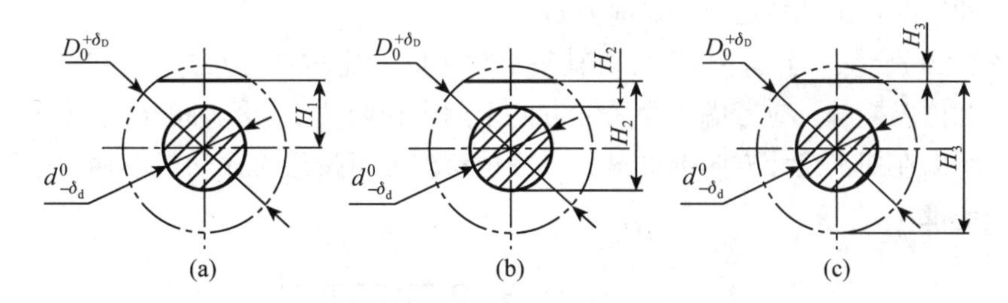

图5-18　工件孔与定位心轴或定位销过盈配合时的定位误差

$$\Delta_D = \Delta_B + \Delta_Y = 0 \tag{5-10}$$

若工序基准在工件定位孔的母线上，如图5-18(b)中的H_2尺寸，则定位误差为：

$$\Delta_D = \Delta_B + \Delta_Y = \Delta_B = \frac{\delta_d}{2} \tag{5-11}$$

若工序基准在工件外圆的母线上，如图5-18(c)中的H_3尺寸，则定位误差为：

$$\Delta_D = \Delta_B + \Delta_Y = \Delta_B = \frac{\delta_D}{2} \tag{5-12}$$

②工件孔与定位心轴(或定位销)采用间隙配合时，分两种情况：

第一种情况：工件孔与定位心轴(或定位销)水平放置。

图5-19(a)所示为理想定位状况，工序基准(孔中心线)与定位基准(心轴轴线)重合，$\Delta_B=0$；但工件由于自重作用，使工件孔与定位心轴(或定位销)单边接触，孔中心线相对于定位心轴(或定位销)轴线将下移。图5-19(b)所示是可能产生的最小下移状态；图5-19(c)所示是可能产生的最大下移状态。由于定位副的制造误差，将产生定位基准位移误差，孔中心线在铅垂方向上的最大变动量为：

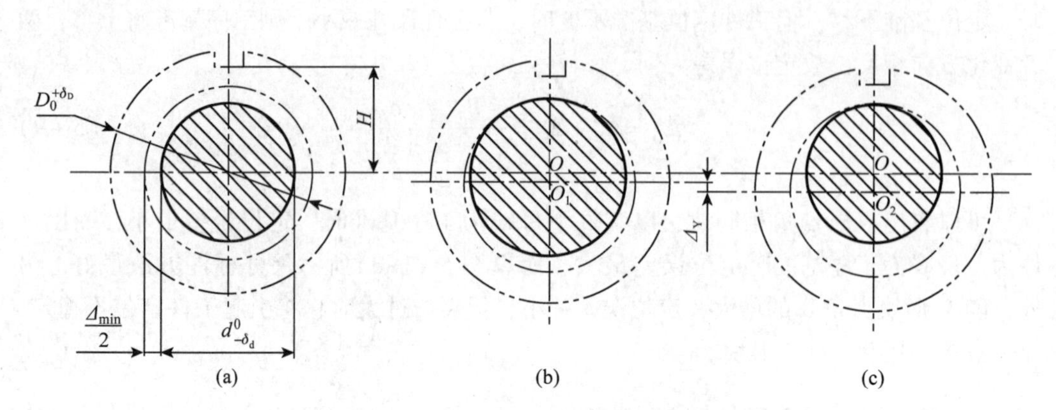

图 5-19 工件孔与定位心轴或定位销间隙配合时的定位误差

$$\Delta_Y = O_1O_2 = OO_2 - OO_1 = \frac{D_{max} - d_{min}}{2} - \frac{D_{min} - d_{max}}{2} = \frac{\delta_D + \delta_d}{2} \quad (5-13)$$

需要注意：基准位移误差 Δ_Y 是最大位置变化量，而不是最大位移量。Δ_Y 计算结果中没有包含 $\Delta_{min}/2$ 常值系统误差(可通过调刀消除，Δ_{min} 为最小配合间隙)，在确定调刀尺寸时应加以注意。对于基准不重合误差，则应视工序基准的不同而不同。

第二种情况：工件与定位心轴垂直放置。

如图 5-20 所示，当工件与定位心轴垂直放置时，定位心轴(或定位销)与工件内孔可能在任意位置接触，应考虑工序尺寸方向上两个极限位置及孔轴的最小配合间隙 Δ_{min} 的影响，所以在加工尺寸方向上的最大基准位移误差可按最大孔和最小轴求得孔中心线位置的变动量：

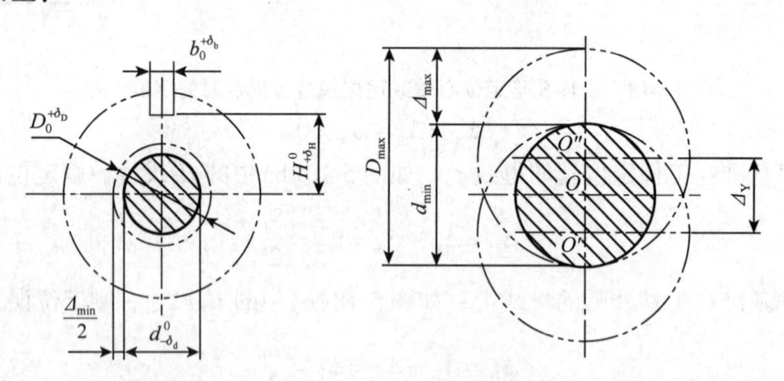

图 5-20 工件与定位心轴垂直放置时的定位误差

$$\Delta_Y = \delta_D + \delta_d + \Delta_{min} = \Delta_{max} \quad (5-14)$$

对于基准不重合误差 Δ_B，则应视工序基准的不同而异。

(4) 工件以一面两孔定位

图 5-21 为工件以一面两孔定位的情况。

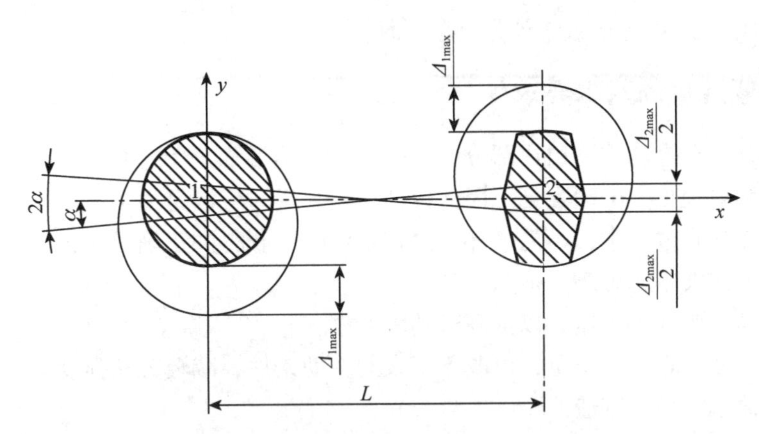

图5-21　工件以一面两孔定位时的定位误差

①圆柱销孔1中心线在x、y方向的最大位移量为

$$\Delta_{D(1x)}=\Delta_{D(1y)}=\delta_{D_1}+\delta_{d_1}+\Delta_{1\min}=\Delta_{1\max} \tag{5-15}$$

②菱形销销孔2在中心线在x、y方向的最大位移量分别为

$$\Delta_{D(2x)}=\Delta_{D(1x)}+\delta_{d_1}+2\delta_{L_D} \tag{5-16}$$

$$\Delta_{D(2y)}=\delta_{D_2}+\delta_{d_2}+\Delta_{2\min}=\Delta_{2\max} \tag{5-17}$$

③两孔中心连线对两销中心线的最大转角误差为

$$\Delta_{D(\alpha)}=2\alpha=2\cot\left(\frac{\Delta_{1\max}+\Delta_{2\max}}{2L}\right) \tag{5-18}$$

5.3　工件在夹具中的夹紧

5.3.1　夹紧装置的组成

典型的夹紧装置一般有以下几部分组成。

①动力源：夹紧力的来源，一般为两种形式，一是人力；二是机动夹具装置，如气压装置、液压装置、电动装置、磁力装置等。图5-22中由气缸6、活塞5和活塞杆4组成的就是一种气压机动夹紧装置。

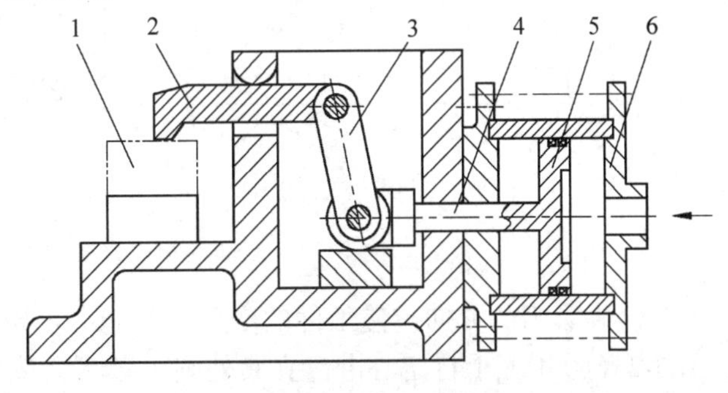

图5-22　夹紧装置的组成

1. 工件　2. 压板　3. 铰链杆　4. 活塞杆　5. 活塞　6. 气缸

②传力机构：中间传力机构是介于动力源和夹紧元件之间的机构。用于改变夹紧力的方向和大小，或提供自锁性能。图5-22中的铰链杆3就是中间传力机构。

③夹紧元件：夹紧元件是实现夹紧的最终执行元件。通过它和工件直接接触而完成

夹紧工件。图 5-22 中的压板 2 就是夹紧元件。

5.3.2 夹紧装置的基本要求

夹紧装置是夹具的重要组成部分，合理设计夹紧装置有利于保证工件的加工质量、提高生产率和减轻工人劳动强度。因此设计夹紧装置时应满足如下基本要求：

①工件在夹紧过程中，不能破坏工件在定位时所获得的正确位置；

②夹紧力的大小应可靠、适当；

③夹紧动作要准确迅速，以提高劳动生产率；

④操作方便、省力、安全，以改善工人的劳动条件，减轻劳动强度；

⑤结构简单，易于制造。

5.3.3 夹紧力的三要素及其确定

夹紧装置的优劣在很大程度上取决于夹紧力的设计是否合理。设计时除了关心夹紧机构外还要注意 3 个问题，即夹紧力的大小、方向和作用点。

(1)夹紧力的方向

①夹紧力的方向应不破坏工件定位的准确性和可靠性：夹紧力的方向应指向主要定位基准面，把工件压向定位元件的主要定位表面上。如图 5-23(a)所示，当要求孔与 A 面垂直时，应以 A 面为主要定位基准，夹紧力方向应与之垂直，才能保证加工要求。如果压向 B 面，因为工件 A、B 两面有垂直度误差，就会使孔不垂直 A 面而可能报废。其原因是夹紧力的方向不当，改变了工件的主要定位基准面，从而产生了定位误差。

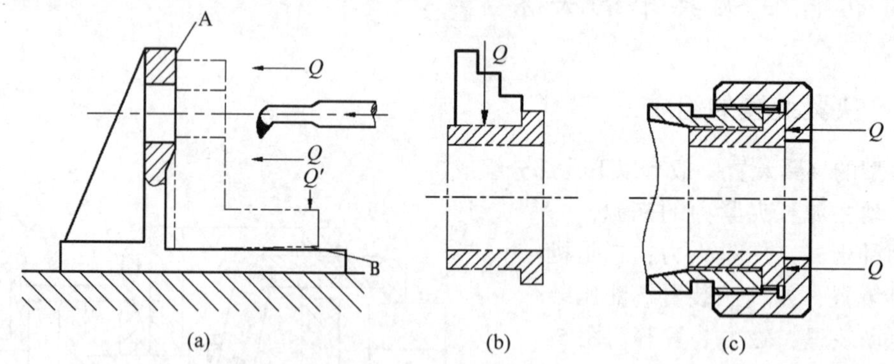

图 5-23 夹紧力的方向

②夹紧力的方向应使工件的变形尽可能小：如图 5-23(b)(c)所示的薄壁套筒零件，图 5-23(b)用三爪自定心卡盘夹紧外圆，必然会造成较大变形，改为图 5-23(c)用特制螺母从轴向夹紧工件变形要小得多。

③夹紧力的方向应使所需夹紧力尽可能小：在保证夹紧可靠的前提下，减小夹紧力可以使机构紧凑轻便，减轻工人的劳动强度，提高生产率，减少工件变形。所以要统筹考虑定位与夹紧，统筹考虑切削力 F、工件重力 G 和夹紧力 Q 等力的大小与方向，使所需的夹紧力最小。

(2) 夹紧力的作用点

夹紧力的作用点位置和数目将直接影响工件定位后的可靠性和夹紧后的变形，应注意以下几个方面：

①夹紧力的作用点应靠近支承元件的几何中心或几个支承元件所形成的支撑面内：如图 5-24(a)所示，夹紧力为 Q 时，作用点在支承面范围之外，会使工件倾斜或移动；夹紧力改为 Q_1 时，作用在支承面范围之内，保证了可靠夹紧。

②夹紧力的作用点应落在工件刚度较好的部位上：这对刚度较差的工件尤其重要，如图 5-24(b)所示，当夹紧力为 Q 时，作用点在刚度小的部位，工件变形就会大，当由 Q 改为 Q_1时，作用点在刚度大的部位，变形大大减小。

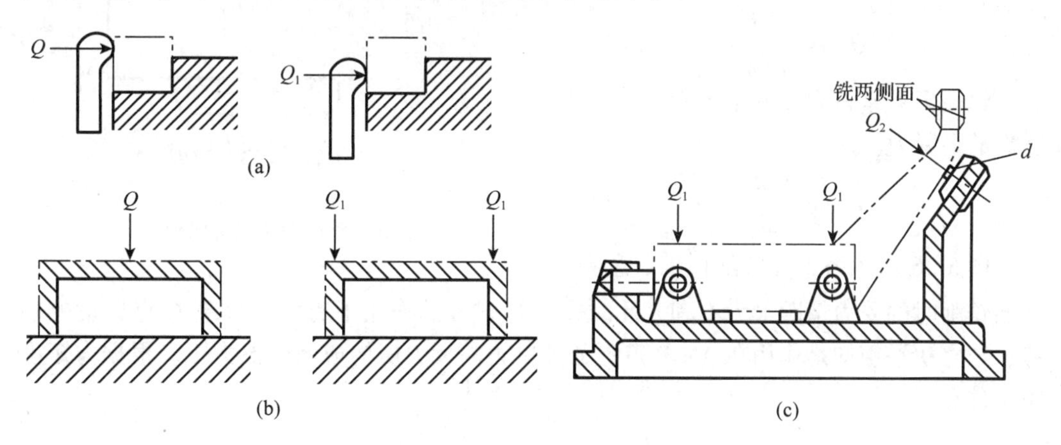

图 5-24　夹紧力的作用点

③夹紧力的作用点应尽可能靠近被加工表面：这样可减小切削力对工件造成的翻转力矩，必要时应在工件刚性差的部位增加附加夹紧力，以免振动和变形。如图 5-24(c)所示，辅助支承 d 尽量靠近被加工表面，同时给予夹紧力 Q_2，这样翻转力矩小，又增加了工件的刚性，既保证了定位夹紧的可靠性，又减小了振动和变形。

(3) 夹紧力的大小

夹紧力的大小主要影响工件定位的可靠性、工件夹紧变形以及夹紧装置的结构尺寸和复杂性，因此夹紧力的大小应当适中。另外设计动力装置也需要知道夹紧力大小。在实际设计中，确定夹紧力大小的方法有两种：经验类比法和分析计算法。

计算夹紧力的一般方法是将工件视为分离体，并分析作用在工件上的各种力，再根据力系平衡条件，确定保持工件所需最小夹紧力，最后将最小夹紧力乘以适当的安全系数，即得到所需的夹紧力。

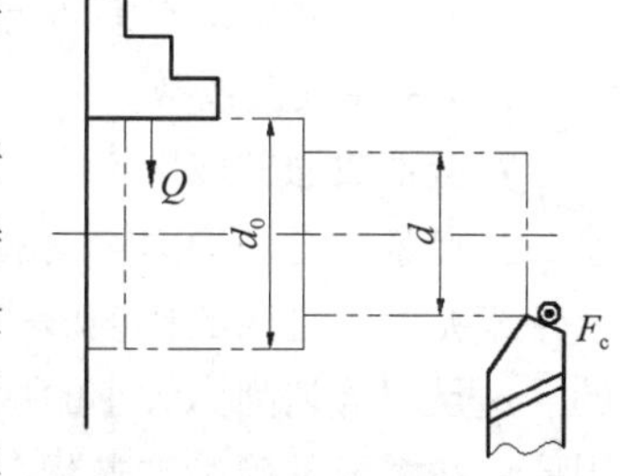

图 5-25　车削时夹紧力的计算

图 5-25 所示为在车床上用三爪自定心卡盘装夹工件车外圆的情况。加工部位的直径为 d，装夹部位的直径为 d_0。

取工件为分离体，忽略次要因素，只考虑主切削力 F_c 所产生的力矩与卡爪夹紧力 Q 所产生的力矩相平衡，可列出如下关系式：

$$F_c \cdot \frac{d}{2} = 3Q_{min} \cdot \mu \cdot \frac{d_0}{2}$$

式中　μ——卡爪与工件之间的摩擦系数；

Q_{min}——所需的最小夹紧力。

由上式可得：

$$Q_{min} = \frac{F_c d}{3\mu d_0}$$

将最小夹紧力乘以安全系数 k，得到所需的夹紧力：

$$Q = k\frac{F_c d}{3\mu d_0}$$

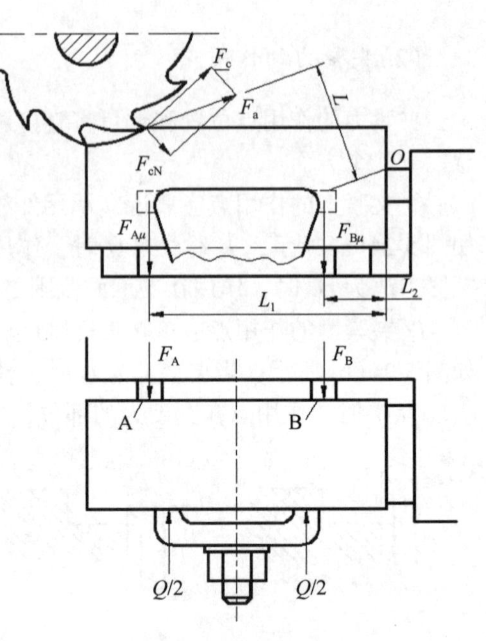

图 5-26　铣削时夹紧力的计算

图 5-26 所示为工件铣削加工示意图。开始铣削时的受力情况最为不利，此时在力矩 F_aL 的作用下有使工件绕 O 点转动的趋势，与之相平衡的是作用在 A、B 点上的夹紧力的反力所构成的摩擦力矩。根据力矩平衡条件有：

$$\frac{Q_{min}}{2}\mu(L_1 + L_2) = F_a L$$

由此可求出最小夹紧力：

$$Q_{min} = \frac{2F_a L}{\mu(L_1 + L_2)}$$

考虑安全系数，最后有：

$$Q = \frac{2kF_a L}{\mu(L_1 + L_2)} \tag{5-19}$$

式中　Q——所需夹紧力，N；

F_a——作用力（总切削力在工件平面上的投影），N；

μ——夹具体支承面与工件之间的摩擦系数；

k——安全系数。

安全系数通常取 1.5～2.5。精加工和连续切削时取小值，粗加工或断续切削时取大值。当夹紧力与切削力方向相反时，可取 2.5～3。摩擦系数主要取决于工件与夹具支承件或夹紧件之间的接触形式和材料。从上述两个例子可以看出夹紧力的估算是很粗略的。这是因为切削力大小的估算本身就是很粗略的，另外摩擦系数的取值也是近似的。因此，在需要准确确定夹紧力时，通常需要采用实验方法。

夹紧力三要素的确定实际上是个综合性问题，必须全面考虑工件的结构特点、工艺方法、定位元件的结构和布置等多种因素，才能最后确定并设计出较为理想的夹紧机构。

5.3.4　常用夹紧机构

5.3.4.1　斜楔夹紧机构

斜楔是夹紧机构中最基本的形式，是利用斜面楔紧的原理来夹紧工件的。螺旋夹紧、圆偏心夹紧、对中定心夹紧等均是斜楔夹紧机构的变形。设计斜楔夹紧机构的关键是解决原始作用力与夹紧力的变换、自锁条件以及选择斜楔升角等问题。图 5-27(a)为采用斜楔夹紧的翻转式钻模，锤击斜楔大头，工件被夹紧；锤击斜楔小头，工件被松开，属于手动夹紧。

斜楔夹紧机构简单，工作可靠，但由于它的机械效率较低，很少直接应用于手动夹紧。多数是将斜楔与其他机构联合起来使用，如图 5-27(b)为斜楔与螺纹夹紧机构的联合使用的例子，图 5-27(c)则为斜楔与液压夹紧机构联合使用的例子。

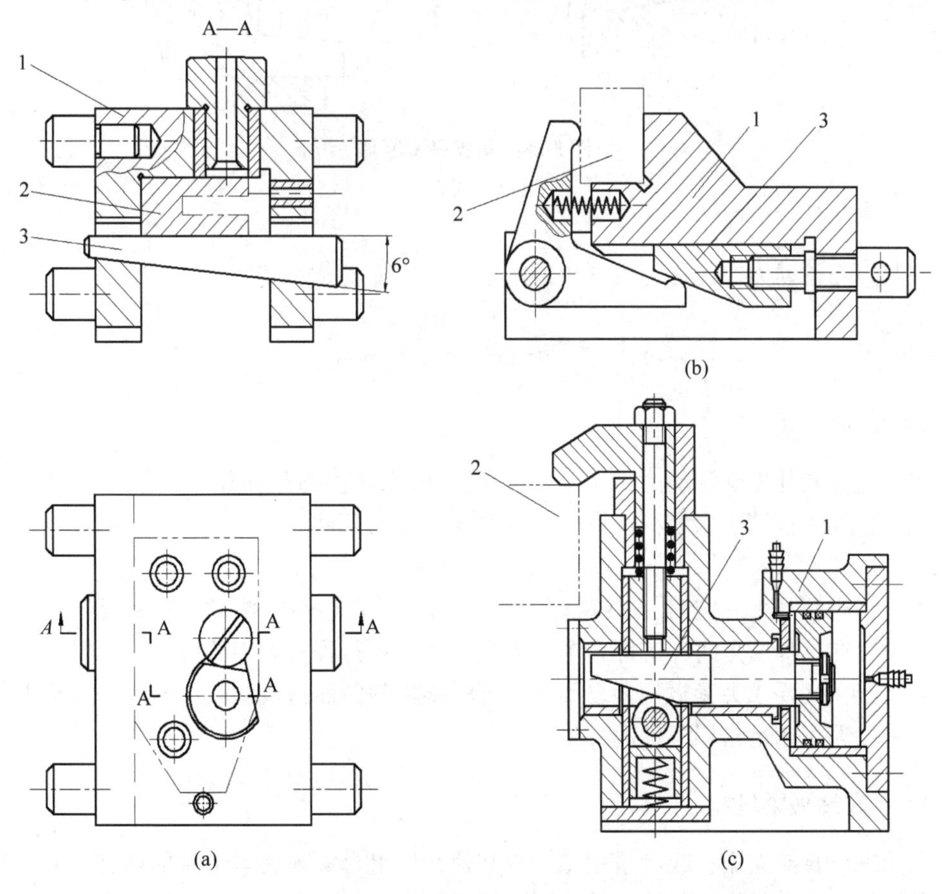

图 5-27　斜楔夹紧机构

1. 夹具体　2. 工件　3. 斜楔

(1)夹紧力的计算

斜楔夹紧可以简化为图5-28所示的原理示意图，取斜楔为分离体，由静力学原理可得斜楔夹紧时工件的受力为：

$$Q = \frac{W}{\tan(\alpha + \varphi_1) + \tan\varphi_2} \tag{5-20}$$

式中 W——源动力；

Q——斜楔产生的夹紧力；

α——斜楔升角，一般取6°~10°，机动夹紧时取$\alpha = 15°\sim 30°$；

φ_1、φ_2——分别斜楔与夹具体之间、斜楔与工件之间的摩擦角，一般取5°~8°。

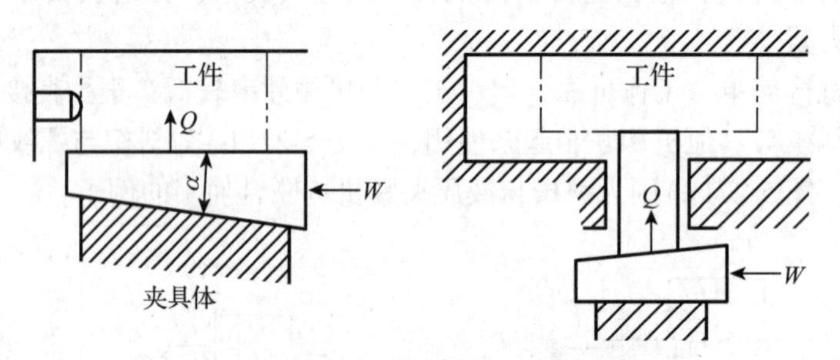

图5-28 斜楔夹紧原理

(2)增力比

夹紧力与源动力之比称为夹紧机构的增力比，用i_q表示，则

$$i_q = \frac{W}{Q} = \frac{1}{\tan(\alpha + \varphi_1) + \tan(\varphi_2)} \tag{5-21}$$

(3)自锁条件

当工件夹紧并撤除源动力W后，夹紧机构依靠摩擦力的作用，仍然保持对工件的夹紧状态，称为自锁。斜楔机构产生自锁时应满足的条件为

$$\varphi_1 + \varphi_2 \geqslant \alpha \tag{5-22}$$

可见，当源动力一定时，α越小，夹紧力越大，自锁性能越好，但夹紧行程h就越小。因此，在选择楔角时，应综合考虑自锁、增力和行程三方面的因素。当要求有较大的夹紧行程，又要求夹紧机构能自锁时，可将斜楔的斜面做成两段，即前一段选用大升角，后一段采用满足自锁条件的升角。

5.3.4.2 螺旋夹紧机构

采用螺旋直接夹紧，或者采用螺旋与其他元件组合实现夹紧工件的机构，统称为螺旋夹紧机构，是从斜楔夹紧机构转化而来的，相当于将斜楔斜面绕在圆柱体上，转动螺旋时即可夹紧工件。具有结构简单、增力大和自锁性好等特点，适用于手动夹紧。由于其夹紧动作慢，所以在机动夹紧机构中应用较少。

(1) 简单螺旋夹紧机构

图 5-29 所示是最简单的螺旋夹紧机构。图 5-29(a)螺钉头部直接与工件表面接触，螺钉旋动时，可能损伤工件表面。为了克服这一缺点，生产中常用图 5-29(b)所示的结构，在螺钉与工件之间加上浮动压脚，防止夹伤工件，减少工件变形。

为了克服简单的螺旋夹紧辅助时间较长的缺点，生产中常用图 5-30 所示的快速螺旋夹紧机构。图 5-30(a)采用了快卸螺母；图 5-30(b)采用了开口垫圈；图 5-30(c)采用了快卸螺杆，夹紧螺杆 2 上的直槽连着螺旋槽。夹紧时，先推动手柄 3，夹紧螺杆 2 沿导向钉 1 作轴向移动，使摆动压块 4 迅速靠近工件，再转动手柄 3，夹紧工件并自锁。

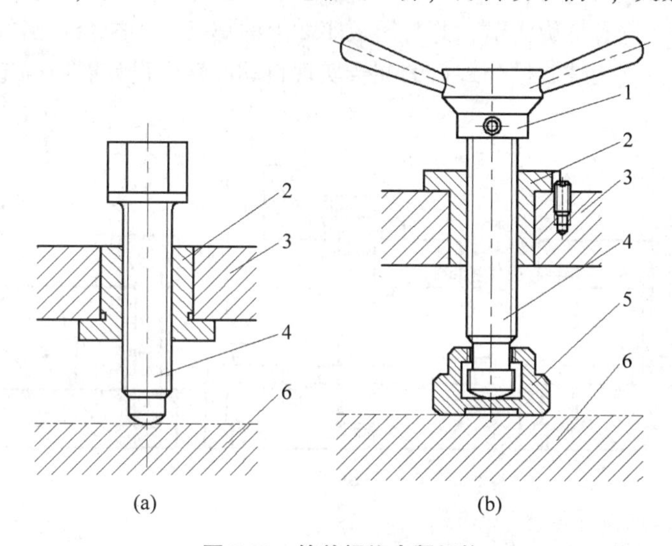

图 5-29　简单螺旋夹紧机构

1. 手柄　2. 套　3. 夹具体　4. 夹紧螺钉　5. 压脚　6. 工件

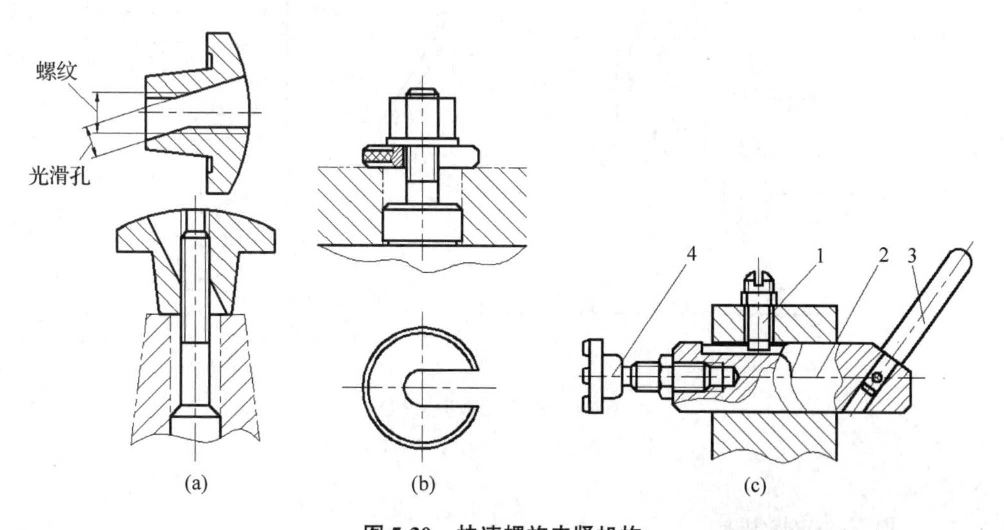

图 5-30　快速螺旋夹紧机构

1. 导向钉　2. 夹紧螺杆　3. 手柄　4. 摆动压块

(2)螺旋压板夹紧机构

螺旋压板夹紧机构是一种应用非常普遍的夹紧机构，图 5-31 是几种典型结构。由杠杆原理可知，各种结构所产生的夹紧力是不一样的。图 5-31(a)结构紧凑，但增力比最小，$i=1/2$；图 5-31(c)的结构操作省力，增力比 $i=2$，但使用时常会受到工件结构和形状的限制；图 5-31(b)的增力比 $i=1$，性能介于两者之间。所以设计这类夹紧机构时，应注意合理布置杠杆比例，寻求最省力最合理的方案。图 5-31(d)是一种钩形压板螺旋夹紧机构，结构紧凑使用方便，在实际生产中得到了普遍应用，并且已经标准化。当钩形压板妨碍工件装卸时，可采用图 5-31(e)所示能自动回转的钩形压板结构。钩形压板 1 所在圆柱上铣有螺旋沟槽，并与压板座 2 上的螺钉 3 相配合，当气压驱动钩形压板上下移动时，就利用螺旋槽与螺钉的配合实现自动回转，设计时应确定压板回转角和升程等参数。

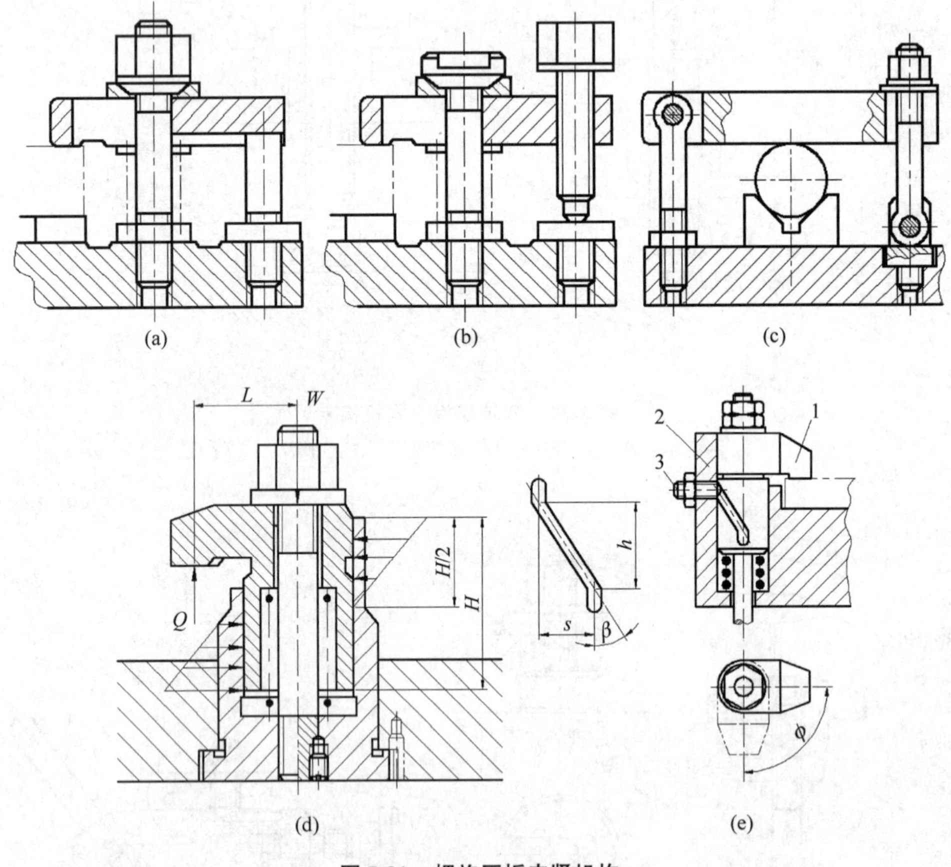

图 5-31 螺旋压板夹紧机构

1. 钩形压板 2. 压板座 3. 螺钉

5.3.4.3 圆偏心夹紧机构

利用偏心轮的扩力和自锁性能来实现夹紧作用的机构，称为偏心夹紧机构，如

图 5-32所示。圆偏心夹紧机构是手动夹紧机构中比较简单的一种，具有操作方便、夹紧迅速、结构紧凑的优点；缺点是夹紧行程小，夹紧力小，自锁性能差，因此常用于切削力不大、夹紧行程较小、振动较小的场合。偏心夹紧常与压板联合使用，如图 5-32(b)(c)所示。

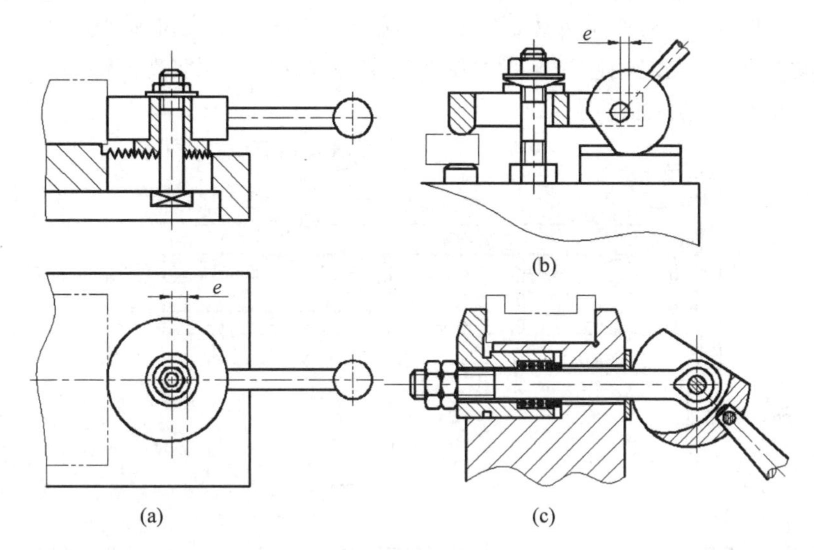

图 5-32　圆偏心夹紧机构

对于斜楔、螺旋及偏心夹紧机构之间的分析、对比情况见表 5-2。

表 5-2　常见夹紧机构的特性对比

	斜　楔	螺　旋	偏　心
运动特性	直线运动转为另一直线运动	回转运动转为直线运动	回转运动转为直线运动
增力比 i_q	很小($i_q=2\sim5$)	很大($i_q=65\sim175$)	较小($i_q=12\sim14$)
自锁性能	自锁条件：$\alpha<\varphi_1+\varphi_2$ α 越小，自锁性能越好	单头螺纹都具有良好的自锁性能	结构不耐振，自锁条件：$2e/D\leqslant f$，D/e 越大，自锁性能越好
机械效率	0.3~0.7	<0.5	0.3~0.4
结构情况	组合使用时结构庞大	结构非常简单	结构比较简单
动力源的选择	多用于气动、液压	多用于手动	多用于手动

5.3.4.4　定心夹紧机构

定心夹紧机构是一种同时实现对工件定心定位和夹紧的夹紧机构，即在夹紧过程中，能使工件相对于某一轴线或某一对称面保持对称性。定心夹紧机构按工作原理可分为两大类：

(1)以等速移动原理工作的定心夹紧机构

如图5-33(a)所示为斜楔定心夹紧机构，拧紧螺母，在斜面A、B的作用下，两组活块同时等距外伸，使工件得到定心夹紧。反向拧动螺母，活块在弹簧的作用下缩回，工件被松开。图5-33(b)所示为螺旋定心夹紧机构，螺杆3两端的螺纹螺距相等、方向相反，转动螺杆3，与之相连的V形块同步向中心移动，从而实现工件的定心夹紧，叉形架用来调整对称中心的位置。

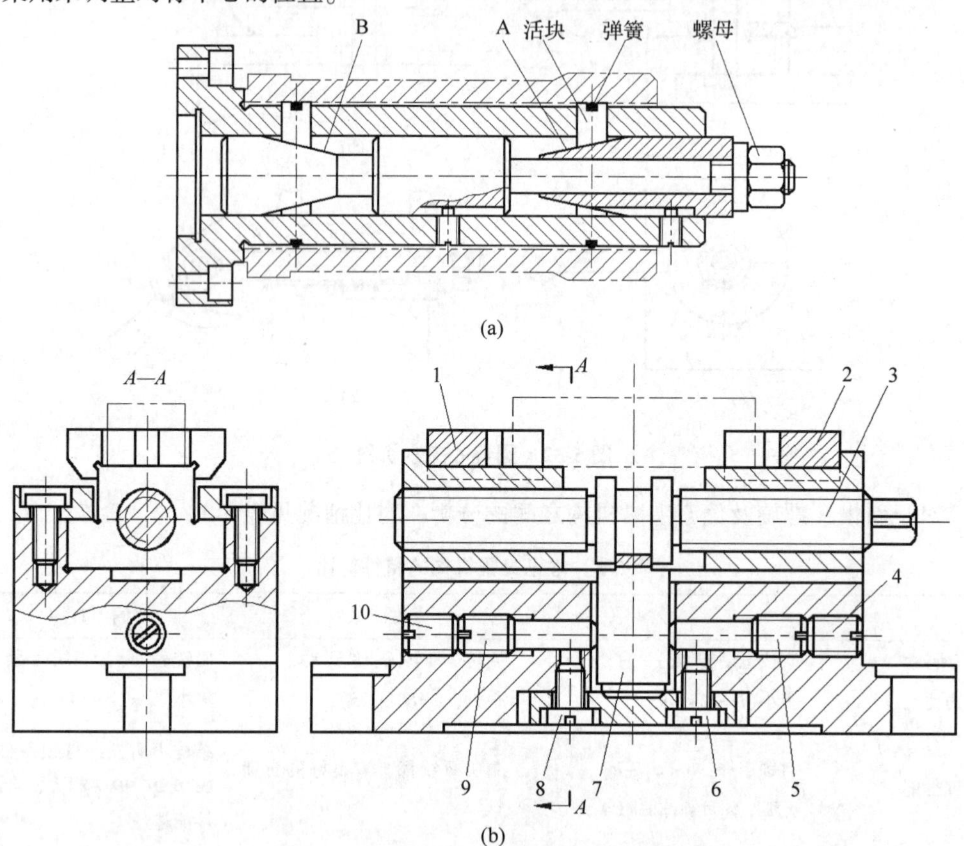

图5-33 以等速移动原理工作的定心夹紧机构

(a)斜楔定心夹紧机构 (b)螺旋定心夹紧机构

1、2. V形块 3、8~10. 螺杆；4~6. 螺钉 7. 叉形件

(2)以均匀弹性变形原理工作的定心夹紧机构

如图5-34(a)所示为弹簧夹头结构。弹簧套筒由卡爪A、弹性部分B和导向部分C组成。拧紧螺母，卡爪A收缩，夹紧工件。反向拧动螺母，卡爪A弹性恢复，工件被松开。图5-34(b)所示为液塑心轴。拧紧螺钉，柱塞移动，挤压液体塑料，使薄壁套扩张，将工件夹紧。

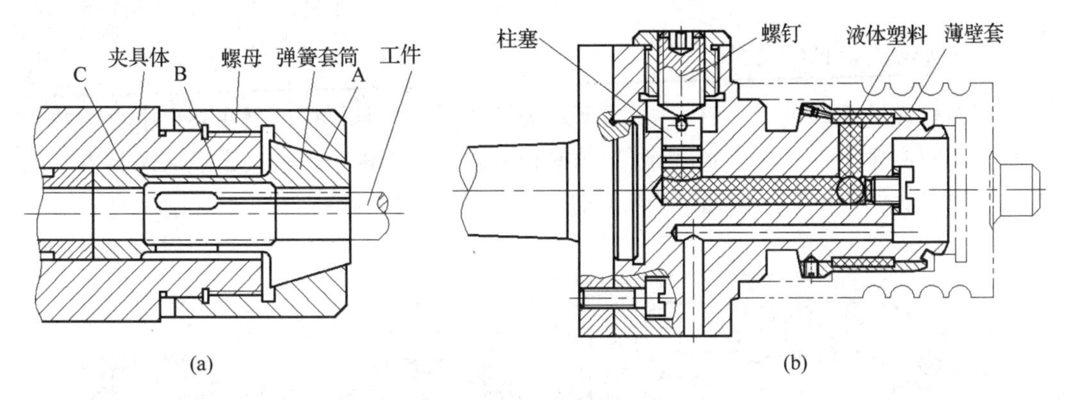

图 5-34　以均匀弹性变形原理工作的定心夹紧机构

5.3.4.5　铰链夹紧机构

图 5-35 所示为铰链夹紧机构。铰链夹紧机构的优点是动作迅速，扩力比大，易于改变力的作用方向；缺点是自锁性能差，一般用于气动、液动夹紧中。

5.3.4.6　联动夹紧机构

当需要对一个工件上的几个点或需要对多个工件同时进行夹紧时，为减少装夹时间，简化机构，常采用各种联动夹紧机构。前者称为单件联动夹紧机构，后者称为多件联动夹紧机构。联动夹紧机构，只需操作一个手柄或者一个传动装置，就可以实现夹紧，具有生产效率高、辅助时间短、保证产品加工质量等优点，但其结构比较复杂，所需的原始力比较大，因此应尽量简化其结构，使其经济合理。

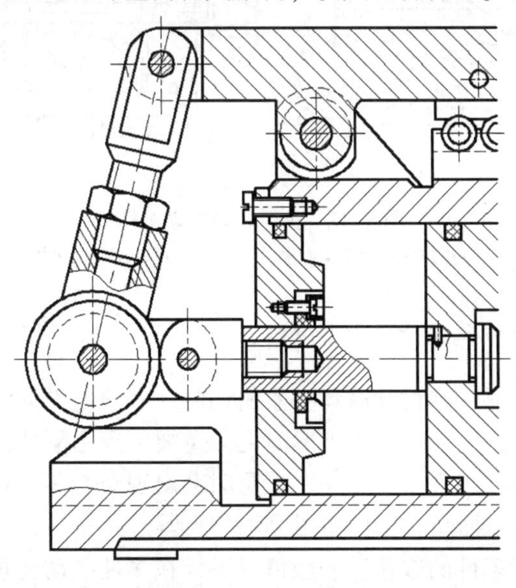

图 5-35　铰链夹紧机构

(1)联动夹紧机构类型

①单件联动夹紧机构：图5-36(a)所示为双向联动夹紧机构，是在互相垂直的两个方向上同时夹紧工件；图5-36(b)所示为平行联动夹紧机构，两个夹紧点的夹紧力方向相同。两处夹紧力的大小可通过改变臂长 L_1 和 L_2 的长度来调整。

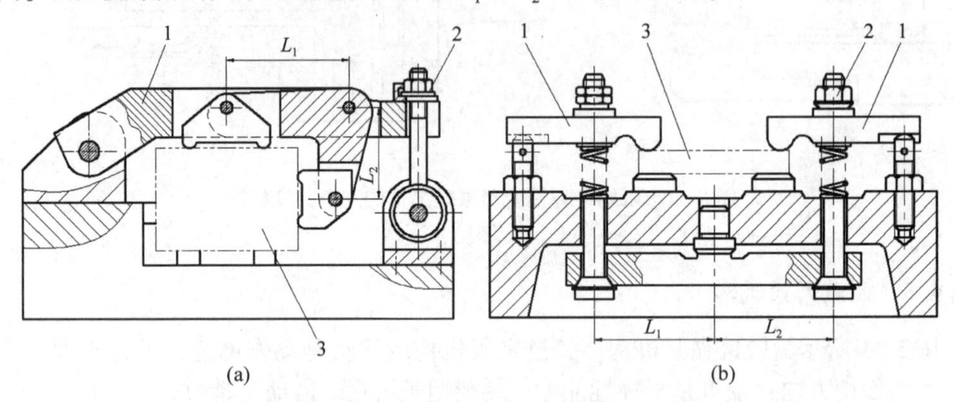

图5-36 单件联动夹紧机构

1. 压板 2. 螺栓 3. 工件

②多件联动夹紧机构：图5-37所示为多件联动夹紧机构。图5-37(a)为串联形式，称为连续式；图5-37(b)为并联形式，称为平行式。

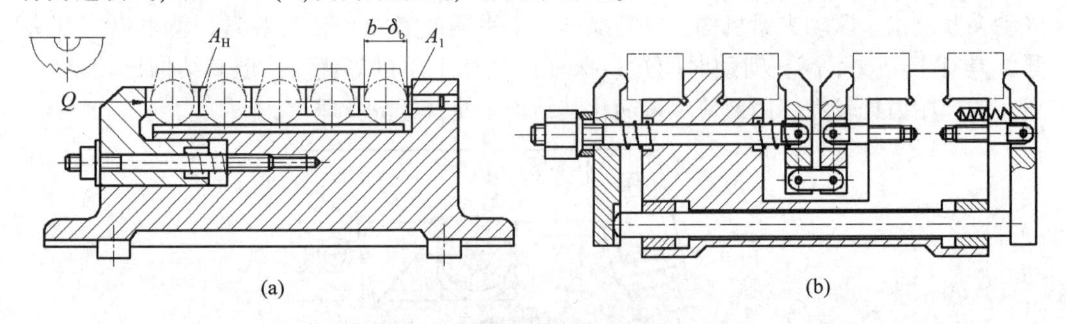

图5-37 多件联动夹紧机构

(a)连续式联动夹紧机构 (b)平行式联动夹紧机构

(2)设计联动夹紧机构应注意的问题

①保证联动夹紧可靠：在设计联动夹紧机构时，一般应设置浮动环节，以使各夹紧点获得均匀一致的夹紧力，这在多件夹紧时尤为重要。采用刚性夹紧机构时，因工件外径有制造误差，将会使各工件受力不均，严重时会出现图5-38(b)所示的情况。如采用浮动压板，如图5-38(a)所示，工件将得到均匀夹紧。

②需要控制被夹紧工件的数目：一般情况下，在多件联动夹紧机构中，工件的数目越多，则作用于各工件上的力就越小。虽然在连续或多件联动夹紧机构中，理论上施加于每个工件的夹紧力都等于总夹紧力，但由于摩擦力的影响，施加于每个工件的夹紧力

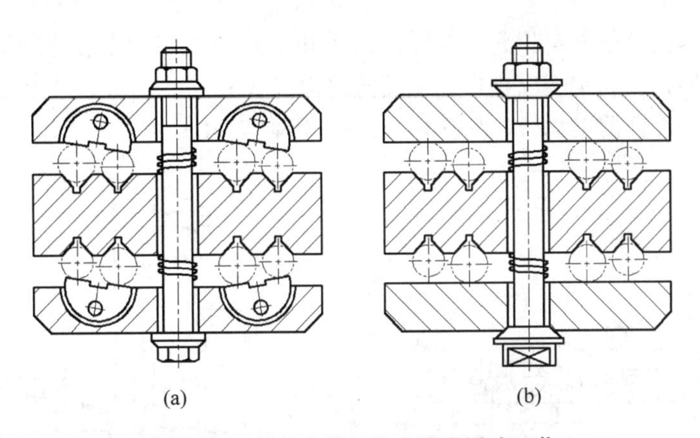

图5-38　联动夹紧机构应设置浮动环节

并不相等，距离原始作用力越远，其夹紧力越小，因此，为保证夹紧可靠，要控制同时夹紧工件的数目。

③中间传力机构力求增力：为避免驱动力过大带来的问题，联动夹紧机构中的中间传力机构力求增力。特别要注意在总夹紧力较大时，夹紧机构的刚度和强度，一定要防止实施夹紧后出现结构变形。

④要注意夹紧时位置误差，尤其是累积位置误差的影响。

5.4　各类机床夹具

机床夹具都是由定位装置、夹紧装置、夹具体和其他元件组成，但由于应用场合不同、被加工工件的形状和要求不同，夹具的元件结构和布局又有各自的特点。本节研究常用机床夹具的设计问题，结合生产实例重点阐述车床夹具、钻床夹具、镗床夹具和铣床夹具的典型结构和设计要点，并简介可调夹具、组合夹具、随行夹具和数控机床夹具的结构特点及其应用。

5.4.1　车床夹具

车床夹具主要用于加工零件的内外圆柱面、圆锥面、回转成形面、螺纹及端平面等，一般安装在车床主轴上并带动工件回转而进行加工的。安装在车床主轴上的夹具除前后顶尖、三爪卡盘、四爪卡盘、花盘以及拨盘与鸡心夹头等通用车床夹具外，专用车床夹具按照其结构特点，大致可分为弯板式(包括角铁式)、心轴式、卡盘式、花盘式四种。

5.4.1.1　车床夹具的主要类型及典型结构

(1)角铁式

夹具体为角铁状的车床夹具称为角铁式车床夹具，其结构不对称，用于加工壳体、支座、杠杆、接头等零件上的回转面和端面。图5-39为加工轴承孔的角铁式车床夹具。

工件9以一面两孔定位。定位元件为圆柱销2和削边销1，夹紧元件为螺栓压板8。夹具体4为角铁形式，其左端以止口、端面与过渡盘3相连，过渡盘3和车床主轴相连。导向套6用于作镗杆前支承，7为平衡块，5为定程基面。

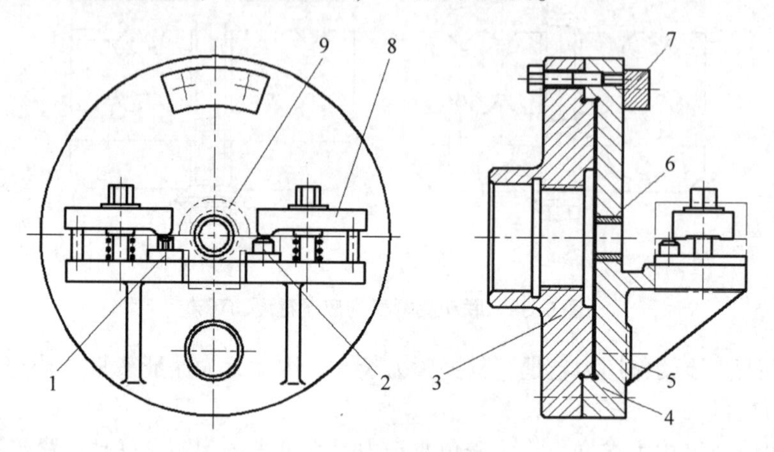

图5-39 角铁式车床夹具

1. 削边销 2. 圆柱销 3. 过度盘 4. 夹具体 5. 定程基面 6. 导向套 7. 平衡块 8. 压板 9. 工件

(2)心轴式

心轴类车床夹具适用于以工件内孔定位，加工套类、盘盖类等回转体零件，主要用于保证工件被加工外圆表面与内孔定位基准面之间的同轴度。心轴有刚性心轴和弹簧心轴等，如图5-40为弹簧心轴定心车床夹具。工件以内孔和左端面在弹性筒夹4和定位套3上定位。当拉杆1和弹性筒夹4向左移动时，夹具体2上的锥面使轴向开槽的弹性筒夹4径向胀大，使工件定心并夹紧。加工完毕后，拉杆1带动弹性筒夹4向右移动，筒夹收缩复原，便可装卸工件。拉杆与装在主轴尾部的气缸或油缸连接。

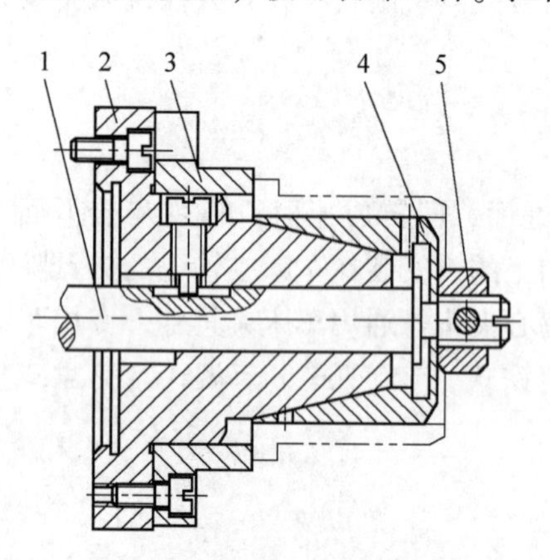

图5-40 弹簧心轴式车床夹具

1. 拉杆 2. 夹具体 3. 定位套 4. 弹性筒夹 5. 螺母

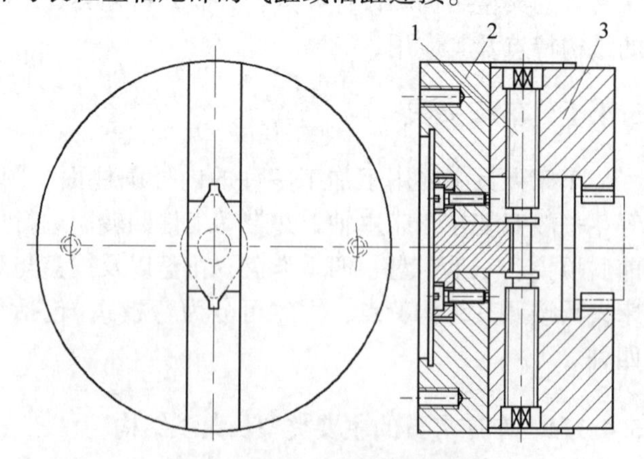

图5-41 卡盘式车床夹具

1. 螺杆 2. 夹具体 3. V形块

(3)卡盘式

卡盘类车床夹具一般用一个以上卡爪夹紧工件，加工的零件大多数以外圆(或内孔)及端面定位的对称零件，多采用定心夹紧机构。图5-41是卡盘式定心车床夹具，旋动螺杆2，两V形块在夹具体3的T形槽中移动。由于螺杆两端的螺纹旋向相反，螺距相等，因此螺杆转动时，两V形块的移动方向相反，而速度相同，从而实现对工件的定心夹紧。

(4)花盘式

花盘类车床夹具的基本特征是夹具体为一大圆盘形零件，装夹的工件一般形状较复杂，工件的定位基准多数是圆柱面和与圆柱面垂直的端面，因而夹具对工件多数是端面端面定位，轴向夹紧。

5.4.1.2　车床夹具的设计要点

(1)车床夹具的结构特点

①因为车床只能加工回转表面，所以定位装置的结构和在夹具上的布置必须保证工件加工面的轴线与车床主轴的旋转轴线同轴；定位元件工作表面的位置，以夹具回转轴线为基准来确定。

②夹具同机床主轴相连接，并与工件一起旋转，所以要求夹具结构紧凑，轮廓尺寸尽可能小，重量轻，夹具的重心尽可能靠近回转轴线，以减少惯性力和惯性力矩，避免引起振动，影响加工质量。此外，对于角铁式夹具，要考虑平衡，可在夹具体上增设配重或减重孔。

③为确保使用安全，应避免带有尖角或凸出部分，必要时夹具需包安全罩。

④与主轴端连接部分应有准确的结合面，如止口、圆锥面等。

⑤为保证定位支承面与车床主轴轴线间的位置精度，夹具上常设有找正回转表面(外圆柱面或内圆柱面)。

(2)夹紧装置的设计

因车床夹具工作时是回转的，在加工过程中，工件除了受重力、切削力的作用外，夹具还受到离心力的作用。所以要求夹紧力必须足够大、夹紧装置有良好的自锁性能，防止工件在加工过程中松动。

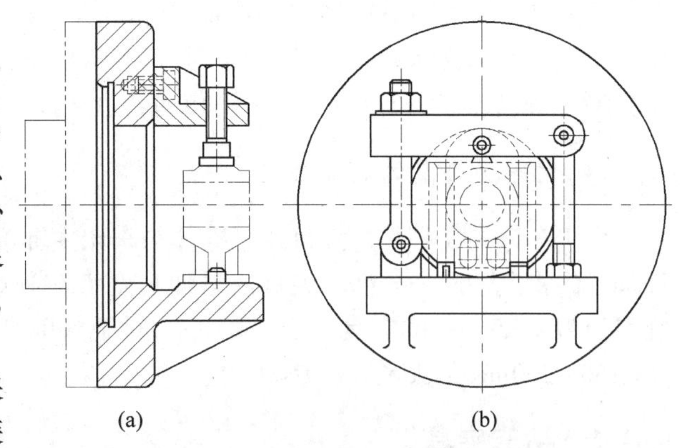

图5-42　车床夹具的夹紧装置对比

对于角铁式夹具，还要注意夹紧变形。图5-42(a)所示的夹紧装置，结构简单，但悬伸部分易引起变形，切削力和离心力也会助长这种变形，导致工件松动。如改为图 5-42(b)所示的铰链式螺旋联动摆动压板机构，情况会得到改善。

(3)夹具与车床主轴的连接设计

夹具的回转精度主要是由夹具同车床主轴的连接精度决定的，所以在设计夹具与车床主轴的连接结构时，应保证夹具回转轴线与车床主轴回转轴线有较高的同轴度。一般按夹具回转直径 D 的大小，安装夹具有两种结构形式。

①用锥柄连接：这种连接结构如图 5-43(a)所示，夹具体通过锥柄安装在车床主轴的锥孔中并用拉杆拉紧。这种结构的定心精度很高，夹具的回转轴线与车床主轴回转轴线的同轴度容易得到保证。适用于夹具体径向直径 $D<140$mm 或 $D<(2\sim3)d$(d 为锥柄大头直径)的小型夹具。

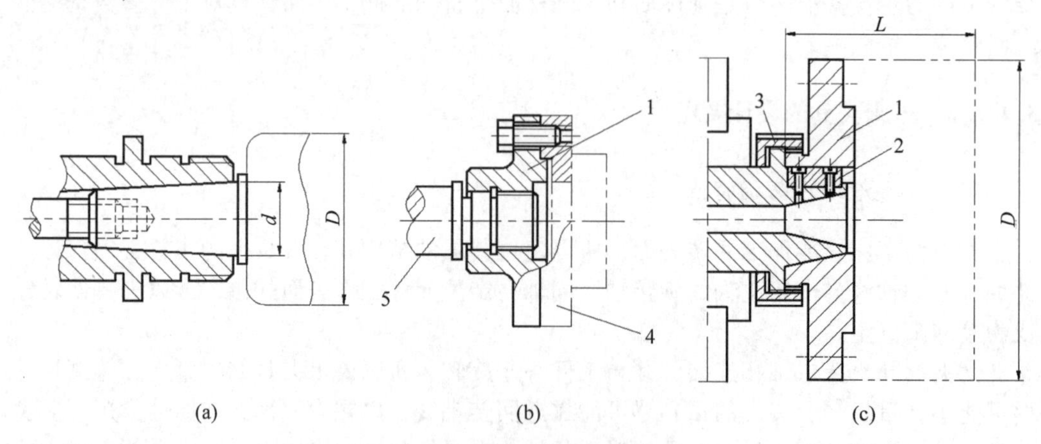

图 5-43 夹具与车床主轴的连接设计

1. 过渡盘 2. 平键 3. 螺母 4. 夹具 5. 主轴

②用过渡盘连接：这种连接结构如图 5-43(b)(c)所示。夹具体通过定位止口按间隙配合或过渡配合装配在过渡盘的凸缘上，然后用螺钉紧固。过渡盘与车床主轴的连接形式取决于车床主轴前端的结构，如图 5-43(b)所示，过渡盘上有与主轴相配合的定位内孔，则按(H7/h6)或(H7/js6)与主轴轴颈相配合，并用螺栓与主轴相连接；如图 5-43(c)所示，主轴为圆锥体并有凸缘结构，则过渡盘以锥体定心，用套在主轴上的锁紧套(螺母)锁紧。旋转运动和扭矩通过平键传递给过渡盘。这种结构定心精度高。

(4)对车床夹具的总体要求

由于车床夹具是靠过渡盘或者锥体与车床主轴连接的，整体要悬伸在主轴外。为保证加工的稳定性和安全性，夹具的悬伸长度 L 与外廓直径 D 有一定比例关系：对于外廓直径 $D<150$mm 的夹具，$L/D\leqslant2.5$；对于外廓直径 $D>300$mm 的夹具，$L/D\leqslant0.6$；$D=150\sim300$mm 的夹具，$L/D\leqslant0.9$。

5.4.2 钻床夹具

钻床夹具习惯上称为钻模，是在钻床上用于钻孔、扩孔、铰孔及攻螺纹的机床夹具。钻模一般都设有安装钻套的钻模板，以确定刀具的位置并引导刀具进行切削，保证孔的加工要求，提高生产率。

5.4.2.1 钻床夹具的主要类型及典型结构

钻模的结构形式很多，按照钻模有无夹具体及其使用特点，一般可分为以下几种形式：

(1)固定式钻模

这类钻模在使用过程中，钻模和工件在钻床上相对位置是固定不动的。它可用于立式钻床、摇臂钻床上加工单轴线孔和平行孔系。使用时先将装在主轴上的孔加工刀具伸入钻套中，以确定钻模的位置，然后将其紧固。

如图5-44所示为加工杠杆小头孔的固定式钻模。其中3为钻模板，8为辅助支承，钻套5用于引导刀具。工件以大头孔和端面在定位销7上定位，用螺母和垫圈6将工件夹紧。在压紧螺钉2的作用下活动V形块将小头外圆对中并夹紧。

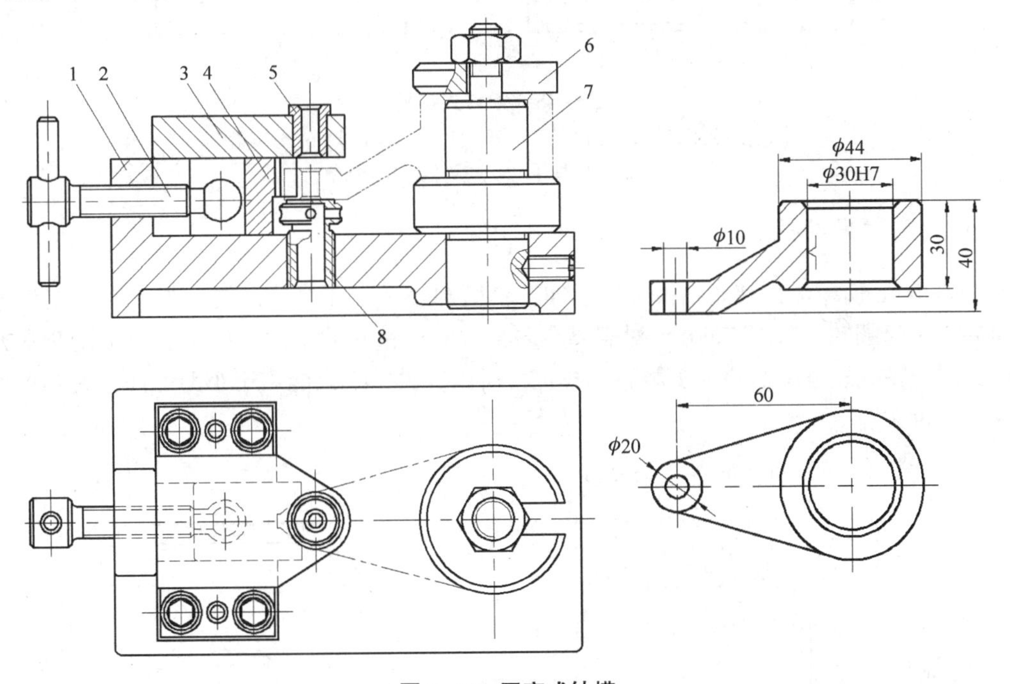

图5-44 固定式钻模

1. 夹具体 2. 压紧螺钉 3. 钻模板 4. V形块 5. 钻套 6. 垫圈 7. 定位销 8. 辅助支承

(2)回转式钻模

回转式钻模主要用于加工围绕某一轴线分布的轴向或径向孔系。工件在一次装夹后，靠钻模回转依此加工各孔。因此，这类钻模必须有分度装置。

如图5-45所示为回转式钻模，用于加工扇形工件上三个有角度关系的径向孔。拧紧螺母4，通过开口垫圈3将工件夹紧。当加工完一个孔，加工另一个孔时，转动手柄

7，可将分度盘6松开，此时用捏手8将定位销1从定位套2中拔出，使分度盘连同工件一起回转20°，将定位销1重新插入定位套2′或2″中，即实现了分度。再将手柄7转回，锁紧分度盘，即可进行加工。

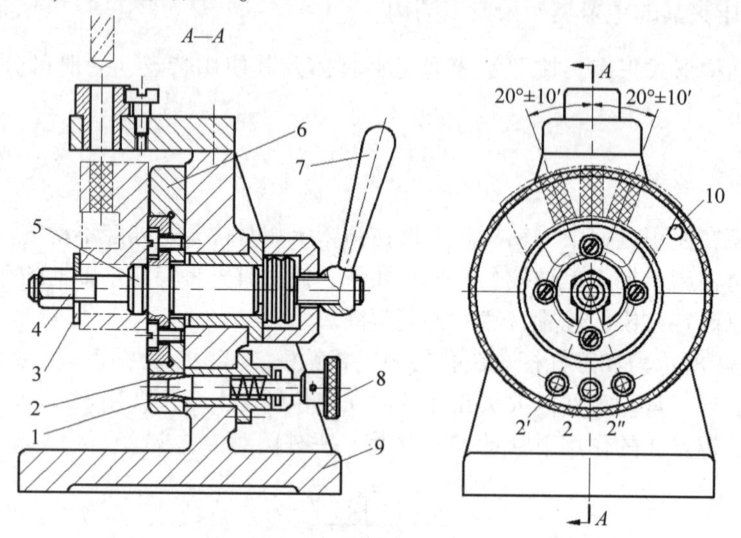

图5-45 回转式钻模

1、5. 定位销 2. 定位套 3. 开口垫圈 4. 螺母 6. 分度盘
7. 手柄 8. 捏手 9. 夹具体 10. 挡销

(3)翻转式钻模

图5-46所示为翻转式钻模，用于加工套筒圆柱面上4个径向孔。加工时，工件连同夹具一起翻转，每次转60°。对需要在多个方向上钻孔的工件，使用这种钻模非常方便，因为钻孔过程中需要人工翻转、找正，所以这类钻模只能用于小型工件，夹具重量也不宜过大。

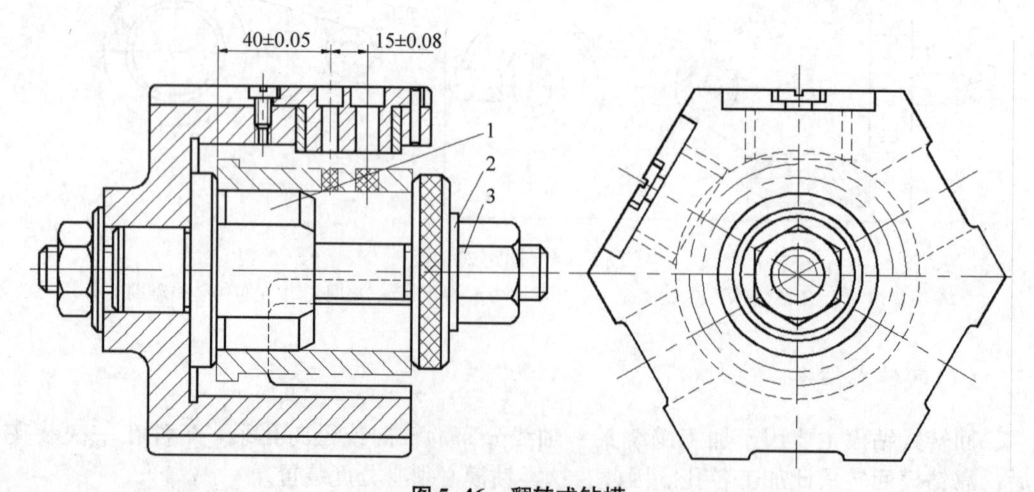

图5-46 翻转式钻模

1. 定位销 2. 垫圈 3. 螺母

(4)盖板式钻模

这类钻模没有夹具体，钻套、定位元件和夹紧装置直接安装在钻模板上。加工时，只要将钻模板盖在工件上即可。这类夹具一般用于加工大型零件上的小孔，也可用于中小件上的多孔加工。由于每次加工完毕后夹具必须重新安装，所以这类夹具结构简单、轻巧、重量不超过10kg，生产效率较低，不适于大批量生产。

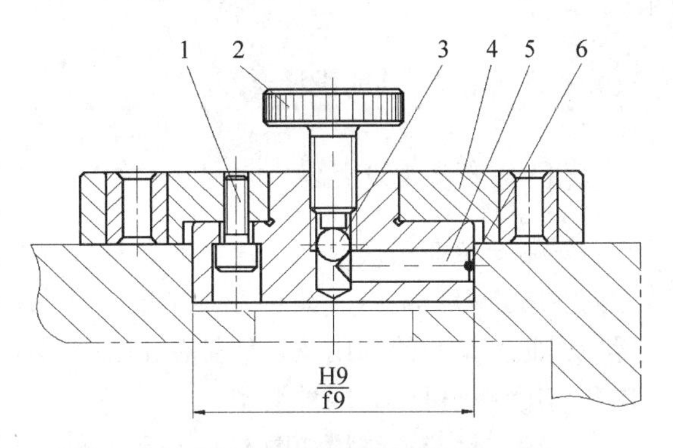

图5-47　盖板式钻模

1. 螺钉　2. 滚花螺钉　3. 钢球　4. 钻模板　5. 滑柱　6. 锁圈

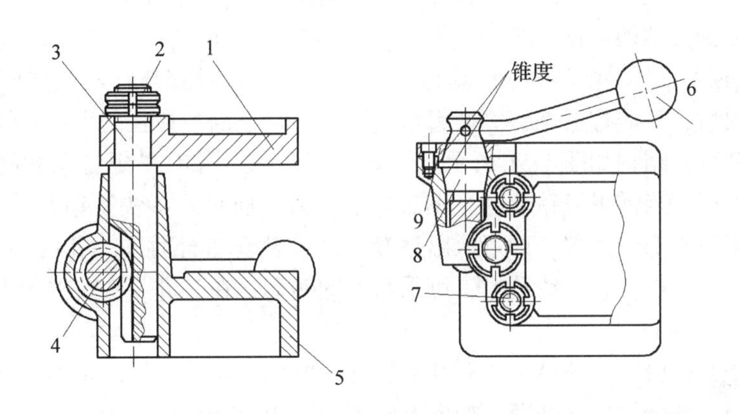

图5-48　手动滑柱式钻模通用底座

1. 升降钻模板　2. 锁紧螺母　3. 斜齿条轴杆　4. 斜齿轮　5. 夹具体　6. 操纵手柄　7. 导柱　8. 齿轮轴　9. 套环

如图5-47所示为加工箱体端面螺钉孔的盖板式钻模。钻模板4由螺钉1与定位组件内胀器连接。内胀器由滚花螺钉2，钢球3和三个沿圆周均布的滑柱5组成。工件以内孔及端面与内胀器外圆及钻模板端面定位。拧动螺钉2，通过钢球3，使滑柱5均匀伸出，将钻模板与工件胀紧，即可对孔进行加工。

(5)滑柱式钻模

这类钻模带有升降钻模板，属于通用可调钻床夹具。一般由夹具体、滑柱、升降钻模板和锁紧机构组成，这些结构已标准化并系列化。其特点是操作方便，夹紧迅速，但钻孔的垂直度和孔距精度不太高。图5-48是手动滑柱式钻模的通用底座。升降钻模板1通过两根导柱7与夹具体5的导孔相连。转动操纵手柄6，经斜齿轮4带动齿条轴杆3移动，使钻模板实现升降。本结构通过斜齿轮产生的轴向力实现锁紧。根据不同工件的形状和加工要求，配置相应的定位、夹紧元件和钻套，便可组成一个滑柱式钻模。

5.4.2.2 钻床夹具的设计要点

(1)钻套类型及结构

钻套安装在钻模板上，是钻床夹具特有的的导向元件，用来引导孔加工刀具的进给方向，防止刀具偏斜，提高刀具刚度，并保证所加工孔和工件其他表面准确的相对位置。因此，钻套的选用及设计是否正确，影响工件的加工质量和生产效率。钻套按其结构和使用特点可分为四种类型。

①固定钻套：结构如图 5-49 所示，钻套外圆以 H7/r6 或 H7/n6 与夹具的钻模板配合。其中 A 型为无肩固定钻套，制造方便。B 型为带肩固定钻套，钻套端面可用作刀具进刀时的定程挡块。这类钻套的位置精度高，但磨损后必须压出钻套，重新修整孔座，再配换新钻套，比较麻烦。因此适合于中小批量生产的钻床夹具中。

②可换钻套：结构如图 5-50 所示。钻套外圆 D 用 H6/g6 或 H7/g6 与衬套内孔配合，用螺钉固定，以防止工作时钻套与衬套间的转动。衬套与钻模板之间按 H7/r6 配合。钻套磨损后，只需拧下螺钉更换新钻套即可。适合同一孔径的大批大量生产场合。

③快换钻套：结构如图 5-51 所示。钻套在其凸缘上除有供螺钉压紧的台肩外，还有一个削平平面。当需更换钻套时，不需拧下螺钉，而只要将快换钻套转过一个角度，使削平平面正对着螺钉头部，即可取出钻套。这种钻套适合对同一孔的多道工序加工，例如，先钻孔、再扩孔、再铰孔时，可采用不同钻套，在工件一次装夹中完成多道工序的加工。

④特殊钻套：由于工件结构、形状或被加工的位置特殊，标准钻套不能满足使用要求时，则可设计特殊结构的钻套。如图 5-52 所示，图 5-52(a)为在斜面上钻孔的钻套；图 5-52(b)为凹面中钻孔的钻套，钻模板无法接近加工表面，采用加长钻套，下部孔径不一，以减少刀具与钻套的接触长度；图 5-52(c)为一个钻套中有两个导向孔，当孔距很接近时，可采用此结构。

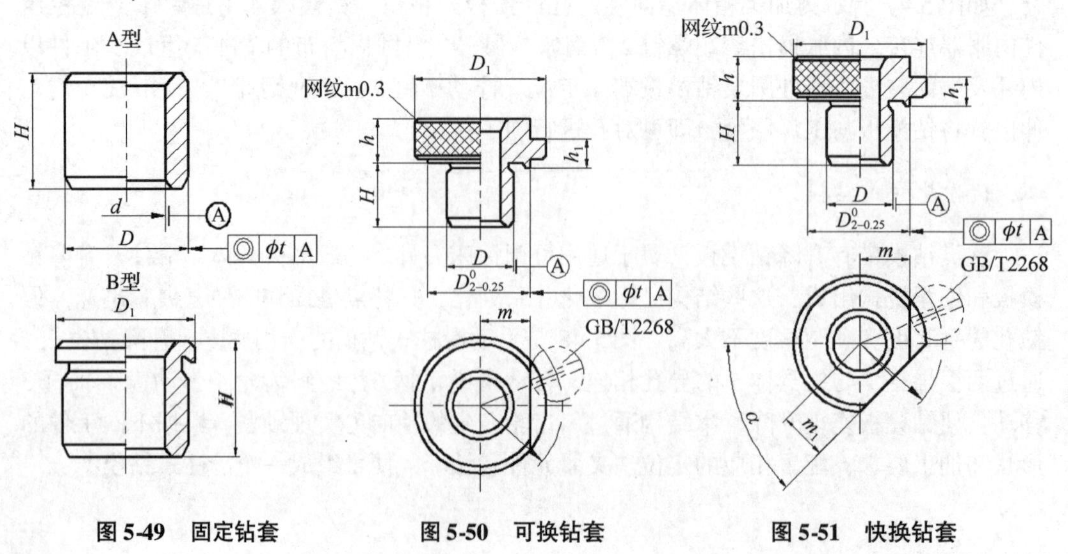

图 5-49 固定钻套　　图 5-50 可换钻套　　图 5-51 快换钻套

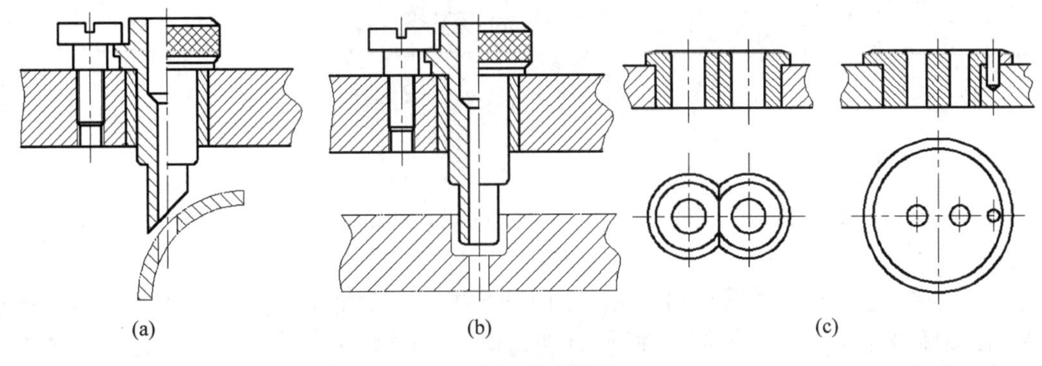

图 5-52　特殊钻套

(2) 钻套设计要点

钻套的结构和尺寸已标准化，因此钻套设计就是确定钻套参数，如图 5-53 所示。

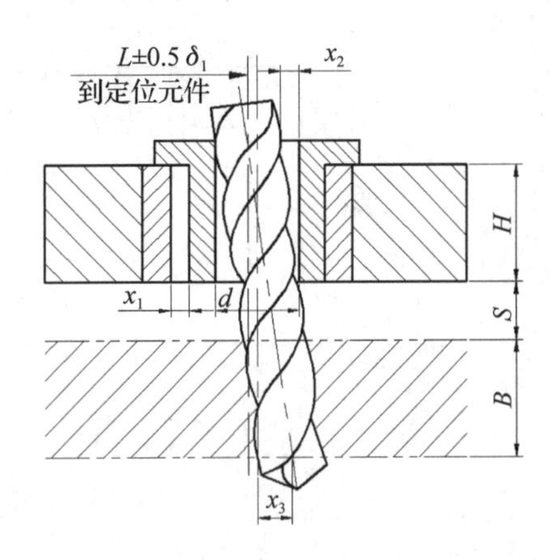

图 5-53　钻套设计要点及导向误差分析

①钻套内孔直径的选择：钻套内径基本尺寸 d 应是所用刀具的最大极限尺寸；钻套与刀具是间隙配合，一般应根据被加工孔的尺寸精度和选用刀具确定钻套内径 d 的公差。一般按基轴制选择。当钻孔、扩孔或粗铰孔时，d 的公差按 F8 或 G7 选择制造。精铰孔时按 F7、G6 制造。当钻套作为引导刀具导柱部分时，则可按基孔制选取刀具与钻套的配合，如 H7/f7、H7/f7、H6/g5 等。

②钻套的高度 H 确定：钻套高度对刀具的导向作用和刀具与钻套的摩擦影响很大。H 大，导向性能好，但摩擦大。一般取高度 H 与钻套内径 d 之比为 $H/d=1\sim2.5$，孔径小，加工精度要求高的孔应取大值。

③钻套与工件的排屑距离 S 的确定：距离 S 过大，影响导向作用，使刀具易偏斜，距离过小，排屑困难。一般可取 $S=(0.3\sim1.5)d$。加工铸铁、黄铜等脆性材料或孔的精度要求高时，取小值。甚至此距离可为零；孔径小时取大值。

④钻套导向误差分析：被加工孔的位置精度主要受定位误差 Δ_D 和导向误差 Δ_T 影响。导向误差 Δ_T 是由导向装置对定位元件位置不正确导致刀具位置发生变化而造成的加工尺寸位置误差。如图 5-53 所示为采用快换钻套的钻床夹具，其导向误差由以下几部分组成：

δ_1——钻模板底孔至定位元件的尺寸公差；

e_1——快换钻套内、外圆同轴度公差；

e_2——衬套内、外圆同轴度公差；

x_1——衬套与钻套最大配合间隙；

x_2——刀具与钻套最大配合间隙；

x_3——刀具在钻套中的偏斜量；

$x_3 = \frac{B+S+H/2}{H}x_2$，当加工孔较短时，$x_3$ 可以忽略。

则：
$$\Delta_T = \sqrt{\delta_1^2 + e_1^2 + e_2^2 + x_1^2 + (2x_3)^2}$$

(3)钻模板结构

钻模板用于安装钻套，保证钻套在夹具上的正确位置。常见的钻模板有如下几种结构。

①固定式钻模板：如图5-54所示，固定式钻模板指钻模板的位置在夹具上固定不变。具体有铸造结构[图5-54(a)]、焊接结构[图5-54(b)]和螺钉、销钉连接结构[图5-54(c)]。螺钉销钉连接结构在装配时钻模板位置可以调整，因而使用较广泛。

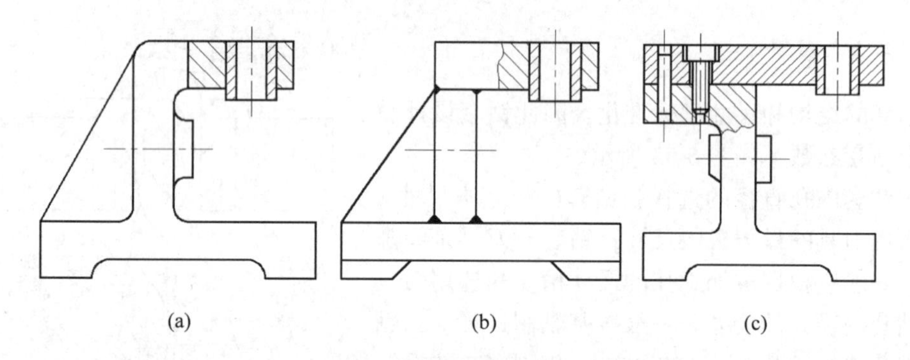

图5-54 固定式钻模板

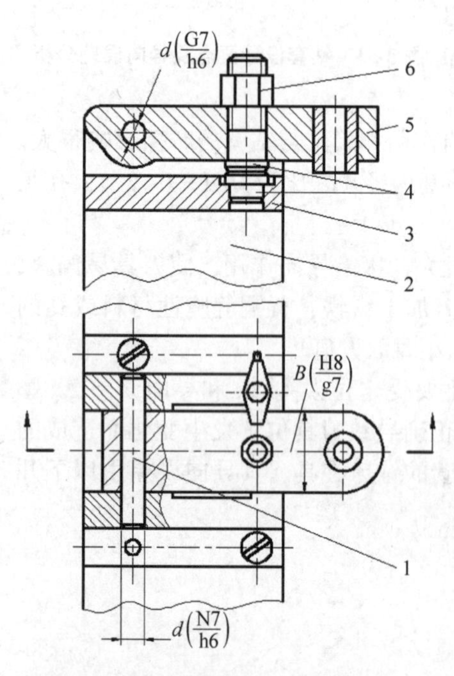

图5-55 铰链式钻模板

1. 铰链销 2. 夹具体 3. 铰链座 4. 支承钉、垫片 5. 钻模板 6. 菱形螺母

固定式钻模板结构简单，能保证孔加工的位置精度，但工件装卸和排屑不方便，适合于中小型零件的中小批量生产。

②铰链式钻模板：如图5-55所示，铰链式钻模板的优点是工件装卸方便。铰链销1与钻模板5采用G7/h6间隙配合，钻模板5与铰链座3的侧隙控制在H8/g7(约0.02mm)左右。钻套的导向孔与工件的垂直度由调整垫片或修磨支承钉高度予以保证。由于存在配合间隙，所铰链式钻模板加工孔的位置精度比固定式要低。

③分离式钻模板：如图5-56所示，分离式钻模板指钻模板与夹具体相互分离，相互独立。钻模板在工件上定位，并与工件一起装卸，这类结构加工的工件精度高，但效率低，费时费力。

④悬挂式钻模板：悬挂式钻模板用于立式钻床或组合机床上加工平行孔系。如图5-57所示，钻模板2悬挂在滑柱4上，并通过弹簧3和

横梁5与机床主轴箱连接。当主轴下移时，钻模板沿着导向滑柱4一起下移，刀具顺着导向套加工。加工完毕后，主轴上移，钻模板随之一起上移；导向滑柱4上的弹簧3主要用于钻模板压紧工件。

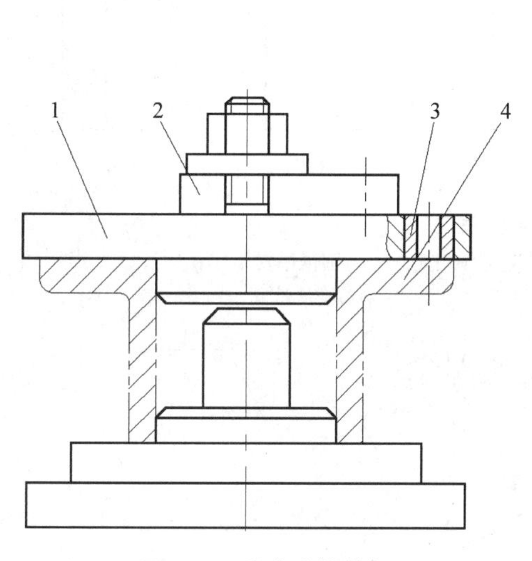

图5-56　分离式钻模板

1. 钻模板　2. 压板　3. 钻套　4. 工件

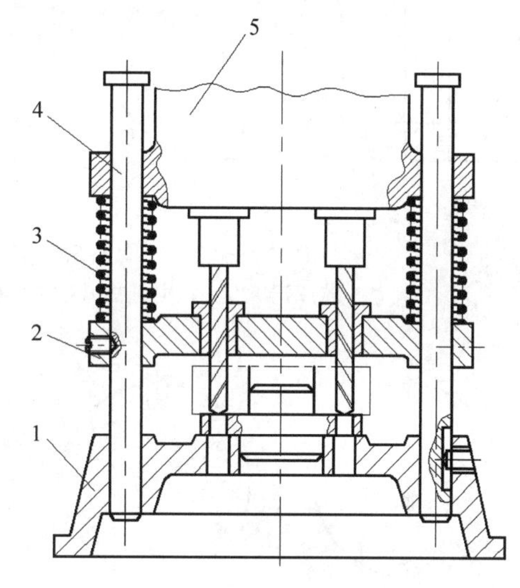

图5-57　悬挂式钻模板

1. 夹具体　2. 钻模板　3. 弹簧　4. 滑柱　5. 横梁

5.4.2.3　圆周分度装置

在机械加工中，常常会遇到一些工件要求加工一组按一定角度均匀分布，而其形状和尺寸又彼此相同的表面，尤其是一些均布孔。为了能使工件在一次装夹中完成这类等分面的加工，便需要分度，即当加工好一个表面后，使夹具连同工件一起转过一定角度。能够实现这一功能的装置称为圆周分度装置，常用于钻床夹具、铣床夹具和车床夹具。如前文图5-45所示为一回转式钻模，该夹具通过分度装置可以加工扇形工件上三个有角度关系的径向孔。

(1)分度装置的类型与组成

分度装置主要有固定部分、转动部分、分度对顶机构和锁紧机构等组成。圆周分度装置按照分度盘和对定销的相互位置关系，一般分为轴向分度和径向分度两种。轴向分度是指对定销沿着与分度盘的回转轴线相平行的方向进行工作的，如图5-58所示。径向分度是指对定销沿着分度盘的半径方向进行工作的，如图5-59所示。轴向分度装置外形尺寸小，结构紧凑，维护方便，故生产中应用较多。但其分度精度不如径向分度装置。

对定机构的形式较多，下面扼要介绍几种常见形式及其主要特点。

①钢球对定：如图5-58(a)及图5-59(a)所示。这种形式既可用于轴向分度也可用于径向分度。它是靠弹簧将钢球或球头销压入分度盘的锥坑内实现对定。该结构的优点是结构简单、操作方便；缺点是分度精度不高，由于锥孔较浅（深度要小于钢球或球头

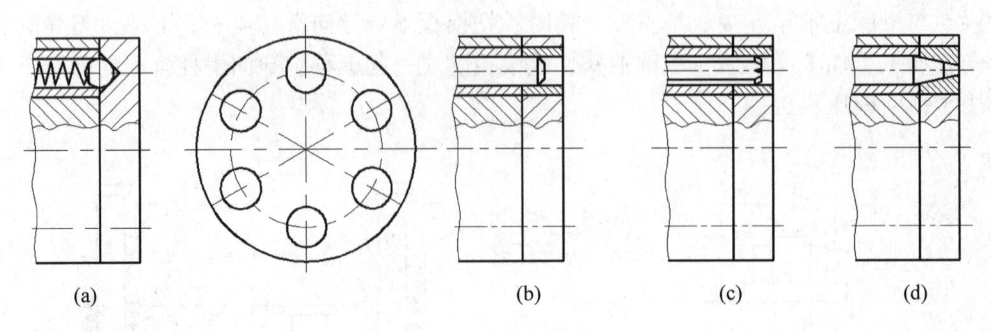

图 5-58 轴向分度装置

(a)钢球对定 (b)圆柱销对定 (c)菱形销对定 (d)圆锥销对定

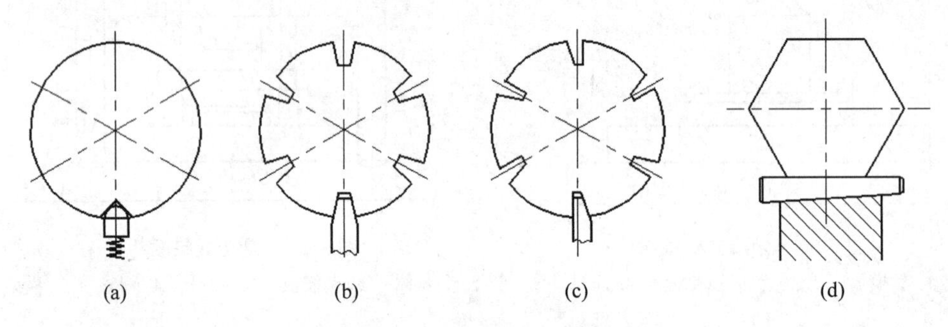

图 5-59 径向分度装置

(a)球头销对定 (b)双面斜楔对定 (c)单面斜楔对定 (d)正多面体对定

半径)，故对定不可靠，用于切削负荷不大、分度精度要求不高的场合，或者作为分度装置的预对定。

②圆柱销和菱形销对定：如图 5-58(b)(c)所示。主要用于轴向分度。这种形式的优点是结构简单，制造容易，使用时不宜受碎屑污物的影响；缺点是无法补偿孔销之间的配合间隙及中心距离误差，故分度精度不高。为提高其使用寿命，分度盘圆孔中一般压入耐磨衬套，与圆柱定位销常采用 H7/g6 配合。

③圆锥销对定：如图 5-58(d)所示，主要用于轴向分度。因为圆锥销与分度孔接触时，能消除两者的配合间隙，所以分度精度比圆柱销对定高。但是，如果圆锥销上沾有污物时，将会影响分度副的良好接触，而直接影响分度精度，故结构上要考虑必要的防屑、防尘装置。

④双面斜楔对定：如图 5-59(b)所示，主要用于径向分度。双面斜楔对定的特点与圆锥销对定基本相似，它也可以补偿分度槽槽形尺寸制造误差所引起的间隙影响，所以分度精度也较高；但是，斜楔与分度槽之间沾有污物时，也将直接影响分度精度，所以结构上也要考虑防尘、防屑装置。

⑤单面楔对定：如图 5-59(c)所示，用于径向分度。单面楔对定将分度转角误差始终分布在有斜面的一侧。因为单面楔对定时，即使斜楔与分度槽的斜面上沾有污物，引起斜楔后退，分度槽的直边也能始终与斜楔的直边保持接触，所以并不影响分度精度。这种对定机构常用于精密分度装置。

⑥正多面体对定：如图5-59(d)所示，用于径向分度。这种形式的分度盘是利用正多面体上各个面进行分度，用斜楔加以对定。其优点是结构简单，制造容易，但分度精度一般，分度数目不宜过多。

(2)对定操纵机构

对定操纵机构形式很多，有手动的、脚踏的、气动的、液压的、电动的等。下面只介绍几种常用的手动操纵机构。至于其他机动的形式，只需在施加人力处换用各种动力源即可。

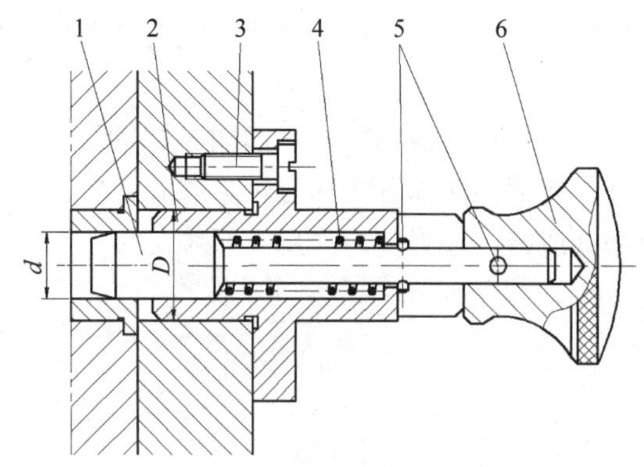

图5-60　手拉式拔销机构

1. 对定销　2. 导套　3. 固定螺钉　4. 弹簧　5. 横销　6. 手柄

①手拉式拔销机构：如图5-60所示，向外拉手柄6时，与其固定在一起的对定销1从分度衬套孔中拉出，横销5从导套2的窄槽中通过。将手柄转过90°，在弹簧力的作用下，横销5便搁置在导套2的端面上。将分度盘转过预定的角度后，将手柄重新转回90°，继续转动分度盘，当分度孔对准定位销时，对定销便插入分度孔中。

②旋转式拔销机构：如图5-61所示，旋转手柄7带动轴4一起回转，进而通过销3带动对定销1旋转。对定销外圆设有曲线槽，定位螺钉8的圆柱头嵌在曲线槽中，当定位销旋转时，便向右移动，压缩弹簧6而退出分度孔。待分度板转过一分度孔后，手柄7反向回转，对定销在弹簧6的作用下，又沿着曲线槽重新插入分度孔内，完成了分度动作。

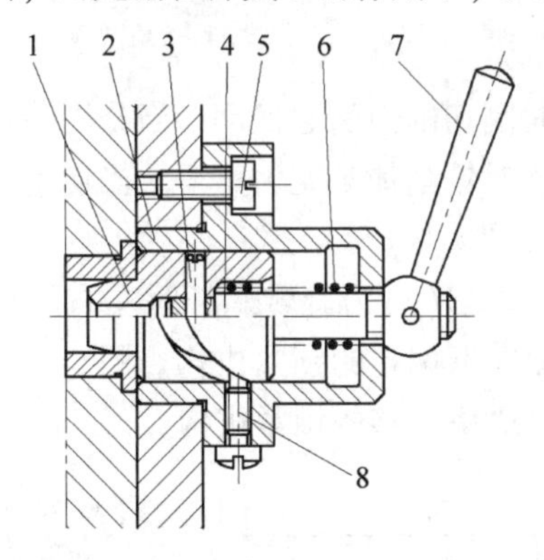

图5-61　旋转式拔销机构

1. 对定销　2. 壳体　3. 销　4. 轴　5. 固定螺钉　6. 弹簧　7. 手柄　8. 定位螺钉

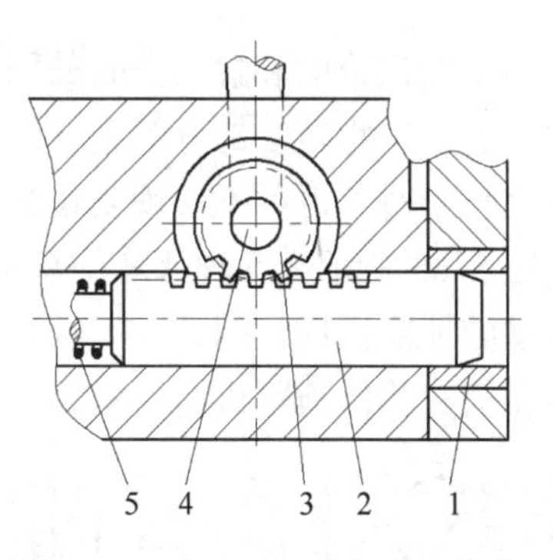

图5-62　齿轮—齿条式拔销机构

1. 分度衬套　2. 对定销　3. 齿轮　4. 手柄　5. 弹簧

③齿轮—齿条式拔销机构：如图5-62所示，对定销2上铣有齿条，它与手柄4转轴上的齿轮3相啮合。当向右转动手柄时，齿轮便促使对定销向左移动而从定位衬套1退出，于是便可转动分度盘进行分度。待分度完成后，松开手柄，则对定销在弹簧5作

用下重新插入定位衬套孔中。

④杠杆式拨销机构：如图5-63所示，工作时，对定销6在弹簧2的作用下被嵌在分度盘7的分度槽中。手柄通过螺钉与对定销连在一起。需要分度时，将手柄5绕支点螺钉向下压，对定销6便从定位槽中退出。螺钉4还有防止对定销6转动的作用。整个操纵机构都装在壳体3中。

⑤脚踏式拨销机构：如图5-64所示，踏动踏板9，踏板绕支点枢轴1转动，带动连杆8向下，使摇臂7和齿轮2顺时针转动，带动对定销6(齿条)从分度衬套孔中拨出。松开脚踏，在弹簧力作用下系统复位，对定销又重新插入分度衬套5的孔中。

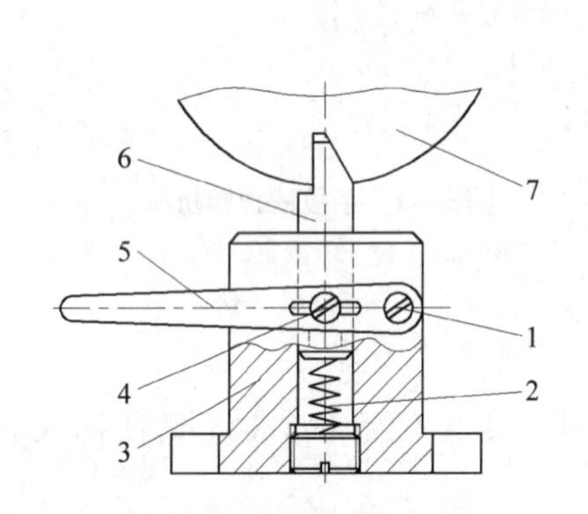

图5-63 杠杆式拨销机构

1. 支点螺钉 2. 弹簧 3. 壳体 4. 螺钉 5. 手柄 6. 对定销 7. 分度盘

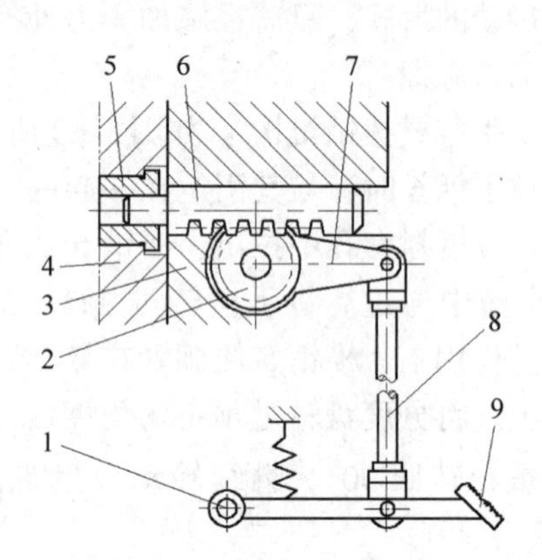

图5-64 脚踏式拨销机构

1. 枢轮 2. 齿轮 3. 座梁 4. 分度板 5. 分度衬套 6. 对定销 7. 摇臂 8. 连杆 9. 踏板

(3)锁紧机构

为了增强分度装置工作时的刚性，防止加工时因切削力引起振动，当分度装置经分度对定后，应将转动部分锁紧在固定的基座上，这对铣削加工尤为重要。当切削力不大且振动较小时，也可不设锁紧机构。

图5-65所示为几种比较简单的锁紧机构。图5-65(a)为旋转螺杆时左右压块向中心移动的锁紧机构，图5-65(b)为旋转螺杆时压板向下偏转的锁紧机构。图5-65(c)为螺杆压块右移的锁紧机构；图5-65(d)为旋转螺钉压块上移的锁紧机构。

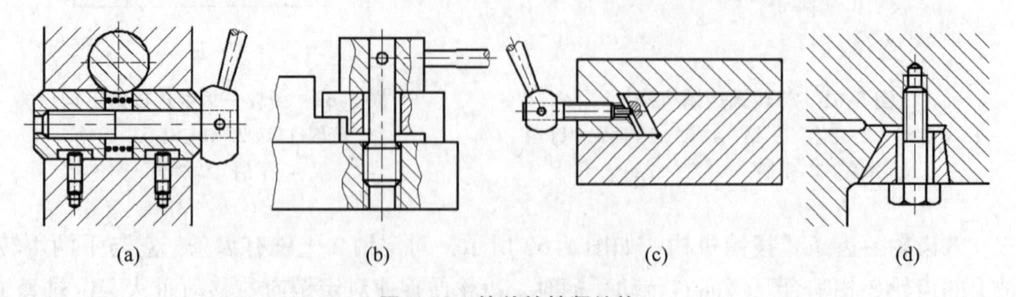

图5-65 简单的锁紧结构

5.4.3　铣床夹具

铣床夹具主要用于加工平面、沟槽、凹槽、花键以及各种成形面，一般由定位元件、夹紧机构、对刀装置、夹具体和定位键组成。通常安装在铣床工作台上，随机床工作台作进给运动。铣床夹具的结构形式在很大程度上取决于工件的进给方式。按加工中工件的进给方式，铣床夹具主要可分为直线进给式铣床夹具、圆周进给式铣床夹具和仿形进给式铣床夹具(靠模铣床夹具)3种。其中直线进给式铣床夹具用的最多。

5.4.3.1　铣床夹具的典型结构

(1)直线进给式铣床夹具

直线进给式铣床夹具按照在夹具中同时安装工件数目，分为单件加工和多件加工铣床夹具。图5-66所示为单件加工直线进给式铣床夹具，用于在圆柱形工件的端面上铣槽。工件支承在支承套7上，以外圆柱为定位基准，在V形块中定位。转动手柄带动偏心轮3回转，使滑动V形块移动夹紧或松开工件。定位键6与工作台上的T形槽配合，以确定夹具与机床的相互位置。对刀块4用于确定刀具与工件的相对位置。

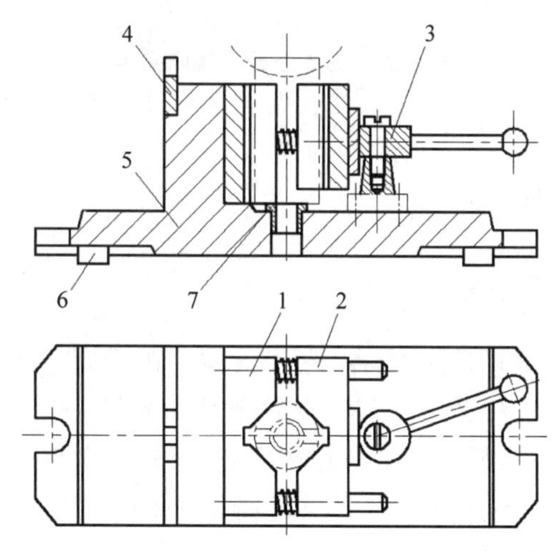

图5-66　直线进给式铣床夹具

1、2. V形块　3. 偏心轮　4. 对刀块
5. 夹具体　6. 定位键　7. 支承套

(2)圆周进给式铣床夹具

圆周进给式铣床夹具通常安装在铣床回转工作台上。在加工过程中，夹具随回转盘作连续的圆周进给运动，可以在不停机的情况下装卸工件，是一种高效率的加工方法，适合于中小型零件的批量生产。图5-67所示为圆周进给式铣床夹具，用于铣拨叉上下端面。工件以内孔、端面及侧面在定位销2和挡销4上定位。液压缸6驱动拉杆1，通过开口垫圈3将工件夹紧。工作台的回转运动由电动机通过蜗杆蜗轮机构带动实现。

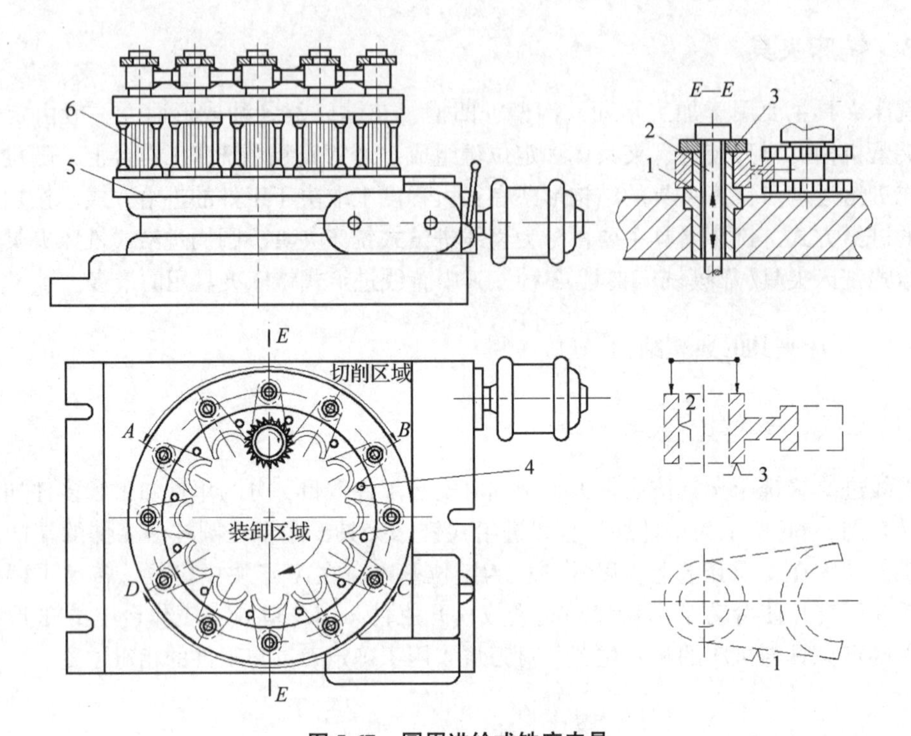

图 5-67 圆周进给式铣床夹具

1. 拉杆 2. 定位销 3. 开口垫圈 4. 挡销 5. 转台 6. 液压缸

5.4.3.2 铣床夹具的设计要点

(1)铣床夹具的结构特点

①铣削是断续切削，切削过程中容易产生振动。故铣床夹具要特别注意工件定位的稳定性。在设计和布置定位元件时，应尽量使支承面大些。

②铣削是高效切削，切削用量和切削力都较大，所以对夹紧力要求较大，对夹具刚度、强度要求较高；在确保夹具具有足够的排屑空间的前提下，要尽量降低夹具的高度。

③在设计夹紧装置时，为防止工件在加工过程中因振动而松动，夹紧装置要有足够的夹紧力和自锁能力；夹紧力应作用在工件刚度较大的部位上，并尽量靠近加工表面。

④铣削加工有空行程，加工辅助时间长，因此应尽可能安排多件、多工位加工，夹紧时应尽量采用快速夹紧、联动夹紧和液压气动夹紧装置。同时夹具上还应设置确定刀具位置及方向的元件，以便迅速调整好夹具、机床、刀具的相对位置。

(2)对刀装置设计

对刀装置是用来调整和确定铣刀相对于夹具的位置。为了防止对刀时碰伤切削刃和对刀块，一般在刀具和对刀块之间塞一规定尺寸的塞尺，根据接触的松紧程度来确定刀具的最终位置。对刀块的结构形式已标准化，其形状取决于被加工表面的形状。图5-68(a)为圆形对刀块，主要用于平面加工时的对刀；图5-68(b)为方形对刀块，用于组合铣刀加工成形表面的对刀；图5-68(c)为直角对刀块，用于垂直面加工或立铣刀铣槽时的对刀；图5-68(d)为侧装对刀块，用于垂直面加工或卧式铣刀铣槽时的对刀。对刀块用定位销和螺钉固定在夹具上。对刀块的对刀误差是不可避免的，由塞尺制造公差、对刀块位置尺寸公差、调整时人为误差组成。因此，当对刀调整要求较高时，一般不用对刀块，而采用试切法或采用百分表校正定位元件相对刀具位置来保证加工精度。

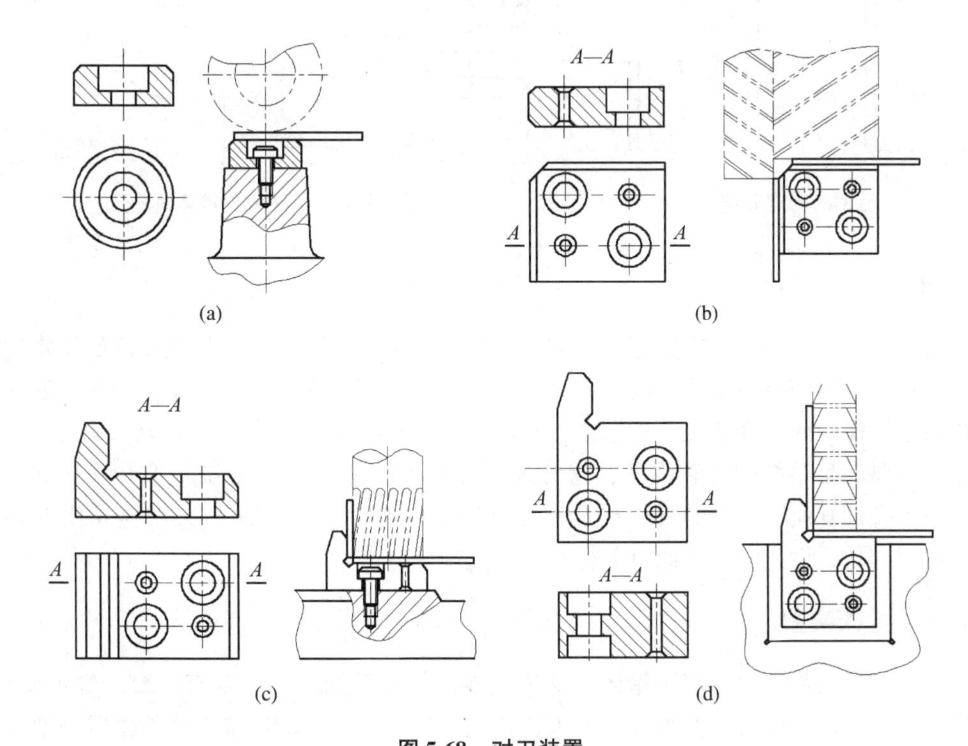

图5-68　对刀装置

(a)圆形对刀块　(b)方形对刀块　(c)直角对刀块　(d)侧装对刀块

(3)定向键设计

为保证夹具在铣床工作台上有一个正确的位置，一般在夹具底座下面装有两个定向键，用沉头开槽螺钉固定在夹具上。如图5-69所示，定向键的结构尺寸已标准化，一般根据铣床工作台的T形槽选定。其中A型定向键上下两部分尺寸相同，用于定向精度要求不高的场合。B型定向键用于精度要求较高的场合，其侧面开有沟槽或台阶将定向键分为上下两个部分，下半部分尺寸较大，留有0.5mm磨量，供装配时按T形槽实际尺寸配作。两个定向键间距尽可能最大，安装时尽量使键靠向T形槽的一侧，避免间隙的影响。对于大型夹具或定位精度要求较高时，可以不设定向键，而是在夹具体上加工出一窄长平面作为找正基面，通过找正使夹具获得较高的安装精度。

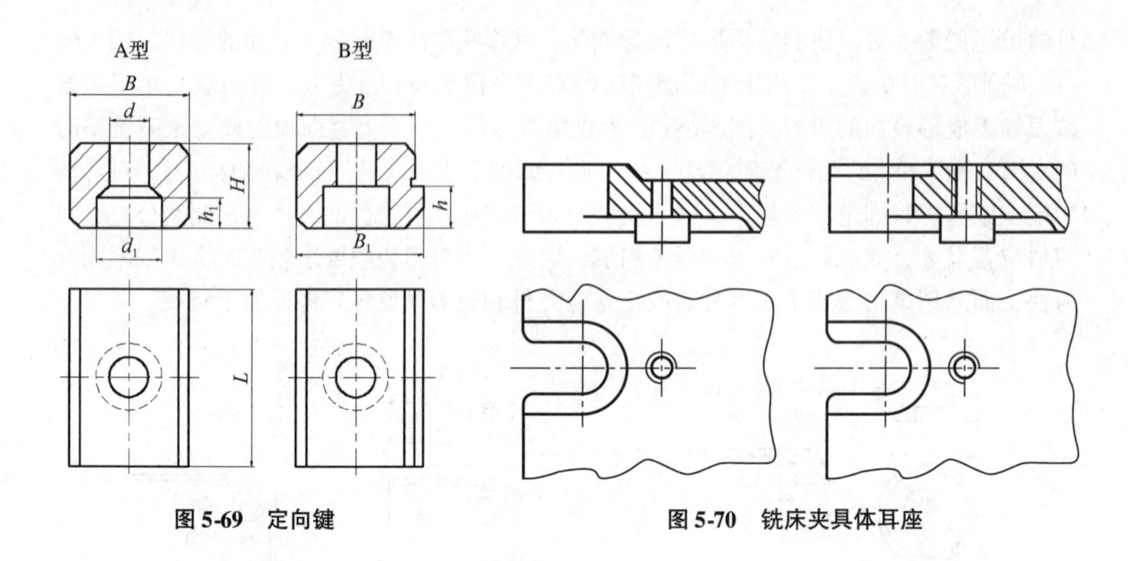

图 5-69 定向键　　图 5-70 铣床夹具体耳座

(4) 夹具体设计

夹具体的结构形式在很大程度上取决于定位装置、夹紧装置及其他元件的结构形式和布置形式。为使夹具结构紧凑，保证夹具在机床上安装稳定，并使工件的加工表面尽可能靠近工作台面，降低夹具的重心，夹具体的高度与宽度之比一般为 $H/B \leqslant 1 \sim 1.25$。铣床夹具要有足够的刚度和强度，这常通过加厚夹具体或设置加强筋等办法达到。此外，还要设计耳座，常见的铣床夹具体耳座的结构如图 5-70 所示。夹具体耳座的结构尺寸已标准化，设计时可参照有关标准。

5.4.4 镗床夹具

镗床夹具简称镗模，用于箱体、支架类零件的孔系加工，主要有镗套、镗模支架、镗模底座及定位、夹紧元件组成。因为镗杆和主轴一般是浮动连接，孔的位置精度完全由镗模决定，所以采用镗模可以加工出高精度的孔系，不受机床精度的限制。按其导向支架的布置形式可分为双支承镗模、单支承镗模和无支承镗模 3 类。

5.4.4.1 镗床夹具的典型结构

(1) 双支承镗模

图 5-71 为镗削车床尾座孔的双支承镗模结构图。工件以底面、槽面、侧面定位，定位元件分别为支承板 3、4 和可调支承钉 7；采用联动夹紧机构，拧紧夹紧螺钉 6，压板 5、8 同时夹紧工件。镗模以底面 A 安装在工作台上，其位置用 B 面找正。镗杆 9 通过浮动接头 10 和镗床主轴相连，支承在回转镗套 2 上，所以双支承镗模所加工孔的位置精度不受机床工作精度影响，而主要取决于镗模板上镗套的位置精度。主要用于加工孔径较大，深度和直径比 $l/D > 1.5$ 的孔，或者一组同轴孔，而且孔的尺寸精度和孔间距精度要求很高的场合。其缺点是：镗杆刚度较差，刀具装卸不便。当镗套间距 $L >$

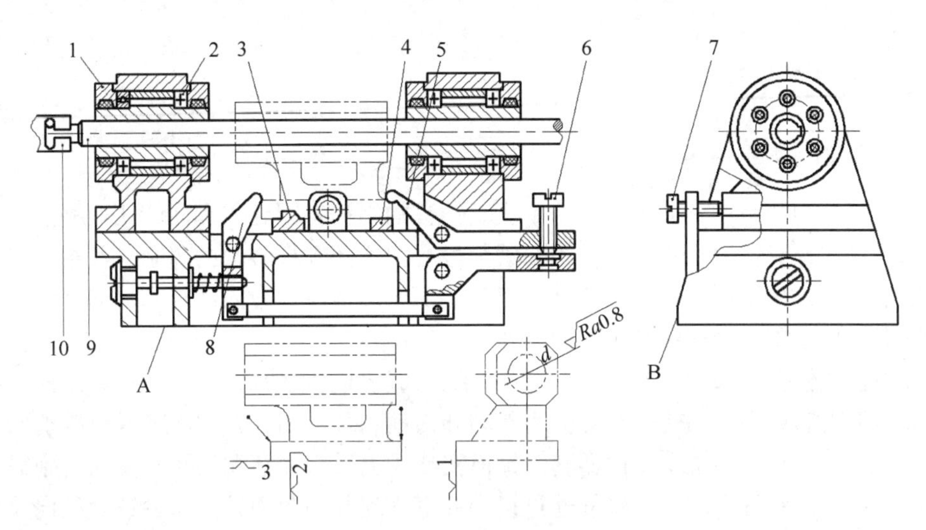

图 5-71　双支承镗模

1. 支架　2. 镗套　3、4. 支承板　5、8. 压板　6. 夹紧螺钉　7. 可调支承钉　9. 镗杆　10. 浮动接头

100d 时，应增加中间引导支承，以提高镗杆刚度。

(2) 单支承镗模

这种夹具其镗杆在镗模中只有一个镗套引导，镗杆与机床主轴刚性连接，并保证镗套与主轴的同轴度。单支承镗模的缺点是机床主轴回转精度会影响镗孔精度，只适用于加工短孔和小孔。图 5-72(a)(b)所示为单支承前引导结构，适用于加工孔的直径 $D>60$mm 的通孔。图 5-72(c)为单支承后引导结构，主要用于镗削 $D<60$mm 的通孔或者盲孔。

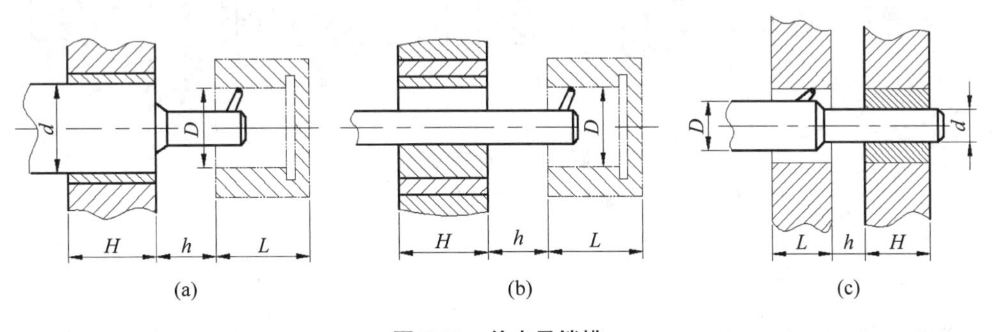

图 5-72　单支承镗模

(3) 无支承镗模

工件在刚度好、精度高的金刚镗床、坐标镗床或数控机床及加工中心上镗孔时，夹具上不设镗模支承，加工孔的尺寸和位置精度由镗床保证。无支承镗模只需设计定位、夹紧和夹具体即可。

5.4.4.2 镗床夹具的设计要点

(1)镗套的选择及设计

镗套的结构和精度直接影响加工精度。镗套的结构有固定式和回转式两种。

①固定式镗套：固定式镗套是指在镗孔过程中不随镗杆转动的镗套，其结构与快换钻套基本相同，精度高、外形小、结构简单。由于镗杆在镗套内回转和轴向移动，镗套容易磨损，故适用于低速镗削，如图5-73(a)所示。

②回转式镗套：如图5-73(b)~(d)所示，回转式镗套在镗孔过程中随镗杆一起转动，适用于高速镗削。回转式镗套分为滑动和滚动两种。图5-73(b)所示为滑动回转式镗套。镗套1可在滑动轴承2内回转，镗模支架3上设有油杯和油孔，使回转副得到充分润滑。镗套中间开有键槽，镗杆通过键和镗套固连并一起回转。这种镗套径向尺寸较小、回转精度高，适用于精加工或孔心距较小的场合。图5-73(c)所示为立式滚动回转式镗套。为避免切屑和切削液落入镗套，需设防护罩；为承受轴向力，一般采用圆锥滚子轴承。图5-73(d)所示为卧式滚动回转镗套。镗套6支承在两个滚动轴承4上，回转精度受轴承精度的影响，对润滑要求较低。但径向尺寸较大，适用于粗加工和半精加工，为了改进其性能，可以采用高精度的滚针轴承。

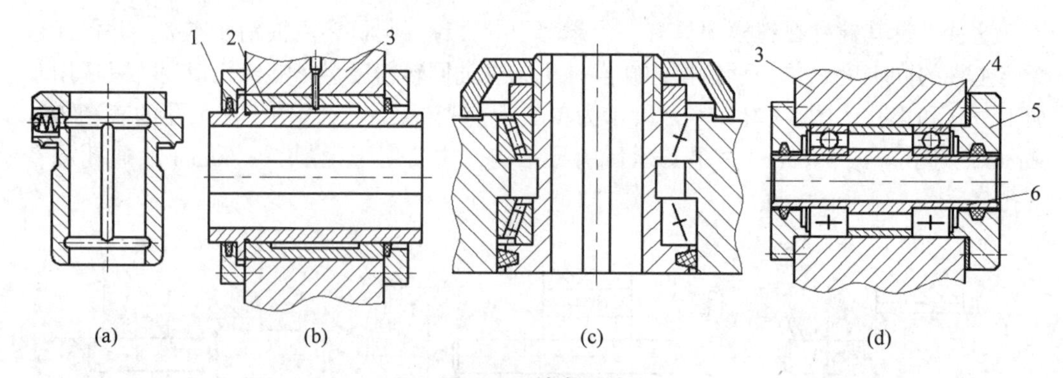

图5-73 镗套设计

1、6. 镗套 2. 滑动轴承 3. 镗模支架 4. 混动轴承 5. 轴承端盖

(2)支架和底座的设计

镗模底座上要安装各种装置和工件，承受切削力、夹紧力；镗模支架是用来安装镗套和承受切削力的，所以镗模支架和底座都要有足够的强度、刚度和稳定性，设计时应注意：

①为便于制造，支架与底座应分开，并采用螺钉和销钉刚性连接。底座除要有适当的厚度外，还应合理设置加强筋。一般使用铸铁材料，不宜采用焊接结构。

②支架要有较大的安装基面并设置必要的加强筋，支架装配基面的宽度沿轴向应大于其高度的1/2。支架的厚度可根据高度H的大小确定，一般取15~25mm。

③不能在镗模支架上安装夹紧机构，以避免夹紧反力使镗模变形，影响镗孔精度。

图5-74(a)所示的设计是错误的，而图5-74(b)的结构，夹紧时夹紧反力由镗模底座承受，所以不会引起支架变形。

④镗模底座的上表面，在所要安装元件的各位置处做出相应的凸台面，高度约3～5mm。凸台表面与基座平面有垂直度或平行度要求，一般为100:0.01；在底座侧面要加工出窄长的找正基面，平面度为0.05mm，与安装基准面垂直。

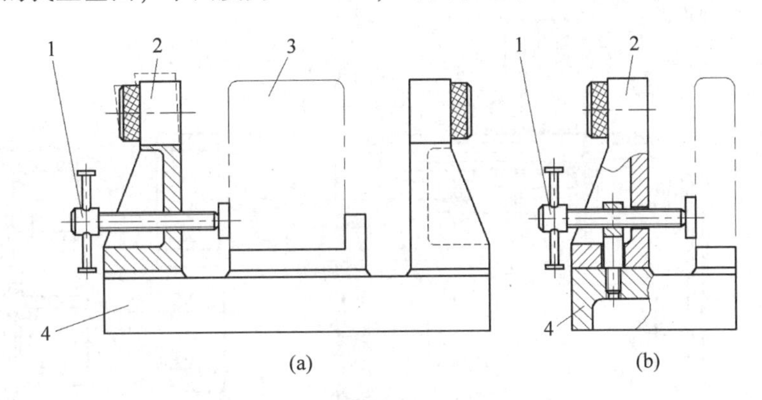

图5-74　避免支架承受夹紧反力

1. 夹紧螺钉　2. 镗模支架　3. 工件　4. 镗模底座

5.5　其他机床夹具简介

5.5.1　可调夹具

可调夹具是指夹具上的个别定位元件、夹紧元件或导向元件可以更换或调整的一类夹具。凡是属于同一类型的零件，就可以在可调夹具上加工，因此可使多种零件的单件小批生产转变为一组零件在同一夹具上的“成批生产”。特别适合于多品种、小批量生产的需求，也适合在少品种、较大批量生产中应用。可以大大减少夹具数量；节省设计与制造夹具的费用；减少金属消耗；降低生产成本；缩短生产周期；是实现机床夹具标准化、系列化、通用化的有效途径。按照调整部分的工作方式，分为更换式、调节式以及综合式三种。其中，更换式应用范围较大，不同零件的适应性也较强，工作可靠，操作方便，精度高，刚度大。缺点是所需更换元件的数量较大，费用高。调节式夹具组成元件少，制造成本低，但调节花费时间长，夹具精度低，刚度小。综合式则具有以上两种方式的优点，所以在生产中应用较多。

可调夹具由基础部分和可调整部分组成。基础部分是组成夹具的的通用部分，在使用中固定不变，通常包括夹具体、夹紧传动装置和操作机构等。此部分结构主要依据被加工零件的轮廓尺寸、结构特点、夹紧方式以及加工要求等确定。可调整部分通常包括定位元件、夹紧元件、刀具引导元件等。更换工件品种时，只需对该部分进行调整或更换元件，即可进行新的加工。

图5-75(a)所示为更换式可调整车床夹具，用于加工图5-75(b)所示零件。零件以内孔和左端面定位，用弹性涨套夹紧，加工外圆和右端面。在该夹具中，夹具体1和接

头2是夹具的基础部分，其余各件均为可调整部分(更换式)，包括螺钉、定位锥体、顶环和定位环，而弹性涨套则需根据零件的定位孔径来确定。

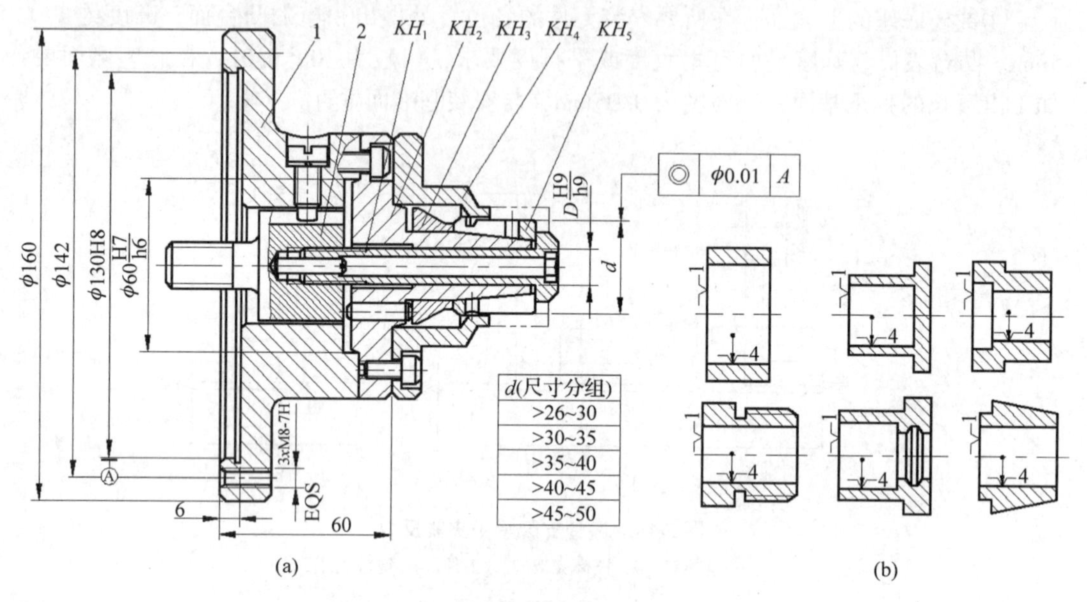

图5-75 可调整车床夹具

1. 夹具体 2. 接头 KH_1. 夹紧螺钉 KH_2. 定位锥体 KH_3. 顶环 KH_4. 定位环 KH_5. 弹簧涨套

图5-76(a)所示为综合式可调钻模，用于加工图5-76(b)所示零件上垂直相交的两径向孔。工件以内孔和端面在定位支承2上定位，旋转夹紧捏手，带动锥头滑柱将工件夹紧。转动调节旋钮1带动微分螺杆移动，可以调整定位支承端面到钻套中心的距离C，以适应不同工件长度的变化和孔位置的变化。夹具体、钻模板、调节旋钮、夹紧捏手、紧固手柄等为夹具的基础部分。夹具的可调整部分包括定位支承、滑柱、钻套等。更换定位支承2并调整其位置，可适应不同零件的定位要求。更换钻套5则可加工不同直径的孔。

可调整夹具设计方法与专用夹具设计方法基本相同，主要区别在于其加工对象不是一个零件，而是一组相似的零件。因此设计时，需对所有加工对象进行全面分析，以确定夹具最优的装夹方案和调整形式。可调整夹具的可调整部分是设计的重点和难点，设计者应按选定的调整方式，设计或选用可换件、可调件以及相应的调整机构，并在满足零件装夹和加工要求前提下，力求使夹具结构简单、紧凑、调整使用方便。

5.5.2 加工中心夹具

(1)加工中心夹具的特点

加工中心是一种带有刀库和自动换刀功能的数控镗铣床。加工中心机床夹具与一般铣床和镗床夹具相比，具有以下特点：

①功能简化：一般铣床或镗床夹具具有四种功能，即定位、夹紧、导向和对刀。加

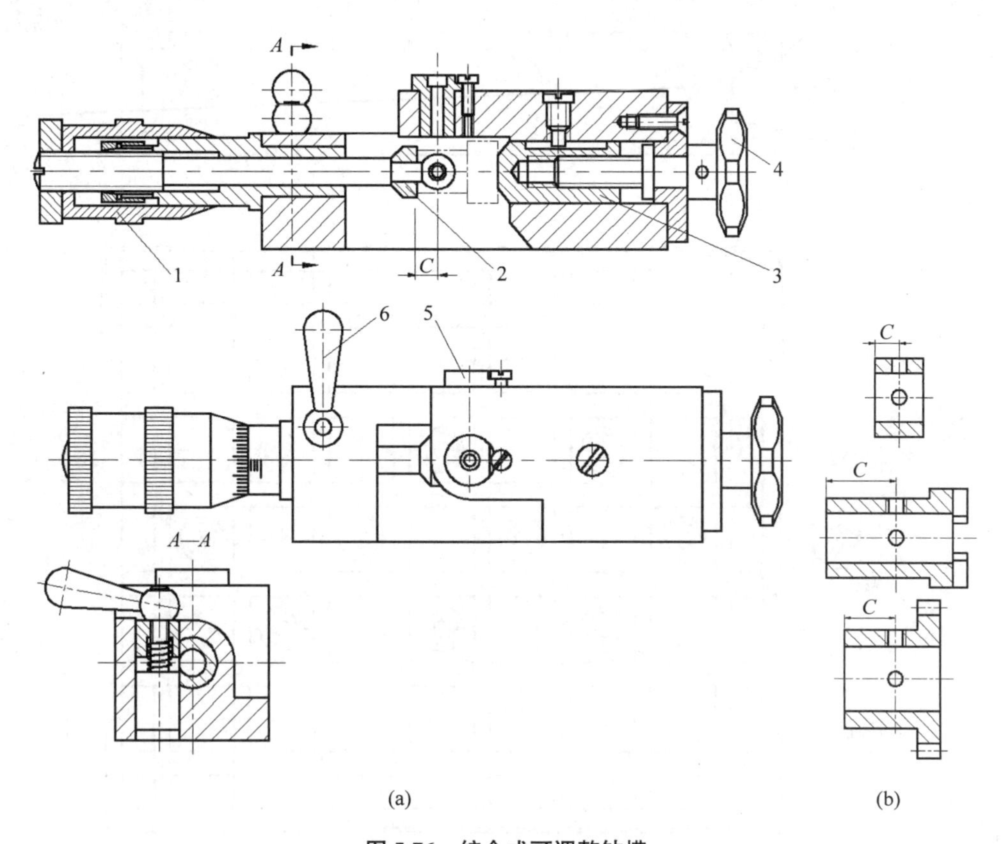

图 5-76　综合式可调整钻模

1. 调节旋钮　2. 定位支承　3. 滑柱　4. 夹紧捏手　5. 钻套　6. 紧固手柄

工中心机床由于有数控系统的准确控制，故其使用的夹具只需具备“定位”和“夹紧”两种功能，就可以满足要求，使夹具结构得到简化。

②完全定位：一般铣床或镗床夹具在机床上的安装只需要“定向”，常采用定向键或找正基面来确定夹具在机床上的角向位置。而加工中心在机床上不仅要确定其角向位置，还要确定其坐标位置，即要实现完全定位。

③开敞结构：加工中心的工艺特点是工序集中，工件一次装夹可以完成多个表面的加工。为此，夹具通常采用开敞结构，以免夹具各部分(特别是夹紧部分)与刀具或机床运动部件发生干涉和碰撞。

(2)加工中心夹具的类型

加工中心可使用的夹具类型有多种，由于其多用于多品种和小批量生产，故优先选用通用夹具、组合夹具和通用可调整夹具。图 5-77 所示为加工中心专用的通用可调整夹具系统，由基础件和一套定位和夹紧调整件组成。通过从上面或侧面把双头螺栓(或螺杆)旋入液压缸活塞杆，可以将夹紧元件与液压缸活塞连接起来，以实现对工件的夹紧。基础板上表面分布有定位孔和螺孔，并开有 T 形槽，可以方便地安装定位元件。基础板通过底面的定位销，与机床工作台的槽或孔配合，实现夹具在机床上的定位。工

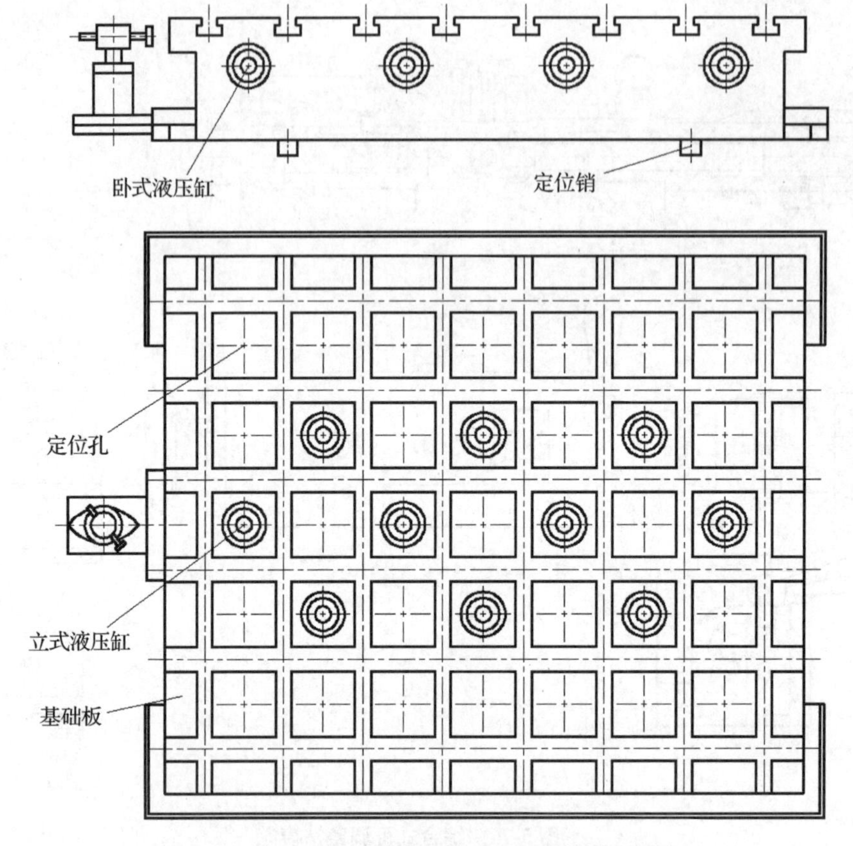

图 5-77 加工中心机床专用的通用可调整夹具系统

件加工时，对不用的孔，包括定位孔和螺孔，需要螺塞封盖，以防切屑或其他杂物进入。

组合夹具，特别是孔系列组合夹具，目前在加工中心机床上得到广泛应用。具体见下一节中的介绍。

5.5.3 组合夹具

组合夹具是机床夹具中一种标准化、通用化程度很高的新型工艺装备。它由一套预先制造好的各种不同几何形状、不同尺寸规格、有完全互换性和高耐磨性的标准元件及合件组成。使用时可根据不同工件加工要求，采用组合方式，把标准元件和合件选择后组装成所需夹具。使用完后，可以拆散，清洗、油封后归档保存，待需要时重新组装。组合夹具把专用夹具从设计、制造、使用、报废的单向过程改变为设计、组装、使用、拆散、再组装、再使用……的循环过程。组合夹具的元件使用寿命很长，如果使用得当，是一种很经济的夹具。

(1)组合夹具的特点

组合夹具与专用夹具相比具有如下特点：

①万能性好，适用范围广；

②组装一套中等复杂程度的组合夹具，仅需几个小时，可大幅度缩短生产准备周期；

③组合夹具的元件可重复使用，从而减少专用夹具设计、制造工作量，降低耗材；

④可减少专用夹具库存空间，改善夹具管理工作；

⑤组合夹具的最终精度通过选择装配和调整来保证，因为避免了误差累积，也可达到较高的精度。同时由于各元件制造精度和刚度都很高，故组合夹具的刚度也有保障。

由于以上优点，组合夹具在单件小批生产以及新产品试制中得到广泛应用，尤其是在数控机床或加工中心。组合夹具的缺点与专用夹具相比，往往体积较大，显得笨重。此外，为了组装各种夹具，需要一定数量的组合夹具元件储备，即一次性投资较大。

(2)槽系组合夹具

组合夹具分槽系和孔系两大类。槽系组合夹具元件间靠键和槽(键槽和T形槽)定位，孔系组合夹具则通过孔和销配合来实现元件的定位。

图5-78所示为一套组装好的槽系组合钻模及其元件分解图。槽系组合夹具有八大类元件：基础件、支撑件、定位件、导向件、压紧件、紧固件、合件及其他件，组装时可灵活使用。合件是若干元件所组成的独立部件，按其功能又可分为定位合件、导向合件、分度合件等，图5-78中的分度台为端齿分度盘，属于分度合件。

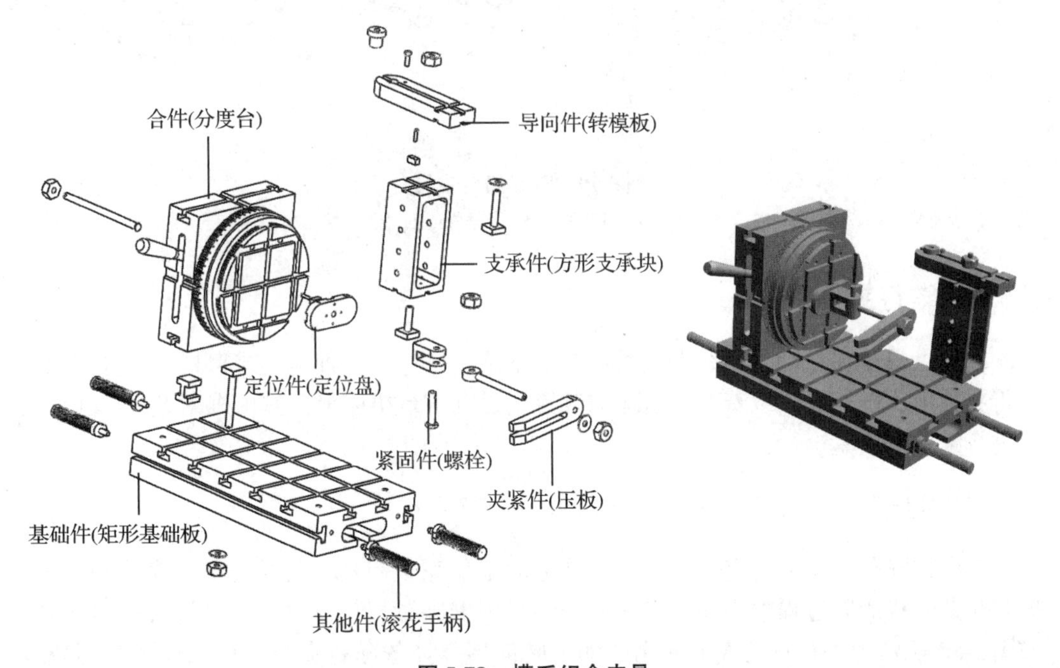

图5-78　槽系组合夹具

(3)孔系组合夹具

孔系组合夹具的元件类别与槽系组合夹具相似，也分八大类，但没有导向件，而增加了辅助件。图5-79所示为部分孔系组合夹具元件的分解图。与槽系组合夹具相比，孔系组合夹具元件间是以孔、销定位，以螺纹连接，其上定位孔精度为H6，定位销精度为k5，孔心距误差为±0.01mm，所以它比槽系组合夹具具有更高的组合精度和刚度，且结构紧凑，便于组装。其上的定位孔可作为数控编程的加工原点。

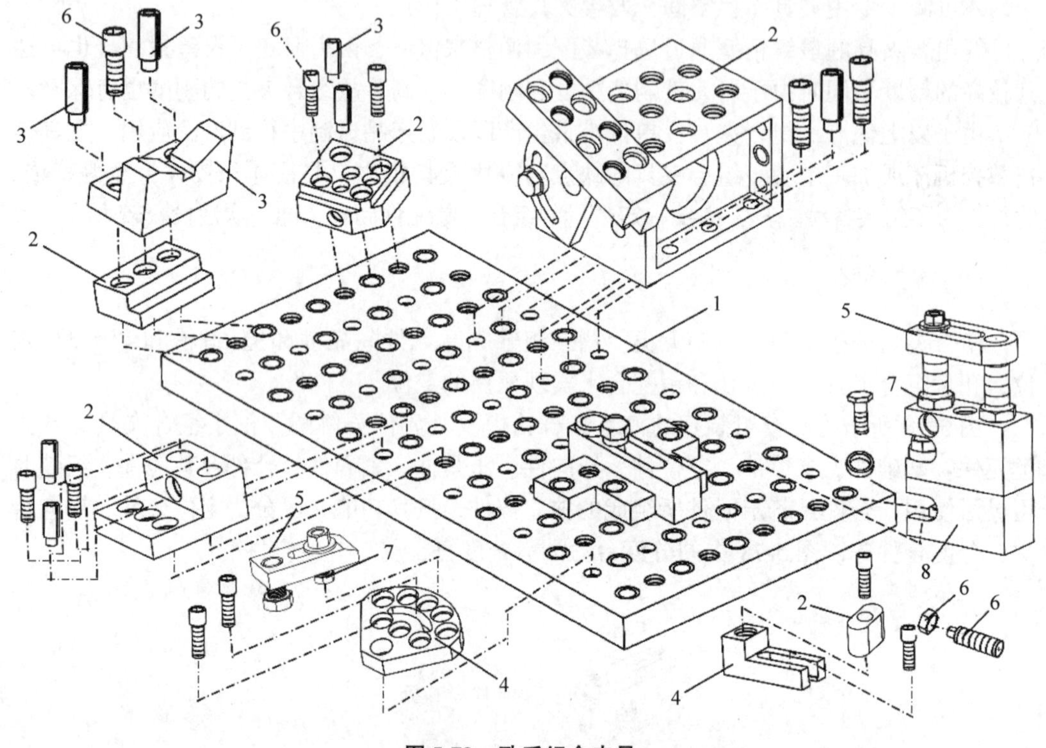

图5-79 孔系组合夹具

1. 基础件 2. 支承件 3. 定位件 4. 辅助件 5. 压紧件 6. 紧固件 7. 其他件 8. 合件

5.5.4 随行夹具

随行夹具是在自动生产线上或柔性制造系统中使用的一种移动式夹具。工件安装在随行夹具上，随行夹具载着工件由运输装置运送到各台机床上，并由机床夹具对随行夹具进行定位和夹紧。

(1)工件在随行夹具上的安装

工件在随行夹具上的定位与一般夹具上的定位完全一样。为防止随行夹具在运输、提升和翻转排屑等过程中松动，应采用能够自锁的夹紧机构，常用机动螺旋夹紧机构。如图5-80所示为一在自动线上使用的加工转向器壳体的随行夹具。在工件装卸的位置上，由机械手将工件安装到随行夹具的一对定位滚子2上，然后用机动扳手转动螺母5，使螺杆齿条6左移，通过齿轮7带动活动V形块8下降，压在工件摇臂轴孔的外圆弧面上，使工件自动对中。与此同时，机动扳手旋转4个螺母3，使螺杆4带动钩形压板9左移。由于压板圆柱体上开有螺旋槽，压板在轴向移动的同时发生转动，最终将工

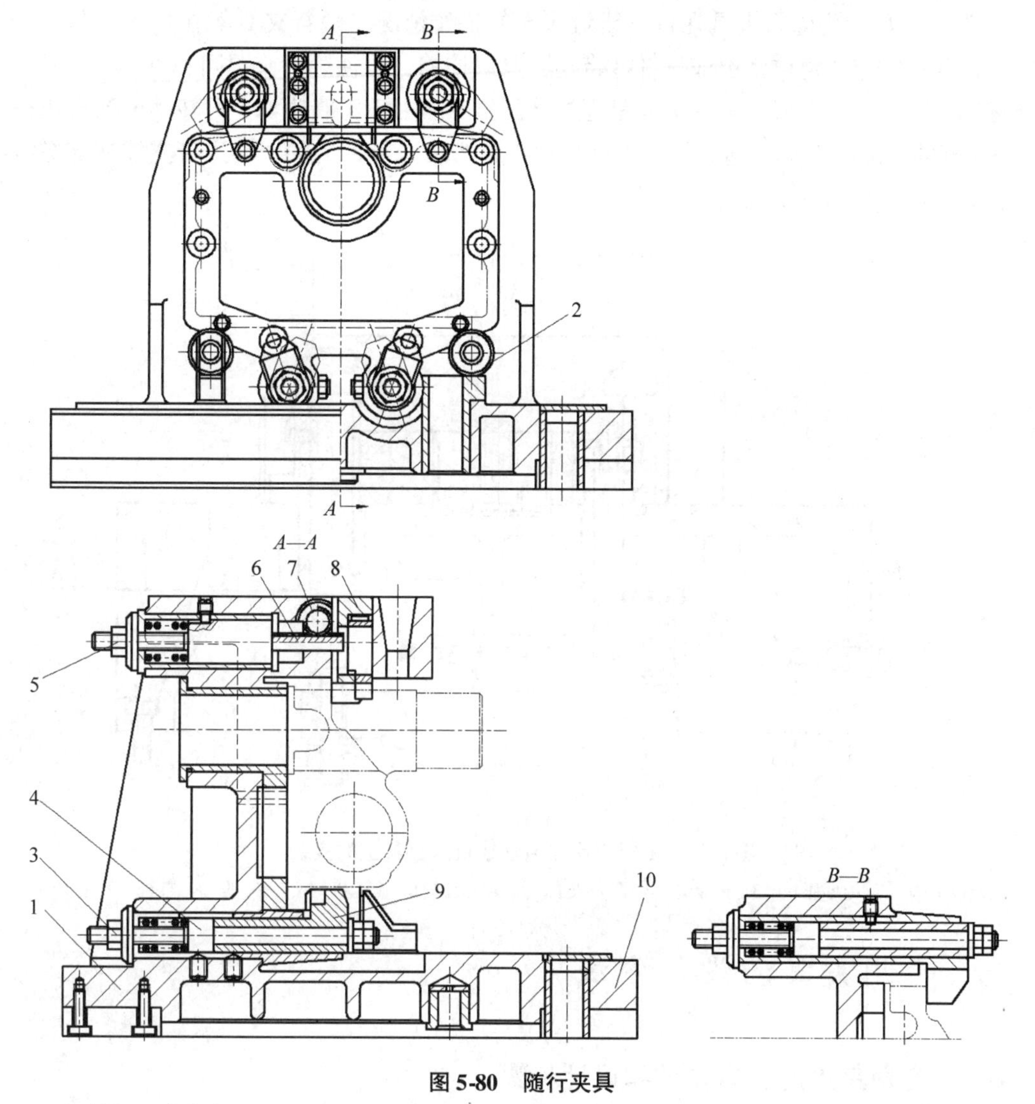

图 5-80 随行夹具

1. 支承板 2. 定位滚子 3、5. 螺母 4. 螺杆 6. 齿条 7. 齿轮 8. 活动V形块 9. 钩形压板 10. 夹具体

件压在指定部位上。

(2)随行夹具的运输及其在机床夹具上的安装

如图5-80所示，随行夹具在机床上的定位大都采用一面两孔定位方式。夹具底面四周装有淬火钢制成的支撑板1，构成一个支承平面；夹具底板上相距较远的两对ϕ20H7孔，即构成定位用的两孔，其中一对用来加工工件上轴承孔的定位，另一对则用于加工摇臂轴孔(与轴承孔相垂直)时的定位。为便于随行夹具在传送带或其他传递装置上运输，在随行夹具底板的底面上还需要做出运输基面。为减少运输基面的磨损对定位基面的影响，在淬火钢支撑板1开有纵向槽将其分成两部分，外部为定位基面，内部为运输基面。

图 5-81 所示为随行夹具在自动线机床上的工作情况。随行夹具 4 在机床夹具 7 上用一面两孔定位，定位销由液压杠杆带动，可以伸缩，以使随行夹具可以在输送支撑 6 上移动。随行夹具在机床上的夹紧是通过液压缸 9、杠杆 8 带动 4 个可转动的钩形压板 2 来实现的。随行夹具的移动是由带棘爪的步履式输送带带动的，输送带支撑在支撑滚上，而随行夹具则支撑在输送支撑 6 上。

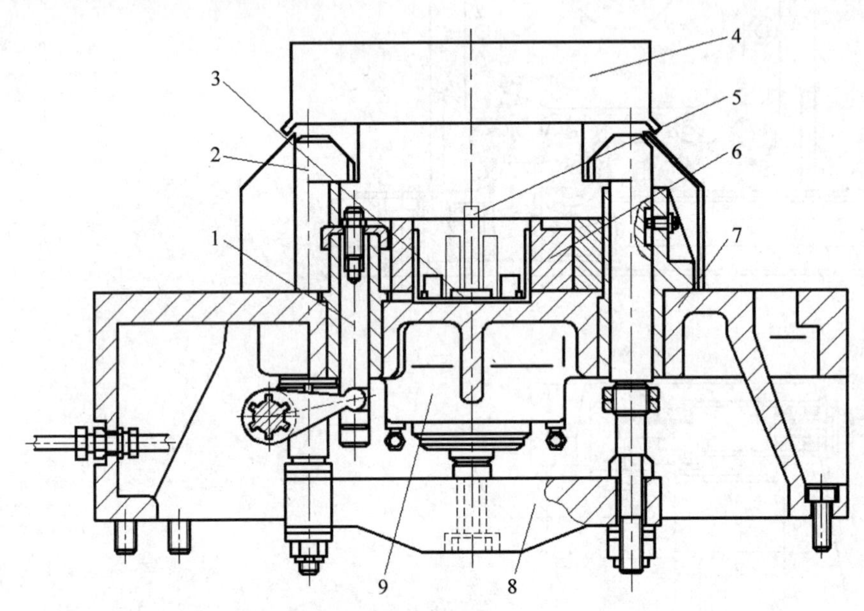

图 5-81 随行夹具在自动线机床夹具上的安装

1. 定位机构 2. 钩形压板 3. 支撑滚 4. 随行夹具 5. 输送带 6. 输送机构 7. 夹具 8. 杠杆 9. 液压缸

5.6 专用夹具的设计方法

5.6.1 专用夹具的基本要求和设计步骤

5.6.1.1 专用夹具的基本要求

①保证工件的加工精度：专用夹具应有合理的定位方案、夹紧方案、对刀方案和结构设计，合适的尺寸、公差和技术要求，并进行必要的精度分析，确保夹具能满足工件的加工精度要求。

②提高生产率：专用夹具的复杂程度要与工件的生产纲领相适宜，应根据工件生产批量的大小选用不同复杂程度的快速高效定位夹紧装置，以缩短辅助时间，提高生产率。

③工艺性好：专用夹具的结构应简单、合理，便于加工、制造、装配、检验和维修。

④使用性好：专用夹具的操作应简便、省力、安全、可靠，排屑方便。

⑤经济性好：专用夹具应能带来理想的经济效益。

⑥便于排屑：切屑堆积在夹具中，会破坏工件的定位，严重时，还会损伤刀具甚至引发工伤事故，故排屑问题在夹具设计中必须给予充分重视，在设计高效机床和自动线夹具时尤为重要。

5.6.1.2　专用夹具设计步骤

本节以 5.1.1 夹具的组成小节中的工件和夹具为例(图 5-1)，说明专用夹具的设计步骤。工件如图 5-82(a)所示。本工序欲加工 ϕ6H9 小孔，其他表面均已加工完毕，设计一钻模。

(1)明确设计任务，收集设计所需原始资料

①了解加工零件的零件图、毛坯图及加工工艺过程，了解该工序的加工内容及工序图，了解该工序使用的加工设备、刀具、量具等工艺装备及生产节拍等参数。

②了解零件的生产类型，这是决定夹具采用简单结构或复杂结构的依据。若属于大批量生产，则力求夹具结构完善、生产率高；若批量不大或是应付急用，夹具结构则应简单，以便迅速制造后交付使用。

③收集该夹具有关的机床资料，主要指与夹具连接部分的安装尺寸，机床的工作方式和运动方式(主运动方式、进给运动方式，工件的装夹方法等，刀具的装夹方法)。

④收集所使用刀具的资料，如刀具的精度、安装方式、使用要求及技术条件等。

⑤收集国内外同类型夹具资料，吸收其中先进而又能结合本厂实际情况的合理部分。

⑥了解本厂制造夹具的能力和使用的条件。

⑦收集有关夹具零部件的标准(包括国标、部标、企标、厂标)和典型夹具结构图册等。

(2)拟定夹具结构方案，绘制夹具草图

①根据工件的加工要求和结构形状、确定工件的定位方式，选择或设计定位装置，必要时计算定位误差。如图 5-82(b)(d)所示。

②确定工件的夹紧方式，选择或设计夹紧机构，必要时计算夹紧力，如图 5-82(f)所示。

③确定其他装置及部件的结构形式，如对刀装置、分度装置、引导元件等，如图 5-82(e)所示。

④确定夹具体的结构形式及夹具在机床上的安装方式。

⑤绘制夹具草图，并标注尺寸、公差和技术要求。

在确定夹具结构的各部分组成时，可提出几种不同方案，分别画出草图，进行分析比较，从中选择合理方案。

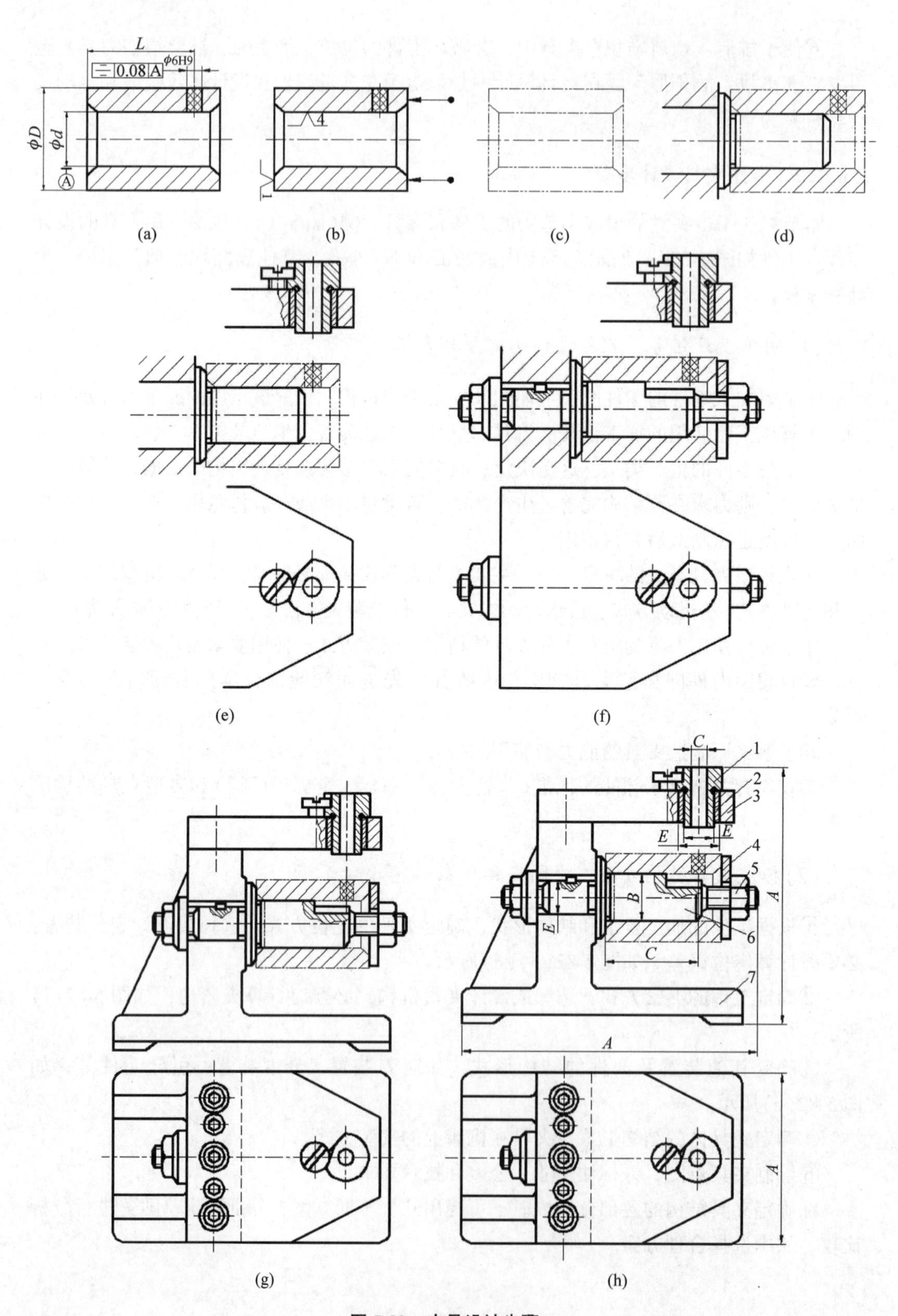

图 5-82　夹具设计步骤

(3)进行必要的分析计算

工件的加工精度较高时，应进行工件加工精度分析。有动力装置的夹具，需计算夹紧力。当有几种夹紧方案时，可进行经济分析，选用经济效益高的方案。

(4)审查方案与改进设计

夹具草图画出后，应征求有关人员的意见，并送有关部门审查，然后根据他们的意见对夹具方案进一步修改。

(5)绘制夹具总装配图

总装配图的目的是反映夹具的工作原理和结构。夹具的总装配图应按国家制图标准绘制，绘图比例尽量采用1∶1，主视图按夹具面对操作者的方向绘制。对于有可动部件的总装图，例如夹紧装置，按夹紧状态来画，并标注。夹具总装配图的绘制次序如下：

①画工件示意图。为了更好的反映夹具的工作原理(如定位原理和夹紧方法等)，夹具总装图上应画出工件图。工件的位置状态按实际加工时装夹状态画。示意图要表达出工件的外形轮廓、定位表面、夹紧表面及加工表面。为了不影响其他夹具部件的表达，工件在总图中可看成透明体，用双点画线画，不遮挡后面的线条，如图 5-82(c)所示。

②依次绘出定位元件、夹紧装置、其他装置及夹具体，如图 5-82(d)～(g)所示。

③标注必要的尺寸、公差和技术要求，如图 5-82(h)所示。

④编制夹具零部件明细表并填写标题栏。

(6)绘制夹具零件图

夹具中所有的非标准零件都要画出零件图，并按照夹具总装图要求确定零件的结构、尺寸、公差和技术要求。有较高强度和刚度要求的，还应进行强度校核和刚度校核。

5.6.1.3　夹具总图上应标注的尺寸和技术要求

(1)夹具总图上应标注的尺寸

①夹具外形轮廓尺寸：指夹具在长、宽、高 3 个方向上的最大极限尺寸。标注夹具外形尺寸的目的是核查夹具是否会和机床或刀具在空间发生干涉。例如图 5-82(h)中的尺寸 *A* 即为该夹具的外形轮廓尺寸。

②工件与定位元件的联系尺寸(与定位精度有关的尺寸与公差)：指工件定位面与定位元件工作面的配合尺寸或各定位元件之间的相对位置尺寸。它们直接影响工件加工精度，是计算工件定位误差的依据。例如图 5-82(h)中的尺寸 *B* 即为工件的定位孔与定位元件心轴外径的配合尺寸。

③夹具与刀具的联系尺寸(与对刀精度有关的尺寸与公差)：指对刀元件或引导元

件与夹具定位元件之间的位置尺寸，引导元件之间位置尺寸及刀具与引导元件导向部分的配合尺寸。其作用是保证对刀精度及导引刀具的精度。例如图 5-82(h)中的尺寸 *C* 即为夹具与刀具的联系尺寸。

④夹具与机床连接部分的联系尺寸(与夹具安装精度有关的尺寸与公差)：指夹具与机床主轴端的连接精度或夹具定位键与机床工作台 T 形槽的连接精度。其作用在于保证夹具在机床上的安装精度。如车床夹具安装在车床主轴上，要标注与车床主轴的连接精度；铣床夹具安装在铣床工作台上，要标注与机床工作台 T 形槽相配合的定位键尺寸及其配合精度。

⑤夹具内部的配合尺寸(其他配合尺寸与公差)：总图上，凡属于夹具内部有配合要求的表面，都必须按配合性质和配合精度标注配合尺寸，以保证夹具装配后能满足规定的使用要求。例如图 5-82(h)中心轴与夹具体孔的配合尺寸，钻套与衬套、衬套与夹具体的配合尺寸 *E* 就属于此类尺寸。

夹具上有关尺寸公差和形位公差通常取工件上相应公差的 1/5 ~ 1/2。当工件上相应的公差为未注公差时，夹具有关尺寸公差常取 ±0.1mm 或 ±0.05mm，角度公差常取 ±10′或 ±5′。

(2)夹具总图上应标注的技术要求

①各定位元件之间的相互位置精度要求。

②定位元件与夹具安装基面之间的相互位置精度要求，例如图 5-82(h)中定位元件心轴的轴线要求与夹具底面平行，否则工件安装后轴线倾斜。

③定位元件与导向元件或对刀元件之间的相互位置精度要求，例如图 5-82(h)工件要求 ϕ6H9 孔轴线与工件内孔轴线有对称度要求，则夹具总图中应当标注钻套轴线与定位轴轴线的对称度。

④各导向元件之间的相互位置精度要求。

⑤定位元件或导向元件与夹具找正基面之间的相互位置精度要求。

⑥与保证夹具装配精度有关或检验方法有关的特殊技术要求。

表 5-3 列举了几种常见情况的技术要求。

表 5-3　夹具技术要求举例

夹具简图	技术要求
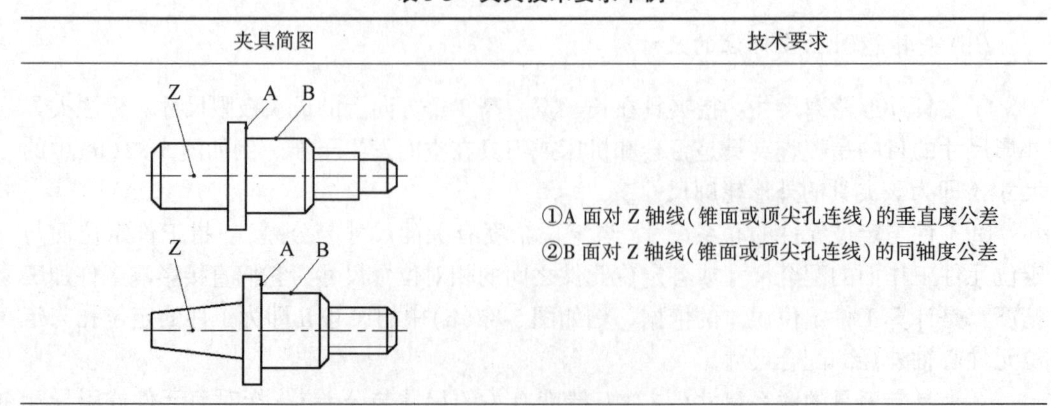	①A 面对 Z 轴线(锥面或顶尖孔连线)的垂直度公差 ②B 面对 Z 轴线(锥面或顶尖孔连线)的同轴度公差

（续）

夹具简图	技术要求
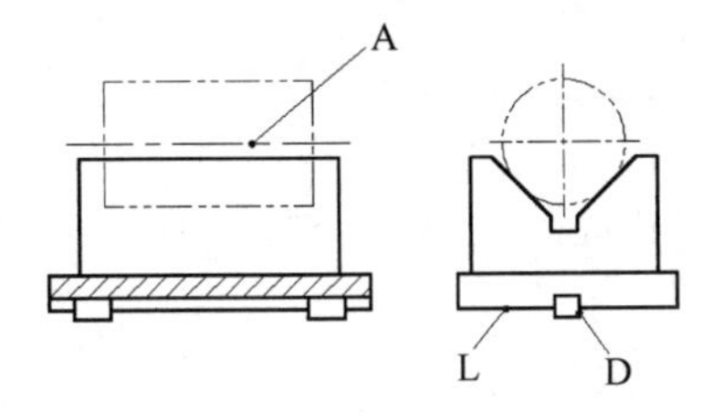	①检验棒 A 对 L 面的平行度公差 ②检验棒 A 对 D 面的平行度公差
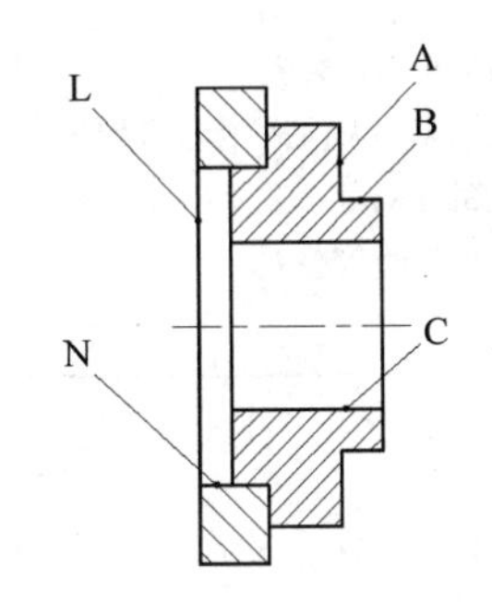	①A 面对 L 面的平行度公差 ②B 面对止口面 N 的同轴度公差 ③B 面对 C 面的同轴度公差 ④B 面对 A 面的垂直度公差
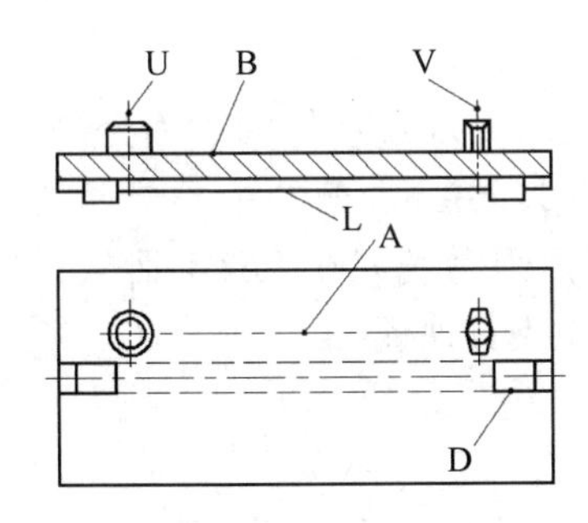	①B 面对 L 面的平行度公差 ②A 面对 D 面的平行度公差 ③U、V 轴线对 L 面的垂直度公差
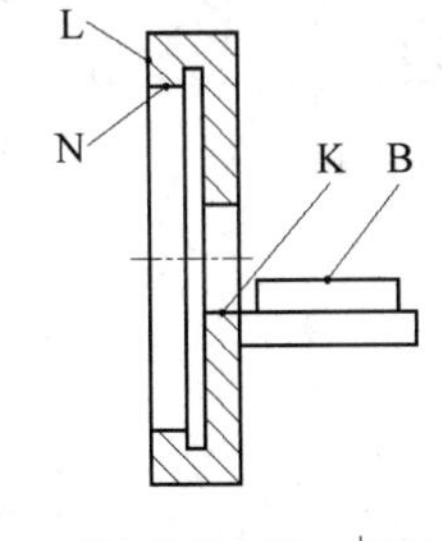	①B 面对 L 面的垂直度公差 ②K 面(找正孔)对 N 面的同轴度公差 ③N 面对 L 面的垂直度公差
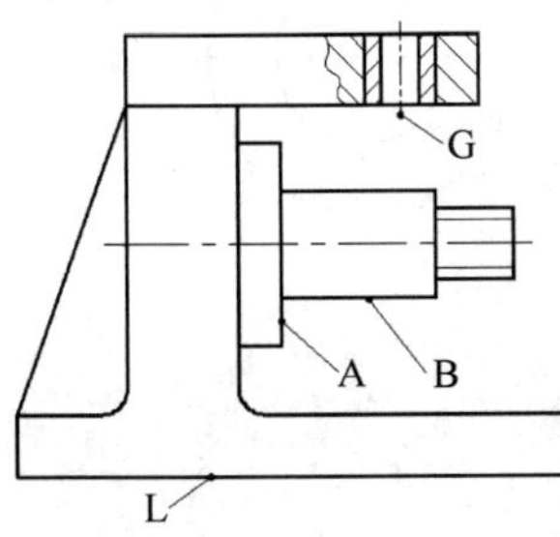	①B 面轴线对 L 面的平行度公差 ②G 轴线对 L 面的垂直度公差 ③B 面轴线对 A 面的垂直度公差 ④G 轴线对 B 轴线的最大偏移量

（续）

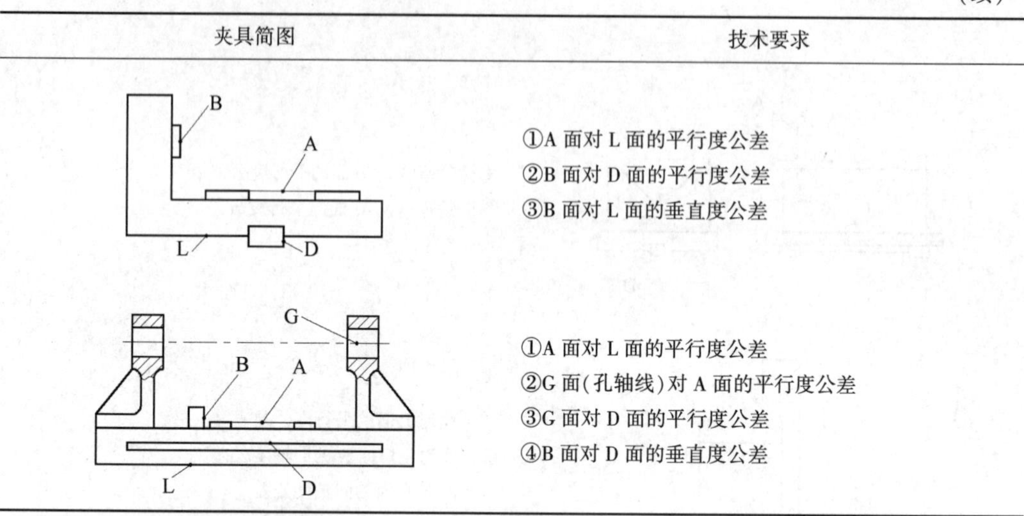

夹具简图	技术要求
B, A, L, D	①A 面对 L 面的平行度公差 ②B 面对 D 面的平行度公差 ③B 面对 L 面的垂直度公差
G, B, A, L, D	①A 面对 L 面的平行度公差 ②G 面(孔轴线)对 A 面的平行度公差 ③G 面对 D 面的平行度公差 ④B 面对 D 面的垂直度公差

5.6.2 专用夹具设计实例

5.6.2.1 明确设计任务，收集原始资料

如图 5-83 所示为连杆零件图，中批生产。本工序要求铣连杆两端面处的八个槽，槽宽$10_0^{+0.2}$mm，深$3.2_0^{+0.4}$mm，表面粗糙度 Ra 值为 12.5μm。槽的中心与两孔连线成 45°±30′。连杆端面和大小孔已加工好。拟选用三面刃盘铣刀在 X62W 卧式铣床上加工，槽宽由铣刀厚度保证，槽的位置、深度及角度由夹具保证。

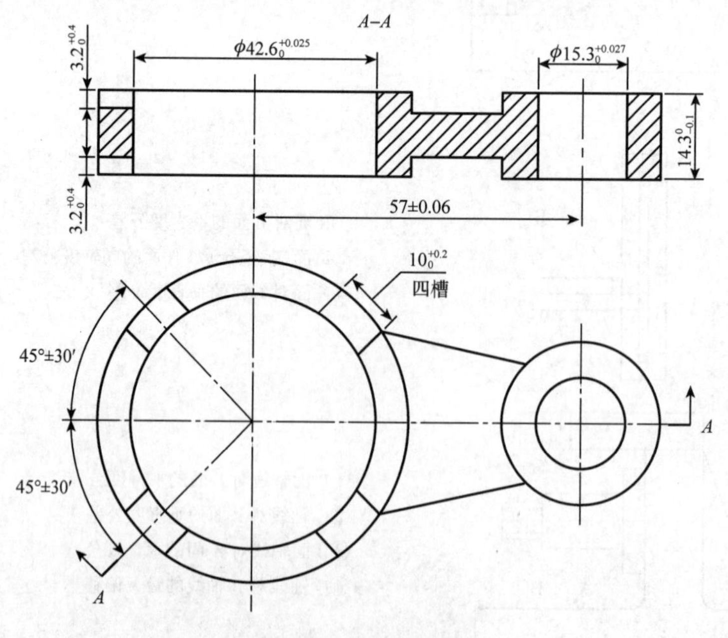

图 5-83　连杆零件图

5.6.2.2　拟定夹具结构方案

(1)定位方案的选择

根据工件的轮廓、形状特征和加工要求，拟采用一面两孔定位。以连杆端面作支承面，大孔用圆柱销，小孔用削边销，如图 5-84(a)所示。对于槽的角度位置尺寸45°±30′，定位基准与工序基准重合；对于槽深方向尺寸$3.2_{0}^{+0.4}$，定位基准与工序基准不重合。但不重合误差为0.1mm，而槽深公差为0.4mm。可以保证精度要求。

(2)确定定位元件尺寸及计算定位误差

①确定两定位销的中心距：两孔中心距 $L_D=(57\pm0.06)$mm，两定位销的中心距的基本尺寸等于连杆两孔中心距的平均尺寸，其公差一般取 $T_j\approx(1/3)T_g$。故两定位销的中心距为 $L_d=(57\pm0.02)$mm。

②确定圆柱销直径：圆柱销直径的基本尺寸应等于与之配合的工件孔的基本尺寸，其公差带一般取 g6 或 h7。因此圆柱销的直径为 $d_1=42.6\text{g6}=42.6_{-0.025}^{-0.009}$mm。

③确定菱形销直径：菱形销必须满足中心距的补偿量为：

$$a=\frac{\delta_{L_D}+\delta_{L_d}}{2}=(0.06+0.02)\text{mm}=0.08\text{mm}$$

查有关夹具设计手册，菱形销的宽度 $b=3$mm。菱形销定位的最小间隙：

$$X_{2\min}=\frac{2ab}{D_{2\min}}=\frac{2\times0.08\times3}{15.3}\text{mm}\approx0.031\text{mm}$$

菱形销的最大直径：$d_{2\max}=D_{2\min}-X_{2\min}=(15.3-0.031)\text{mm}=15.269$mm。

取公差带为 g6，则菱形销的直径为：$d_2=15.269_{-0.011}^{0}\text{mm}=15.3_{-0.042}^{-0.031}$mm。

④计算槽深度方向尺寸(即$3.2_{0}^{+0.4}$mm)的定位误差：由于定位基准与工序基准不重合，基准不重合误差 $\Delta_B=0.1$mm。因定位基准是已加工过的平面，其基准位移误差为零，所以定位误差 $\Delta_D=\Delta_B=0.1$mm，不超过槽深公差的1/3，能保证槽深的精度要求。

⑤计算角度45°±30′的定位误差：由于定位基准和工序基准重合，所以 $\Delta_B=0$。

转角误差为：

$$\Delta_\alpha=\arctan\frac{(D_{1\max}-d_{1\min})+(D_{2\max}-d_{2\min})}{2L}=\arctan\frac{0.025+0.016+0.009+0.011+0.031}{2\times57}=3.501'$$

此值远小于角度公差的1/3，能保证角度尺寸的精度要求。

(3)工件的夹紧方案

根据工件的定位方案，考虑夹紧力的作用点及方向，采用如图 5-84(b)所示的夹紧方式。夹紧点在大孔端面，离被加工面近，工件的装夹刚度好，切削过程不易产生振动，工件的夹紧变形小。由于该工件较小，夹紧机构的高度也受限制，以防止和铣刀刀杆相碰。为使夹具结构简单，采用手动螺旋压板夹紧。另外，因工件是一面两孔定位，定位销还能抵消一部分切削力，所以此夹紧方案可靠，不必进行夹紧力计算。

(4)变换工位的方案

在拟定该夹具结构方案时，面临的一个问题是，当一面上的一对槽加工好后，同一面上另一对槽如何加工。一种方案是采用分度装置，加工完一对槽后，将工件随分度盘一起转过90°，再加工另一对槽。另一方案是，重新装夹工件，即在夹具上设计两个菱形销，这两个菱形销相差90°，加工完一对槽后，卸下工件，旋转90°后套在另一个菱形销上，重新夹紧后再加工另一对槽。第一种方案的优点是操作简单，但结构复杂。第二种方案的优点是结构简单，但操作复杂。考虑到该零件生产批量不大，零件分度次数不多，故采用第二种方案。

(5)刀具的对刀或引导方案

①确定对刀块的形式：刀具和工件的相对位置由对刀块决定。本工件的工序尺寸公差较大，可采用对刀块。选用直角对刀块，用螺钉和销钉固定在夹具体上，用塞尺调刀，如图5-84(c)所示。

②确定对刀块与定位元件之间的位置尺寸：对刀块底面到定位平面的尺寸由连杆尺寸$3.2_{0}^{+0.4}$mm和$14.3_{-0.1}^{0}$mm决定，三个尺寸组成尺寸链，其中$3.2_{0}^{+0.4}$mm为封闭环，由尺寸链计算可得对刀块底面到定位平面的尺寸为$11.1_{-0.4}^{-0.1}$mm，将其转换为对称公差为10.85±0.15mm，该平均尺寸10.85mm再减去塞尺厚度3mm即为7.85mm。公差取工件公差的1/10，即±0.02mm。

对刀块侧面到圆柱销中心线的距离为：$\frac{10_{0}^{+0.2}}{2}+3=8.1$mm 公差同上，仍取±0.02mm。

③夹具在机床上的安装方式及夹具体结构：本夹具通过定向键与铣床工作台的T形槽配合，夹具体上设置耳座，用螺栓与机床工作台紧固，保证夹具的定位元件工作表面对工作台的进给方向具有正确的相对位置。

最后，绘制夹具总装图及夹具体零件图，夹具装配图如图5-84(c)所示。

5.6.2.3 影响加工精度的因素

用夹具装夹工件进行机械加工时，影响加工精度的因素很多。与夹具有关的有定位误差Δ_D、对刀误差Δ_T、夹具在机床上的安装误差Δ_A和夹具制造误差Δ_Z。影响加工精度的其他因素称为加工方法误差Δ_G。上述各项误差均导致刀具相对工件的位置不精确，从而形成总的加工误差$\Sigma\Delta$。

下面以图5-84为例，分析在连杆铣槽工序中影响槽深$3.2_{0}^{+0.4}$mm的误差因素。

(1)定位误差Δ_D

槽深$3.2_{0}^{+0.4}$mm的定位误差为$\Delta_D=0.1$mm。

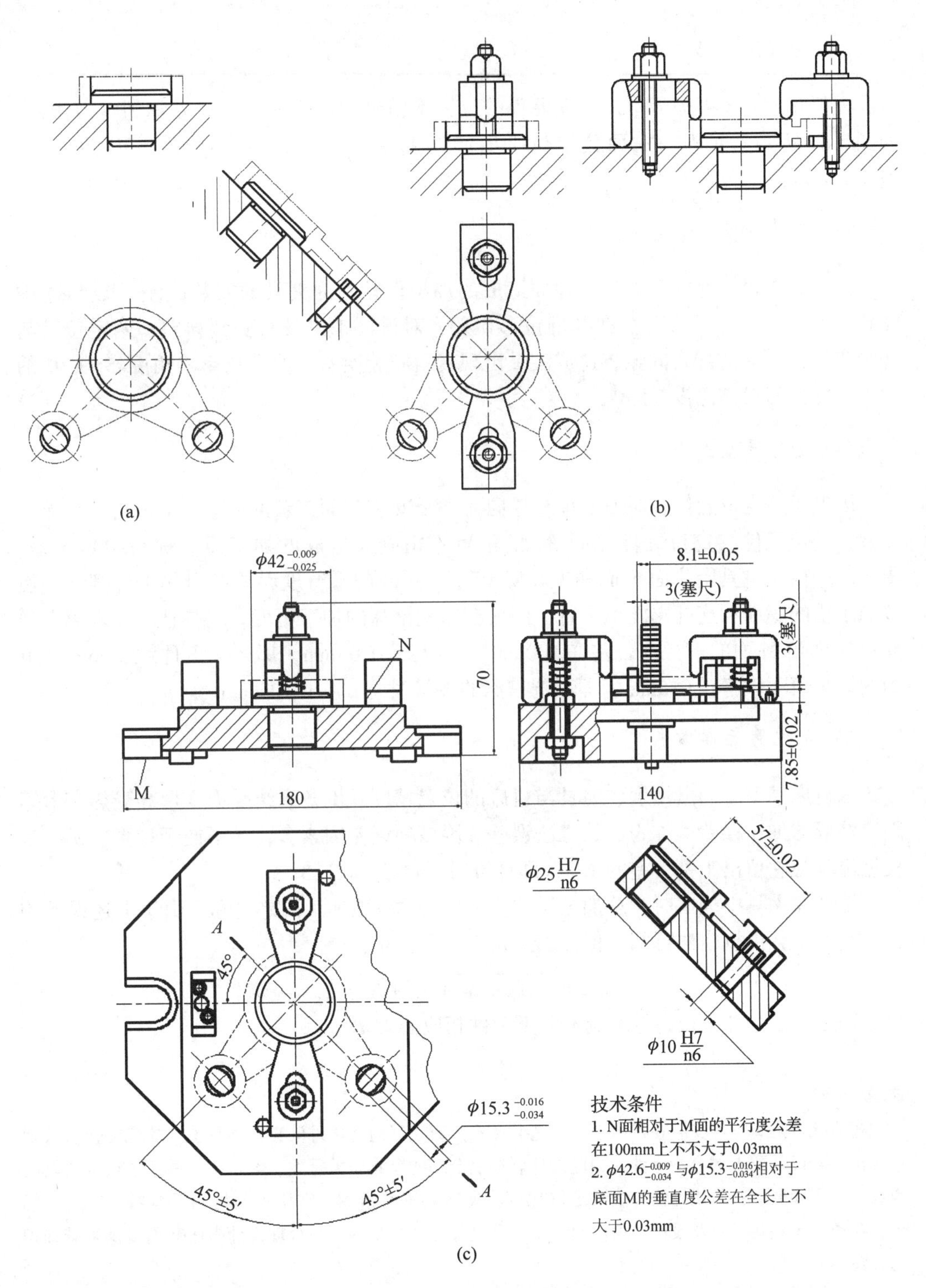
(a)
(b)
$\phi 42^{-0.009}_{-0.025}$
8.1±0.05
3(塞尺)
3(塞尺)
N
70
M
180
140
7.85±0.02
57±0.02
$\phi 25\frac{H7}{n6}$
$\phi 10\frac{H7}{n6}$
A
45°
$\phi 15.3^{-0.016}_{-0.034}$
45°±5′
45°±5′
A
技术条件
1. N面相对于M面的平行度公差在100mm上不不大于0.03mm
2. $\phi 42.6^{-0.009}_{-0.034}$与$\phi 15.3^{-0.016}_{-0.034}$相对于底面M的垂直度公差在全长上不大于0.03mm
(c)

图 5-84　夹具设计实例

(2) 对刀误差 Δ_T

因刀具相对于对刀元件或导向元件的位置不精确而造成的加工误差称为对刀误差。如图 5-84 所示，对刀块底面到定位平面的误差 ±0.02mm，将会导致槽深的加工误差 ±0.04mm。

(3) 夹具的安装误差 Δ_A

因夹具在机床上的安装不精确而造成的加工误差称为夹具的安装误差。图 5-84 中安装基面 M 面为平面，不存在基准位移误差，对槽深来讲没有安装误差；两定位键与铣床 T 形槽之间的配合间隙将造成夹具出现转角安装误差，但它只影响角度45° ±30′的加工精度，而对槽深没有影响。

(4) 夹具误差 Δ_Z

因夹具上定位元件、对刀元件或导向元件及安装基面三者间(包括导向元件与导向元件，定位元件与定位元件之间等)的位置不精确而造成的加工误差称为夹具误差。图 5-84中由于夹具定位面 N 面和夹具安装基面 M 间的平行度误差会引起工件倾斜，使被加工槽的底面和连杆端面不平行，因而会影响槽深的加工精度。夹具技术要求第一条规定 N 面与 M 面的平行度公差在 100mm 上不大于 0.03mm，那么在工件约 50mm 的范围内影响值不大于 0.015mm，即影响槽深的夹具误差 $\Delta_Z = 0.015$mm。

(5) 加工方法误差 Δ_G

因机床精度、刀具精度、刀具与机床的位置精度、工艺系统受力变形和受热变形等因素造成的加工误差通称为加工方法误差。因该项误差因素多，又不便于计算，所以常根据经验为它留出工件公差的 1/3，即计算时可设 $\Delta_G = T_g/3$。

工件在夹具中加工时，总加工误差 $\sum\Delta$ 为上述各项加工误差之和。由于上述误差均为独立变量，由概率法可知，保证加工精度的条件是：

$$\sum\Delta = \sqrt{\Delta_D^2 + \Delta_T^2 + \Delta_A^2 + \Delta_G^2} \leqslant T_g$$

即工件的总加工误差 $\sum\Delta$ 应不大于工件相应公差 T_g。

本章小结

机床夹具是将工件安装在机床上的工艺装备，只有正确地将工件装夹在夹具上，才能方便有效地加工出符合设计要求的合格零件，因此设计制造出合理的夹具至关重要。本章主要讲述了机床夹具的组成、作用和分类；常用定位方法及定位元件；夹紧装置的组成，常用夹紧机构及其特点、应用场合；各类机床夹具特点及设计要点以及专用夹具设计方法与步骤，为合理设计机床夹具提供基础知识与方法。

思考题

5-1 分析题 5-1 图定位方案：①指出各定位元件所限制的自由度；②判断有无欠定位或过定位；

③对不合理的定位方案提出改进意见。

图中钻、铰连杆零件小头孔，保证小头孔与大头孔之间的距离及两孔的平行度。

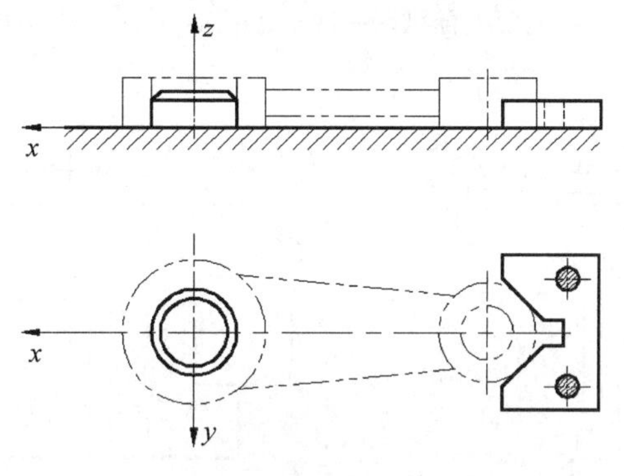

题 5-1 图

5-2　指出题 5-2 图所示各定位、夹紧方案及结构设计中不正确的地方，并提出改进意见。

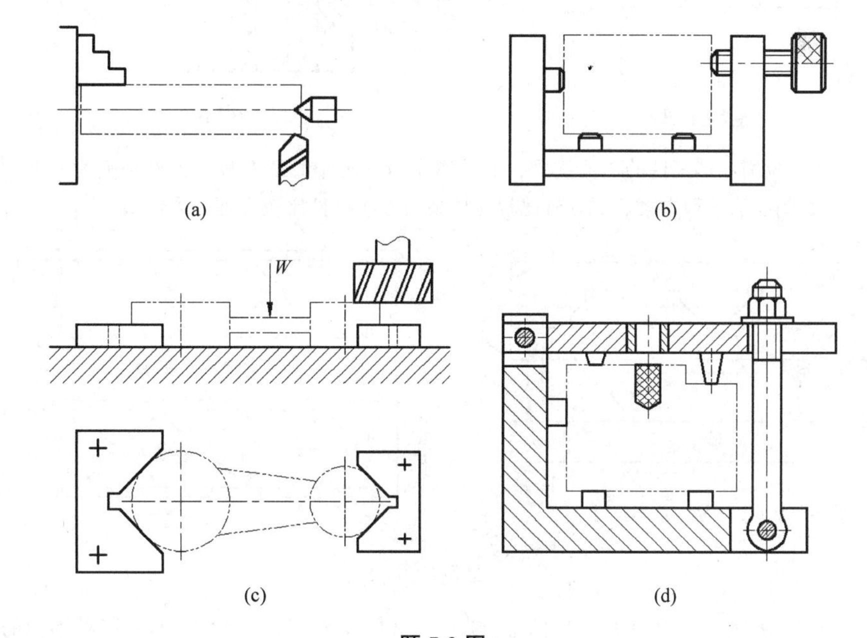

题 5-2 图

5-3　试分析题 5-3 图中所示的各夹紧机构中有哪些错误或不合理之处，并提出改进方案。

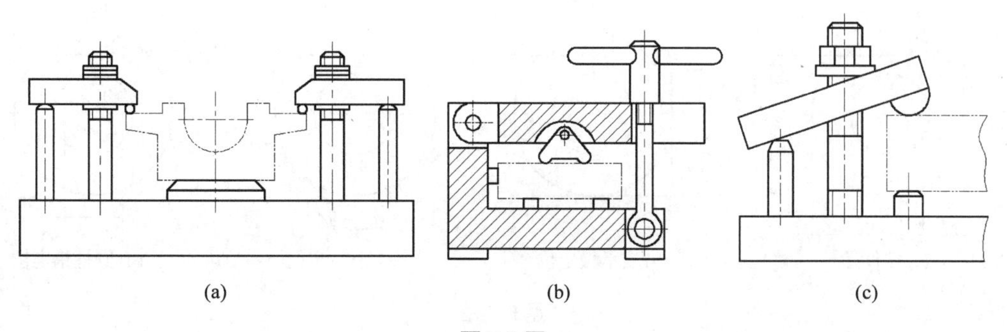

题 5-3 图

5-4 题5-4图为镗削连杆小头孔的定位简图。选择大头孔及其端面和小头孔为定位基准面，分别用带台肩定位销和可拔插的削边定位销定位，试分析各定位元件所限制的自由度。

5-5 欲在题5-5图所示工件上由组合机床一次加工孔 O_1、O_2、O_3，加工要求如图所示，试确定定位方案并绘制定位方案简图。

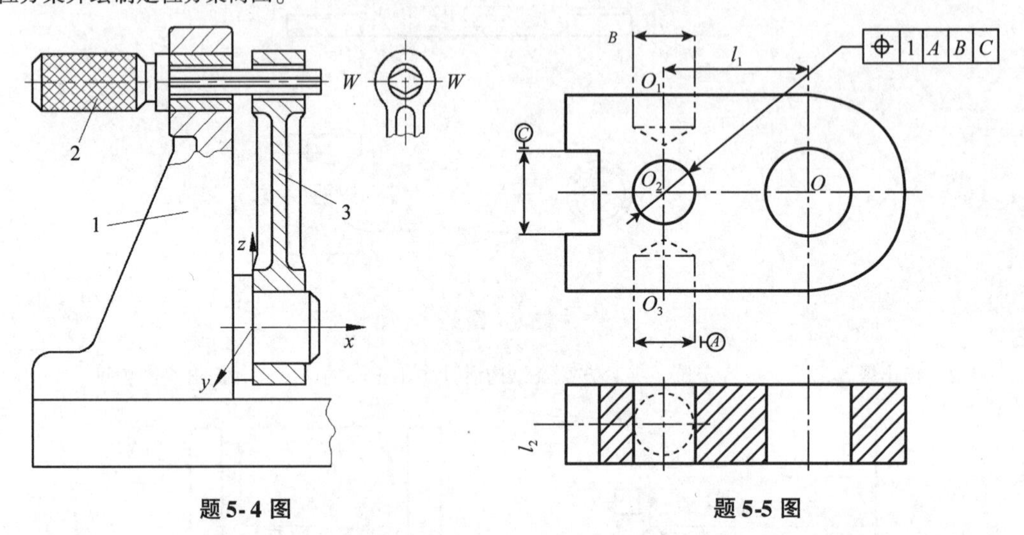

题 5-4 图　　　　题 5-5 图

5-6 欲在一批圆柱形工件的一端铣槽，要求槽宽与外圆中心线对称，工件外圆为 $\phi 25_{-0.053}^{-0.020}$ mm。工件装夹题5-6图所示三种方案。试分析比较三种装夹方案哪种比较合理，为什么？

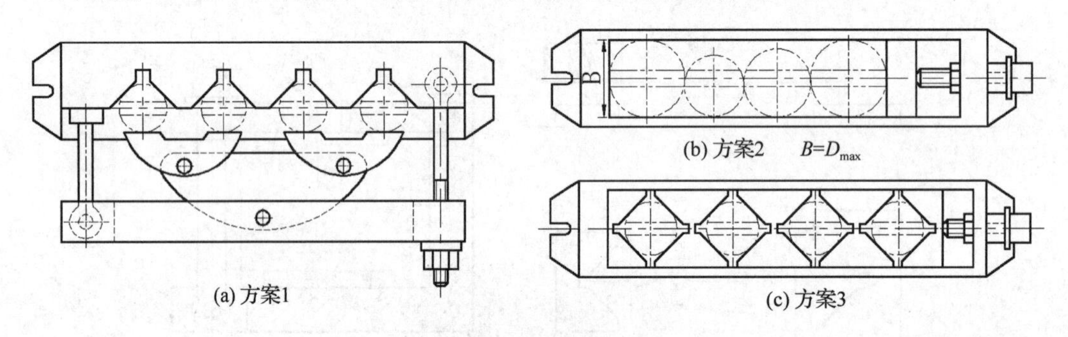

(a) 方案1　　(b) 方案2　$B=D_{max}$　　(c) 方案3

题 5-6 图

5-7 题5-7图所示，在套筒类零件上铣一缺口，其尺寸要求见零件图。采用三种不同的定位方案。试分别计算它们的定位误差，并判断能否满足加工要求。

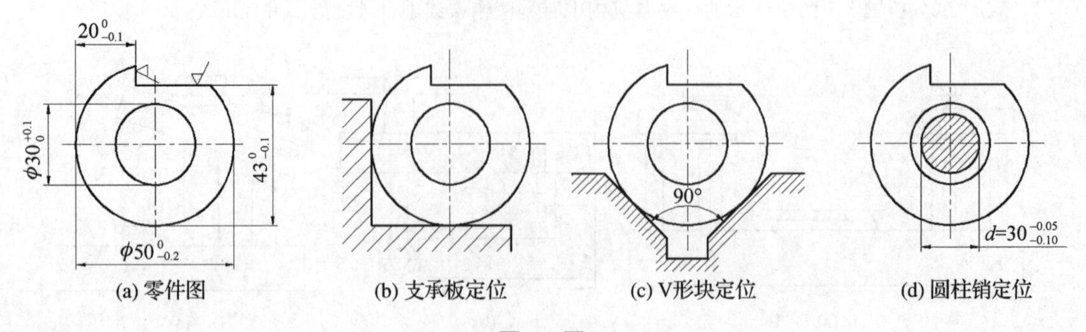

(a) 零件图　　(b) 支承板定位　　(c) V形块定位　　(d) 圆柱销定位

题 5-7 图

5-8　零件的有关尺寸如题 5-8 图所示，现欲铣一缺口采用图(b)(c)两种定位方案，试分析能否满足工序尺寸要求？若不能应如何改进？

5-9　工件定位如题 5-9 图所示，试分析计算工序尺寸 A 的定位误差。

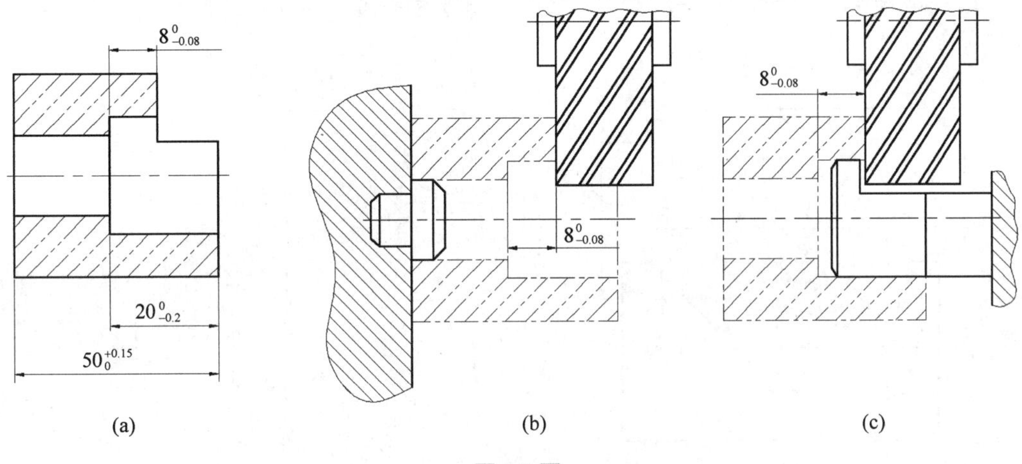

题 5-8 图

5-10　按题 5-10 图所示定位方式铣轴平面，要求保证尺寸 A。已知轴颈 $d=\phi\ 16^{0}_{-0.11}$ mm，$B=10^{+0.3}_{0}$ mm，$\alpha=45°$。试求此工序的定位误差。

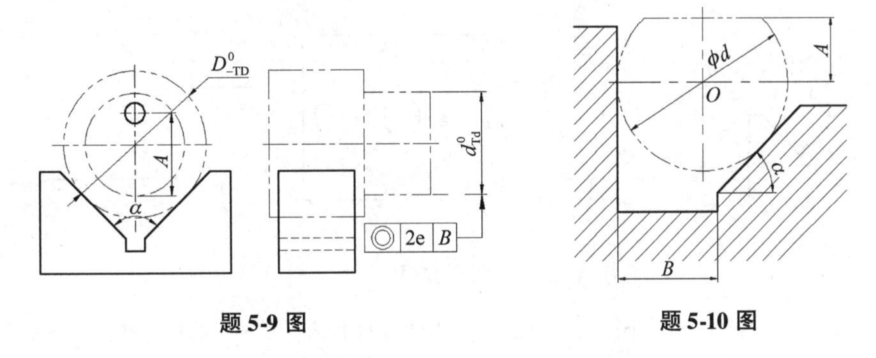

题 5-9 图　　**题 5-10 图**

5-11　在题 5-11 图所示套筒零件上铣键槽，要求保证尺寸$54^{0}_{-0.14}$ mm。现有三种定位方案，分别如图(b)～(d)所示。试计算三种不同定位方案的定位误差，并从中选择最优方案(已知内孔与外圆的同轴度误差不大于 0.02mm)。

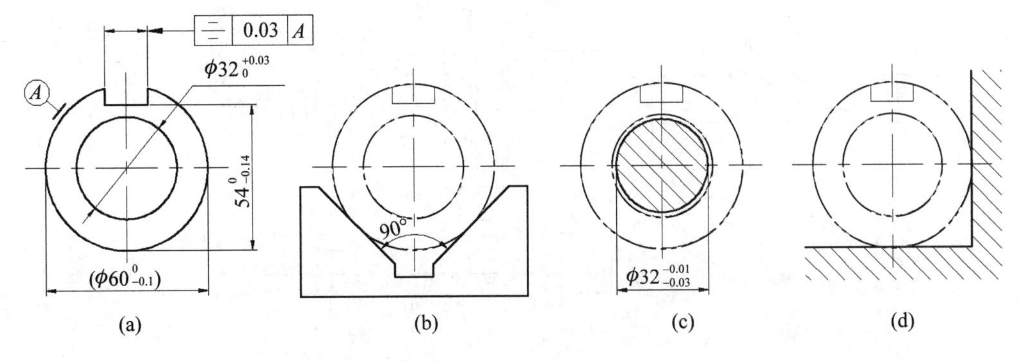

题 5-11 图

5-12　题5-12图所示齿轮坯在V形块上定位插键槽，要求保证工序尺寸 $H=38.5_{0}^{+0.2}$ mm。已知 $d=\phi 80_{-0.1}^{0}$ mm，$D=\phi 35_{0}^{+0.025}$ mm。试分析采用图示定位方法能否满足加工要求(要求定位误差不大于工件尺寸公差的1/3)？若不满足，应如何改进？(忽略外圆与内孔的同轴度误差)

5-13　铣削连杆小端的两侧面时，若采用题5-13图所示定位方式，试计算加工尺寸 $15_{0}^{+0.3}$ mm 的定位误差。

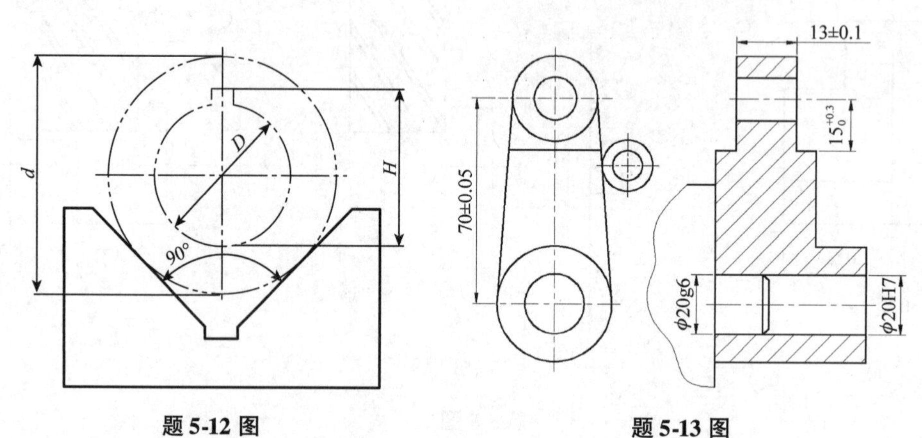

题5-12图　　题5-13图

5-14　现欲加工一批直径为 $d\pm\frac{\delta_d}{2}$ 轴类零件，欲打中心孔，工件定位方案如题5-14图所示，试分别计算利用(a)(b)(c)(d)四种定位方案加工后这批零件的中心孔与外圆可能出现的最大同轴度误差。

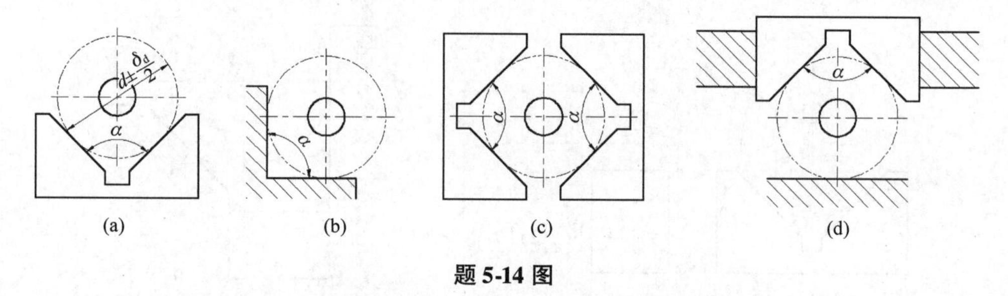

题5-14图

5-15　题5-15图所示钻模用于加工图(a)所示工件上两个 $\phi 8_{0}^{+0.036}$ mm 的孔，试指出该钻模设计不当之处。

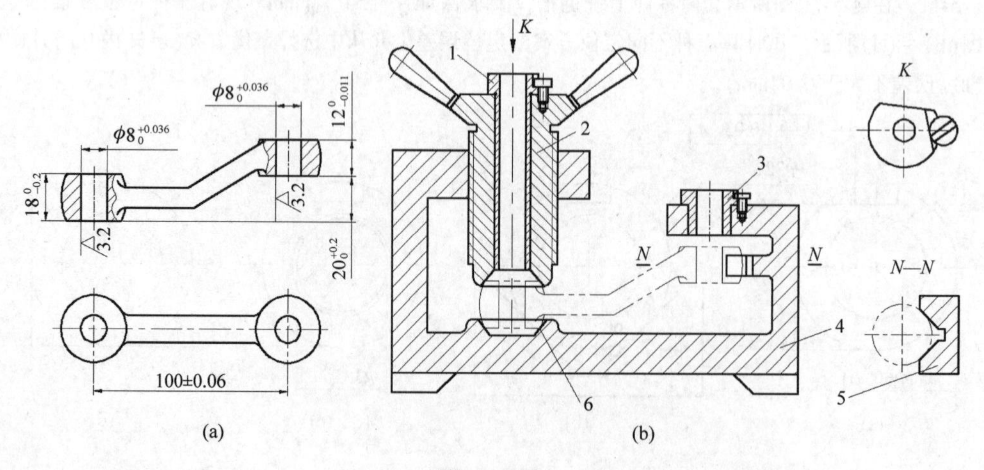

题5-15图

5-16　按题 5-16 图所示的钻孔 $\phi10H7$ 工序加工要求，验证钻模总图所标注的有关技术要求能否保证加工要求。

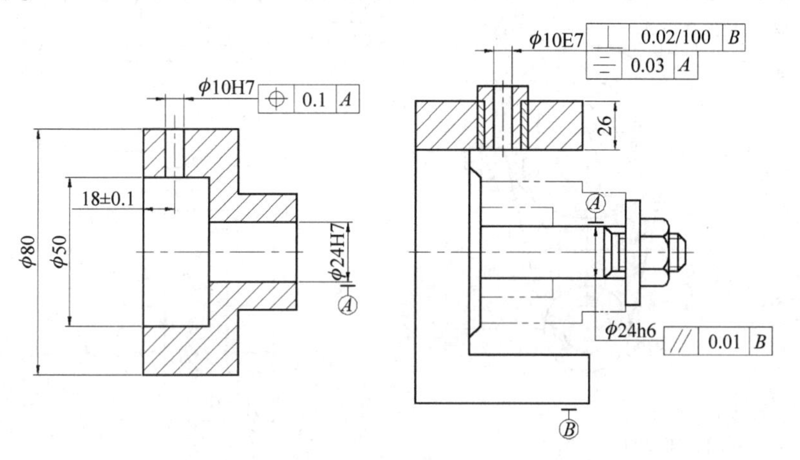

题 5-16 图

5-17　题 5-17 图所示拨叉零件，材料为 QT40－17。毛坯为精铸件，生产批量为 200 件。试设计铣削叉口两侧面的铣床夹具和钻 M8－6H 螺纹孔的钻床夹具(工件上 $\phi24H7$ 孔及两端面已加工好)。

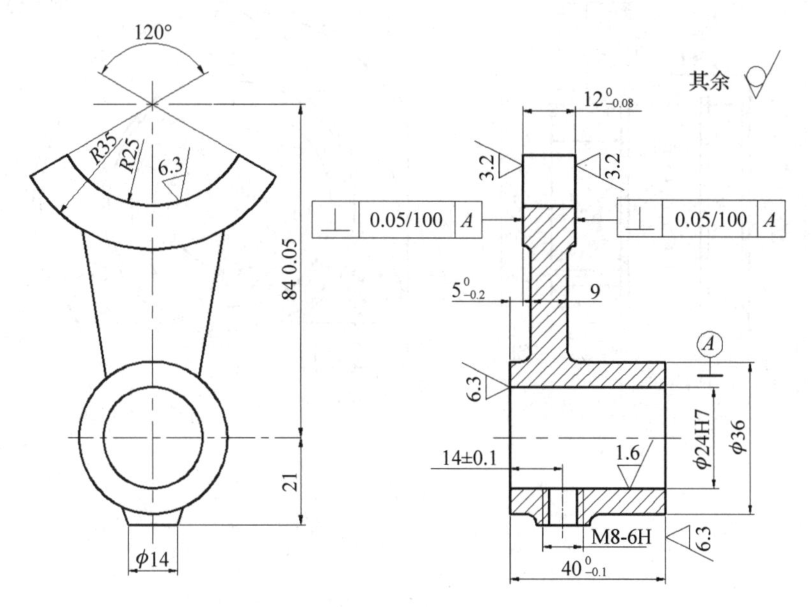

题 5-17 图

5-18　试分别设计如图题 5-18 图所示零件某工序的夹具方案。

①拨叉零件钻 $\phi14H7$ 孔工序的钻床夹具；

②法兰盘零件铣两端台面 M 和 N 的铣床夹具。

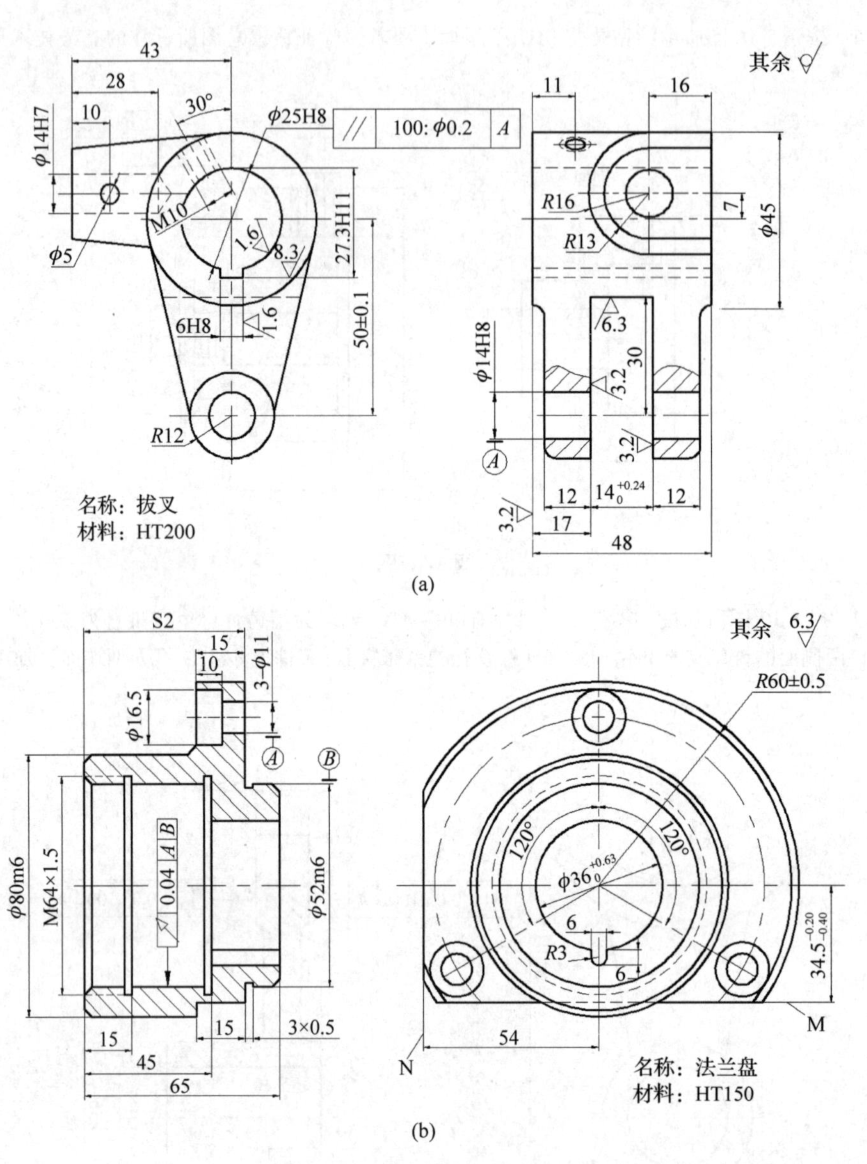
其余
43
28
10
30°
φ14H7
φ25H8
// 100:φ0.2 A
M10
φ5
1.6
8.3
27.3H11
6H8
1.6
50±0.1
R12
名称：拔叉
材料：HT200
11
16
R16
R13
7
φ45
6.3
φ14H8
30
3.2
3.2
A
12
$14^{+0.24}_{0}$
12
3.2
17
48
S2
15
10
3−φ11
φ16.5
A
B
φ80m6
M64×1.5
0.04 A B
φ52m6
15
15
3×0.5
45
65
其余 6.3
R60±0.5
120°
120°
$φ36^{+0.63}_{0}$
6
R3
6
$34.5^{-0.20}_{-0.40}$
M
54
N
名称：法兰盘
材料：HT150

(a)

(b)

题 5-18 图

第6章

机械加工精度

[本章提要]

机器零件的加工质量直接影响整台机器的使用性能和寿命。而零件的加工质量是由零件的机械加工精度和加工表面质量决定的。本章讨论的是加工精度，在实际生产中经常遇到需要解决的工艺问题，多数也是加工精度问题。研究机械加工精度的目的是研究加工系统中各种误差的影响因素，掌握其变化的基本规律，分析工艺系统中各种误差与加工精度之间的关系，寻求提高加工精度的途径，以保证零件的机械加工质量。

6.1　概述

6.2　影响加工精度的因素

6.3　加工误差的统计分析

6.4　保证和提高加工精度的途径

研究加工精度的目的在于找出影响零件机械加工精度的因素，也就是工艺系统的原始误差；弄清楚各种原始误差对加工精度的影响规律，从而掌握控制加工误差的方法；寻找进一步提高零件机械加工精度的途径。

6.1 概述

6.1.1 加工精度与加工误差

加工精度是指零件加工后的实际几何参数(尺寸、形状和位置)与理想几何参数的符合程度。在机械加工过程中，由于各种因素的影响，使得加工出的零件不可能与理想要求的完全符合，符合程度越高，加工精度就越高。

加工误差是指零件加工后的实际几何参数(尺寸、形状和位置)对理想几何参数的偏离程度。从保证产品的使用性能分析，没有必要把零件都加工得绝对精确，可以允许有一定的加工误差。加工精度和加工误差是从不同的角度来评定加工零件的几何参数，加工精度的高和低是通过加工误差的小和大来表示的。

零件的加工精度包括尺寸精度、形状精度和位置精度三方面的内容。这三者之间是有联系的，形状误差应限制在位置公差之内，而位置误差又应限制在尺寸公差之内。当尺寸精度要求高时，相应的位置精度、形状精度也要求高。但形状精度要求高时，相应的位置精度和尺寸精度不一定要求高，具体要根据零件的功能要求来确定。

6.1.2 获得加工精度的方法

6.1.2.1 尺寸精度获得方法

尺寸精度是对零件加工精度的基本要求，设计人员根据零件在机器中的作用与要求对零件制定了尺寸精度的几何参数，它包括直径公差、长度公差和角度公差等。为了使零件达到规定的尺寸精度，工艺人员必须采取各种工艺手段予以实现。

(1) 试切法

通过试切—测量—调整—再试切反复进行，直到被加工尺寸满足设计要求为止的加工方法称为试切法。试切法加工不需要复杂的装置，生产效率低，加工精度主要取决于工人的技术水平和测量工具的精度，常用于单件小批量生产，特别是新产品试制。

(2) 调整法

先按工件尺寸预先调整好机床、夹具、刀具和工件的相对位置，并在一批工件的加工过程中保持不变，以保证在加工时自动获得符合要求的尺寸的方法称为调整法。采用这种方法加工时不再进行试切，批量生产时效率大大提高，其加工精度，主要取决于机床和刀具的精度以及调整误差的大小，对机床操作工人技术水平要求不高。

调整法可分为静调整法和动调整法两类：

①静调整法：又称样件法，是在不切削的情况下，采用对刀块或样件调整刀具位置的方法。例如，在镗床上用对刀块调整镗刀的位置，以保证镗孔的直径尺寸；在铣床上用对刀块调整铣刀的位置，以保证工件的高度尺寸。在转塔车床、组合机床、自动车床及铣床上，常采用行程挡块调整尺寸，这也是一种经验调整法，其调整精度一般较低。

②动调整法：又称尺寸调整法，加工前用试切法加工一件或一组零件，调整好工件和刀具的相对位置，若所有试切零件合格，则调整完毕，即可开始加工。这种方法多用于大批量生产。由于考虑了加工过程的影响因素，动调整法的加工精度比静调整法的加工精度高。

(3) 定尺寸刀具法

所谓定尺寸刀具法是指利用定尺寸的刀具加工工件的方法。如用麻花钻、扩孔钻、拉刀及铰刀等加工孔，有些定尺寸的孔加工刀具可以获得非常高的精度，生产效率也非常高。但是由于刀具有磨损，磨损后尺寸不能保证，因此成本较高，多用于大批大量生产。此外，采用成形刀具加工也属于这种方法。

(4) 自动控制法

用测量装置、进给装置和控制系统组成一个自动加工系统，加工过程中的测量、补偿调整、切削等一系列工作依靠控制系统自动完成。基于程控和数控机床的自动控制法加工，其质量稳定，生产率高，加工柔性好，能适应多品种生产，是目前机械制造的发展方向。

6.1.2.2　形状精度获得方法

机械零件在加工过程中会产生大小不同的形状误差，它们会影响机器的工作精度、连接强度、运动平稳性、密封性、耐磨性和使用寿命等，甚至对机器产生的噪声大小也有影响。因此，为了保证零件的质量和互换性，设计时应对形状公差提出要求，以限定形状公差。加工时需采取必要的工艺方法给予保证。几何形状精度包括圆度、圆柱度、平面度、直线度等。

获得零件几何形状精度的方法有成形运动法和非成形运动法两种。

(1) 成形运动法

这种方法使刀具相对于工件做有规律的切削成形运动，从而获得所要求的零件表面形状，常用于加工圆柱面、圆锥面、平面、球面、曲面、回转曲面、螺旋面和齿形面等。成形运动法主要包括轨迹法、仿形法、成形刀具法和展成法。

①轨迹法：这种方法是依靠刀尖与工件的相对运动轨迹来获得所要求的加工表面几何形状。刀尖的运动轨迹精度取决于刀具和工件的相对运动轨迹精度。

②仿形法：仿形法是刀具按照仿形装置进给对工件进行加工的一种方法，其形状精

度主要取决于靠模精度。

③成形刀具法：该方法是用成形刀具来替代通用刀具对工件进行加工。刀具切削刃的形状与加工表面所需获得的几何形状相一致，很明显其加工精度取决于刀刃的形状精度。

④展成法：该方法是利用工件和刀具做展成切削运动进行加工的。滚齿加工多采用此法。

(2) 非成形运动法

通过对加工表面形状的检测，由工人对其进行相应的修整加工，以获得所要求的形状精度。尽管非成形运动法是获得零件表面形状精度的最原始方法，效率相对比较低，但当零件形状精度要求很高(超过现有机床设备所能提供的成形运动精度)时，常采用此方法。例如，0 级平板的加工，就是通过三块平板配刮方法来保证其平面度要求的。

6.1.2.3 位置精度获得方法

零件的相互位置精度主要由机床精度、夹具精度和工件安装精度以及机床运动与工件装夹后的位置精度予以保证的。位置精度获得方法如下：

(1) 一次装夹法

零件表面的位置精度在一次安装中由刀具相对于工件的成形运动位置关系保证。例如，车削阶梯轴或外圆与端面，则阶梯轴同轴度是由车床主轴回转精度来保证的，而端面对于外圆表面的垂直度要靠车床横向进给(刀尖横向运动轨迹)与车床主轴回转中心线垂直度来保证。

(2) 多次装夹法

通过刀具相对工件的成形运动与工件定位基准面之间的位置关系来保证零件表面的位置精度。例如，在车床上使用双顶尖两次装夹轴类零件，以完成不同表面的加工。不同安装中加工的外圆表面之间的同轴度，通过相同顶尖孔轴心线，使用同一工件定位基准来实现的。

(3) 非成形运动法

利用工人，而不是依靠机床精度，对工件的相关表面进行反复的检测和加工，使之达到零件的位置精度要求。

6.1.3 影响加工精度的原始误差及分类

6.1.3.1 原始误差

零件的机械加工是在由机床、夹具、刀具和工件组成的工艺系统中进行的。工艺系统中凡是能直接引起加工误差的因素都称为原始误差。原始误差的存在，使工艺系统各组成部分之间的位置关系或速度关系偏离理想状态，致使加工后的零件产生加工误差。

若原始误差在加工前已存在，即在无切削负荷的情况下检验的，称为工艺系统静误差；在有切削负荷情况下产生的则称为工艺系统动误差。

工艺系统的误差是“因”，是根源，加工误差是“果”，是表现，因此把工艺系统的误差称为原始误差。工艺系统的原始误差根据产生的阶段不同可归纳如下：

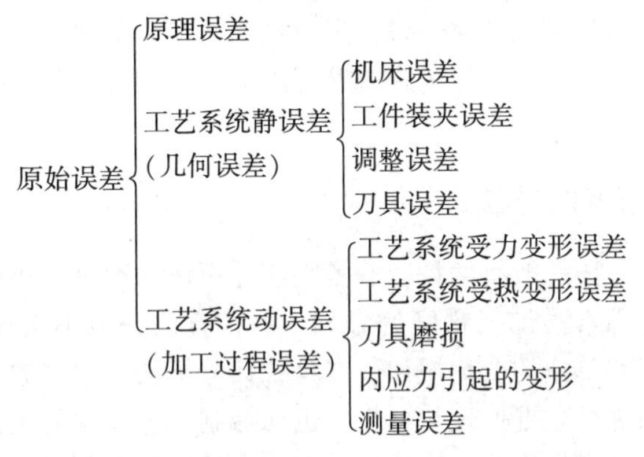

6.1.3.2　误差敏感方向

切削加工过程中，由于各种原始误差的影响，会使刀具和工件间的正确相对位置遭到破坏，引起加工误差。各种原始误差的大小和方向各有不同，加工误差则必须在工序尺寸方向上测量，所以原始误差的方向不同对加工误差的影响也不同。我们把对加工精度影响最大的那个方向（即通过刀刃的加工表面的法向）称为误差的敏感方向，如图6-1所示。

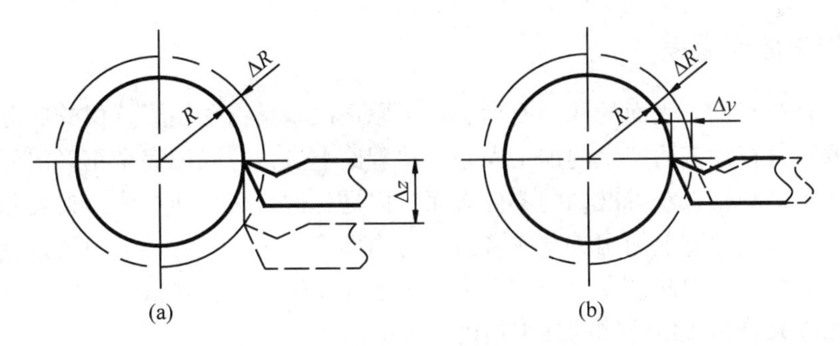

图6-1　原始误差与加工误差之间的关系

（a）加工表面有切向位移　（b）加工表面有法向位移

由原始误差引起的加工误差大小，必须在工序尺寸方向上测量。原始误差的方向不同，对加工误差的影响也不同。

以图6-1所示的车削为例，实线为刀尖正确位置，虚线为误差位置。图6-1（a）所示为某一瞬时，由于原始误差的影响，刀尖在加工表面有切向位移 Δz，即有原始误差的的情况，由此引起零件加工后的半径 R 变为 $R+\Delta R$，这时半径加工误差（省去高阶微小量 ΔR^2）为：

$$\Delta R = \frac{\Delta z^2}{2R} \tag{6-1}$$

如图6-1(b)所示，原始误差的影响使刀尖在加工表面法向位移为Δy的情况下，半径加工误差为：

$$\Delta R' = \Delta y \tag{6-2}$$

由此可见，当原始误差值相等，即$\Delta z = \Delta y$时，法线方向的加工误差最大，切线方向的加工误差极小，以致可以忽略不计，所以把对加工误差影响最大的那个方向(即通过刀刃的加工表面的法线方向)称为误差敏感方向。这是分析加工精度问题时的重要概念。

6.1.4　研究加工精度的方法

研究加工精度的方法一般有两种。一是因素分析法，通过分析计算、实验或测试等方法，研究某一确定因素对加工精度的影响。这种方法一般不考虑其他因素的共同作用，主要分析各项误差单独的变化规律。二是统计分析法，运用数理统计方法对生产中一批工件的实测结果进行数据处理与分析，进而控制工艺过程的正常进行。这种方法主要是研究各项误差综合变化规律，适用于大批、大量的生产条件。

这两种方法在生产实际中往往结合起来应用。一般先用统计分析法找出误差的出现规律，判断产生加工误差的可能原因，然后运用因素分析法进行分析、试验，以便迅速、有效地找出影响加工精度的关键因素。

6.2　影响加工精度的因素

6.2.1　加工原理误差

加工原理是指加工表面的成形原理。加工原理误差是指采用了近似的成形运动或近似的刀刃廓形进行加工而产生的加工误差。从理论上讲，应采用完全正确的刀刃形状并作相应的成形运动，以获得准确的零件表面。但是，这往往会使机床、夹具和刀具的结构变得复杂，造成制造上的困难；或者由于机构环节过多，增加运动中的误差，结果反而得不到高的精度。因此，在生产实际中，为了提高生产率，降低加工成本，常采用近似的加工原理来获得规定范围的加工精度。

例如，使用成形齿轮盘铣刀铣削齿轮时，为了减少铣刀数量，用一把铣刀铣削一定齿数范围内的齿轮，而这把铣刀是按照该齿数范围内最小齿数的齿轮齿廓设计的，所以加工该齿数范围内其他齿数的齿轮时，就会出现加工原理误差。又如齿轮滚刀为便于制造，采用阿基米德或法向直廓基本蜗杆代替渐开线蜗杆而产生的刀刃齿廓近似误差；滚切齿轮时，由于滚刀刃数有限，切削不连续，包络成的实际齿形是一条折线，而不是渐开线，导致造型原理误差。

采用近似的成形原理，虽然会带来加工原理误差，但可简化机构或刀具形状，提高生产率、降低生产成本，因此在允许的范围内，有加工原理误差的加工方法仍在广泛使用。

6.2.2　工艺系统的几何误差

工艺系统的几何误差主要指机床、夹具和刀具在制造时产生的误差，以及使用中的调整和磨损误差等。

6.2.2.1　机床的几何误差

加工的切削运动一般是由机床完成的，机床的几何误差通过成形运动反映到工件表面上。因此机床的几何误差直接影响加工精度，特别那些直接与工件和刀具相关联的机床零部件，其回转运动和直线运动对加工精度影响最大。以下重点分析机床几何误差中对加工精度影响最大的主轴回转误差、导轨误差和传动链误差。

(1)主轴回转误差

①主轴回转误差的形式：机床主轴是用来装夹工件或刀具，并将运动和动力传给工件或刀具的重要零件。主轴回转误差是指主轴实际回转轴线相对其理想回转轴线在误差敏感方向上的最大漂移量。但理想轴线难以得到，通常以平均回转轴线(即各瞬时回转轴线的平均位置)代替。所谓漂移，即回转轴线在每转一转中，偏离理想轴线的方位和大小都在变化的一种现象。它将直接影响被加工工件的几何精度。为便于分析，可将主轴回转误差分解为径向跳动、轴向跳动和角度摆动三种不同形式的误差，如图6-2所示。

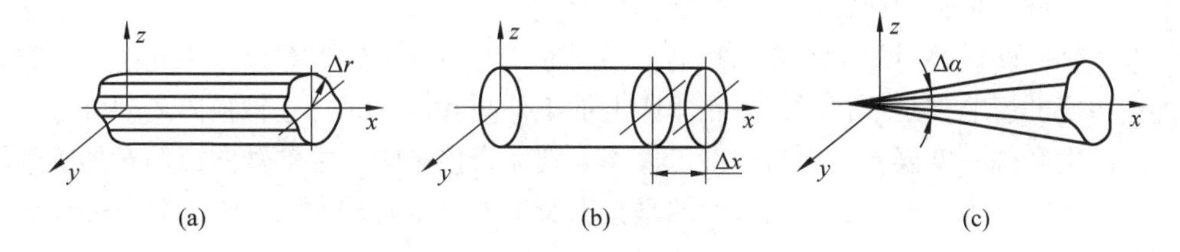

图6-2　主轴回转误差的三种形式

(a)径向跳动　(b)轴向跳动　(c)角度摆动

径向圆跳动误差　它是主轴瞬时回转轴线相对于平均回转轴线在径向上的变动量。如图6-2(a)所示，车外圆时，它使加工面产生圆度和圆柱度误差。产生径向圆跳动误差的主要原因是主轴支承轴颈的圆度误差和轴承工作表面的圆度误差等。

轴向窜动误差　它是主轴瞬间回转轴线沿平均回转轴线方向上的变动量。如图6-2(b)所示，车端面时，它使工件端面产生垂直度、平面度误差。产生轴向窜动的原因是主轴轴肩端面和推力轴承承载面对主轴回转轴线有垂直度误差。

角度摆动误差　它是主轴瞬时回转轴线相对于平均回转轴线在角度方向上的偏移量。如图6-2(c)所示，车削时，它使加工表面产生圆柱度误差和端面的形状误差。

主轴工作时，其回转运动误差常常是以上三种误差基本形式的合成。

②主轴回转误差的影响因素：影响主轴回转精度的主要因素有主轴轴颈的误差、轴承的误差、轴承的间隙、与轴承配合零件的误差等。

当主轴采用滑动轴承结构时，对于工件回转类机床(如车床、磨床)，由于切削力的方向大致不变，主轴颈以不同部位和轴承内孔的某一固定部位相接触，因此，影响主轴回转精度的主要因素是主轴支承轴颈的圆度误差，而轴承孔的误差影响较小，如图6-3(a)所示。对于刀具回转类机床(如铣床等)，由于切削力方向随主轴的回转而改变，主轴颈在切削力作用下总是以某一固定部位与轴承孔的不同部位接触。因此，对主轴回转精度影响较大的是轴承孔的圆度误差，而支承轴颈的影响较小，如图6-3(b)所示。

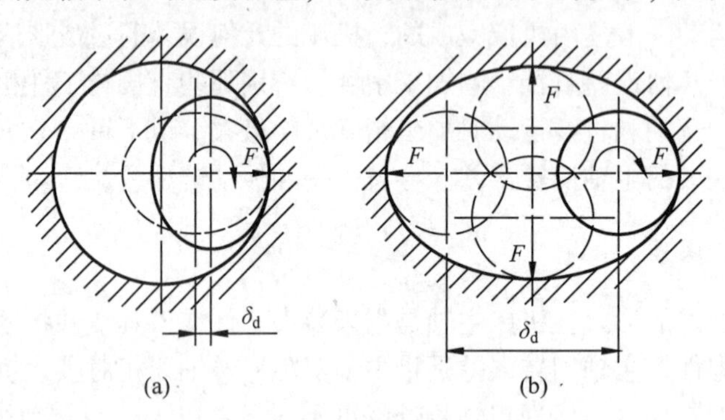

图6-3 主轴采用滑动轴承的径向跳动

(a)工件回转类机床 (b)刀具回转类机床

滚动轴承主要受轴承内外环滚道的圆度、波度、滚动体尺寸误差、前后轴承的内环孔偏心及装配质量等因素的影响而产生回转误差。另外，由于滚动体的自转和公转周期与主轴不一样，主轴的回转精度也会受到影响。

③主轴回转误差对加工精度的影响：不同形式的主轴回转误差以及不同的加工方式对加工精度的影响都是不相同的。在车床上加工外圆和内孔时，主轴径向跳动可以引起工件的圆度和圆柱度误差，但对加工工件端面则无直接影响。主轴轴向窜动对加工外圆和内孔的影响不大，但对所加工端面的垂直度及平面度则有较大的影响，对车螺纹会产生螺距误差。

(2)机床导轨误差

机床导轨是机床中确定主要部件相对位置的基准，也是运动的基准，它的各项误差直接影响被加工工件的精度，直线导轨的导向精度一般包括导轨在水平面内的直线度、在垂直面内的直线度以及前后导轨的平行度(扭曲)等几项主要内容。

①导轨在水平面内的直线度误差：如图6-4所示，车床、磨床等的导轨在水平面内直线度误差将使刀尖在水平面内产生位移Δy，直接反映在被加工工件表面的法线方向(误差敏感方向)，产生工件半径误差ΔR，$\Delta R=\Delta y$，对加工精度的影响很大，1:1地反映为工件表面的圆柱度误差。

②导轨在垂直平面内的直线度误差：如图6-5所示，车床、磨床等机床的导轨在垂直面内的直线度误差，使刀尖位置下降Δz，产生工件半径误差ΔR，其相互关系为：

$$\Delta R=\frac{\Delta z^2}{2R}$$

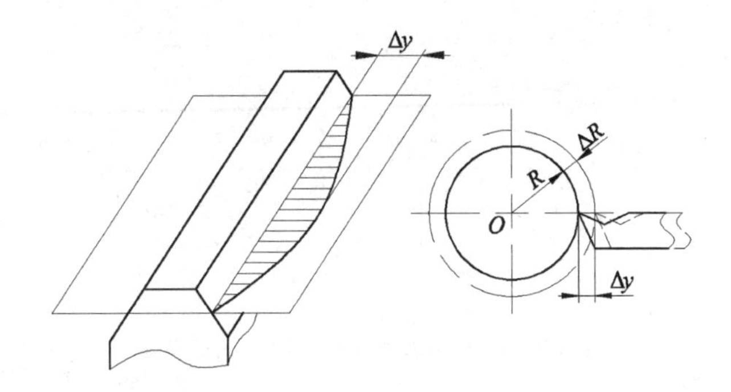

图 6-4　导轨在水平面内的直线度误差对加工精度的影响

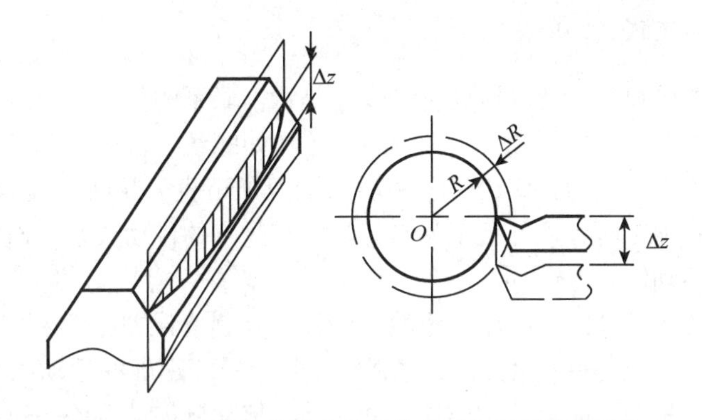

图 6-5　导轨在垂直面内的直线度对加工精度的影响

此时 ΔR 很小，对加工精度的影响可以忽略不计。

③前后导轨的平行度误差：就车床而言，前后导轨在垂直平面内的平行度误差(扭曲度)，会使刀架与工件的相对位置发生偏斜，刀尖相对工件被加工表面产生偏移，影响加工精度。如图 6-6 所示，车床导轨间在垂直方向上的平行度误差 Δl，将使工件与刀具的正确位置在误差敏感方向上产生 $\Delta y \approx (H/B) \cdot \Delta l$ 的偏移量，使工件半径产生 $\Delta R = \Delta y$ 的误差。

一般车床 $\frac{H}{B} = \frac{2}{3}$，外圆磨床 $H = B$，所以前后导轨平行度误差对加工表面加工精度影响比较大。

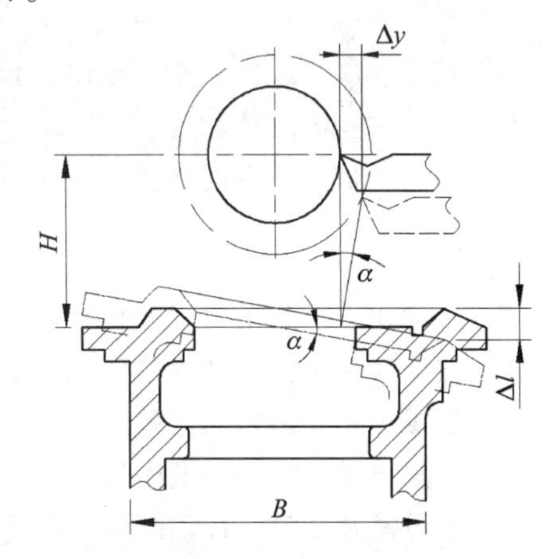

图 6-6　导轨间的平行度误差对加工精度的影响

④导轨对主轴回转轴线的位置误差：导轨与主轴回转轴线的平行度误差也影响工件的加工精度。若车床与主轴回转轴线在水平面内存在平行度误差，会使车出的内、外圆柱面产生锥度；若车床与主轴回转轴线在垂直面内有平行度误差，如图 6-7 所示，加工后表面为双曲回转体，局部实际半径为 $r_x = \sqrt{r_0^2 + h_x^2} = \sqrt{r_0^2 + t^2 \tan^2 \alpha}$。

除了导轨本身的制造误差外，导轨的不均匀磨损和安装质量，也是造成导轨误差的

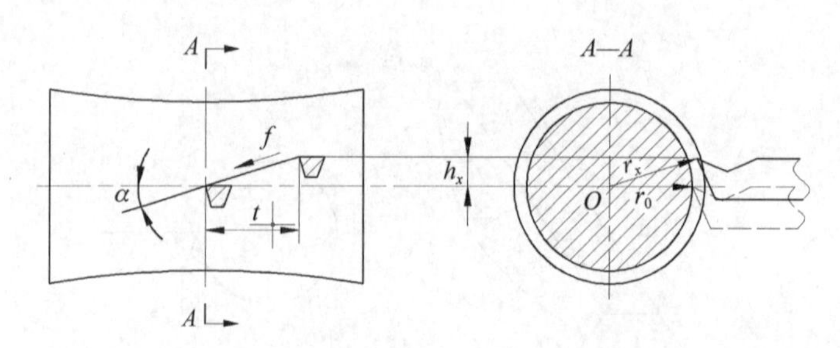

图 6-7　车削加工外圆表面时产生的误差

重要因素。

(3)机床传动链误差

①传动链误差的概念：传动链的传动误差是指内联系的传动链中首、末两端传动件之间相对运动的误差，是按展成法原理加工工件(如螺纹、齿轮、蜗轮等零件)时影响加工精度的主要因素。例如在滚齿机上用单头滚刀加工直齿轮时，要求滚刀旋转一周，工件转过一个齿，加工时必须保证工件与刀具间有严格的传动关系，而此传动关系是由刀具与工件间的传动链来保证的。

传动链中的各传动件，如齿轮、蜗轮、蜗杆等有制造误差(主要是影响运动精度的误差)、装配误差(主要是装配偏心)和磨损时，就会破坏正确的运动关系，使工件产生误差，这些误差的累积，就是传动链的传动误差。传动链传动误差一般用传动链末端件的转角误差来衡量。传动链的总转角误差 $\Delta\varphi_{\Sigma}$ 是各传动件误差 $\Delta\varphi_j$ 所引起末端传动件转角误差 $\Delta\varphi_{jn}$ 的叠加，即 $\Delta\varphi_{\Sigma}=\sum_{j=1}^{n}\Delta\varphi_j^2$，而传动链中某一传动件的转角误差引起末端传动件转角误差 $\Delta\varphi_{jn}$ 的大小，取决于该传动件的误差传递系数 K_j，K_j 在数值上等于从它到末端件之间的总传动比 i，即 $\Delta\varphi_{jn}=K_j\Delta\varphi_j=i_j\Delta\varphi_j$。考虑到各传动件转角误差的随机性，则传动链末端件的总转角误差可用概率法进行估计，即

$$\Delta\varphi_{\Sigma}=\sqrt{\sum_{j=1}^{n}i_j^2\Delta\varphi_j^2}$$

传动比 i_j 反映了第 j 个传动件的转角误差对传动链误差影响的程度，所以，i_j 越小，转角误差就越小，对加工精度的影响也就越小。

②减少传动链传动误差的措施如下。

缩短传动链　传动链中传动组越少，传动链越短，则误差来源越少。

采用降速传动　传动链采用降速传动，则传动副的误差反映到末端件是缩小的，如为升速，则误差将会扩大。

合理地分配各传动副的传动比　从误差传递规律来看，末端传动组的传动比在传动过程中对其他传动组的传动误差都有影响，如果将其设计很小，对于减少传动误差有很明显的作用。因此，末端传动副应尽量采用传动比较小的传动副(如蜗杆蜗轮副、丝杠螺母副等)。

合理地确定各传动副的精度　误差传递规律的分析说明，不是所有传动副的精度对加工误差都有相同的影响。中间传动副的误差在传递过程中都被缩小了，只有末端传动

副的误差直接反映到执行件上，对加工精度影响最大。因此，末端传动副的精度要高于中间传动副。

合理选择传动件　内联系传动链中不能有传动比不准确的传动副，如摩擦传动副。分度蜗轮的直径要尽量取得大些。在齿轮加工机床上，由于受力较小，在保证耐磨性的前提下，分度蜗轮的齿数可以取得多些，模数可以取得小些。同样，在保证耐磨性的前提下，丝杠的导程也应取得小些。

采用校正装置　为了进一步提高精度，可以采用校正装置。校正装置可以是机械的，也可采用一些现代化的手段进行补偿。

6.2.2.2　工艺系统其他几何误差

(1)刀具误差

刀具的误差主要表现为刀具的制造误差和磨损，对加工精度的影响随刀具的种类不同而异。采用定尺寸刀具、成形刀具、展成刀具加工时，刀具的制造误差会直接影响工件的加工精度；而对一般刀具(如普通车刀等)，其制造误差对工件加工精度无直接影响。

任何刀具在切削过程中，都不可避免地要产生磨损，并由此影响工件的尺寸和形状精度。正确地选用刀具材料，合理地选用刀具几何参数和切削用量，正确地刃磨刀具，合理地选用切削液等，均可有效地减少刀具的磨损。必要时还可采用补偿装置对刀具磨损进行自动补偿。

(2)装夹误差和夹具误差

装夹误差包括定位和夹紧产生的误差。夹具误差包括定位元件、刀具导向元件、分度机构和夹具体等的制造误差以及夹具装配后各元件的相对位置误差、夹具使用过程中其工作表面磨损所产生的误差以及经常被忽略的基准位置误差。装夹误差和夹具误差主要影响工件加工表面的位置精度。

为了减少夹具误差及其对加工精度的影响，在设计和制造夹具时，对于影响工件精度的夹具尺寸和位置应严加控制，其制造公差可取工件相应尺寸或位置公差的1/5~1/2。对于易磨损的定位零件和导向零件，除选用耐磨性好的材料外，可制成可拆卸的夹具结构，以便及时更换磨损件。

(3)调整误差

在加工开始前，为使切削刃和工件保持正确的位置，需要进行调整。在加工过程中，由于刀具磨损等原因使已调整好的刀具与工件位置发生了变化，因此需要进行再调整或校正，使刀具与工件保持正确的相对位置，保证各工序的加工精度及其稳定性。调整方式不同，其误差来源也不同。

①试切法调整：采用试切法加工时，其调整误差的主要来源有如下：

测量误差　工件在加工过程中要用各种量具、量仪等进行检验测量，再根据测量结

果对工件进行试切或调整机床。量具本身的误差、读数误差以及测量力等所引起的误差都会导致测量误差。如图 6-8 所示，测量过程中测量部位、目测或估计不准造成的误差。

测量精度要求较高的量具，需满足“阿贝原则”。“阿贝原则”指零件上的被测线应与测量工具上的测量线重合或在其延长线上。量具制造误差的影响，如图 6-9 所示，外径百分尺是符合“阿贝原则”的，游标卡尺不符合“阿贝原则”。

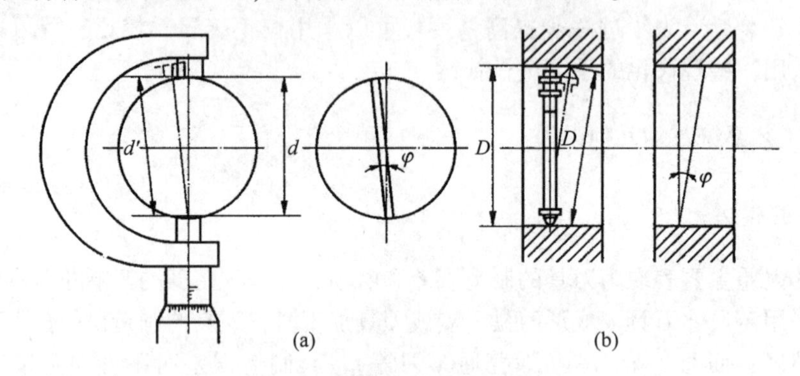

图 6-8　测量部位不准确的影响

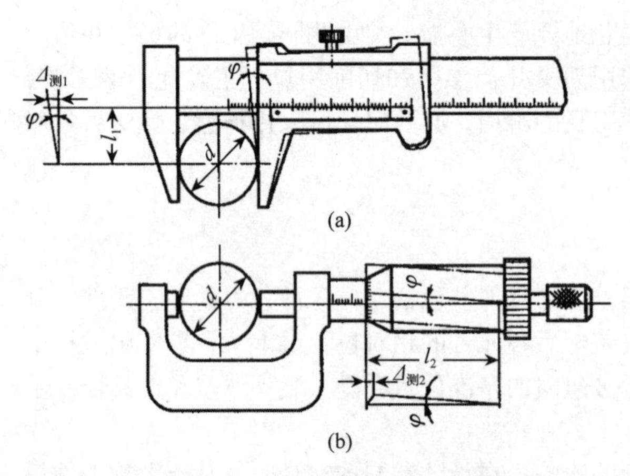

图 6-9　游标卡尺和百分尺的测量误差

进给机构的位移误差　试切最后一刀时，由于进给机构常会出现“爬行”现象或刻度不准确，使刀具的实际进给量比手轮转动的刻度值偏小或偏大，造成加工误差。

切削层厚度变化所引起的误差　由于受切削刃锋利程度的影响，试切最后一刀金属层很薄时，切削刃往往切不下金属而仅起挤压滑擦作用。当按此调整位置进行正式切削时，则因新切削段的切深比试切时大，此时切削刃不打滑，切掉的金属要多一点，使正式切削的工件尺寸比试切时的尺寸小，产生尺寸误差。

②定程机构位置调整：当用行程挡块、靠模、凸轮等机构来控制刀具进给时，定程机构的制造精度和刚度、与其配合使用的离合器、电气开关、控制阀等的灵敏度以及整个系统的调整精度等都会产生调整误差。这种调整方法简单、费时，大批大量生产应用较多。

③样件调整：在各种仿形机床、多刀车床和专用机床的加工中，常用专用样板调整各切削刃之间的相对位置，样板的制造和安装误差，以及对刀误差会引起调整误差。

6.2.3　工艺系统的过程误差

机械加工工艺系统在切削力、传动力、惯性力、夹紧力以及重力等外力作用下，会产生相应的弹性变形、塑性变形、温升、热变形等现象，从而破坏刀具和工件之间已调整好的正确位置关系，使工件产生几何形状误差和尺寸误差。

6.2.3.1 工艺系统的刚度

工艺系统在外力作用下产生变形的大小，不仅和外力的大小有关，而且和工艺系统抵抗外力使其变形的能力，即工艺系统刚度有关。工艺系统在各种外力作用下，将在各个受力方向上产生相应的变形，这里主要研究误差敏感方向上的变形。

根据虎克定律，作用力 F 与在作用力方向上产生的变形量 y 的比值称为物体的静刚度 k(简称刚度)，即

$$k = \frac{F}{y} \tag{6-3}$$

式中 k——刚度，N/mm；

F——作用力，N；

y——沿作用力 F 方向的变形量，mm。

这里主要研究的是误差敏感方向，即通过刀尖的加工表面的法向。因此，工艺系统的刚度 k_{xt} 定义为：工件和刀具的法向切削分力(即背吃刀或切深抗力) F_p 与在总切削力的作用下，它们在该方向上的相对位移 y_{xt} 的比值，即

$$k_{xt} = \frac{F_p}{y_{xt}} \tag{6-4}$$

因为工艺系统是由机床、刀具、夹具和工件组成的，所以工艺系统在某一处的受力变形量 y_{xt} 是各组成环节变形量的合成，即 $y_{xt} = y_{jc} + y_{dj} + y_{jj} + y_{gj}$，则工艺系统的刚度 k_{xt} 有

$$k_{xt} = \frac{1}{\frac{1}{k_{jc}} + \frac{1}{k_{dj}} + \frac{1}{k_{jj}} + \frac{1}{k_{gj}}}(\text{N/mm}) \tag{6-5}$$

式中 y_{jc}、y_{dj}、y_{jj}、y_{gj}——机床、刀具、夹具和工件的变形量，mm；

k_{jc}、k_{dj}、k_{jj}、k_{gj}——机床、刀具、夹具和工件的刚度，N/mm。

从式(6-5)可知，如果已知工艺系统各组成部分的刚度，即可求得工艺系统的总刚度。一般在用刚度计算公式求解某一系统刚度时，应针对具体情况进行分析。如车外圆时，车刀本身在切削力作用下的变形对加工误差的影响很小，可略去不计，这时计算公式中可省去刀具刚度一项。再如镗孔时，镗杆的受力变形严重地影响着加工精度，而工件(如箱体零件)的刚度一般较大，其受力变形很小，可忽略不计。

6.2.3.2 工艺系统受力变形引起的加工误差

(1)切削力大小变化引起的加工误差

在切削加工中，由于毛坯本身存在的几何形状误差导致工件的加工余量不均匀，工件材质不均匀等因素，引起切削力的变化，使工艺系统变形发生变化，从而造成的加工误差。

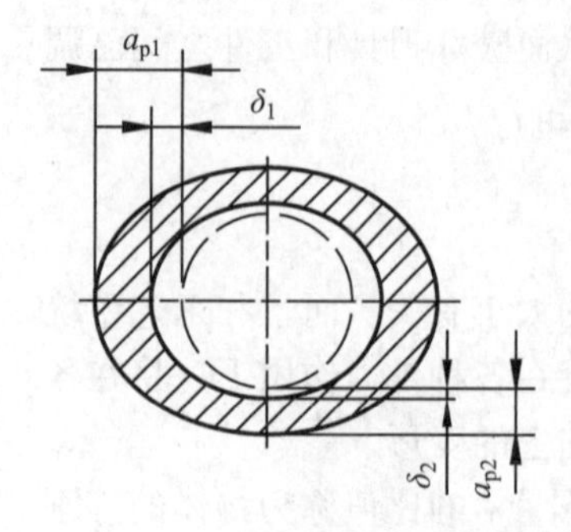

图 6-10　毛坯形状误差的复映

如图 6-10 所示，毛坯面有椭圆形状误差，把刀具调整到图上虚线位置，那么在椭圆长轴方向上的背吃刀量为 a_{p1}，短轴方向上的背吃刀量为 a_{p2}，由于背吃刀量的变化，切削力的大小在切削时也发生变化，工艺系统受力产生的位移也随之变化，对应 a_{p1} 产生的变形位移为 δ_1，a_{p2} 产生的变形位移为 δ_2，加工后截面会产生椭圆形状误差。

由毛坯误差产生的原始误差为 $\Delta_m = a_{p1} - a_{p2}$，引起工件的加工误差为 $\Delta_g = \delta_1 - \delta_2$，$\Delta_m$ 越大，Δ_g 也越大。这种现象称为毛坯误差复映现象。Δ_g 与 Δ_m 的比值 ε 称为误差复映系数，它反映了误差的复映程度。

尺寸误差和形位误差都存在误差复映现象。如果知道了某加工工序的复映系数，就可以通过测量毛坯的误差值来估算加工后工件的误差值。

当在加工过程中，采用多次行程时，则其加工后的总误差复映系数 $\varepsilon_{总}$ 总为各次行程时误差复映系数 ε_1，ε_2，ε_3，…，ε_n 的乘积，即

$$\varepsilon_{总} = \varepsilon_1 \varepsilon_2 \varepsilon_3 \cdots \varepsilon_n \tag{6-6}$$

一般来说，ε 是一个小于 1 的数，这表明该工序对误差具有修正能力。工件随加工次数(走刀次数)的增加，精度会逐步提高。

(2)切削力作用点位置变化引起的加工误差

在车床两顶尖间车削光轴零件时，如图 6-11 所示，当刀具位于图示位置时，在切削分力 F_y 的作用下，产生的变形误差为：

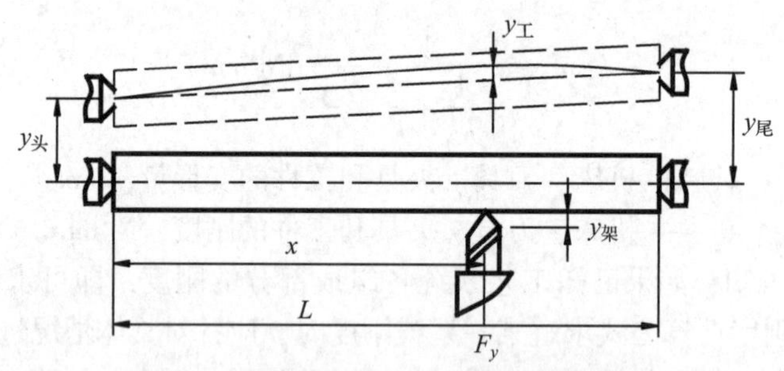

图 6-11　车削短粗轴时工艺系统变形误差

$$y_{系} = y_{机} + y_{工} = y_{头} + (y_{尾} - y_{头})\frac{x}{L} + y_{架} + y_{工} = \left(1 - \frac{x}{L}\right)y_{头} + \frac{x}{L} \cdot y_{尾} + y_{架} + y_{工}$$

$$y_{头} = \frac{F_y}{K_{头}}\left(1 - \frac{x}{L}\right)$$

$$y_{尾} = \frac{F_y}{K_{尾}} \cdot \frac{x}{L}$$

$$y_{架} = \frac{F_y}{K_{架}}$$

$$y_{系} = F_y\left[\frac{1}{K_{架}} + \frac{1}{K_{头}}\left(\frac{L-x}{L}\right)^2 + \frac{1}{K_{尾}}\cdot\frac{x}{L} + \frac{F_y}{3EI}\cdot\frac{(L-x)x^2}{L}\right] \tag{6-7}$$

式中　E——工件材料的弹性模量；

I——工件截面的惯性矩。

从式(6－7)可以看出，工艺系统的变形是随着着力点位置的变化而变化的，x 值的变化将引起 $y_{系}$ 的变化，进而引起切削深度的变化，结果使工件产生圆柱度误差。

加工细长轴时，由于刀具在工件两端切削时工艺系统刚度较高，刀具对工件的变形位移很小；而在工件中间切削时，则工艺系统刚度(主要是工件刚度)很低，刀具相对工件的变形位移很大，从而使工件在加工后产生较大的腰鼓形误差，如图6-12(a)所示。

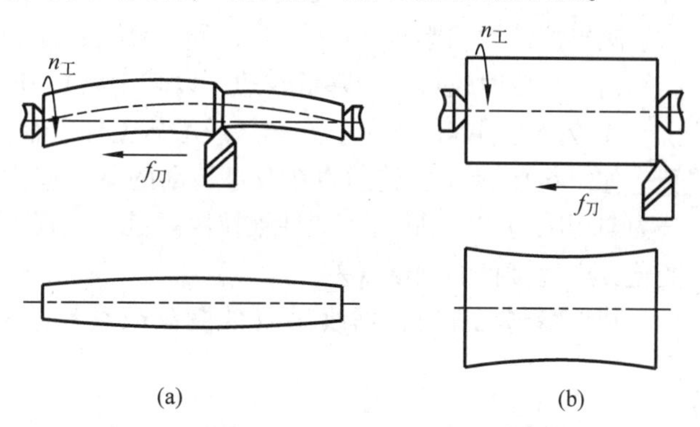

图6-12　细长轴和短粗轴加工后的形状误差

加工刚度很高的短粗轴时，也会因加工各部位时的工艺系统刚度(主要是车床刚度)不等，而使加工后的工件产生相应的形状误差，其形状恰与加工细长轴时相反呈现轴腰形，如图6-12(b)所示。

(3)切削过程中其他力引起的加工误差

①夹紧力引起的误差：工件在装夹过程中，如果工件刚度较低或夹紧力的方向和施力点选择不当，将引起工件变形，造成相应的加工误差。如图6-13所示，薄壁环镗孔时用三爪卡盘装夹，夹紧后毛坯产生弹性变形，加工后松开三爪卡盘，已镗成圆形的孔变成了三角棱圆形孔。

此类误差常在局部刚度较差的工件加工时出现，减小此类误差，可更换开口环夹紧工件，使夹紧力均布在薄壁环上，避免受力集中。

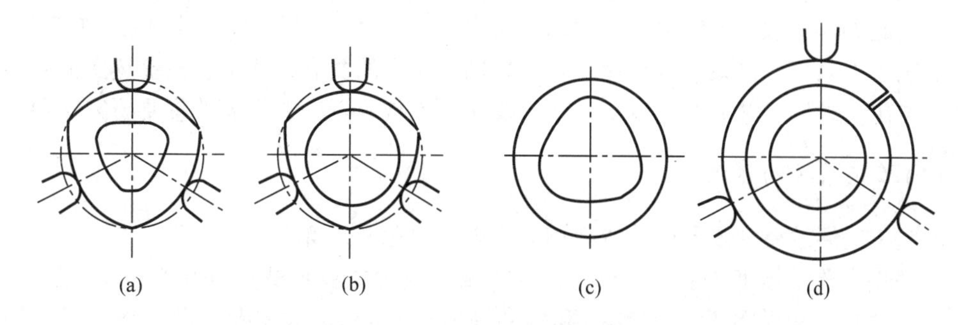

图6-13　夹紧力引起的加工误差

(a)夹紧后　(b)镗孔后　(c)放松后　(d)加过渡环后夹紧

②重力引起的误差：在工艺系统中，零部件的自重也会引起变形，如大型立式车床、龙门刨床、龙门铣床、摇臂钻床等机床的横梁(摇臂)等，由于重力而产生的变形。

重力引起的变形在大型工件的加工过程中，有时是产生形状误差的主要原因。在实际生产中，装夹大型工件时，可恰当地布置支承以减小工件自重引起的变形，从而减小加工误差。

③惯性力引起的误差：在高速切削时，工艺系统中有不平衡的高速旋转的构件(包括夹具、工件和刀具等)存在，就会产生离心力 F_Q，如图 6-14 所示，造成工件的径向跳动误差，并且常常引起工艺系统的受迫振动。

减小惯性力的影响，可采用“配重平衡”的方法，如车床夹具常配有配重块来实现动平衡，必要时还可适当降低转速，以减小离心力的影响。

④传动力引起的误差：在车床或磨床上加工轴类零件时，常用单爪拨盘带动工件旋转。如图 6-15 所示，传动力在拨盘转动的每一周中不断改变方向，在其敏感方向上的分力与切削力 F_p 相同时，工件被拉离刀具，相反时工件被推向刀具，造成背吃刀量的变化，产生工件的圆度误差。

加工精密工件时，可改用双爪拨盘或柔性连接装置带动工件旋转，来减小此类误差。

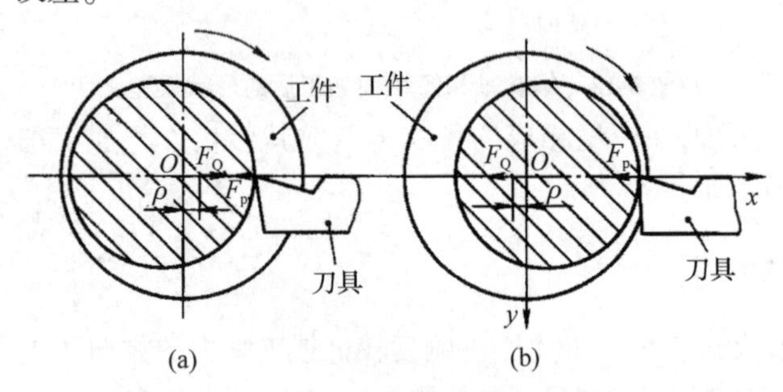

图 6-14 惯性力引起的加工误差

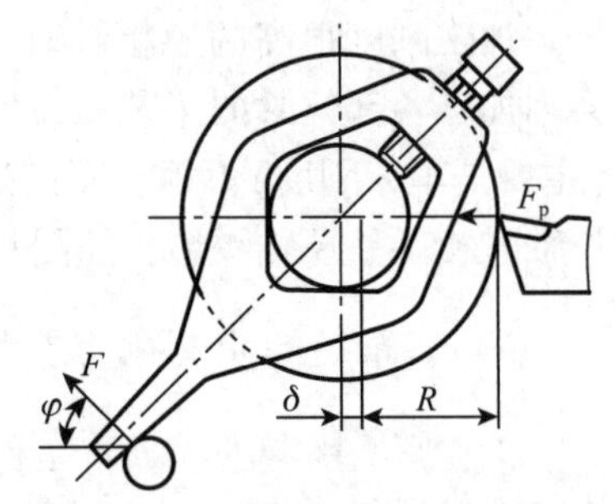

图 6-15 传动力产生的加工误差

6.2.3.3 工艺系统热变形引起的加工误差

工艺系统热变形对加工精度的影响比较大，特别是在精密加工和大件加工中，由热变形所引起的加工误差有时可占工件总误差的 40%~70%，不仅严重降低了加工精度，而且影响生产效率。高效、高精度、自动化加工技术的发展，使工艺系统热变形问题变得尤为突出。控制工艺系统热变形已成为机械加工技术进一步发展的重要研究课题。

(1) 工艺系统的热源

引起工艺系统受热变形的热源大体分为内部热源和外部热源两大类。

外部热主要是指工艺系统外部的、以对流传热为主要形式的环境热(与气温变化、迎风、空气对流和周围环境等有关)和各种辐射热(包括由太阳及照明、暖气设备等发出的辐射热)。

①内部热源：内部热产生于工艺系统的内部，由驱动机床提供能量完成切削运动和切削功能的过程中，其中一部分转变为热能而形成的热源，主要指切削热、摩擦热和动力装置能量损耗发出的热，其热量主要是以热传导的形式传递的。

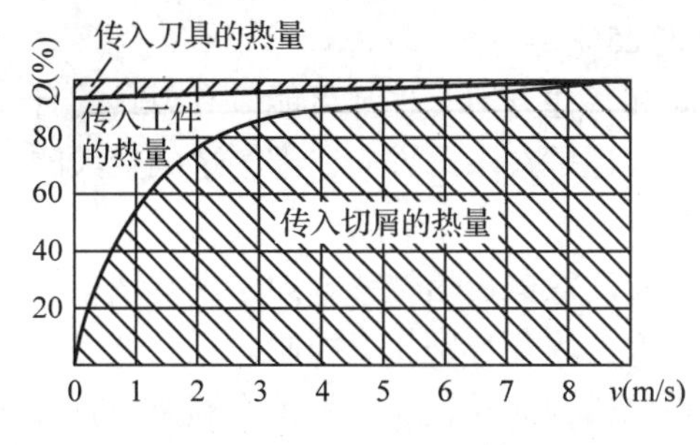

图 6-16　削加工时切削热的分配

切削过程中，工件切削层金属的弹塑性变形、刀具与工件、刀具与切屑间的摩擦所消耗的能量，绝大部分转化为切削热，切削热传给工件，刀具和切屑的分配情况将随着切削速度的变化及不同的加工方式而变化。如图 6-16 所示，车削时，大量的切削热为切屑所带走，且随车削速度提高，切屑带走的热量增大，传给刀具和工件的热量一般不大。对钻孔、卧式铣削，因有大量切屑留在孔内，故传给工件的热量较高(约占 50%)。在磨削时，传给工件的热量更高，一般占 84% 左右。传动过程中来自于轴承副、齿轮副、离合器、导轨副等的摩擦热以及动力源能量(如电机、液压系统)损耗的发热等。摩擦热是机床热变形的主要热源。

②外部热源：外部热源主要是指室温、空气对流、热风或冷风以及由阳光、灯光、取暖设备等直接作用于工艺系统的辐射热。

工艺系统受热源影响，温度逐渐升高，到一定温度时达到平衡，温度场处于稳定状态。因而热变形所造成的加工误差也有变值和定值两种。温度变化过程中加工的零件相互之间精度差异较大，热平衡后加工的零件几何精度相对较稳定。

(2) 工艺系统热变形及其对加工精度的影响

①机床热变形及其对加工精度的影响：机床在工作过程中，受到内外热源的影响，各部分的温度将逐渐升高。机床热源的不均匀性及其结构的复杂性，使机床的温度场不均匀，导致机床各部分的变形程度不等，破坏了机床原有的几何精度，从而降低了机床的加工精度。

机床空运转时，各运动部件产生的摩擦热基本不变。运转一段时间之后，各部件传入的热量和散失的热量基本相等，即达到热平衡状态，变形趋于稳定。机床达到热平衡状态时的几何精度称为热态几何精度。在机床达到热平衡状态之前，机床几何精度变化不定，对加工精度的影响也变化不定。因此，精密加工应在机床处于热平衡之后进行。

不同类型机床的热变形对加工精度的影响也不同。车、铣、钻、镗类机床，主轴箱中的齿轮、轴承摩擦发热，润滑油发热是其主要热源，使主轴箱及与之相连部分如床身或立柱的温度升高而产生较大变形。例如车床主轴发热使主轴箱在垂直面内和水平面内发生偏移和倾斜，如图 6-17 所示。在垂直平面内，主轴箱的温升将使主轴升高；又因主轴前轴承的发热量大于后轴承的发热量，主轴前端将比后端高。此外，由于主轴箱的热量传给床身，床身导轨将向上凸起，故而加剧了主轴的倾斜。对卧式车床热变形试验结果表明，影响主轴倾斜的主要因素是床身变形，它约占总倾斜量

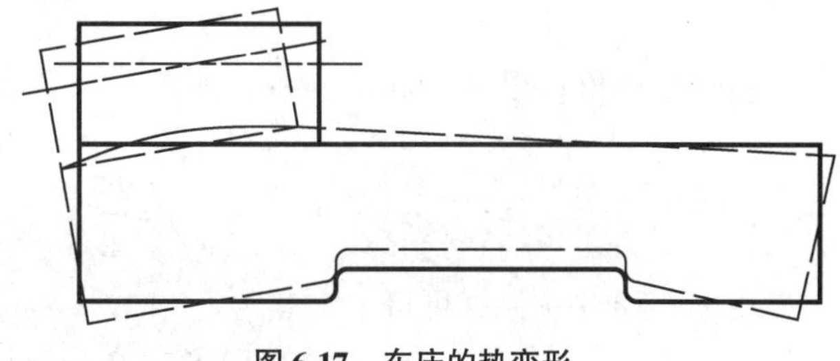

图 6-17　车床的热变形

的75%，主轴前后轴承温度差所引起的倾斜量只占25%。

对于不仅在水平方向上装有刀具，在垂直方向和其他方向上也都可能装有刀具的自动车床、转塔车床，其主轴热位移，无论在垂直方向还是在水平方向，都会造成较大的加工误差。

因此在分析机床热变形对加工精度影响时，还应注意分析热位移方向与误差敏感方向的相对位置关系。对于存在误差敏感方向的热变形，需要特别注意控制。

龙门刨床、导轨磨床等大型机床，它们的床身较长，如导轨面之间稍有温差，就会产生较大的弯曲变形，故床身热变形是影响加工精度的主要因素。

②工件热变形及其对加工精度的影响：在工艺系统热变形中，机床热变形最为复杂，工件、刀具的热变形相对来说要简单一些，使工件产生热变形的热源，主要是切削热。但对于精密零件，周围环境温度和局部受到日光等外部热源的辐射热也不容忽视。

一些形状较简单的轴类、套类、盘类零件的内、外圆加工时，切削热比较均匀地传入工件，如不考虑工件温升后的散热，其温度沿工件全长和圆周的分布都是比较均匀的，可近似地看成均匀受热，其热变形可以按物理学计算热膨胀的公式求得

$$\Delta L = \alpha L \Delta \theta \tag{6-8}$$

式中 α——工件材料的线膨胀系数(钢：$\alpha \approx 1.17 \times 10^{-5}℃^{-1}$，铸铁：$\alpha \approx 1.05 \times 10^{-5}℃^{-1}$)；

L—— 工件在热变形方向上的尺寸(长度或直径)，mm；

$\Delta\theta$——温升，℃。

此类误差在加工长度较短的销轴和盘套类零件时，由于走刀行程很短，可以忽略；车削较长工件时，由于温升逐渐增加，工件直径随之逐渐胀大，因而车刀的背吃刀量将随走刀而逐渐增大，工件冷却收缩后外圆表面就会产生圆柱度误差；当工件以两顶尖定位，工件受热伸长时，如果顶尖不能轴向位移，则工件受顶尖的压力将产生弯曲变形，对加工精度产生影响。宜采用弹性或液压尾顶尖。

铣、刨、磨平面时，除在沿进给方向有温度差外，更严重的是工件只是在单面受到切削热的作用，上下表面间的温度差将导致工件向上拱起，加工时中间凸起部分被切去，冷却后工件变成下凹，造成平面度误差。

如图6-18所示，长度为L、厚度为S的板类零件，加工时工件受热上下表面温差为$\Delta t = t_1 - t_2$，工件变形呈向上凸起。以f表示工件中心点变形量，由于中心角φ很小，可认为中性层弦长近似为原长L，则

$$f = \frac{L}{2}\tan\frac{\varphi}{4} \tag{6-9}$$

由于中心角φ很小，$\tan\frac{\varphi}{4} \approx \frac{\varphi}{4}$，所以

$$f = \frac{L\varphi}{8} \tag{6-10}$$

由图6-18中关系，可得

$$(R + S) - R\varphi = \alpha \Delta t L \tag{6-11}$$

其中，R 为圆弧半径，则

$$f=\alpha\Delta t\frac{L^2}{8S} \tag{6-12}$$

可以看出，热变形量 f 随 L 增大而急剧增加。减小 f，必须减小 Δt，即减小切削热的导入。

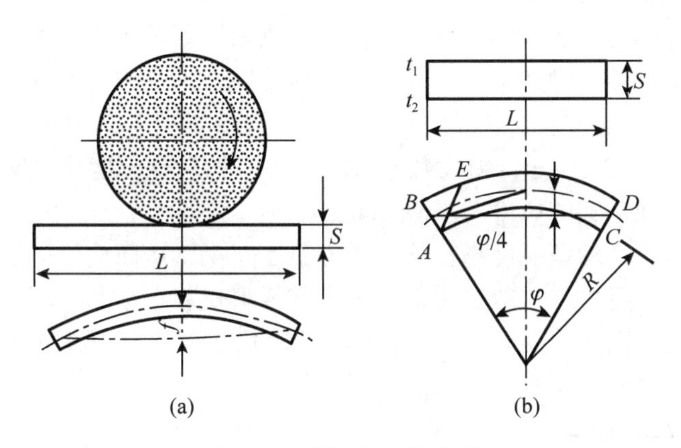

图 6-18　平面加工热变形

③刀具热变形及其对加工精度的影响：刀具热变形主要是由切削热引起的。通常传入刀具的热量并不太多，但由于热量集中在切削部分，以及刀体小，热容量小，故仍会有很高的温升。例如车削时，高速钢车刀的工作表面温度可达 700～800℃，而硬质合金刀刃可达 1000℃以上。图 6-19 表示了车刀受热后热变形情况。

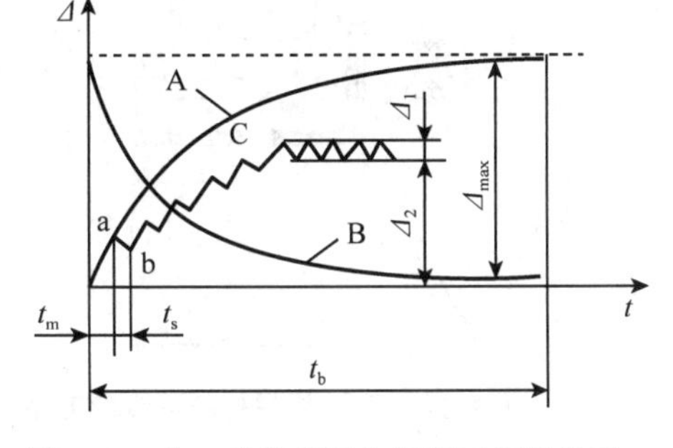

图 6-19　车刀热伸长量与切削时间的关系

A 曲线表示连续工作时车刀的热伸长曲线，开始切削时温升较快，伸长较大，以后温升逐渐减缓，经过不长时间 t_b 后(约 10～20min)达到热平衡状态。

B 曲线表示切削停止后，车刀冷却变形过程，刀具温度立即下降，开始冷却较快，以后逐渐减慢。

C 曲线表示间断切削时车刀温度忽升忽降所形成的变形过程，t_m 为切削时间，t_s 为间断时间。由于刀具有短暂的冷却时间，故其热变形曲线具有热胀冷缩双重特性，且总的变形量比连续切削时要小一些，最后趋于 Δ_1 范围内变动。

加工大型零件，刀具热变形往往造成几何形状误差。如车长轴时，可能由于刀具热伸长而产生锥度(尾座处的直径比主轴箱附近的直径大)。

(3)控制工艺系统热变形的主要措施

①减少热源的影响：工艺系统的热变形对粗加工加工精度的影响一般可不考虑，而精加工主要是为保证零件加工精度，工艺系统热变形的影响不能忽视。为了减小切削热，宜采用较小的切削用量。如果粗精加工在一个工序内完成，粗加工的热变形将影响

精加工的精度。一般可以在粗加工后停机一段时间使工艺系统冷却，同时还应将工件松开，待精加工时再夹紧。这样就可减少粗加工热变形对精加工精度的影响。当零件精度要求较高时，则以粗精加工分开为宜。

②采取隔热措施：为了减少机床的热变形，凡是可能从机床分离出去的热源，如电动机、变速箱、液压系统、冷却系统等均应移出，使之成为独立单元。对于不能分离的热源，如主轴轴承、丝杠螺母副、高速运动的导轨副等则可以从结构、润滑等方面改善其摩擦特性，减少发热，例如采用静压轴承、静压导轨，改用低黏度润滑油、锂基润滑脂，或使用循环冷却润滑等；也可用隔热材料将发热部件和机床大件(如床身、立柱等)隔离开来，如图6-20所示。对发热量大的热源，如果既不能从机床内部移出，又不便隔热，则可采用强制式的风冷、水冷等散热措施。

③控制温度变化，均衡温度场：控制环境温度变化，从而使机床热变形稳定，主要是采用恒温的方法来解决。一般来说精密机床都要求安装在恒温车间。恒温的精度根据加工精度要求而定。图6-21是立式平面磨床采用热空气来加热温升较低的立柱后壁，以均衡立柱前后壁温升，减少立柱弯曲变形。

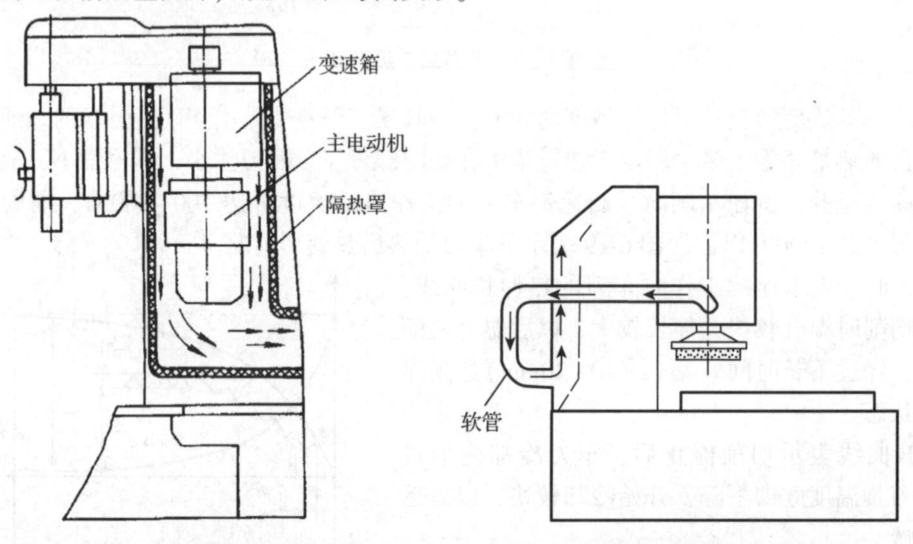

图6-20 采用隔热材料减少热变形　　图6-21 均衡立柱前后壁的温度场

④采取补偿措施：采用热补偿方法使机床的温度场比较均匀，从而使机床仅产生均匀变形，不影响加工精度。

⑤采用合理的机床部件结构：在变速箱中，将轴、轴承、传动齿轮等对称布置，可使箱壁温升均匀，箱体变形减小。机床大件的结构和布局对机床的热态特性有很大影响。以加工中心机床为例，在热源影响下，单立柱结构会产生相当大的扭曲变形，而双立柱结构由于左右对称，仅产生垂直方向的热位移，很容易通过调整的方法予以补偿。因此，双立柱结构的机床主轴相对于工作台的热变形比单立柱结构小得多。

6.2.3.4 内应力引起的变形误差

内应力(残余应力)是指外部载荷去除后，仍残存在工件内部的应力。

内应力是由金属内部的相邻组织发生了不均匀的体积变化而产生的，体积变化的因素主要来自热加工或冷加工，特点是不稳定，内部力求恢复到一个稳定的没有应力的状态，导致工件变形，影响工件精度。

(1)毛坯制造中产生的内应力

在铸、锻、焊及热处理等热加工过程中，由于工件各部分热胀冷缩不均匀以及金相组织转变时的体积变化，使毛坯内部产生了相当大的残余应力，如图6-22所示。

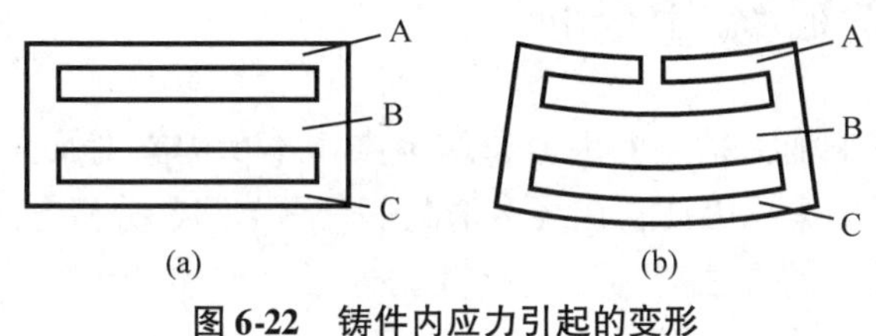

图6-22　铸件内应力引起的变形

(a)整体铸件　(b)开口铸件

(2)冷校直带来的内应力

一些刚度较差容易变形的轴类零件，常采用冷校直方法使之变直。校直的方法是在室温状态下，将有弯曲变形的轴放在两个V形块上，使凸起部位朝上，在弯曲的反方向加外力F，如图6-23所示。

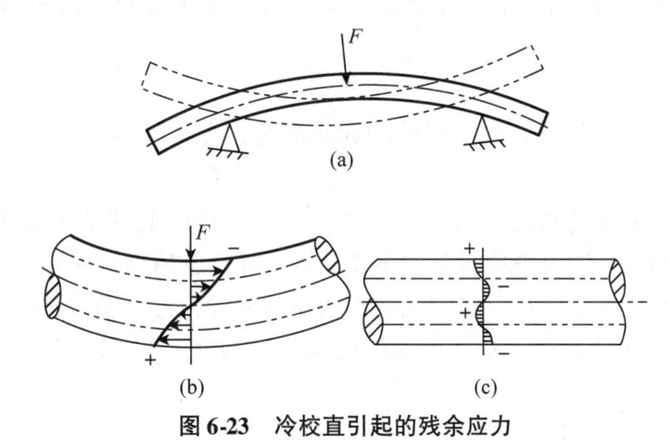

图6-23　冷校直引起的残余应力

(a)冷校直方法　(b)加载时残余应力的分布　(c)卸载后残余应力的分布

(3)切削加工中产生的内应力

工件在进行切削加工时，在切削力和摩擦力的作用下，使表层金属产生塑性变形，引起体积改变，从而产生残余应力。这种残余应力的分布情况由加工时的工艺因素决定。

(4)减少或消除残余应力的措施

①合理设计零件结构在机器零件的结构设计中，应尽量简化结构，使壁厚均匀、结

构对称，以减少内应力的产生。

②合理安排热处理和时效处理：对铸、锻、焊接件进行退火、回火及时效处理，零件淬火后进行回火，对精密零件，如丝杠、精密主轴等，应多次安排时效处理。常用的时效处理方法有自然时效，人工时效及振动时效。

③合理安排工艺过程：粗、精加工宜分阶段进行，使粗加工后有一定时间让内应力重新分布，以减少对精加工的影响。

6.3 加工误差的统计分析

实际生产中，影响加工精度的因素错综复杂，不少因素对加工影响是带有随机性的，还有我们不知的因素。因此，在很多情况下只靠单因素分析方法来分析加工误差是不够的。运用数理统计的方法对加工误差数据进行处理和分析，从中发现误差形成规律，找出影响加工误差的主要因素，这就是加工误差的统计分析法。

6.3.1 加工误差的性质及分类

从数理统计上说，加工误差可分为系统误差和随机误差两大类。

6.3.1.1 系统误差

所谓系统误差是指大小方向不变或大小方向随时间有规律的变的误差。

(1)常值系统误差

在连续加工一批零件时，加工误差的大小和方向基本土保持不变，称为常值系统误差。

机床、刀具、夹具的制造误差、工艺系统受力变形引起的加工误差，均与时间无关，其大小和方向在一次调整中也基本不变，因此属于常值系统误差。机床、夹具、量具等磨损引起的加工误差，在一定时间内无明显的差异，也可看作是常值系统误差。常值系统误差可以通过对工艺装备进行相应的维修、调整，或采取针对性的措施来加以消除。

(2)变值系统误差

如果加工误差是按零件的加工次序作有规律变化的，则称之为变值系统误差。

机床、刀具、夹具等在热平衡前的热变形误差和刀具的磨损等，属于变值系统误差。变值系统误差，若能掌握其大小和方向随时间变化规律，可以通过采取自动连续、周期性补偿等措施来加以控制。

6.3.1.2 随机误差

在连续加工一批零件中，出现的误差如果大小和方向是不规则地变化着的，则称为随机误差。毛坯误差(余量不均、硬度不均等)的复映、夹紧误差、残余应力引起的误差、多次调整的误差等，属于随机性误差。

随机性误差是不可避免的，但我们可以从工艺上采取措施来控制其影响。如提高工艺系统刚度，提高毛坯加工精度（使余量均匀），对毛坯热处理（使硬度均匀），时效处理（消除内应力）等。

随机误差和系统误差的划分不是绝对的，二者既有区别又有联系。同一原始误差在不同条件下引起的可能是随机误差，也可能是系统误差。

6.3.2　加工误差的统计分析方法

统计分析是以生产现场观察和对工件进行实际检验的数据资料为基础，用数理统计的方法分析处理这些数据资料，从而揭示各种因素对加工误差的综合影响，获得解决问题途径的一种分析方法，主要有分布图分析法和点图分析法等。

6.3.2.1　分布图分析法

（1）实际分布图——直方图

加工一批工件，由于随机误差的存在，加工尺寸的实际数值是各不相同的，这种现象称为尺寸分散。

加工后的一批工件，按尺寸大小分成若干组。各组零件数量（称为频数）一般不相等。若用 X 轴表示尺寸，Y 轴表示件数（频率或频率密度）就得到直方图。

连接直方图中每一直方宽度的中点（组中值）得到一条折线，即实际分布曲线。

下面通过实例来说明直方图的作法：

［**例 6-1**］　磨削一批轴径 $\phi 50^{+0.06}_{+0.01}$mm 的工件，经实测后的尺寸见表 6-1。

表 6-1　轴径尺寸实测值　μm

44	20	46	32	20	40	52	33	40	25	43	38	40	41	30	36	49	51	38	34
22	46	38	30	42	38	27	49	45	45	38	32	45	48	28	36	52	32	42	38
40	42	38	52	38	36	37	43	28	45	36	50	46	38	30	40	44	34	42	47
22	28	34	30	36	32	35	22	40	35	36	42	46	42	50	40	36	20	16	53
32	46	20	28	46	28	54	18	32	33	26	46	47	36	38	30	49	18	38	38

注：表中数据为实测尺寸与基本尺寸之差。

作直方图的步骤如下：

①收集数据，一般取 100 件左右。找出最大值 $x_{max}=54\mu m$，最小值 $x_{min}=16\mu m$（见表 6-1）。

②把 100 个样本数据分成若干组，一般用表 6-2 的经验数值确定。

选择的组数 k 和组距要适当。组数过多，分布图会被频数随机波动所歪曲；组数太少，分布特征将被掩盖：k 值一般应根据样本容量来选择。本例取组数 $k=9$。通常确定的组数要使每组平均至少摊到 4～5 个数据。

表 6-2 分组数的推荐值

样本总数 n	50 以下	50~100	100~250	250 以上
分组数 k	6~7	6~10	7~12	10~20

③计算组距 h，即组与组的间距

$$h=\frac{x_{\max}-x_{\min}}{k-1}=\frac{54-16}{9-1}\mu m=4.75\mu m$$

取计量单位的整数值 $h=5\mu m$

④计算第一组的上、下界限值

第一组的上界限值为 $x_{\min}+\frac{h}{2}=16+2.5=18.5\mu m$

第一组的下界限值为 $x_{\min}-\frac{h}{2}=16-2.5=13.5\mu m$

⑤计算其余各组的上、下界限值：第一组的上界限值就是第二组的下界限值。第二组的下界限值加上组距就是第二组上界限值，其余类推。

⑥计算各组的中心值 x_i 中心值是每组中间的数值。

$$x_i=\frac{\text{某组上限值}+\text{某组下限值}}{2}$$

第一组中心值为

$$x_1=\frac{18.5+13.5}{2}=16\mu m$$

⑦记录各组数据，整理成表 6-3 所列的频数分布表。

表 6-3 频数分布表

组 号	组界(μm)	中心值(μm)	频数(m)	频率(m/n)
1	13.5~18.5	16	3	0.03
2	18.5~23.5	21	7	0.07
3	23.5~28.5	26	8	0.08
4	28.5~33.5	31	14	0.14
5	33.5~38.5	36	25	0.25
6	38.5~43.5	41	19	0.16
7	43.5~48.5	46	16	0.16
8	48.5~53.5	51	10	0.10
9	53.5~58.5	56	1	0.01

⑧统计各组的尺寸频数、频率和频率密度，并填入表 6-3 中。

⑨计算 $\bar{x}$ 和 s

$$\bar{x}=\frac{1}{n}\sum_{i=1}^{n}x_i=37.29\mu m$$

$$s=\sqrt{\frac{1}{n}\sum_{i=1}^{n}(x_i-\bar{x})}=8.93\mu\text{m}$$

式中　$\bar{x}$——样本的算术平均值，表示加工尺寸的分布中心；

x_i——各工件的尺寸；

n——样本的含量；

s——样本的标准差(均方根偏差)，表示加工的尺寸分散程度。

⑩按表列数据以频率密度为纵坐标，组距(尺寸间隔)为横坐标，就可画出直方图；再由直方图的各矩形顶端的中心点连成折线，在一定条件下，此折线接近理论分布曲线，如图6-24所示。

要进一步分析研究该工序的加工精度问题，必须找出频率密度与加工尺寸间的关系，因此必须研究理论分布曲线。

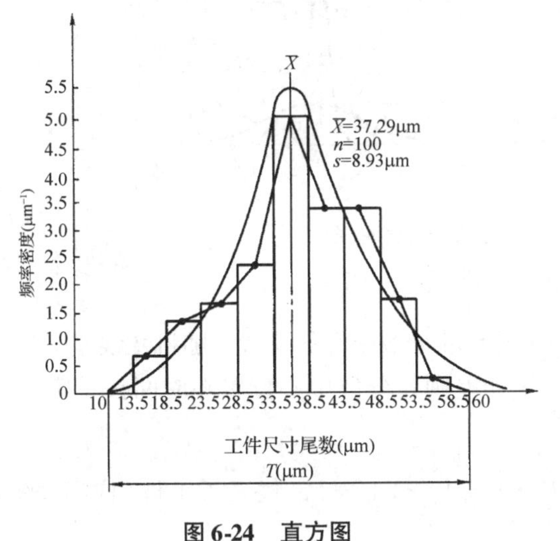

图6-24　直方图

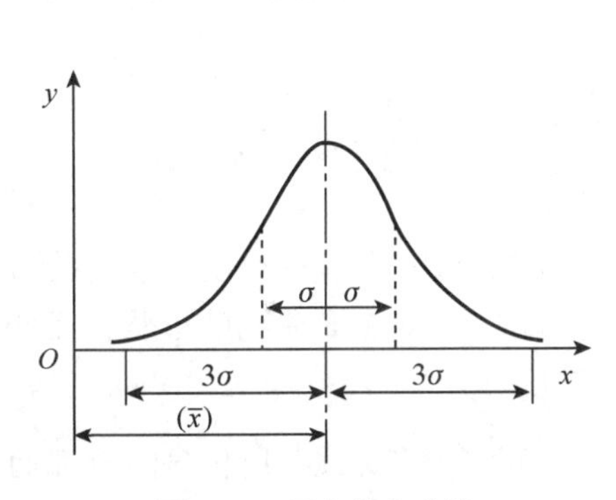

图6-25　正态分布曲线

(2)理论分布曲线——正态分布曲线

方程及特性概率论已经证明，相互独立的大量微小随机变量，其总和的分布是服从正态分布的。大量实验表明，在机械加工中，用调整法加工一批零件，当不存在明显的变值系统误差因素时，则加工后零件的尺寸近似于正态分布，如图6-25所示。正态分布曲线(又称高斯曲线)其概率密度函数表达方程式为：

$$y=\frac{1}{\sigma\sqrt{2\pi}}e^{\frac{1}{2}(x-\bar{x})^2}$$

式中　y——分布的概率密度(相当于直方图上的频率密度)；

x——随机变量；

$\bar{x}$——工件的平均尺寸；

σ——正态分布随机变量的总体标准差(均方根偏差)，$\sigma=\sqrt{\frac{1}{N}\sum_{i=1}^{N}(X_i-\mu)^2}$表示

加工的尺寸分散程度。

正态分布曲线对称于直线 $X=\bar{x}$，在 $X=\bar{x}$ 处达到最大值 $Y_{\max}=\dfrac{1}{\sigma\sqrt{2\pi}}$，在 $X=\bar{x}\pm\sigma$ 处有拐点，且 $Y_x=\dfrac{1}{\sigma\sqrt{2\pi}}e^{-\frac{1}{2}}=Y_{\max}e^{-\frac{1}{2}}\approx 0.6Y_{\max}$。靠近 $\bar{x}$ 的工件尺寸出现概率较大，远离 $\bar{x}$ 的工件尺寸概率较小。

平均值 $\bar{x}$ 和标准差 σ 是正态分布曲线的两个特征参数。平均值 $\bar{x}$ 是表征分布曲线位置的参数，即表示了尺寸分散中心的位置。$\bar{x}$ 不同，分布曲线沿 x 轴平移而不改变其形状，如图 6-26(a)所示。标准差 σ 是表征分布曲线形状的参数，不影响曲线位置，它表示了尺寸分散范围的大小。σ 减小，$Y_{\max}$ 增大，曲线变陡，如图 6-26(b)所示。

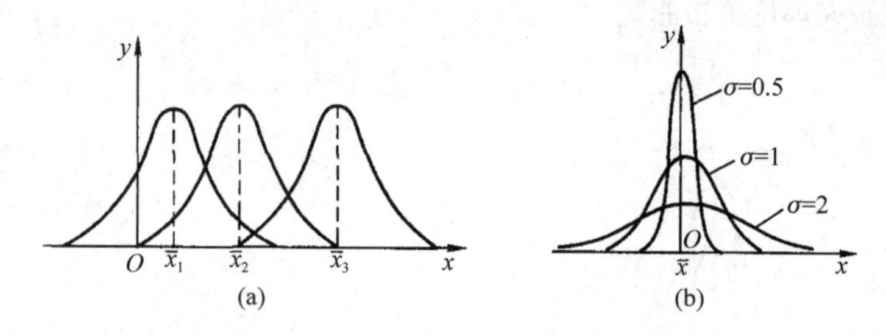

图 6-26 不同特征参数 F 的正态分布曲线

(a)不同 $\bar{x}$ 值的情况 (b)不同 σ 值的情况

按照加工误差的性质，常值系统误差决定尺寸分散中心的位置；随机性误差引起尺寸分散，决定分布曲线的形状；而变值系统误差则使分散中心位置随时间按一定规律移动。

正态分布曲线下所包含的全部面积 $F(x)=\int_{-\infty}^{+\infty}Y\mathrm{d}x=1$，代表了工件(样本)的总体，即 100% 零件的实际尺寸都在这一分布范围内。实际尺寸落在从 $\bar{x}$ 到 X 这部分区域内工件的概率为 $F(x)=\int_{-x}^{X}Y\mathrm{d}x$。令 $z=\dfrac{x-\bar{x}}{\sigma}$，作积分变换，$\mathrm{d}x=\sigma\mathrm{d}z$，则

$$F(x)=\varphi(z)=\frac{1}{\sqrt{2\pi}}\int_{0}^{z}e^{-\frac{z^2}{2}}\mathrm{d}z \qquad (6-13)$$

计算表明，工件落在 $x\pm3\sigma$ 间的概率为 99.73%，而落在该范围以外的概率仅 0.27%，可忽略不计。因此可以认为，正态分布的分散范围为 $x\pm3\sigma$，就是工程上经常用到的 $x\pm3\sigma$ 原则，或称 6σ 原则。

6σ 原则是一个很重要的概念，在研究加工误差时应用很广。6σ 的大小代表了某加工方法在一定的条件下所能达到的加工精度。所以在一般情况下，应使所选择的加工方法的标准差 6σ 与公差带宽度 T 之间有下列关系：$6\sigma\leqslant T$。

(3)非正态分布

工件的实际分布，有时并不接近于正态分布。例如将两次调整下加工或两台机床加

工的工件混在一起，尽管每次调整加工的工件都接近正态分布，但由于其常值系统误差不同，叠加在一起就得到双峰曲线，如图6-27(b)所示。

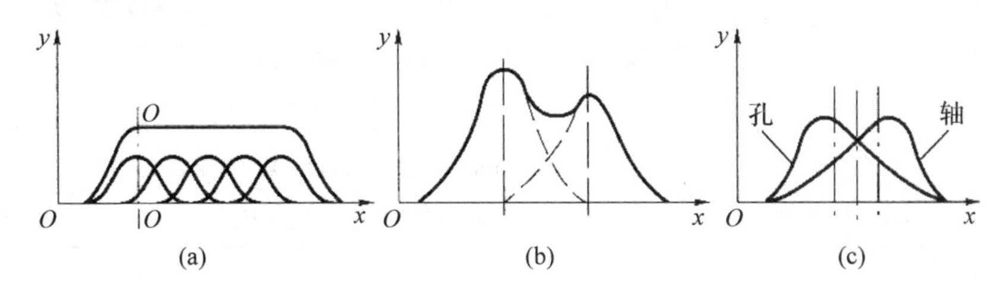

图6-27　几种非正态分布

(a) 平顶分布　(b)双峰分布　(c)偏态分布

当加工中刀具或砂轮的尺寸磨损较快而没有补偿时，变值系统误差占突出地位，工件的实际尺寸分布如图6-27(a)所示。尽管在加工的每一瞬时，工件的尺寸呈正态分布，但随着刀具或砂轮的磨损，其分散中心是逐渐移动的，因此，分布曲线呈平顶状。

再如用试切法加工轴颈或孔时，由于主观上不愿意产生不可修复的废品，加工轴颈时宁大勿小，加工孔时宁小勿大，使分布曲线呈不对称状态，如图6-27(c)所示。当用调整法加工时，若工艺系统存在显著的热变形，加工结果也常常呈现偏态分布，如刀具热变形严重，加工轴时曲线凸峰偏向右，加工孔时曲线凸峰偏向左。

(4)分布曲线的应用

①判别加工误差的性质：假如加工过程中没有变值系统误差，那么其尺寸分布就服从正态分布，即实际分布与正态分布基本相符，这时就可进一步根据 $\bar{x}$ 是否与公差带中心重合来判断是否存在常值系统误差。

②确定各种加工方法所能达到的精度：由于各种加工方法在随机因素的影响下所得到的加工尺寸的分布规律符合正态分布，因而可在多次统计的基础上，为每一种加工方法求得它的标准差 σ 值。按分散范围等于 6σ 的规律，即可确定各种加工方法所能达到的加工精度。

③确定工序能力及其等级：工序能力是指工序处于稳定、正常状态时，该工序加工误差正常波动的幅值。当加工尺寸服从正态分布时，其尺寸分散范围是 6σ，因此可以用 6σ 来表示工序能力。

工序能力等级是以工序能力系数来表示的，它代表工序能满足加工精度要求的程度。当工序处于稳定状态时，工序能力系数的计算如下：

$$C_p = \frac{T}{6\sigma} \tag{6-14}$$

式中　T——工件尺寸公差。

根据工序能力系数 C_p 的大小，将工序能力分为五级，见表6-4。在一般情况下，工序能力不应低于二级。

表 6-4 工序能力等级

工序能力系数	能力等级	说 明
$C_p>1.67$	特级	工序能力过高，可以允许有异常波动，不经济
$1.67\geqslant C_p>1.33$	一级	工序能力足够，可以允许有一定波动
$1.33\geqslant C_p>1.00$	二级	工序能力勉强，必须密切注意
$1.00\geqslant C_p>0.67$	三级	工序能力不足，可能出现少量不合格产品
$C_p\leqslant 0.67$	四级	工序能力很差，必须加以改进

④估算合格品率或不合格品率：将分布图与工件尺寸公差带进行比较，超出公差带范围的曲线面积代表不合格品的数量。

分布曲线在大批量生产时，对一些关键工序的加工经常根据分布曲线判断加工误差的性质，分析产生废品的原因，以便采取措施，提高加工精度。但分布曲线法不考虑零件加工的先后顺序，故不能反映误差变化的趋势，不能区别变值系统误差和随机性误差；且只能在一批零件加工后才能绘制分布图，因此不能在加工过程中及时提供控制精度的信息，以便随时调整机床来保证加工精度。

6.3.2.2 点图分析法

分析工艺过程的稳定性，通常采用点图法。用点图来评价工艺过程稳定性采用的是顺序样本，即样本是由工艺系统在一次调整中，按顺序加工的工件组成。这样的样本可以得到在时间上与工艺过程运行同步的有关信息，反映出加工误差随时间变化的趋势。

(1)点图的形式

①个值点图：按加工顺序逐个测量一批工件的尺寸，将它们记录在以工件顺序号为横坐标、工件尺寸为纵坐标的图上就成了个值点图，如图 6-28 所示。

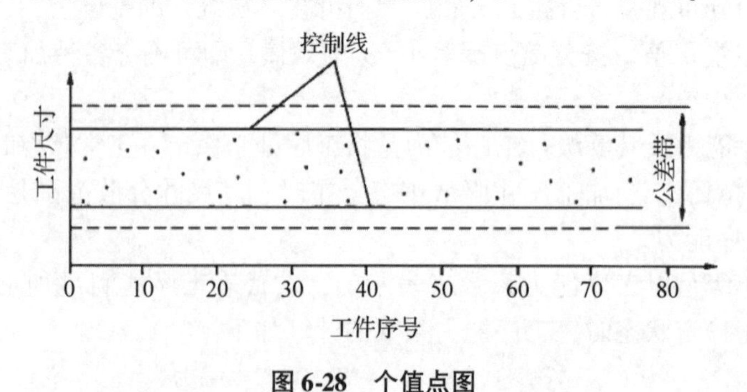

图 6-28 个值点图

②$\bar{x}-R$ 点图(平均值—极差点图)：由 $\bar{x}$ 点图和 R 点图联系在一起的 $\bar{x}-R$ 图是目前应用最广的一种点图，如图 6-29 所示。

按加工顺序每隔一段时间抽检一组 m 个工件($m=3\sim10$)，计算出每组的平均值 $\bar{x}$ 和每组的极差 R（组内最大值与最小值之差）：

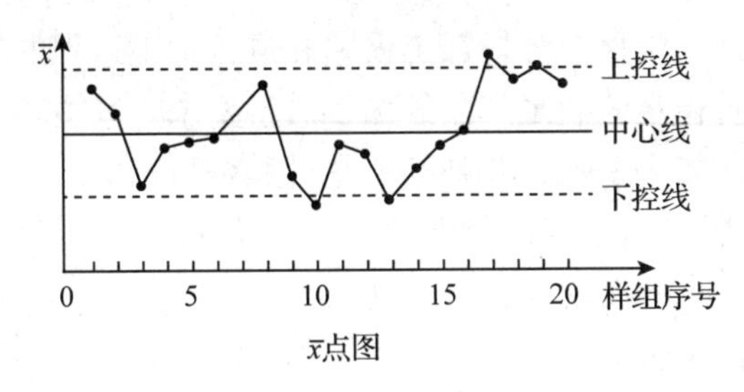

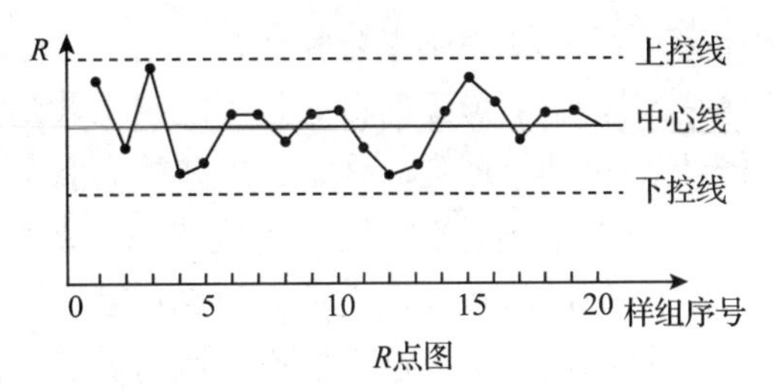

图6-29　$\bar{x}-R$ 点图

$$\bar{x}=\frac{1}{m}\sum_{i=1}^{m}x_i$$

$$R=x_{max}-x_{min}$$

式中　x_{max}、x_{min}——分别是同一样组中工件的最大尺寸和最小尺寸。

以组序号为横坐标，以各组的 $\bar{x}$ 与 R 为纵坐标，就可作出其相应的 $\bar{x}-R$ 图。为判断工艺过程是否稳定，必须在 $\bar{x}-R$ 图上标出中心线及上下控制线，其计算公式如下：

$\bar{x}$ 图中心线：

$$\bar{x}=\frac{1}{K}\sum_{i=1}^{K}\bar{x}_i$$

R 图中心线：

$$\bar{R}=\frac{1}{K}\sum_{i=1}^{K}\bar{R}_i$$

式中　K——组数；

$\bar{x}_i$——第 i 组的平均值；

$\bar{R}_i$——第 i 组的极差。

$\bar{x}$ 图上控线：　$\bar{x}_s=\bar{x}+A\cdot\bar{R}$

$\bar{x}$ 图下控线：　$\bar{x}_x=\bar{x}-A\cdot\bar{R}$

R 图上控线：　$R_s=D_1\cdot\bar{R}$

R 图下控线：　$R_x=D_2\cdot\bar{R}$

式中　A、D_1、D_2见表6-5。

表6-5　系数 A、D_1、D_2的数值

每组件数	3	4	5	6
A	1.023	0.729	0.577	0.483
D_1	5.574	2.282	2.115	2.004
D_2	每组件数≤6时，$D_2=0$			

(2)点图的应用

点图分析法是全面质量管理中用以控制产品质量的主要方法之一，在实际生产中应用很广。它主要用于工艺验证、判断工艺过程稳定性、分析加工误差和进行加工过程的质量控制。工艺验证的目的是判定某工艺是否稳定地满足产品的加工质量要求。其主要内容是通过抽样调查，确定其工艺能力和工艺能力系数，并判别工艺过程是否稳定。

在点图上作出平均线和控制线后，就可根据图中点的情况来判别工艺过程是否稳定、点的波动状态是否正常，表6-6表示判别正常波动与异常波动的标志。

必须指出，工艺过程的稳定性与加工工件是否会出现废品是两个不同的概念。工艺过程是否稳定是由其本身的误差情况(用 $\bar{x}-R$ 图)来判定的，工件是否合格是由工件规定的公差来判定的，两者之间没有必然的联系。

表6-6　正常波动与异常波动的标志

正常波动	异常波动
①没有点子超出控制线 ②大部分点子在平均线上下波动，小部分在控制线附近 ③点子波动没有明显的规律性	①有点子超出控制线 ②点子密集在平均线上下附近 ③点子密集在控制线附近 ④连续7点以上出现在平均线一侧 ⑤连续11点中有10点出现在平均线一侧 ⑥连续14点中有12点以上出现在平均线一侧 ⑦连续17点中有14点以上出现在平均线一侧 ⑧连续20点中有16点以上出现在平均线一侧 ⑨点子有上升或下降倾向 ⑩点子有周期性波动

6.4　保证和提高加工精度的途径

为了保证和提高机械加工精度，首先要找出产生加工误差的主要因素，然后采取相应的工艺措施以减少或控制这些因素的影响。

6.4.1　直接减少或消除误差法

这是生产中应用较广的提高加工精度的一种方法，是在查明产生加工误差的主要因素后，设法对其进行直接消除或减少。如细长轴是车削加工中较难加工的一种工件，普遍存在的问题是精度低、效率低。正向进给，一夹一顶装夹高速切削细长轴时，由于其刚性特别差，在切削力、惯性力和切削热作用下易引起弯曲变形。

如用中心架，可缩短支承点间的一半距离，工件刚度提高近八倍；如用跟刀架，可进一步缩短切削力作用点与支承点的距离，提高了工件刚度。细长轴多采用反拉法切削，一端用卡盘夹持，另一端采用可伸缩的活顶尖装夹。此时工件受拉不受压，工件不会因偏心压缩而产生弯曲变形。尾部的可伸缩活顶尖使工件在热伸长下有伸缩的自由，避免了热弯曲。此外，采用大进给量和大的主偏角车刀，增大了进给力，减小了背向力，切削更平稳，提高细长轴的加工精度。

6.4.2　误差转移法

误差转移法就是转移工艺系统的几何误差、受力变形和热变形等误差从敏感方向转移到误差的非敏感方向。当机床精度达不到零件加工要求时，常常不是一味提高机床精度，而是在工艺上或夹具上想办法，创造条件，使机床的几何误差转移到不影响加工精度的方面去。如磨削主轴锥孔时，锥孔与轴颈的同轴度，不靠机床主轴的回转精度来保证，而是靠专用夹具的精度来保证，机床主轴与工件主轴之间用浮动连接，机床主轴的回转误差就转移了，不再影响加工精度。

例如，转塔车床的转位刀架，其分度、转位误差将直接影响工件有关表面的加工精度。如果改变刀具的安装位置，使分度转位误差处于加工表面的切向，即可大大减小分度转位误差对加工精度的影响。若如图 6-30(a)所示安装外圆车刀，则刀架的转位误差方向与加工误差敏感方向一致，刀架转角误差将直接影响加工精度，若如图 6-30(b)所示采用“立刀”安装法，即把刀刃的切削基面放在垂直平面内，这样就能把刀架的转位误差转移到误差的非敏感方向上去，由刀架转位误差所引起的加工误差就可忽略不计。

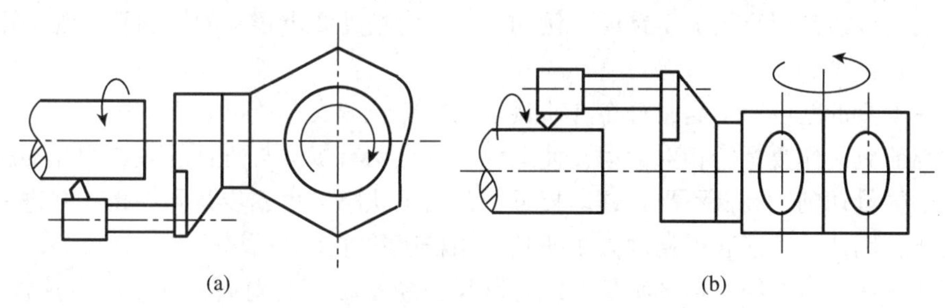

图 6-30　转塔车床刀架转位误差的转移

(a)普通安装　(b)立刀安装

6.4.3　误差分组法

在加工中，对于毛坯误差、定位误差而引起的工序误差，可采取分组的方法来减少其影响。误差分组法是把毛坯或上道工序加工的工件尺寸经测量按大小分为 n 组，每组工件的尺寸误差范围就缩减为原来的 $1/n$。然后按各组分别调整刀具与工件的相对位置或选用合适的定位元件，使各组工件的尺寸分散范围中心基本一致，以使整批工件的尺寸分散范围大大缩小。

这种方法比起一味提高毛坯或定位基准的精度要经济得多。例如某厂采用心轴装夹工件剃齿，由于配合间隙太大，剃齿后工件齿圈径向圆跳动超差。为不用提高齿坯加工精度而减少配合间隙，采用误差分组法，将工件内孔尺寸按大小分成 4 组，分别与相应的 4 根心轴配合，保证了剃齿的加工精度要求。

6.4.4　就地加工法

在机械加工和装配中，有些精度问题牵涉到很多零部件的相互关系，如果单纯依靠提高零部件的精度来满足设计要求，有时不仅困难，甚至不可能达到。而采用就地加工法就可以解决这种难题。

例如在转塔车床中，转塔上六个安装刀具的孔，其轴心线必须与机床主轴回转中心线重合，而六个端面又必须与回转中心垂直。实际生产中采用了就地加工法，转塔上的孔和端面经半精加工后装配到机床上，然后在该机床主轴上安装镗杆和径向小刀架对这些孔和端面进行精加工，便能方便地达到所需的精度。

这种就地加工方法，在机床生产中应用很多。如为了使牛头刨床的工作台面对滑枕保持平行的位置关系，就在装配后的自身机床上进行“自刨自”的精加工。平面磨床的工作台面也是在装配后作“自磨自”的精加工。在车床上，为了保证三爪卡盘卡爪的装夹面与主轴回转中心同心，也是在装配后对卡爪装夹面进行就地车削或磨削。加工精密丝杠时，为保证主轴前后顶尖和跟刀架导套孔严格同轴，采用了自磨前顶尖孔、自磨跟刀架导套孔和刮研尾架垫板等措施来实现。

6.4.5 误差平均法

误差平均法就是利用有密切联系的表面之间的相互比较、相互修正，或者互为基准进行加工，以达到很高的加工精度。例如，对配合精度要求很高的轴和孔，常采用研磨的方法来达到。

研具本身的精度并不高，分布在研具上的磨料粒度大小也可能不一样，但由于研磨时工件与研具间作复杂的相对运动，使工件上各点均有机会与研具的各点相互接触并受到均匀的微量切削。高低不平处逐渐接近，几何形状精度也逐步共同提高，并进一步使误差均化，因此，就能获得精度高于研具原始精度的加工表面。

又如三块一组的精密标准平板，就是利用三块平板相互对研、配刮的方法加工的。因为三块平板要能够分别两两密合，只有在都是精确平面的条件下才有可能。此时误差平均法是通过对研、配刮加工使被加工表面原有的平面度误差不断缩小而使误差均化的。

6.4.6 误差补偿法

误差补偿法是人为地造出一种新的误差，去抵消或补偿原来工艺系统中存在的误差，尽量使两者大小相等、方向相反，从而达到减少加工误差，提高加工精度的目的。

采用机械式的校正装置只能校正机床静态的传动误差。如果要校正机床静态及动态传动误差，则需采用计算机控制的传动误差补偿装置。

6.4.7 控制误差法

用误差补偿的方法来消除或减小常值系统误差一般来说是比较容易的，因为用于抵消常值系统误差的补偿量是固定不变的。对于变值系统误差的补偿就不是用一种固定的补偿量所能解决的。于是生产中就发展了所谓积极控制的误差补偿方法称控制误差法。

控制误差法是在加工循环中，利用测量装置连续地测量出工件的实际尺寸精度，随时给刀具以附加的补偿量，控制刀具和工件间的相对位置，直至实际值与调定值的差不超过预定的公差为止。现代机械加工中的自动测量和自动补偿就属于这种形式。

本章小结

本章介绍机械加工精度的概念以及影响加工精度的因素，讨论了影响机械加工精度的因素及其提高措施，并对加工精度的统计方法进行说明。学习本章内容，应学会综合分析加工误差产生的原因，从而找出控制加工误差的方法。同时还应学会运用数理方法对加工误差进行统计分析，按照加工误差的统计特征，找出加工误差的变化规律及可能采取的控制方法，以保证机械加工质量。在影响机械加工精度的诸多误差因素中，机床的几何误差、工艺系统的受力变形和受热变形占有突出的位置，应了解这些误差因素是如何影响加工误差的。

思考题

6-1　试举例说明加工精度、加工误差的概念，它们之间有什么区别？

6-2　车床床身导轨在垂直平面内及水平面内的直线度对车削轴类零件的加工误差有什么影响？影响程度各有何不同？

6-3　近似加工运动原理误差与机床传动链误差有何区别？

6-4　试说明车削前，工人经常在刀架上装上镗刀修整三爪卡盘三个卡爪的工作面或花盘的端面，其目的是什么？能否提高主轴的回转精度（径向跳动和轴向窜动）？

6-5　试分析在车床上加工时产生下述误差的原因：

①在车床上镗孔时，引起被加工孔圆度误差和圆柱度误差。

②在车床三爪自定心卡盘上镗孔时，引起内孔与外圆不同轴度、端面与外圆的不垂直度。

6-6　在磨削锥孔时，用检验锥度的塞规着色检验，发现只在塞规中部接触或在塞规的两端接触（题 6-6 图）。试分析造成误差的各种因素。

6-7　设已知一工艺系统的误差复映系数为 0.25，工件在本工序前有圆柱度（椭圆度）0.45mm。若本工序形状精度规定公差 0.01mm，问至少进给几次方能使形状精度合格？

6-8　试说明磨削外圆时使用死顶尖的目的是什么？哪些因素引起外圆的圆度和锥度误差（题 6-8 图）？

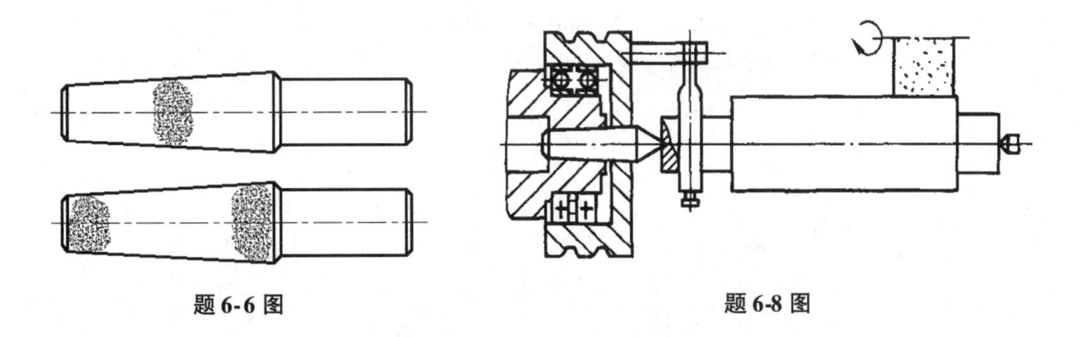

题 6-6 图　　　　题 6-8 图

6-9　在车床或磨床上加工相同尺寸及相同精度的内、外圆柱表面时，加工内孔表面的进给次数往往多于外圆表面，试分析其原因。

6-10　在卧式铣床上铣削键槽（题 6-10 图），经测量发现靠工件两端的深度大于中间，且都比调整的深度尺寸小。试分析这一现象的原因。

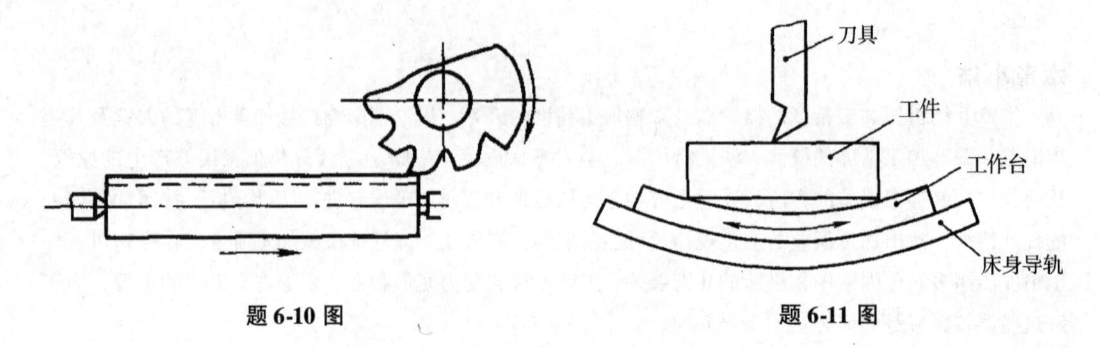

题 6-10 图　　　　题 6-11 图

6-11　当龙门刨床床身导轨不直时(题 6-11 图)，加工后的工件会成什么形状？当：

①工件刚度很差时；

②工件刚度很大时。

6-12　试分析用端铣刀铣削平面时，铣刀刀杆安装在进给方向倾斜时(题 6-12 图)，产生的加工误差。减小该误差有什么方法？

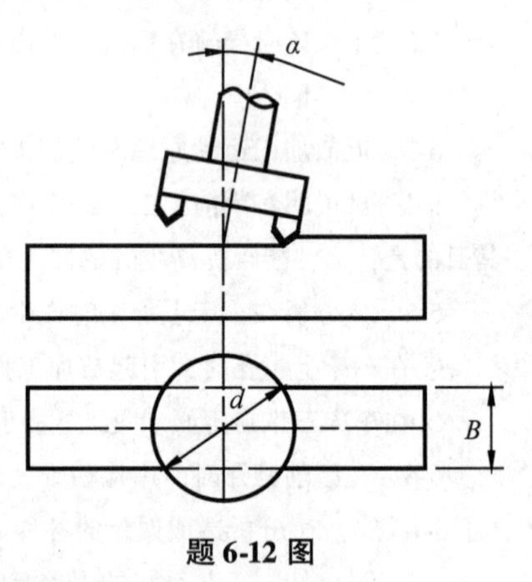

题 6-12 图

6-13　加工误差按照统计规律可分为哪几类？各有什么特点？采取什么工艺措施可减少或控制其影响？

6-14　什么是正态分布曲线？它的特征参数是什么？特征参数反映了分布曲线的哪些特征？

6-15　分布图分析法和点图分析法在生产中有何应用？

6-16　在无心磨床上磨削一批光轴的外圆，要求保证尺寸为 $\phi 25^{0}_{-0.021}$ mm，加工后测量，尺寸按正态规律分布，$\sigma=0.003$mm，$\bar{x}=24.995$。试绘制分布曲线图，求出废品率，分析误差的性质、产生废品的原因及提出相应的改进措施。

6-17　在两台相同的自动车床上加工一批轴的外圆，要求保证直径 $\phi 11\pm0.02$mm，第一台加工 1000 件，其直径尺寸按正态分布，平均值为 11.005mm，标准差 $\sigma_1=0.004$mm。第二台加工 500 件，其直径尺寸也按正态分布，且平均值为 11.015mm，$\sigma_2=0.0025$mm。试求：

①在同一图上画出两台机床加工的两批工件的尺寸分布图，并指出哪台机床的工序精度高？

②计算并比较哪台机床的废品率高，试分析其产生的原因及提出改进的办法。

6-18　提高加工精度的主要措施有哪些？举例说明。

第7章

机械加工表面质量

[本章提要]

零件的质量，除了加工精度还包括表面质量。本章研究零件加工表面质量，要求掌握机械加工过程中各种工艺因素对加工表面质量的影响规律，以方便应用这些规律进行加工过程控制，最终达到提高加工表面质量。本章主要从机械表面质量含义及内容、影响机械加工过程中的表面粗糙度、加工后表面层的物理力学特性、加工过程中机械振动因素等方面进行介绍。

机械加工得到的表面实际上都不是完整理想的表面。实践表明，机械零件的破坏，尤其是配合零件的破坏，都是从其表面破损开始的。通过实验也表明，机械加工过程中零件表面质量，关系到加工后产品的质量，至关重要。

本章研究零件加工表面质量，是要掌握机械加工中各种工艺因素对加工表面质量的影响规律，以方便应用这些规律进行加工过程控制，最终达到提高加工表面质量的目的。

7.1 表面质量的含义及其对零件使用性能的影响

机械零件在加工过程中，被加工表面及其微观几何形状误差和表面层物理机械性能发生变化，将直接影响到零件的使用性能，甚至影响到机械装配后的总体性能。

7.1.1 表面质量的内容及含义

加工表面质量包括以下两方面内容：加工表面的几何形貌和表面层材料的力学物理性能和化学性能。

7.1.1.1 加工表面的几何形貌

加工表面的几何形貌是指在机械加工过程中，刀具与被加工工件接触过程中直接的摩擦、切屑分离过程中相关表面的变形、加工过程中的机械振动等因素的作用，使零件表面上留下的表层微小结构变化。加工表面的几何形貌包括以下四个方面：加工表面的粗糙度、表面波纹度、纹理方向、表面缺陷。

①表面粗糙度：表面粗糙度是指加工轮廓的微观几何轮廓，其波长与波高比值一般小于50。

②表面波纹度：加工表面上波长与波高的比值等于50~1000的几何轮廓称为波纹度，其为机械加工中振动引起的。加工表面上波长与波高比值大于1000的几何轮廓，称为宏观几何轮廓，属于加工精度范畴，不在此处讨论。

③纹理方向：纹理方向指加工中刀具纹理方向，它取决于表面形成过程中采用的加工方法。车削加工中产生的纹理方向一般为轴向，铣削加工产生的纹理方向与进给方向有关。

④表面缺陷：指加工表面上出现的缺陷，例如铸造砂眼、气孔，毛坯件的裂纹等。在制造毛坯件及进行机械加工过程中，经常会出现表面缺陷现象。

7.1.1.2 表面层材料的力学物理性能和化学性能

在机械加工过程中，由于各种外力因素与热因素的综合作用，加工表面层金属的力学物理性能与化学性能会发生相应的变化，主要为以下几个方面变化：

①表面层金属的冷作硬化：是指在机械加工过程中，金属在高温及高压条件下，金属层发生变化，表层金属变硬的现象，表层金属的冷作硬化由硬化程度与硬化层深度来衡量。一般条件下，表层硬化层深度可达0.05~0.30mm。

②表面层金属的金相组织变化：在机械加工中，由于切削热的作用会引起表面层金属的金相组织发生变化。

③表层残余应力：机械加工过程中，由于切削力与切削热的综合作用，金属表层的晶粒结构发生变化，晶格发生扭曲现象，需要释放内应力，便产生了表层残余应力。

7.1.2　加工表面质量对零件使用性能的影响

7.1.2.1　表面质量对耐磨性的影响

(1)表面纹理对耐磨性的影响

零件表面纹理的形状与刀纹的方向对零件的耐磨性有一定影响，在加工过程中，纹理方向与刀纹方向一致或者相反导致两个接触面之间的有效接触面积变化，同时在零件运动过程中，润滑液对零件的运动性能影响也有发生。一般情况下，纹理方向与刀纹方向相同，则润滑液会存在于两配合表面，提高其抗磨损性能。相反则会把润滑液挤出两配合表面，会加速零件间的磨损。

(2)表面波纹度和表面粗糙度对耐磨性的影响

零件表层的波纹度与零件表面粗糙度有关，波纹度越大，零件表面越粗糙，导致零件表面接触面积变小。在两个零件做相对运动时，开始阶段由于接触面小，压强大，在接触点的凸峰处会产生弹性变形、塑性变形及剪切等现象，这样凸峰很快被磨平，被磨掉的金属微颗粒落在相互配合的摩擦表面之间，加速磨损过程。即便有润滑油作用也不大，由于多余的凸出波峰被磨平后，两个配合表面直接为干摩擦。一般情况下，工作表面在初期磨损阶段(如图7-1第Ⅰ部分)磨损得很快，随着磨损的继续，实际接触面积越来越大，单位面积压力也逐渐减小，磨损则以较慢的速度进行，进入正常磨损阶段(如图7-1第Ⅱ部分)，过了此阶段又将出现急剧磨损阶段(如图7-1第Ⅲ部分)，这是因为磨损继续发展，使得实际接触面积越来越大，产生了金属分子间的亲和力，使表面容易咬焊，零件之间配合关系失效，配合的两个零件将不能使用。

零件的表面粗糙度对零件表面耐磨性影响很大。一般来说，表面粗糙度值越小，其耐磨性越好；但表面粗糙度值太小，接触面容易产生分子粘接，且润滑油不易存储，磨损反而增加。因此，就磨损而言，存在一个最优表面粗糙度值。表面粗糙度的最优值与机器零件工况有关，图7-2给出了不同工况下表面粗糙度值与起始磨损量的关系，曲线1是轻载荷，曲线2是重载荷，可以看出载荷加大时，起始磨损量增大，最优表面粗糙度值也随之增大。

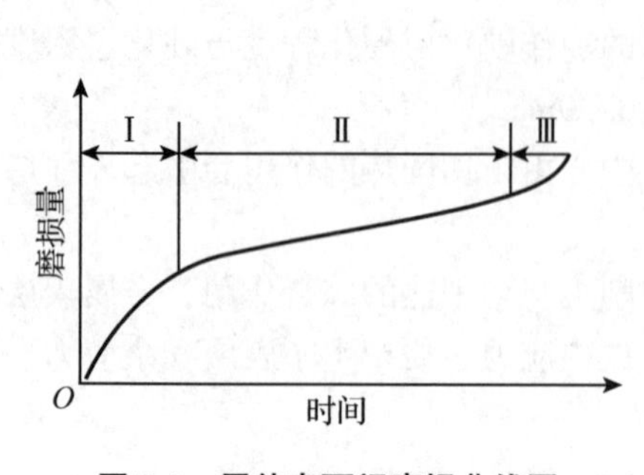

图 7-1　零件表面间磨损曲线图

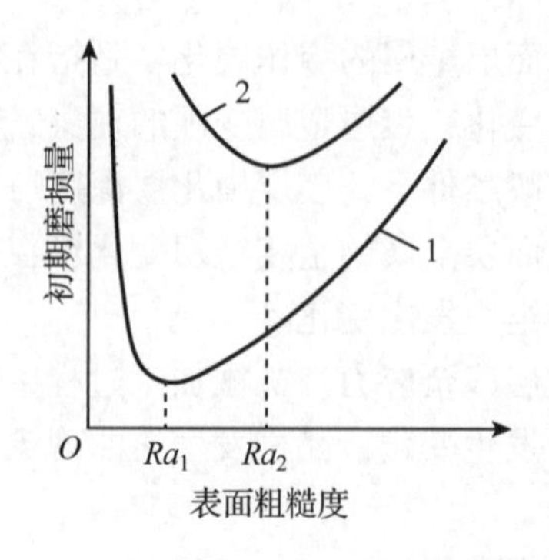

图 7-2　零件表面粗糙度与起始磨损量关系

(3)表面层冷作硬化对耐磨性的影响

在机械加工过程中，加工表面的冷作硬化现象在一定程度上能减少接触表面摩擦副之间的塑形变形与弹性变形，提高其耐磨性。但不是冷作硬化的程度越高，对零件表面的耐磨性就越好，因为硬化的程度过高，会导致零件表面的晶粒过于疏松，严重的情况甚至出现微小裂纹甚至组织剥落现象。图 7-3 所示为 T7A 钢的磨损量随冷作硬化程度的变化情况。一般在零件加工过程中，出现冷作硬化现象后，应采用相应措施保证其冷作硬化程度。

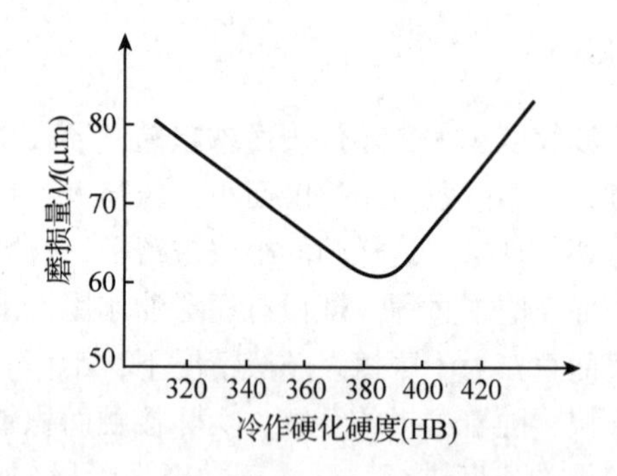

图 7-3　表面冷硬程度与耐磨性的关系

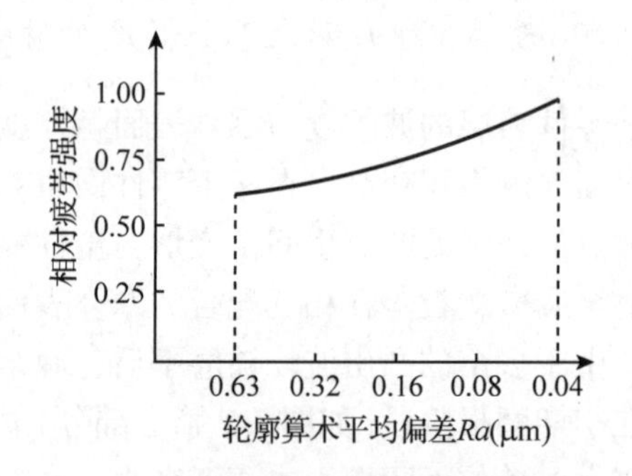

图 7-4　表面粗糙度对耐疲劳性的影响

7.1.2.2　表面质量对零件耐疲劳性的影响

(1)表面粗糙度对零件耐疲劳性的影响

零件表面在交变载荷的作用下，容易受到疲劳破坏。零件表面的划痕、微小裂纹都会引起零件表面应力集中，当零件表面微观凹处的应力超过材料的疲劳极限时，零件表面出现疲劳裂纹。通过实验得到，零件表面粗糙度越高，疲劳强度越低，如图 7-4 所示为表面粗糙度与耐疲劳性的关系。对于承受交变载荷的零件，减小表面粗糙度可以提高零件的疲劳强度约 40% 左右；零件材料内部晶粒结构及分布也影响到对零件疲劳强度的影响，晶粒越小，其组织越细密，零件表面粗糙度对疲劳强度的影响越大。此外，加工表面粗糙度的纹理方向对零件耐疲劳性影响较大，当其方向与受力方向垂直时，疲劳强度将明显下降。

(2)表面层金属力学物理性质对耐疲劳性的影响

表面层的残余应力对疲劳强度的影响很大，残余压应力能够抵消部分工作载荷施加的拉应力，延缓疲劳裂纹的扩展，因而能提高零件的疲劳强度；而残余拉应力容易使已经加工的表面产生裂纹而降低疲劳强度。带有不同残余应力表面层的零件其疲劳寿命可相差数倍甚至数十倍。

表面层金属的冷作硬化能够提高零件的疲劳强度，这是因为硬化层能阻碍已有裂纹的扩大和新疲劳裂纹的产生，因此可以大大降低外部缺陷和表面粗糙度的影响。

7.1.2.3 表面质量对零件耐腐蚀性的影响

影响零件耐腐蚀性的表面质量主要是表面粗糙度和残余应力。当空气潮湿时，零件表面常会发生电化学腐蚀或者化学腐蚀，化学腐蚀是由于粗糙表面的凹谷处聚集物产生相应的化学反应。两个零件的表面在接触过程中，相应的波峰与波谷之间产生电化学反应，逐渐腐蚀金属表层。

当零件表面受到残余拉应力的时候，可以延缓裂纹的延长，可以提高零件的耐腐蚀能力；当零件表面受到残余压应力的时候，会增大零件表面的微小裂纹，从而降低零件表面的耐腐蚀性。

7.1.2.4 表面质量对零件配合质量的影响

影响零件配合质量的主要是表面粗糙度。对于间隙配合的零件，表面粗糙度越大，初期磨损量就越大，工作时间越长配合间隙就会增加，影响了间隙配合的稳定性；对于过盈配合的零件，轴在压入孔内时表面粗糙度的部分凸峰会被挤平，使实际过盈量比预定的小，影响了过盈配合的可靠性，所以表面粗糙度越小越能保证良好的过盈配合。过渡配合对配合质量的影响是以上两种配合关系的综合。

7.1.2.5 其他影响

两个配合表面之间的接触质量直接影响到相关零件的密封性。降低粗糙度，可以提高密封性能，防止出现泄漏现象。配合表面之间的表面粗糙度越小，可以使零件之间有较大的接触刚度。对于滑动零件，降低粗糙度可以使摩擦因数降低，运动灵活性增高。表面层的残余应力会使零件在使用过程中缓慢变形，失去原来的精度，降低机器的工作质量，同时对机械加工过程中的零件表面密封性也有较大影响。

对于工作时滑动的零件，恰当的表面粗糙度值能提高运动的灵活性，减少发热和功率损失，对配合表面之间的密封性影响较小。

7.2 影响表面粗糙度的主要因素

7.2.1 影响切削加工表面粗糙度的因素

7.2.1.1 表面粗糙度的形成

用切削刀具加工零件表面时，已加工表面粗糙度的形成主要包括几何因素、塑性变形和振动三方面的因素。振动将在7.5节中详细介绍。

(1)几何因素

形成表面粗糙度的几何因素主要是指刀具几何形状和切削运动引起的切削残留面积，它是影响表面粗糙度的主要因素，如图7-5所示。

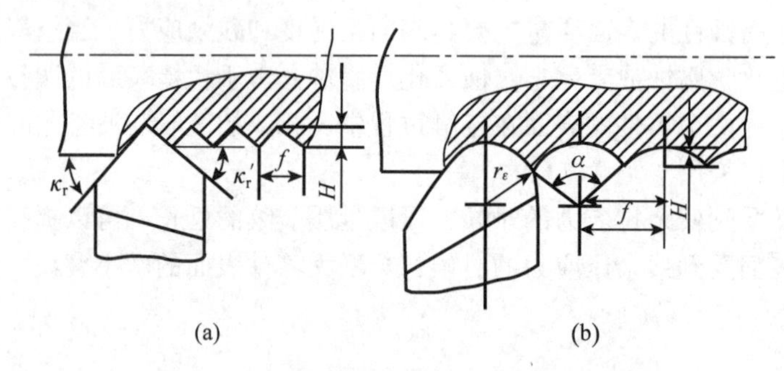

图7-5 车削加工影响表面粗糙度的几何因素

在切削加工过程中，主要以刀刃的直线部分形成的表面粗糙度[图7-5(a)]，可以通过以下关系方程确定其几何关系。

$$H = \frac{f}{\cot\kappa_r + \cot\kappa_r'} \tag{7-1}$$

式中 κ_r、κ_r'——刀具的主偏角和副偏角；

f——刀具加工时的进给量。

当加工时，切削深度和进给量较小时，加工后表面粗糙度主要由刀尖圆弧半径组成[图7-5(b)]，由下列关系得出：

$$H = r_\varepsilon[1 - \cos(\alpha/2)] = 2r_\varepsilon \sin^2(\alpha/4) \tag{7-2}$$

当其中心角较小时，可用$\sin(\alpha/2)/2$代替$\sin(\alpha/4)$，可以得到

$$H \approx \frac{f^2}{8r_\varepsilon} \tag{7-3}$$

因此，在进行机械加工过程中，选择较小的进给量f，以及较大的刀尖圆弧半径r_ε，可以提高零件表面质量。

(2) 塑性变形

零件的表面粗糙度相关值为 H，其反应了 R_z 的大小，但是其有一定区别；R_z 除了受刀具几何形状的影响，同时还受到表面金属层塑性变形的影响。由于塑性变形的存在，多数情况下已加工表面的残留面积上叠加着一些不规则金属生成物、粘附物或刻痕，使得表面粗糙度的实际轮廓与理论轮廓有较大的差异。形成它们的原因有积屑瘤、鳞刺、摩擦等。

塑形材料加工过程中，当切削速度为 20～50m/s 时，零件表面容易出现积削瘤现象，积屑瘤生成、长大和脱落严重影响加工后工件表面的粗糙度。当切削速度更高时，由于与材料表面摩擦减小，零件质量变好，表面粗糙度值变小。

鳞刺是指加工表面上出现鳞片状的缺陷。在加工过程中，出现鳞刺是由于切屑在前刀面上过度摩擦与焊接造成周期性的停留，代替刀具推动切削层，使切削层与工件直接出现撕裂现象。这种过程连续发生后工件表面出现一系列鳞刺，构成不光滑表面。积屑瘤会影响鳞刺的形成。

7.2.1.2　影响表面粗糙度的因素

(1) 切削用量对加工零件表面粗糙度的影响

切削用量中对表面粗糙度有影响的主要是切削速度，通过试验可以得到，加工过程中，切削速度越高，切削过程中切屑与加工表面的塑形变形程度越小，粗糙度越小。积削瘤与鳞刺的产生都与加工速度有关，在低速情况下，容易产生，因此尽量采用较高的切削速度。图 7-6 为切削 45 钢时切削速度与粗糙度关系。

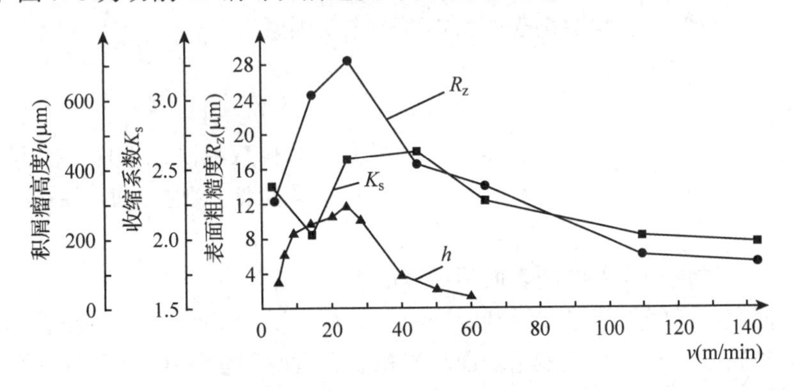

图 7-6　切削 45 钢时切削速度与粗糙度关系

(2) 材料性能对加工后零件的粗糙度影响

工件材料切削加工性(零件材料被切削加工的难易程度)对表面粗糙度影响也较大，越难加工的材料表面粗糙度越大，具体体现在韧性较大的塑性材料，加工后表面粗糙度越大；而脆性材料的加工粗糙度比较接近理论粗糙度。对于同样的材料，晶粒组织越粗大，加工后的表面粗糙度就越大。因此，为了降低加工后的表面粗糙度，同时为了改善材料的切削加工性，常在切削加工前进行调质或正火处理，以得到均匀细密的晶粒组织和较高的硬度。

在相同切削条件下，切削力越小，切削温度越低，零件的表面质量越好。同时，加工过程中切削液、刀具的角度等方面对零件表面的粗糙度值都有影响，刀具角度影响被切削材料的塑形变形和摩擦，进而影响加工后零件的表面粗糙度。

(3)工艺系统的振动

工艺系统的振动，会影响零件表面的粗糙度，从而影响零件表面的波度与纹理方向，在机械系统出现高频振动时，对零件表面质量影响较大。为了提高零件表面质量，必须采取相应的措施防止加工过程中出现高频振动。

同时，在加工过程中，工艺系统的振动会导致零件表面出现较大的波纹度等，直接影响到零件的质量。

7.2.2 影响磨削加工表面粗糙度的因素

磨削加工是机械加工过程中的精加工，往往是加工中的最后工序，因此磨削加工过程，直接影响到零件的表面质量，并最终影响到零件的配合质量。磨削加工过程，可以看成是无数个微小的磨粒在进行切削加工，但是不同磨粒的几何参数不同，因此对磨削后工件表面的粗糙度影响很大。在磨削过程中，大部分磨粒有很大的负前角，因此在加工过程中，工件受力非常大，引起工件的塑形变形较大。磨粒磨削工件过程中，金属材料沿着磨粒的侧向流动，形成沟槽的隆起现象，增大表面粗糙度。磨削会造成加工表面金属软化，增大零件表面粗糙度。

从以上所述可知，影响磨削表面粗糙度的主要因素有：

(1)砂轮的影响

砂轮的粒度越细，砂轮工作表面单位面积上的磨粒数越多，工件上的刻痕也越密，粗糙度越小。砂轮经过修整后，在磨粒上可以形成很多细小刻痕，加工后零件的表面粗糙度越小。

砂轮的修整质量是改善磨削表面粗糙度的重要因素。用金刚石刀具进行修整后，可以把砂轮表面上的已经加工过不锋利的磨粒，进行加工后变得锋利。金刚石笔相当于微小的刀具与砂轮表面接触，在砂轮表面车出螺纹，背吃刀量越小，修整出的砂轮表面越光滑，磨削刃的等高性也越好，因而磨出的工件表面粗糙度也越小。

砂轮硬度应大小适合，砂轮太硬，磨粒钝化后仍不易脱落，使工件表面受到强烈摩擦和挤压作用，塑性变形程度增加，表面粗糙度值增大并易使磨削表面产生烧伤。砂轮太软，磨粒易脱落，常会产生磨损不均匀现象，从而使磨削表面粗糙度值增大。

(2)磨削用量的影响

图7-7是采用GD60ZR2A砂轮磨削30CrMnSiA材料时，磨削用量对表面粗糙度的影

响规律曲线。

砂轮速度 v 越高，工件材料来不及变形，表层金属的塑性变形减少，磨削表面的粗糙度值将明显减少。

工件圆周进给速度 v_w 和轴向进给量小，单位切削面积上通过的磨粒数就多，单颗磨粒的磨削厚度就小，塑性变形也小，因此工件的表面粗糙度值也小。如果工件圆周进给速度过小，砂轮与工件的接触时间长，传到工件上的热量就多，有可能出现烧伤。

背吃刀量 a_p(切削深度)对表层金属塑性变形影响很大，增大背吃刀量，塑性变形将随之增大，被磨削表面粗糙度值会增大。

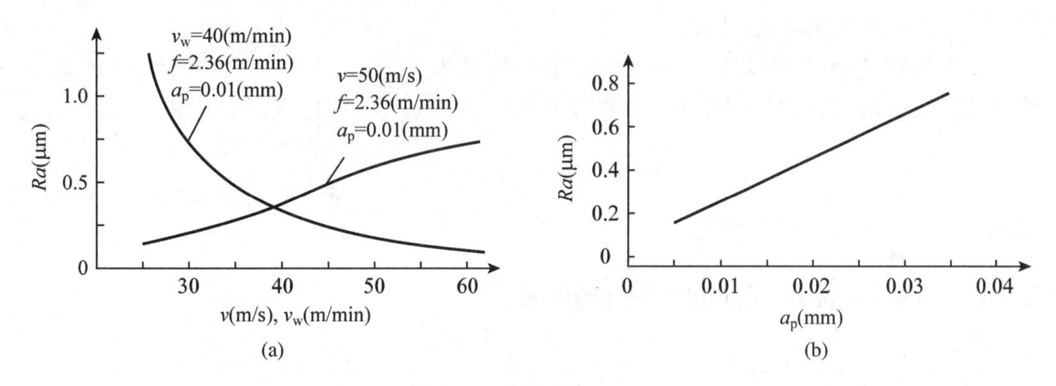

图7-7　磨削用量对表面粗糙度的因素

v_w. 工件速度　v. 砂轮速度

此外，被加工材料的硬度、塑性和导热性以及砂轮和磨削液的正确使用等，都对磨削表面粗糙度有一定的影响，必须给予足够的重视。

7.3　影响表面层物理力学性能的主要因素

表面层物理机械性能的变化及影响因素。切削过程中，由于工件表面层受到切削力、切削热的作用，其表面层的物理机械性能与基体材料性能有很大的变化，主要表现为：表面层的冷作硬化、金相组织变化及表面层的残余应力。

7.3.1　影响表面层冷作硬化的因素

机械加工过程中产生的塑性变形，使晶格出现扭曲、畸变，晶粒间产生滑移现象，晶格被拉长，引起材料的强化，使得材料表面层金属的强度和硬度都增加了，被称为冷作硬化(也被称为表面强化)。随着冷作硬化现象的产生，会增大金属变形的阻力，减少金属的塑性、金属的物理性质也会发生相应变化。

冷作硬化会产生的现象如下：

①晶格发生变形、扭曲情况，晶粒组织及原子结构处于不稳定状态，自然向稳定状态转变，即可出现金属中产生内应力。

②晶粒发生细化现象，加大了滑移面的制动情况。

③金属内部的晶粒大小不一，在滑移过程中，产生晶粒结构不均匀现象，产生内应力。

④在滑移过程中，产生了相应的碎片，加大了碎块的阻力。

⑤在晶粒滑移过程中，晶粒变形的方向，形成纤维组织，增大了晶粒周围的面积，结果是增大了其表面张力，提高了晶粒的形状，降低金属塑性。

⑥塑性变形过程中，金属晶粒扭曲后，相互咬合影响，反而使晶粒间变形困难。

冷作硬化的结果是，金属处于不稳定状态，只要有相应的条件，就会出现金属的冷硬结构向稳定的状态转化，这种现象被称为弱化现象。

冷作硬化的指标为以下三项：冷硬层的深度 h，冷硬层的显微硬度 H，硬化程度 N，如图 7-8 所示。

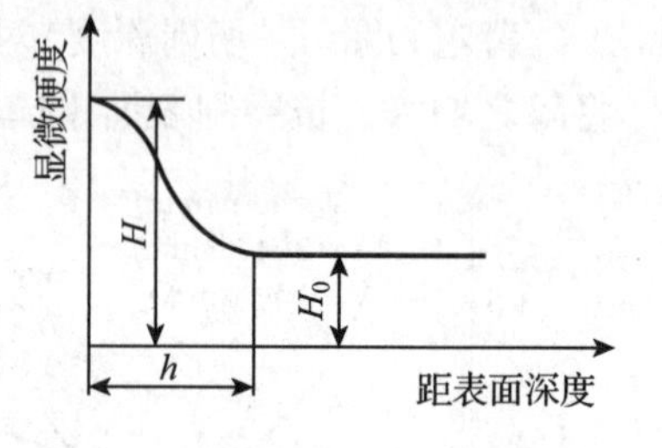

图 7-8 切削加工后表面层的冷作硬化

$$N = \frac{H - H_0}{H_0} \times 100\%$$

式中 H_0——基体材料的硬度。

7.3.1.1 影响切削加工表面冷作硬化的因素

(1)切削用量的影响

切削用量对加工表面冷硬程度的影响很大，在切削过程中，切削用量中切削速度与进给量对金属表层的冷作硬化影响最大。

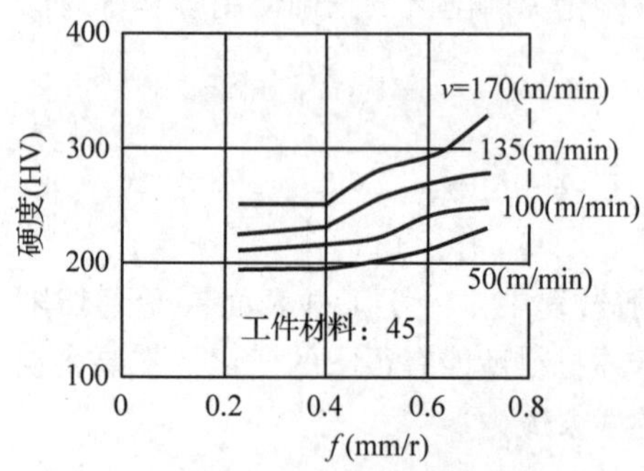

图 7-9 进给量与切削速度对冷作硬化程度的影响

图 7-9 给出了在切削 45 号钢时，进给量和切削速度对冷作硬化的影响，由图可以看出，加大进给量时，表层金属的硬度将随之增加，这是因为随着进给量的增大，切削力增大，表层金属的塑性变形增大，冷硬程度就增大。但是，这种情况只是在进给量比较大时才是正确的，如果进给量很小，小于 0.05～0.06mm 时，若继续减小进给量，则表层金属的冷硬程度不仅不会减小，反而会增大。

增加切削速度后，刀具与工件的接触作用时间减少，材料的塑形变形扩展深度变小，金属表层的冷硬程度变小。但是增大切削速度后，切削热在金属表面的作用时间变短，金属表层的冷硬程度也会增加。在图 7-9 的加工条件下，增加切削速度，金属表层的冷硬程度加大。但是，在切削高塑性钢时，在不同速度范围内，切削速度对金属表层冷硬程度影响不同。在容易形成积屑瘤与鳞刺的切削速度范围内，增大切削速度时，其表层的塑性变形程度为先增大，后减小，表层金属的冷硬程度也是先大后小。但是在形成积屑瘤与鳞刺速度之外的区域，切削速度增大时，金属表层的冷硬程度将增大。如切削 Q235 钢的时候，在切削初期，其速度为 14m/min时，冷硬层为 100μm，当速度超过 200m/min 时，冷硬层为 38μm，其表面冷硬程度显著降低。

背吃刀量对金属表层的冷硬程度影响不大。通过试验得出，切削深度从 1mm 增大至 5mm，冷硬层从 70μm 增加到 84μm。可见切削深度增大 5 倍，但是冷硬层却变化不大。

(2) 刀具几何状对表面冷硬程度的影响

通过试验得出，切削刃钝圆弧半径对切屑的形成过程起到了决定性作用。已加工表面的显微硬度随着切削刃圆弧半径的增大而明显增大。因为切削刃刀尖圆弧半径增大，径向的切削分力也随之增大，被加工的金属表层塑性变形程度加剧，冷硬程度增大。

刀具磨损对表层金属的冷硬程度影响明显。图 7-10是俄罗斯学者通过试验得到的结果，刀具的后刀面磨损宽度 VB 从 0 增大到 0.2mm 时，表层金属的显微硬度 HV 由 220 增大到 340。刀具磨损宽度增大后，刀具的后刀面与被加工表面剧烈摩擦，塑性变形增大，导致金属表层冷硬程度增大。但是磨损宽度 VB 继续增大后，摩擦热继续增大，弱化趋势增大。表层技术的显微硬度 HV 逐渐下降，甚至稳定在某一状态下。

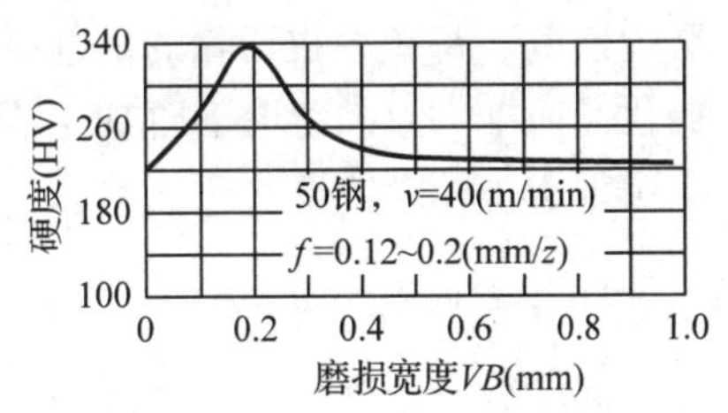

图 7-10　后刀面磨损对冷硬程度影响

当前角在 ±20°范围变化时，对表面层的冷硬程度影响不大。刀具的后角、主偏角、副偏角、刀尖圆弧半径等对表层金属的冷硬程度影响不大。

(3) 加工材料性能的影响

在相同的加工条件下，不同材料的工件，表面层的冷硬程度与冷硬深度都不相同。具体情况如下：材料的硬度越小，则材料在加工过程中强化的倾向越小，则其加工后表面的冷硬程度越小。碳钢中，含碳量越高，则强度越高，其强化越小，则表面的冷硬程度越小。有色金属的熔点较低，其容易弱化，冷作硬化比钢材等小得多。

7.3.1.2　影响磨削加工的表面冷作硬化的因素

(1) 工件材料性能的影响

分析工件材料对磨削表面冷作硬化的影响，分别从材料的塑性和导热性两个方面考虑。

磨削高碳工具钢 T8，加工表面冷硬程度平均可达 60%~65%，个别可达 100%；而磨削纯铁时，加工表面冷硬程度可达 75%~80%，有时甚至可以达到 140%~150%。其原因是纯铁的塑性好，磨削时的塑性变形大，强化倾向大；纯铁的导热性比高碳工具钢高，热不容易集中在金属表面层，因此弱化倾向小。

(2) 磨削用量的影响

①加大背吃刀量，磨削力随之增大，磨削过程的塑性变形加剧，表面冷硬倾向增

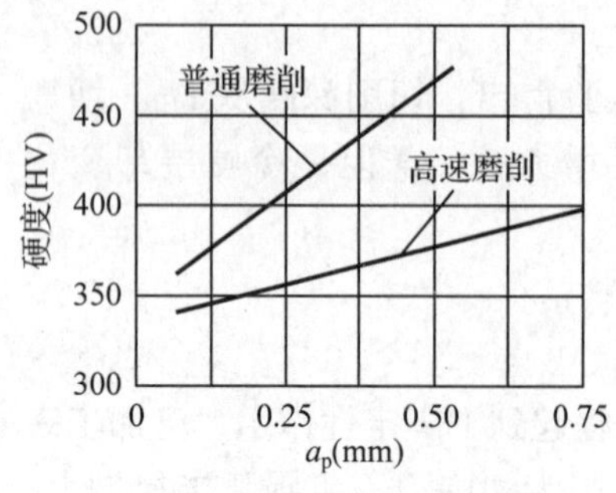

图 7-11 磨削深度对冷硬程度的影响

大，图 7-11 为磨削高碳工具钢 T8 磨削深度对加工工件冷硬程度的影响的实验结果。

②加大纵向进给速度，单颗磨粒的切屑厚度随之增大，磨削力加大，冷硬增大。但提高纵向进给速度，有时又会使磨削区产生较大的热从而使冷硬减弱。加工表面的冷硬状况要综合考虑上面两种综合因素的作用。

③提高工件转速，会缩短砂轮对工件的作用时间，使软化倾向减弱，因而表面层的冷硬增大。提高磨削速度，每颗磨粒切除的切削厚度变小，减弱了塑性变形程度；磨削区的温度增高，弱化倾向增大。高速磨削时加工表面的冷硬程度总比普通磨削时低，图 7-11 的实验结果也说明了这个问题。

(3)砂轮粒度的影响

砂轮的粒度越大，单颗磨粒的载荷越小，冷硬程度也越小。在磨削淬火钢的时候，必须考虑淬火钢的回火问题。由于磨削过程中，瞬时会产生极高的温度，金属表层的马氏体会转化为屈氏体或者索氏体，出现软点，产生热应力问题，这些都会对材料表面的冷硬程度有影响。

表 7-1 列出了用各种机械加工方法(采用一般切削削量)加工钢件时，加工表面冷硬层深度和冷硬程度的部分数据。

表 7-1 不同加工方法冷硬程度

加工方法	材料	硬化层深度 h(μm)		硬化程度 N(%)	
		平均值	最大值	平均值	最大值
车削	低碳钢	30~50	200	20~50	100
精细车削		20~60	—	40~80	120
端铣		40~100	200	40~60	100
周铣		40~80	110	20~40	80
钻孔		180~200	250	60~70	
拉孔		20~75	50~100		
滚齿		120~150	60~100		
外圆磨		30~60	40~60		
平面磨		30~60	25~30		
外圆磨	中碳钢	30~60		40~60	150
外圆磨	淬火钢	20~40		25~30	100

7.3.2　表面层金相组织变化与磨削烧伤

在机械加工中，由于切削热的作用，使工件加工区附近温度升高，当温度达到金相组织转变临界点时，就会产生金相组织变化。磨削加工由于大多数磨粒的负前角切削所产生的磨削热比一般切削大得多，加之磨削时约 70% 以上的热量传给工件，这就使得加工表面层有很高的温度，极易在金属表层产生金相组织变化，使表层金属强度和硬度降低，产生残余应力，甚至出现微观裂纹，这种现象被称为"磨削烧伤"。

磨削淬火钢时，工件表面层上形成的瞬时高温将会改变金属层表面的金相组织，具体有以下三种变化形式：

(1) 回火烧伤

如果磨削区的温度未超过淬火钢的相变温度(碳钢的相变温度为 720℃)，但是已经超过马氏体的转变温度(中碳钢为 300℃)，工件表面金属的马氏体将转化为硬度较低的回火组织，被称为回火烧伤。

(2) 淬火烧伤

如果磨削区温度超过了相变温度，冷却液急剧冷却，表层金属出现二次淬火马氏体组织，硬度比原来的回火马氏体更高，在其底层因冷却较慢，出现硬度比原来的回火马氏体更低的回火组织(索氏体或托氏体)，被称为淬火烧伤。

(3) 退火烧伤

如果磨削区温度超过相变温度，磨削过程没有冷却液进行冷却，表层金属将产生退火组织，表层金属的硬度将急剧下降，被称为退火烧伤。

7.3.2.1　影响磨削烧伤的因素

磨削烧伤的实质是材料的表面层的金相组织发生变化，是由于磨削区表面层的高温及高温梯度引起的。磨削温度的高低取决于热源强度和热作用时间。因此，所有影响磨削热产生与传导的因素都会影响磨削温度，也是影响磨削烧伤的因素，具体影响因素如下。

(1) 被加工材料

被加工材料对磨削区温度的影响主要取决于其强度、硬度、韧性和导热性。工件材料的高温强度越高加工性就越差，磨削加工中所消耗的功率就越多，发热量就越大。耐热钢由于其高温硬度高于一般碳钢，因此比一般碳钢难于加工，磨削时磨削热量非常大。被加工材料的韧性越大，磨削力就越大，在磨削过程中弹性恢复大，造成磨粒与已加工表面产生强烈摩擦，会使温度急剧上升。因此，强度越高、硬度越大、韧性越好的材料磨削时越容易产生磨削烧伤。

(2)砂轮的选择

磨削导热性差的材料，应注意选择砂轮的硬度、结合剂和组织对磨削效果都会产生影响。

硬度太高的砂轮，磨削自锐性差，使磨削力增大温度升高容易产生烧伤，因此应选择较软的砂轮为好；选择弹性好的结合剂，如橡胶、树脂结合剂等。磨削时磨粒较大，减小了磨削深度，从而降低了磨削力，有助于避免烧伤；砂轮中的气孔对消减磨削烧伤起着重要作用，因为气孔能容纳切屑使砂轮不易堵塞，又可以把冷却液或空气带入磨削区使温度下降。因此磨削热敏感性强的材料，应选组织疏松的砂轮。

金刚石磨料最不易产生磨削烧伤，其主要原因是其硬度和强度都比较高。立方氮化硼砂轮热稳定性极好，磨粒切削刃锋利，磨削力小，磨料硬度和强度也很高，且与铁族元素的化学惰性高，磨削温度低，所以能磨出较高的表面质量。

通常来说，为了避免发热量大而引起磨削烧伤，应选用粗粒度砂轮。当磨削软而塑性大的材料时，为防止堵塞砂轮也应选择较粗粒的砂轮。

(3)磨削用量

理论分析计算与实践均表明增大磨削深度时，磨削力和磨削热也急剧增加，表面层温度升高，因此，磨削深度不能选得过大，否则容易造成烧伤。

①增加进给量：增加进给量后，磨削区温度下降，可减轻磨削烧伤。这是因为增大后使砂轮与工件表面接触时间相对减少，热作用时间减少而使整个磨削区温度下降。但增大进给量后，会增大表面粗糙度，可以通过采用宽砂轮等方法来解决。

②增大工件速度：当工件速度增加时，磨削区温度上升，但上升的速度没有增大速度的比例高，也容易出现磨削烧伤的情况，同时也会使工件表面粗糙度增大。因此一般可考虑用提高砂轮速度来解决此问题。

③增加砂轮速度：提高砂轮速度后会使工件表面温度趋于升高。但是同时却又使切削厚度下降，单颗磨粒与工件表面的接触时间少，这些因素又降低了表面层温度，因而提高砂轮速度，对加工表面的温升有时影响并不严重。实践表明，同时提高砂轮速度和工件速度，可避免产生烧伤。

7.3.2.2 减少磨削烧伤的工艺途径

(1)正确选择砂轮

具体见上一节影响因素分析相应内容。

(2)合理选择磨削用量

具体见上一节影响因素分析相应内容。

(3)提高冷却效果

良好的却润滑条件可将磨削区的热量及时带走，避免或减轻烧伤。但磨削时，由于砂轮转速高，在其周围会产生气流场，普通冷却方法表面将产生一层强气流，用普通的冷却方法，磨削液很难进入磨创区，采用下列有效方法来改善冷却条件。

①采用高压大流量冷却，这样不但能增强冷却的作用，而且还可以对砂轮表面进行冲洗，使其空隙不易被切屑堵塞。例如有的磨床使用的冷却液流量3.7L/s，压力为0.8~1.2MPa。

②为了减轻高速旋转的砂轮表面的高压附着气流的作用，加装空气挡板(图7-12)，以便冷却液能顺利地喷注到磨削区，这对高速磨削更为必要。

③采用内冷却，如图7-13所示，经过严格过滤的冷却液通过中空主轴法兰套引入法兰的中心腔3内，由于离心力的作用，将切削液沿砂轮孔隙向四周甩出，直接进入磨削区。

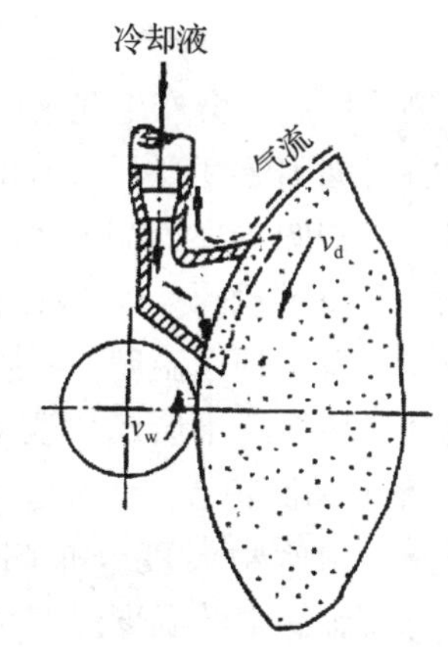

图7-12　带空气挡板的冷却液喷嘴

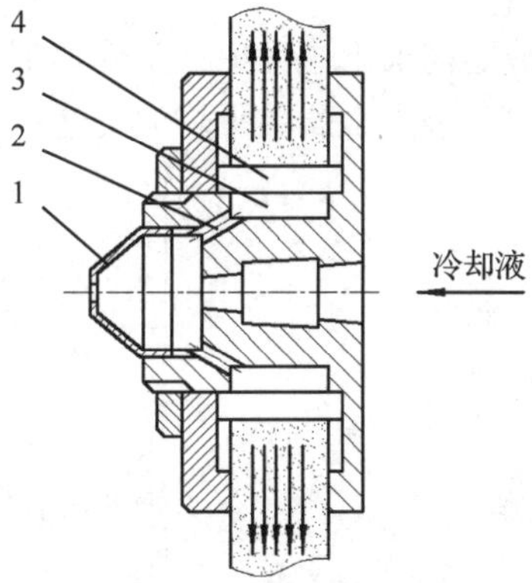

图7-13　内冷却装置

1. 锥形盖　2. 通道孔　3. 砂轮中心腔　4. 有径向小孔的薄壁套

(4)选用开槽砂轮

在砂轮的圆周上开一些横槽，可以将冷却液带入磨削区，可以有效防止工件烧伤。开槽砂轮的形状如图7-14所示，常用的开槽砂轮有均匀等距开槽[图7-14(a)]和在90°内变距开槽[图7-14(b)]两种形式。在砂轮上开槽还能起到风扇作用，可以改善磨削过程散热条件。

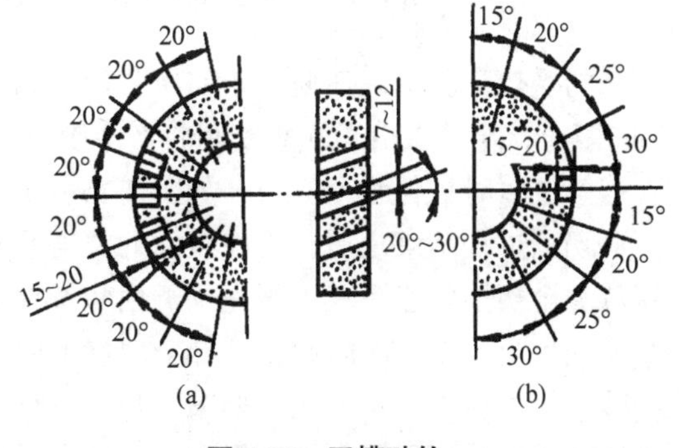

图7-14　开槽砂轮

(a)槽均匀分布　(b)槽不均匀分布

7.3.3　影响表面层残余应力的因素

机械加工中，零件金属表面层发生形状改变、体积变化或金相组织改变时，在表层与基体交界处的晶粒间或原始晶胞内就产生相互平衡的弹性应力，这种应力属于微观应力，称之为残余应力。经过加工得到的表面层都会有或大或小的残余应力。残余拉应力容易使已加工的零件表面产生变形或微小裂纹。

7.3.3.1 工件表面层产生残余应力的主要原因

加工表面层产生残余应力的主要原因可以归纳为以下三方面。

(1)冷塑性变形的影响

在切削或磨削加工过程中，工件表面受到刀具后刀面或砂轮磨粒的挤压和摩擦，表面层产生伸长塑性变形，此时基体金属仍然处于弹性变形状态；切削过后，基体金属趋于弹性恢复，但受到已产生塑性变形的表面层金属的牵制，从而在表面层产生残余压应力，里层产生残余拉应力。

(2)热塑性变形的影响

切削或磨削加工过程中，工件加工表面在切削热的作用下会产生残余应力。例如在外圆磨削时，表层金属的平均温度达300~400℃，瞬时磨削温度则可高达800~1200℃。如图7-15(a)所示为工件温度分布示意图。t_p点相当于金属层具有高塑性温度，温度高于t_p的表层金属不会产生残余应力；t_n为标准室温，t_m为金属熔化温度。由所示温度分布图可知，表层金属1的温度温度超过t_p，表层金属1处于没有残余应力作用的完全塑性状态；金属层2的温度在t_n和t_p之间，此层金属受热后体积会膨胀，由于表层金属1处于完全塑性状态，故它对金属层2的受热膨胀不起任何阻止作用；但金属层2的膨胀要受到处于室温状态的里层金属3的阻止，金属层由于膨胀受阻将产生瞬时压缩残余应力，而金属层3受到金属层2的牵连产生瞬时拉伸残余应力，如图7-15(b)所示。

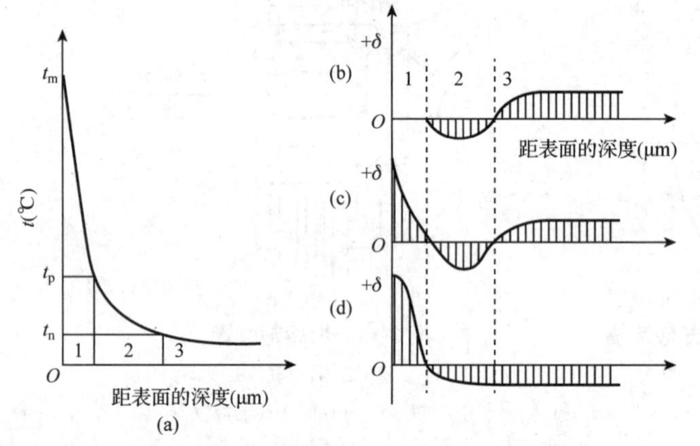

图7-15 切削热在表层金属产生拉伸残余应力

切削过程结束之后，工件表面的温度开始下降，当金属1的温度较低时，金属层1将从完全塑性状态转变为不完全塑性状态，金属层1的冷却金属内部发生收缩，但它的收缩受到金属层2的阻碍，这样金属层1内就产生了拉伸残余应力，而在金属2内的压缩残余应力将进一步增大，如图7-15(c)所示。随着表层金属继续冷却，金属1继续收缩，它仍将受到里层金属的阻碍，因此金属层1的拉伸应力还要继续加大，而金属层2压缩应力将扩展到金属层2和金属层3内。在室温下，金属受热引起的金属残余应力状态，如图7-15(d)所示。

(3)金相组织变化的影响

金相组织变化主要发生在磨削加工过程中。不同的金相组织具有不同的密度($\gamma_{马氏体}=7.75t/m^3$，$\gamma_{奥氏体}=7.96t/m^3$，$\gamma_{铁素体}=7.88t/m^3$，$\gamma_{珠光体}=7.78t/m^3$)，因而具有不同的比容。在机械加工中，表层金属产生金相组织的变化，表层金属的比容将随之发生变化，而表层金属的比容变化必然会受到与之相连的基体金属的阻碍，产生相应的残余应力。如果金相组织的变化引起表层金属的比容增大，则表层金属将产生压缩残余应力，里层金属产生相应的残余拉伸应力；若金相组织的变化引起表层金属的比容减小，则表层金属会产生残余拉应力，而里层金属产生残余压应力。在磨削淬火钢时，因磨削热有可能使表层金属产生回火烧伤，工件表层金属组织将从马氏体转变为接近珠光体的托氏体或索氏体，表层金属密度增大，比容减小，体积缩小，因而表层金属产生残余拉应力，里层金属会产生与之相平衡的残余压应力。如果磨削时表层金属的温度超过相变温度，且冷却又很充分，表层金属将因急冷形成淬火马氏体，密度减小，比容增大，体积变大，则表层产生残余压应力，里层产生残余拉应力。

机械加工后表面层的残余应力是由上述三方面的因素综合作用的结果。在一定条件下，其中某种或某两种因素可能会起主导作用，决定了工件表层残余应力的状态。因此，产生的残余应力比较复杂。

7.3.3.2　影响车削表层金属残余应力的工艺因素

(1)切削速度和被加工材料的影响

用正前角车刀加工45号钢的切削试验结果表明，在所有的切削速度下，工件表层金属均产生拉伸残余应力，即可说明切削热在切削过程起到主导作用。在同样的切削条件下加工18CrNiMoA钢时，表面残余应力状态变化很大。前人试验结果表明在采用正前角车刀以较低的切削速度(6~20m/min)车削18CrNiMoA钢时，工件表面产生残余拉应力，但随着切削速度的增大，拉伸应力值逐渐减小，在切削速度为200~250m/min时表层呈现残余压应力。高速(500~850 m/min)车削18CrNiMoA时，表面产生压缩残余应力，如图7-16所示。

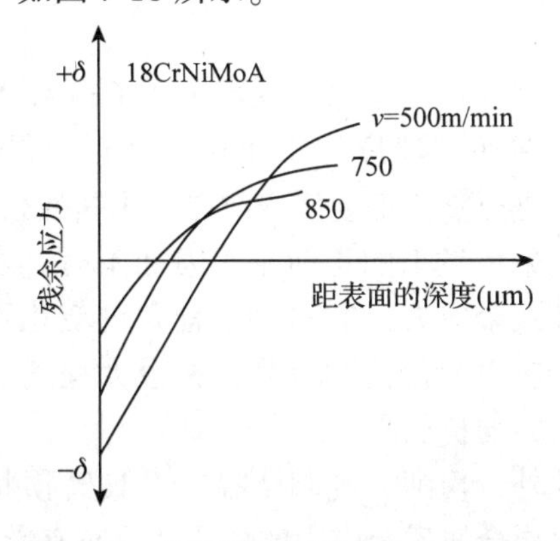

图7-16　切削速度对残余应力的影响

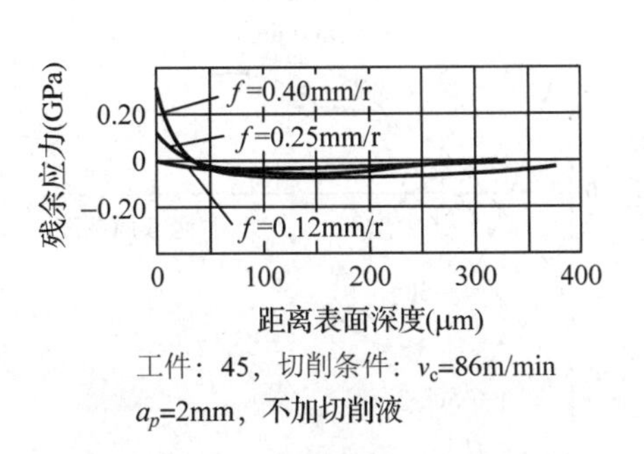

工件：45，切削条件：v_c=86m/min
a_p=2mm，不加切削液

图7-17　进给量对残余应力的影响

这说明在低速车削时，切削热起主导作用，表层产生残余拉应力；随着切削速度的提高，表层温度逐渐提高至淬火温度，表层金属产生局部淬火，金属的比容开始增大，金相组织变化因素开始起作用，致使拉伸残余应力的数值逐渐减小。在进行高速切削时，表层金属的淬火进行得较充分，表面层金属的比容增大，金相组织变化起主导作用，因而表层金属中产生了残余压应力。

(2)进给量的影响

提高进给量，会使表层金属的塑性变形增加，切削区产生的热量也将增大。加大进给量的结果，会使残余应力的数值及扩展深度均相加增大，如图 7-17 所示。

(3)前角的影响

前角对表层金属残余应力的影响极大，图 7-18 是车刀前角对残余应力影响的试验曲线。以 150 m/min 的切削速度车削 45 号钢时，当前角由正值变为负值或继续增大负前角时，拉伸残余应力的数值减小，如图 7-18(a)所示。当以 750m/min 的切削速度车削 45 号钢时，前角的变化将引起残余应力性质的变化，刀具负前角很大($\gamma = -30°$，$\gamma = -50°$)时，表层金属发生淬火反应，表层金属产生压缩残余应力，如图 7-18(b)所示。

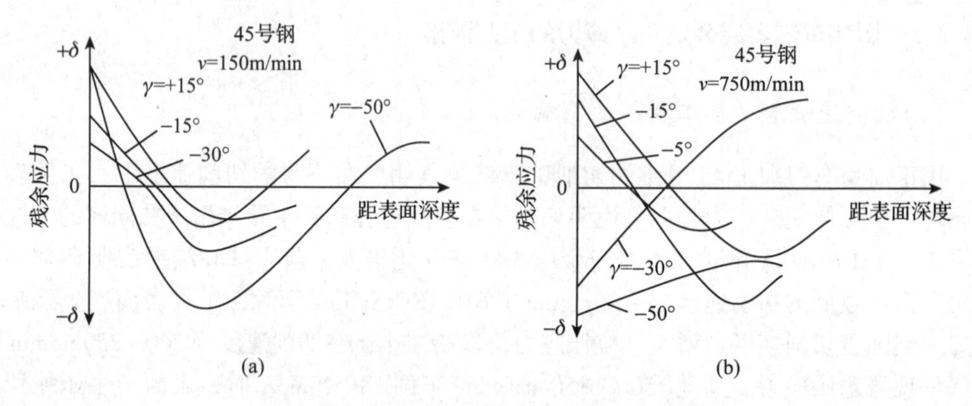

图 7-18 车刀前角对表层金属残余应力影响

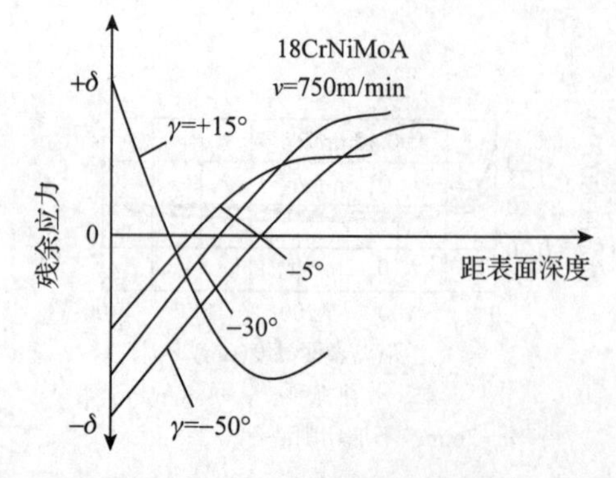

图 7-19 车刀前角对表层金属残余应力影响

车削容易发生淬火反应的 18CrNiMoA 合金钢时，在切削速度为 750m/min 时，采用负前角车刀进行加工都会使表面层产压缩残余应力；只有在采用较大的正前角车刀加工时，才会产生拉伸残余应力(图 7-19)。前角的变化不仅影响残余应力的数值和符号，在很大程度上影响残余应力的扩展深度。

此外，切削刃钝圆半径、刀具磨损状态等都对表层金属残余应力的性质及分布有影响。

7.3.3.3　影响磨削表层金属残余应力的工艺因素

磨削加工过程中，材料塑性变形严重，且热量大，工件表面温度高，热因素和塑性变形对磨削表面残余应力的影响都很大。在一般磨削过程中，若热因素起主导作用，工件表面一般会产生残余拉应力；若塑性变形起主导作用，工件表面将产生残余压应力；当工件表面温度超过相变温度且又冷却不充分时，工件表面出现淬火烧伤，此时金相组织变化因素起主要作用，工件表面将产生残余压应力。在进行精密磨削时，塑性变形起主导作用，工件表层金属产生残余压应力。

(1)磨削用量的影响

磨削背吃刀量 a_p 对金属表面层残余应力的性质、大小有很大影响。图 7-20 是磨削工业铁时，磨削背吃刀量对残余应力的影响。当磨削背吃刀量很小(例如$a_p=0.005$mm)时，塑性变形起主要作用，因此磨削表面形成残余压应力。继续加大磨削背吃刀量，塑性变形加剧，磨削热随之增大，热因素的作用逐渐起主导地位，在表面层产生残余拉应力；且随着磨削背吃刀量的增大，残余拉应力的数值将逐渐增大。当$a_p>0.025$mm时，尽管磨削温度很高，但工业铁的含碳量极低，一般不会出现淬火现象，此时塑性变形因素逐渐起主导作用，表层金属的残余拉应力数值逐渐减小；当 a_p 取值很大时，表层金属呈现残余压应力状态。

提高砂轮速度，磨削温度增高，而每颗磨粒所切除的金属厚度减小，此时热因素的作用增大，塑性变形因素的影响减小，因此提高砂轮速度将使表面金属产生残余拉应力的倾向增大。图 7-20 中，给出了高速磨削(曲线 2)和普通磨削(曲线 1)的试验结果对比。增大工件的回转速度和进给速度，将使砂轮磨削工件热作用的时间缩短，热因素的影响逐渐减小，塑性变形因素的影响逐渐加大。这样，表层金属中产生残余拉应力的趋势逐渐减小，而产生残余压应力的趋势逐渐增大。

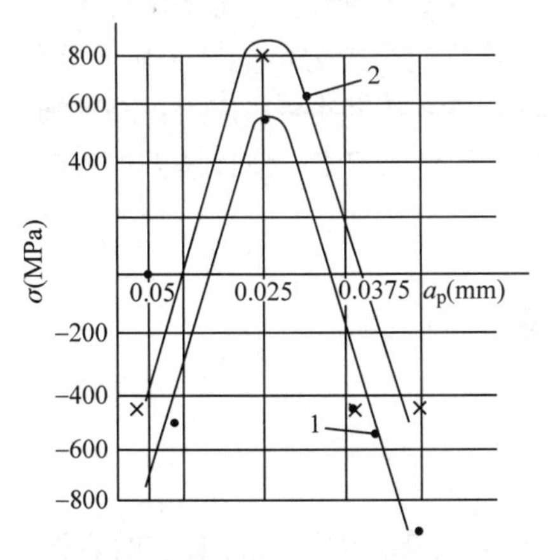

图 7-20　磨削背吃刀量对残余应力的影响

1. 普通磨削　2. 高速磨削

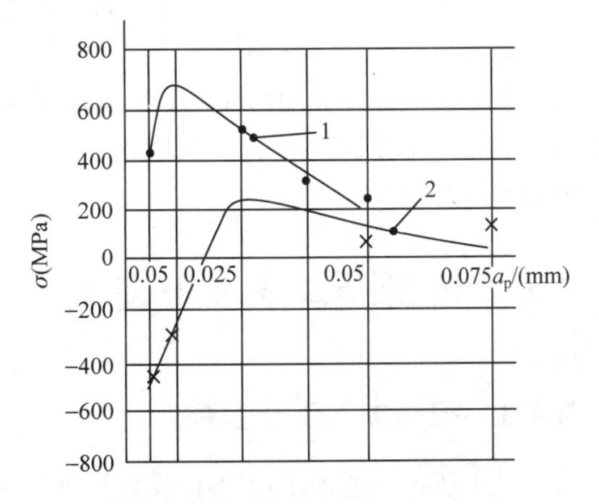

图 7-21　工件材料对残余应力的影响

1. 碳素工具钢 T8 磨削　2. 工业铁磨削

(2)工件材料的影响

一般来说，工件材料的强度越高，导热性越差，塑性越低，在磨削时表面金属产生残余拉应力的倾向就越大。如图7-21为磨削碳素工具钢与工业铁残余应力的比较情况。碳素工具钢T8比工业铁强度高，材料的变形阻力大，磨削时发热量也大，且T8的导热性比工业铁差，磨削热容易集中在表面金属层，同时T8的塑性低于工业铁，因此磨削碳素工具钢T8时，热因素的作用比磨削工业铁明显，表层金属产生残余拉应力的倾向比磨削工业铁大。

表7-2列出了常用加工方法加工后工件的残余应力情况。

表7-2 各种加工方法的残余应力

加工方法	受力情况	应力值σ(MPa)	残余应力层深度h(mm)
车 削	一般情况，表层受拉，里层受压，当$v_c \geqslant 500$m/min时，表层受压，里层受拉	200~800，刀具磨损后达到1000	一般情况下，0.05~0.10之间，当大负前角($\gamma = -30°$)车刀，v_c很大时，h可达0.65
磨 削	表层受压，里层受拉	200~1000	0.05~0.30
铣 削	同车削	600~1500	
碳钢淬硬	表层受压，里层受拉	400~750	
滚压加工	表层受压，里层受拉	700~800	
喷丸加工	表层受压，里层受拉	1000~1200	
渗碳淬火	表层受压，里层受拉	1000~1100	
镀 落	表层受压，里层受拉	400	
镀 铜	表层受压，里层受拉	200	

如上所述，机械加工后工件表面层的残余应力是冷态塑性变形、热态塑性变形和金相组织变化三者综合作用的结果。在不同的加工条件下，残余应力可能有明显的差别。切削加工时起主要作用的往往是冷态塑性变形，表面层经常产生残余压应力；磨削加工时，通常热态塑性变形或金相组织变化是产生残余应力的主要因素，所以表面层常存在残余拉伸应力。

7.4 控制加工表面质量的工艺途径

7.4.1 控制加工工艺参数

综上所述，在加工过程中影响表面质量的因素非常复杂，为了获得要求的表面质量，就必须对加工方法、切削参数进行适当的控制。控制表面质量就会增加加工成本，影响加工效率，因此，对于一般零件宜采用正常的加工工艺保证表面质量，就不必再提出过高要求。而对于一些直接影响产品性能、寿命和安全工作的重要零件的重要表面，就有必要加以控制了。例如，承受高应力交变载荷的零件需要控制受力表面不产生裂纹与残余拉应力；轴承沟道为了提高接触疲劳强度，必须控制表面不产生磨削烧伤和微观裂纹等。类似这样的零件表面，就必须选用适当的加工工艺参数，严格控制表面质量。

7.4.2　采用精加工与光整加工方法

7.4.2.1　采用精密加工

精密加工需具备一定的条件。它要求机床运动精度高、刚性好、有精确的微量进给装置，工作台有很好的低速稳定性，能有效消除各种振动对工艺系统的干扰，同时还要求稳定的环境温度等。

(1)精密车削

精密车削的切削速度 v 在 160m/min 以上，背吃刀量 a_p =0.02~0.2mm，进给量 f=0.03~0.05mm/r。由于切削速度高，切削层截面小，故切削力和热变形影响很小。加工精度可达 IT5~IT6 级，表面粗糙度值 Ra0.8~0.2μm。

(2)高速精镗(金刚镗)

高速精镗广泛用于不适宜用内圆磨削加工的各种结构零件的精密孔，如活塞销孔、连杆孔和箱体孔等，控制切削速度 v =150~500m/min。为保证加工质量，一般分为粗镗和精镗两步进行。粗镗 a_p =0.12~0.3mm；f=0.04~0.12mm/r；精镗 a_p <0.075mm；f=0.02~0.08mm/r。高速精镗的切削力小，切削温度低，加工表面质量好，加工精度可达 IT6~IT7，表面粗糙度 Ra0.8~0.1μm。

高速精镗要求机床精度高、刚性好、传动平稳，能实现微量进给。一般采用硬质合金刀具，主要特点是主偏角较大(45°~90°)，刀尖圆弧半径较小，故径向切削力小，有利于减小变形和振动。当要求表面粗糙度小于 Ra0.08μm 时，须使用金刚石刀具。金刚石刀具主要适用于铜、铝等有色金属及其合金的精密加工。

(3)宽刃精刨

宽刃精刨的刃宽为 60~200mm，适用于龙门刨床上加工铸铁和钢件。切削速度低(v =5~10m/min)，背吃刀量小(a_p =0.005~0.1mm)，如刃宽大于工件加工面宽度时，无需横向进给。加工直线度可达 1000∶0.005，平面度不大于 1000∶0.02，表面粗糙度值在 Ra0.8μm 以下。

宽刃精刨要求机床有足够的刚度和很高的运动精度。刀具材料常用 YG8、YT5 或 W18Cr4。加工铸铁时前角 γ = −10°~ −15°，加工钢件时 γ =25°~30°，为使刀具平稳切入，一般采用斜角切削。加工中最好能在刀具的前刀面和后刀面同时浇注切削液。

(4)高精度磨削

高精度磨削可使加工表面获得很高的尺寸精度、位置精度和形状精度以及较小的表面粗糙度值。通常表面粗糙度 $Ra0.1\sim0.5\mu m$ 时称为精密磨削，$Ra0.025\sim0.012\mu m$ 时称为超精密磨削，小于 $Ra0.008\mu m$ 时为镜面磨削。

7.4.2.2　采用光整加工

光整加工是用粒度很细的磨料(自由磨粒或烧结成的磨条)对工件表面进行微量切削、挤压和刮擦的一种加工方法。其目的主要是减小表面粗糙度值并切除表面变质层。其加工特点是余量极小，磨具与工件定位基准间的相对位置不固定。其缺点是不能修正表面的位置误差，其位置精度只能靠前道工序来保证。

光整加工中，磨具与工件之间压力很小，切削轨迹复杂，相互修整均化了误差，从而获得小的表面粗糙度值和高于磨具原始精度的加工精度，但切削效率很低。常见的几种光整加工方法如下。

(1)研磨

研磨是出现最早、最为常用的一种光整加工方法。研磨原理是在研具与工件加工表面之间加入研磨剂，在一定压力下两表面作复杂的相对运动，使磨粒在工件表面上滚动或滑动，起切削、刮擦和挤压作用，从加工表面上切下极薄的金属层。这种方法可适用于各种表面的加工，粗糙度 $Ra<0.16\mu m$，工件表面的形状精度和尺寸精度高(IT6 以上)，且具有残余压应力及轻微的加工硬化。按研磨方式可分为手工研磨和机械研磨两种。

手工研磨时，研磨压力主要由操作者凭感觉确定；机械研磨时，粗研压力为 100~300kPa，精研压力为 10~100kPa。磨料粒度粗研为 W28~W40，精研为 W5~W28。粗研速度为 40~50m/min，精研速度为 6~12 m/min。手工研磨时，研磨余量小于 10μm，机械研磨小于 15μm。手工研磨生产率低，对机床设备的精度条件要求不高，金属材料和非金属材料都可加工，如半导体、陶瓷、光学玻璃等。

(2)超精研磨

如图 7-22 所示为超精研磨原理图。研具为细粒度磨条，对工件施加很小的压力，并沿工件轴向振动和低速进给，工件同时作慢速旋转。采用油作切削液。

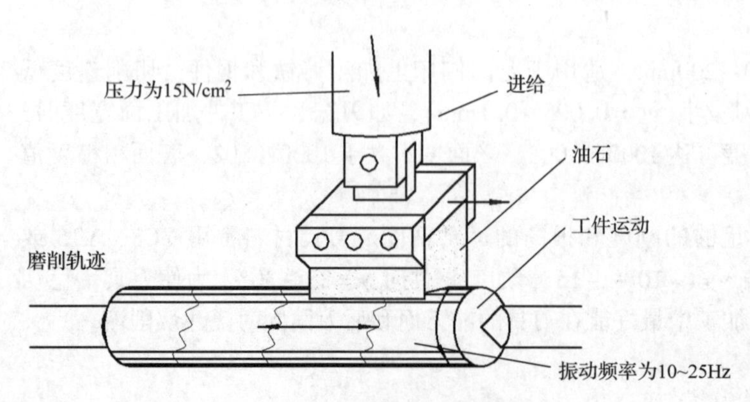

图 7-22　超精加工原理

研磨过程大致分为如下几个阶段：

①强烈切削阶段：开始加工时工件表面粗糙，与磨条接触面小，实际比压力大，磨削作用大。

②正常切削阶段：表面逐渐磨平，接触面积增大，比压逐渐减小，但仍有磨削作用。

③微弱切削阶段：磨粒变钝，切削作用微弱，切下来的细屑逐渐堵塞油石气孔。

④停止切削阶段：工件表面很光滑，接触面积大为增加，比压变小，磨粒已不能穿破油膜，故切削作用停止。由于磨粒运动轨迹复杂，研磨至最后呈挤压和抛光作用，故表面粗糙度可达 Ra0.01～0.08μm；加工余量小，一般只有 0.008～0.010mm，切削力小，切削温度低，表面硬化程度低，故不会产生表面烧伤，不能产生残余拉应力。

(3)珩磨

珩磨是低速大面积接触的磨削加工，与磨削原理基本相同，所用磨具是由几根粒度很细的油石磨条所组成的珩磨头，磨条靠机械或液压的作用胀紧和施加一定压力在工件表面上，并相对工件做旋转与往复运动，这种方法主要用于内孔的光整加工，孔径 ϕ8～1200mm，长径比可以达到 10 或 10 以上。

珩磨直线往复速度 v_f 一般不大于 0.5m/min，加工淬火钢时 v_f = 8～10m/min，加工未淬火钢 v_f = 12m/min，加工铸铁铁和青铜 v_f = 12～18m/min。油石的扩张进给压力在粗珩时为 0.5～2MPa，精珩时为 0.2～0.8MPa；珩磨头圆周速度 v = (2～3) v_f。

珩磨后尺寸精度可达 IT6～IT7，表面粗糙度可达 Ra0.20～0.025μm，表面层的变质层极薄；珩磨头与机床主轴浮动连接，故不能纠正位置误差；生产率比研磨高；加工余量小，加工铸铁为 0.02～0.05mm，加工钢为 0.005～0.08mm；适于大批大量生产中精密孔的终加工，不适宜加工较大韧性的有色合金以及断续表面，如带槽的孔等。

7.4.3 表面强化工艺

采用表面强化工艺能改善工件表面的硬度、组织和残余应力状况，提高零件的物理力学性能，从而获得良好的表面质量。表面强化工艺中包括化学热处理、电镀和机械表面强化，前两者不属本课程范畴，故不作介绍，本节只介绍机械表面强化技术。

机械表面强化是指在常温下通过冷压加工方法，使表面层产生冷塑变形，增大表面硬度，在表面层形成残余压应力，提高它的抗疲劳性能；同时将微观不平的顶峰压平，减小表面粗糙度值，使加工精度有所提高。常见的表面强化工艺有喷丸强化和滚压加工。

(1)滚压加工

图 7-23 滚压加工原理图

滚压加工是利用经过淬硬和精细抛光过的、可自由旋转的滚柱或滚珠，在常温状态下对零件表面进行挤压，将表层的凸起部分向下压，凹下部分往上挤(图 7-23)，逐渐将前工序留下的波峰压平，从而修正工件表面的微观几何形状。滚压加工可减小表面粗糙度值 2～3 级，提高硬度 10%～40%，表面层耐疲劳强度一般提高 30%～50%。滚柱或滚珠材质通常采用高速钢或硬质合金。滚柱滚压是最简单最常用的冷压强化方法。单滚柱滚压压力大且不平衡，这就要求工艺系统有足够的刚度；多滚柱滚压可对称布置滚柱以滚压内孔和外圆，减小了工艺系统的变形；这种方法也可滚压成形表面或锥面。滚珠滚压接触面积小，压强大，滚压力均匀，用于对刚度差的工件进行滚压，也可以做成多滚珠滚压，如图 7-24(a)(b)所示。

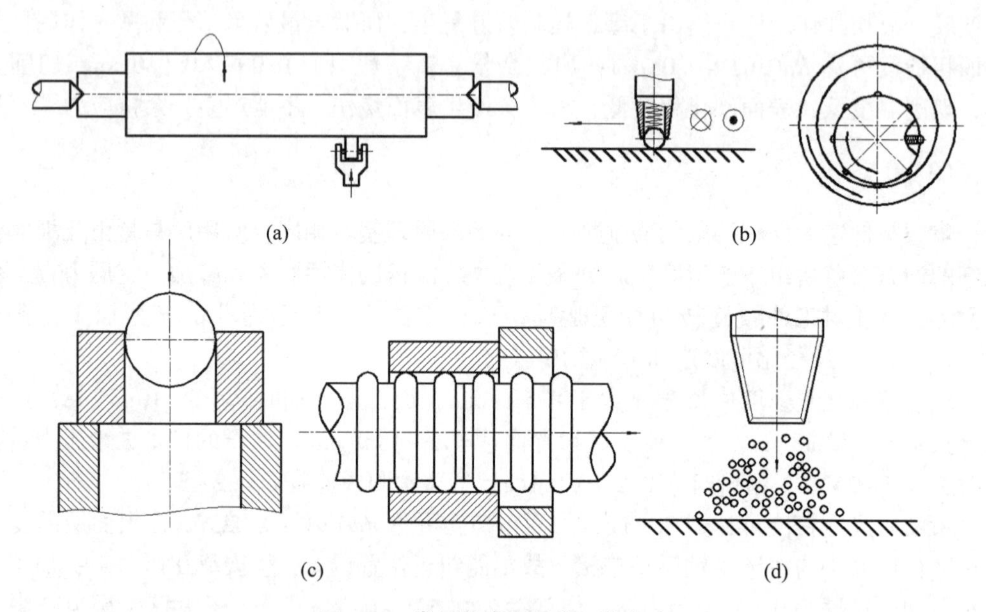

图 7-24　常用的冷压强化工艺方法

(a)单滚柱或多滚柱滚压　(b)单滚珠或多滚珠弹性滚压　(c)钢珠挤压和涨孔　(d)喷丸强化

(2)挤压加工

挤压加工是利用截面形状与工件孔形相同的挤压工具(被称为胀头)，在两者间有一定过盈量的前提下，推孔或拉孔而使表面强化，如图 7-24(c)所示。其特点为效率较高，可采用单环或多环挤刀，后者与拉刀相似，挤后工件孔质量提高。

(3)喷丸强化

喷丸强化是用压缩空气或机械离心力将小珠丸高速(35~50m/s)喷出，打击零件表面，使工件表面层产生冷硬层和残余压应力，可显著提高零件的疲劳强度和使用寿命，如图 7-24(d)所示。所用丸珠可以是铸铁、砂石、钢丸等，也可以是切成小段的钢丝(使用一段后自然变成球状)，其尺寸为 0.2~4mm。对软金属可用铝丸或玻璃丸。喷丸强化主要用于强化形状比较复杂的零件，直齿轮、连杆、曲轴等，也可用于一般零件，如板弹簧、螺旋弹簧、履带销、焊缝等。对于在腐蚀性环境中工作的零件，特别是淬过火而在腐蚀性环境中工作的零件，喷丸强化加工的效果更显著。

(4)液体磨料强化

这种强化方法是在喷丸强化工艺基础上发展起来的，是用液体和磨料的混合物来强化零件表面强度的工艺。

图7-25所示为液体磨料喷射加工原理示意，液体和磨料在400~800Pa压力下，经过喷嘴高速喷出，射向工件表面，由于磨粒的冲击作用，磨平工件表面粗糙度凸峰并碾压金属表面。由于磨料的冲击作用，工件表面层产生塑性变形，变形层仅为1~2μm。加工后的工件表面层具有残余压应力，提高了工件的耐磨性、抗蚀性和疲劳强度。实践表明，与磨削加工的零件相比，经液性磨料喷射加工的零件耐磨性可提高25%~30%，疲劳强度可提高15%~75%。液体磨料强化工艺最适用于复杂型面加工，如锻模、汽轮机叶片、螺旋桨、仪表零件和切削刀具等。

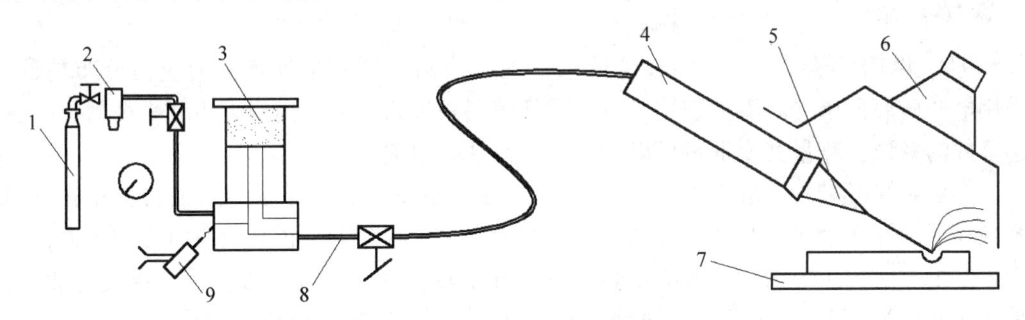

图7-25 液体磨料喷射加工原理

1. 压气瓶 2. 过滤器 3. 磨料室 4. 导管 5. 喷嘴 6. 收集器 7. 工件 8. 控制阀 9. 振动器

7.4.4 表面质量的检查

对加工后零件的表面质量，目前国家只有表面粗糙度来衡量，其余项目没有国家标准进行衡量，也缺乏完善的无损检测方法。目前比较通用的方法为企业根据加工产品的用途，自行规定产品的质量要求以及需要检测的表面质量参数。其余不重要的项目，即可根据加工过程中的工艺要求进行间接保证，不再进行检查。常用的零件表面质量检测项目与评定方法如下：

(1)表面粗糙度

采用轮廓检查仪、双管显微镜或干涉显微镜等测定零件表面的粗糙度。表面的划痕、坑点等缺陷采用目测方法进行，其余采用光电检查仪进行检测。

(2)波度

在圆度仪上进行检测相应的波度值。因为波度现在并没有国家标准，因此只有企业自行制定标准来进行确定与检测。

(3)金相组织变化

现在采用最多的是酸洗法。即根据不同金相组织具有不同的耐腐蚀性。经过酸腐蚀后，正常组织为均匀的灰色，回火组织为黑色或灰黑色，二次回火组织为灰白色，一般呈现点状或块状的条纹。

图 7-26 硬度测试仪

(4)表面显微硬度变化

一般采用维氏硬度计进行测定。当测定表面层硬度分布时，将工件表面加工出 2~3 度的倾斜表面，可将表层厚度放大 25 倍后测定，如图 7-26 所示为硬度仪。

(5)残余应力检测方法

①酸腐蚀法：零件表面产生较大拉应力时，经过酸腐蚀后，可以出现裂纹。

②逐层去除法：该方法用于测定零件表面的应力分布情况。采用电介质腐蚀层去除零件表层，由于零件表层有残余应力，内应力重新平衡后，会引起零件的变形，测量其变形量可以计算得到残余应力值。

③X 射线衍射法：采用 X 射线照射后，会使零件表面内部原子间距发生变化，当零件表层存在残余应力时，金属原子间距产生变化。间距大于正常组织时为拉应力，小于正常组织时为压应力。需要测定表层应力分布时，则可以逐层去除后，再进行测定。采用 X 射线衍射仪快速测定金属残余应力分布，但是成本较高，因此采用此方法的不多。

(6)裂纹等微观缺陷检测方法

①着色检测：利用荧光计或有色气体的渗透作用进行检测，当零件表面有裂纹时，会显示出裂纹。

②酸蚀检测：采用腐蚀的方法，对零件表面进行检测，这样可以更清晰显示零件的裂纹情况。

③磁粉探伤法：此方法是根据金属表层的磁化作用进行检测，将零件表面磁化后，有裂纹的部分会产生漏磁现象，当磁粉分布于零件表面上时，磁粉即沿着缺陷裂纹处分布，可以清晰发现裂纹情况。

7.5 机械加工中的振动及其控制措施

在机械加工过程中，在工件和刀具之间常常产生振动。产生振动时，工艺系统的正常切削过程便受到干扰和破坏，从而使零件加工表面出现振纹，降低了零件的加工精度和表面质量。强烈的振动会使切削过程无法进行，甚至会引起刀具崩刃打刀现象，加速了刀具或砂轮的磨损，使机床连接部分松动，影响运动副的工作性能，并导致机床丧失精度。此外，强烈的振动及伴随而来的噪声，还会污染环境，危害操作者的身心健康。

本节主要介绍机械加工中产生振动的原因，及减小振动的常用措施。

7.5.1 机械加工中的振动及其分类

机械加工过程中产生的振动，按其性质可以分为自由振动、强迫振动和自激振动三种类型。

(1)自由振动

工艺系统受到初始干扰力而破坏了其平衡状态后，系统仅靠弹性恢复力来维持的振动称为自由振动。机械加工过程中的自由振动往往是由于切削力的突然变化或其他外界力的冲击等原因所引起的。这种振动一般可以迅速衰减，因此对机械加工过程的影响较小，约占5%，一般不予考虑。

(2)强迫振动

工艺系统在外部周期性的干扰力(激振力)的作用下产生的振动，在机械加工中约占35%。

(3)自激振动

在没有周期性外力作用下，工艺系统在输入输出之间有反馈特性，并有能源补充而产生的振动，在机械加工中也称为颤振，如图7-27所示，是机械加工中振动的主要类型，约占65%。

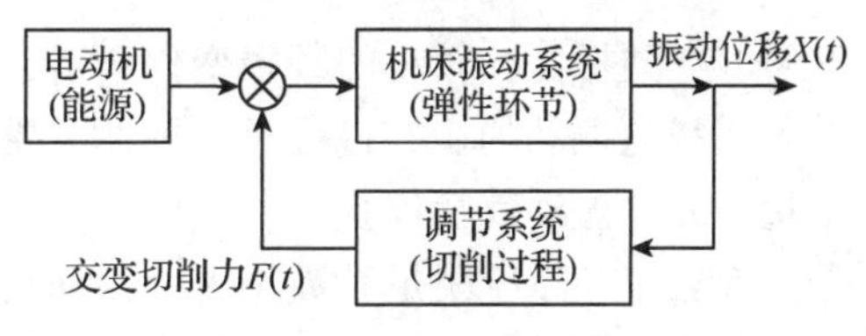

图7-27　自激振动闭环系统

7.5.2　机械加工中的强迫振动及其控制措施

7.5.2.1　强迫振动产生的原因

强迫振动的振源有两部分，一部分是来自机床内部的，称为机内振源；一部分是来自机床外部的，称为机外振源。机外振源甚多，但它们多半是通过地基传给机床的，可以通过加设隔振地基把振动隔除或削弱。机内振源指来自机床内部产生的振源，具体由以下三方面组成：

①回转零部件质量的不平衡，例如机床上各个电动机的振动，包括电动机转子旋转不平衡及电磁力不平衡引起的振动。

②机床传动件的制造误差和缺陷，机床上各回转零件的不平衡，如砂轮、皮带轮、卡盘、刀盘和工件等的不平衡引起的振动；运动传递过程中引起的振动，如齿轮啮合时的冲击，皮带传动中平皮带的接头，三角皮带的厚度不均匀，皮带轮不圆，轴承滚动体尺寸及形状误差等引起的振动，往复运动部件的惯性力，不均匀或断续切削时的冲击动。

③切削过程中的切入切出产生的冲击，如铣削、拉削加工中，刀齿在切入或切出工件时，都会有很大的冲击发生。此外，在车削带有键槽的工件表面时也会发生由于周期冲击而引起的振动，液压传动系统压力脉动引起的振动等。

7.5.2.2　强迫振动的特征

在机械加工过程中，由于机床、刀具及工件在接触切削过程中产生的振动，会极大影响工件的精度，机械振动中的强迫振动与通用机械的振动没有特殊区别。

①通常情况下，机械加工过程中产生的强迫振动，其振动频率与干扰力频率相同，或者为其整数倍。其相应的频率对应关系为诊断机械加工过程中产生振动是否为强迫振动的主要依据，可以根据以上经验对频率特征进行分析，并得出结论。

②强迫振动的幅值既与干扰力的幅值有关，同时又与工艺系统的动态特性相关。通常情况下，干扰力的频率不变的情况下，干扰力幅值越高，强迫振动的幅值随之增大。工艺系统的动态特性对强迫振动幅值影响亦较大。

如果干扰力的频率远离工艺系统各阶模态的固有频率，则强迫振动响应将处于机床动态响应的衰减区，振动响应幅值就很小；当干扰力频率接近工艺系统某一周有频率时，强迫振动的幅值将明显增大；若干扰力频率与工艺系统某一同有频率相同，系统将产生共振。

③在共振区，较小的频率变化会引起较大的振幅和相位角的变化。

④强迫振动的稳态过程是谐振，只要干扰力存在，振动就不会被阻尼衰减掉，去除干扰力后，振动就会停止。

⑤若工艺系统阻尼系数不大，振动响应幅值将十分大。阻尼越小，振幅越大，谐波响应轨迹的范围越大，增加阻尼能有效地减小振幅。

7.5.2.3　强迫振动的控制措施

强迫振动是由于外界周期性干扰力引起的。因此，为了消除强迫振动，应先找出振源，然后采取相应的措施加以控制，有以下几种方法。

(1)减小或消除振源的激振力

对转速在600r/min以上的零件，如砂轮、卡盘、电动机转子等必须经过平衡，特别是高速旋转的零件。例如砂轮，因其本身砂粒的分布不均匀和工作时表面磨损的不均匀等原因，容易造成主轴的振动。因此，对于新换的砂轮必须进行修整前和修整后的二次平衡。

(2)提高机床的制造精度

提高齿轮的制造精度和装配精度，特别是提高齿轮的工作平稳性精度，从而减少因周期性的冲击而引起的振动，并可减少噪声；提高滚动轴承的制造和装配精度，以减少因滚动轴承的缺陷而引起的振动。尤其是机床主轴的滚动轴承运动会引起主轴系统的振动，因此提高关键部件的制造精度可以减少系统强迫振动的影响。选用长度一致、厚薄均匀的传动带。

(3)调整振源频率，避免激振力的频率与系统的固有频率接近，以防止共振

①采取更换电动机的转速或改变主轴的转速来避开共振区。

一般情况下，$|(f_m-f)/f|\geqslant 0.25$，其中$f$为振源频率，$f_m$为系统的固有频率。

②采用提高接触面精度、降低结合面的粗糙度、消除间隙、提高接触刚度等方法，

来提高系统的刚度和固有频率，这样可以提高系统抵抗振动能力。

(4)采用隔振措施

①机床的电动机与床身采用柔性连接以隔离电动机本身的振动。

②把液压部分与机床分开。

③采用液压缓冲装置以减少部件换向时的冲击。

④采用厚橡皮、木材将机床与地基隔离；用防振沟隔开设备的基础和地面的联系，以防止周围的振源通过地面和基础传给机床。

7.5.3　机械加工中的自激振动及其控制措施

7.5.3.1　自激振动产生的机理

(1)再生耦合机理

在稳定的切削加工过程中，由于偶然干扰，如刀具碰到硬质点或加工余量不均匀，使加工系统产生振动并在加工表面上留下振纹。第二次走刀时，刀具将在有振纹的表面上切削，使切削厚度发生变化，导致切削力周期性地变化，产生自激振动。

在机械加工过程中，以车削为例，由于刀具的进给量较小，刀具的副偏角较小，当工件转过一圈开始切削下圈时，刀具与已经切过的上一圈表面接触，产生切削重叠，磨削加工亦为如此。若在切削过程中系统受到了瞬时的偶然扰动，工件与刀具之间产生相对振动(自由振动)，由于此干扰很快消失，系统振动逐渐衰减，在工件表面留下的波纹已经产生的切削重叠后，会产生相应的振动，当进行顺序加工过程中，后续的切削又受到前序的影响，产生相应的波动，由于切削厚度的逐渐变化，切削力发生相应的波动，此过程中即产生了动态力。这种由于切削层厚度变化引起的自激振动，被称为再生颤振。

(2)振型耦合颤振机理

在多自由度的系统振动过程中，有学者采用振型耦合颤振机理对自激振动进行解释，本节简要介绍其原理。

假设二自由度的振动系统，在切削前，工件表面光滑，可以不考虑再生效应。质量为 m 的刀具挂在刚度分别为 k_1 与 k_2 的弹簧上，加工表面法向与振型方向的夹角分别为 α_1 与 α_2，在加工过程中，动态切削力与 x 轴夹角为 β。当刀架系统产生频率为 ω 的振动后，刀具将在 α_1 与 α_2 方向上同时振动，通过试验得出，刀具的振动轨迹一般为椭圆形的封闭曲线。

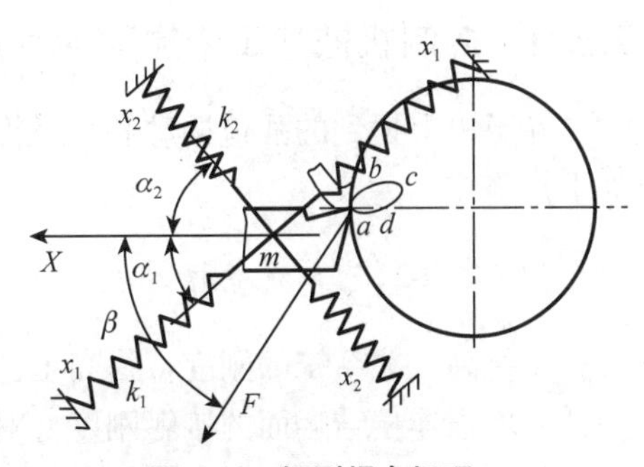

图7-28　振型耦合机理

假设刀尖按照图7-28中的方向运动，椭圆形曲线的旋转方向为顺时针方向，刀具在轨迹方向为 ACB 轨迹切入工件，它的运动方向与切削力方向相反，刀具做负功，当刀尖由 BDA 方向运动时，切削力方向与刀具运动方向相反，刀具做正功。由于在刀具运动过程中，切出时的切削层厚度大于切入时切削层厚度，因此在一个周期内，切削力做功为正值，有多余能量输入系统中，自激振动得以维持。若在加工过程中，刀具与工件运动方向与以上方向相反，则切削力做功为负值，振动能力逐渐消减后，自激振动不能维持。

7.5.3.2 自激振动的特点

与其他振动相比，自激振动有如下特点：

①自激振动是一种不衰减振动；

②自激振动的频率等于或接近于系统的固有频率；

③自激振动能否产生及振幅的大小取决于振动系统在每一个周期内获得和消耗的能量对比情况。

7.5.3.3 自激振动的控制措施

通过以上产生机理分析可知，发生自激振动主要在切削加工过程中工艺系统本身的某种缺陷所引起的周期性变化力的影响，是系统本身内部因素引起的，与外部因素无关。为防止和消除该种振动对加工质量的影响，通过判断不同的振动类型，针对不同特点采用有效消除振动的方法，具体如下：

①合理选择切削参数：增大进给量，适当提高切削速度，改善被加工材料的切削性能。

②合理选择刀具参数：增加主偏角以及前角，适当减少刀具后角，在后刀面上磨削出消振倒棱，适当增加钻头的横刃。

③减小重叠系数：增大刀具的主偏角和进给量，可以减小重叠系数，例如在生产过程中，采用主偏角 $\kappa=90°$ 车刀加工外圆等。

④采用变速切削：调整切削速度，避开临界切削速度，以防止切削过程中因动态所引起的自激振动。如采用变速磨削来抑制或缓解磨削颤振的发展，因为工件经过磨削后，颤振后期振幅均方根的平均值及工件表面振幅高度的均方根值与采用恒速磨削有明显下降。

7.5.4 控制机械加工中振动的其他途径

除了以上提到的强迫振动和自激振动的控制措施以外，控制机械加工中的振动还有如下措施。

(1)改善工艺系统的振动特性

①提高工艺系统的刚度：提高工艺系统薄弱环节的刚度，可以有效地提高系统的稳定性。增强连接结合面的接触刚度，对滚动轴承施加预载荷，加工细长工件外圆时采用中心架或跟刀架，镗孔时对镗杆设置镗套等措施，都可以提高工艺系统的刚度。

②增大工艺系统的阻尼：工艺系统的阻尼主要来自零件材料的内阻尼、结合面上的摩擦阻尼以及其他附加阻尼。

选用阻尼较大的材料制造相应部件，铸铁的内阻尼比钢的大，因此机床上的床身、立柱等大型支承件一般都用铸铁制造；机床阻尼大多来自零件部结合面间的摩擦阻尼，对于机床的活动结合面，应注意调整其间隙，必要时可以施加预紧力以增大摩擦力，对于机床的固定结合面，应适当选择加工方法、表面粗糙度等级；在机床振动系统上增加阻尼减振器，或是在精密机床上采用滚珠丝杠、导轨等附加阻尼也可以提高系统的阻尼。

(2)采用相应的减震装置

①动力减振器：动力式减振器是用弹性原件把一个附加质量块连接到振动系统中，利用附加质量的动力作用，使弹性元件附加在振动系统上的力与系统激振力抵消。如图7-29所示为用于消除镗杆振动的动力减振器，在振动系统中原有质量基础上增加了附加质量后，使其加到主振动系统上的作用力与激振力大小相等，方向相反，达到一致振动系统振动的目的。

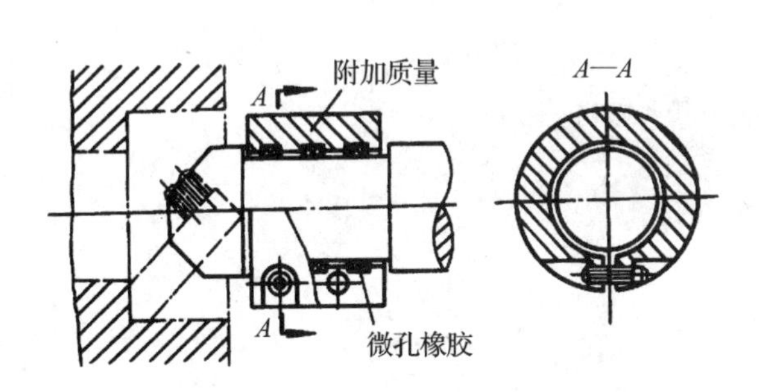

图7-29　用于镗杆的动力减振器图

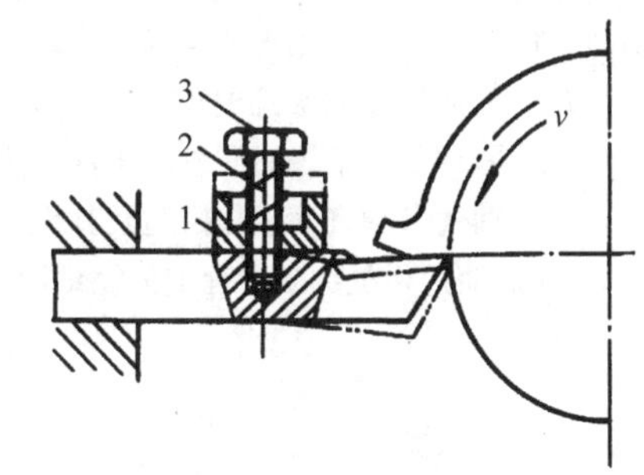

图7-30　冲击式减振器

1. 自由质量　2. 弹簧　3. 螺钉

②冲击式减振器：冲击式减震器是利用两物体相互碰撞损伤动能的原理，是由一个与振动系统刚性连接的壳体和一个在体内可以自由冲击的质量所组成。当系统振动时，由于质量反复地冲击壳体消耗了振动的能量，因而可以显著地消减振动。图7-30为冲击式减振器的应用实例。

冲击式减振器具有结构简单、重量轻、体积小、减振效果好等特点，并可以在较大振动频率范围内使用。

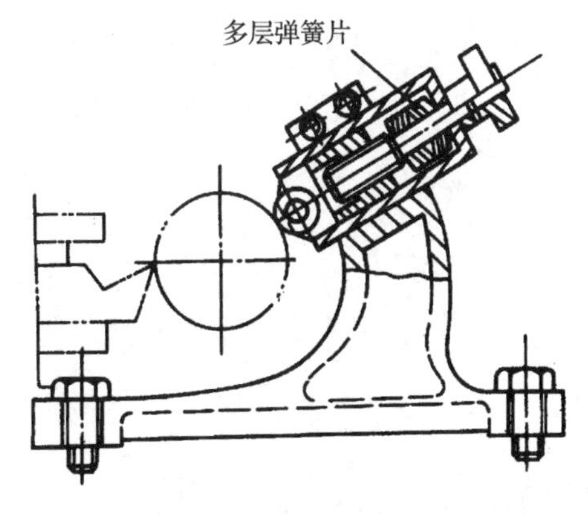

图7-31　固体阻尼减振器

③摩擦式减振器：摩擦式减振器是利用阻尼来消耗振动系统的能量，在系统振动过程中，利用相应的阻尼系数对其进行分析，通过摩擦作用，消耗掉的能量即可以减少系统的能量输入，从而达到消减振动的目的。

④阻尼减振器：它是利用固体或液体的摩擦阻尼来消耗振动能量从而达到减振的目的。图 7-31 为固体摩擦阻尼减振器。

本章小结

机械零件加工表面质量对零件的使用性能和配合性质等有很大影响。本章主要阐述了机械加工表面质量的基本概念，加工表面质量对机械零件及对整台机器的使用性能与使用寿命的影响。分析了影响机械加工表面质量的各种因素，讨论了提高机械加工表面质量的途径。本章应重点掌握表面质量的基本概念，掌握机械加工整个过程中的冷作硬化现象、金相组织变化和残余应力的产生机理。同时，应掌握磨削烧伤的基本原理及磨削裂纹产生机理。

思考题

7-1. 什么是回火烧伤、退火烧伤和淬火烧伤？

7-2. 什么是强迫振动？它有哪些主要特征？

7-3. 机械加工过程中，如何消除残余应力？

7-4. 机械加工表面质量包括哪些内容？

7-5. 简述切削的基本参数对表面质量的影响？

7-6. 简述冷作硬化现象及其产生条件？

7-7. 简述再生颤振机理及产生原因？

7-8. 零件的加工表面质量对零件的使用性能有哪些影响？

7-9. 简述各种表面强化措施及其作用？

7-10. 简述机械加工过程中的振动形式及消除方法。

第 8 章

机械装配工艺过程设计

[本章提要]

机器一般由若干零件、套件、组件和部件按照规定的技术要求组成，其质量是通过综合机器工作性能、使用效果、可靠性及使用寿命等指标进行评定的，机器质量除了与产品设计及零件制造质量有关外，还取决于机器的装配质量。本章在阐述了关于装配的基本概念及装配工艺过程之后，重点介绍了为保证装配精度而采取的四种装配方法及其优缺点，同时结合实例讲述了与装配精度相关的尺寸链求解算法。

机械产品通常由许多个零件组成，装配就是把加工好的零件按照一定的顺序和技术要求连接到一起，成为一部完整的机器，并且能够可靠地实现机器的功能，保证机械产品的质量。

机械装配是产品制造过程中所必需的最后阶段，机械产品的质量最终要通过装配得到保证和检验，因此装配是决定机械产品质量的关键环节。设计制订合理的装配工艺，采用有效的保证装配精度的装配方法，对进一步提高机械产品质量有着非常重要的意义。

8.1　装配与装配精度

8.1.1　装配的基本概念

根据规定的技术要求，将若干个零部件进行配合与连接，使之成为半成品或成品的工艺过程，称为装配。它一般包括装配、调整、检验和试验、涂装、包装等工作。

机器装配是按照设计的技术要求把机械零部件连接后组合成机器，它是机械制造过程中最后决定产品质量的重要工艺环节。为保证优质、高效地完成装配工作，根据机械产品的特点，通常将机器划分为若干能进行独立装配的装配单元，包括套件(也称合件)、组件、部件。

①零件：是组成机器(或产品)的最小单元，通常由整块金属或其他材料制成。装配过程中，一般预先将零件装配成套件、组件和部件，最后再装配成产品。零件也可直接与其他装配单元一起装配成产品。

②套件：是在一个基准零件上，装上一个或若干个零件而构成，它是最小的装配单元。套件中基准零件是唯一的，其作用是连接相关零件和确定各零件的相对位置。由于制造工艺和材料问题，套件分成若干个零件进行制造，但在装配时可作为一个整体，不再分开，如双联齿轮(图 8-1)。为形成套件而进行的装配称为套装。

③组件：是在一个基准零件上，装上若干套件及零件而构成。组件中唯一的基准零件用于连接相关零件和套件，并确定它们的相对位置。如机床主轴箱中的主轴组件，是在基准轴上装配齿轮、键、套、轴承等零件后形成(图 8-2)。为形成组件而进行的装配称为组装。

④部件：是在一个基准零件上，装上若干个组件、套件和零件而构成。部件中唯一的基准零件用来连接各个组件、套件和零件，并确定它们之间的相对位置。部件在产品中能完成一定的完整的功用。为形成部件而进行的装配称部装。如卧式车床主轴箱的装配就是部装，主轴箱箱体即为进行部装的基准零件。

⑤产品：在一个基准零件上，装上若干部件、组件、套件和零件就成为整个产品(或机器)。一部产品中同样只有一个基准零件，作用是连接需要装在一起的装配单元，

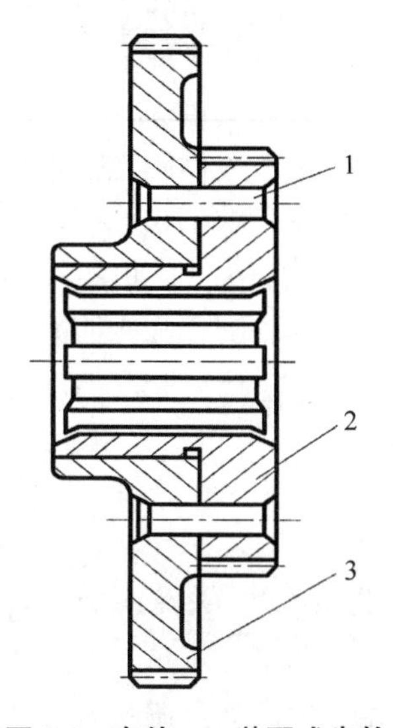

图 8-1　套件——装配式齿轮

1. 铆钉　2. 基准零件　3. 齿轮

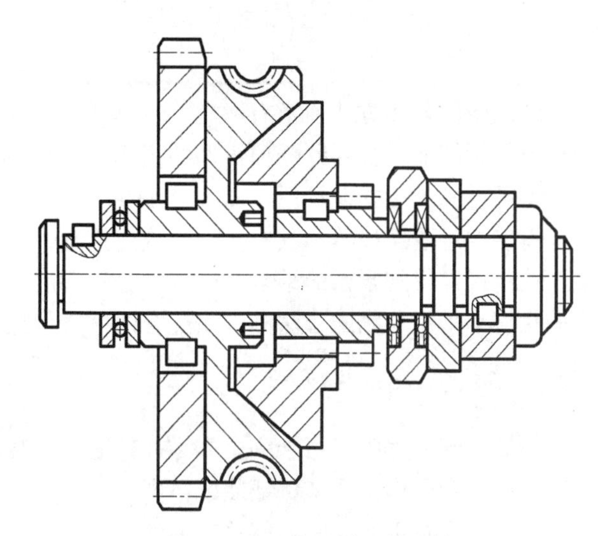

图 8-2　机床主轴箱主轴组件

并确定它们之间的相对位置或运动关系。如卧式车床就是以床身作为基准零件，装配主轴箱、进给箱、溜板箱等部件及其他组件、套件、零件后形成的。为形成最终产品而进行的装配称为总装。

实际装配过程中，即使是全部合格的零件，如果装配不当，往往也不能形成质量合格的产品。简单的产品可由零件直接装配而成。复杂的产品则须先将若干零件装配成部件，然后将若干部件和另外一些零件装配成完整的产品。产品装配完成后需要进行各种检验和测试，以保证其装配质量和使用性能。

8.1.2　装配的基本作业内容

装配过程本身也是一种工艺过程，它是根据各级装配技术要求，通过一系列作业方法来保证产品质量的复杂过程。由于产品质量最终是靠装配保证的，因此装配工作在机器制造过程中占有非常重要的地位。为了保证装配工作可以使零件、套件、组件和部件间获得一定的相互位置关系，它应该由一系列装配工序以合理的作业顺序来完成，常见的基本装配作业有清洗、连接、调整、检验、试验和包装等内容。

(1) 清洗

应用清洗液和清洗设备对装配前的零件或部件进行清洗，去除表面残存油污及机械杂质，使零件达到规定的清洁度。

零件在装配前要经过认真的清洗，其目的是去除零部件表面或内部的油污和机械杂质，从而有效保证产品装配质量，延长产品使用寿命。常用的清洗方法有擦洗、浸洗、喷洗和超声波清洗等，清洗液包括煤油、汽油、碱液及各种化学清洗剂等。具体选择清洗液种类及清洗方法时，应充分考虑零件的材质、批量、清洁度要求及油污性质等因素。

(2)连接

装配中的连接方式通常有两类：可拆卸连接和不可拆卸连接。可拆卸连接指在装配后可方便拆卸而不会导致任何零件的损坏，拆卸后还可进行重装。如螺纹连接、键连接等。不可拆卸连接指装配后一般不再拆卸，若拆卸往往会损坏其中的某些零件，如焊接、铆接和过盈连接等。其中实现过盈连接常采用压入配合、热胀配合和冷缩配合等方法，使连接件得到紧密的结合；压入配合法一般用于普通机械，重要或装配精度要求较高的机械常采用热胀配合法和冷缩配合法进行装配。

(3)校正、调整和配作

产品装配过程中，由于完全靠零件精度保证装配精度并不经济，经常需要进行一些校正、调整和配作工作来保证装配精度。

校正是指找正产品中各相关零部件之间的相互位置，并通过适当的调整方法，达到装配精度要求。校正在产品总装和大型机械的基件装配中应用较多，是保证装配质量的重要环节。常用的校正方法有平尺校正、角尺校正、水平仪校正、光学校正等。

调整是指通过调节零部件的相互位置来保证其位置精度，或通过调节某些运动副的间隙来保证机器中运动零部件的运动精度。例如轴承间隙、导轨副间隙及齿轮齿条啮合间隙的调节。

配作是指以已加工工件某表面为基准，加工与其相配合的另一工件的配合表面；或将两个或两个以上工件配合表面组合在一起进行加工的方法。例如配钻、配铰、配刮及配磨等加工。配作一般是和调整及校正工作结合进行的。

产品制造过程中，由于加工误差和装配累积误差不可避免，因此通常先利用校正工艺进行测量，然后再对测量结果进行调整以消除累积误差，最后进行配作，保证最终装配质量。

(4)平衡

对产品中旋转零部件应用平衡试验机或平衡试验装置进行静平衡或动平衡，测量出不平衡量的大小和相位，用去重、加重或调整零件位置的方法，使之达到规定的平衡精度，以防止产品使用中出现振动。大型汽轮发电机组和高速柴油机等机组往往要进行整机平衡，以保证机组运转时的平稳性。

(5)验收

产品在总装完毕后，应根据所要求技术标准和相关规定，对产品进行较全面的检验和试验工作，合格后方准出厂。例如机床的验收工作常包括机床几何精度检验、空运转检验、负荷检验、工作精度检验、噪声检验及温升检验等。

8.1.3 装配精度

装配精度是指产品装配后实际所能达到的精度。作为必须保证的质量指标，装配精度不但直接影响机器的工作性能和使用性能，而且还会影响机器制造的经济性。因此合理地确定机器及其部件的装配精度是产品设计制造过程中的重要环节。

8.1.3.1　装配精度的内容

装配精度是确定零件加工精度、合理选择装配方法、制定产品装配工艺的重要依据，一般包含如下内容：

①相互尺寸精度：指相关零、部件的距离精度及配合精度。距离精度是指零、部件间的轴向间隙、轴向距离和轴线距离等，如卧式车床前后顶尖相对于床身导轨的等高度精度要求。配合精度是指配合件之间应达到的规定的间隙和过盈要求。

②相互位置精度：指相关零、部件间的平行度、垂直度、同轴度及各类跳动等，如车床溜板的移动相对于尾座顶尖锥孔中心线的平行度、台式钻床主轴轴线相对于工作台台面的垂直度等。

③相对运动精度：指产品中有相对运动的零、部件在运动方向及位置上的精度，包括直线运动精度、回转运动精度和传动精度等，如车床进给箱的传动精度。

④相互接触精度：指产品中零、部件间两配合表面、接触表面或连接表面间接触面积大小和接触点的分布情况，它影响产品中零、部件间的接触刚度与配合质量的稳定性。如轴孔配合、齿轮啮合、锥体配合及机床导轨面的接触质量等均有接触精度的要求。

8.1.3.2　装配精度与零件精度的关系

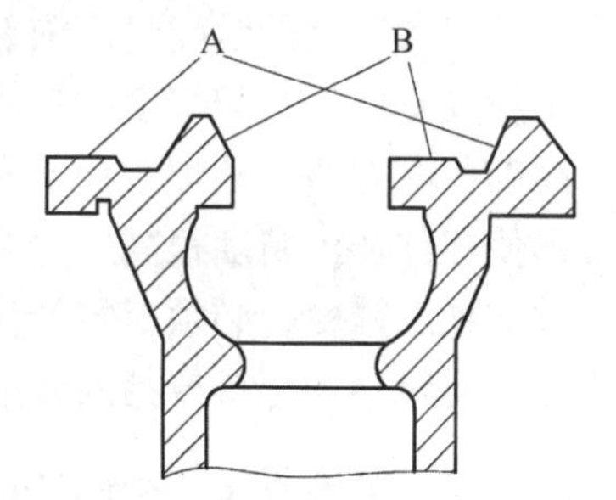

图 8-3　溜板与尾座的相对移动精度由床身导轨精度单件自保

机械产品最终的精度是在装配时达到的。由于机器及其部件、组件等均由零件组成，因此各相关零件的误差累积会直接反映到产品的装配精度上，对其质量产生影响，其中关键零件的加工精度对产品装配精度影响较大。因此，保证零件的加工精度尤其是关键零件的加工精度对于保证产品装配精度意义重大。如卧式车床的装配过程中，要求满足溜板移动相对于尾座移动的平行度。该项精度可直接通过车床床身零件上导轨 A(用于溜板移动)和导轨 B(用于尾座移动)之间的平行度来保证，如图 8-3 所示。这种通过一个零件的精度来保证产品某项装配精度的情况称为“单件自保”。

零件精度是影响产品装配精度的首要因素，零件的加工精度越高，产品的装配精度越容易得到保证。在加工条件允许的情况下，可以合理地确定相关零件的制造精度，将零件的累积误差控制在能够保证产品所要求装配精度的范围内，从而简化装配过程，这样的简化对大批大量生产十分必要。但是，由于零件的加工精度还受到工艺条件、经济性等条件的限制，当装配精度要求较高时，如果完全靠提高零件加工精度来保证装配精度，会使零件的加工难度变大，成本增加，甚至会使产品最终无法达到所要求的装配精度。因此，实际生产过程中，常按经济精度加工相关零件，然后在装配时采用一定的工艺措施来保证产品最终的装配精度。装配时采用不同的工艺措施(如选择、修配、调整等)会形成不同的装配方法，这些方法被称为保证装配精度的装配方法。此类装配方法的选择必须根据产品的性能要求、生产类型及装配条件来确定，不同的装配方法中，零件加工精度与装配精度间有着不同的相互关系(见章节8.4)。例如卧式车床装配时，床头顶尖与尾座顶尖的等高度要求，如果该装配精度完全由相关零部件的加工精度直接保证，则会给机床床身、主轴箱及尾座的加工带来很大的困难，同时增加成本；因此，装配时可以采取一定措施，按照经济精度加工床身、主轴箱及尾座的前提下，选取其中较容易加工的尾座底板进行修配，从而保证主轴锥孔与尾座顶尖的等高(图8-4)。

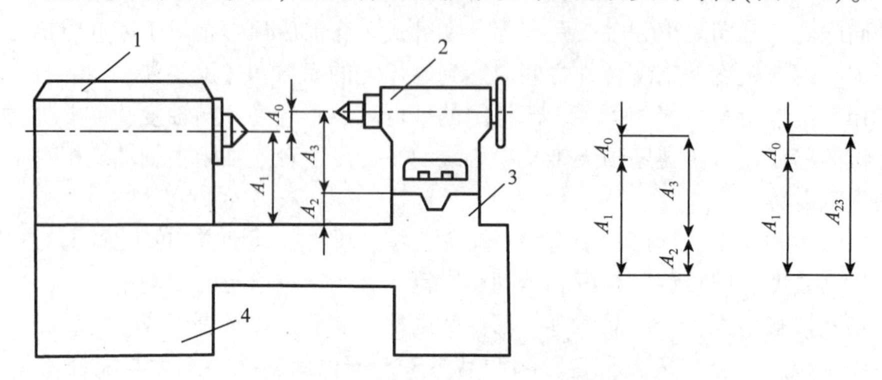

图8-4　车床主轴与尾座套筒中心线等高结构示意图

1. 主轴箱　2. 尾座　3. 尾座底板　4. 床身

机械产品的装配精度依靠相关零件的加工精度和合理的装配方法共同保证。零件加工精度是保证装配精度的基础，但装配精度除了取决于零件加工精度之外，还取决于产品的装配方法。装配方法不同，对各零件的加工精度要求也不同；如果装配方法不当，即使零件加工精度很高，也有可能无法保证最后的装配精度。因此，为了合理地确定零件的加工精度，必须对零件精度与装配精度的关系进行综合分析，而综合分析的有效手段就是建立和分析产品的装配尺寸链(见章节8.3)。

8.1.4　装配的生产类型和组织形式

8.1.4.1　装配的生产类型

与机械加工相似，机械装配的生产类型也可以按照装配工作的生产批量划分为大批大量生产、中批生产和单件小批生产。装配工作的工艺特点，如组织形式、保证装配精度的装配方法、工艺装备、手工操作等方面都受生产类型支配。各种生产类型装配工作的工艺特点见表8-1。

8.1.4.2　装配工作的组织形式

装配工作的组织形式一般可以分为固定式装配和移动式装配两种，通过何种组织形式进行装配主要取决于机械产品的结构特点和生产批量(表8-1)。

表 8-1 各种生产类型下产品的装配工艺特点

项 目	生产类型		
	单件小批生产	中批生产	大批大量生产
装配基本特征	产品经常变换，生产活动不定期重复，生产周期较长，例如专用机械、组合机床的装配	产品在系列化范围内变动，分批交替投产或多品种同时投产，生产活动在一定时间内重复，例如机床的装配	产品固定，生产活动长期重复，生产周期较短，有严格的生产节拍，例如汽车、拖拉机的装配
装配组织形式	多采用固定式装配或固定式流水装配	批量较小时多采用固定式流水装配，批量较大时采用流水线装配，多品种平行投产时用变节奏流水装配	多采用流水线装配，有强制节奏移动和变节奏移动等方式，也可以采用自动装配机或自动装配线
装配工艺方法	以使用修配法和调整法为主，互换法使用比例较小	主要采用互换法，但也可以灵活运用其他保证装配精度的装配方法，如调整法、修配法等	优先选择完全互换法，组成环较多时可以用不完全互换法；封闭环精度高、组成环数量少时可用分组装配法
装配工艺过程	灵活掌握装配工艺，可以适当调整工序，一般不制定详细工艺文件	尽量均衡生产，工艺过程的划分须适应生产批量，应编制详细的装配工艺规程	工艺过程划分很细，严格规定时间定额和生产节拍，编制详尽的装配工艺规程
装配工艺装备	通用设备及工具、夹具、量具	通用设备较多、也采用一定数量的专用工具、夹具和量具	专业化程度较高的专用高效工艺装备，易于实现机械化、自动化
操作技术要求	手工操作比重大，要求工人有较高的技术水平和广泛的工艺知识	手工操作比重较大，对工人技术水平要求较高	手工操作比重小，对工人技术水平要求不高
工艺文件	只有装配工艺过程卡	有装配工艺过程卡，复杂的产品有装配工序卡	有装配工艺过程卡和工序卡

(1) 固定式装配

将产品或部件的全部装配工作安排在一个固定的工作场地进行，装配过程中产品的位置不变，装配所需要的零、部件都集中在工作场地附近。在单件小批生产中，那些因为尺寸和重量较大，不便移动的重型机械，以及因为机体刚度较差，移动时会影响装配精度的产品，都宜于采用固定式装配，如飞机、大型发电设备、重型机床等。固定式装配可进一步划分为集中固定式装配、分散固定式装配和固定式流水装配。

①集中固定式装配：从零件装配成最终产品的全部过程均由同一组工人完成，因此对工人技术水平要求较高、装配周期较长。

②分散固定式装配：把产品装配的全部工作分散为部装、总装等多个环节，可以由几组工人在不同工作地同时进行装配。分散装配生产效率较高、装配周期较短，对工人技术要求低。

③固定式流水装配：将固定式装配分成若干个独立的装配工序，分别由几组工人负

责，各组工人按工艺顺序依次到各装配地点对固定不动的产品进行本组所担负的装配工作。固定式流水装配生产效率高、装配周期短，但占用的场地、工人数量多。

(2)移动式装配

将产品或部件放置于装配线上，通过连续或间歇地移动使其顺序经过各装配工作地以完成全部的装配工作。采用移动式装配形式时，装配过程划分较详细，每个工作场地重复完成固定工序，主要采用专用设备和工具，生产率较高。移动式装配多用于大批大量生产，如汽车、拖拉机等产品；对于批量很大的定型产品还可以采用自动装配线或装配机器人进行装配。移动式装配按照传送装置移动的节奏形式不同，可进一步分为自由节奏装配(也称变节奏装配)和强制节奏装配。

①自由节奏装配在各个装配工序上分配的工作时间不均衡，所以各工序生产节奏(节拍)不一致，工序间应有一定数量的半成品贮存以便调节。

②强制节奏装配的装配工序划分较细，各装配工位上的工作时间一致，能进行均衡生产。

8.2 装配工艺规程

装配工艺规程是规定产品或部件装配生产过程和操作方法的重要工艺文件。制订装配工艺规程是指按照一定的格式和规范，用图形、表格等形式将装配内容、顺序、操作方法及检验项目等规定写下来形成文件，作为指导装配作业和组织生产的依据。机械产品的最终质量、生产率及成本很大程度上取决于所制订装配工艺规程的合理性，因此装配工艺规程的制订对保证装配质量、提高装配生产效率、降低成本和减轻工人劳动强度等都有着积极的作用，它是生产技术准备工作中的一项重要工作。如果装配工艺规程制订不合理，即使零件的加工精度很高，也无法保证产品质量；反之，如果装配工艺规程合理，装配结构工艺性好，即使零件的加工精度不高，也能保证产品的最终精度要求。

8.2.1 装配工艺规程的内容

①装配组织形式及装配方法。

②产品及其部件的装配顺序。

③总装配及部件装配各工序的装配技术条件和规范。

④装配过程中需选用的工具、夹具、设备。

⑤装配质量技术检验的方法和用具。

⑥必需的工人技术等级和装配时间定额。

⑦所规定的输送半成品及成品的合理方式和运送工具。

8.2.2 制订装配工艺规程的原则

制订装配工艺规程的基本原则可以归纳为优质、高产、低消耗，即在保证产品装配质量的前提下，尽量提高劳动生产率和降低成本。具体表述如下：

(1)保证产品装配质量

产品质量最终由装配保证，如果装配不当，即使所有零件的精度都合格，也可能导致产品不合格，因此，应选用合理和可靠的装配方法，力求做到以较低的零件加工精度来满足装配精度的要求。此外，还应尽量使产品具有较高的精度储备，以延长产品的使用寿命。

(2)合理安排装配顺序及工序，提高装配效率，缩短装配周期

装配周期是根据产品的生产纲领计算得到的，是给定的完成装配工作的时间，即所要求的生产率。大批量生产中，常用流水线来进行装配，通过保证生产节拍来满足装配周期的要求；单件小批量生产中，常用月产来表示装配周期。

为提高生产率，应按照产品结构、车间设备和场地条件，安排好进入装配作业的零件前后顺序，尽量减少钳工装配工作量，降低工人劳动强度，提高装配机械化和自动化程度，改善装配工作条件，缩短装配周期。

(3)降低装配成本

降低装配工作所占成本，首先要考虑减少装配投资，如减小装配生产面积，提高单位面积的利用率，减少工人数量和降低对工人技术水平的要求，减少装配流水线或自动线设备的投资等。此外，缩短装配周期也会直接影响装配成本。

(4)注意采用和发展新工艺、新技术，保持先进性

在充分利用现有装配条件的基础上尽可能采用先进装配工艺技术和装配经验，提高生产效率的同时保障生产安全和减少环境污染。

8.2.3　制订装配工艺规程的原始资料

(1)产品图纸和技术性能要求

产品图纸包括全套总装图、部装图和零件图。装配图可用于了解产品和部件的结构、装配关系、配合性质、相对位置精度等装配技术要求，从而确定装配顺序、装配方法；零件图则是作为装配时对某些零件补充加工或核算装配尺寸链的依据。技术性能要求可作为制订产品检验内容方法及设计装配工具的依据。此外，对产品及零件的材料、重量的了解也可作为购置相应的起吊工具、检验和运输设备的主要参数。

(2)产品的生产纲领

产品的生产纲领决定了其生产类型，而生产类型的不同，致使装配的生产组织形式、工艺方法、工艺过程、工艺装备、手工劳动的比例等均有不同(参见表 8-1)，制订装配工艺规程时应根据具体情况进行参考。

(3)现有生产条件和资料

现有生产条件和资料包括已有的工艺装备，装配车间的生产面积，装配工人的技术水平及各种工艺资料和技术标准等。掌握这些信息和资料，可以帮助合理制订装配工艺规程，使其切合实际，符合生产条件。

8.2.4 制订装配工艺规程的方法及步骤

(1)产品图纸及验收条件分析

审核图纸的完整性、正确性；熟悉产品结构，明确零、部件间的装配关系，分析产品结构的装配工艺性；对产品的装配精度要求和验收技术条件进行分析，掌握装配中的技术关键并制订相应的装配工艺措施；进行必要的装配尺寸链计算，确保产品装配精度。

其中产品结构的装配工艺性是指产品在能满足使用要求的前提下，制造和维修的可行性和经济性。装配工艺性一定程度上决定了装配过程周期的长短、耗费劳动量的大小以及成本的高低等，分析时应注意其有以下几个方面的要求：

①产品结构应能分解成独立的装配单元：为了尽量缩短机械产品的装配周期，将产品分解成若干独立的装配单元十分必要，如分解为部件、组件等，这样可以使多项装配工作同时进行。

②尽可能减少装配时的修配和机械加工：装配过程中的修配和机械加工会影响装配工作的连续性、延长装配时间、增加生产设备。

③产品结构应便于装配和拆卸：产品的结构应使装配工作简单、便捷，如机器结构设计时的扳手空间问题，应留有足够的空间供扳手进行装配拧紧。

(2)确定装配方法及组织形式

根据产品的生产纲领、结构特点及现有生产条件合理选择装配工艺方法并确定生产组织形式，其选择可参照表8-1。装配方法是保证装配精度的关键，而装配生产组织形式则直接影响工序划分和工序内容的集中或分散。选定装配方法与组织形式后，装配方式、工作地布置也相应确定。

(3)划分装配单元

将产品划分为可以独立进行装配的部件、组件和套件等装配单元是制定装配工艺规程最主要的一步，以便于装配工作的组织和进行，其对于大批量装配结构复杂的机器尤为重要。划分装配单元时，应考虑便于拆装，并尽可能减少进入总装的单独零件，缩短总装配周期。

各装配单元一般都需要选定某一零件或比它低一级的装配单元作为装配基准件，以便于合理安排装配顺序。选择时应遵循以下原则：

①尽量选择产品基体或主干零件为装配基准件，以利于保证产品装配精度。

②装配基准件应有较大的体积和重量，有足够支承面，以满足后续装入零、部件时的作业要求和稳定性要求。如机床床身零件是床身组件的装配基准件；床身组件是床身部件的装配基准件；床身部件是机床产品的装配基准件。

③装配基准件的补充加工量应尽量小，尽量不再有后续加工工序。

④选择的装配基准件应有利于装配过程的检测、工序间的传递运输和翻转等作业。

(4)确定装配顺序

划分好装配单元并确定了装配基准件后，即可安排装配顺序，安排装配顺序的一般原则及具体要求如下：

①预处理工序在前。如零件的倒角、去毛刺、清洗、防锈防腐、涂装、干燥等。

②先下后上，先内后外、先重大后轻小。首先进行基础零、部件的装配，使产品重心稳定；先装配产品内部零、部件，使其不影响后续装配作业。

③先难后易、先精密后一般。先利用较大空间进行难装零件的装配，有利于装配工作的进行；先将影响整台机器精度的零、部件安装调试好，再安装一般要求的零、部件。

④先进行易破坏后续装配质量的工序。如冲击性装配、压力装配及加热装配等。

⑤及时安排检验工序。特别是对产品质量和性能有较大影响的装配工序，在其后面应安排检验工序，检验合格后方可进行后续装配。

⑥在不影响装配节拍的情况下，采用相同工艺装备及需要特殊环境的装配尽可能集中安排。此外，处于基准件同一方位的装配工序也应尽量集中。

⑦电线、油(气)管路的安装应与相应工序同时进行，以免零、部件反复拆卸。

⑧易燃、易爆、易碎、有毒物质或零、部件的安装尽量放在最后，以减小安全防护工作量。

(5)绘制装配工艺系统图

装配顺序确定后，常用装配工艺系统图的形式将其规定下来。装配工艺系统图是表明产品零、部件之间相互装配关系及装配流程的示意图，它包括产品装配工艺系统图和各装配单元的装配工艺系统图，对于结构简单、零部件少的产品可以只绘制前者。图8-5为机械产品和部件的装配工艺系统图，装配时由基准件开始，沿水平线从左向右进行，通常将零件绘制在水平线上方，套件、组件、部件绘制在下方，图8-5中的排列顺序表示了装配的顺序。

装配工艺系统图比较全面地反映了装配单元的划分、装配顺序和装配工艺方法等内容，它主要应用于大批大量生产中，是装配工艺规程制订过程中的重要文件之一，也是划分装配工序的依据。图8-6、图8-7为车床床身装配简图和装配工艺系统图。

(6)划分装配工序

确定装配顺序后，即可将装配工艺过程划分为若干工序，并确定各工序的工作内容。装配工序的划分工作包括下列内容：

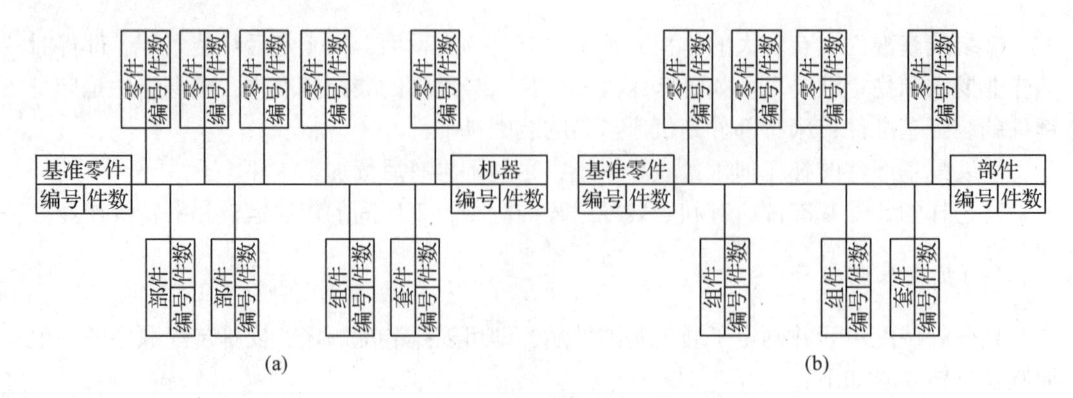

图 8-5 机器部件装配工艺系统图

(a) 机器装配工艺系统图 (b) 部件装配工艺系统图

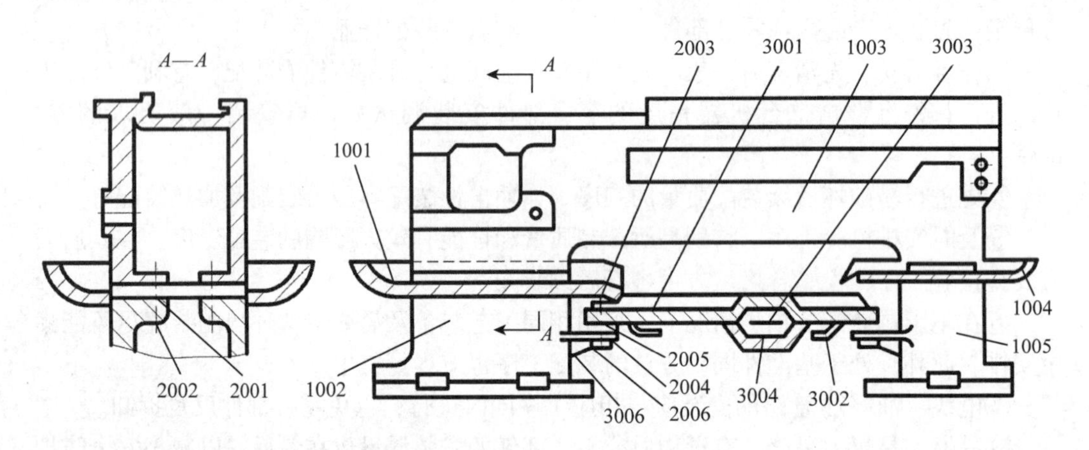

图 8-6 卧式车床床身装配简图

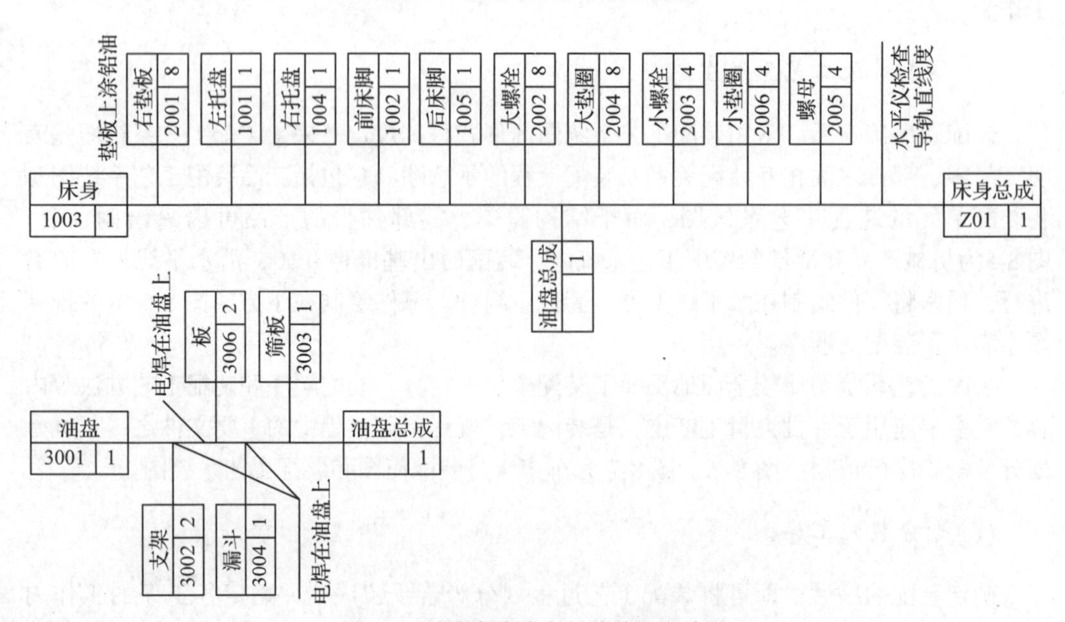

图 8-7 卧式车床床身部件装配系统图

表 8-2　装配工艺过程卡

<table>
<tr><td colspan="3" rowspan="3">×× 汽车制造厂××分厂
装配车间××生产线</td><td colspan="2" rowspan="3">装配工艺
过程卡片</td><td colspan="3">零件图样更改标记</td><td colspan="3" rowspan="2">第　页</td><td colspan="2" rowspan="2">零件号</td><td colspan="5" rowspan="2"></td></tr>
<tr><td>通知书</td><td colspan="2"></td></tr>
<tr><td>标　记</td><td colspan="2"></td><td colspan="3">共　页</td><td colspan="2">零件名称</td><td colspan="5"></td></tr>
<tr><td>制造路线</td><td></td><td>装配单位</td><td></td><td>零件名称</td><td></td><td>毛坯种类</td><td></td><td>毛坯硬度</td><td></td><td>毛重(kg)</td><td></td><td>净重(kg)</td><td></td><td>车型</td><td></td><td>每车件数</td><td></td></tr>
<tr><td colspan="2">工序号</td><td colspan="2">工序名称</td><td colspan="2">平面图号</td><td colspan="2">设备型号</td><td colspan="2">设备名称</td><td colspan="2">夹　具</td><td colspan="2">时间定额(min)</td><td colspan="2">负荷(%)</td><td colspan="2">备　注</td></tr>
<tr><td colspan="2"></td><td colspan="2"></td><td colspan="2"></td><td colspan="2"></td><td colspan="2"></td><td colspan="2"></td><td colspan="2"></td><td colspan="2"></td><td colspan="2"></td></tr>
<tr><td colspan="2">更改根据</td><td></td><td></td><td></td><td colspan="2">待　定</td><td colspan="2">校　对</td><td colspan="2">审　核</td><td colspan="2">检查科会签</td><td colspan="2">分厂批准</td><td colspan="2">总厂批准</td><td></td></tr>
<tr><td colspan="2">标记及数目</td><td></td><td></td><td></td><td colspan="2" rowspan="2"></td><td colspan="2" rowspan="2"></td><td colspan="2" rowspan="2"></td><td colspan="2" rowspan="2"></td><td colspan="2" rowspan="2"></td><td colspan="2" rowspan="2"></td><td rowspan="2"></td></tr>
<tr><td colspan="2">签名及日期</td><td></td><td></td><td></td></tr>
</table>

表 8-3 装配工序卡

××汽车制造厂××分厂	装配工序卡 装配车间××班(组)	车 型			图样更改标记	套件图号	
		每车件数				套件名称	
		共 页		第 页		套件质量	

工序号	简 图	工序内容	零 件		设备和夹具			工 具			工时定额/h
			号码	数量	名称	编号	数量	名称	编号	数量	

更改根据			设 计	校 对	审 核	检查科会签	分厂批准	总厂批准	
标记及数目									
签名及日期									

①确定工序集中或分散的程度。

②划分装配工序并确定工序内容。

③确定各工序所需具体设备和工具，如需专用设备与夹具，则应拟定设计任务书。

④制订各工序操作规范，如过盈配合所需压力、变温装配的温度、紧固螺栓连接的拧紧扭矩及装配环境要求等。

⑤制订各工序装配质量要求及检测方法。

⑥确定工时定额，协调各工序内容。

(7)编写装配工艺卡片

装配工艺卡片主要有装配工艺过程卡、装配工序卡、检验卡和试验卡等，如表 8-2、表 8-3，其编写方法与机械加工所用同类卡片基本相同。

①单件小批生产时，一般无需编写装配工艺过程卡，而用装配单元工艺系统图代替。

②中批生产时，通常还要编写部件及总装的装配工艺过程卡，写明工序顺序、简要工序内容、设备名称、工具和夹具的名称及编号、工人技术等级与时间定额等。

③大批大量生产中，不仅要编写装配工艺过程卡，而且要编写装配工序卡，用于指导工人进行产品的装配；中批生产中的复杂或关键工序，也需要编写装配工序卡。

此外，编写装配检验卡片和试验卡片时，也应按照产品的具体要求进行。

8.3　装配尺寸链

产品的装配精度不但与零件精度有密切关系，而且需要依靠合理的装配方法来保证。因此，合理保证装配精度应综合考虑产品的结构、机械加工、装配及检验等方面，保证产品制造过程中的优质、高产、低消耗。将尺寸链的基本理论应用于装配过程是进行上述分析的有效方法，通过建立、分析和计算装配尺寸链，最终确定零件精度与装配精度间的关系。

8.3.1　装配尺寸链的概念与分类

在机械产品装配过程中，由相关零件尺寸或位置关系组成的尺寸链称为装配尺寸链；它以某项装配精度指标作为封闭环，以所有与该项精度指标有关的零件尺寸或位置要求为组成环。如图 8-8 所示的轴、孔配合，装配后所要求的配合间隙 A_0 为封闭环，影响装配间隙大小的轴、孔尺寸 A_1、A_2 为组成环。

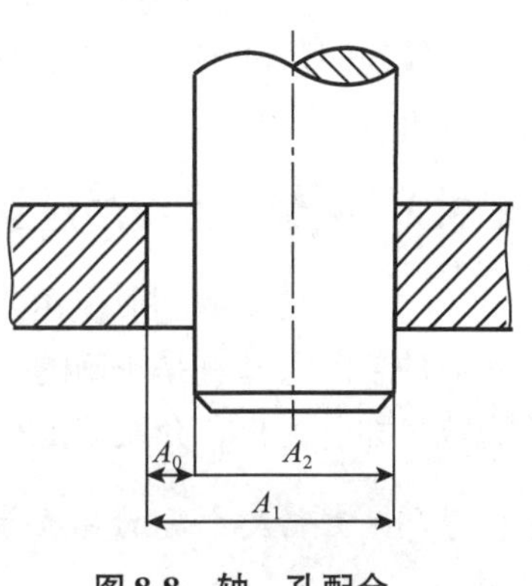

图 8-8　轴、孔配合

装配尺寸链的基本特征仍然是尺寸组合的封闭性，但不同于工艺尺寸链，其主要解决装配精度问题，而工艺尺寸链主要解决零件的加工精度问题。根据装配尺寸链各环的几何特征和所处空间位置，可将其分为直线尺寸链、角度尺寸链、平面尺寸链和空间尺寸链。

①直线尺寸链：由相互平行的长度尺寸组成，所涉及问题多为距离尺寸精度问题，如图 8-8 所示。

②角度尺寸链：由角度尺寸(含平行度、垂直度等技术要求)组成，所涉及问题多为位置精度问题。如图 8-9所示为卧式车床刀架横向移动对主轴轴线垂直度的角度尺寸链，其中组成环为主轴回转轴线对床身 V 形导轨在水平面内的平行度 α_1 和床鞍上燕尾形导轨对床身 V 形导轨的垂直度 α_2；封闭环则为车床精度标准所要求的刀架横向移动对主轴轴线的垂直度 α_0。

③平面尺寸链：由处于同一平面或相互平行平面内的成角度关系的尺寸组成。如图 8-10所示为车床溜板箱中大齿轮与床鞍中小齿轮啮合关系的平面尺寸链，其中封闭环为装配精度所要求的两齿轮间啮合间隙 P_0；尺寸 x_1、y_1 和 x_2、y_2 分别表示两齿轮的坐标位置；r_1、r_2 分别为两齿轮节圆半径，e 为安装销钉的通孔与盲孔间的轴线偏移量。求解尺寸链时，可将平面尺寸链的各环投影到水平和垂直坐标方向，分解成两个直线尺寸链进行分析。

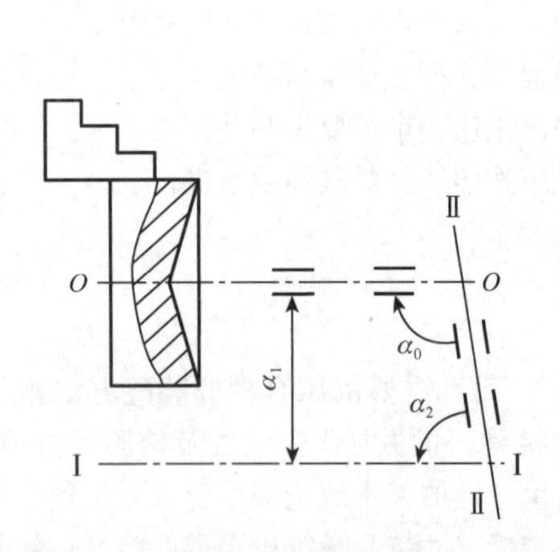

图 8-9 车床横刀架横向移动对主轴轴线的垂直度的角度尺寸链

O—O. 主轴回转轴线 Ⅰ—Ⅰ. 床身前 V 形导轨 Ⅱ—Ⅱ. 横刀架移动轨迹

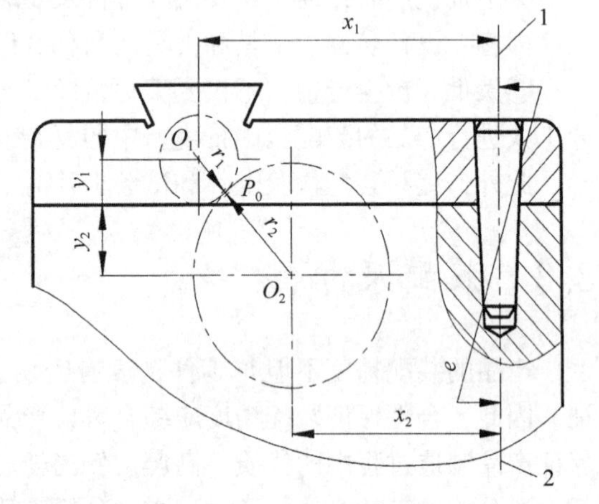

图 8-10 平面装配尺寸链

1. 通孔轴线 2. 盲孔轴线

④空间尺寸链：由处于空间相交平面内的长度尺寸和角度尺寸构成，相对于前几种尺寸链较为少见。

8.3.2 装配尺寸链的建立

与工艺尺寸链类似，在研究装配尺寸链的过程中，尺寸链的建立十分关键，只有所建立的装配尺寸链是正确的，其后续的计算求解才有意义。本节后续内容将以最常用的直线尺寸链为例，介绍装配尺寸链的建立及计算求解。

(1)装配尺寸链的建立步骤

①确定封闭环：熟悉装配关系，明确装配精度要求，准确找到封闭环。

②查找组成环：取封闭环两端零件为起点，沿装配精度要求的位置方向，以装配基准面为联系线索，查明装配关系中影响装配精度要求的有关零件(组成环)，直至找到同一基准零件或同一基准表面为止。此外，也可从同一基准面或零件开始，查找组成环，直至找到封闭环两端。

③绘出尺寸链：根据所找到的封闭环和组成环绘制出装配尺寸链图，并判别组成环的性质。

(2)建立装配尺寸链的注意问题

①必要的简化：考虑到机械产品结构的复杂性，因此在保证装配精度前提下，可适当简化掉对精度影响较小的组成环，以简化尺寸链的计算求解。如图 8-11(a)所示的车床主轴与尾座装配时中心线有等高要求，与组成环 A_1、A_2、A_3 相比，由于形位误差 e_1、e_2、e_3、e_4 对装配精度影响较小，因此装配尺寸链可简化为如图 8-11(b)所示。

需要注意的是，装配尺寸链的简化不是随意的，应充分考虑其对装配精度的影响。当进行精密装配时，尺寸链组成环中除了长度尺寸环外，还应计入对装配精度有影响的形位公差环和配合间隙环。

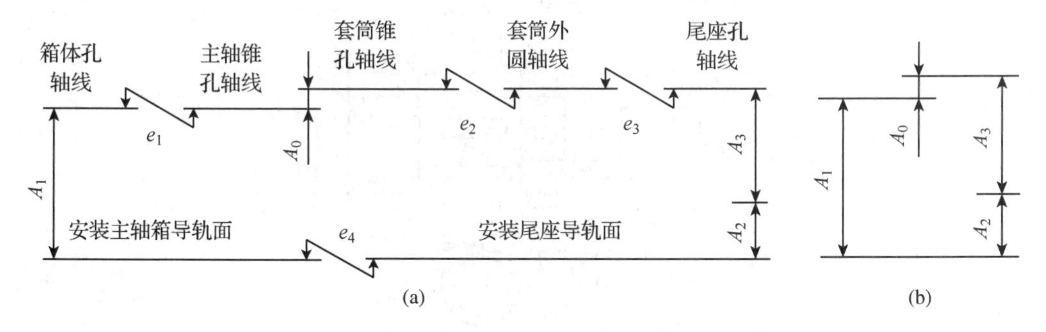

图 8-11　主轴与尾座套筒中心线等高度装配尺寸链

(a)简化前　(b)简化后

②“一件一环”原则：也称装配尺寸链路线最短原则，是指组成装配尺寸链时，应使相关的每个零部件只有一个尺寸列入装配尺寸链，将对应的直接连接两个装配基准面间的那个位置尺寸或位置关系标注在零件图上。“一件一环”原则可使尺寸链组成环的数目与相关零部件的数目相等，在保证产品性能的条件下，减少了影响产品装配精度的零部件数，降低了零部件加工的难度和成本。图 8-12(a)为车床主轴的局部装配图，其中保证轴向间隙大小的装配尺寸链体现了“一件一环”原则，如果将尺寸链中阶梯轴的尺寸标注为图 8-12(b)所示，则会出现一件两环的不合理标注。

③方向性：同一装配结构在不同方向都有装配精度要求时，应按照不同方向分别建立装配尺寸链。例如蜗杆副传动结构(图 8-13)，为保证蜗轮蜗杆正确啮合，要求装配时同时保证蜗杆轴线与蜗轮中心面的重合度 A_0、蜗轮蜗杆两轴线间的距离尺寸精度 B_0、蜗轮蜗杆两轴线间的垂直度 C_0，上述精度要求属同一装配结构分布在三个不同方向上的精度要求，因此需要在不同方向上分别建立尺寸链。

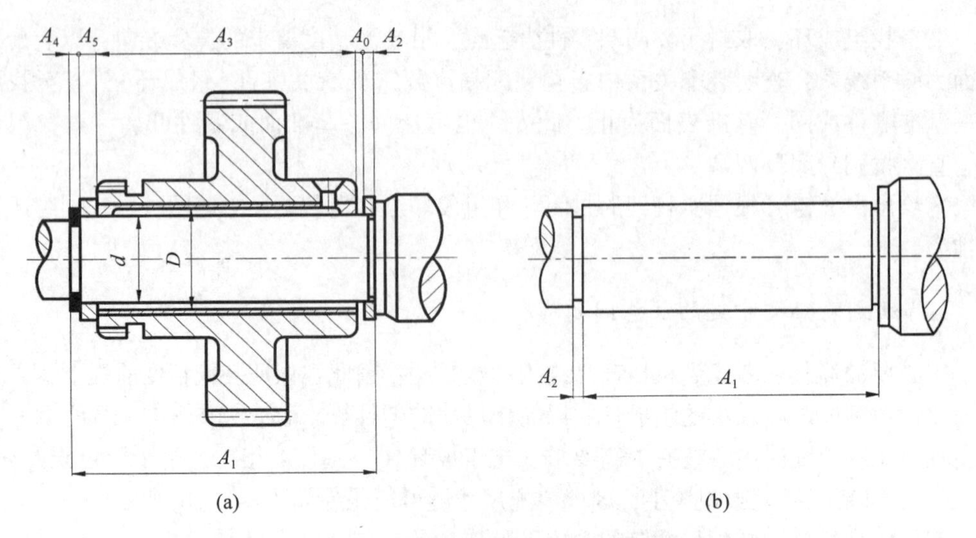

图 8-12 装配尺寸链的“一件一环”原则

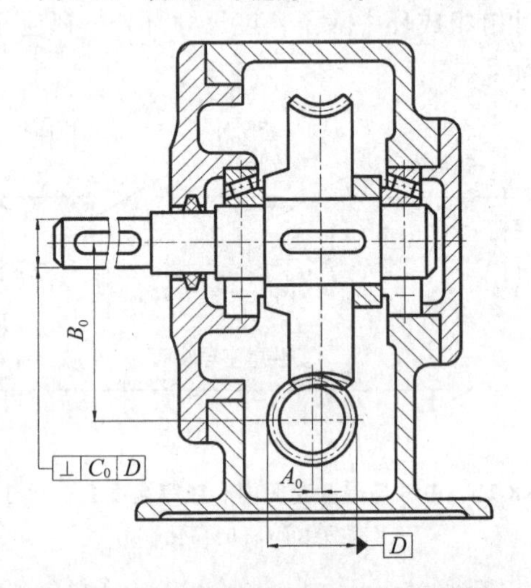

图 8-13 蜗杆副传动结构图三个装配精度

A_0. 蜗杆轴线与蜗轮中间平面的重合精度 B_0. 蜗杆副两轴线间距离精度

C_0. 蜗杆副两轴线间的垂直度

8.3.3 装配尺寸链的计算

建立装配尺寸链后，要通过计算最终确定封闭环与组成环的数量关系。装配尺寸链的计算与产品的装配方法密切相关，同一项装配精度，采用不同的装配方法进行装配，其装配尺寸链的计算方法也不同。

通常装配尺寸链的计算方式可分为正计算和反计算。正计算是已知组成环的基本尺寸及偏差，求解封闭环(装配精度要求)的计算过程，主要用于对图纸进行检验、核算；反计算是已知作为封闭环的装配精度要求，求解与该精度要求有关的零部件的基本尺寸及偏差，主要用于确定相关零部件的尺寸和加工精度。

就计算方法而言，装配尺寸链的计算主要有极值法和概率法。极值法是在各组成环误差处于极大值和极小值的情况下，确定封闭环与组成环关系的计算方法，该方法简单可靠，但当封闭环公差较小、组成环较多时，极值法计算得到的组成环公差会过于严格，造成加工困难、成本增加。概率法主要应用概率理论原理对装配尺寸链进行计算，其重点面向一批零件中加工尺寸处于公差带中心范围的大多数零件，与极值法相比，该法在封闭环公差较小、组成环较多时更为适用(极值法与概率法的计算公式详见第 4 章)。

8.4　保证装配精度的装配方法

作为制订装配工艺的核心问题之一，装配方法的选择直接影响机械产品的装配精度、装配效率和装配成本。生产过程中，相关零件的加工误差最终会累积到封闭环上，产品的装配精度越高，对零件的加工精度要求也越高，这种要求有时很不经济，甚至不可能达到。因此，在不同的生产条件下选取适当的装配方法，在零件加工精度较低的情况下，通过较小的装配劳动量保证装配精度，是制订装配工艺的关键。

常用的保证装配精度的装配方法有：互换装配法、选择装配法、修配装配法和调整装配法。根据生产纲领、技术要求、生产条件及产品结构、性能的不同，可采用不同的装配方法，见表 8-4，本节将结合实例对上述方法分别进行介绍。

表 8-4　常见装配方法的工艺特点和适用范围

装配方法	工 艺 特 点	适 用 范 围
完全互换法	①组成环公差之和小于/等于封闭环公差；②装配操作简单；③便于组织流水作业和维修工作	大批量生产中零件数较少、装配精度较高或零件数较多但装配精度要求不高时适用
不完全互换法	①组成环公差平方和的平方根小于/等于规定的装配公差；②装配操作简单，便于流水作业；③会出现极少数超差件	大批量生产中零件数略多、装配精度有一定要求，零件加工公差较完全互换法可适当放宽
选择装配法	①零件按尺寸分组，将对应尺寸组零件装配在一起；②零件公差较完全互换法可以放大数倍	适用于大批量生产中零件数少、装配精度要求高又不便采用其他调整装置的场合
修配法	预留修配量的零件，在装配过程中通过手工修配或机械加工，达到装配精度	用于单件小批生产中装配精度要求高的场合
调整法	装配过程中调整零件之间的相互位置，或选用尺寸分级的调整件，以保证装配精度	动调整法多用于对装配间隙要求较高并可以设置调整机构的场合；静调整法多用于大批量生产中零件数较多、装配精度要求较高的场合

8.4.1　互换装配法

互换装配法是指作为组成环的各零件在装配时不需修配、选择和调整，直接装配后即可达到装配精度的方法，其特点是装配质量稳定可靠、装配工作简单、生产率高，零部件具有互换性，便于组织流水装配和自动化装配。按照互换程度的不同，互换装配法又分为完全互换装配法和不完全互换装配法。

8.4.1.1 完全互换法

生产合格的零件在进行装配时，不需要挑选、修配或调整其位置等操作，装配后能完全达到装配精度的要求，这种装配方法即为完全互换装配法。该方法的实质是通过控制零件的加工误差来保证产品的装配精度。

(1)计算方法及步骤

完全互换法采用极值法计算，严格要求相关零件的公差之和小于或等于封闭环公差[见式(8-1)]，使得同类合格零件在装配中可以完全互换。

$$\sum_{i=1}^{n} |\xi_i| T_i \leqslant T_0 \tag{8-1}$$

式中 T_0 —— 封闭环公差；
T_i —— 第 i 个组成环公差；
ξ_i —— 第 i 个组成环传递函数；
n —— 组成环环数。

对于直线尺寸链，$|\xi_i| = 1$，则有上式变为：

$$\sum_{i=1}^{n} T_i \leqslant T_0$$

进行装配尺寸链反计算时注意，在明确封闭环、查找组成环、建立尺寸链后，应通过给定的封闭环公差(即装配精度)来确定各个组成环的公差及其分布，然后再根据生产经验，按照各组成环尺寸的大小和加工难易程度进行适当调整。在通过封闭环公差确定各组成环公差及其分布时可参照以下原则：

①当组成环是标准件尺寸时(如轴承宽度，挡圈的厚度等)，其公差值大小和分布位置在相应标准中已有规定，因此为确定值。

②当某一组成环是不同装配尺寸链的公共环时，其公差大小和位置应根据对其精度要求最严的那个尺寸链确定。

③在确定各待定组成环公差大小时，可根据具体情况选用不同的公差分配方法。如果各组成环尺寸比较接近或加工方法相近甚至相同，可以取公差值相等，采用等公差法将封闭环公差平均分配到各组成环上；或采用等精度法，使各组成环都按照同一公差等级制造，求出平均等级系数，再通过尺寸查出各环公差值，最后根据具体情况适当调整；也可以根据实际加工可能性分配法确定各组成环公差，按照难加工、难测量尺寸的公差取大值原则进行分配。

④各组成环公差带位置分布按“入体原则”确定，即组成环为包容尺寸时(如孔)，按基孔制取下偏差为零；组成环为被包容尺寸时(如轴)，按基轴制取上偏差为零。当组成环为中心距尺寸，则偏差对称分布。

⑤按照上述原则所确定的各组成环公差值及其分布，通常还无法恰好满足封闭环的精度要求，此时还需要保留一个组成环作为协调环，协调环的公差值及其分布由装配尺寸链确定。协调环常选易于制造并可用通用量具测量的尺寸，为保证封闭环精度，它作为试凑对象最后确定，在装配尺寸链中起协调作用。标准件尺寸或公共环不能作为协调环。

注意当选择易加工的零件作为协调环时，应从宽选取难加工零件的尺寸公差；反之，当选择难加工的零件作为协调环时，应从严选取易加工零件的尺寸公差。

(2)特点与应用场合

采用完全互换法进行装配时，其特点如下：

①装配质量稳定可靠、简单、生产效率高，易实现机械化、自动化，有利于产品的维护和零部件的更换。

②当装配精度较高时，特别是组成环比较多时，零件难以按照经济精度加工。

因此，完全互换法主要适用于大批大量生产中的高精度少环尺寸链或低精度多环尺寸链。

[**例8-1**]　如图8-14所示示部件装配图，齿轮装配在固定不动的轴上，可进行回转，要求齿轮与挡圈的轴向间隙为0.1～0.35mm。已知各有关零件的基本尺寸为：$A_1=30$mm，$A_2=5$mm，$A_3=43$mm，$A_4=3^{0}_{-0.05}$mm(标准件)，$A_5=5$mm。如采用完全互换法装配，试确定各组成环的偏差。

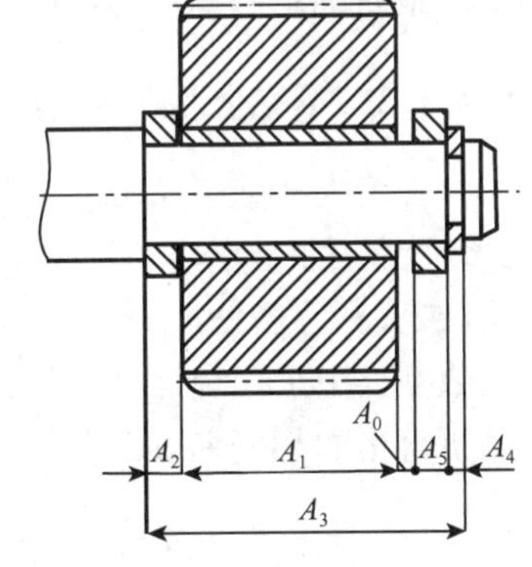

图8-14　齿轮与轴的部件装配

解：①建立装配尺寸链、画尺寸链图(图8-14)，校验各环基本尺寸。其中A_3为增环，A_1、A_2、A_4、A_5为减环，则封闭环A_0的基本尺寸计算如下：

$$A_0=A_3-(A_1+A_2+A_4+A_5)=43-(30+5+3+5)=0\text{mm}$$

轴向间隙即为所要求装配精度，故封闭环$A_0=0^{+0.35}_{+0.10}$mm；

②确定各组成环的公差：按等公差法计算，各组成环平均公差为：

$$T_{av}=T_0/5$$
$$=(0.35-0.1)/5=0.05\text{mm}$$

从易于加工的角度出发，取A_5为协调环。考虑到加工难易程度，结合等精度法(取公差等级约为IT9)，对组成环公差进行适当调整，得到：

$T_4=0.05$mm(标准件公差不变)，$T_1=0.06$mm

$T_3=0.1$mm(易加工件为协调环时，难加工件公差从宽选取)

$T_2=T_5=0.02$mm

③确定各组成环的偏差：协调环A_5偏差最后计算得出；A_4为标准尺寸，偏差不变；其余尺寸偏差按入体原则确定。

$$A_1=30^{0}_{-0.06}\text{mm},\ A_2=5^{0}_{-0.02}\text{mm}$$

$$A_3 = 43_{0}^{+0.10}\text{mm}, A_4 = 3_{-0.05}^{0}\text{mm}$$

④计算协调环 A_5 偏差：

$$ES\,A_0 = ES\,A_3 - (EI\,A_1 + EI\,A_2 + EI\,A_4 + EI\,A_5)$$

$$\begin{aligned}EI\,A_5 &= ES\,A_3 - EI\,A_1 - EI\,A_2 - EI\,A_4 - ES\,A_0\\ &= 0.10 - (-0.06) - (-0.02) - (-0.05) - 0.35\\ &= -0.12\text{mm}\end{aligned}$$

$$\begin{aligned}ES\,A_5 &= EI\,A_5 + T_5\\ &= -0.12 + 0.02 = -0.1\text{mm}\end{aligned}$$

因此确定协调环为：$A_5 = 5_{-0.12}^{-0.1}\text{mm}$

此外，本例也可以采用计算中间偏差的方法，计算确定协调环 A_5 偏差：

中间偏差 $$\Delta = \frac{ES + EI}{2}$$

则有 $$\Delta_0 = \Delta_3 - (\Delta_1 + \Delta_2 + \Delta_4 + \Delta_5)$$

$$\Delta_5 = \Delta_3 - (\Delta_1 + \Delta_2 + \Delta_4 + \Delta_0) = 0.05 - (-0.03 - 0.01 - 0.025 + 0.225) = -0.11\text{mm}$$

得到 $$EI\,A_5 = \Delta_5 - T_5/2 = -0.12\text{mm},\ ES\,A_5 = \Delta_5 + T_5/2 = -0.1\text{mm}$$

最后确定协调环为：$A_5 = 5_{-0.12}^{-0.1}\text{mm}$

8.4.1.2 不完全互换装配法

在绝大多数产品中，装配时组成环不需要挑选或改变其大小、位置，装配后即能达到装配精度的要求，但少数产品有出现废品的可能性，这种装配法称为不完全互换装配法(或大数互换法)。与完全互换法以严格控制零件加工精度来换取产品装配精度不同，大数互换法采用统计公差公式计算，将组成环的公差适当放大，忽略极端情况下少数产品不合格的小概率事件，更有利于零件的经济加工。

(1)计算方法及步骤

采用不完全互换法装配时，尺寸链通过概率法计算，即各组成环公差的平方和小于或等于封闭环公差的平方[式(8-2)]。

$$\sum_{i=1}^{n-1} T_i^2 \leqslant T_0^2 \tag{8-2}$$

如果零件的公差呈正态分布，按照“等公差法”分配给各组成环的公差时，平均公差为：

$$T_{av} = \frac{T_0}{\sqrt{n-1}} = \frac{T_0}{n-1}\sqrt{n-1} \tag{8-3}$$

由上式可以看出，采用概率法计算所得的组成环平均公差比极值法计算所得的平均公差 $T_0/(n-1)$ 扩大了 $\sqrt{n-1}$ 倍，因此采用不完全互换法使得各组成环加工更容易、成本更低。此外采用概率法计算尺寸链时，尺寸链中的各组成环和封闭环均为随机变量，当各组成环尺寸均呈正态分布时，封闭环也呈正态分布，此时应注意封闭环公差 T_0 与各组成环尺寸公差 T_i 的取值范围均满足“6σ”原则(σ 为尺寸标准差，详见第6章)，即有 0.27% 概率会出废品（T 落在 6σ 范围内的概率为 99.73%）。

（2）特点与应用场合

不完全互换法与完全互换法的特点基本类似，只是互换程度有所不同。由于采用了概率法计算，在进行装配时，不完全互换法特点如下：

①在大多数零件可以实现互换的情况下，可以使零件公差放大（比完全互换法大），加工容易、成本低。

②有一少部分产品会出现超差，无法保证装配精度，只能采取适当工艺措施，减少个别出现废品的可能性；或通过核算出现废品的损失是否小于因零件公差放大而带来的收益，来确定是否采用不完全互换法。

因此，不完全互换法一般适用于大批大量生产装配中组成环较多、装配精度要求较高的场合。

[例 8-2]　已知条件与例 8－1 相同，如果采用不完全互换法进行装配，试确定各组成环的偏差。

解：①建立装配尺寸链、画尺寸链图、校验各环基本尺寸等过程与例 8-1 相同，封闭环 $A_0 = 0^{+0.35}_{+0.10}$mm。

②确定各组成环的公差：按照概率法公差计算公式，各组成环平均公差为：

$$T_{av} = \frac{T_0}{\sqrt{n-1}} = \frac{0.35-0.1}{\sqrt{5}} \approx 0.11\text{mm}$$

从上式可以看出，用概率法计算所得的各组成环平均公差比用极值法计算得到的组成环平均公差 0.05mm 放大了一倍多，使各组成环的加工制造更加容易。

本例从较难加工的组成环入手，选择组成环 A_3 为协调环。选取较难加工的零件尺寸作为协调环，则其他易加工件可以从严选择，结合等精度法（取公差等级约为 IT11），对各组成环公差调整后得到：

$T_4 = 0.05$mm（标准件公差不变），$T_1 = 0.14$mm

$T_2 = T_5 = 0.08$mm（难加工件作为协调环时，易加工件公差从严选取）

③确定各组成环的偏差：协调环 A_3 偏差最后计算得出；A_4 为标准尺寸，偏差不变；其余尺寸偏差按入体原则确定。

$$A_1 = 30^{0}_{-0.14}\text{mm},\ A_2 = 5^{0}_{-0.08}\text{mm}$$

$$A_4 = 3^{0}_{-0.05}\text{mm},\ A_5 = 5^{0}_{-0.08}\text{mm}$$

④计算协调环 A_3 偏差：

协调环公差为　$T_3 = \sqrt{T_0^2 - (T_1^2 + T_2^2 + T_4^2 + T_5^2)}$

$= \sqrt{0.25^2 - (0.14^2 + 0.08^2 + 0.05^2 + 0.08^2)} = 0.16$mm（不进位）

各环中间偏差计算如下：

$\Delta_1 = -0.07$mm，$\Delta_2 = -0.04$mm，$\Delta_4 = -0.025$mm，$\Delta_5 = -0.04$mm，$\Delta_0 = 0.225$mm

$\Delta_3 = \Delta_0 + (\Delta_1 + \Delta_2 + \Delta_4 + \Delta_5)$

$= 0.225 + (-0.07 - 0.04 - 0.025 - 0.04) = 0.05$mm

得到 $ES_3 = \Delta_3 + T_3/2 = 0.13\text{mm}$，$EI_3 = ES_3 - T_3 = -0.03\text{mm}$

因此确定协调环为： $A_3 = 43^{+0.13}_{-0.03}\text{mm}$

综合例8-1、例8-2的计算可以看出，与完全互换法相比，采用不完全互换法进行装配时，尺寸链组成环平均公差扩大$\sqrt{5}$倍的同时，各组成环零件的加工精度从大约IT9级降至IT11级左右，从而使加工成本下降，但应注意采用不完全互换法进行装配后，有大约0.27%的可能会出现不合格品。

8.4.2 选择装配法

选择装配法是将尺寸链中组成环的公差放大到经济可行的程度，使零件可以比较经济地加工，然后选择合适的零件进行装配，以保证装配精度要求的方法。选择装配法又可以分为直接选配法、分组装配法和复合选配法三种形式。

8.4.2.1 直接选配法

直接选配法是指工人在装配时经过判断，从待装零件中直接选择合适的零件进行装配，以保证装配精度的要求。该装配法的优点是能达到较高的装配精度，缺点是装配精度主要依赖于工人的技术水平和经验，装配的时间不容易控制，因此不宜用于生产节拍要求较严格的大批大量生产中。

8.4.2.2 分组装配法

(1)基本概念

分组装配法是指加工零件时，将各组成环公差值相对完全互换法所求得的数值放大若干倍，使其能够按照经济精度加工，再按实际测量的尺寸大小将零件分为若干组，组内零件可以互换，按对应组分别进行装配，以达到装配精度要求的方法。

(2)特点与应用场合

分组装配法的优点是可以在不降低装配精度的前提下，降低对组成环的加工精度要求；缺点是增加了测量、分组和配套等工作。因此，分组装配法适用于成批或大量生产中装配精度要求较高、尺寸链组成环较少的情况。例如，发动机汽缸活塞环的装配、活塞与活塞销的装配、精密机床中某些部件的装配、滚动轴承的装配等。

[例8-3] 如图8-15所示，活塞与活塞销在冷态装配时，要求有0.0025~0.0075mm的过盈量。若活塞销孔与活塞销直径的基本尺寸A_1、A_2均为$\phi 28\text{mm}$，加工经济公差为0.01mm。现采用分组装配法进行装配，试确定活塞销孔与活塞销直径的分组数目和分组尺寸。

解：①建立如图8-16所示装配尺寸链。其中活塞销直径A_1为增环，销孔直径A_2为减环，封闭环基本尺寸$A_0 = A_1 - A_2 = 0\text{mm}$。

②确定分组数。由题可知封闭环公差(即装配精度)$T_0 = 0.0075 - 0.0025 = 0.0050\text{mm}$按等公差法计算，各组成环平均公差仅为：

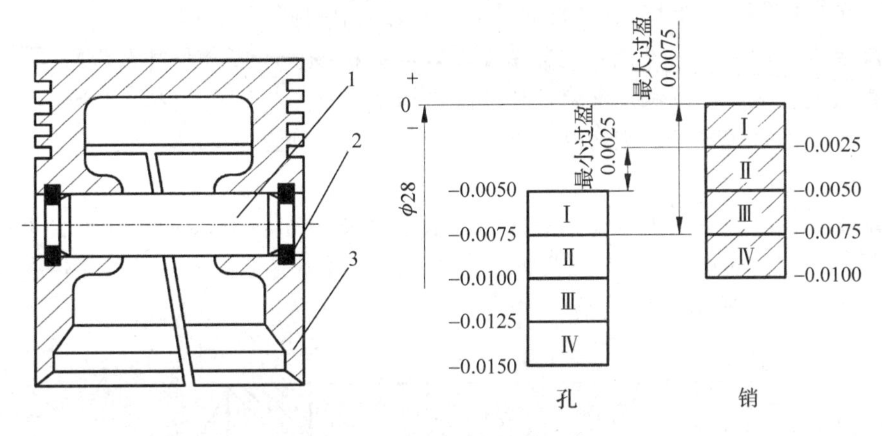

图 8-15　活塞与活塞销装配简图

1. 活塞销　2. 卡环　3. 活塞

$$T_{av}=T_0/2=0.0025\text{mm}$$

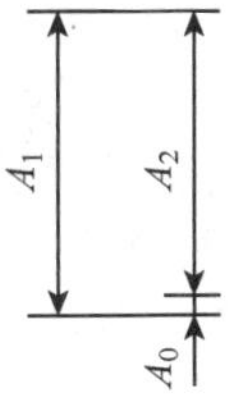

按照题目要求各组成环加工经济公差为 0.01mm，因此可以采用分组法将平均公差值放大 4 倍，同时确定分组数 $N=0.01\text{mm}/0.0025\text{mm}=4$。

③确定各组尺寸。已知各组成环平均公差 $T_{av}=0.0025\text{mm}$，按照入体原则可以确定活塞销直径尺寸 $A_1=\phi 28^{0}_{-0.025}\text{mm}$，解图 8-16 所示尺寸链，可求得活塞销孔直径尺寸为 $A_2=\phi 28^{-0.0050}_{-0.0075}\text{mm}$。各组成环公差同向放大至加工经济公差后 $A_1=\phi 28^{0}_{-0.0100}\text{mm}$、$A_2=\phi 28^{-0.0050}_{-0.0150}\text{mm}$。按照经济精度加工活塞销孔与活塞销后进行测量，根据尺寸大小分别将活塞与活塞销分为四组，涂上不同的颜色加以区别。活塞销孔与活塞销直径各组尺寸见表 8-5。

图 8-16　活塞与活塞销装配尺寸链

表 8-5　活塞销与活塞销孔的分组尺寸　mm

组号 （标记颜色）		Ⅰ （白）	Ⅱ （绿）	Ⅲ （黄）	Ⅳ （红）
活塞销直径 $\phi 28^{0}_{-0.0100}$		$\phi 28^{0}_{-0.0025}$	$\phi 28^{-0.0025}_{-0.0050}$	$\phi 28^{-0.0050}_{-0.0075}$	$\phi 28^{-0.0075}_{-0.0100}$
活塞销孔直径 $\phi 28^{-0.0050}_{-0.0150}$		$\phi 28^{-0.0050}_{-0.0075}$	$\phi 28^{-0.0075}_{-0.0100}$	$\phi 28^{-0.0100}_{-0.0125}$	$\phi 28^{-0.0125}_{-0.0150}$
配合情况	最小过盈	0.0025			
	最大过盈	0.0075			

生产时按照对应组进行装配，即较大的活塞销与较大的活塞销孔装配，较小的活塞销与较小的活塞销孔装配，这样装配后仍然能够保证装配精度的要求（过盈量 0.0025～0.0075mm）。

采用分组装配时应当注意以下几点：

①为保证零件分组后，各组的配合性质及配合精度与原装配精度要求相同，应当使

配合件的公差相等，公差增大的方向相同，增大的倍数应等于分组数。

②配合件的形状精度和相互位置精度及表面粗糙度，不能随尺寸公差放大而放大，应与分组公差相适应，以保证配合性质和配合精度要求。

③分组数不宜过多，否则会因零件测量、分类、保管工作量的增加而造成生产组织工作复杂化。

④加工零件时，应尽可能使相对应的各组零件数量相等(尽量使相互配合零件的尺寸分布相同，如均为正态分布)，以满足配套要求，否则会出现某些尺寸零件积压浪费的现象，如图 8-17 所示。

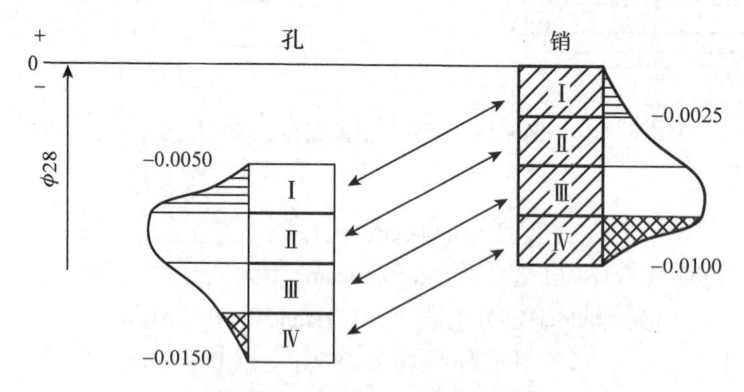

图 8-17 分组零件对应数量示意图

8.4.2.3 复合选配法

复合选配法是对直接选配法与分组装配法的综合，即预先将零件测量分组，装配时在对应各组中由工人凭经验选配。其特点是通过分组缩小了直接选配法的选配范围，这样既提高了装配精度，又不必分太多的组；但其装配精度仍需要依赖装配工人的技术水平，而且工时也不稳定。复合选配法作为分组装配法的一种补充形式，常用于配合件公差不相等的情况，如发动机气缸与活塞的装配多采用这种方法。

8.4.3 修配装配法

当生产批量较小、装配尺寸链组成环数较多、装配精度要求较高时，若采用互换法进行装配，会造成对组成环的要求过严，影响其加工经济性；而如果采用分组装配法，一方面会因为组成环太多而使得测量分组工作变得复杂，另一方面由于批量小、零件少也会使分组变得困难。此时，宜选用修配法来保证装配精度，即将尺寸链中各组成环的制造公差放大，按照经济精度加工，装配时将其中预先选定的某一环作为修配环(也称补偿环)，通过改变其实际尺寸补偿其他组成环的累积误差，使封闭环满足设计要求，在降低尺寸链中各环加工精度的同时保证产品较高的装配精度。

因此，修配法的特点是各组成环的公差可以放大至经济精度，从而使其制造容易、成本较低，同时利用修配件的有限修配量达到较高的装配精度要求；但采用修配法装配时，零件不能互换，装配劳动量较大，生产率低，难组织流水作业，装配精度仍依赖于工人技术水平。故修配法主要适用于单件或成批生产中精度要求较高、组成环数目较多的装配。

8.4.3.1　修配方法

生产过程中，常见的修配方法有如下 3 种：

(1) 单件修配法

选择某一固定的零件作为修配件，装配时对该零件进行补充加工来改变其尺寸，以保证装配精度要求的方法称为单件修配法。该方法在生产中应用较多，如图 8-4 所示，卧式车床装配时，可以采用单件修配法，在按经济精度加工床身、主轴箱及尾座的前提下，选取其中较容易加工的尾座底板进行修配，从而保证主轴锥孔与尾座顶尖的等高精度。

(2) 合并修配法

该方法是将两个或多个零件合并在一起后再进行加工修配，合并后的尺寸可以视为一个组成环，这样就减少了装配尺寸链环数，并减少了修配的劳动量。图 8-4 中，可将车床尾座和底板配合面配刮后装配成一体，再精镗套筒孔。此时，直接获得尾座套筒孔轴线至底板底面的距离 A_{23}，由此构成新的装配尺寸链，组成环数减少为两个，这是装配尺寸链最短路线原则的一个应用。

由于合并修配法是零件配套后进入装配，会给生产组织工作带来很多不便，因此，其常多用于单件小批生产中。

(3) 自身加工修配法

机床制造过程中，有一些装配要求，总装时用自己加工自己的方法来满足装配精度，这种方法称为自身加工修配法。例如，牛头刨床总装时，常通过自刨工作台面，来达到滑枕运动方向与工作台面的平行度要求。又如在装配转塔车床时，要求其转塔上安装刀架的孔中心线必须保证与机床主轴回转中心重合(图 8-18)，且孔所在平面应与主轴中心线垂直，装配过程中保证上述精度要求是非常困难的，此时若采用自身加工修配法，先将转塔装配到机床上，然后通过在主轴上安装相关刀具，利用机床自身来加工出转塔上的面和孔，可比较方便地保证上述装配精度。

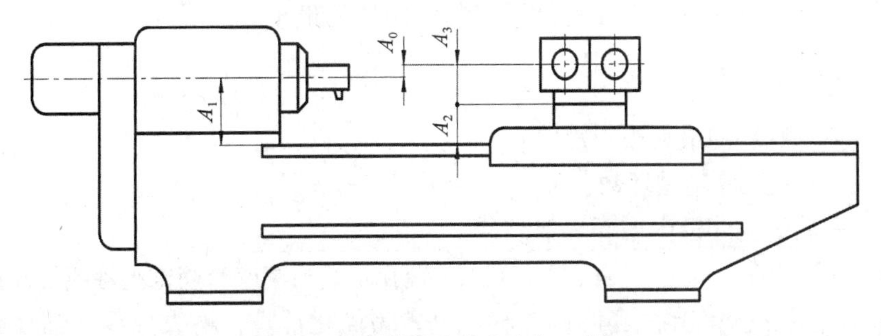

图 8-18　转塔车床的自身加工修配

8.4.3.2 修配环的选择

采用修配装配法装配时，修配环的选取十分关键，一般在选择时应满足如下要求：

①应易于修配，且拆装方便。尽量选择形状简单、修配面小的零件。

②不应选择公共环作为修配环。因公共环修配后无法同时保证多项装配精度，故不应作为修配环。

③应选择不要求表面处理的零件作为修配环。防止因修配而破坏零件的表面处理层。

8.4.3.3 修配环尺寸及偏差的确定

装配过程中，修配环被去除材料的厚度称为修配量。在利用修配法求解装配尺寸链时，其关键在于：保证修配量足够且最小的原则下，确定修配环尺寸及偏差。因此，在确定组成环尺寸及偏差前，先要明确修配环被修配后对封闭环尺寸的影响，一般可将装配时修配环尺寸变化对封闭环尺寸的影响归纳为“越修越小”“越修越大”和“两边修”几种情况。

(1)在对修配环进行修配时，封闭环尺寸变小(即“越修越小”)

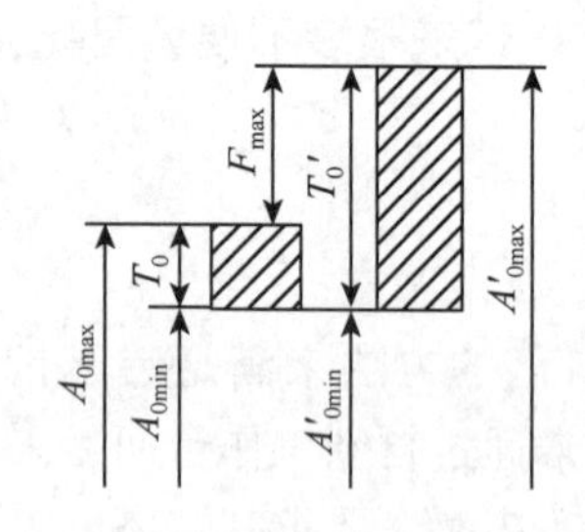

图8-19 修配时“越修越小”

在对修配环进行修配时，装配尺寸链中封闭环尺寸变小。此时若要保证修配后满足装配精度要求，必须使修配前封闭环的尺寸最小值A'_{0min}不小于装配精度要求的封闭环尺寸最小值A_{0min}，即$A'_{0min} \geqslant A_{0min}$，修配前封闭环公差$T'_0$与装配精度要求的公差$T_0$相对位置如图8-19所示，其中最大修配量$F_{max}$为$T_0'$与$T_0$的差值，通过极值法建立等式(8－4)，求解可以得到修配环的一个极限尺寸，再按照经济加工精度给定的修配环公差，最终确定修配环尺寸与极限偏差。

$$A'_{0min} = A_{0min} = \sum_{i=1}^{m} \overrightarrow{A}_{imin} - \sum_{j=m+1}^{n-1} \overleftarrow{A}_{jmax} \tag{8-4}$$

式中 A'_{0min}—— 修配前封闭环的最小极限尺寸；

A_{0min}—— 修配后满足装配精度要求的封闭环的最小极限尺寸；

$\overrightarrow{A}_{imin}$—— 增环的最小极限尺寸；

$\overleftarrow{A}_{jmax}$—— 减环的最大极限尺寸；

n—— 装配尺寸链总环数；

m—— 装配尺寸链中增环环数。

[**例8-4**] 卧式车床进行装配时，车床主轴孔轴线与尾座套筒锥孔轴线等高误差要求为0~0.06mm，且只允许尾座套筒锥孔轴线高。为简化计算，略去各零件轴线同轴度误差，得到一个A_1、A_2、A_3三个组成环的简化尺寸链，如图8-20所示。若已知A_1、A_2、A_3的基本尺寸分别为202mm、46mm和156mm。用修配法装配，试确定A_1、A_2、A_3的偏差。

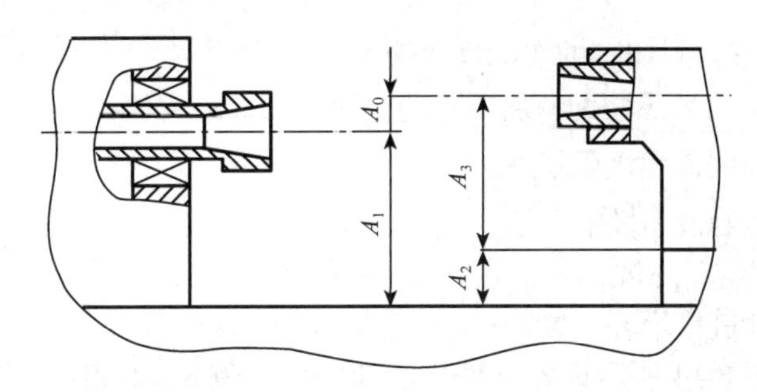

图8-20　修车床主轴中心线与尾座套筒中心线等高装配尺寸链

解：由于装配精度要求较高，且组成环相对较多，因此选用修配法进行计算。

①选择修配环。本例中修刮尾座底板最为方便，故选其厚度 A_2 作为修配环。

②确定各组成环公差及除修配环外的各组成环公差带位置。A_1 和 A_3 两尺寸均采用镗模加工保证，经济公差 $T_1 = T_3 = 0.1\text{mm}$（IT9 级），按对称原则标注得：$A_1 = 202^{+0.05}_{-0.05}\text{mm}$，$A_3 = 156^{+0.05}_{-0.05}\text{mm}$，$A_2$ 采用精刨加工，经济公差 $T_2 = 0.1\text{mm}$。

③确定修配环公差带的位置。设 A_0' 为修配前封闭环实际尺寸。本例中，修配环修配后封闭环变小，故 A_0' 的最小值应与 A_0 的最小值相等。按照公式(8－4)计算可得：

$$A'_{0\min} = A_{0\min} = A_{2\min} + A_{3\min} - A_{1\max}$$

$$0 = A_{2\min} + 155.95 - 202.05$$

解得

$$A_{2\min} = 46.1\text{mm}$$

则

$$A_2 = 46^{+0.2}_{+0.1}\text{mm},\ A_1 = 202^{+0.05}_{-0.05}\text{mm},\ A_3 = 156^{+0.05}_{-0.05}\text{mm}$$

④确定最大修配量，如图 8-19 所示

$$F_{\max} = T_0' - T_0 = \sum_{i=1}^{3} T_i - T_0 = 0.1 + 0.1 + 0.1 - 0.06 = 0.24\text{mm}$$

注意：若实际装配时为提高接触精度，要求车床尾座底板必须刮研，则应预留一定的刮研量。例如要求最小刮研量为 0.15mm 时，修配量最大时（$F_{\max} = 0.24\text{mm}$）虽然可以满足，但当修配量最小时（$F_{\min} = 0\text{mm}$）却不符合要求，因此应将 A_2 增大，最终确定底板厚度为 $A_2 = 46^{+0.35}_{+0.25}\text{mm}$，即保证修配量足够且最小。

(2)在对修配环进行修配时，封闭环尺寸变大(即“越修越大”)

在对修配环进行修配时，装配尺寸链中封闭环尺寸变大。此时若要保证修配后满足装配精度要求，应使修配前封闭环的尺寸最大值 $A''_{0\max}$ 不大于装配精度要求的最大值，即 $A''_{0\max} \leqslant A_{0\max}$，修配前的封闭环公差 T_0'' 与装配精度要求的公差 T_0 相对位置如图 8-21 所示，通过极值法建立等式(8－5)，求解可以得到修配环的一个极限尺寸，再根据经济加工精度给定的修配环公差，最终确定修配环尺寸与极限偏差。

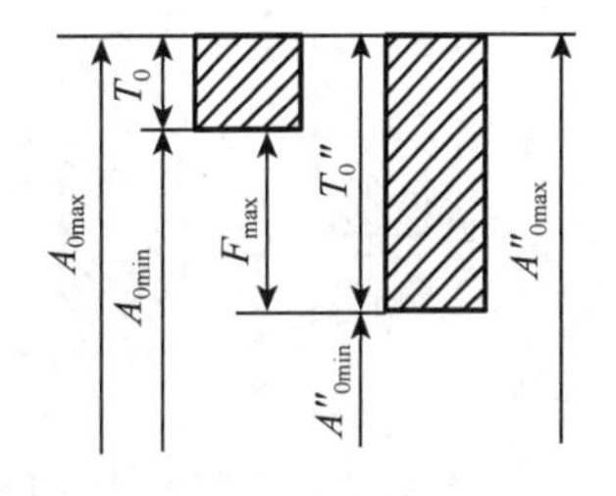

图8-21　修配时“越修越大”

$$A''_{0\max} = A_{0\max} = \sum_{i=1}^{m} \vec{A}_{i\max} - \sum_{j=m+1}^{n-1} \overleftarrow{A}_{j\min} \qquad (8-5)$$

式中 $A''_{0\max}$——修配前封闭环的实际尺寸最大值；

$A_{0\max}$——修配后满足装配精度要求的封闭环尺寸最大值；

$\vec{A}_{i\max}$——增环的最大极限尺寸；

$\overleftarrow{A}_{j\min}$——减环的最小极限尺寸；

n——为尺寸链总环数；

m——为尺寸链中增环环数。

[例 8-5] 如图 8-14 所示齿轮部件，已知条件与例 8－1 相同[齿轮与挡圈的间隙 $A_0 = 0_{+0.10}^{+0.35}$mm。各零件有关尺寸为：$A_1 = 30$mm，$A_2 = 5$mm，$A_3 = 43$mm，$A_4 = 3^{0}_{-0.05}$mm（标准件），$A_5 = 5$mm]。试采用修配法装配，确定各组成环偏差。

解：建立装配尺寸链如图 8-14 所示。

①选择修配环。本例尺寸链组成环中垫圈 A_2、A_5结构简单、易于装拆，故选其中 A_5作为修配环。

②确定各组成环公差及除修配环外的各组成环公差带位置。参考经济精度（IT11 级）分配各组成环公差，各组成环公差比采用完全互换装配法有所放大，$T_1 = T_3 = 0.2$mm，$T_2 = T_5 = 0.1$mm，$T_4 = 0.05$mm，按入体原则标注得：$A_1 = 30^{0}_{-0.20}$ mm，$A_3 = 43_{0}^{+0.20}$ mm，$A_2 = 5^{0}_{-0.10}$mm，$A_4 = 3^{0}_{-0.05}$mm。

③确定修配环公差带的位置。设 A_0'' 为修配前封闭环实际尺寸。本例中，修配环修配后封闭环变大，故 A_0''的最大值应与 A_0的最大值相等。按照公式（8－5）计算可得

$$A''_{0\max} = A_{0\max} = A_{3\max} - (A_{1\min} + A_{2\min} + A_{4\min} + A_{5\min})$$

$$0.35 = 43.2 - (29.8 + 4.9 + 2.95 + A_{5\min})$$

解得
$$A_{5\min} = 5.2\text{mm}$$

则
$$A_5 = 5\ _{+0.2}^{+0.3}\text{mm}$$

④确定最大修配量，如图 8-21 所示

$$F_{\max} = T_0'' - T_0 = \sum_{i=1}^{3} T_i - T_0 = 0.2 + 0.1 + 0.2 + 0.05 + 0.1 - 0.25 = 0.4\text{mm}$$

（3）在对修配环进行修配时，封闭环尺寸变大或变小（即“两边修”）

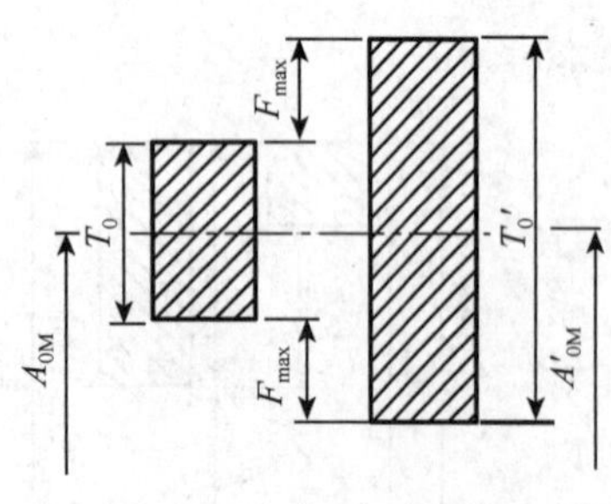

图 8-22 修配时“两边修”

实际装配过程中，当修配件上有不只一个面可以进行修配时，为了减少实际装配过程中的修配工作量，也可以按照修配量最小原则计算修配环的尺寸与极限偏差，此时会出现修配过程中的第三种情况——“两边修”，即修配时同时出现“越修越小”和“越修越大”的情况，操作时根据修配前封闭环实际尺寸与修配后所要求封闭环公差带的相对位置，选择不同的修配面进行修配，此时若要保证修配量足够且最小，应使修配前封闭环的平均尺寸 A'_{0M}与装配精度要求的封闭环平均尺寸 A_{0M}相等（图 8-22），利用极值法求解等式（8－6）可以得到修配环的平均尺寸，根据经济加工精度给定的修配环公差，最终确定修配环尺寸与极限偏差。

$$A'_{0M} = A_{0M} = \sum_{i=1}^{m} \overrightarrow{A}_{iM} - \sum_{j=m+1}^{n-1} \overleftarrow{A}_{jM} \tag{8-6}$$

式中　A'_{0M}—— 修配前封闭环的平均尺寸；

A_{0M}—— 修配后满足装配精度要求的封闭环平均尺寸；

$\overrightarrow{A}_{iM}$—— 增环的平均尺寸；

$\overleftarrow{A}_{jM}$—— 减环的平均尺寸；

n —— 为尺寸链总环数；

m—— 为尺寸链中增环环数。

[例8-6] 如图8-23所示为车床大拖板与导轨的装配简图，装配时要求保证间隙 $A_0 = 0 \sim 0.06$mm。现选择压板为修配件，修刮压板上平面P或M保证装配精度。按照经济加工精度及入体原则，已知 $A_2 = 20_0^{+0.16}$mm，$A_3 = 30_{-0.16}^{0}$ mm，$T_1 = 0.09$mm，试确定修配环尺寸 A_1。

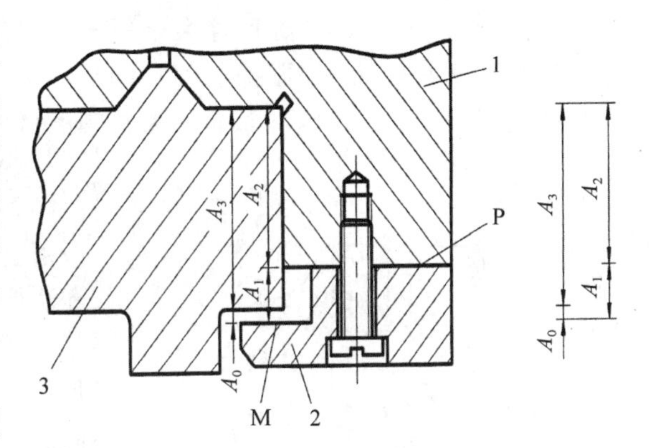

图8-23　车床拖板与导轨装配简图及尺寸链

1. 拖板　2. 压板　3. 导轨

解：建立装配尺寸链如下图，装配间隙为封闭环 $A_0 = 0_0^{+0.06}$mm，A_1、A_2 为增环，A_3 为减环，采用修配法求解该装配尺寸链，确定修配环 A_1 尺寸与极限偏差时，存在如下三种情况。

①修刮P面时，出现"越修越小"情况如图8-19所示，此时满足公式(8-4)，即

$$A'_{0\min} = A_{0\min} = A_{1\min} + A_{2\min} - A_{3\max}$$

则

$$A_{1\min} = A_{0\min} - A_{2\min} + A_{3\max}$$
$$= 0 - 20 + 30 = 10\text{mm}$$
$$A_{1\max} = A_{1\min} + T_1 = 10 + 0.09 = 10.09\text{mm}$$

因此求得修配环尺寸：$A_1 = 10_0^{+0.09}$mm

最大修配量为：

$$F_{\max} = T'_0 - T_0 = \sum_{i=1}^{3} T_i - T_0 = 0.16 + 0.16 + 0.09 - 0.06 = 0.35\text{mm}$$

②修刮M面时，出现"越修越大"情况。如图8-21所示，此时满足公式(8-5)，即

$$A''_{0\max} = A_{0\max} = A_{1\max} + A_{2\max} - A_{3\min}$$

则

$$A_{1\max} = A_{0\max} - A_{2\max} + A_{3\min}$$
$$= 0.06 - 20.16 + 29.84 = 9.74\text{mm}$$
$$A_{1\min} = A_{1\max} - T_1 = 9.74 - 0.09 = 9.65\text{mm}$$

因此求得修配环尺寸：$A_1 = 10_{-0.35}^{-0.26}$mm

最大修配量为：

$$F_{\max} = \sum_{i=1}^{3} T_i - T_0 = 0.16 + 0.16 + 0.09 - 0.06 = 0.35\text{mm}$$

③修刮 P 面或 M 面，出现“两边修”情况。为了保证在修配量最小原则下计算修配环的尺寸与偏差，使修配前封闭环的平均尺寸 A'_{0M} 与装配精度要求的封闭环平均尺寸 A_{0M} 相等，如图 8-22 所示。此时满足公式(8－6)，即

$$A'_{0M}=A_{0M}=A_{1M}+A_{2M}-A_{3M}$$

则

$$A_{1M}=A_{0M}-A_{2M}+A_{3M}$$
$$=0.03-20.08+29.92=9.87\text{mm}$$
$$A_1=9.87\pm0.045\text{mm}$$

因此求得修配环尺寸：$A_1=10^{-0.085}_{-0.175}\text{mm}$

当修配前封闭环的实际尺寸大于装配精度要求的封闭环最大极限尺寸 $A_{0\max}$ 时，可以选择修刮 P 面；或当修配前封闭环的实际尺寸小于装配精度要求的封闭环最小极限尺寸 $A_{0\min}$ 时，可以选择修刮 M 面；两种情况最大修配量均为：

$$F'_{\max}=\frac{1}{2}F_{\max}=\frac{1}{2}(T'_0-T_0)=\frac{1}{2}\left(\sum_{i=1}^{3}T_i-T_0\right)=0.175\text{mm}$$

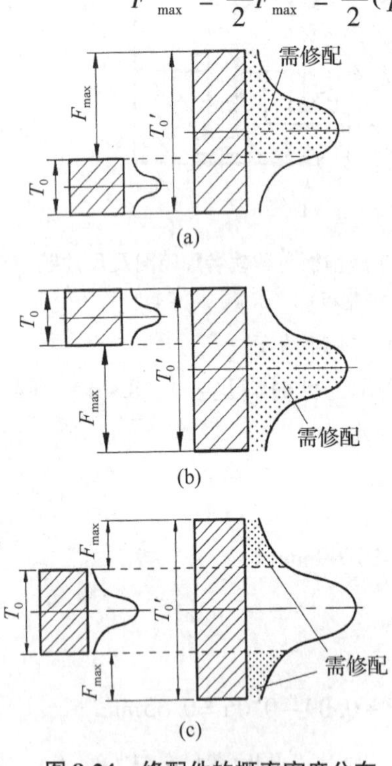

图 8-24 修配件的概率密度分布
(a)“越修越小” (b)“越修越大”
(c)“两边修”

由上述三种情况的实例分析可以看出：选用修配法保证装配精度时，计算采用极值法公式。当封闭环 A_0 一定时，若将所有组成环按经济精度加工，则其公差放大。此时根据组成环公差的不同放大方向，出现“越修越小”情况时只有公式(8－4)成立；出现“越修越大”情况时只有公式(8－5)成立；出现“两边修”情况时只有公式(8－6)成立；因此上述三种情况计算所得修配环尺寸各不相同，分别为：$10_0^{+0.09}\text{mm}$ 、$10^{-0.26}_{-0.35}\text{mm}$、$10^{-0.085}_{-0.175}\text{mm}$，其中“两边修”时最大修配量最小 $F'_{\max}=0.175\text{mm}$。

在工艺过程稳定的正常加工条件下，若加工后零件的尺寸符合正态分布，则装配后封闭环的尺寸也符合正态分布，如图 8-24 所示。此时对于“两边修”的情况，其需要修配的零件个数较少，修配量将在 0～$F_{\max}$ 之内变动，如图 8-24(c)所示；当修配量趋于零时，需修配零件出现的概率密度最大；当修配量趋于 $F_{\max}$ 时，需修配零件出现的概率密度趋于零。

8.4.4 调整装配法

装配时，用改变产品中可调整零件的相对位置或选用合适的调整件以达到装配精度的方法称为调整装配法。

调整装配法与修配装配法在补偿原则上相似，尺寸链各组成环按经济精度加工，由于组成环公差的扩大，引起封闭环超差，因此通过调整某一零件的相对位置或更换某一

组成环(补偿环)来补偿累积误差，从而达到装配精度要求。调整装配法与修配装配法的区别在于：调整装配法不是靠去除金属而是靠改变某一组成环的位置或更换补偿环来保证装配精度。

在成批大量生产中，对于装配精度要求较高而组成环数目较多的尺寸链，可以采用调整法进行装配。常用的调整装配法有三种：可动调整法、固定调整法和误差抵消调整法。

8.4.4.1　可动调整法

可动调整法是通过改变所选定调整件的相对位置来保证装配精度的方法。其优点是在零件加工精度不高的情况下，可以获得较高的装配精度，而且在机器的使用过程中可随时改变调整件的相对位置来补偿由于热变形、磨损等因素引起的误差，使其保持所要求的装配精度；与修配法相比该法操作简单、易于实现。该方法的缺点是，由于需要设计额外的调整机构，因此机器结构的复杂程度有所增加，成本较高。如图8-25所示结构，是通过转动螺钉来调整轴承外圈相对于内圈的轴向位置，从而保证合适的间隙或过盈；而图8-26所示结构则是通过上下移动楔块来调整丝杠螺母副的间隙，保证装配精度。

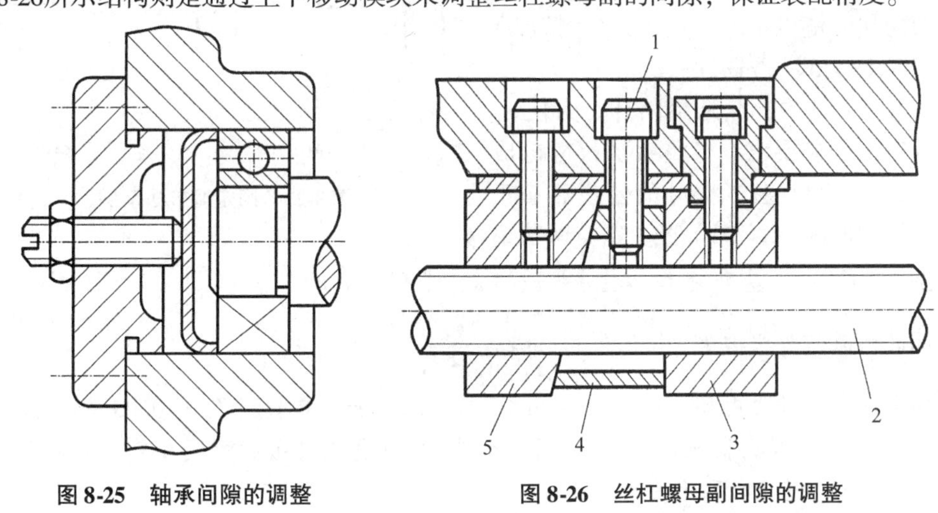

图8-25　轴承间隙的调整

图8-26　丝杠螺母副间隙的调整

1. 调整螺钉　2. 丝杠　3. 螺母　4. 楔块　5. 螺母

8.4.4.2　固定调整法

固定调整法是指预先选择某一零件作为调整件(补偿环)，然后根据各组成环形成的累积误差大小，通过更换不同尺寸调整件(补偿环)来达到装配精度的方法。采用固定调整法的关键是确定补偿环的分级和各级调整件的尺寸大小。

固定调整法的优点是：①降低组成环加工要求的同时，利用更换调整件的方法改变补偿环的尺寸，保证了较高的装配精度(尺寸链中环数较多时，该优点更为明显)；②没有可动调整法中可以变换位置的调整件，因此结构比较紧凑，刚性较好；③与修配法相比，装配时不必修配补偿环，因此没有劳动量大等缺点。需要注意的是，由于固定调整法在调整时需要更换调整件，为减少拆装及调整的工作量，设计时应尽量选择方便拆装的结构；此外，在批量大、精度高的装配中，补偿环的分级级数可能很多，不便于管理，此时可采用类似量规组合使用的方法（多件组合法），将几种不同厚度规格的垫片组合起来，构成不同尺寸，通过简化补偿环的规格使调整装配工作更加方便。

固定调整法常用于大批大量生产和中批生产时封闭环要求较严格的多环装配尺寸链中，尤其适用于精密机械中装配精度的调整，可以不断地对其使用过程中出现的磨损及误差进行补偿，保持原有精度。如精密机床和传动机械中轴承间隙的调整以及锥齿轮啮合精度的调整等。

［**例 8-7**］ 图 8-27 所示部件中，齿轮轴向间隙要求 0.05～0.15mm。A_1 和 A_2 基本尺寸分别为 50mm 和 45mm，按加工经济精度可确定 A_1 和 A_2 的公差分别为 0.15mm 和 0.1mm。若采用固定调整法装配，试确定调整垫片的厚度 A_K。

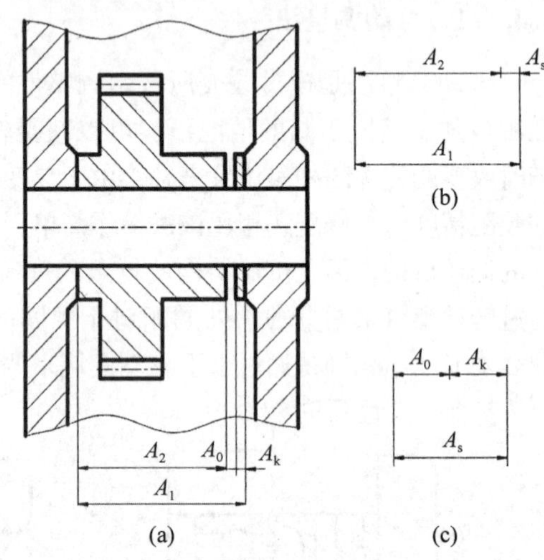

图 8-27 固定调节法示例

解：可将"空位"尺寸 A_S（即轴向间隙 A_0 与垫片厚度 A_K 之和）视为公共环，分别建立装配尺寸链（b）和（c）。由尺寸链（b）可求出：$A_S = 5_0^{+0.25}$mm。

尺寸链（c）中，A_0 是封闭环。为使 A_0 满足规定的公差要求，将"空位"尺寸分成若干级，每一级"空位"尺寸的公差 T_S 小于或等于轴向间隙（封闭环）公差 T_0 与调节垫片厚度（组成环）公差 T_K 之差；设分级数为 n，则有 $T_S / n \leqslant T_0 - T_K$。

因此可确定分级数为：

$$n \geqslant \frac{T_S}{T_0 - T_K}$$

由上述分析计算可知，$T_0 = 0.1$mm，$T_S = 0.25$mm，并假定 $T_K = 0.03$mm，代入上式可得 $n \geqslant 3.6$，因此取分级数 $n = 4$，将"空位"尺寸适当分级后解尺寸链，可确定调整垫片各级尺寸如表 8-6 所示：

表 8-6 垫片各级尺寸 mm

级 号	1	2	3	4
"空位"尺寸 A_S	$5_{+0.18}^{+0.25}$	$5_{+0.12}^{+0.18}$	$5_{+0.06}^{+0.12}$	$5_0^{+0.06}$
调节垫片厚度 A_K	$5_{+0.10}^{+0.13}$	$5_{+0.03}^{+0.07}$	$5_{-0.03}^{+0.01}$	$5_{-0.09}^{-0.05}$

8.4.4.3 误差抵消调整法

在产品或部件装配时，通过调整有关零件的相互位置，使其加工误差（大小和方向）相互抵消一部分，以提高装配精度的方法称为误差抵消调整法。

该方法的特点是根据尺寸链中某些组成环误差的方向作定向装配，使各组成环的误差方向合理配置，以达到互相抵消的目的；但由于误差抵消调整法需要提前测出补偿环

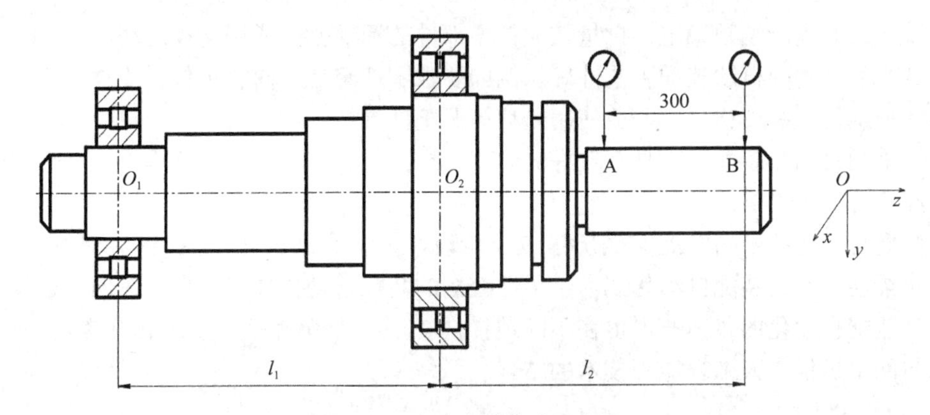

图 8-28　车床主轴检验示意图

的误差方向及大小，因此装配时对工人技术等级要求较高，而且增加了装配的工作量。

误差抵消调整法在机床装配中应用较多，如装配机床主轴时，通过调整前后轴承的径向圆跳动方向来控制主轴锥孔的径向跳动；图 8-28 中，A、B 点为检测主轴锥孔轴线径向圆跳动的两个检测点；设主轴装配后的同轴度误差为 e(B 点截面内测得)，该误差主要源于 3 个因素：前轴承内环孔对外环滚道轴线的偏移量 e_1、后轴承内环孔对外环滚道轴线的偏移量 e_2、主轴锥孔轴线相对于轴颈轴线的偏移量 e_3；从图 8-29 可以看出，e_1、e_2和 e_3的大小及所分布方向的不同，主轴装配后的误差 e 也不同。因此在实际生产中，可以提前测出 e_1、e_2和 e_3的大小和方向，装配时根据其大小和方向进行适当调整，即能抵消加工误差，提高装配精度。

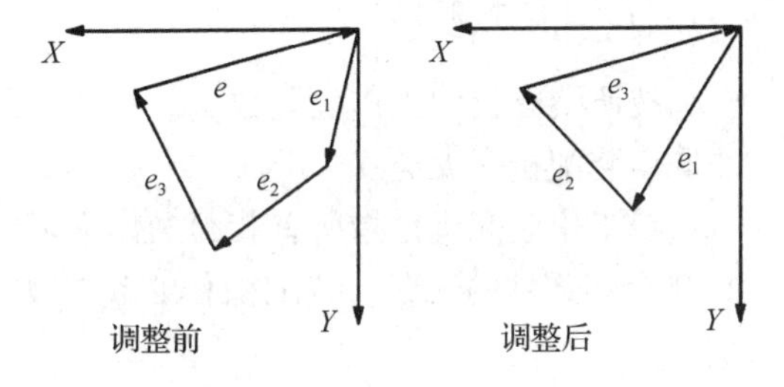

图 8-29　主轴装配误差补偿

8.5　装配自动化及计算机辅助装配工艺设计

8.5.1　装配自动化

8.5.1.1　概述

随着当前制造技术及工业的不断发展，机械加工的自动化程度目前已显著提高，而作为产品制造的最终环节，装配工作所花费的工时和成本还比较高，因此应尽可能提高装配的自动化程度，实现以机械化手段代替手工操作的自动化装配。

自动化装配工作的内容一般包括：零件的自动定向和供料、自动完成装配作业、工序间待装零部件的自动输送、自动检验与控制、装配时辅助工作的自动化。

实现装配自动化的主要目的是：保证产品质量及其稳定性，改善劳动条件，提高劳动生产率，降低生产成本。装配自动化的一般要求如下：

①产品的生产纲领稳定、批量较大，零部件的标准化、通用化程度高。

②产品结构的自动装配工艺性好。例如要求零件容易定向、定位，零件间连接多用铰接和焊接代替螺纹连接，避免使用垫片等调整件等。

③采用自动化装配后应具有较好的经济效果，装配作业的自动化程度通常需要经过技术经济分析来确定。

装配自动化技术的发展共经历了三个阶段：传统的机械开环控制的装配自动化技术、半柔性控制的装配自动化技术、柔性控制的装配自动化技术。在往纵向迅速发展的同时，装配自动化的各项技术也在不断地横向扩展，和其他相关技术相互渗透、结合，例如与网络通信、人工智能等技术的结合。

8.5.1.2 装配自动化的工艺实现

(1) 自动装配机

按照装配机中工作位置数量，自动装配机可以分为单工位装配机、多工位装配机和非同步装配机三大类。

单工位装配机是指所有装配操作都可以在一个位置上完成的自动装配机。它适用于2~3个零部件的装配，装配操作必须按顺序进行。典型的单位装配机如螺钉自动拧入机等。

多工位装配机通常对有3个以上零件的产品进行装配，装配操作由各个工位分别承担。因此，多工位装配机需要设置工件传送系统，传送系统一般有回转式、直进式两种。装配机工位的多少由装配操作的数量(如进料、装配、加工、试验、调整、堆放等)来决定。各个工位之间有适当的自由空间，使得一旦发生故障，可以方便地采取措施。

(2) 自动装配线

自动装配线就是专业从事产品制造后期的各种装配、检测、标示、包装等工序的生产设备。若产品或部件的装配操作较为复杂，无法在一台装配机上完成装配，或由于装配节拍和装配件分类等原因，需要在几台装配机上完成装配，此时需要将装配机组合成自动装配线。

自动装配线的基本特征是：在装配工位上将各种装配件装配到装配基础件上去，完成一个部件或产品的装配。按照装配线形式及装配基础件的移动情况，自动装配线可分为装配基础件移动式和装配基础件固定式两种。其中装配基础件移动式自动装配线应用比较广泛，如轨道装配线、板式装配线、带式装配线等。

装配基础件在工位间的传送方式有连续传送和间歇传送两种。连续传送时，工位上的装配工作头也随装配基础件同步移动；间歇传送时，装配基础件由传送装置按照生产节拍进行传送，当装配对象停在装配工位上时进行装配，装配作业完成后即送至下一工位。实际装配生产中，大多采用间歇式传送。

(3) 自动装配系统

自动装配系统是由装配过程的物流自动化、装配作业自动化和信息流自动化等子系统组成，按照主机的适用性可以分为两类：一类是根据特定产品制造的专用自动装配系统；另一类是具有一定柔性范围的由程序控制的自动装配系统。

专用自动装配系统一般由一个或多个工位组成，设计各工位时以装配机的整体性能为依据，结合产品结构的复杂程度确定其内容及数量。一般来讲，专用自动装配系统设施柔性较小，不适合产品频繁更换。

柔性自动装配系统具有较大的灵活性，一般面向中小批量生产，能够适应产品的经常更换。柔性自动装配系统常由装配机器人系统、物料搬运系统、零件自动供料系统、工具自动更换装置、视觉系统、控制系统和计算机管理系统等组成。常见的柔性自动装配系统有两种形式：模块式柔性装配系统和以机器人为主体的可编程柔性装配系统。随着科技发展、产品装配的自动化程度不断提高，装配过程将逐渐转向由柔性计算机控制，柔性装配系统的应用也将越来越广泛。

8.5.1.3　自动装配实例

如图 8-30 所示为发动机连杆与活塞的自动装配工艺流程，装配机共有八个工位，采用回转式工作台传输，每个工位的回转角度为 45°。零件进入装配机前，先按照加工精度与质量将连杆、活塞销、活塞等进行分组，将活塞清洗后吹净并预热至装配所需要的温度，为提高装配自动化程度，上述工作可与装配机连接成同一自动线。自动装配过程中，各工位内容如下：

工位Ⅰ：人工将连杆装上升降夹具；

工位Ⅱ：将活塞销装入活塞；

工位Ⅲ：安装活塞卡环；

工位Ⅳ：安装油环；

工位Ⅴ：装第三道气环；

工位Ⅵ：装第二道气环；

工位Ⅶ：装第一道气环；

工位Ⅷ：人工检视总成装配质量，卸下总成。

连杆与活塞销的自动装配示意如图 8-31 所示。先把清洗并预热好的活塞由料道输送至图 8-30 中的工位Ⅰ，通过定向机构使活塞销孔中心线与连杆小头孔中心线同向。图中活塞托架 5 托着活塞随左升降缸 1 上升，右升降缸 6 带动连杆上升，直至连杆小头孔进入活塞，随后定位杆 2 穿过活塞销孔及连杆小头孔，使两孔对中，送料杆 4 将装在料仓 3 中的活塞销推出，并由定位杆 2 引导其装入活塞，所有动作按次序自动完成。

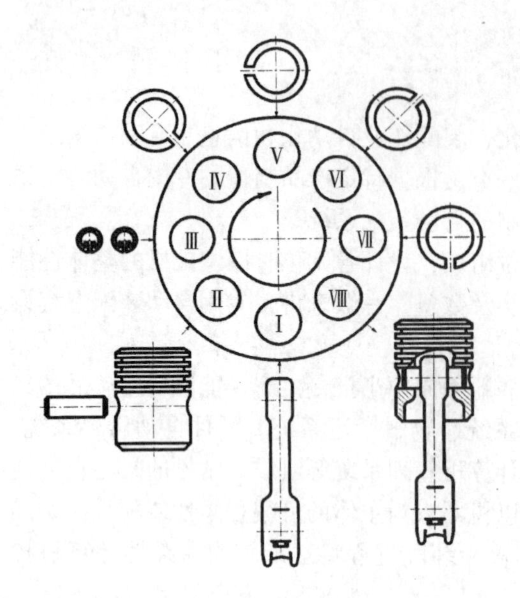

图 8-30 连杆与活塞的自动装配工艺流程

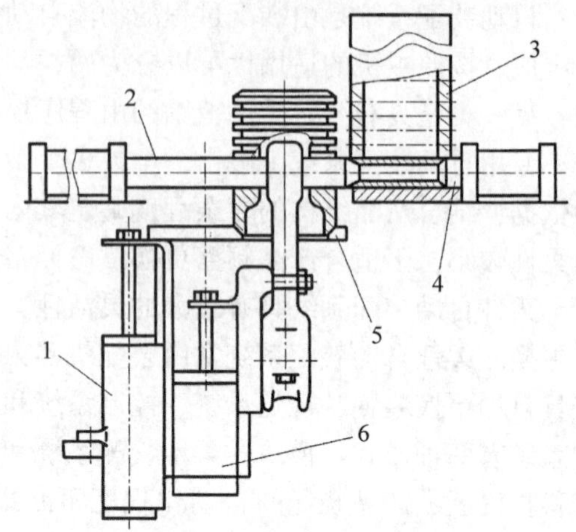

图 8-31 连杆与活塞销自动装配示意图

1. 左升降缸 2. 定位杆 3. 料仓 4. 送料杆 5. 活塞托架 6. 右升降缸

8.5.2 计算机辅助装配工艺设计

8.5.2.1 概述

随着计算机技术在制造业上的应用越来越多，传统的工艺设计方法已经远远不能满足制造过程中自动化和集成化的要求，特别是在装配过程中，由于装配工艺与人的活动密切关联，而且要解决多个零件、组件、部件之间的关系问题，这使得装配生产具有很大的主观性、不确定性和经验性，故装配质量目前仍主要取决于人的技术水平，产品制造的装配环节已成为未来进一步提高产品质量的瓶颈。因此，计算机辅助装配工艺设计的应用对今后制造业的发展意义重大。

计算机辅助装配工艺设计(Compute Assembly Aided Process Planning，CAAPP)，就是应用计算机技术模拟人编制装配工艺的过程，自动生成装配工艺文件的一种方法。CAAPP 的主要优点在于其不仅可以充分发挥计算机高速处理信息的能力，而且将工艺专家的集体智慧融合在了 CAAPP 系统中，从而缩短了装配时间，提高了装配的工作效率和工作质量，降低了产品成本，增加了产品在市场上的竞争力；同时由于提高了装配的自动化水平，也使工艺人员可以摆脱大量的、繁琐的重复劳动。

8.5.2.2 CAAPP 系统的组成

计算机辅助装配工艺设计系统以产品信息为输入，以装配工艺知识、管理方法及装配资源为约束，在人与计算机系统的支持下产生装配的工艺文件和管理信息。其组成部分主要包括：

①装配信息描述的知识库：将装配技术要求及对象描述为适宜于计算机存储的数

据库。

②动态数据库：用于存储由信息输入模块产生的装配信息和推理机推理决策过程中产生的中间数据及最终结果。

③推理机：对动态数据库中存储的装配信息，利用知识库内的知识与规则，在工艺简图库与数据库的支持下进行推理和决策，生成与装配工艺及工序图相关的数据。

④装配工艺知识库：用于存储生成装配工艺所需的知识与规则。

⑤装配工艺简图库：存储生成工序图所需的典型装配工艺的工序简图。

⑥装配工艺数据库：用于存储与装配工艺有关的数据，例如各种装配方法所能达到的装配精度及检测规范等。

8.5.2.3　CAAPP 系统的功能

①将产品装配图中的信息提取到产品信息数据库中。

②根据装配工艺知识库推导装配工艺。

③将生成的装配顺序在虚拟装配环境下进行设置和演示，并分析进行装配的几何可行性，进一步对装配顺序进行调整。

④对装配工艺知识库进行动态维护，完成知识库的导入与导出，知识的添加、修改和删除等操作。

⑤通过网络进行装配工艺知识库、装配工艺文件和虚拟装配过程的传输与发布。

8.5.2.4　CAAPP 的方法与技术

计算机辅助装配工艺设计系统的主要方法与技术包括：

(1)装配信息描述方法

装配信息是 CAAPP 系统进行装配工艺设计的对象和依据，因此如何输入及描述装配信息是进行装配最关键的问题之一。装配信息的描述包括获取信息、信息取舍、信息描述的方法、信息描述的语言实现等。目前常采用的方法是将装配信息的描述分层次进行，逐渐细化，在描述清楚零件的基本几何数据的基础上，重点描述各零件、固定组件和部件之间的装配关系，包括连接的关系、位置、方法、方向和技术要求等。

(2)装配工艺知识库技术

装配工艺知识库技术是 CAAPP 的重要支撑技术，其知识组织结构和知识库的管理对于 CAAPP 系统的效率和工艺的生成有着重要的影响。为了建立工艺知识库，首先需要收集整理装配工艺设计知识，然后进行抽象化和提取工作，确定其中具有一定适应性和扩充性的部分，用这部分知识构成具有兼容性和扩充性的装配工艺知识库。由于装配工艺设计过程中影响的因素较多，因此在存储每条装配工艺设计知识时，都应考虑其规则的形式，使其既能符合推理机的需要，又能符合数据库管理的要求，例如在大多数装配工艺设计中都要遵循的通用化规则：预处理工序在前、先下后上、先内后外、先难后易、先精密后一般、先重大后轻小。这些规则在具体建立知识库时，要通过一定处理，以计算机可以识别的形式进行存储。

(3)装配顺序决策

装配顺序决策是指在各种几何约束条件和工艺约束条件的制约下，求解得到满足各种约束条件且性能优良的装配顺序的方法。

装配顺序决策一般分为基于知识的推理和基于配合关系的推理，其中基于配合关系的推理应用较多，常采用拆卸法求解，即当零部件装配过程为可逆过程时，从所有件中选择几何上可拆卸的零部件，并通过几何计算及推理从零部件的装配状态演绎出其拆卸的初始方向。拆卸完一个零件之后继续拆卸剩余的零件，最后利用回溯算法生成拆卸顺序及方案。

基于知识的推理常以产品的 CAD 模型为输入，通过搜集人工编制的装配工艺知识规则，进行人机交互获得零部件的装配优先约束，利用图形搜索算法求解产品配合特征图的最小交集来产生装配序列。基于知识的推理可有效用于求解特定产品的装配顺序，但其适用范围较窄，且相关领域知识的获取需要较深的专业知识作为基础。

(4)工序图的自动生成

工艺设计的最终结果都以工艺卡片的形式出现，其中工序图一般用于标明相应工序所需的信息，相对于零件加工工序图而言，装配工序图的自动生成更为困难，其生成方法一般有如下几种：

①根据一定规则截取装配图的局部，进行必要的修改后生成。

②建立所有零件的图形库后，根据相应规律将相关零件按照一定算法组合到一起。

③根据典型装配副关系生成典型装配工序图并建立图库，对工序图库中的相关图形进行适当修改，需要时允许少量人工参与，生成所需装配工序图。

本章小结

任何机器均由零件、套件、组件、部件等组成。零件装配成为产品时，一般先将若干个零件装配成为不同复杂程度的装配单元，再由这些装配单元与零件一起装配成为产品。装配工艺规程就是将合理的装配工艺过程按照一定格式编写成的书面文件。装配工艺规程的制订必须符合优质、高产、低消耗的原则。装配尺寸链是以某项装配精度指标或要求作为封闭环，查找所有与该项精度指标或要求有关的零件尺寸(或位置要求)作为组成环而形成的尺寸链。

产品装配精度除了取决于零件的加工精度之外，还受到装配时所采用的工艺措施的影响。因此，生产过程中常按照比较经济的精度加工相关零件，然后在装配时采用不同的装配方法来保证产品最终的装配精度，这些方法被称为保证装配精度的装配方法。常见的保证装配精度的装配方法有互换装配法、选择装配法、修配装配法与调整装配法，可根据产品特点、性能要求及生产类型进行选择。

思考题

8-1　什么是装配，它包括哪些内容？

8-2　简述零件、套件、组件和部件的含义，并解释什么是总装？

8-3　装配精度一般包括哪些内容？简述装配精度与零件加工精度的关系。

8-4　装配的组织形式有几种？各有何特点？

8-5　制订装配工艺规程应遵循哪些原则？

8-6　制订装配工艺规程时，安排装配顺序的一般原则是什么？

8-7　建立装配尺寸链时，应注意的问题有哪些？

8-8　题 8-8 图所示为齿轮箱部件，由其使用要求可知，齿轮轴肩与轴承端面间的轴向间隙 A_0 应控制在 1~1.75mm 范围之内。已知各零件的基本尺寸为：A_1 = 101mm，A_2 = 50mm，A_3 = A_5 = 5mm，A_4 = 140mm，试分别采用完全互换法和不完全互换法装配，确定上述尺寸的公差及偏差。

8-9　保证装配精度的装配方法有哪些？各有何特点？

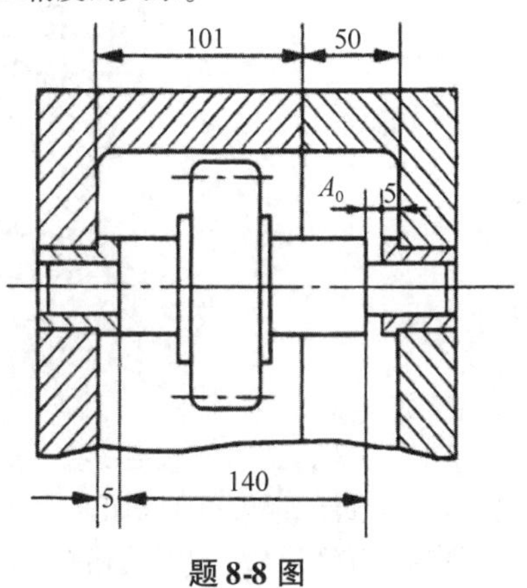

题 8-8 图

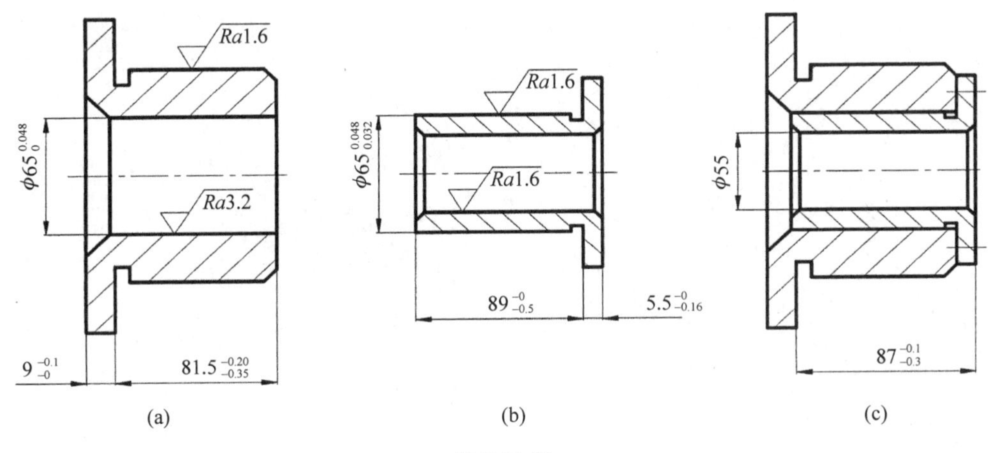

(a)　(b)　(c)

题 8-10 图

8-10　题 8-10 图所示为滑动轴承、轴承套零件图(a)(b)及其装配图(c)。组装后滑动轴承外端面与轴承套内端面间要求保证尺寸 $87^{-0.20}_{-0.51}$mm。但若按照两个零件图上所标注的尺寸($5.5^{0}_{-0.16}$mm 和 $81.5^{-0.20}_{-0.35}$mm)加工两组成环，装配后上述所要求尺寸变为 $87^{-0.1}_{-0.3}$mm，不能满足装配要求。该组件属成批生产，试采用完全互换法或分组装配法进行装配，并确定各组成零件的尺寸。

8-11　题 8-11 图所示为双联转子泵，装配要求冷态下轴向装配间隙 A_0 为 0.05~0.15mm。图中 $A_1 = 62^{0}_{-0.2}$mm，$A_2 = 20.5^{+0.2}_{-0.2}$mm，$A_3 = 17^{0}_{-0.2}$mm，$A_4 = 7^{0}_{-0.05}$mm，$A_5 = 17^{0}_{-0.2}$mm，$A_6 = 41^{+0.10}_{+0.05}$mm。

①通过计算分析确定能否用完全互换法装配来满足装配要求；

②若采用修配法装配，选取 A_4 为修配环，T_4 = 0.05mm，试确定修配环的尺寸及上、下偏差，并计算可能出现的最大修配量。

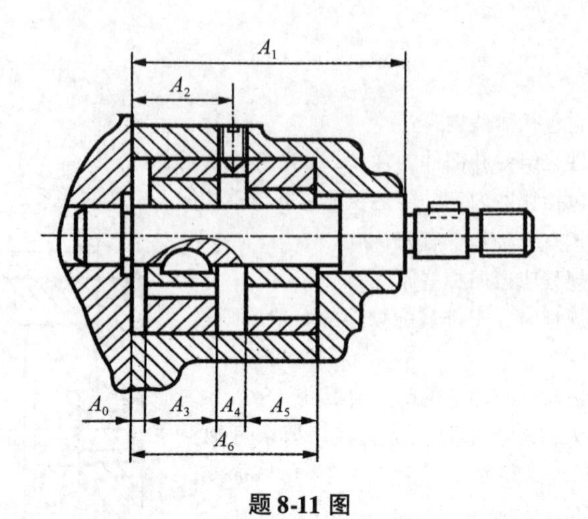

题 8-11 图

8-12 装配工艺规程包括哪些主要内容？

8-13 简述实现装配自动化的目的及要求？

8-14 什么是 CAAPP？简述 CAAPP 系统的功能。

参考文献

卞洪元. 2010. 机械制造工艺与夹具[M]. 北京：北京理工大学出版社.

蔡安江，葛云. 2014. 机械制造技术基础[M]. 北京：机械工业出版社.

陈红霞. 2010. 机械制造工艺学[M]. 北京：北京大学出版社.

陈敏. 2009. 机械制造工艺学习题集[M]. 上海：上海交通大学出版社.

陈明. 2014. 机械制造工艺学[M]. 北京：机械工业出版社.

陈蔚芳，王宏涛. 2012. 机床数控技术及应用[M]. 北京：科学出版社.

陈锡渠，彭晓南. 2006. 金属切削原理与刀具[M]. 北京：中国林业出版社.

戴曙. 1997. 金属切削机床[M]. 北京：机械工业出版社.

杜可可. 2007. 机械制造技术基础[M]. 北京：人民邮电出版社.

范孝良. 2008. 机械制造技术基础[M]. 北京：电子工业出版社.

冯之敬. 2008. 机械制造工程原理[M]. 北京：清华大学出版社.

顾崇衔，等. 1987. 机械制造工艺学[M]. 西安：陕西科学技术出版社.

顾维邦. 1995. 金属切削机床概论[M]. 北京：机械工业出版社.

黄健求. 2011. 机械制造技术基础[M]. 2版. 北京：机械工业出版社.

黄开榜，等. 1998. 金属切削机床[M]. 哈尔滨：哈尔滨工业大学出版社.

吉卫喜. 2008. 机械制造技术基础[M]. 北京：高等教育出版社.

贾亚洲. 2010. 金属切削机床概论[M]. 2版. 北京：机械工业出版社.

贾振元，王福吉. 2015. 机械制造技术基础[M]. 北京：科学出版社.

李旦. 1999. 机械制造工艺学试题精选与答题技巧[M]. 哈尔滨：哈尔滨工业大学出版社.

李军利. 2008. 金属切削机床[M]. 北京：冶金工业出版社.

李凯岭. 2007. 机械制造技术基础[M]. 北京：科学出版社.

李硕，栗新. 2008. 机械制造工艺基础[M]. 2版. 北京：国防工业出版社.

李伟，谭豫之. 2009. 机械制造工程学[M]. 北京：机械工业出版社.

李伟，谭豫之. 2014. 机械制造工程学[M]. 北京：机械工业出版社.

李益民. 2014. 机械制造工艺设计简明手册[M]. 北京：机械工业出版社.

林若森. 2006. 机械制造技术基础[M]. 北京：电子工业出版社.

刘传绍，苏建修. 2011. 机械制造工艺学[M]. 北京：电子工业出版社.

刘传绍，郑建新. 2009. 机械制造技术基础[M]. 北京：中国电力出版社.

刘英，袁绩乾. 2008. 机械制造技术基础[M]. 下册. 北京：机械工业出版社.

卢秉恒. 2007. 机械制造技术基础[M]. 3版. 北京：机械工业出版社.

陆剑中，孙家宁. 2011. 金属切削原理与刀具[M]. 5版. 北京：机械工业出版社.

马国亮. 2010. 机械制造技术[M]. 北京：机械工业出版社.

倪森涛. 2003. 机械制造工艺与装备[M]. 北京：化学工业出版社.

乔世民. 2008. 机械制造基础[M]. 2版. 北京：高等教育出版社.

孙光华. 2004. 工装设计[M]. 北京：机械工业出版社.

孙学强，王新荣. 2012. 现代制造工艺学[M]. 北京：电子工业出版社.

田锡天，等. 2010. 机械制造工艺学[M]. 2版. 西安：西北工业大学出版社.

王启平 . 1995. 机械制造工艺学[M]. 4 版 . 哈尔滨：哈尔滨工业大学出版社 .
王润孝 . 2010. 制造工程基础[M]. 北京：科学出版社 .
王先逵 . 2006. 机械制造工艺学[M]. 2 版 . 北京：机械工业出版社 .
王先逵 . 2013. 机械制造工艺学[M]. 3 版 . 北京：机械工业出版社 .
王先适 . 2004. 机械制造工艺学[M]. 北京：机械工业出版社 .
翁世修，吴振华 . 1999. 机械制造技术基础[M]. 上海：上海交通大学出版社 .
吴道全，等 . 1999. 金属切削原理及刀具[M]. 重庆：重庆大学出版社 .
武文革，辛志杰 . 2009. 金属切削原理及刀具[M]. 北京：国防工业出版社 .
夏广岚，冯凭 . 2008. 金属切削机床[M]. 北京：北京大学出版社 .
熊良山 . 2012. 机械制造技术基础[M]. 2 版 . 武汉：华中科技大学出版杜 .
徐嘉元，曾家驹 . 2005. 机械制造工艺学[M]. 北京：机械工业出版社 .
叶文华，等 . 2011. 现代制造工艺学[M]. 哈尔滨：哈尔滨工业大学出版社 .
于俊美，邹青 . 2004. 机械制造技术基础[M]. 北京：机械工业出版社 .
于涛，等 . 2012. 机械制造技术基础[M]. 北京：清华大学出版社 .
于信伟，雷宏 . 2012. 机械制造工程学[M]. 哈尔滨：哈尔滨工业大学出版社 .
袁夫彩 . 2008. 机械制造工艺学[M]. 北京：科学出版社 .
袁哲俊 . 1993. 金属切削刀具[M]. 2 版 . 上海：上海科学技术出版社 .
张世昌 . 2004. 先进制造技术[M]. 天津：天津大学出版社 .
张树森 . 2001. 机械制造工程学[M]. 沈阳：东北大学出版社 .
张维纪 . 2005. 金属切削原理及刀具[M]. 2 版 . 杭州：浙江大学出版社 .
郑修本 . 2011. 机械制造工艺学[M]. 3 版 . 北京：机械工业出版社 .
周哲波，姜志明 . 2012. 机械制造工艺学[M]. 北京：机械工业出版社 .
朱淑萍 . 2007. 机械加工工艺及装备[M]. 2 版 . 北京：机械工业出版社 .
朱舜洲 . 2011. 机械制造技术基础[M]. 长沙：中南大学出版社 .